LEHRBUCH DER PHYSIOLOGIE

IN ZUSAMMENHÄNGENDEN EINZELDARSTELLUNGEN

UNTER MITARBEIT EINER
REIHE VON FACHMÄNNERN

HERAUSGEGEBEN VON
WILHELM TRENDELENBURG†
UND
ERICH SCHÜTZ

HANS REICHEL

MUSKELPHYSIOLOGIE

SPRINGER-VERLAG
BERLIN · GÖTTINGEN · HEIDELBERG
1960

MUSKELPHYSIOLOGIE

HANS REICHEL

APL. PROFESSOR AM PHYSIOLOGISCHEN INSTITUT DER
UNIVERSITÄT MÜNCHEN

MIT 157 ABBILDUNGEN

SPRINGER-VERLAG

BERLIN · GÖTTINGEN · HEIDELBERG

1960

Vorwort

Das vorliegende Buch soll mit der „Muskelphysiologie" die bereits erschienenen Bände der Reihe TRENDELENBURG-SCHÜTZ fortsetzen. Es lag wohl ursprünglich in der Absicht der Herausgeber, mit dieser Reihe ein Werk zu schaffen, das dem interessierten Studenten die Möglichkeit gibt, sich in einem Spezialgebiet über den neuesten Stand des Wissens unterrichten zu können. In der Praxis sind die Einzelbände auch für den Dozenten ein wichtiges Hilfsmittel für Lehre und Forschung geworden. Ich habe daher versucht, das Buch auf die Bedürfnisse des Fachkollegen abzustimmen, der sich in der Muskelphysiologie orientieren möchte. Dabei bin ich mir durchaus bewußt, welches Wagnis es bedeutet, ein so umfangreiches Thema allein zu bearbeiten. Der Entschluß, trotz dieser Bedenken der freundlichen Aufforderung von Herrn Professor SCHÜTZ nachzukommen, ist mir insofern erleichtert worden, als in den letzten Jahrzehnten die Muskelphysiologie keine in sich abgeschlossene Darstellung erfahren hat, da alle über den Muskel erschienenen Monographien (z. B. SZENT GYÖRGYI 1951, DUBUISSON 1954, ERNST 1958, H. H. WEBER 1958) nur Teilgebiete behandeln.

Auf Wunsch des Herausgebers soll der Band die Elektrophysiologie, Mechanik, Chemie und Thermodynamik des Muskels enthalten, ohne den Umfang des vorliegenden Buches zu überschreiten. Um diesem Wunsch gerecht zu werden, mußte ich mich so knapp wie möglich fassen und auf historische Darstellungen verzichten. In der Mehrzahl der Abschnitte ist der Stoff nach der neueren Originalliteratur bearbeitet worden, wie etwa im Kapitel „Thermodynamik", das fast alle Arbeiten der Hillschen Schule berücksichtigt. Im Kapitel „Chemie" mußte ich dagegen die Darstellung darauf beschränken, die Möglichkeiten der chemischen Energietransformation im intermediären Muskelstoffwechsel am Beispiel der Synthese der Adenosintriphosphorsäure zu erörtern. Da sich nach unseren derzeitigen Kenntnissen die Energietransformation bei allen Muskeln in annähernd denselben Reaktionsstufen vollzieht, treffen die im Kapitel „Chemie" erörterten grundsätzlichen Tatsachen auch für den Herzmuskel zu. Insofern ergänzt der vorliegende Band auch den Band „Herz" (Schütz 1958). Soweit Unterschiede zwischen dem Herz- und Muskelstoffwechsel bestehen, sind sie besonders erwähnt. In der Elektrophysiologie waren Überschneidungen mit anderen Bänden der Schütz-Trendelenburg-Reihe nicht zu vermeiden, vor allem in dem Kapitel über die elektromechanische Koppelung, deren Studium sich bisher fast ausschließlich auf den Herzmuskel beschränkt hat; eine ausführliche Darstellung erschien mir jedoch notwendig, angesichts der zunehmenden Erkenntnis, daß die Kontraktion eng mit der Erregung gekoppelt und ohne Analyse des Membranprozesses kaum verständlich ist. Die einschlägige Literatur stammt aus den letzten 10—15 Jahren, in denen sich unsere Vorstellung von dem Erregungsvorgang durch die Methode der intracellulären Ableitung und die Isotopentechnik von Grund aus gewandelt hat. Weit weniger stürmisch hat sich die Mechanik entwickelt, deren Grundlagen um die Jahrhundertwende geschaffen und noch heute gültig sind. Wenn ich auf diesem Gebiet meinen eigenen Arbeiten einen relativ großen Raum zugestanden habe, so geschah es in dem Wunsch, aus der persönlichen experimentellen Erfahrung über den Stand des derzeitigen Wissens zu berichten. Dabei wird im wesentlichen die

Physiologie des isolierten Muskels behandelt. Ein besonderer Abschnitt ist dem mechanischen Verhalten des Muskels in situ gewidmet. Hier beschränkt sich die Darstellung auf die Bedingungen, unter denen der Muskel bei variabler motorischer Innervation arbeitet; sie berücksichtigt dagegen nicht Ursprung und Ursache der effektorischen Impulse, die nur im Zusammenhang mit der Physiologie des Zentralnervensystems zu verstehen sind. Aus diesem Grund wird auch die Funktion der Muskelspindeln in dem vorliegenden Band nicht erörtert.

Im Rahmen des gesamten Lehrbuches von Trendelenburg-Schütz konnte es nicht die Aufgabe des Bandes sein, eine allgemeine Physiologie der Motilität der Lebewesen und Zellen abzuhandeln, über die die Monographie von H. H. WEBER (1958) unterrichtet. Das vorliegende Buch enthält auch kein eigenes Kapitel über den glatten Muskel, da mir die Unterschiede zwischen quergestreifter und glatter Muskulatur nicht so grundsätzlich erscheinen, daß sie einer gesonderten Beschreibung bedürften. Der speziell am glatten Muskel interessierte Leser findet aber im Sachregister eine Zusammenstellung aller einschlägigen Angaben. Ebenso enthält das Register entsprechende Hinweise für den menschlichen Skeletmuskel, sowie für den Herz-, Zwerchfell-, Magen-, Dünn- und Dickdarm-, Harnblasen-, Ureter-, Krabben-, Muschel-, Schnecken- und Insektenmuskel.

Das Literaturverzeichnis ist mit seinen etwa 1000 Angaben nur eine kleine Auswahl aus der Weltliteratur. Um dem deutschen Leser den Zugang zur Spezialliteratur zu erleichtern, habe ich den größten Teil der deutschsprachigen Publikationen der letzten 20 Jahre aufgenommen.

Wenn das Buch seinen Zweck erfüllen und eine Lücke in der Literatur schließen könnte, würde mir der Aufwand an Zeit und Arbeit gerechtfertigt erscheinen, den es erfordert hat. Herrn Dr. H. SUND, Freiburg, schulde ich besonderen Dank für die sachkundige Überarbeitung des chemischen Teils, Herrn Dr. A. BLEICHERT für die kritische Durchsicht und Fräulein R. MÜLLER für die gewissenhafte Fertigstellung des Manuskriptes. Dem Herausgeber, Herrn Professor Dr. E. SCHÜTZ, Münster, danke ich für sein freundliches Vertrauen, dem Springer-Verlag für das Entgegenkommen in allen Fragen der Ausstattung.

München, im April 1959

H. REICHEL

Inhaltsverzeichnis

A. Einleitung

Soweit Lebensvorgänge naturwissenschaftlich erkannt und beschrieben werden können, sind sie mit Energietransformationen verbunden. Die lebende Zelle bezieht diese Energie aus der Oxydation organischer Substanzen, wandelt sie im Stoffwechsel in spezifische Bindungsenergie um und gibt sie nach außen in Form von Wärme, elektrischer Energie und mechanischer Arbeit ab. Alle drei Arten der Energietransformation sind an jeder Zelle nachweisbar. Mechanische Arbeit kann der lebende Organismus durch Verschiebung, Konzentration und Ausscheidung zelleigener Stoffe und Flüssigkeiten oder durch Form- und Längenänderung cellulärer Strukturen leisten. Das für die Ausscheidung erforderliche Druckgefälle wird ebenso vom Stoffwechsel unterhalten wie die potentielle Energie, auf deren Kosten sich die Konfiguration der Zellstrukturen ändert. Die wichtigsten arbeitsleistenden Organe sind die Muskeln. Der Aufbau dieser „Maschinen" aus einer großen Anzahl gebündelter Eiweißfilamente und die Art ihrer Energietransformation stimmen in der überwiegenden Mehrzahl aller Organismen überein. So überraschend diese Gleichförmigkeit der Bewegungsfunktion — gemessen an der sonstigen Mannigfaltigkeit der Tierwelt — ist, so erleichtert sie doch das Studium der Muskelkontraktion erheblich, da sie erlaubt, die physikalisch-chemischen Grundlagen der tierischen Motilität an jedem beliebigen Objekt als einem für alle Muskeln repräsentativen „Modell-Muskel" zu untersuchen. Soweit Unterschiede zwischen einzelnen Muskeln bestehen, sind sie mehr quantitativer als qualitativer Art; sie stehen gewöhnlich in keinem erkennbaren Zusammenhang mit besonderen histologischen Eigenschaften.

B. Chemische Zusammensetzung

Die Strukturen, an denen sich die Kontraktion abspielt, sind fibrilläre Gerüsteiweiße, die als „Modellpräparationen" (s. S. 186) auch nach Extraktion aus dem Zellverband noch kontraktionsfähig sind. Als Betriebstoffe für die Verkürzung der Eiweißfilamente dienen organische Phosphatverbindungen mit hohem Energiegehalt. Unter normalen Bedingungen in vivo verkürzen sich die Proteine jedoch nur, wenn sie durch einen Prozeß angeregt werden, der von der Grenzmembran der Faser ausgeht. Dieser Prozeß (die „Erregung") ist an bestimmte Ionenkonzentrationen innerhalb und außerhalb der Faser gebunden. Da auch die Fermentreaktionen nur in Anwesenheit von Ionen möglich sind, ist für das Verständnis der gesamten Reaktionskette die Kenntnis der anorganischen Bestandteile des Muskels ebenso wichtig wie die der organischen Stoffe.

I. Anorganische Bestandteile

1. Wassergehalt

Der Muskel besteht zu 80% aus Wasser, das die extracellulären Bindegewebsspalten und die Räume zwischen den Fibrillen innerhalb der Fasern ausfüllt. (BOYLE et al. 1941). Wenn der Muskel getrocknet wird, nimmt der Wassergehalt dieser Räume ab; der Muskel schrumpft daher nur in der zur Faserachse senkrechten Richtung, nicht in der Längsrichtung (HÜRTHLE 1931). Das Wasser kann man dem Muskel auch durch hypertonische Lösungen entziehen; der Wasserverlust ist dann kleiner, als nach dem Konzentrationsgradienten zwischen der Innen- und Außenlösung zu erwarten wäre (s. Ernst 1958). Der Befund könnte darauf beruhen, daß die Eiweißkörper der Muskelfaser unter diesen Bedingungen relativ mehr Wasser binden.

Der genaue Anteil des gebundenen (sog. Quellungswassers) am Gesamtwassergehalt ist unbekannt. Der Quellungszustand des Muskels ist temperaturabhängig (Wöhlisch 1941): wenn ein Froschmuskel von 17 auf 7° C abgekühlt wird, so nimmt er im Durchschnitt 7% seines ursprünglichen Gewichtes an Wasser auf. Bei Erwärmung ist der Effekt reversibel; der Muskel verhält sich also thermo-onkotisch normal. Trotz des Wasserverlustes nimmt das spezifische Gewicht des Muskels bei Erwärmung ab (Wilkie 1953), sein Volumen also zu. Bei einem Temperaturanstieg von 0 auf 20° C dehnt sich der m. gastrocnemius des Frosches um $0,16 \cdot 10^{-3}$ cm³ pro g Gewicht aus. Davon entfallen etwa 45% auf die Ausdehnung des Wassers, die übrigen 65% auf die Ausdehnung fester Bestandteile. Die thermisch bedingte Volumenzunahme ist also weitaus größer als die Volumenabnahme, die mit der Entquellung der Muskeleiweiße verbunden ist.

Bei Dehnung tritt ein Wasserverlust ein, der bis zu 5% des ursprünglichen Wassergehaltes betragen kann (Wöhlisch und Schübel 1941; s. Ernst 1958) und auf einer Entquellung der Muskelproteine beruht. Bei Entdehnung nimmt der Wassergehalt wieder um denselben Betrag zu.

2. Ionenkonzentration

Der Gehalt an den wichtigsten Ionen in Kalt- und Warmblütermuskeln geht aus Tab. 1 hervor (Dubuisson 1954). Der Gehalt an Salzen ist nicht in allen Querschnitten der Muskelfasern der gleiche. Bei der Veraschung findet man in den H-Zonen des Skeletmuskels eine Anhäufung von Ca, Fe und P (Scott 1932; Barigozzi 1937). Das intracelluläre Na$^+$ ist zum größten Teil im Sarkolemm enthalten (Conway und Carey 1955).

Die Ionenstärke μ des Muskelfaserinhaltes (Sarkoplasmas) hängt nicht nur von dem Gehalt an den in Tab. 1 angegebenen Mineralien ab, sondern außerdem von einer Reihe organischer Stoffe (KP, ATP, Carnosin, Proteine), die als Ladungsträger in Frage kommen. Wenn man die Größe μ aus den Dissoziationskonstanten aller im Muskel vorhandenen Ionen berechnet, beträgt sie 0,25. Wegen der Bindung einiger Stoffe (z. B. energiereicher Phosphate) an Proteine ist dieser Wert etwas zu hoch.

Der Froschmuskel steht mit einer 0,725% NaCl-Lösung im Dampfdruckgleichgewicht. Da das Quellungswasser außer dem freien Wasser als Lösungsmittel für die Kristalloide dient (Hill und Kupalow 1930), ist auch der osmotische Druck des Sarkoplasmas annähernd so groß wie der einer 0,725% NaCl-Lösung. Die Berechnung des osmotischen Druckes aus allen im Sarkoplasma enthaltenen Ionen ergibt einen etwas höheren Wert, da einige organische Bestandteile (z. B. ATP) an Proteine gebunden und daher

Tabelle 1. *Gehalt des Kalt- und Warmblütermuskels an den wichtigsten Mineralien* (in mMol/l Muskelfaserwasser) Nach Dubuisson 1954)

Stoff	Froschmuskel	Rattenmuskel
K	121,2	152,0
Na. . . .	15,6	16,0
Ca . . .	5,3	1,9
Mg . . .	14,2	25,0
Cl	3,8	5,0

Die Werte sind aus den Gesamtkonzentrationen unter der Annahme berechnet worden, daß die extracelluläre Flüssigkeit der Bindegewebsspalten im Froschmuskel 13, im Rattenmuskel 11% des ganzen Muskels beträgt.

osmotisch inaktiv sind. Ermüdende Tätigkeit des Muskels bei gleichzeitigem Sauerstoffmangel hat eine Spaltung dieser Stoffe zur Folge. Die Spaltprodukte sind osmotisch wirksam, wie aus dem Abfall des auf indirektem myothermischem Wege ermittelten Dampfdruckes hervorgeht (A. V. HILL 1956).

Da bei der Dehnung der Gehalt an Quellungswasser abnimmt, das neben dem freien Wasser osmotisch wirksam ist, und der Gehalt an Ionen nahezu konstant bleibt, muß sich unter dem Einfluß der Dehnung auch das osmotische Verhalten des Muskels ändern. Deshalb ist der Muskel im gedehnten Zustand nicht mehr mit einer 0,725% NaCl-Lösung, sondern mit einer 0,750% NaCl-Lösung isoton (s. a. ERNST 1958).

II. Proteine

Von der Trockensubstanz entfallen etwa 90% auf Eiweiß. Die Proteine des Muskels sind zum Teil im Sarkoplasma gelöst, zum Teil als ungelöste Strukturen in die Zelle eingebaut. Fast alle Proteine lassen sich in Salzlösungen geeigneter Konzentration lösen und nach Zerstörung der Membran extrahieren. Dabei erleiden die Strukturproteine Änderungen, die im einzelnen nicht bekannt sind und Rückschlüsse aus dem Verhalten in vitro auf die tatsächlichen Eigenschaften in vivo erschweren. Nach erschöpfender Extraktion bleibt ein in Salzlösungen unlöslicher Rest an Eiweißstoffen bestehen, den man als *Stroma* bezeichnet.

1. Nichtfibrilläre Proteine

a) Albumine

Unter den im Sarkoplasma gelösten nichtfibrillären Proteinen sind die *Myogene* (H. H. WEBER 1934) die wichtigsten. Es handelt sich um Albumine, die in das Webersche Myogen, sowie in Myogen A und B unterteilt werden. Die Myogene kann man aus Muskelbrei durch Einwirkung hoher Drucke erhalten. Der zentrifugierte und gefilterte Preßsaft enthält nach der Dialyse und Entfernung der unlöslichen Globuline die stark wasserlöslichen Proteine des Weberschen Myogens, von denen einige als Enzyme des anaeroben Glykogenabbaus wirksam sind. Das durchschnittliche Molekulargewicht beträgt 80000—100000 (WEBER und STÖVER 1933, DEUTICKE 1934); der isoelektrische Punkt liegt bei pH 6,3.

Myogen A und B gewinnt man aus dem Wasserextrakt des Muskels nach Zentrifugieren und Ausfällen der Globuline durch mehrmalige Behandlung mit $(NH_4)_2SO_4$ (45—65% Sättigung). Das Myogen A kristallisiert in hexagonalen Pyramiden von 5—400 μ mit einem Molekulargewicht von 150000 (BARANOWSKI 1939); es hat die Enzymaktivität von Aldolase (W. A. ENGELHARDT 1942). Das Myogen B kristallisiert zu langen asymmetrischen Platten; die Lösungen des Myogens B sind strömungsdoppelbrechend und thixotrop (BAILEY 1940). Zu der Albumingruppe gehört auch das Myoalbumin (BATE SMITH 1937), dem eine Rolle beim Aufbau anderer Muskelproteine im embryonalen Leben zukommen soll (CREPAX 1952).

b) Globuline

Ein im Sarkoplasma gelöstes, womöglich aber auch an der Struktur beteiligtes Protein mit Globulineigenschaften ist das *Globulin X* (H. H. WEBER 1934), das sich wahrscheinlich aus mehreren Proteinen zusammensetzt (DUBUISSON 1954) und sich durch Ausfällung in sehr schwachen Salzlösungen von den Myogenen und Myosinen trennen läßt. Das Protein hat einen isoelektrischen Punkt bei etwa pH 5,0; seine Lösungen sind schwach viscös und nicht strömungsdoppelbrechend.

Das *Myoglobin*, das dem Hämoglobin nahe verwandt und wie dieses eine Eisenverbindung mit O_2-Bindungsvermögen ist, findet sich in Warmblütermuskeln besonders in den sogenannten „roten" Muskeln; das Molekulargewicht liegt bei 17000, der Fe-Gehalt beträgt 0,34%. Das Myoglobin wird täglich in einer Menge von 0,0024 g/kg Körpergewicht neu gebildet (BONNICHSEN et al. 1955); das entspricht etwa 0,6% des Gesamtgehaltes. Das Protein ist als O_2-Speicher für den dauernden Nachschub von Sauerstoff an die Mitochondrien von Bedeutung (MILLIKAN 1939) und schon bei einem O_2-Druck von 20 mm Hg zu 90% mit Sauerstoff gesättigt (KROGH 1941), wenn die Temperatur 37° C und der p_H-Wert 7,4 beträgt. Bei größeren Wasserstoffionenkonzentrationen ($p_H < 7,4$), die etwa den Normalwerten im Muskel entsprechen, sind die Sättigungswerte kleiner. Da die O_2-Bindung reversibel ist, kann das Myoglobin den Sauerstoff unmittelbar an die arbeitende Muskulatur abgeben. Von dieser Möglichkeit macht der Organismus besonders unter der Wirkung von O_2-Mangel Gebrauch. Bei längerem Aufenthalt in Höhen von 4000 m steigt der Myoglobingehalt des Menschen auf 170% des Ausgangswertes (auf Meeresniveau) an, während das Bluthämoglobin nur um 25% zunimmt (VAUGHAN und PACE 1956). Ebenso führt lang anhaltende Tätigkeit (Training) zu einer Zunahme des Myoglobingehaltes. „Rote" Muskeln mit hohem Myoglobingehalt sind im Gegensatz zu den myoglobinarmen „weißen" Muskeln besonders für Dauerleistungen geeignet. Eine strenge Korrelation zwischen Myoglobingehalt und Funktion besteht aber nicht. So können dieselben Muskeln bei Haustieren (Kaninchen) weiß, bei Wildarten (Feldhasen) rot sein, ohne daß irgendwelche Unterschiede in der Funktion (Halte- oder Bewegungsfunktion) zu erkennen wären (WATZKA 1939; GRAF 1944).

2. Fibrilläre Proteine

a) Myosinlösungen

Die fibrillären Gerüsteiweiße, die die contractilen Filamente des Muskels aufbauen, sind Globuline und werden als Myosine bezeichnet. Fast alle Myosine (Tab. 2) lösen sich in Salzlösungen bei Ionenstärken $> 0,35$ (p_H 7,4) (EDSALL und MEHL 1940); ihre Löslichkeit ist in K^+-Lösungen größer als in Na^+-Lösungen (HENSAY 1930). Myosinlösungen werden gewöhnlich aus Muskelbrei durch Extraktion mit 0,5 Mol KCl/l + 0,03 Mol $NaHCO_3$/l nach mehrfacher Ausfällung und Wiederlösung mit 0,5 Mol KCl/l bei p_H 6,3 gewonnen (EDSALL 1930). Bei einem p_H-Wert von 6,5 kann Myosin schon in Konzentrationen von 0,25 Mol KCl/l in Lösung gehen; bei einem p_H-Wert von 7,0 würde eine KCl-Konzentration von 0,17 Mol/l genügen. Da die K^+-Konzentration des Sarkoplasmas gewöhnlich unter 0,17 Mol/l liegt, ist im lebenden Muskel — unter der Annahme eines p_H-Wer-

Tabelle 2. *Konstanten der fibrillären Muskelproteine*
(Nach WEBER und PORTZEHL 1952)

Protein	Sedimentationskonstante $s_{20}^0 \cdot 10^{13}$	Teilchengewicht	Länge Å	Dicke Å	Isoelektrischer Punkt p_H
Actomyosin . . .	> 280	—	$0,5 \cdot 10^4 \to 5 \cdot 10^4$	$50 \to 250$	5,4
L-Myosin	7,1	840000	2400	24	5,4
G-Actin (Monomer)	3,4	70000	—	—	4,8
F-Actin	> 50	—	$1,0 \cdot 10^4 \to 5 \cdot 10^4$	$40 \to 100$	—
Tropomyosin . . .	2,9	~ 93000	$3 \cdot 10^3$	250	5,1

tes von 6,9 (FENN 1948) — das Myosin ungelöst. Alle Myosine sind aber wenig stabil und denaturieren unter dem Einfluß von Elektrolyten, Harnstoff usw.; auch in vivo ist die Stabilität trotz einer K^+-Konzentration, bei der die Myosine weniger leicht denaturieren als bei gleich großer Na^+-Konzentration (GREENSTEIN und EDSALL 1940), wegen der hohen, die Denaturierung fördernden Myosinkonzentrationen (8%) relativ gering (s. FENN 1948). Der isoelektrische Punkt des Myosins hängt nicht nur von der Wasserstoffionenkonzentration, sondern auch von dem Gehalt an anderen Ionen ab; er liegt etwa bei p_H 5,3—5,4.

In Wasser injizierte Myosinlösungen bilden Fäden, die dieselben optischen und strukturellen Eigenschaften wie die anisotropen A-Abschnitte des Skeletmuskels haben, wenn sie auf den gleichen Wassergehalt gebracht worden sind (WEBER 1934; GERENDAS und MATOLTSY 1948). Das Röntgendiagramm von Myosinfäden ist wie das der A-Fächer dem Typ des Keratins sehr ähnlich (s. S. 6 u. 14); die Reflexionen entsprechen Abständen von 33, 42 und 66 Å. Die Befunde haben jedoch an Interesse verloren, seitdem es möglich ist, Faser- und Fadenmodelle des Actomyosins herzustellen (s. S. 186).

Myosinlösungen sind stark strömungsdoppelbrechend und hoch viscös. Beide Eigenschaften erklären sich aus der fibrillären Struktur des Proteinmoleküls, die elektronenmikroskopisch nachweisbar ist (SNELLMAN und ERDÖS 1948). Die Partikel der Myosinlösungen sind 50—250 Å breit und 15000 Å lang (ARDENNE und WEBER 1941); das berechnete Molekulargewicht liegt bei ~ 10^6. Denaturiertes Myosin verliert die Strömungsdoppelbrechung und büßt an Viscosität ein (v. MURALT und EDSALL 1930), weil die Molekülketten von der Fadenform in eine dickere und kürzere Form übergehen, die optisch isotrop und nur wenig viscös ist.

Myosinlösungen enthalten langsam und schnell sedimentierende Komponenten (SCHRAMM und WEBER 1942); in der Ultrazentrifuge läßt sich „leichtes" L-Myosin von „schwerem" S-Myosin trennen. Die Menge des in der Lösung enthaltenen S- oder L-Myosins hängt von der Extraktionszeit ab. Lang anhaltende Extraktion liefert mehr S-Myosin als kurzdauernde Extraktion (BANGA und SZENT GYÖRGYI 1941; BANGA et al. 1947). L-Myosinlösungen sind wesentlich weniger opalescent und viscös als S-Myosinlösungen. Im S-Myosin ist ein Komplex von zwei fibrillären Proteinen enthalten, von denen das eine als L-Myosin erkannt werden konnte (STRAUB 1942). Das andere Protein ist ein Stromaeiweiß und wird als Actin bezeichnet, seine Verbindung mit L-Myosin als Actomyosin. Die Elektrophorese der Muskelextrakte ergibt 2 Myosine mit verschiedener Wanderungsgeschwindigkeit (α- und β-Myosin) (DUBUISSON 1947; Abb. 1). Das α-Myosin ist mit dem Actomyosin, das β-Myosin mit dem L-Myosin identisch (s. WEBER und PORTZEHL 1952).

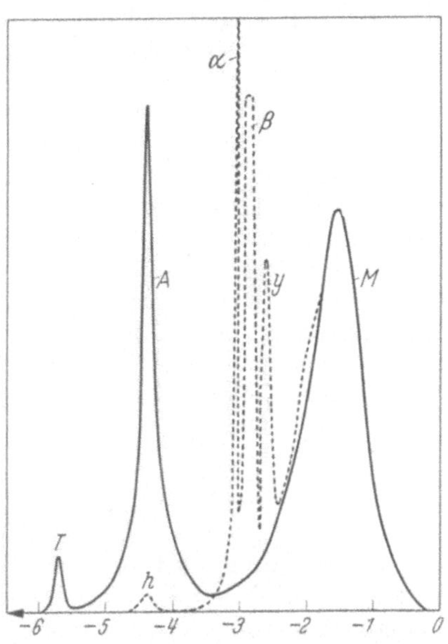

Abb. 1. Diagramm der Elektrophorese von Kaninchenmuskelextrakten (nach DUBUISSON 1954). Abszisse: Geschwindigkeit in 10^{-5} cm²/Volt μsec. Ausgezogene Linie: Extrakt eines dehydrierten Muskels bei μ 0,40; unterbrochene Linie: Extrakt eines normalen Muskels bei μ 0,40; Bezeichnungen: M Myogen; A depolymerisiertes F-Actin; T Tropomyosin; α Actomyosin; β L-Myosin; y Y-Protein; h Myoalbumin (von rechts nach links zu lesen)

b) L-Myosin

Die Bindung zwischen L-Myosin und Actin läßt sich in den Extrakten relativ leicht durch Harnstoff aufbrechen, so daß von Actin gereinigte L-Myosinlösungen entstehen. Aus dem totenstarren Muskel kann man das L-Myosin durch 0,53 Mol KCl/l (in Verbindung mit 0,01 Mol Na-Pyrophosphat/l) ohne Actin extrahieren (HASSELBACH 1953). Reines L-Myosin läßt sich auch durch Extrahieren von Muskelbrei mit 0,3 Mol KCl/l + 0,15 Mol K-Phosphat/l bei p_H 6,5, Zentrifugieren, Verdünnen mit Wasser und mehrfaches Behandeln mit KCl-Lösungen gewinnen (SZENT GYÖRGYI 1951). Die beste Ausbeute an L-Myosin (3,5—4 g pro 100 g Muskel) liefert die Extraktion mit 0,6 Mol KJ/l (SZENT GYÖRGYI 1951).

Von dem Anteil der fibrillären Proteine am Gesamteiweißgehalt des Kaninchenmuskels (63%) entfallen allein 44% auf das L-Myosin (HASSELBACH und SCHNEIDER 1951). L-Myosin ist in schwachen Salzkonzentrationen (0,0015—0,05 Mol KCl/l) unlöslich, löst sich aber in destilliertem Wasser, in dem es ein stark hydriertes und doppelbrechendes Gel bildet. Der isoelektrische Punkt liegt in reinen KCl-Lösungen bei 5,4, steigt aber in Gegenwart von Ca^{++} auf etwa 8,7. Mittels Sedimentations- und Diffusionsmethoden ist das Molekulargewicht des L-Myosins in einem Temperaturbereich über 10° C auf 840000, seine Länge auf 2400 Å, seine Dicke auf 23 Å festgelegt (PORTZEHL 1950; Weber und PORTZEHL 1952, s. Tab. 2). Bei tieferen Temperaturen erhält man kleinere Teilchen mit einem Gewicht von < 500000 und einer Dicke von 15 Å (LAKI und CAROLL 1955). Man nimmt daher an, daß das Myosinmolekül sich aus zwei Monomeren mit einem Molekulargewicht von je 420000 zusammensetzt (PERRY 1956). Die geringe Dicke, aber relativ große Länge des L-Myosinmoleküls geht auch aus elektronenmikroskopischen Untersuchungen hervor: kleinste Fragmente von gereinigtem (actinfreiem) Myosin haben eine Länge von 0,5—1,0 μ und einen Durchmesser von 200—400 Å (HALL, JAKUS und SCHMITT 1942) und bestehen offenbar aus aneinandergereihten Bündeln von Myosinmolekülen; sie liegen in der Größenordnung der 110 Å-Filamente der A-Abschnitte im quergestreiften Muskel (H. E. HUXLEY 1953). Die kleinsten Myosinpartikel (TSAO und BAILEY 1953) bestehen aus Filamenten, die annähernd achsenparallel zueinander orientiert sind. Die molekulare Anordnung ist jedoch nicht so regelmäßig wie in Kristallen. Das Röntgendiagramm des L-Myosins ist im ungedehnten Zustand immer ein α-Diagramm (s. Abb. 5), (WEBER und PORTZEHL 1952). Bei Dehnung geht das Diagramm des Myosinfadens in den β-Typ über (s. S. 14).

c) Einheiten des L-Myosinmoleküls

Das Myosinmolekül läßt sich durch Trypsinverdauung in 2 kleinere Einheiten zerlegen, von denen das eine (L-Meromyosin) eine langgestreckte und dünne, das andere (H-Meromyosin) eine kürzere und dickere Konfiguration hat (SZENT GYÖRGYI 1951). Das L-Meromyosin ist 550 Å lang, 17 Å breit und hat ein Molekulargewicht von 96000. Das H-Meromyosin ist 435 Å lang, 30 Å breit; sein Molekulargewicht ist 230000. Zwischen beiden Teilchen muß im L-Myosinkomplex eine Peptidbildung bestehen, die durch Trypsin spaltbar ist. Molekulargewicht und Länge der Teilchen rechtfertigen die Annahme, daß sich das Myosingerüst bei einem Molekulargewicht von 840000 aus vier aneinander gereihten L-Meromyosinmolekülen zusammensetzt, von denen 2 an je 1 H-Meromyosinmolekül angelagert sind. Dabei soll nur das H-Meromyosin die Fähigkeit haben, sich mit Actin zu binden (LAKI und CAROLL 1955). Die elektronenmikroskopischen Untersuchungen des L-Meromyosinkristalls ergeben dunkle Linien senkrecht zur Achse mit einer Breite von 30—50 Å und einem gegenseitigen Abstand von 400 Å.

Zwischen den dunklen Linien liegende hellere Streifen zeigen Perioden von 60 bis 70 Å in Achsenrichtung (PHILPOTT und SZENT GYÖRGYI 1954).

Bei Kombination der Wirkung von Trypsin und sehr hohen Harnstoffkonzentrationen können aus dem L-Meromyosin noch sehr viel kleinere, auch bei Ionenstärken μ 0,1 lösliche Teilchen entstehen („Protomyosine"; SZENT GYÖRGYI und BORBISC 1956; SZENT GYÖRGYI 1956).

Eine Aufstellung der einzelnen Aminosäuren, die das L-Myosinteilchen zusammensetzen, enthält Tab. 3 (BAILEY 1951). Das L-Myosin ist ebenso wie das ihm

Tabelle 3. *Aufbau von* L-*Myosin und Tropomyosin aus Aminosäuren im Kaninchenmuskel* (Resultate berechnet mit einem N-Gehalt von 16,7%) (Nach BAILEY 1951)

	Tropomyosin Mol Reste 100 g	Myosin Mol Reste 100 g
Cystin	0,0063	0,0117
Methionin	0,0188	0,0228
Tyrosin	0,0172	0,0188
Tryptophan	—	0,0039
Glycin	—	0,0253
Alanin	0,0988	0,0730
Valin	0,0267	0,0221
Leucin	0,1190	0,1190
Phenylalanin	0,0279	0,0262
Prolin	0,0113	0,0167
Serin	0,0417	0,0412
Threonin	0,0244	0,0429
Histidin	0,0055	0,0155
Arginin	0,0448	0,0423
Lysin	0,1074	0,0814
Glutaminsäure	0,2236	0,1503
Asparaginsäure	0,0684	0,0669
Amido-N	0,0636	0,0857
Summe	0,8418	0,7800

Tabelle 4. *Chemische Zusammensetzung des* L-*Myosins aus Elementen* (Nach DUBUISSON 1954)

Stoff	%
C	50,04
O	23,74
H	7,70
N	16,15
S	1,14
Asche	1,23

verwandte Tropomyosin wahrscheinlich aus Cyclopeptiden aufgebaut (BAILEY 1951), da die Zahl der Endgruppen wesentlich kleiner ist als die Zahl der Peptidketten, die nach der Teilchengröße zu erwarten ist. Der Anteil der verschiedenen Elemente am Aufbau des L-Myosins ist aus Tab. 4 zu ersehen.

d) Actin

Das Actin, dessen Anteil am Gesamtproteingehalt des Muskels etwa 15% beträgt (HASSELBACH und SCHNEIDER 1950), kann nur durch relativ drastische Methoden aus dem Muskel extrahiert werden (STRAUB 1942). Die Isolierung des Actins vom L-Myosin gelingt am besten, wenn man zunächst nach gesonderter Extraktion des L-Myosins den Muskelbrei mit alkalischen Lösungsmitteln und schließlich mit Aceton behandelt; dann erhält man einen Extrakt geringer Viscosität, der das Actin in einer globulären Form enthält (G-Actin) (s. a. SZENT GYÖRGYI 1951). In Actomyosinsolen läßt sich das Actin vom L-Myosin durch die Ultrazentrifuge bei Zusatz von ATP trennen (A. WEBER 1956, s. a. S. 192). In diesem depolymerisierten Zustand hat das Actin ein Molekulargewicht, das zwischen 70000 und 140000 schwankt (PERRY und REED 1947; SZENT GYÖRGYI 1951; s. Tab. 2). Die große Variationsbreite erklärt sich aus der Tatsache, daß das G-Actin in einer monomeren Form (Molekulargewicht $\sim$ 70000) und einer dimeren Form (Molekulargewicht $\sim$140000) vorkommt (TSAO 1953). Der Anteil der verschiedenen Aminosäuren am Aufbau des Actins geht aus Tab. 5 hervor.

G-Actinlösungen sind nicht strömungsdoppelbrechend; sie lassen sich aber durch Salze (0,1—0,15 Mol Na$^+$ oder K$^+$/l) in Gegenwart von Mg^{++} und Ca^{++}-Ionen sowie durch pH-Verschiebungen auf Werte unter 6,0 in thixotrope Gele mit

hoher Viscosität und Strömungsdoppelbrechung überführen, die das Actin in
einer polymerisierten fibrillären Form (F-Actin) enthalten. Die Transformation
von G-Actin zu F-Actin spielt sich nur an der dimeren Form ab; sie ist von einer
Dephosphorylierung von ATP begleitet, das in kleinen Mengen in den G-Actin-
Lösungen vorhanden und mit dem Protein verbunden ist (STRAUB und FEUER
1950; MOMMAERTS 1952). Ursache und Bedeutung der Spaltung sind ungeklärt,
zumal Actin nicht die Eigenschaft einer ATPase hat. Umgekehrt ist eine Depolymerisation des Actins (etwa durch Dialyse in alkalischem Milieu) nur in Lösungen
möglich, die ATP enthalten (PERRY 1956). Während der Polymerisation geht
das in G-Actinlösungen vorhandene ATP in ADP über (LAKI, BOWEN und CLARK 1950);
außerdem werden H^+-Ionen frei, wie an dem erst schnellen, dann verzögerten Abfall des p_H-Wertes zu erkennen ist (DUBUISSON 1950; KU-SCHINSKY und TURBA 1952). Für die Umwandlung von G-Actin zu F-Actin sind SH-Gruppen entscheidend (KUSCHINSKY und TURBA 1950).

Tabelle 5. *Anteil verschiedener Aminosäuren am Aufbau von Actin* (Angaben des Aminosäuren-N in % des Gesamt-N) (Nach FEUER et al. 1948)

Aminosäure	%
Tryptophan . . .	0,22
Tyrosin	1,45
Phenylalanin . . .	—
Arginin	1,60
Histidin	2,46
Lysin	11,48
Glutaminsäure . .	5,49
Asparaginsäure . .	10,97
Prolin	5,08
Hydroxyprolin . .	1,22
Glycin	8,30
Amid-N	11,50
Unbestimmt . . .	38,79

Polymerisiertes Actin bildet F-Actinfäden, die unter dem Elektronenmikroskop mit einem Durchmesser von 100 Å erscheinen. Bei Aggregation der Filamente in lateraler Richtung bildet sich eine Querstreifung mit Perioden von etwa 300 Å aus, die der Länge der kleinsten Actineinheiten entsprechen (ROSZA et al. 1949). Das Röntgendiagramm des Actins von Muschelmuskeln läßt ein zweidimensionales Netz mit annähernd den gleichen Perioden wie das elektronenoptische Bild erkennen (SELBY und BEAR 1956).

In welcher Form das Actin in den myofibrillären Filamenten vorkommt, ist
nicht ganz geklärt. Das F-Actin ist bei normaler Ionenstärke löslich und muß daher
in vivo an Myosin gebunden oder sehr stark polymerisiert sein (PERRY 1956).
F-Actin kann nur aus den Dimeren des G-Actins entstehen (TSAO 1953b). Wider
Erwarten findet sich im Fluorescenzmikroskop kein Unterschied zwischen dem
Dimer und dem F-Actin. Der Befund läßt sich durch die Annahme erklären,
daß die F-Actinaggregate aus nur räumlich fixierten Dimeren ohne feste End-
zu Endverbindungen mit einer freien Rotationsmöglichkeit um die eigene Achse
bestehen.

e) Actomyosin

Der Aufbau des Actomyosins ergibt sich aus folgendem Schema:

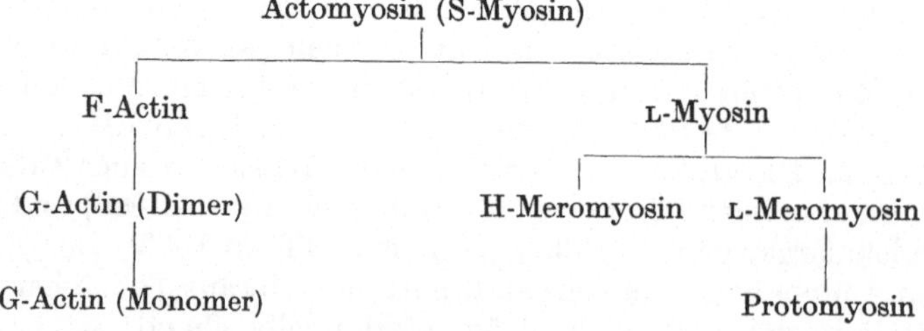

Die Bildung des Actomyosins, das aus der Kombination von Actinfilamenten
mit den H-Meromyosingruppen entsteht, hat einen hochspezifischen Charakter.

Die Fähigkeit des Myosins, Actin zu binden, ist an SH-Gruppen gebunden (BAILEY und PERRY 1947). Unter der Wirkung von Reagentien, die die Sulfhydryl-Gruppen blockieren, ist die Bildung von Actomyosin aus Myosin und Actin nicht möglich. Da das Myosin gleichzeitig seine ATPase-Eigenschaft verliert (s. S. 185), hat man angenommen, daß dieselben chemischen Gruppen (SH-Brücken) für die Enzymaktivität und für die Actinbindung verantwortlich sind (BAILEY und PERRY 1947; KUSCHINSKY und TURBA 1950). Nach neueren Befunden (BÁRÁNY und BÁRÁNY 1959) müssen aber die Reaktionsorte der ATP-Spaltung und der Actinbindung verschiedene SH-Gruppen des Myosins sein, denn im Actomyosinkomplex kann man die ATPase-Aktivität durch Sulfhydrylagentien zerstören, während die Affinität des Myosins zu Actin voll erhalten bleibt. Bildung und Spaltung des Actomyosins ist nicht wie die G → F-Actintransformation mit einer Änderung des p_H-Wertes verbunden. Bei der Mischung von Actin mit Myosin bildet sich ein elektronenmikroskopisch nachweisbares Netzwerk von anastomosierenden Filamenten (ASTBURY 1949), das eine gewisse Ähnlichkeit mit dem Fibringerüst nach der Gerinnung hat.

Ein besonderes Merkmal der Bindung zwischen Myosin und Actin ist die Dissoziationsfähigkeit unter der Wirkung von ATP und anderen Polyphosphaten. In gelöstem Zustand (bei Ionenstärken $\mu > 0,3$) besitzt Actomyosin eine hohe strukturelle Viscosität, die mit der Proteinkonzentration zunimmt. Zugabe von ATP in kleinen Mengen veranlaßt die Dissoziation des Actomyosins, die an einem Abfall der Viscosität zu erkennen ist (NEEDHAM et al. 1941). Dabei ist der Logarithmus der nach der ATP-Wirkung gemessenen Viscosität genau so groß wie die Summe der Logarithmen der Viscositäten von reinen Actin- und Myosinlösungen (H. H. WEBER 1950). Beim Zentrifugieren von Extrakten *ohne* ATP gewinnt man Stoffe mit verschiedenen Sedimentationskonstanten. Das langsamste Fragment hat dieselbe Sedimentationskonstante wie F-Actin (s. Tab. 2). Entsprechend langsam sedimentiert Actomyosin, das nach elektronenoptischen Studien einen etwa 7mal größeren Durchmesser (150 Å) hat als das L-Myosin (ARDENNE und WEBER 1941; JAKUS und HALL 1947; SNELLMAN und ERDÖS 1948). Actomyosinlösungen zeichnen sich ferner durch besonders hohe Doppelbrechung aus, die von Änderungen der H^+-Ionen- und Salzkonzentration nicht beeinflußt wird. Die Lösungen gelieren bei p_H 6,7, wenn die Ionenstärke auf 0,28 absinkt (PORTZEHL et al. 1950). Durch besondere Methoden gelingt es, Actomyosinfäden herzustellen, die sich unter der Wirkung von ATP kontrahieren, und daher — zusammen mit den aus frischen Muskeln extrahierten Fasern — als „Modelle" der Muskelkontraktion bezeichnet werden (s. S. 186).

Actomyosin ist in den Muskeln fast aller Tiere nachweisbar, z. B. auch in den Muskeln der Avertebraten (LAJTHA 1949). Fischmuskeln enthalten schnell sedimentierendes Actomyosin und kein dem L-Myosin des Kaninchens entsprechendes Protein (HAMOIR 1950). Das aus glatten Vertebratenmuskeln extrahierte L-Myosin unterscheidet sich erheblich vom Kaninchenmyosin (CSAPO 1948); daher dürften auch die Actomyosine von Muskeln verschiedener Organe und Tierarten nicht identisch sein.

f) Tropomyosin

Das Tropomyosin (BAILEY 1946) beteiligt sich mit 10—12% an dem Gesamtstickstoff der Myofibrillen (PERRY und CORSI 1958). Es findet sich im Herz- und Skeletmuskel des Kalt- und Warmblüters und ist das einzige Protein der sonst artverwandten fibrillären Proteine der KEMF-Reihe[1], das mit Sicherheit kristallisiert (BAILEY 1948). Tropomyosin besitzt von allen fibrillären Muskelproteinen die

---

[1] KEMF = Keratin-Epidermin-Myosin-Fibrinogen

größte Löslichkeit. Der isoelektrische Punkt liegt bei 5,1. Die auffälligste Eigenschaft des Proteins ist seine Fähigkeit, durch elektrostatische Kräfte End-zu-Endverbindungen einzugehen. Tropomyosin ist im Gegensatz zu Myosin gegen Denaturierung sehr resistent (Tsao, Bailey und Adair 1951). Es fällt bei prolongierter Extraktion mit Boratpuffer (p_H 7,1, Temperatur 0° C) aus und ist im Muskel mit einem wasserlöslichen Protein verbunden, das noch nicht bekannt ist. Die Lösungen von Tropomyosin sind in Abwesenheit von Salzen sehr viscös und strömungsdoppelbrechend. Nach elektronenoptischen Befunden sind die Tropomyosinpartikel 3000 Å lang und 250 Å breit (Astbury et al. 1948); das Molekulargewicht liegt bei 120000.

Die physiologische Bedeutung des Tropomyosins ist unklar. Da es besonders in der Muskulatur junger Tiere vorkommt, kann es eine Vorstufe des Myosins sein (Bailey 1948). Tatsächlich ist der Gehalt an Aminosäuren in beiden Proteinen annähernd derselbe (s. Tabelle 3).

3. Weitere Proteine

Ebenso wie das Tropomyosin dürften sich andere erst kürzlich entdeckte Proteine kaum an dem Kontraktionsvorgang beteiligen: Das Paramyosin (Baer 1944) das Nucleotropomyosin (Hamoir 1951) und das $\varDelta$-Protein (Amberson et al. 1957; White et al. 1957) sowie das Metamyosin (Raeber et al. 1955) und Protein Y (Dubuisson 1954). Die meisten dieser Proteine zeigen die Eigenschaften fibrillärer Molekularstrukturen mit hoher Viscosität und Strömungsdoppelbrechung. Tropomyosin und $\varDelta$-Protein, das womöglich ein polymerisiertes Tropomyosin höherer Viscosität ist, kommen als Baumaterial der elastischen Serienelemente in den Myofibrillen in Frage. Das Protein Y (Dubuisson 1954) ist ein schwer extrahierbares, wenig viscöses Protein mit geringer Anisotrophie.

Einen unmittelbaren experimentellen Einblick in den Gehalt an den wichtigsten Eiweißen bietet die Elektrophorese von Extrakten. Wenn man das Muskelgewebe zunächst mit Aceton dehydriert, gelingt es, bei Ionenstärke μ 0,40 die Proteine der Myogengruppe, depolymerisiertes F-Actin und Tropomyosin zu extrahieren und elektrophoretisch zu trennen. Abb. 1 zeigt entsprechende Diagramme mit und ohne vorhergegangene Dehydrierung (Dubuisson 1954). In Extrakten, die man bei kleiner Ionenstärke ($\mu = 0,15$) gewinnt, läßt sich elektrophoretisch von den Myogenen eine Reihe von Stoffen trennen, die Enzymeigenschaften haben (Dubuisson 1954). Die meisten dieser Stoffe finden sich auch in anderen Geweben, wie z. B. Oxydasen, Demolasen und Dehydrasen. Unter den Enzymen des anaeroben Stoffwechsels sind die des ATP- und KP- Ab- und Aufbaus (Myokinase, Phosphorylase usw.) von besonderem Interesse. Das wichtigste Enzym ist zugleich das wichtigste Struktureiweiß: Actomyosin hat die Eigenschaft einer ATPase (s. S. 183).

III. Energieliefernde Stoffe

1. Energiereiche Phosphate

Als unmittelbare Energielieferanten für die Muskelkontraktion kommen die energiereichen Phosphate in Betracht. Eine Übersicht über den Gehalt des Muskels an diesen Stoffen gibt Tab. 6. Der Adenosintriphosphat-Gehalt bleibt auch während längerer Tätigkeit sehr konstant, obwohl das Gewebe den Phosphor zwischen den Phosphatverbindungen relativ schnell austauscht (Kalckar et al. 1944; Lundsgaard 1950). Die genaue Lokalisation des ATP-Speichers ist bis jetzt nicht möglich (Perry 1956). Ein großer Teil des ATP ist im Sarkoplasma enthalten; in der Skeletmuskelfaser ist es an bestimmten Stellen (in der Nähe der Quermembranen Z und M) besonders konzentriert (TURCHINI und KHAN VAN KIEN 1952).

Der Kreatinphosphat-Gehalt ist in Muskeln, die über ein besonders großes Glykolysevermögen verfügen, höher als in anderen Muskeln. Die Konstanz von ATP und KP ist nur durch den ständigen Wiederaufbau der energiereichen Phosphate möglich. Die dazu erforderliche Energie stammt letzten Endes aus der Oxydation von Kohlenhydraten.

Tabelle 6. *Gehalt des Muskels an energiereichen Phosphaten* (in 10^{-3} Mol/l bei 77% Gesamtwassergehalt) (Nach DUBUISSON 1954)

Stoff	Froschmuskel	Rattenmuskel
Kreatinphosphat . . .	31,7	28,0
Hexosephosphate . . .	13,0	2,0
Adenosintriphosphat . .	8,4	3,0

2. Kohlenhydrate

Das wichtigste im Muskel vorkommende Kohlenhydrat ist das Glykogen, das aus der Glucose der Umgebung (Ringerlösung oder Plasma) aufgebaut wird (s. VERZAR und WENNER 1948). Die Glykogenreserven sind in ein und demselben Muskel Schwankungen unterworfen, die von dem Tätigkeitszustand abhängen. Die Konzentrationen im Vertebratenmuskel liegen zwischen 0,5 und 2%. Das Glykogen ist in Granula lokalisiert und wahrscheinlich ein Bestandteil des Sarkoplasmas, das die Fermentsysteme der Glykolyse und Glykogensynthese enthält. Das Muskelglykogen erscheint in 2 Formen: einer freien Form und einer an Eiweiß gebundenen Form (WILLSTÄTTER und ROHDEWALD 1934). Insulin vermehrt nur das freie Glykogen, das als das eigentliche Speicherglykogen zu gelten hat (VON HEIJNINGEN und KEMP 1956). Bei Reizung des Muskels nehmen beide Fraktionen ab. Das anaerobe Spaltprodukt des Glykogens, die Milchsäure, findet sich im frischen und mit O_2 ausreichend versorgten Muskel nur in sehr geringen Mengen (0,01—0,02%; FLETCHER und HOPKINS 1906). Nach anhaltender Muskeltätigkeit, in der Totenstarre und unter anaeroben Bedingungen kann der Milchsäuregehalt auf sehr hohe Werte ansteigen (s. S. 195 u. 208).

3. Fette und Lipoide

Der Fettgehalt des Muskels besteht im wesentlichen aus Depotfett, das in den interstitiellen Räumen abgelagert ist. Für die Muskelarbeit wird dieses Fett auf dem Umweg über die Leber herangezogen, die die Fette zu Ketonkörpern abbaut. Die Ketonkörper können durch das Blut dem Muskel wieder zugeführt und zum Aufbau von energiereichem Phosphat verwertet werden (s. S. 176). Von dieser Möglichkeit macht besonders der Herzmuskel Gebrauch (BING 1956), der das Fett bei alimentärer Lipämie auch im Sarkoplasma speichern (WEGELIN 1913) und damit wohl auch unmittelbar für den Energiestoffwechsel heranziehen kann.

C. Struktureller Aufbau

I. Elementarfibrillen

1. Quergestreifter Muskel

Die kleinsten eben noch im Elektronenmikroskop nachweisbaren Fadenstrukturen des Muskels (Elementarfibrillen) haben bei allen bisher untersuchten Muskeln von Warm- und Kaltblütern, Avertebraten und Arthropoden einen Durchmesser von 50—100 Å (HALL et al. 1946; FARRANT und MERCER 1952). Es handelt sich um intracelluläre Strukturen, die nur im Muskel vorkommen. Die Fibrillen

des Skeletmuskels sind ebenso wie die ganzen Fasern quergestreift: Stark doppel-
brechende Schichten (A-Abschnitte) wechseln in der Längsrichtung mit schwach
doppelbrechenden Schichten ab, die durch eine Querlinie (Z) in zwei gleich große

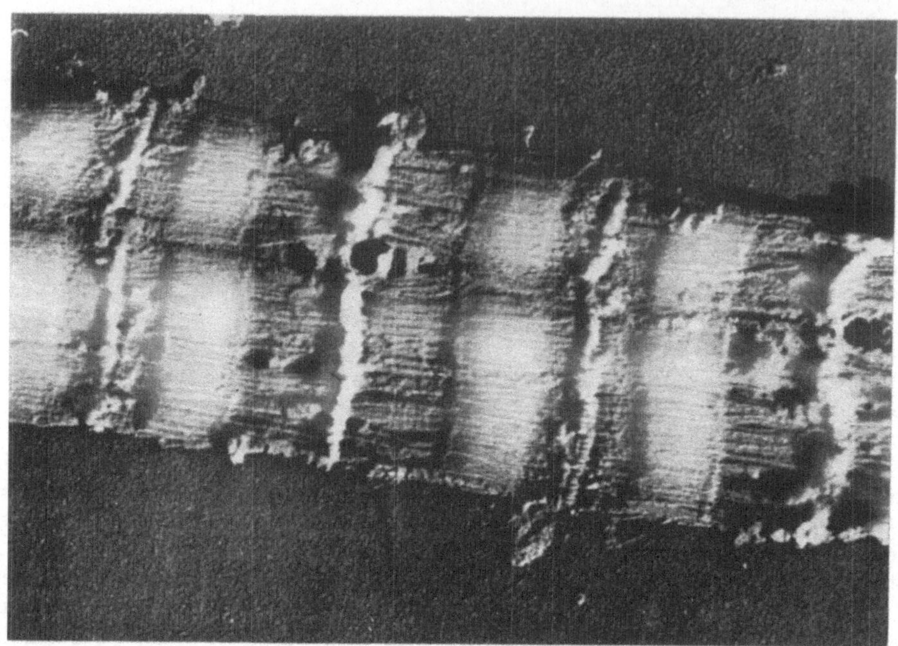

Abb. 2. Elektronenmikroskopisches Bild eines Teiles einer Myofibrille von M. psoas des Kaninchens; Vergr.
25000fach. (Nach Rosza, Szent Györgyi und Wyckoff 1950)

Fächer (I-Abschnitte) unterteilt sind. Der von zwei Z-Linien begrenzte Bezirk
wird als *Sarkomer* bezeichnet; er besteht aus einem A-Fach und aus zwei I-
Fächern, die das A-Fach einschließen. Die Höhe eines Sarkomers beträgt etwa
$3\ \mu$ (s. Abb. 2 u. 3).

Ultradünne Querschnitte vom quergestreiften Muskel des Kaninchens ergeben
in bestimmten Abschnitten der stark anisotropen Bande eine regelmäßige Anordnung zweier Filamenttypen mit verschiedenem Durchmesser (H. E. Huxley

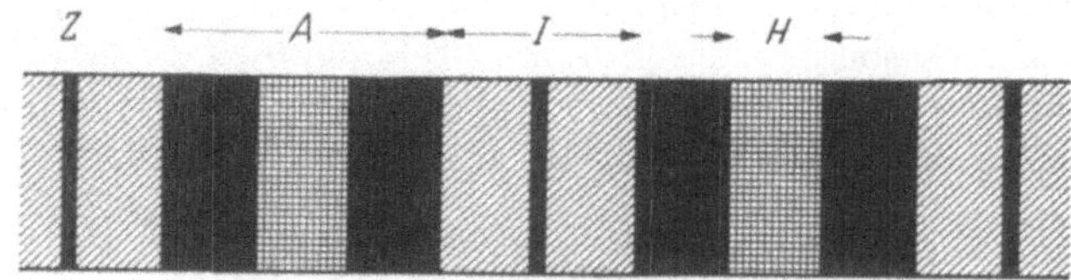

Abb. 3. Schema des histologischen Aufbaus einer quergestreiften Muskelfaser bei der Standardlänge. Bezeichnungen siehe Text. (Nach A. F. Huxley 1956)

1953a). Die dickeren Filamente (Durchmesser 110 Å) liegen in einer einfachen
hexagonalen Anordnung zueinander. Ihr gegenseitiger Abstand beträgt im lebenden Muskel 400 Å (Rozsa et al. 1950; H. E. Huxley 1956), ihre Länge entspricht
der eines A-Faches (etwa $1-2\ \mu$). Die dünneren Filamente (Durchmesser 40 Å)
sind so angeordnet, daß je 6 von ihnen ein dickes Filament umgeben. Daraus
ergibt sich ein Querschnittsmuster nach dem Schema der Abb. 4a. Die dünnen

Filamente sind in dem Zentrum der A-Bande (H-Zone) nicht zu erkennen, während
die dicken Filamente in den I-Banden fehlen. Aus dem Querschnittsmuster in den
verschiedenen Fächern ergibt sich das Längsschnittschema der Abb. 4b.

In *Extraktionsversuchen* konnte man Beweise für die Annahme erbringen,
daß die dicken Filamente aus Myosin, die dünnen aus Actin bestehen; denn wenn
das Myosin selektiv aus dem Muskel entfernt wird, dann bleibt ein Gerüst von
dünnen Filamenten übrig (HANSON und H. E. HUXLEY 1953; HASSELBACH 1953).
Da diese Filamente auch nach Extraktion des Myosins in ihrer achsenparallelen
Anordnung erhalten bleiben, nimmt man an, daß sie ohne Unterbrechung ein
ganzes Sarkomer durchlaufen. Durch weitere Extraktion mit Mitteln, die Actin
angreifen (0,6 Mol KCl/l), verschwindet auch das Gerüst der dünnen Filamente;

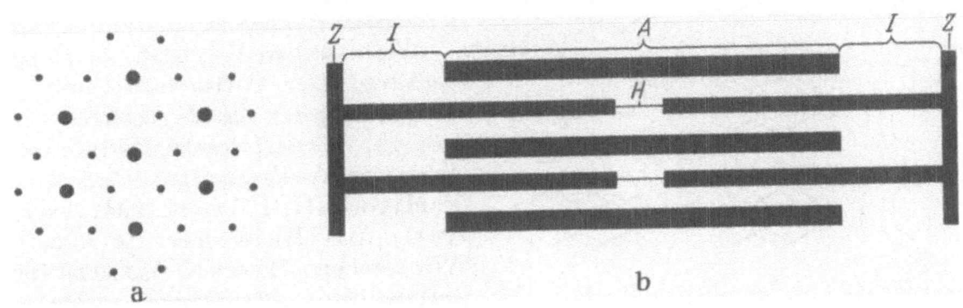

Abb. 4. Schema des Aufbaus einer quergestreiften Muskelfaser aus Filamenten. a) Querschnittsmuster des A-Abschnittes; b) Längsschnittmuster eines Sarkomers; Bezeichnungen siehe Text. (Nach H. E. HUXLEY 1956)

im Phasenkontrastverfahren sind dann nur noch die Z-Linien sichtbar.Da ferner
die Durchmesser und Abstände der Filamente den in den Röntgendiagrammen von
Myosin- und Actinpartikeln nachgewiesenen Perioden entsprechen, nimmt man an,
daß die Elementarfibrillen des quergestreiften Vertebratenmuskels aus zwei
einander überlappenden Systemen von Actin- und Myosinfilamenten bestehen
(H. E. HUXLEY 1956). Im Flügelmuskel von Insekten ist über die ganze Länge
eines Sarkomers ein Typ von Filamenten mit einem Durchmesser von 120 Å und
einem gegenseitigen Abstand von 300 Å erkennbar (HODGE 1956). Diese Filamente
durchziehen das Sarkomer ohne Unterbrechung, wie sich an longitudinalen
Schnitten feststellen läßt. Jedes einzelne Filament ist in Abständen von 250 Å
durch Querbrücken mit 6 benachbarten Filamenten verbunden. Da sich auch im
Vertebratenmuskel eine axiale Periodik von 200—400 Å nachweisen läßt (DRAPER
und HODGE 1949; HOFFMANN-BERLING und KAUSCHE 1950), ist es sehr wahrscheinlich, daß in allen Muskeln Querbrücken zwischen den Filamenten vorhanden sind.
Ob in den Insektenmuskeln ein zweiter Typ von „dünnen" Filamenten das Sarkomer durchzieht, ist eine noch umstrittene Frage (s. H. E. HUXLEY und HANSON
1956, dagegen HODGE 1956). Auch die Diskontinuität der Myosin-Filamente im
Vertebratenmuskel wird neuerdings bezweifelt (SJÖSTRAND und ANDERSSON 1957).

Die quantitative Analyse der extrahierbaren Proteine hat ergeben, daß wenigstens vier Fünftel des Myosins in den Filamenten der A-Abschnitte enthalten sind.
Ob das restliche Fünftel gleichfalls den A- oder aber den I-Abschnitten zuzurechnen ist, läßt sich vorläufig nicht entscheiden; denn das Filamentgerüst, das
nach Myosinextraktion zurückbleibt, kann in beiden Abschnitten noch einen
unbekannten Anteil an Myosin enthalten (s. PERRY 1956).

Röntgenuntersuchungen haben die genannten Befunde im wesentlichen bestätigt. Das Kleinwinkeldiagramm (H. E. HUXLEY 1953) ergibt deutliche Äquatorialreflexionen, die der hexagonalen Anordnung langer Stäbchen im Abstand von

450 Å entsprechen. Das Weitwinkeldiagramm ist für fibrilläre Polypeptidketten charakteristisch, die in der α-Konfiguration aufgespult (ASTBURY und DICKINSON 1935, Abb. 5) und relativ schlecht orientiert sind. Da Actin keine α-Konfiguration zeigt, muß das Diagramm eine Eigenschaft der Myosinfilamente sein. Aus der Länge der A-Abschnitte und dem Durchmesser der dicken Filamente kann man berechnen, daß etwa 8 L-Myosinmolekülketten, die aus je 6 hintereinandergeschalteten Einzelmolekülen bestehen, in den Filamenten gebündelt sind (PERRY 1956). Auf Grund von Färbeversuchen, die in den Randpartien der Filamente eine stärkere Dichte als in den zentralen Partien ergeben, wird jedoch an der Homogenität der dicken Filamente gezweifelt (FARRANT und MERCER 1952).

Wie aus dem Vergleich der *Doppelbrechung* der A-Abschnitte mit der Doppelbrechung des Myosinfadens hervorgeht, ist die Ursache für die Anisotropie der A-Abschnitte die Anisotropie des Myosins (H. H. WEBER 1934; FISCHER 1941). Als Mischkörper im Sinn der Wienerschen Theorie (WIENER 1909) weisen beide Strukturen außer der Eigendoppelbrechung auch Stäbchendoppelbrechung auf, die als Maß für den Orientierungsgrad der Filamente dient. Tab. 7 zeigt, daß Eigen- und Stäbchendoppelbrechung der A-Abschnitte und des Myosinfadens in derselben Größenordnung liegen. Die I-Abschnitte des Skeletmuskels sind zehnmal weniger stark doppelbrechend als die A-Abschnitte (W. J. SCHMIDT 1934), weil sie keine Myosinfilamente enthalten.

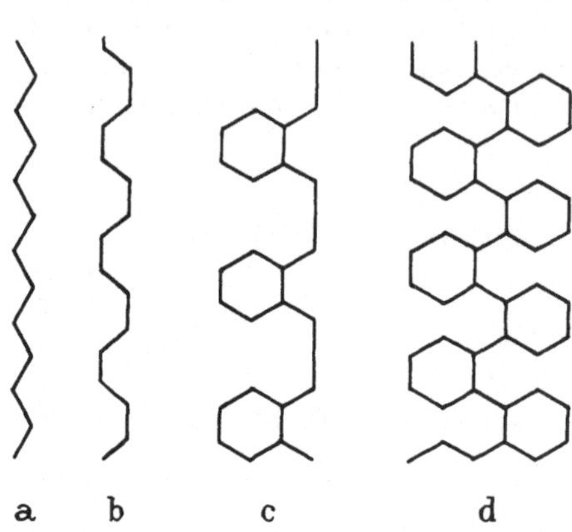

Abb. 5. Modelle für die Hauptarten der Faserproteine. a) β-Typ (gedehntes Myosin); b) Kollagen-Typ; c) α-Typ (ungedehntes Myosin); d) „superkontrahiertes" Kollagen (Nach ASTBURY 1939)

Tabelle 7. *Doppelbrechung des Muskels* (Nach E. FISCHER 1941)

Tierart	Objekt	Gesamt-doppelbrechung	Stäbchen-doppelbrechung	Eigen-doppelbrechung	Brechungs-index
Kaninchen	Myosinfaden	$3,5 \cdot 10^{-3}$	$1,9 \cdot 10^{-3}$	$1,6 \cdot 10^{-3}$	1,56
Frosch	Skeletmuskel (A)	$2,4 \cdot 10^{-3}$	$1,6 \cdot 10^{-3}$	$0,8 \cdot 10^{-3}$	1,51
Ratte	Skeletmuskel (A)	$2,2 \cdot 10^{-3}$	$1,3 \cdot 10^{-3}$	$0,9 \cdot 10^{-3}$	1,52
Phascolosoma	Glatter Muskel	$2,6 \cdot 10^{-3}$	$1,4 \cdot 10^{-3}$	$1,2 \cdot 10^{-3}$	1,55
Thyone	Glatter Muskel	$1,9 \cdot 10^{-3}$	$1,2 \cdot 10^{-3}$	$0,7 \cdot 10^{-3}$	1,52

2. Glatter Muskel

Die Filamente der glatten Muskeln sind bisher nur wenig untersucht worden. An dem Aufbau sind Actin und Myosin beteiligt; beide Proteine lassen sich z. B. aus dem Uterusmuskel des Warmblüters extrahieren (CSAPO, ERDÖS und SNELLMAN 1950). Die Trennung der beiden Proteine gelingt aber wesentlich schwerer als beim quergestreiften Muskel. Die Muskeln von Avertebraten ergeben ein auffallendes Röntgenmuster, das dem Paramyosin und Tropomyosin zugeschrieben wird (BEAR 1944; ELLIOT 1958). Die Doppelbrechung des glatten Muskels ist etwa so groß wie die der A-Abschnitte im quergestreiften Muskel.

II. Muskelfasern

Die Muskelfasern des quergestreiften und glatten Muskels sind Bündel von Elementarfibrillen, deren gegenseitige Anordnung im quergestreiften Muskel senkrecht zur Faserachse liegende Quermembranen und eine äußere Hüllmembran (Sarkolemm) aufrechterhalten Die Räume zwischen den Fibrillen sind mit einer schwach viscösen, protein- und salzhaltigen Lösung (Sarkoplasma) ausgefüllt, in denen Granula, Sarkosomen und Zellkerne suspendiert sind.

1. Quermembranen

Als Quermembranen sind bis jetzt die Z-, M- und N-Membranen bekannt (s. Abb. 3). Die Z-Membran (Dicke etwa 0,1 μ) bleibt auch nach Extraktion von Myosin und Actin bestehen, muß also ein anderes Eiweiß enthalten. Ob die achsenparallelen Elementarfibrillen ohne Unterbrechung die Z-Membran durchlaufen (DRAPER und HODGE 1949; WOLPERS 1944) oder an ihnen enden (HALL et al. 1946), ist noch strittig. Nach neuesten elektronenmikroskopischen Untersuchungen dehnen sich die Z-Membranen nicht über den ganzen Querschnitt einer Faser aus, sondern sind zirkulär (wahrscheinlich helicoidal) angeordnet (GUBA et al. 1958). Die Bedeutung der Z-Membran ist nicht ganz geklärt; die Membran könnte z. B. dazu dienen, die Fibrillen in ihrer achsenparallelen Orientierung zu erhalten.

Dieselbe Funktion hat wahrscheinlich die Mittelmembran M, die in der Mitte der H-Zone innerhalb der A-Bande liegt. Die Membran ist im elektronenoptischen Bild der Z-Membran sehr ähnlich (DRAPER und HODGE 1949) und wird von den Elementarfibrillen (den Fortsetzungen der Actinfilamente in den H-Zonen) ohne Unterbrechung durchlaufen. Die Funktion anderer elektronenoptisch nicht immer nachweisbarer Querstrukturen wie der N-Linien (im Zentrum der I-Bande) ist unbekannt.

Verschiedene Autoren (s. HÄGGQUIST 1956) nehmen an, daß die Querstreifung des Muskels helicoidal angeordnet sei. Der schraubenförmig gewundene Verlauf der Querstreifen läßt sich z. B. zeigen, wenn man eine Muskelfaser (Augenmuskel des Menschen) unter dem Mikroskop um ihre Achse dreht und mit einem Zeiger dem Zug der Querstreifen folgt (A. ENGELHARDT 1955). Die photographische Registrierung der Kontraktionswelle am Froschmuskel (M. cutaneus dorsi) in sehr kurzen Zeitabständen bestätigt die histologischen Befunde: Die Welle fängt an einer Seite an, breitet sich dann über die andere Seite der Faser aus, um anschließend wieder auf der zuerst kontrahierten Seite in dem folgenden Fach der Querstreifung zu erscheinen (A. ENGELHARDT 1952). Da die Befunde mit anderen Angaben (s. z. B. AURELL und WOHLFAHRT 1936) übereinstimmen und auch für Arthropodenmuskeln zutreffen (MATTHAEI und TIEGS 1955), ist an der Realität des helicoidalen Aufbaus kaum mehr zu zweifeln, auch wenn die Diffraktionsspektra lebender Einzelfasern widersprechende Befunde ergeben (BUCHTHAL und KNAPPEIS 1940).

2. Sarkolemm und Bindegewebe

Die äußere Grenzschicht der Muskelfaser gegen das Außenmilieu ist im quergestreiften Muskel das Sarkolemm, eine 0,1 μ dicke Membran, die aus wenigstens drei Schichten besteht (DRAPER und HODGE 1949): aus einer Außenmembran und zwei inneren Lagen dünner, zum Teil helicoidal angeordneter und vermaschter kollagener Fibrillen (LUBOSCH 1937). Die innerste Schicht ist eng mit der Z-Membran durch ein Netzwerk von Fasern (endoplasmatisches Reticulum) verknüpft

und kann daher als Kraftüberträger von den Fibrillen auf die Sehne dienen
(HÄGGQUIST 1926). In vielen Muskeln bildet das Sarkolemm am Muskelende mit
den Sehnenfibrillen eine engmaschige kollagene Kappe, über die die Spannung
vom Muskel auf die Sehne übertragen wird (LAMPERT et al. 1956). In anderen
Muskeln kann das Sarkolemm an den Insertionsstellen auch vollkommen fehlen
(LUBOSCH 1937), ohne daß die Übertragung der Kraft von den Elementarfibrillen
auf die Sehne gestört ist. Daher muß zwischen Myofibrillen und Sehne auch ohne

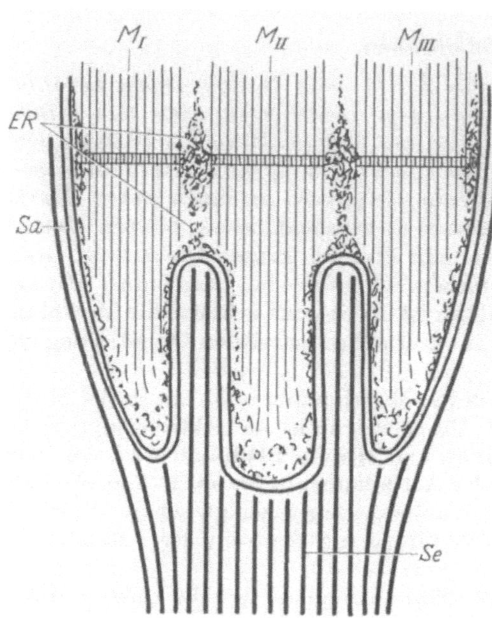

Abb. 6. Schema der Muskel-Sehnenverbindung des Frosch-
muskels. Bezeichnungen: M_I, M_{II} und M_{III} Myofibrillen
Sa Sarkolemm; ER Endoplasmatisches Reticulum; Se
Sehnenfibrille. (Nach EDWARDS et al. 1956)

Beteiligung des Sarkolemms eine
Verbindung bestehen (CLARA 1931;
SCHMIDT 1936). Nach elektronenoptischen Untersuchungen stellt das
endoplasmatische Reticulum am
Muskelende die Verbindung zwischen der letzten Z-Membran und
dem Sarkolemm her; das Sarkolemm
liegt an dieser Stelle in Falten, in
die Zweige der Sehenfasern eintauchen (EDWARDS et al. 1956; Abb. 6).
Beim Herzmuskel und beim glatten
Muskel ist kein dreischichtiges Sarkolemm nachweisbar, sondern nur
eine protoplasmatische dünne Grenzmembran (HÄGGQUIST 1931), die
kaum irgend eine mechanische Funktion erfüllen könnte.

Das endoplasmatische Reticulum
des quergestreiften Muskels verbindet nicht nur die Z-, sondern auch
die M-Membran mit dem Sarkolemm; es soll eine Art inneres Leit-
system darstellen, das die Erregung
von Fibrille zu Fibrille und in longitudinaler Richtung von Z- nach M
weiterleitet (EDWARDS et al. 1956).

Die Sarkolemmhüllen der Muskelfasern sind durch lockeres Bindegewebe miteinander verknüpft (NAGEL 1935). Im unbelasteten Zustand verlaufen diese
Bindegewebsfasern schräg oder in Spiralen um die Muskelfasern herum; sie ordnen
sich erst bei sehr starker Belastung parallel zur Faserrichtung an und erhöhen
damit die Zerreißfestigkeit des Muskels (FENEIS 1935, 1951). Im Endomysium
finden sich außerdem Bindegewebsmembranen, die wie Tücher in den Räumen
zwischen den Muskelfasern aufgehängt sind. Sie enthalten teilweise elastische
Fasern und vermögen allen Längenänderungen der Muskelfasern zu folgen; sie
sollen dazu beitragen, die Reibung zwischen den Fasern bei Deformationen zu
verringern (FENEIS 1935).

3. Durchmesser und Länge der Fasern

Der *Durchmesser* der menschlichen Skeletmuskelfaser beträgt im allgemeinen
40—50 μ; die Oberschenkel- und Glutaealmuskulatur hat den größten, die Augen-
muskulatur den kleinsten Faserdurchmesser (150 μ, bzw. 17,5 μ). Auch innerhalb
ein und desselben Muskels ist die Faserdicke sehr variabel; sie kann z. B. am
Froschmuskel (M. semitendinosus) 20—180 μ betragen (BUCHTHAL und KAISER
1951); die statistische Verteilung zeigt Abb. 7. Der Querschnitt ist nur bei 17%

der Skeletmuskelfaser kreisrund (HONCKE 1947), bei allen anderen Fasern oval. Daher ist der Durchmesser je nach der Richtung, in der er gemessen wird, verschieden groß. Die Länge der Fasern kann im menschlichen Organismus von

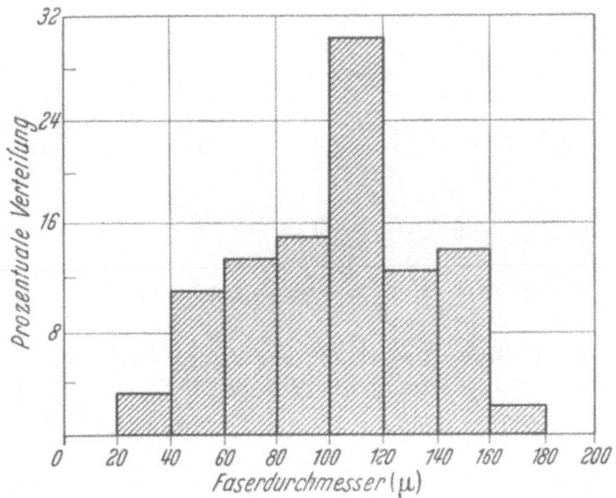

Abb. 7. Verteilung der Faserdurchmesser im Froschmuskel (M. sartorius). Gesamtzahl der gemessenen Fasern: 100; Muskelgewicht: 72 mg; mittlerer Durchmesser 102 μ. (Nach CAREY und CONWAY 1954)

0,5 mm (M. stapedius) bis 32 cm (M. sartorius) betragen (SCHIMERT 1934; LOCKHART und BRANDT 1938). In den kurzen und mittellangen Muskeln ziehen die Fasern ununterbrochen von einem Muskelende zum anderen; in den langen Muskeln sind zwei bis drei Fasern in Serie aneinandergereiht. In ein und demselben Muskel können die Fasern sehr verschieden lang sein. Eine Verteilungskurve zeigt Abb. 8.

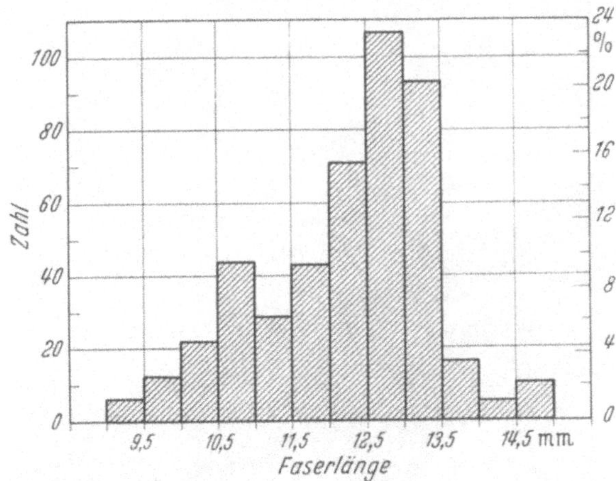

Abb. 8. Verteilung der Faserlängen im Froschmuskel (M. semitendinosus). Linke Ordinate: Zahl der Fasern in den verschiedenen Längenbereichen; rechte Ordinate: Zahl der Fasern in Prozent (Nach BUCHTHAL und KAISER 1951)

Quergestreifte Einzelfasern sind gewöhnlich nicht durch Zellbrücken miteinander verbunden, nur in den Haut- und Schleimhautmuskeln des Gesichts kommen Anastomosen zwischen den Muskelfasern vor (STÖHR 1951).

Die glatten Muskelfasern des Warmblüters sind wesentlich dünner als die quergestreiften. Im Rattenureter beträgt z. B. der Faserdurchmesser 3 μ, im nicht graviden Uterus 4—6 μ und im graviden Uterus 8—10 μ (Häggquist 1956).

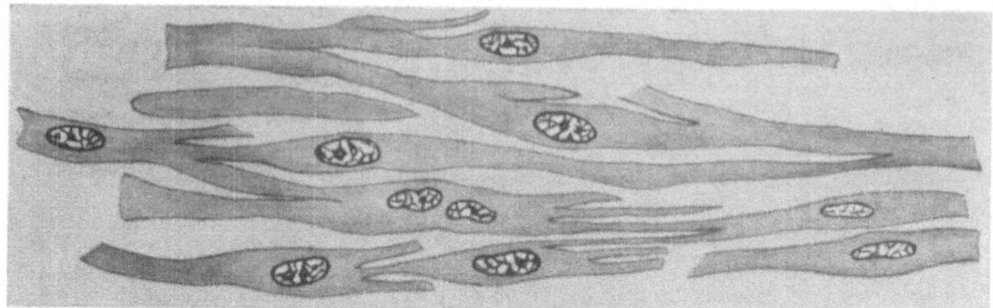

Abb. 9. Muskelzellen vom Magen der Ratte; Vergr. 1500fach (Nach Aunap 1936)

Die Länge der glatten Muskelfasern der Hohlorgane liegt zwischen 60 und 80 μ. An den glatten parallel verlaufenden Fasern von Invertebratenmuskeln sind dagegen sehr viel größere Längen (bis zu 3 cm) gemessen worden (Abbott und

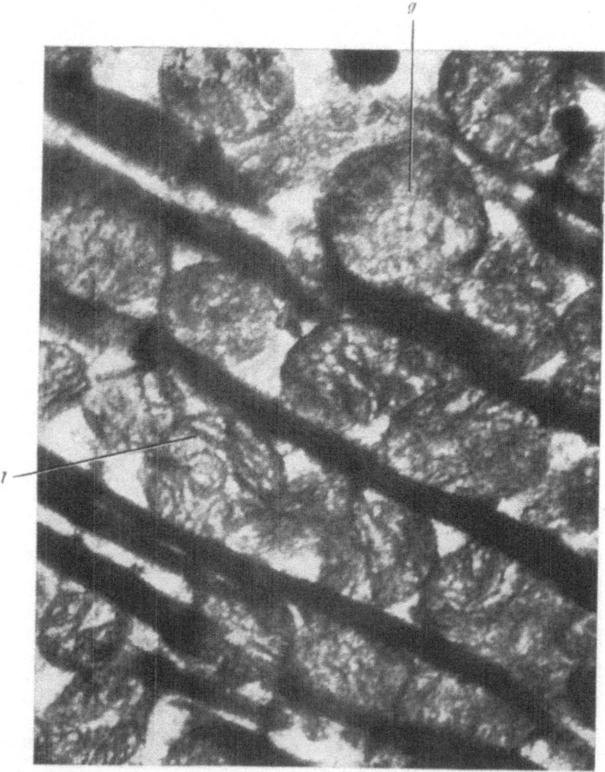

Abb. 10. Elektronenoptisches Bild vom Herzmuskel der Ratte; Vergr. 18900fach. Zahlreiche Sarkosomen zw schen den Muskelfibrillen: *l* innere Lamellen, *g* feine Granula. (Nach Lindner 1954)

Lowy 1958). Die glatten Muskeln des Warmbüters sind syncytial aufgebaut (Abb. 9). Die einzelnen Zellen sind durch Anastomosen miteinander verbunden, die von den Elementarfibrillen ohne Unterbrechung durchlaufen werden.

4. Kerne und Sarkosomen

Die *Kerne* haben in den Muskelfasern dieselbe Funktion wie in allen anderen Zellen; für den Kontraktionsvorgang sind sie ohne Bedeutung. Die Sarkosomen (Mitochondrien; Abb. 10) enthalten die oxydativen Enzyme, mit denen die Muskelzelle die Stoffe der intermediären Umsetzungen oxydiert (HARMAN und OSBORNE 1953). Die Größe der Sarkosomen ist variabel; im Durchschnitt sind sie 1 μ breit und 2 μ lang, ihre Umhüllungsmembran ist 7 Å dick (PALADE 1956). Ihre Größe steht in einer gewissen Korrelation zur oxydativen Tätigkeit des Organs; Herzmuskeln sowie Flügelmuskeln von Tauben und Fledermäusen haben größere Sarkosomen als die übrige quergestreifte Muskulatur von Warmblütern (s. PERRY 1956). Die Sarkosomen enthalten besonders viel Eiweiß; ihr Proteingehalt kann bis zu 20% des gesamten Muskeleiweißes betragen (CLELAND 1953). Die relativ hohe Konzentration an Phospholipiden in den I-Banden von Ratten und Affenskeletmuskelfasern schreibt man Sarkosomen zu, die sich in der Nähe der I-Abschnitte befinden. Die Sarkosomen haben die Eigenschaft ATP zu spalten, ihre ATPase-Aktivität ist aber wesentlich geringer als die der Myofibrillen (s. S. 186).

D. Elastische Eigenschaften des ruhenden Muskels

I. Methoden

Die Angabe der elastischen Eigenschaften des Muskels erfordert die Messung von Spannungs- und Längenänderungen. Mit den hierzu verwandten Methoden kann man auch die aktiven mechanischen Zustandsänderungen während der Kontraktion registrieren. Da die passiven und aktiven mechanischen Reaktionen des Muskels in sehr kurzen Zeiten ablaufen können, erfordert ihre einwandfreie Registrierung relativ hohe Eigenschwingungszahlen und Einstellgeschwindigkeiten der Spannungs- und Längenschreiber. Als *Kraft*messer bieten sich an: Blattfedern oder Torsionsdrähte, deren Durchbiegungsgrad man durch Lichtzeiger optisch vergrößert; Membranen und Metalldrähte, deren Formänderungen unter der Wirkung der Muskelspannung den elektrischen Widerstand eines geschlossenen Stromkreises oder die Anodenspannung einer Elektronenröhre verändern (RAMSEY und STREET 1940; BUCHTHAL 1942; A. V. HILL 1949a). Die *Längenänderungen* sind mit möglichst trägheitsfreien um eine feste Achse drehbaren Hebeln (sogenannten isotonischen Hebeln) zu registrieren, deren Ausschlag optisch oder photoelektrisch vergrößert wird (BUCHTHAL und KAISER 1951; A. V. HILL 1949a). Als isotonischer Hebel empfielt sich auch ein in einem Glaszylinder beweglicher Kolben (BUCHTHAL, WEIS-FOGH und ROSENFALCK 1957).

Für die Messung des Elastizitätsmoduls und für die Standardisierung der Ausgangsbedingungen ist die Angabe der *Gleichgewichtslänge* l_0 und des Querschnittes q notwendig. l_0 wird ermittelt, indem man den völlig erschlafften und entlasteten Muskel so lange dehnt, bis der Kraftmesser eben einen Ausschlag zeigt. Die Länge l_0 läßt sich dann mit den üblichen Methoden messen oder photographisch bestimmen. Für die Einzelfaser ist dasselbe Verfahren anwendbar. Exakte Bestimmungen von l_0 sind nur möglich, wenn die Objekte schwerelos (etwa in Ringer-Lösung) suspendiert sind, da ihr Eigengewicht bereits beträchtliche Verlängerungen verursacht. Außerdem ist eine hohe Empfindlichkeit des Spannungsmessers erforderlich. Wegen der relativ großen Unsicherheit, die der Bestimmung von l_0 anhaftet, wird in der Literatur (s. A. V. HILL 1952) eine andere Länge als Bezuglänge angegeben: die sogenannte Standardlänge l_0', die der Muskel zwischen seinen beiden Sehnenansätzen oder Fixationspunkten in situ einnimmt. l_0' ist im Durchschnitt etwa 15% größer als l_0.

Der *Querschnitt q* läßt sich indirekt durch Messung des Durchmessers ermitteln (Ramsey und Street 1940). Da die Querschnitte von Muskel und Einzelfaser über die ganze Länge sehr verschieden und meist nicht rund, sondern oval oder elliptisch sind, muß man den mittleren Querschnitt aus dem Volumen, dem spezifischen Gewicht und der Länge berechnen (A. V. Hill 1950a); dabei gehen die Meßfehler der Längenbestimmung auch in den Querschnitt ein.

II. Statische Eigenschaften

1. Elastizitätsmodul

Der Muskel ist ein elastisch anisotroper Körper; d. h. seine elastischen Eigenschaften sind nicht in allen Achsen gleich. In der Faserachse ist z. B. die Zugelastizität, in der zur Faser senkrechten Achse ist die Druckelastizität größer als in der anderen Richtung. Unter normalen Bedingungen wird nur die Zugelastizität in der Faserrichtung beansprucht (s. Bethe 1924).

Das Wesen der Elastizität beruht auf der Eigenschaft eines Körpers, bei Dehnung Kräfte zu entwickeln, die ihn in den ursprünglichen Zustand zurückzutreiben suchen. Wenn daher der Muskel auf sein elastisches Verhalten geprüft werden soll, so muß man ihn Längen- oder Spannungsänderungen unterziehen. Seine mechanische Reaktion auf solche Änderungen hängt von der Zeit ab, in der sie erfolgen; denn nach jeder schnellen Längen- oder Spannungsänderung treten elastische Nachwirkungen auf, die über Stunden andauern und die Einstellung eines statischen Gleichgewichtes verzögern können. Als „statisch" wird daher ein Zustand bezeichnet, in dem die elastischen Nachwirkungen so gut wie abgeklungen und die Längen- oder Spannungsänderungen in der Zeit so klein sind, daß man sie vernachlässigen kann.

Unter diesen Bedingungen ist die statische Elastizität in Einheiten des Youngschen Moduls:

$$E = \frac{P \cdot l_0}{q \cdot \Delta l} \tag{1}$$

(P = Gewicht oder Spannung[1]; l_0 = Länge bei der Spannung 0; P/q = spezifische Spannung; q = Querschnitt; Δl = Längenänderung.)

Die Bestimmung von E entspricht dem Vorgehen in der Technik: der Muskel wird mit verschiedenen Gewichten P belastet und seine Längenzunahme nach Abklingen der elastischen Nachwirkung gemessen; oder der Muskel wird um bestimmte Strecken Δl verlängert und die Spannung P bei verschiedenen Längen ermittelt. Die relativ grobe Bestimmung von E ergibt Werte, die zwischen 0,0004 und 0,01 kg/mm² liegen. In Tab. 8 sind einige an verschiedenen Muskeln erhaltenen

Tabelle 8. *Elastizitätsmodul des Muskels*

Tierart	Muskel	Präparat	E kg/mm²	Autoren
Frosch	Skeletmuskel	Ganzmuskel	0,007—0,027	Walter (1948)
Frosch	Skeletmuskel	Faserbündel	0,001—0,028	Sichel (1934)
Frosch	Skeletmuskel	Einzelfaser	0,005	Buchthal (1942)
Mensch	Skeletmuskel	Ganzmuskel	0,01—0,28	Wöhlisch et al. (1926)
Meerschweinchen	Skeletmuskel	Faserbündel	0,00046	Honcke (1947)
Kaninchen . .	Skeletmuskel	Myosinfaden	0,15	H. H. Weber (1948)
Frosch	Herzmuskel	Faserbündel	0,001—0,01	Lundin (1944)

[1] Die Definition der Spannung als der am Muskel angreifenden oder von ihm ausgeübten Kraft hat sich in der physiologischen Praxis als zweckmäßig erwiesen, obwohl sie von der strengen physikalischen Definition abweicht.

Zahlen zusammengestellt. Die großen Unterschiede in den Angaben sind dadurch zu erklären, daß die Längenbereiche, in denen die einzelnen Autoren den Elastizitätsmodul bestimmt haben, sehr verschieden sind[1].

2. Dehnungs- und Entdehnungskurve

Der Youngsche Modul gilt streng nur für Längenänderungen, die relativ klein sind gegenüber der Gesamtlänge des untersuchten Materials (FRANK 1906), und nur unter der Voraussetzung, daß der elastische Körper dem Hookeschen Gesetz folgt. Der Muskel kann sich aber um das Doppelte seiner ursprünglichen Länge ausdehnen; außerdem gehorcht er dem Hookeschen Gesetz nicht. Die Dehnungskurve zeigt einen nach der Längenordinate konvexen Verlauf (Abb. 11). Eine Proportionalität zwischen Verlängerung und Belastung besteht also nicht. Der für sehr kleine Längenänderungen Δl bestimmte Elastizitätsmodul nimmt mit steigender Spannung zu. Da aber je nach dem Dehnungsbereich, in dem E gemessen wird, sich der Querschnitt q und die Länge l ändert, wird der Elastizitätsmodul durch Gl. (1) mathematisch nicht eindeutig festgelegt. Deshalb empfiehlt es sich, die elastischen Eigenschaften des Muskels durch den Neigungswinkel in jedem Punkt der Dehnungskurve zu definieren. Dann ist die Dehnbarkeit des Muskels

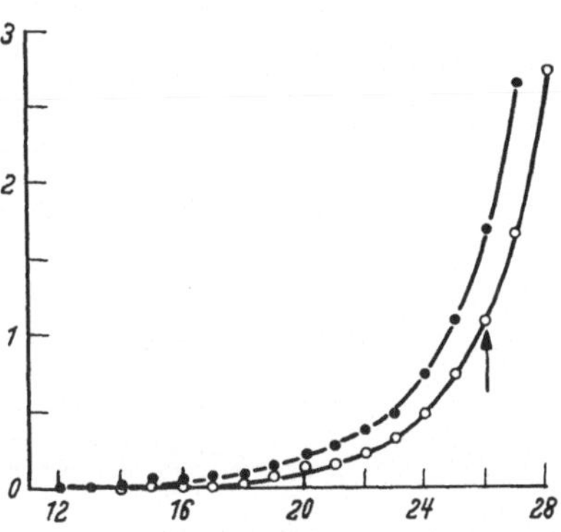

Abb. 11. Entdehnungskurve des ruhenden Muskels (M. sartorius, Kröte). ● = 16° C; ○ = 0° C. Ordinate: Spannung in Gramm; Abszisse: Länge in Millimeter. Länge l'_0 des Muskels im Körper 26 mm (Pfeil). (Nach A. V. HILL 1949f)

$$D = \frac{\Delta l}{\Delta P} \; ; \tag{2}$$

ihr reziproker Wert:

$$S = \frac{\Delta P}{\Delta l} \tag{3}$$

wird vielfach als Steifheit (engl. stiffness) bezeichnet (BUCHTHAL 1942), obwohl dieser Begriff sich in der physikalischen Terminologie auf die Durchbiegungselastizität eines Körpers, nicht auf dessen Zugelastizität bezieht.

a) Elastische Hysteresis

Der Muskel ist in zweifacher Weise unvollkommen elastisch.

a) Die Entdehnungskurve, die man bei stufenweiser Entlastung des vorbelasteten Muskels erhält, liegt immer — auch bei sehr langsamen Zustandsänderungen — unter der Dehnungskurve (BLIX 1893). Gleichen Gewichten entsprechen während der Entlastung immer größere Längen als bei der Belastung. Im Lauf eines vollständigen Belastungs-Entlastungscyclus erleidet der Muskel einen Arbeitsverlust, der so groß wie die durch beide Kurven eingeschlossene Fläche ist (Abb. 12).

b) Wird ein frisch excidierter Skeletmuskel (Frosch) belastet und wieder vollständig entlastet, so bleibt eine irreversible Verlängerung bestehen; der

---

[1] Wegen des gekrümmten Verlaufs der Dehnungskurve haben die Angaben nur einen sehr begrenzten Wert, da der Elastizitätsmodul von Null bis zu sehr hohen Werten jede Größe annehmen kann — je nach dem Dehnungsbereich, in dem er gemessen wird. Die Tabelle soll nur zur Orientierung dienen, mit welchen Moduli man in der Muskelphysiologie rechnen kann.

Muskel nimmt eine neue Gleichgewichtslänge an (SULZER 1928). Der Dehnungs-rückstand nimmt mit der Größe der ursprünglichen Belastung zu. Eine Wieder-holung des Cyclus verursacht eine erneute irreversible Verlängerung, die kleiner ist als im ersten Versuch (Abb. 12). Die Dehnungskurven haben eine S-förmige Charakteristik mit einem Wendepunkt, der sich von einer Kurve zur anderen mit zunehmender Gleichgewichtslänge l_0 nach immer höheren Spannungen ver-schiebt. Die Entdehnungskurven sind gegen die Längenabszisse konvex ge-krümmt und haben auf dem gleichen Spannungsniveau immer den gleichen Neigungswinkel wie beim ersten Cyclus. Nach der irreversiblen Verlängerung

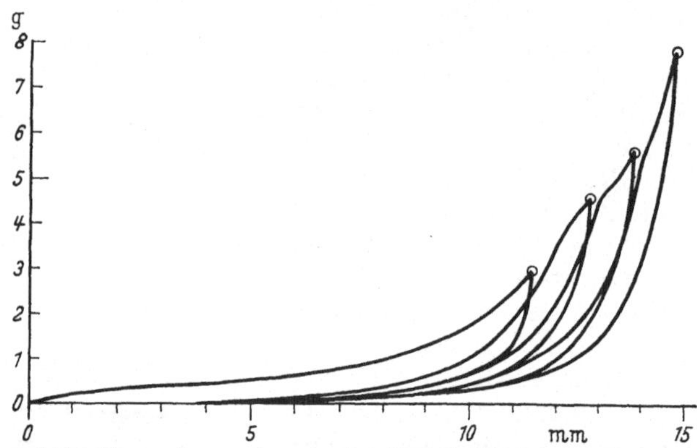

Abb. 12. Dehnungs- und Entdehnungskurven des ruhenden Muskels (M. sartorius, Frosch). Ordinate: Spannung in Gramm; Abszisse: Länge in Millimetern, Belastungsänderung 5,1 g/min. Temperatur 21° C. In jedem Cyclus wird der Muskel etwas stärker belastet als im vorhergegangenen. (Nach SULZER 1928)

erscheint daher jede Entdehnungskurve annähernd parallel gegen die ursprüng-liche Kurve auf der Längenabszisse verschoben (SULZER 1928) (Abb. 12, s. a. Abb. 14). Die Abstände zwischen zwei aufeinanderfolgenden Dehnungskurven werden mit der Zahl der bereits stattgefundenen Dehnungen immer kleiner. Nach 50—60 Dehnungen fallen die Hysteresisschleifen schnell nacheinander ausgeführter Dehnungscyclen praktisch zusammen (BÄSSLER 1950); eine weitere irreversible Verlängerung ist dann nicht mehr möglich. Der Arbeitsverlust ist während der ersten Dehnung am größten und wird mit jeder folgenden Dehnung kleiner; er erreicht schließlich einen Minimalwert, wird aber niemals Null (SULZER 1928).

Die Entdehnungskurven quergestreifter und glatter Muskeln unterscheiden sich nur wenig. Dagegen verlaufen die Dehnungskurven der ersten Dehnungs-Ent-dehnungscyclen des glatten Muskels wesentlich flacher als die des quergestreiften Muskels (WINTON 1926). Die irreversible Verlängerung ist entsprechend größer und kann bis zu 100% der ursprünglichen Länge betragen (JORDAN 1928; BOZLER 1931).

b) Elastische Materialkonstante

Da die Dehnungskurven je nach der Vorgeschichte des elastischen Materials sehr verschieden sind, die Entdehnungskurven aber einen von der Vorgeschichte unabhängigen und konstanten Verlauf haben, werden die elastischenEigenschaften durch Entdehnungskurven besser definiert als durch Dehnungskurven (REICHEL 1952). Die Steilheit der Entdehnungskurve ist in jedem Kurvenabschnitt eine lineare Funktion der Spannung; der reziproke Wert der Dehnbarkeit ($\varDelta P / \varDelta l$) ist der Spannung ($P$) proportional (Abb. 13):

$$\frac{\varDelta P}{\varDelta l} = P \cdot \frac{C}{l_0} \tag{4}$$

$$(C = \text{Konstante})$$

Die Entdehnungskurve hat also einen exponentiellen Verlauf. Die Nichtlinearität
der Entdehnungskurve, die sich übereinstimmend am Ganzmuskel, an der Einzelfaser und am Myosinfaden nachweisen läßt (BRISBIN und ALLEN 1939; BUCHTHAL
1942; H. H. WEBER 1935), kann man durch die Annahme erklären, daß die Zahl
der an der Entdehnung beteiligten elastischen Elemente (pro Querschnittseinheit)
mit der Verkürzung abnimmt (FENN 1948). Dann muß eine bestimmte vom Muskel
ausgeübte Zugkraft P immer einer bestimmten Zahl n der beteiligten Elemente
entsprechen:

$$P = f\,(n) \tag{5}$$

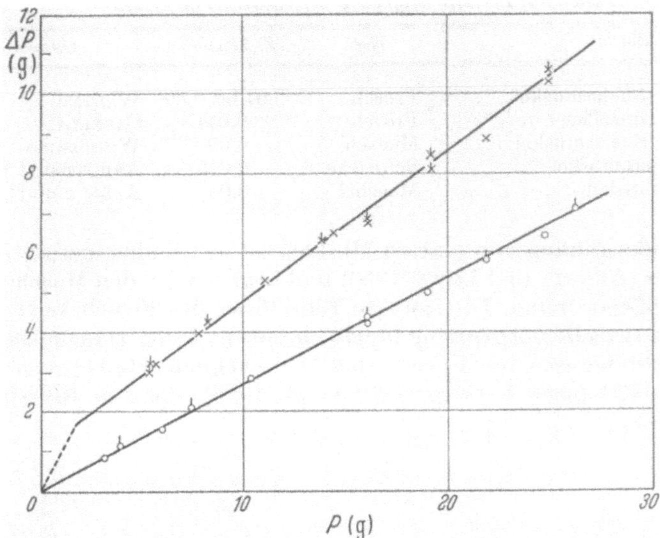

Abb. 13. Dynamische und statische Dehnbarkeit eines Muskels bei verschiedenen Querschnitten (M. sartorius,
Frosch), 20,5° C; Länge des Muskels $l_0 = 33$ mm; Gewicht 165 mg). Ordinate: Spannungsabfall ΔP als reziprokes
Maß der Dehnbarkeit ($\Delta l/\Delta P$) bei Entdehnungen ($\Delta l = 0,43$ mm $= 0,7\%\ l_0$). Abszisse: Ausgangsspannung P vor
Entdehnung. Obere Kurve (Kreuze): dynamischer Spannungsabfall; die gestrichelte Linie kennzeichnet den
Bereich, in dem infolge der Entdehnung die Spannung auf Null absinkt; ΔP ist dann gleich P; untere Kurve
(Kreise): statischer Spannungsabfall (3 min nach Entdehnung); für diese Kurve gilt Gl. (4). Einfache Symbole:
Vor Durchschneidung (wirksamer Querschnitt 5 mm²); Symbole mit Strich: *Nach* Durchschneidung (wirksamer
Querschnitt 1,5 mm²). Verhältnis der dynamischen zur statischen Dehnbarkeit bei 10 g Spannung 0,56. (Nach
REICHEL und BLEICHERT, unveröffentlicht)

Da die Dehnbarkeit ($\Delta l/\Delta P$) dann umgekehrt proportional der Zahl n der
pro Querschnittseinheit beanspruchten Elemente ist, muß für die gleiche Spannung P die Dehnbarkeit konstant und unabhängig vom Querschnitt des Muskels
sein. Wenn man einen Muskel in der zur Faserachse senkrechten Richtung teilweise durchtrennt (REICHEL und BLEICHERT[1]), ergibt sich tatsächlich eine quer-
schnittsunabhängige konstante Relation zwischen P und ΔP (Abb. 13); die
Entdehnungskurve des dünnen Muskels ist lediglich gegen die Entdehnungskurve
des dicken Muskels nach größeren Längen verschoben. Die Konstante C der Gl. (4)
hat also den Charakter einer Materialkonstanten.

Wenn die Längenänderung (Δl) 1% l'_0 (bzw. 1,15% l_0) beträgt, berechnet sich
die Konstante C für verschiedene Muskeln im Mittel zu 0,2 (CASTELL[1]). Der
Gültigkeitsbereich der Gl. (4) erstreckt sich beim Froschmuskel auf einen Spannungsbereich von 1,5—30 g/mm². Bei Spannungen < 1,5 g/mm² verläuft die Entdehnungskurve im allgemeinen flacher, als nach Gl. (4) zu erwarten wäre, weil
dann die elastische Zugspannung vorwiegend auf thermokinetischen Kräften

---

[1] Unveröffentlichte Versuche.

beruht (s. S. 41). Der Verlauf der Entdehnungskurve entspricht zwar auch in diesem Bereich einer Exponentialfunktion, doch hat die Konstante C der Gl. (4) dann einen etwas kleineren Wert (A. V. HILL 1952).

c) Zerreißfestigkeit

Trotz seiner hohen Dehnbarkeit im Bereich niedriger Spannungen besitzt der Skeletmuskel eine relativ hohe Zerreißfestigkeit in der Längsrichtung: 0,04 bis 0,09 kg/mm². Eine Übersicht gibt Tab. 9.

Tabelle 9. *Zerreißfestigkeit Z verschiedener Muskeln*

Muskelart	Tier	Z (kg/mm²)	Autoren	Jahr
Quergestreifter Skeletmuskel . .	Frosch	0,04 bis 0,09	WALTER	1944
Quergestreifte Einzelfaser . . .	Frosch	0,044	CASELLA	1951
Quergestreifter Skeletmuskel . .	Mensch	0,09	WÖHLISCH et al.	1926
Glatter Hohlorganmuskel . . .	Schnecke	0,015	ABBOTT und LOWY	1956
Glatter Byssusmuskel	Muschel	0,05	ABBOTT und LOWY	1958

Die Zerreißspannung von glatten Muskeln ist gewöhnlich geringer als die des Skeletmuskels (ABBOTT und LOWY 1956) und liegt nur bei den Muschelmuskeln in derselben Größenordnung. Die isolierte Einzelfaser des Froschskeletmuskels zerreißt bei etwa derselben Spannung (0,044 kg/mm²) wie der Ganzmuskel (CASELLA 1951). Die Zerreiß*längen* von Frosch- und Menschenmuskeln betragen 150—200% der Gleichgewichtslänge l_0 (WÖHLISCH et al. 1926), die von Einzelfasern etwa 200% (BUCHTHAL 1942).

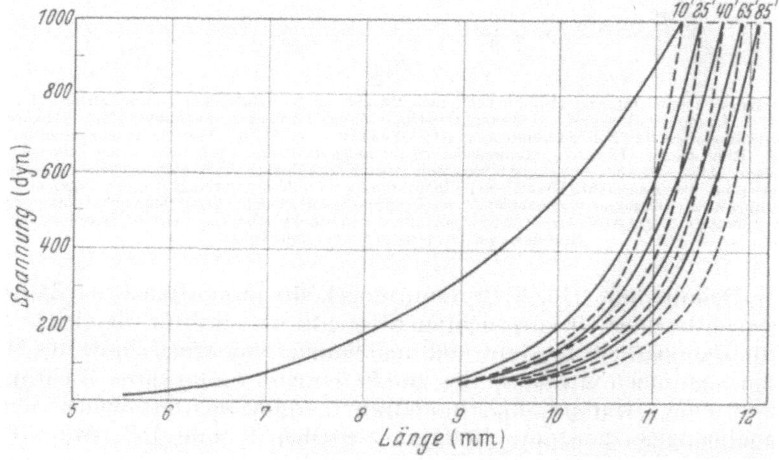

Abb. 14. Serie von aufeinanderfolgenden Längenspannungsdiagrammen der Einzelfaser (M. semitendinosus Frosch, 0° C) im Ruhezustand. Maximale Spannung P_0 im Tetanus: 1000 dyn. Ausgezogene Linie: Belastung. Unterbrochene Linie: Entlastung. Die Zahlen oberhalb der Kurven geben die Zeit (Minuten) nach dem Beginn des Versuches (vom Ausgangspunkt des Koordinatensystems) an. (Nach BUCHTHAL und KAISER 1951)

d) Elastische Eigenschaften von Einzelfasern

Dehnungskurven von Einzelfasern haben im mittleren und hohen Spannungsbereich denselben Verlauf wie die des Ganzmuskels (Abb. 14) (ASMUSSEN 1936; BUCHTHAL 1942). Die für den Ganzmuskel typische Unvollkommenheit der Elastizität findet sich auch in der isolierten Faser wieder. Während der Entdehnung sind stets größere Längen mit denselben Spannungen im Gleichgewicht als während der vorangegangenen Dehnung. Der Arbeitsverlust nimmt mit dem Ausmaß der Dehnung zu. Dehnungs- und Entdehnungskurve fallen aber nahezu zusammen, wenn man eine stark vorgedehnte Faser erst stufenweise bis zu mittleren Spannungen dehnt und dann wieder dehnt. Der Arbeitsverlust ist in diesem Fall fast Null (BUCHTHAL 1942); er ist aber beträchtlich, wenn die Faser vor der Wiederdehnung völlig entdehnt worden ist (Abb. 15).

Die Längenspannungsdiagramme der Einzelfaser unterscheiden sich insofern von den Diagrammen des Ganzmuskels, als sie nach größeren Längen (etwa um 50% der Gleichgewichtslänge l_0) verschoben erscheinen. Die Unterschiede erklären sich zwanglos aus dem verschiedenen Querschnitt beider Objekte (s. S. 23).

Daher steigt auch die Spannung der Einzelfaser bei Dehnung im untersten Bereich sehr viel flacher an als die des Ganzmuskels. Außerdem ist die verschiedene Länge der Fasern im Verband des Ganzmuskels zu berücksichtigen: die kurzen Fasern werden schon bei kleineren Dehnungsgraden elastisch beansprucht als die langen (RAMSEY u. STREET 1940).

3. Parallel-elastische Strukturen

Nach den genannten Befunden verhält sich die Einzelfaser elastisch wie ein Ganzmuskel, der auf einen sehr dünnen Querschnitt reduziert ist (s. S. 23). Daher ist die Wahrscheinlichkeit gering, daß im normalen Dehnungsbereich das

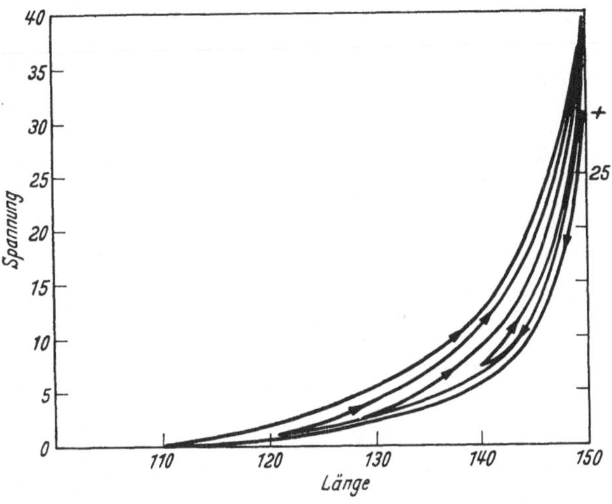

Abb. 15. Dehnungs- und Entdehnungskurven der Muskelfaser (M. semitendinosus, Frosch). Temperatur 12 bis 14° C. Dauer der Dehnung und Entdehnung einige Sekunden. Verschieden starke Entdehnungen von der Länge 150% l_0, mit nachfolgender Dehnung bis zur ursprünglichen Länge. Ordinate: Spannung in willkürlichen Einheiten; Abszisse: Länge (Gleichgewichtslänge l_0 der unbelasteten Faser = 100). (Nach BUCHTHAL 1942)

Bindegewebe Träger der Muskelelastizität ist. Trotzdem ist die Frage zu diskutieren, in welchem Ausmaß sich sogenannte „parallel-elastische" Elemente an der Elastizität des Ganzmuskels beteiligen. Solche Strukturen können außer den Bindegewebsfasern auch die Sarkolemmscheiden sein. Dehnung von isoliertem Bindegewebe oder von Sarkolemmhüllen, in denen die Kontinuität der Muskelfibrillen zerstört ist, ergibt dieselbe Kurvencharakteristik wie Dehnung des Ganzmuskels oder der Einzelfaser (BANUS und ZETLIN 1938; RAMSEY und STREET 1940). Dabei ist nicht sicher zu entscheiden, ob im intakten Objekt (Muskel oder Einzelfaser) die parallelen Strukturen zwischen den tragenden Fibrillen hängen und nur bei sehr hohen Dehnungsgraden beansprucht werden. Gegen die Annahme, daß Bindegewebe und Sarkolemm im normalen Dehnungsbereich die elastischen Eigenschaften des ruhenden Muskels bestimmen, spricht die Tatsache, daß Muskeln (z. B. Schalenschließmuskel von Pinna nobilis), die so gut wie kein Bindegewebe und Fasern ohne Sarkolemmhülle enthalten, dieselben Entdehnungskurven wie Froschmuskeln aufweisen (BANDMANN und REICHEL 1955). Im Froschmuskel (M. sartorius) kann sich das Bindegewebe erst bei relativ hohen Dehnungsgraden an der Ruhespannung beteiligen, da die Zerreißspannungen von Faser und Ganzmuskel übereinstimmen und der Umschlagspunkt des linearen thermischen Ausdehnungskoeffizienten von negativen auf positive Werte bei Längen liegt, die 140% der Gleichgewichtslänge l_0 betragen (s. S. 38). Erst in diesem Längenbereich beginnt die Dehnungskurve ihren exponentiellen Verlauf zu ändern (A. V. HILL 1952). Mit den physiologischen Befunden decken sich histologische Angaben, nach denen das Bindegewebe im normalen Dehnungsbereich überhaupt nicht voll ausgedehnt, sondern locker in Spiralen angeordnet ist (FENEIS 1935; NAGEL 1935). Dagegen sind bei anderen Muskeln (Flugmuskel der Heuschrecke) starke Bindegewebsstränge auch in einem Bereich sehr kleiner Dehnungen für die Ruhespannung verantwortlich zu machen (BUCHTHAL, WEIS-FOGH und ROSENFALCK 1957). Die Dehnungskurven sind aber nicht gekrümmt, sondern steigen annähernd linear an. Das parallel-elastische Element ist also hier an Eigenschaften zu erkennen, die von dem normalen Verhalten des ruhenden Muskels abweichen.

Das Sarkolemm ist ebensowenig wie das Bindegewebe im normalen Dehnungsbereich Träger der Elastizität (s. SICHEL 1941). Die Zerreißspannung der Sarkolemmhülle liegt 35% unter der Zerreißspannung der intakten Faser (CASELLA 1951). Daher müssen die Spannungen, die zwischen der Zerreißspannung des Sarkolemms und der der intakten Faser liegen, durch die inneren Strukturen der Faser (Elementarfibrillen) getragen werden. Die contractilen Ketten, die die aktiven Kontraktionsspannungen entwickeln, sind auch verantwortlich für die maximalen passiven Spannungen, die die Faser eben noch halten kann, ohne zu zerreißen. Deshalb besteht zwischen der Zerreiß- und Tetanusspannung eine annähernd lineare Relation (s. Abb. 16). Der Anteil des Sarkolemms an der Ruhespannung kann also nur sehr klein sein, zumal die Dehnungskurve des Sarkolemmschlauches gegen die Dehnungskurve der intakten Faser um etwa 50% l_0 nach größeren Längen verschoben ist.

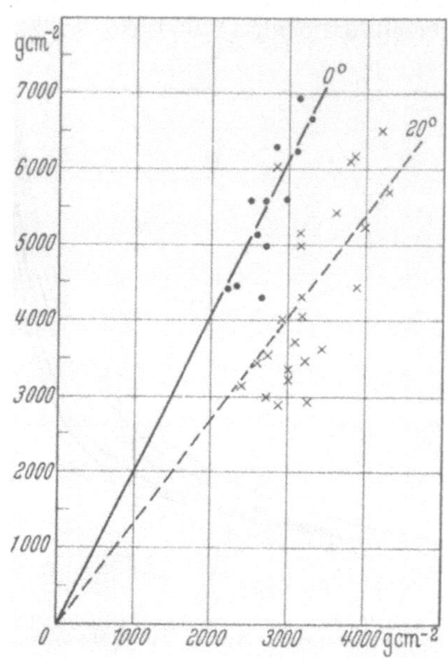

Abb. 16. Zerreißspannung der isolierten Einzelfaser als eine Funktion der maximalen Spannung P_0 des isometrischen Tetanus. Ordinate: Zerreißspannung in g/cm²; Abszisse: Kontraktionsspannung in g/cm². Kreuze: 20° C; Punkte: 0° C. (Nach CASELLA 1951)

4. Plastische Eigenschaften

a) Plastische Verlängerung

Als Maß für die Plastizität eines Muskels kann die irreversible Verlängerung Δl_p (bezogen auf die Gleichgewichtslänge) nach einem vollständigen Belastungs-Entlastungs-Cyclus gelten. Die plastische Verlängerung hängt u. a. davon ab, wie hoch die Belastung ist, und tritt überhaupt erst ein, wenn eine gewisse kritische Spannung überschritten wird. Sie hängt ferner von der Zeit ab, während der eine Spannung oberhalb der kritischen Grenze am Muskel liegt: Je länger diese Zeit andauert, desto größer ist der Dehnungsrückstand nach einem vollständigen Cyclus. Träger der plastischen Eigenschaften sind die contractilen Elementarfibrillen oder Elemente, die zu den contractilen Ketten in Serie liegen (AUBERT et al. 1951; REICHEL 1952); denn mit zunehmender Länge l_0 verschiebt sich auch das Längenspannungsdiagramm des kontrahierten Muskels in derselben Richtung (s. S. 125). Außerdem kann die plastische Verlängerung beim quergestreiften und glatten Muskel (SULZER 1928; BOZLER 1930; BANDMANN und REICHEL 1955) nach völliger Entlastung ganz oder teilweise infolge isotonischer Kontraktionen zurückgehen. Irreversibel ist also der Dehnungsrückstand nur insofern, als es nicht gelingt, ihn durch passive Entlastung zu beseitigen.

b) Plastischer Tonus

Wenn sich ein plastisch gedehnter, nicht belasteter Muskel isotonisch kontrahiert, so bleibt er auch nach der Erschlaffung gegenüber seiner ursprünglichen Länge verkürzt; seine Gleichgewichtslänge l_0 ist kleiner als vor der Kontraktion. Frisch excidierte Muskeln, die sich ohne vorausgegangene Dehnung mehrmals isotonisch kontrahieren, werden von einer Kontraktion zur anderen kürzer (A. V. HILL 1949); Einzelfasern können ihre Länge l_0 sogar auf 20% des Anfangswertes reduzieren ("Δ-state") (RAMSEY und STREET 1940). Eine solche Dauerverkürzung wird als plastischer Tonus bezeichnet (s. a. JORDAN 1933). In manchen glatten Muskeln (Hohlorganmuskeln von Warmblütern) geht die plastische Verlängerung unter dem Einfluß der Kontraktion nur bei gleichzeitiger Erwärmung zurück (GREVEN 1950); im Herzmuskel des Kaltblüters ist sie so gut wie irreversibel. In beiden Fällen handelt es sich um syncytial strukturierte Muskeln, deren Netzwerk durch eine angelegte Spannung in der Richtung der Zugkraft gestreckt und achsenparallel orientiert wird; die einzelnen Muskelschichten verschieben sich dann irreversibel gegeneinander etwa nach Art einer Gefügedilatation (LINZBACH 1950), die unter pathologischen Bedingungen auch in vivo auftreten kann.

Den unter der Kontraktionswirkung reversiblen Teil der plastischen Verlängerung kann man auf Desorientierungseffekte innerhalb der contractilen Ketten zurückführen (BANDMANN und REICHEL 1955). Im Δ-state sind die Elementarfibrillen desorientiert und die Querstreifen verwaschen (RAMSEY und STREET 1940). Die Stäbchendoppelbrechung nimmt daher zu, wenn der Muskel gedehnt wird (FISCHER 1944). Diese Zunahme ist nur im glatten Muskel deutlich nachzuweisen und kann das Mehrfache des Ausgangswertes betragen; sie dauert so lange an, als der Orientierungsgrad noch nicht vollständig ist. Nach Entdehnung bleibt die Stäbchendoppelbrechung entsprechend der plastischen Verlängerung erhöht (BOZLER und COTTRELL 1937; FISCHER 1941).

Auf die genannten Befunde stützt sich die Theorie des plastischen Tonus: Die Kettenglieder der Filamente (Micellen) sind nicht vollkommen achsenparallel orientiert, sondern in einer mehr oder weniger abgewinkelten Stellung aneinandergeheftet (Abb. 17). Zwischen je zwei Gliedern bestehen Anziehungskräfte, denen Gegenkräfte das Gleichgewicht halten. Wenn die Spannung über einen bestimmten Grenzwert erhöht wird, dann vergrößert sich die Entfernung zwischen den Gliedern, die aus dem Bereich der Anziehungskräfte geraten und sich parallel in Richtung der Faserachse orientieren, bis sie durch elastische Kräfte gegen die dehnende Kraft in einem neuen Gleichgewicht gehalten werden. Der Erfolg ist eine Zunahme der Gleichgewichtslänge l_0. Die Abhängigkeit der plastischen Verlängerung von der Belastung kann man durch die Annahme erklären, daß die kritischen Spannungen, bei denen sich die Ketten entfalten, nicht für alle Kettenglieder gleich sind, sondern sich statistisch über den ganzen Dehnungsbereich verteilen (s. H. H. WEBER 1934). Der relativ hohe Arbeitsverlust beim ersten Dehnungs-Entdehnungs-Cyclus kann dann darauf beruhen, daß die kritischen Spannungen, bei denen die Kettenglieder in den Bereich der Anziehungskräfte geraten, tiefer liegen als die Spannungen, bei denen sich die Ketten strecken. Der Muskel bleibt im Anschluß an einen Be- und Entlastungscyclus verlängert, weil einzelne oder viele Glieder auch bei völliger Entlastung in Achsenrichtung orientiert bleiben. Die Theorie läßt die Möglichkeit offen, daß in einem Bereich niedriger Spannungen auch bei passiver Entlastung ein Teil des vorausgegangenen plastischen Dehnungs-rückstandes zurückgeht. Dies ist beim Skeletmuskel, im geringeren Ausmaß auch beim Herzmuskel der Fall (H. H. WEBER 1941; REICHEL[1]) und besonders für den glatten Muskel typisch (REMINGTON und ALEXANDER 1956). Im Bereich mittlerer und hoher Spannungen sind dagegen die Spannungsänderungen bei Entdehnung vorwiegend elastisch und nicht von plastischen Effekten begleitet.

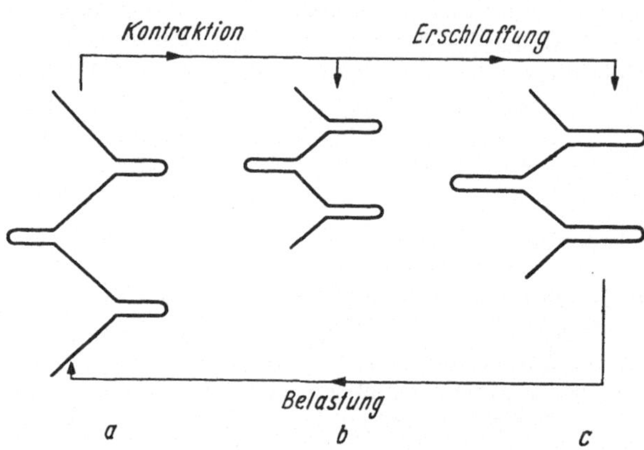

Abb. 17. Modell des plastischen Tonus. a) ruhender, plastisch verlänger-ter Muskel; die einzelnen Glieder der Kette sind lang, die von ihnen gebildeten Falten flach; b) kontrahierter Muskel: die einzelnen Glieder der Kette sind kurz, die Falten relativ zur Gesamtlänge tief; c) ruhen-der, plastisch verkürzter Muskel: die einzelnen Glieder der Kette sind wieder so lang wie in a), die Falten sind aber relativ tief geblieben; bei Belastung kann der Zustand (c) wieder in den Zustand (a) übergehen, dieser nach Kontraktion wieder in den Zustand (c)

Die Wirkung der Kontraktion auf den plastischen Tonus soll das Modell (Abb. 17) veranschaulichen. Wenn die Filamente sich durch die Auffaltung der Polypeptidketten im molekularen Bereich kontrahieren, so müssen auch die einzelnen Glieder kürzer und bei isotonischer Anordnung die Abstände zwischen den sich anziehenden Gliedern kleiner werden. Der Erfolg ist eine vermehrte Desorientierung, die über die Kontraktion andauert. Der Vorgang ist an die Bedingung gebunden, daß die am Muskel liegende Spannung, die der Desorientierung entgegenwirkt, relativ klein ist; er wird außerdem begünstigt durch Stauchungseffekte, die benachbarte Fasern im Verband eines Ganzmuskels aufeinander ausüben.

Nach der hier vertretenen Auffassung unterscheidet sich der plastische Tonus grundsätzlich von der Kontraktion: Er beruht auf einer Desorientierung relativ grober Strukturen (etwa der Glieder von Elementarfibrillen), während die Kontraktion in einer Verkürzung der Kettenglieder besteht (s. Modell der Abb. 17). Für diese Annahme spricht die Tatsache, daß im Zustand des plastischen Tonus das Membranpotential unverändert ist (GREVEN 1951), während die Kontraktion in fast allen Erscheinungsformen (Zuckung, Tetanus usw.) von Depolarisationen eingeleitet wird. Der passive Charakter des plastischen Tonus ist ferner aus der fehlenden Temperaturabhängigkeit ersichtlich: Eine im plastisch verkürzten Zustand eingestellte Spannung wird nach Versuchen am Schalenschließmuskel (Pinna nobilis) im Gegensatz zur Kontrakturspannung durch Erwärmen und Abkühlen nicht beeinflußt (REICHEL 1955, Abb. 18).

c) Trennung elastischer und plastischer Längenänderungen

Die genaue Abgrenzung des plastischen Tonus von der Kontraktion ist in praxi schwierig, weil der Muskel seinen Tonus gegen die normalen Zugspannungen in vivo nur durch kontraktile Tätigkeit aufrechterhalten kann. Ebenso schwierig

[1] Unveröffentlicht.

ist es, die plastische Verlängerung (Δl_p) von der elastischen Verlängerung (Δl_e) bei Belastung des Muskels abzugrenzen. Eine Trennung beider Größen ist aber

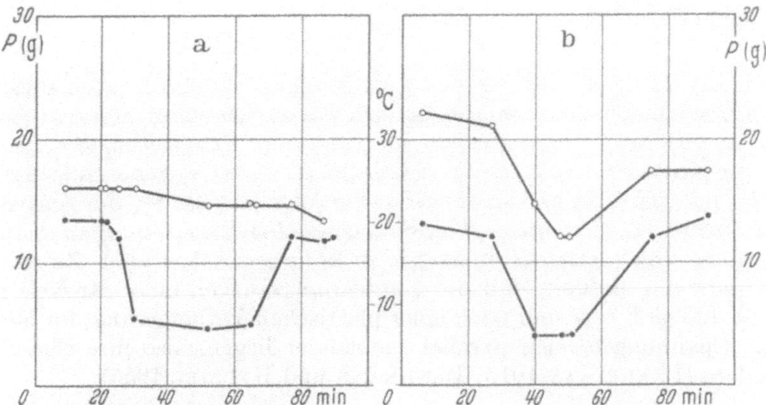

Abb. 18. Zeitlicher Verlauf von Temperatur (geschlossene Kreise) und Spannung (offene Kreise) bei Abkühlung und Wiedererwärmung (M. adductor, Pinna nobilis). a) tonisch verkürzter Muskel; b) Muskel im Zustand der Acetylcholinkontraktur. (Nach REICHEL 1955).

möglich (WALTER 1944), wenn man einen Muskel (M. gastrocnemius, Frosch) stufenweise mit zunehmenden Gewichten belastet, die man immer erst nach voll-

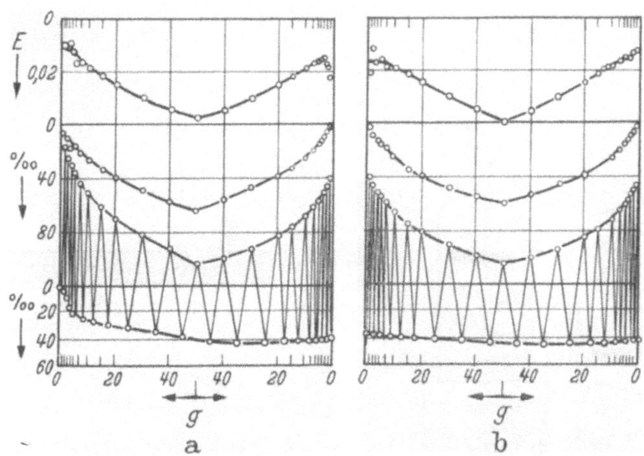

Abb. 19. Dehnungsgrad und Elastizitätsmodul des Skeletmuskels (M. gastrocnemius, Frosch) als Funktion der Last bei steigender und fallender Belastung. Ordinate: Dehnungsgrad in °/₀₀ der Ausganglänge (= 28,1 mm im linken, 29,1 mm im rechten Bild); Abszisse: Belastung in g. Kurven von unten nach oben: 1. Kurve: plastische („irreversible") Verlängerung des Muskels nach Belastung und anschließender Entlastung; 2. Kurve: gesamte Verlängerung bei verschiedenen Belastungen; 3. Kurve: elastische Verlängerung bei verschiedenen Belastungen (Differenz zwischen den Werten der 2. und 1. Kurve); 4. Kurve: Elastizitätsmodul bei verschiedenen Belastungen in kg/mm². (Das rechte Diagramm ist nach dem linken an ein und demselben Muskel aufgenommen worden; die Verbindungslinien zwischen 1. und 2. Kurve bezeichnen den Gang des Versuches mit wechselweiser Be- und Entlastung.) (Nach WALTER 1948).

ständiger Entlastung durch das neue Gewicht ersetzt (Abb. 19). Dabei wird die Länge in jedem Versuchsgang zweimal gemessen:

    a) Länge l_1 kurz vor der Entlastung;

    b) Länge l_2 kurz nach der Entlastung; dann ist die ganze (elastische + plastische) Ausdehnung des Muskels nach Belastung:

$$\Delta l_e + \Delta l_p = l_1 - l_0 ; \tag{6}$$

ferner ist die rein plastische Ausdehnung

$$\Delta l_p = l_2 - l_0 ; \tag{7}$$

und die rein elastische Ausdehnung:

$$\Delta l_e = l_1 - l_2 \tag{8}$$

Die reversible Längenänderung Δl_e wird in einem möglichst großen Dehnungsbereich durch zunehmende und abnehmende Lasten bestimmt. Aus dem Diagramm der Abb. 19 geht hervor, daß Δl_e von der plastischen Ausdehnung Δl_p unabhängig ist, weil die Kurven für steigende und fallende Gewichte symmetrisch sind. An der Elastizität hat sich trotz der irreversiblen Verlängerung um 4% der Ausgangslänge nichts geändert. Die Befunde sind im Sinn einer Modellvorstellung zu deuten, nach der elastische und plastische Elemente in Serie geschaltet sind. Zu dieser Vorstellung paßt der Befund, daß die Entdehnungskurven eines Muskels mit verschiedener Länge l_0 (vor und nach einer plastischen Verlängerung) im oberen und mittleren Spannungsbereich parallel zueinander liegen, also ihre Charakteristik nicht ändern (LANGELAAN 1915; BANDMANN und REICHEL 1955).

III. Dynamische Eigenschaften
1. Elastische Zugkraft und Dehnungsgeschwindigkeit

Die elastischen Zugkräfte, die der Muskel bei passiven Dehnungen oder Entdehnungen entwickelt, hängen von der Geschwindigkeit der Längenänderungen

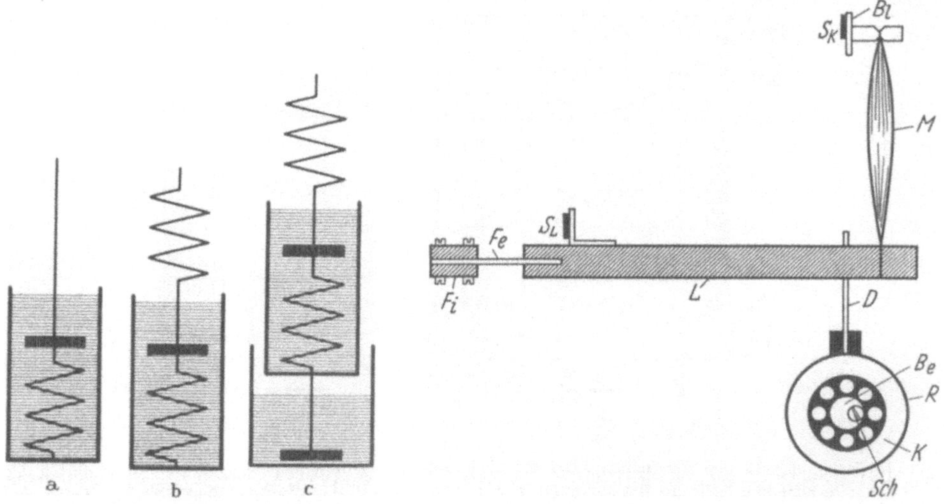

Abb. 20   Abb. 21

Abb. 20. a) Viscös-elastisches Modell nach BLIX; b) elastisch-viscös-elastisches Modell nach LEVIN und WYMAN; c) elastisch-viscös-elastisch-plastisches Modell nach WINTON 1930.

Abb. 21. Versuchsanordnung für sinusförmige periodische Längenänderungen des Muskels. Auf der Achse eines Elektromotors ist mittels der Beilagscheibe Be und der Schraube Sch der innere Ring des Kugellagers K exzentrisch festgeschraubt. Der äußere Ring R des Kugellagers ist durch einen steifen Stahldraht D mit einem Hebel L (Hebelarm 12 cm) verbunden, an dem das untere Ende des Muskels M befestigt ist. Der Hebel L ist durch die Blattfeder Fe in dem Metallklotz Fi fixiert. Bei der Rotation der Motorenachse wird der Hebel um seine feste Achse in Fi sinusförmig nach oben und unten bewegt und der Muskel im selben Rhythmus in seiner Länge verändert. Registrierung der Längenänderung optisch durch den Spiegel S_L, Registrierung der Spannungsänderungen durch den Spiegel S_K. (Nach PIEPER, REICHEL und WETTERER 1951)

ab. Daher ist der Muskel entsprechend der physikalischen Definition ein viscöser Körper (PETIT 1930). Ein einfaches Modell dieser Art ist eine Feder (Abb. 20a), die mit einer quer zur Federachse liegenden Bremsscheibe fest verbunden ist; die

Scheibe taucht in eine Flüssigkeit hoher Viscosität ein. Die Länge der Feder stellt sich in einem solchen System nicht momentan, sondern nur verzögert auf den Endwert ein. Die Kraft P', die die gedämpfte Feder bei einer Dehnung Δl ausübt, ist:

$$P' = F + \frac{dl}{dt} \cdot \eta + m \cdot \frac{d^2 l}{dt^2}. \tag{9}$$

(F = elastische Rückstellkraft der Feder; $\eta =$ Reibungskonstante; $m =$ beschleunigte Masse; $t =$ Zeit.)

Der erste Summand der rechten Seite bedeutet eine elastische Kraft, der zweite eine viscöse Reibungs- und der dritte eine Beschleunigungskraft. Die Beschleunigungskraft kann man vernachlässigen, wenn die träge Masse relativ klein ist.

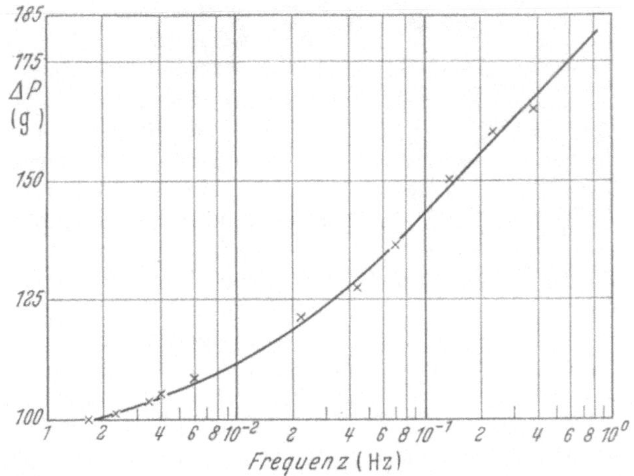

Abb. 22. Kraftamplitude ΔP als Maß der Steifheit $\Delta P/\Delta l$ in Abhängigkeit von der Frequenz periodischer Längenänderungen. Ordinate in einfachem, Abszisse in logarithmischem Maßstab. M. gastrocnémius (Frosch), Temperatur 18° C. Längenänderung = 1,35 mm. Statische Kraftamplitude = 87,5 g. Ausgangsbelastung = 30 g. (Nach PIEPER, REICHEL und WETTERER 1951)

Die Geschwindigkeitsabhängigkeit der bei Dehnung ausgeübten Kraft P' läßt sich durch Versuche mit periodischen sinusförmigen Längenänderungen wechselnder Frequenz prüfen (BUCHTHAL und KAISER 1951; PIEPER, REICHEL und WETTERER 1951; s. Abb. 21). Wenn die Längenänderungen nicht 3% der Gleichgewichtslänge l_0 übersteigen und plastische Effekte durch Vordehnung nach Möglichkeit ausgeschaltet werden, sind Frequenzen von 0,01/sec nahezu statisch (Abb. 22). Mit zunehmenden Frequenzen nimmt die Kraftamplitude annähernd proportional dem Logarithmus der Frequenz zu, ebenso die am Muskel während der Dehnung geleistete Arbeit. Dehnungs- und Entdehnungskurve eines jeden sinusförmigen Cyclus fallen im ganzen untersuchten Frequenzbereich nicht zusammen. Die Anstiegssteilheit beider Kurven nimmt mit steigender Frequenz zu. Wie in einem viscös-elastischen System besteht auch im Muskel bei periodischer Längenänderung eine Phasenverschiebung zwischen Länge und Kraft: Die Kraft eilt der Länge voraus. Der Phasenwinkel des Muskels beträgt unter den genannten Bedingungen 6—8° (PIEPER, REICHEL und WETTERER 1951; Abb. 23). Die dynamische Kraftamplitude (ΔP_d) ist bei endlicher Frequenz der sinusförmigen Längenänderungen wie die statische Amplitude (ΔP_s) eine lineare Funktion der Spannung P (s. Abb. 13). Das Verhältnis beider Werte ($\Delta P_d/\Delta P_s$) beträgt bei den größtmöglichen Dehnungs- und Entdehnungsgeschwindigkeiten etwa 2,0.

Da die Kraftgeschwindigkeitsrelation keine entsprechende Gl. (9) lineare, sondern eine exponentielle Funktion ist (LEVIN und WYMAN 1927), gibt das einfache viscös-elastische Modell (BLIX 1893) die Eigenschaften des Muskels nur dann richtig wieder, wenn es durch eine in Serie liegende, nicht gedämpfte Elastizität in Form einer frei beweglichen Feder ergänzt ist: In einem solchen Modell wird mit steigender Dehnungsgeschwindigkeit die Kraftamplitude ΔP immer mehr durch die freie Feder bestimmt (s. Abb. 20b).

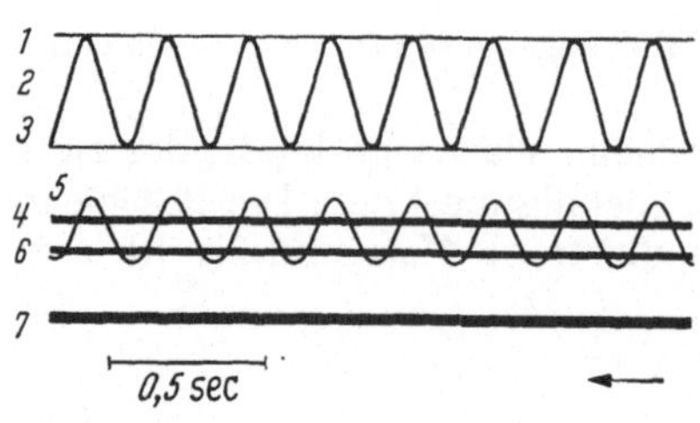

Abb. 23. Sinusförmige periodische Dehnung eines Muskels (M. semimembranosus, 4,09 cm). Von oben nach unten bedeuten die einzelnen Kurven: *1* statische Länge im Maximum der Dehnung, *2* periodische Längenänderung (1,249 mm) bei einer Frequenz von 77 Hz; *3* statische Länge im Minimum der Dehnung; *4* statische Kraft im Maximum der Dehnung; *5* dynamische Kraftänderung; *6* statische Kraft im Minimum der Dehnung; *7* Nullinie und Zeitschreibung ($^1/_{200}$ sec); Temperatur 17,1° C. Statische Kraftamplitude = 57,6 g; dynamische Kraftamplitude = 121 g. Ausgangsbelastung 57,1 g. (Von rechts nach links zu lesen) (Nach PIEPER, REICHEL und WETTERER 1951)

2. Elastische Nachwirkungen

Das elastisch-viscös-elastische Modell (LEVIN und WYMAN 1927) entspricht den Eigenschaften des Muskels jedoch nur unter bestimmten Voraussetzungen. Eine dieser Voraussetzungen ist die Nichtlinearität der beiden Elastizitäten. Zur Prüfung des dynamisch-elastischen Verhaltens eignen sich Versuche, in denen man den Muskel von jeweils verschiedenen Ausgangsspannungen P um relativ zur Gesamtlänge kleine Strecken ($< 3\% \, l_0$) innerhalb von 10 msec entdehnt (REICHEL und ZIMMER 1956), dann nimmt die Spannung momentan um einen Betrag ΔP_d ab, um nachträglich wieder um einen Betrag ΔP_v anzusteigen und sich nach etwa 1—2 min auf einen statischen Endwert P_s ($= P - \Delta P_s$) einzustellen (elastische Nachspannung). Die dynamische Kraftamplitude ΔP_d ist eine lineare Funktion der Spannung P. Das Verhältnis der dynamischen zur statischen Dehnbarkeit beträgt im Bereich mittlerer Spannungen 0,5—0,6 (s. Abb. 13). Dieselben Werte ergeben Versuche an Einzelfasern (BUCHTHAL, KAISER und KNAPPEIS 1944).

Die Zeiten, in denen sich statisches Gleichgewicht nach der Entdehnung einstellt, betragen im Froschmuskel etwa 10—20 min; aber schon in der ersten Sekunde sind im Durchschnitt 70% der Nachwirkung abgeklungen (GASSNER 1953). Die Differenz zwischen der dynamischen Amplitude ΔP_d und der zu einem bestimmten Zeitpunkt erreichten halbstatischen Amplitude ΔP_s nimmt mit fortschreitender Zeit zu.

Wird der Muskel von einem Spannungsniveau P auf eine kleinere Spannung entlastet, so verkürzt er sich „momentan" nach Maßgabe der Last um eine bestimmte Strecke Δl_d, um sich dann nachträglich weiter zu verkürzen (*Nachverkürzung*). Die zusätzliche Verkürzung Δl_v nimmt mit fallender Spannung zu; die Kurve, die die Änderung von Δl_v als Funktion von P beschreibt, hat einen nach der Spannungskoordinate konvex gekrümmten Verlauf, der sich aus der Nichtlinearität der statischen Entdehnungskurve ergibt (GASSNER und REICHEL 1952). Die Temperaturabhängigkeit von Δl_d ist relativ gering: Die Dehnbarkeit nimmt bei einer Temperaturzunahme um 1° C nur um 1—2% zu (BUCHTHAL und KAISER 1951).

Das beschriebene viscös-elastische Verhalten trifft nur dann zu, wenn an den Längen- und Spannungsänderungen keine plastischen Vorgänge beteiligt sind. In Dehnungs- und Belastungsversuchen richtet sich die Größe ΔP_v bzw. Δl_v nach dem Betrag Δl_p, um den sich die kontraktilen Ketten bis zur Einstellung statischen Gleichgewichtes plastisch verlängern; denn die achsenparallele Orientierung der vorher desorientierten Kettenglieder erfolgt nicht momentan, sondern verzögert sich durch „Viscosität". Wenn ein glatter Muskel (M. retractor pharyngis der Schnecke) im Zustand des plastischen Tonus bei Längen $< l_0$ und bei Temperaturen um 14° C plötzlich um 10% l_0 gedehnt wird (Abb. 24), so steigt seine Spannung zunächst steil an und fällt nach der Dehnung innerhalb einiger Sekunden nahezu wieder auf Null ab (ABBOTT und LOWY 1957). Die statische Spannungsamplitude ist dann annähernd Null, das Verhältnis der dynamischen zur statischen Dehnbarkeit sehr klein. Die *Relaxation* (Nachentspannung nach Dehnung) enthält zwei logarithmische Komponenten, eine schnelle und eine langsame Komponente. Die Halbwertszeit der beiden Komponenten hängt in einem Bereich von 6—28° C nur wenig von der Temperatur ab; der momentane Spannungsanstieg ist bei einer Dehnungsgeschwindigkeit von 1,5 mm/sec sehr viel geringer als bei einer Dehnungsgeschwindigkeit von 6 mm/sec, ändert sich aber wegen der logarithmischen Beziehung zwischen beiden Größen (Abb. 22) mit weiterer Zunahme der Dehnungsgeschwindigkeit nicht mehr wesentlich. Der nachträgliche Spannungsabfall ist bei den glatten Muskeln sehr viel langsamer als bei den quergestreiften Skeletmuskeln (ABBOTT und LOWY 1957) und kann sogar über Stunden andauern, bis sich eine neue Gleichgewichtsspannung einstellt.

Der zeitliche Verlauf der Relaxation ist beim quergestreiften und glatten Muskel unabhängig von der Temperatur (A. V. HILL 1950; ABBOTT und LOWY 1957). Auch Änderungen der Ionenkonzentration oder des p_H-Wertes zwischen 7,0 und 8,0 haben keinen Einfluß auf die elastische Nachwirkung, obwohl sie den Kontraktionsablauf erheblich verändern (GREVEN und SIEGLITZ 1951).

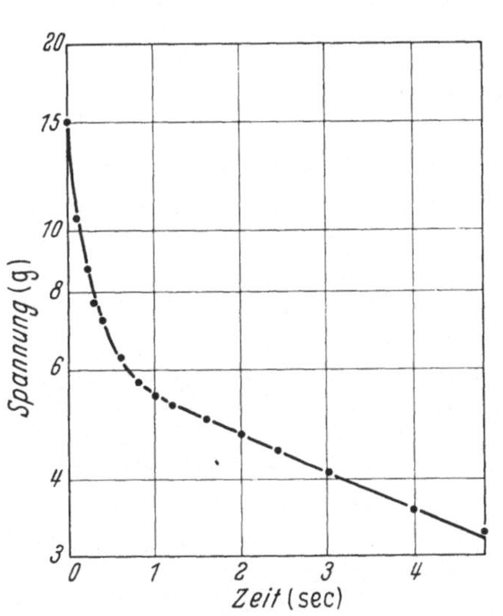

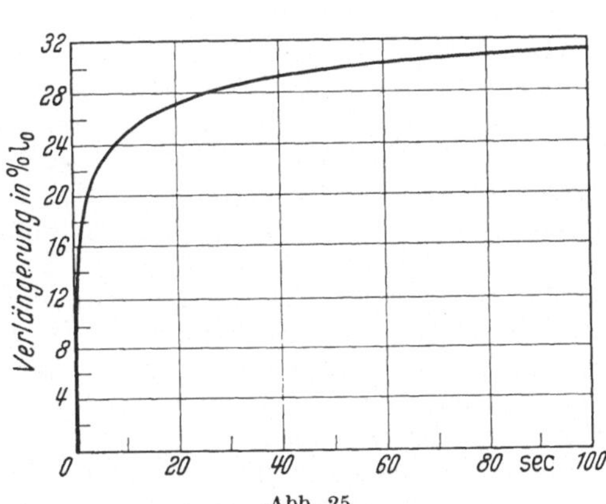

Abb. 24   Abb. 25

Abb. 24. Spannungsabfall des Schneckenmuskels (M. retractor pharyngis) nach Dehnung von 25 auf 28 mm ($l'_0 = > 28$ mm). Abszisse: Zeit nach Dehnung. Ordinate: Spannung in logarithmischem Maßstab; Temperatur 14° C, Muskelgewicht 35 mg. (Nach ABBOTT und LOWY 1957)

Abb. 25. Zeitlicher Verlauf der elastischen Nachdehnung einer nicht erregten Einzelfaser (M. semitendinosus, Frosch, 0° C) nach einer plötzlichen Belastung von 17 dyn (Ausgangslast) auf 50 dyn. Ordinate: Verlängerung Δl in % l_0; Abszisse: Zeit in sec. „Momentane" Verlängerung 15% l_0; Verlängerung nach 100 sec 30% l_0. (Nach BUCHTHAL und KAISER 1951)

Dieselben Befunde sind bei plötzlicher Belastung zu erheben: Einer momentanen Verlängerung folgt eine Längenzunahme nach (Nachdehnung), deren Betrag sich in einem Temperaturbereich von 6—26° C nicht ändert (H. H. WEBER 1941). Die Nachdehnung enthält eine plastische Komponente; sie dauert daher wesentlich länger als die elastische Nachverkürzung (BOUCKAERT und DELRUE 1930; BOZLER 1930a). Das Verhältnis der Nachdehnung zur Gesamtdehnung beträgt beim Ganzmuskel 0,7—0,8 (BOUCKAERT und DELRUE 1930; BOUCKAERT et al. 1930), bei der

Einzelfaser 0,4—0,5 (Buchthal 1942). Den zeitlichen Verlauf der Nachdehnung zeigt Abb. 25; die Kurve stimmt gut mit einer empirischen Formel überein, die für die elastische Nachwirkung des vulkanisierten Kautschuks entwickelt wurde:

$$\Delta l_v = A + B \ln t \tag{10}$$

(Δl_v = nachträgliche Verlängerung; t = Zeit; A und B sind Konstanten)

Die fehlende oder geringe Temperaturabhängigkeit schließt nicht die Möglichkeit einer echten Viscosität aus, da die Längenänderungen der Filamente in den engen interfibrillären Spalten Flüssigkeitsströme (z. B. Wasseraustritt aus der Faser) verursachen, die die Einstellung statischen Gleichgewichtes verzögern. Auch der relativ niedrige Viscositätskoeffizient des Sarkoplasmas (Rieser 1949) ist kein Argument gegen die Annahme einer inneren Reibung, die die Geschwindigkeitsabhängigkeit der passiven Muskelkraft erklärt.

Da die Plastizität (Thixotropie) im Levin-Wyman-Modell nicht enthalten ist, hat man versucht, das Modell durch Hinzufügen von plastischen Bauteilen (Bremsscheiben in viscöser Flüssigkeit) zu erweitern, die entweder in Serie oder parallel zu den ungedämpften Federn liegen (Maxwell- bzw. Voigt-Elemente) (Sulzer 1930b; Jordan 1939; Buchthal und Kaiser 1951; s. a. Abb. 20c). Wenn das Modell Viscositäten mit statisch verteilten Verzögerungszeiten enthält, gibt es alle nur denkbaren Zustandsänderungen richtig wieder. Dasselbe Modell benützt man zur Darstellung der dynamisch-elastischen Eigenschaften des Kautschuks.

IV. Struktur- und Zustandsänderungen des Muskels bei Dehnung

1. Röntgendiagramme und histologische Befunde

Das Röntgendiagramm des Skeletmuskels läßt — abgesehen von den Zeichen geringer Orientierungseffekte (Herzog und Jancke 1926) — keine Änderung der normalen α-Konfiguration bei Dehnung erkennen (Astbury und Dickinson 1935); auch die axialen Abstände von 400 Å bleiben erhalten (Astbury und Spark 1947). Im Phasenkontrastverfahren läßt sich zeigen, daß die Länge der Filamente zwischen Z und H bei Dehnung und Entdehnung gleichbleibt (A. F. Huxley und Niedergerke 1954; H. E. Huxley und Hanson 1954). Während der I-Abschnitt länger oder kürzer wird, ändert der A-Abschnitt seine Länge nicht; im Zentrum von A wird dagegen die H-Zone bei Dehnung um denselben Betrag länger, um den das I-Fach zugenommen hat. Dieser Zunahme entspricht im elektronenoptischen Bild das Erscheinen einer neuen relativ wenig dichten E-Zone an der Grenze der H-Zone (Philpott und Szent Györgyi 1953). Nach diesen Befunden kann sich also weder die Länge der Myosinfilamente, die sich über den A-Abschnitt ausdehnen, noch die Länge der Filamente, die von H nach Z ziehen, geändert haben. Deshalb erscheint die Annahme gerechtfertigt, daß bei Dehnung die an sich starren Filamente aneinander vorbeigleiten und nur Strukturen in den Querbrücken zwischen den Myosin- und Actinfilamenten elastisch beansprucht werden (A. F. Huxley 1956). Wenn diese Annahme zutrifft, müßte man erwarten, daß der Durchmesser der Filamente während der Dehnung gleichbleibt. Nach neueren Befunden (Sjöstrand und Andersson 1957) ist dies nicht der Fall: Die Filamente können den Durchmesser sogar um das 3fache ändern (von 50 auf 150 Å). Die letzgenannten Befunde stehen im Einklang mit früheren lichtmikroskopischen Ergebnissen (Buchthal et al. 1936) und mit elektronenoptischen Bildern, die man bei Fixierung des Ganzmuskels oder der Einzelfaser in verschiedenen Dehnungszuständen erhält (Carlsen und Knappeis 1955; 1957). Nach diesen Untersuchungen verlängern sich in der lebenden Skeletmuskulatur die

A-Abschnitte stärker als die I-Abschnitte. Dagegen vermindert die Fixation die Dehnbarkeit der A-Abschnitte so stark, daß sie bei kleinen Dehnungsgraden ($30\% \ l_0$) ihre Länge kaum zu ändern scheinen (Abb. 26). Die Frage, welchen Strukturen die elastischen Elemente zuzuordnen sind, ist bis jetzt nicht zu entscheiden; sowohl die Z-Membranen als auch die H- und E-Zonen (an der Grenze zwischen I und A) können besonders dehnbare Filamente enthalten.

2. Physikalisch-chemische Eigenschaften des gedehnten Muskels

a) Optische Eigenschaften

Durch die Abnahme des Querschnittes und die Zunahme der Länge sind Änderungen der optischen Eigenschaften bei Dehnung zu erwarten. Die Intensität der Beugungsspektren wird im Anschluß an schnell ausgeführte Dehnungen beim Froschmuskel kleiner (M. sartorius; $\varDelta l = 0{,}22$ mm; Dauer der Dehnung 1 msec) (D. K. HILL 1953b). Die Lichtdurchlässigkeit für weißes Streulicht nimmt während der Dehnung ab. Eine Deutung dieses Befundes ist zunächst nicht möglich.

Plastische und elastische Längenänderungen sind am Verhalten der Doppelbrechung erkennbar. Da bei Belastung der Muskel plastisch und elastisch verlängert wird, ist mit einer gleichzeitigen Zunahme der Stäbchen- und Eigendoppelbrechung zu rechnen (Abb. 27). Die Zunahme der Stäbchendoppelbrechung ist ein Maß für den Orientierungseffekt der Dehnung. Am Skeletmuskel läßt sich so gut wie keine Zunahme der Doppelbrechung nachweisen (BUCHTHAL und LINDHARD 1936; FISCHER 1941), beim glatten Muskel ist

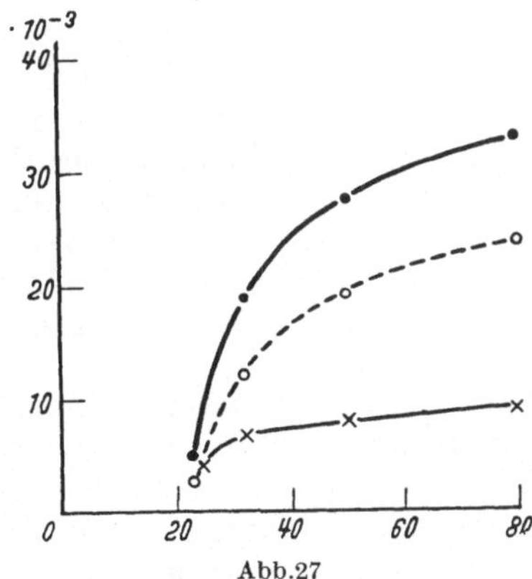

Abb. 26   Abb. 27

Abb. 26. Verlängerung der *A*- und *I*-Abschnitte in % l_0 (Ordinate) als Funktion der Sarkomerenlänge in μ (Abszisse). Ausgezogene Linie: Fixierte Faser; durchbrochene Linie: lebende, nicht fixierte Faser. Beachte den geringen Anteil von *A* an der Dehnung der fixierten Faser. (Nach CARLSEN und KNAPPEIS 1955)

Abb. 27. Gesamtdoppelbrechung (obere Kurve), Stäbchendoppelbrechung (mittlere Kurve), Eigendoppelbrechung (untere Kurve) als Funktion der Länge. GlatterMuskel (M. retractor penis des Hundes). Ordinate: Doppelbrechung in w. E. Abszisse: Länge (mm). (Nach E. FISCHER 1944)

sie dagegen sehr deutlich. Im Myosinfaden nimmt bei Dehnung die Stäbchendoppelbrechung nur so lange zu, als der Orientierungsgrad nicht ganz vollständig ist; bei weiterer Dehnung wird nur noch die Eigendoppelbrechung größer (NOLL und WEBER 1934).

3*

b) Wassergehalt und Ionenkonzentration

Die Zunahme der Spannung ist beim ruhenden Muskel von Vorgängen begleitet, die die Eigenschaften des Muskels grundlegend ändern. Der Muskel gibt bei Dehnung nicht nur Wasser ab (s. S. 2), sondern nimmt auch im gedehnten Zustand weniger Wasser auf, wenn er in hypotone, $NaHCO_3$-freie und mit 1,5% Milchsäure versetzte Ringer-Lösung verbracht wird (s. ERNST 1958). Unabhängig vom Wasserverlust ist die Dehnung mit einer Volumenkonstriktion verbunden (s. ERNST 1958), die sich durch besondere volumetrische Methoden nachweisen läßt (s. S. 144). Da auch abgestorbene Muskeln und isolierte Myosinfäden ihr Volumen bei Dehnung (pro g Myosin um 0,5 mm³) vermindern, sind Stoffwechselprozesse als Ursache der Konstriktion wenig wahrscheinlich. Dagegen würden Kristallisationen das Phänomen ausreichend erklären (ERNST et al. 1951; s. a. S. 41).

Der Absolutgehalt an Ionen bleibt im gedehnten Zustand relativ konstant. K^+-Ionen werden so gut wie gar nicht mit dem Wasser abgegeben (HARRIS 1953; ERNST und TIGYI, s. ERNST 1958). Dagegen ist mit der Dehnung ein Na^+-Verlust verbunden (HARRIS 1954), der auf einer vermehrten Tätigkeit der sog. Na^+-Pumpe (s. S. 49) beruhen könnte. Da gleichzeitig der Sauerstoffverbrauch und die Wärmebildung (s. S. 200) sowie der Phosphatumsatz im gedehnten Muskel gesteigert (s. ERNST 1958) und der p_H-Wert nach der alkalischen Seite verschoben ist (MARGARIA 1934), könnte man alle Erscheinungen durch die Annahme erklären, daß die Spaltung des Kreatinphosphats bei Dehnung zunimmt.

3. Stoffliche Abhängigkeit der Zustandsänderungen

a) Wirkung von ATP

Die Verschiebungen der Actin- gegen die Myosinfilamente sind nur möglich, wenn die zwischen beiden wirksamen Bindungskräfte gering sind. Die Assoziation wird durch ATP verhindert (SZENT GYÖRGYI 1951). Fehlt ATP, so wird das extrahierte Faser- und Fadenmodell des Actomyosins starr; genauso verhält sich der Muskel, wenn das ATP entweder nach dem Tod oder im Experiment durch Vergiftung mit Monojodacetat allmählich verschwindet (AUBERT 1956). Der Rigormuskel zeichnet sich durch eine Abnahme der Dehnbarkeit aus. Im Röntgendiagramm weichen die Intensitäten der Reflexionen erheblich von dem Normalbild ab; die Unterschiede werden durch das Auskristallisieren fester Actin-Myosinbrücken erklärt, die die Dehnung erschweren oder verhindern (H. E. HUXLEY 1956).

Entsprechend der festeren Bindung der beiden Proteine ist im Rigormuskel die Extrahierbarkeit des Myosins erheblich verringert (DEUTICKE 1930); sie ist aber die gleiche wie im normalen Muskel, wenn als Extraktionsmittel Ammonium und Lithium dienen, die ebenso wie ATP Actomyosin dissoziieren (BATE SMITH und BENDALL 1956). Abnahme des ATP-Gehaltes und Abnahme der Extrahierbarkeit von Myosin sind also nicht zwangsläufig gekoppelt. Im Rigor, der nach Auftauen eines gefrorenen Muskels entsteht, ist das ganze ATP verschwunden, aber noch dieselbe Menge Actin und Myosin extrahierbar. Der ATP-Verlust hat also nicht unter allen Umständen eine Abnahme der Extrahierbarkeit zur Folge; er ist aber immer mit einer Abnahme der Dehnbarkeit verbunden. Das mit Glycerin behandelte, wasserextrahierte Faser- und Fadenmodell enthält kein ATP und hat dieselben Eigenschaften wie der Rigormuskel; es wird aber dehnbar, wenn ATP bei gleichzeitiger Hemmung der Myosin-ATPase oder ein anderes Polyphosphat zugesetzt wird (s. S. 190). Die Eigenschaft des ATP, Actin und Myosin zu dissoziieren, ermöglicht den Kontraktionscyclus der Modellpräparationen (s. S. 191).

Bei Ermüdung des Muskels bis zur völligen Erschöpfung nimmt der ATP-Gehalt ab. Der Muskel verliert aber erst dann seine normale Dehnbarkeit, wenn der ATP-Gehalt unter einen bestimmten kritischen Wert abgesunken ist. So verändert z. B. Ermüdung bis zum Verlust der normalen Erregbarkeit die elastischen Eigenschaften des Muskels nicht (Bässler 1950).

b) Wassergehalt und Dehnbarkeit

Entscheidend für den Grad der Dehnbarkeit ist der Wassergehalt. Myosinfäden (H. H. Weber 1934) und Muskeln (Wöhlisch et al. 1926) sind im trockenen Zustand wesentlich weniger dehnbar als im normalen Quellungszustand. Die Dehnungskurve des wasserfreien Muskelgewebes ist annähernd linear. Nur wasserreiches Gewebe zeigt den typischen, nach der Längenkoordinate konvexen Verlauf der Dehnungskurve. Hypertonische Lösungen erniedrigen die dynamische Dehnbarkeit der Einzelfasern (Buchthal und Kaiser 1951): Wasserverlust vermehrt die Reibung zwischen den Eiweißketten, schränkt die Beweglichkeit der Kettenglieder ein und erschwert ihre achsenparallele Orientierung. Für die veränderten elastischen Eigenschaften können starke Kohäsionskräfte unsolvatisierter chemischer Gruppen verantwortlich sein (K. H. Meyer 1929). Wesentliche strukturelle Umformungen sind jedoch im Röntgendiagramm des getrockneten Myosinfadens nicht zu erkennen (Boehm 1931).

c) Adrenalin- und ACh-Wirkung

Adrenalin und Acetylcholin ändern am Herzmuskel und glatten Muskel weder die dynamische Dehnbarkeit noch den zeitlichen Ablauf der Nachdehnung (Lundin 1944; Greven und Sieglitz 1951), können aber die plastischen Eigenschaften beeinflussen (Scheiner 1950). Entsprechend diesen Befunden haben nervale Erregungen auf die elastischen Eigenschaften des Muskels keinen Einfluß. Die Charakteristik der Entdehnungskurve ist unabhängig von der Innervation, wie am Beispiel des Froschherzens unter Vagus- und Symphaticuserregung gezeigt werden konnte (Bauereisen und Reichel 1947). Auch am glatten Muskel ist unter dem Einfluß des vegetativen Nervensytems keine Veränderung der elastichen und viscösen Eigenschaften erkennbar (Greven 1950 b).

V. Thermoelastische Eigenschaften

1. Linearer thermischer Ausdehnungskoeffizient

Der Einfluß der Temperatur auf die Elastizität wird auf Änderungen der kinetischen Energie der kleinsten Teilchen zurückgeführt (Debye 1913). Die Teilchen führen Winkelbewegungen um ihre Gleichgewichtslage aus, deren Frequenz und Amplitude mit steigender Temperatur zunimmt. In einem isotropen Körper werden die gegenseitigen mittleren Abstände der schwingenden Teilchen bei Erwärmung größer. Die intramolekularen Anziehungskräfte sind dann kleiner, der Elastizitätsmodul sinkt ab und das Material dehnt sich allseitig aus. In einem anisotropen Körper wie dem Muskel können die Wärmeschwingungen der Teilchen ihrer einachsigen Anordnung entgegenwirken. Der Temperaturanstieg verkürzt dann den Körper in der Längsachse und dehnt ihn in der dazu senkrechten Richtung aus (Wöhlisch 1932).

Für die thermoelastische Zugkraft P gilt die Gleichung (Wiegand und Snyder 1934):

$$P = \left(\frac{\delta E}{\delta l}\right)_T + T \cdot \left(\frac{\delta P}{\delta T}\right)_l \tag{11}$$

(E = Elastizitätsmodul; l = Länge; T = absolute Temperatur)

Die Kraft P hat zwei Anteile: einen potentiell elastischen Anteil (1. Summand), der auf Kohäsionskräften beruht, und einen zweiten thermokinetischen Anteil (2. Summand). In einem „normelastischen" Körper (Definition nach Wöhlisch 1940) ist der 2. Summand Null; die Zugkraft hängt dann nur von der potentiell elastischen Kohäsionskraft ab. In einem „ideal thermokinetisch elastischen" Körper (vulkanisiertem Kautschuk unterhalb der Kristallisationsgrenze) ist der erste Anteil Null. Dehnung eines solchen Materials vergrößert nur den Ordnungsgrad der Teilchen und ändert nichts an der inneren Energie: Der Körper geht von einem wahrscheinlichen in einen weniger wahrscheinlichen Zustand über. Dabei wird nach den Gesetzen der Thermodynamik Wärme frei; der Körper muß sich verkürzen, wenn er erwärmt wird. Ob der Muskel Kautschukelastizität hat, läßt sich auf zweierlei Weise prüfen:

a) Durch Messung der Wärmeproduktion bei Dehnung,

b) durch Messung der Längen- oder Spannungsänderungen bei Erwärmung oder Abkühlung.

Die Messungen der Wärmetönung während eines Dehnungscyclus ergeben übereinstimmend, daß der Muskel sich bei Dehnung erwärmt und bei Entdehnung abkühlt (A. V. Hill und Hartree 1920; Feng 1932a; A. V. Hill 1952). Aus der thermoelastischen Dehnungswärme Q kann man den thermischen linearen Ausdehnungskoeffizienten mittels folgender Gleichung berechnen (Thomson 1851):

$$Q = \frac{\alpha \cdot T \cdot \Delta P \cdot l_m}{4{,}26 \cdot 10^4 \cdot q} \, . \tag{12}$$

(T = absolute Temperatur; ΔP = Spannungsanstieg in g; q = Querschnitt in cm²; l_m = mittlere Länge in cm.)

Der auf diese Weise bestimmte α-Wert liegt in der Größenordnung von -10^{-4}. Genaue quantitative Angaben über den thermoelastischen Ausdehnungskoeffizienten stammen aus Versuchen, in denen die Länge in Abhängigkeit von der Temperatur gemessen wird. Ein zu diesem Zweck entwickeltes Lineardilatometer schließt methodische Fehler aus, die durch die thermischen Längenänderungen der Apparatur und durch Änderungen des Muskelauftriebes im Temperierbad entstehen können (Wöhlisch 1931). Der Erfolg solcher Versuche hängt von dem Dehnungsgrad des Muskels ab (Renk und Wöhlisch 1939) (Abb. 29). In einem Längenbereich von 110—140% l_0 verkürzt sich der Muskel (M. sartorius, Frosch) bei Erwärmung und verlängert sich bei Abkühlung (Abb. 28). Aus der gemessenen Längenänderung errechnet sich der lineare thermische Ausdehnungskoeffizient:

$$\alpha = \frac{1}{l_0} \left(\frac{\delta l}{\delta T} \right)_\sigma \tag{13}$$

(l_0 = Länge des Muskels bei 0° C, T = absolute Temperatur, σ = spezifische Spannung = Spannung P/Querschnitt.)

α ist bei den angegebenen Dehnungsgraden negativ, oberhalb von 144% l_0 positiv. Weniger eindeutig sind die Befunde in einem Dehnungsbereich unterhalb von 110% l_0. Hier sind die möglichen Meßfehler infolge des niedrigen Elastizitätsmoduls besonders groß (Wöhlisch und Grüning 1943).

Fascienfreie und bindegewebsarme Muskeln verhalten sich auch im Bereich kleiner Dehnungen thermoelastisch anormal (Renk und Wöhlisch 1939). Das Bindegewebe hat einen positiven linearen thermischen Ausdehnungskoeffizienten (Wöhlisch und Clamann 1931a); die kollagenen Fasern des Muskels kühlen sich bei Dehnung ab (Feng 1932a). Bindegewebsreiche Muskeln haben daher höhere α-Werte als bindegewebsarme Objekte (wie z. B. der Herzmuskel) (K. H. Meyer und Picken 1937; Wöhlisch und Clamann 1931). Einzelfasern weisen in dem ganzen Dehnungsbereich einen negativen linearen thermischen Ausdehnungskoeffizienten auf (BUCHTHAL, KAISER und KNAPPEIS 1944). Die Einzelfaser unterscheidet sich vom Ganzmuskel dadurch, daß die thermoelastische Anomalie auch noch bei extrem hohen Dehnungsgraden (200%) bis zur Zerreißgrenze nachweisbar ist; ein Inversionspunkt besteht also nicht. Das Umschlagen des thermischen Ausdehnungskoeffizienten beim Ganzmuskel kann man damit erklären, daß der Anteil des Bindegewebes an der Gesamtelastizität mit zunehmenden Dehnungen immer größer, der thermische Ausdehnungskoeffizient also nach positiven Werten verschoben wird (BUCHTHAL 1942; FENG 1932a). Die am Ganzmuskel ermittelten Durchschnittszahlen α sind daher gegenüber den für die Einzelfasern gültigen Werten überhöht.

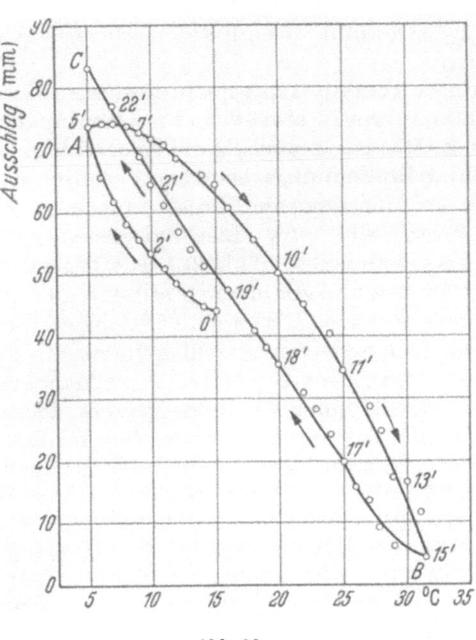
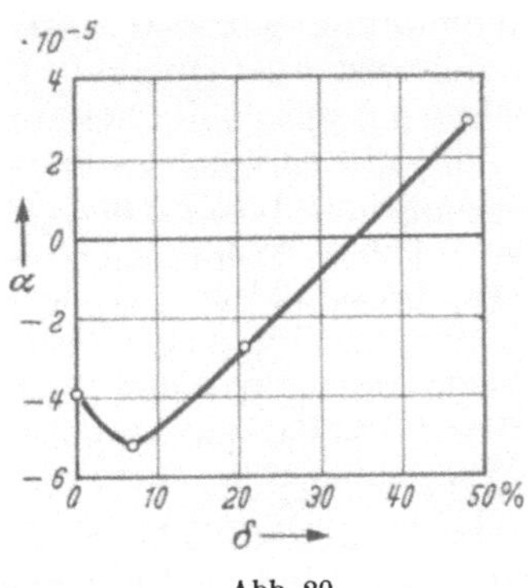

Abb. 28   Abb. 29

Abb. 28. Lineare thermische Ausdehnung eines lebenden Skeletmuskels (M. sartorius des Frosches) bei mittlerer Dehnung (29,4%); 600fache Vergrößerung der wirklichen thermischen Längenänderungen durch das optische Lineardilatometer. Das Diagramm zeigt die reversible Abnahme der Länge mit steigender Temperatur. (Nach WÖHLISCH 1939)

Abb. 29. Linearer thermischer Ausdehnungskoeffizient α als Funktion der prozentualen Dehnung δ am fascienfreien Muskelfaserbündel (M. sartorius, Frosch) bei 0° C. (Nach RENK und WÖHLISCH 1939)

Der lineare Temperaturkoeffizient der Länge ist im Ganzmuskel (Frosch) unterhalb von 105% Dehnung $= -3,8 \cdot 10^{-5}$, bei Dehnungen von 105—130% $= -5,2 \cdot 10^{-5}$, und oberhalb des Inversionspunktes $= 3,0 \cdot 10^{-5}$ (RENK und WÖHLISCH; Abb. 29). Der kubische thermische Ausdehnungskoeffizient ist dagegen bei sämtlichen Dehnungsgraden positiv (WÖHLISCH und CLAMANN 1931a). Die Anisotropie des Muskels wird damit auch thermodynamisch bewiesen.

2. Thermischer Spannungskoeffizient

Prüft man nicht die Länge, sondern die Kraft in Abhängigkeit von der Temperatur, so erhält man den thermischen Spannungskoeffizienten (WÖHLISCH 1942):

$$\beta = \frac{1}{P} \cdot \left(\frac{\delta P}{\delta T}\right)_l. \tag{14}$$

Dem negativen Koeffizienten der Länge muß im ruhenden Muskel ein positiver Koeffizient der Kraft entsprechen (MEYER und PICKEN 1937; WÖHLISCH 1942). Wird die Temperatur des Muskels um 1° C erhöht, so steigt die Spannung im

Durchschnitt um 0,66% an. Die Dehnungskurve des Muskels verschiebt sich mit zunehmender Temperatur in einem großen Längenbereich nach höheren Spannungswerten (s. Abb. 11). Wegen der variablen und schlecht definierten Gleichgewichtslänge l_0 ist es vorteilhaft, den thermischen Spannungskoeffizienten nicht zum Dehnungsgrad, sondern zu der Spannung des Muskels in Beziehung zu setzen. Mit einem besonders empfindlichen Meßinstrument findet man positive β-Werte bis zu einer spezifischen Spannung von 1600 mg/mm², bei größeren Spannungen negative Werte (JOSENHANS 1949). Der Inversionspunkt bei 1600 mg/mm² entspricht einer Länge von 144% l_0, stimmt also mit den anderen Angaben überein.

Die genannten Befunde sind durch direkte Temperaturmessungen bestätigt worden (FENG 1932a). Bei Verwendung relativ schneller und hochempfindlicher Registrierinstrumente (Methoden s. S. 213) ist es möglich, die Wärmebildung auch während dynamischer Dehnungs- und Entdehnungsversuche zu verfolgen (A. V. HILL 1952). Entdehnungen des Muskels (M. sartorius, Frosch) um etwa 3% der Standardlänge l'_0 innerhalb von 0,1 sec sind von einer deutlichen negativen Wärmetönung begleitet, die über 0,5 sec andauert (Abb. 30). Die Wärmeabsorption nimmt mit steigender Ausgangslänge zu und von einem bestimmten Dehnungsgrad an wieder ab. Oberhalb 1,25 Standardlänge l'_0 oder 1,40 Gleichgewichtslänge l_0 geht dem negativen Thermoausschlag ein positiver Ausschlag voraus, der zeitlich mit der Entdehnung zusammenfällt. Der primäre positive Ausschlag bei Ausgangslängen $> 140\%$ l_0 entspricht der Entdehnung des Bindegewebes, das erst bei relativ hohen Dehnungsgraden elastisch beansprucht wird. Bei bindegewebsreichen Muskeln (wie dem M. semimembranosus, Frosch) sind die Wärmekurven schon in einem Bereich $< 1,40$ l_0 biphasisch (A. V. HILL 1952).

Nach diesen Befunden kann die negative Wärmetönung bei Entdehnung nur auf dem thermoelastisch anormalen Verhalten der contractilen Strukturen beruhen. Die biphasische Form der Wärmekurven wird daher als Summeneffekt aus der schnellen, während der Entdehnung bereits abgeschlossenen positiven Wärmetönung des Bindegewebes und der langsamen, die Entdehnung überdauernden negativen Wärmetönung der contractilen Substanz gedeutet. Die starke Verzögerung der negativen Wärmetönung ist sicher nicht methodisch bedingt, da sie auch bei Ausschaltung aller überhaupt denkbaren Versuchsfehler nachweisbar ist.

Die bei der Entdehnung absorbierte Wärme (ΔQ) ist weniger zur Längenänderung als zum Spannungsabfall (ΔP) korreliert: Beide Werte nehmen mit der Absolutspannung zu. Das Verhältnis von ΔQ zu ΔP wird als der thermoelastische Quotient ζ bezeichnet; der in der Form

$$\zeta = \frac{\Delta Q}{l'_0 \cdot \Delta P} \tag{15}$$

eine unbenannte Zahl ist und im Durchschnitt 0,1 beträgt (A. V. HILL 1952). Bei niedrigen Temperaturen (0° C) und im Bereich sehr kleiner Längen ist das Verhältnis negativ; es erreicht ein Maximum im mittleren Dehnungsbereich und wird jenseits des Inversionspunktes wieder negativ. Bei Raumtemperatur sind die ζ-Werte unter Umständen sehr hoch und zeigen große Schwankungen, die auf dauernde Ungleichgewichte hinweisen.

Die Ursache der Wärmeabsorption bei Entdehnung, bzw. Wärmeabgabe bei Dehnung, kann nicht ausschließlich die vom oder am Muskel geleistete Arbeit sein, da diese stets kleiner als die aufgenommene oder abgegebene Wärmemenge ist. Daher nimmt man an, daß die innere Energie bei Dehnung absinkt und bei Entdehnung in reversibler Weise wieder ansteigt. Der thermische Dehnungseffekt kann also nicht nur auf einer micellaren Orientierung beruhen, die die innere Energie nicht verändern würde (s. S. 38). Kristallisationen benachbarter Proteinketten könnten die Abnahme der inneren Energie bei Dehnung erklären (A. V. HILL 1952). Diese Kristallisationen würden dann ähnlich wie im Kautschuk (oberhalb der Kristallisationsgrenze) die Energie verringern und Wärme freisetzen, und zwar auch dann, wenn die Dehnung bereits abgeschlossen ist. Die röntgenspektrographischen Untersuchungen haben zwar bisher keinen Nachweis von Kristallisationsphänomenen erbracht (BÖHM und WEBER 1932),

doch könnte man die an verschiedenen Muskeln (M. rectus abdominis, Maus; M. retractor penis, Hund) festgestellten Zunahmen der Eigendoppelbrechung (FISCHER 1944) im Sinne von Kristallisationen deuten, die auch die Volumenkonstriktion erklären würden (s. ERNST 1958).

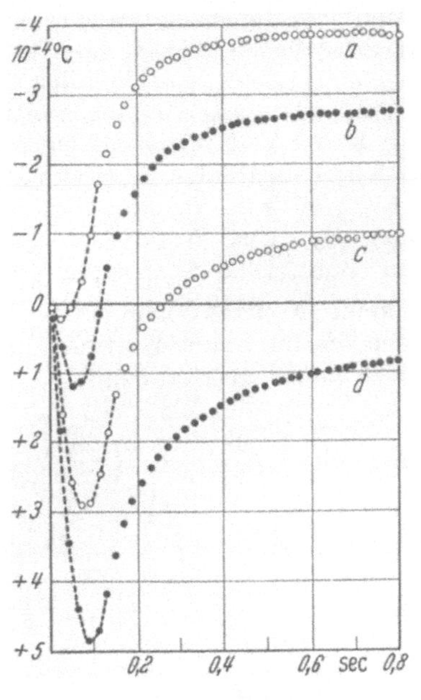

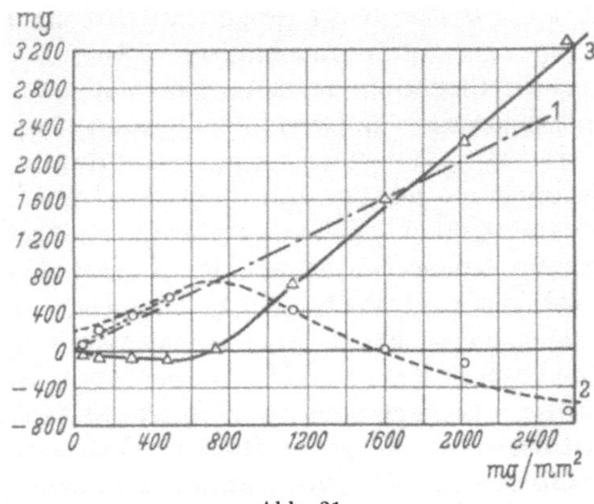

Abb. 30   Abb. 31

Abb. 30. Thermoelastisches Verhalten des Muskels (M. sartorius, Standardlänge l'_0 = 2,4 cm, 0° C) bei Entdehnung (Geschwindigkeit 11 mm/sec) um 1 mm von verschiedenen Dehnungsgraden ($> 1,25\,l'_0$) Ausgangslänge in a) 30 mm (= $1,25\,l'_0$), in b) 31 mm, in c) 32 mm und in d) 33 mm. Die Punkte liegen jeweils 0,02 sec auseinander. Abfall der Spannung in a) 6,4 g, in b) 11,9 g, in c) 21,6 g und in d) 29,4 g. Ausschlag nach oben: Temperaturabfall. (Nach A. V. HILL 1952)

Abb. 31. Thermoelastischer und potentieller Anteil des elastischen Muskelzuges als Funktion der Gesamtspannung Ordinate: Zug in mg; Abszisse: Spannung in mg/mm². M. semimembranosus, Frosch. Kurve 1: Gesamtzug, Kurve 2: thermokinetischer Zug, Kurve 3: potentieller Zug. $\bigcirc$ = Gruppenmittelwerte der thermokinetischen, $\triangle$ = Gruppenmittelwerte des potentiellen Zuges. (Nach JOSENHANS 1949b)

Der Muskel ist auf Grund seiner thermoelastischen Eigenschaften mit dem Kautschuk vergleichbar (WÖHLISCH 1940; EBBECKE 1938; MEYER, SUSICH und VALKO 1932). Die Analogie würde in allen Punkten zutreffen, wenn die Muskelelastizität ausschließlich auf thermokinetischen Kräften beruhte; der Anteil der Kohäsionskräfte müßte also relativ gering sein. Wenn man die thermokinetische und potentielle Energie über den ganzen Längenbereich gesondert untersucht (WÖHLISCH und GRÜNING 1943; JOSENHANS 1949b), so stellt sich heraus, daß der thermokinetische Anteil bis zum Inversionspunkt kontinuierlich kleiner und von dort an negativ wird. Die Differenz zwischen der Gesamtspannung und der thermokinetischen Zugkraft ist der potentielle Anteil des Muskelzuges (Abb. 31). Im ruhenden, völlig entspannten Muskel besteht eine thermoelastische Zugkraft von 50 bis 250 mg/mm²; mit zunehmender Belastung erreicht sie ein Maximum von 700 mg/mm². Bis zu dieser Spannung beruht der elastische Muskelzug ausschließlich auf thermokinetischen Kräften; mit steigenden Spannungen wird aber der thermoelastische Anteil zu Gunsten des potentiell elastischen Anteils immer kleiner, um bei 1600 mg/mm² Null zu werden. In einigen Muskeln läßt sich überhaupt keine Kautschukelastizität nachweisen: Der Schließmuskel der Teichmuschel (gelber Anteil) hat im ganzen Dehnungsbereich einen positiven linearen Ausdehnungskoeffizienten (ULBRECHT 1950).

E. Die Erregung

Unter „Erregung" versteht man heute allgemein jede Änderung des normalen chemischen und elektrischen Membrangleichgewichts, die im Muskel eine Kontraktion auslöst. Damit wird nicht die Möglichkeit ausgeschlossen, daß sich die contractilen Eiweißfilamente auch ohne den initialen Zündungsvorgang kontrahieren können oder daß in besonderen Fällen (z. B. bei Vergiftung mit Dinitrophenol) Erregungen ohne nachweisbare Kontraktionen stattfinden (s. LÜLLMANN et al. 1958). Eine zwangsläufige Koppelung zwischen dem Vorgang der Erregung und dem Vorgang der Kontraktion besteht also nicht. Wenn auch unter *physiologischen* Bedingungen an den eigentlichen contractilen Strukturen keine Erregungen ohne mechanische Antwort und keine Kontraktionen ohne auslösende Erregung nachzuweisen sind, so ist doch die im Experiment mögliche und theoretisch notwendige Trennung beider Vorgänge von großem heuristischem Wert. Das isolierte Studium des Zündungsprozesses an der Membran hat zu Ergebnissen geführt, die die Muskelzellen als erregbare Strukturen in die Reihe anderer Zellen, wie etwa der Nervenzellen, zwanglos einordnen. Umgekehrt hat das isolierte Studium des Kontraktionsprozesses an membranlosen Muskeleiweißketten im Vergleich mit anderen contractilen Strukturen gezeigt, daß die Muskelzelle auch als arbeitsleistende Struktur keinen Sonderfall darstellt. Das Charakteristikum der Muskelfaser ist vielmehr in der Verbindung beider Eigenschaften (Erregbarkeit und Kontraktilität) und — unter physiologischen Verhältnissen — in der zeitlichen Verknüpfung des Erregungsvorganges an der Membran und des Kontraktionsvorganges in den Eiweißfilamenten zu sehen.

I. Eigenschaften der unerregten Membran

In der Kausalkette der Vorgänge, die unter physiologischen Bedingungen zur Kontraktion führen, ist der Erregungsprozeß das erste Glied. Der Ort, an dem sich die Erregung abspielt, ist die Membran, die das Sarkoplasma von der Außenflüssigkeit (Lymphe, Blutplasma, Tyrode- oder Ringerlösung) trennt. Im quergestreiften Muskel ist diese Scheidewand das Sarkolemm, in sarkolemmlosen Fasern die jeweils vorhandene Umhüllungsmembran. Aus Kapazitätsmessungen (DAVSON und DANIELLI 1943) lässt sich annähernd die Dicke der elektrophysiologisch wirksamen Membran erschließen; sie beträgt auch am quergestreiften Skeletmuskel nicht mehr als 100 Å. Träger des Erregungsvorganges sind nur die äußersten Schichten des Sarkolemms. Im elektronenmikroskopischen Bild lassen sich an der Oberfläche von Muskelfasern 3 Lagen von 300 bis 400 Å Gesamtdicke nachweisen (ROBERTSON 1956), von denen eine mit großer Wahrscheinlichkeit die „Membran" im elektrophysiologischen Sinn darstellt.

1. Permeabilität der Membran

a) Intra- und extracelluläre Ionenkonzentration

Die Membran trennt zwei Flüssigkeiten verschiedener Ionenkonzentration. Das Sarkoplasma enthält mehr K^+, aber weniger Na^+ und Cl^- als die Außenflüssigkeit. Die entsprechenden Werte für K^+ und Na^+ sind aus Tab. 10 ersichtlich.

Tabelle 10. *Außenkonzentration* (C_a) *und Innenkonzentration* (C_i) *von Kalium und Natrium in verschiedenen Muskeln*
(Angaben in 10^{-3} Mol/l Zellwasser bzw. Außenplasma)

Tier	Muskel	Kalium			Natrium			Autor	Jahr
		C_a	C_i	C_a/C_i	C_a	C_i	C_a/C_i		
Frosch	Skeletm.	2,6	112,2	1:47	109,0	15,6	7:1	Dubuisson	1954
Frosch	Skeletm.	2,5	126,0	1:50	116,0	15,0	8:1	Nastuk u. Hodgkin	1950
Ratte	Skeletm.	6,4	152,0	1:24	150,0	16,0	9:1	Dubuisson	1954
Frosch	Herzm.	2,5	89,0	1:36	104,0	18,0	6:1	Hajdu	1953
Katze	Herzm.	4,8	151,0	1:31	159,0	16,5	10:1	Robertson u. Peyser	1951

Im Zellwasser sind 30 bis 50mal mehr K^+- und 6 bis 10mal weniger Na^+-Ionen als im Blutplasma enthalten. Für verschiedene Muskelarten ergeben sich dabei erhebliche Differenzen in den Konzentrationsverhältnissen. Relativ konstant ist in den bisher untersuchten Objekten das Verhältnis der Außen- zur Innenkonzentration für das K^+; es beträgt etwa 1:30 im Herzmuskel und 1:50 im Skeletmuskel.

Die Gesamtkonzentration der Muskelfasern an Kationen ist relativ hoch und beträgt z. B. im Warmblüterherzmuskel 150 mMol pro 1 Muskelwasser. Das wichtigste Kation, das Kalium, dürfte zum größten Teil in freier Form vorliegen (Hill und Kupalow 1930), da sonst der relativ hohe osmotische Druck des Sarkoplasmas kaum zu erklären wäre. Es besteht aber kein Zweifel, daß das intracelluläre Kalium unter besonderen Bedingungen sogar in relativ großen Mengen chemisch gebunden sein kann, auch wenn der Anteil dieses nicht freien Kaliums am Gesamtgehalt unbekannt ist (Krogh et al. 1944; Harris 1957; s. a. Ernst 1958). Die Konzentration an freien Anionen ist gegenüber der Kationenkonzentration sehr gering (Awapura et al. 1950). Die Elektroneutralität erfordert zum Ausgleich der vermehrt vorhandenen Kationen die Gegenwart anderer negativer Ionen. Da freie Anionen (besonders Cl^-) nicht in genügenden Mengen verfügbar sind, müssen die intracellulären Anionen große Partikel mit geringer Beweglichkeit sein. Eiweißkörper und Phosphate kommen als Träger negativer Ladungen in Frage (Lowry 1943; Weidmann 1956); unter den Phosphaten wird im besonderen das relativ hoch konzentrierte Kreatinphosphat genannt (Ling 1952).

b) Ionenaustausch

Die Konzentrationen sind keine statischen Größen, sondern das Resultat dynamischer Gleichgewichte, die von dem Zustand der Trennwand zwischen Sarkoplasma und Außenmedium abhängen. Die „Membran" ist ihrerseits keine Schicht mit eindeutig festgelegten physikalischen Eigenschaften. Die Erhaltung der Konzentrationsgradienten von Na^+, K^+ und Cl^- setzt voraus, daß die Membran eine selektive Permeabilität besitzt und für die genannten Ionen überhaupt nicht oder nur sehr wenig durchlässig ist. Vollkommen undurchlässig ist aber die Membran für keines der genannten Ionen. Wenn z. B. der Muskel bei Dehnung Wasser verliert, so ist damit stets ein Ausstrom von Natrium verbunden (s. S. 36). Da das K^+ nicht oder nur in sehr geringer Menge austritt, nimmt bei Dehnung die K^+-Konzentration im Inneren der Faser relativ zur Na^+-Konzentration zu (Harris 1954). Mittels der Isotopentechnik läßt sich nachweisen, daß auch im ruhenden unerregbaren Zustand K^+ und Na^+ durch die Membran ausgetauscht werden (Hodgkin 1951). Für die Messung dieses Austausches gibt es zwei Möglichkeiten:

a) Der isolierte Muskel wird in eine Badelösung verbracht, die mit radioaktiven Ionen (K⁺, bzw. Na⁺) angereichert ist; die allmähliche Abnahme der Radioaktivität in der Flüssigkeit ist ein Maß für die Aufnahme von K⁺, bzw. Na⁺ durch den Muskel (s. HARRIS und STEINBACH 1956).

b) Ein mit radioaktiven Substanzen beladener Muskel wird in normale nicht radioaktive Flüssigkeit getaucht; die Zunahme der Radioaktivität der Badelösung ist ein Maß für den K⁺-, bzw. Na⁺-Verlust der Faser (HARRIS 1952).

Aufnahme und Abgabe von radioaktiven Ionen nehmen mit dem Konzentrationsunterschied zwischen Sarkoplasma und Ringerlösung zu (HARRIS 1952). Der K⁺-Austausch erfolgt sowohl beim Skeletmuskel als auch beim Herzmuskel in 2 Phasen (HARRIS 1952; SCHREIBER 1956), in einer initialen schnellen Phase und einer nachfolgenden langsamen Phase (Abb. 32). Die schnelle Phase dauert einige Minuten und wird auf ungehinderte Diffusion durch lecke, d. h. an einzelnen Stellen beschädigte Fasern (HARRIS 1952; 1956) zurückgeführt. Die langsame Phase dauert im Froschmuskel bis zur Einstellung eines Gleichgewichtes etwa 4 Std. (HARRIS 1954). Der Warmblütermuskel (Rattenzwerchfell) benötigt etwa 40 min um die Hälfte seines K⁺-Gehaltes auszutauschen (CREESE 1954). Im glatten Muskel (taenia coli, Meerschweinchen) ist die Abgabe von markiertem K⁺ aus der Faser in die extracelluläre Flüssigkeit erst nach 3 Std. beendet

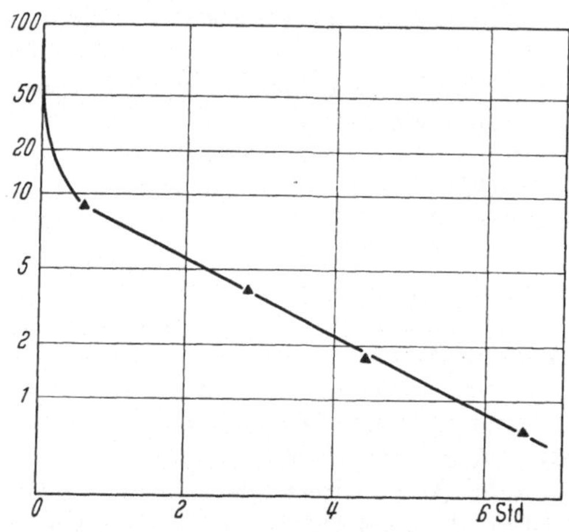

Abb. 32. Zeitlicher Verlauf des Kaliumaustausches im Froschmagen. Das mit K⁴² angereicherte Präparat wird nach Behandlung mit 2 · 10⁻³ Mol CaCl₂/l in einer Ringerlösung ausgewaschen, die nicht radioaktives Kalium (0,12 Mol KCl/l) enthält. Ordinate: Radioaktive Restaktivität in Prozent der Aktivität einer Lösung, die radioaktives K⁴² (0,12 Mol KCl/l) enthält. Beachte den schnellen Abfall in den ersten Minuten und die — trotz irreversibler Zerstörung der Membran — lang anhaltende Retention des Kaliums. (Nach BOZLER et al. 1958)

(BORN und BÜLBRING 1956). Der Froschmagen kann große Mengen (bis zu 80%) von K⁴² über mehr als 6 Std. zurückhalten (BOZLER et al. 1958), auch wenn die Fasern durch vorherige Behandlung mit 2 · 10⁻³ Mol CaCl₂/l für Elektrolyte und relativ große Moleküle (Insulin) durchlässig geworden waren (Abb. 32). Daher nimmt man an, daß die geringe Austauschgeschwindigkeit während der langsamen Phase in allen Muskeln auf der Fähigkeit der Zelle beruht, K⁺-Ionen chemisch zu adsorbieren und an Ladungen des Muskelinnern elektrostatisch zu binden (s. HARRIS 1957).

Der Ionenaustausch zwischen Ganzmuskel und Außenlösung wird ferner durch die Membran und die zwischen Außen- und Innenlösung liegenden extracellulären Spalten verzögert (CREESE 1954); die Stromstärke des Ein- und Ausstroms durch die Membranfläche (pro cm²) ist relativ gering. Innerhalb des Myoplasmas ist dagegen der K⁺-Transport pro Zeiteinheit unter dem Einfluß eines elektrischen Feldes sehr viel größer und entspricht den Werten, die man unter den Bedingungen freier Diffusion in einer wäßrigen Lösung erhält (HARRIS 1954). Die geringere Stromstärke des K⁺-Austauschs zwischen innen und außen muß daher auf einem Diffusionshindernis beruhen. Dieselben Schlußfolgerungen ergeben sich aus dem Na⁺- und Cl⁺-Austausch.

Die Membran ist aber nicht für alle Ionen in demselben Maße eine Barriere. Der normale Na⁺-Einstrom ist etwa doppelt so groß wie der K⁺-Einstrom (KEYNES

1954); dabei ist zu berücksichtigen, daß die Außenkonzentration an Na$^+$ 40mal größer ist als die an K$^+$. Wenn man die Menge der in der Zeiteinheit einströmenden Ionen als Maß für die Membrandurchlässigkeit (*Permeabilität*) — bezogen auf gleiche Außenkonzentration — ansieht, dann ist die Permeabilität für K$^+$ erheblich größer als die für Na$^+$. Das Verhältnis der Permeabilitäten für K$^+$ (Π_K) zu dem für Na$^+$ (Π_{Na}) ist in der Skeletmuskelfaser:

$$\frac{\Pi_K}{\Pi_{Na}} = \frac{\text{K-Einstrom} \times \text{Außenkonz.-Na}}{\text{Na-Einstrom} \times \text{Außenkonz.-K}} = \frac{1}{2} \cdot \frac{40}{1} = 20 : 1 \tag{16}$$

(KEYNES 1954; NASTUK und HODGKIN 1950).

c) Theoretische Gleichgewichtspotentiale

Die relativ hohe Membranpermeabilität für K$^+$ hat zur Folge, daß die Geschwindigkeit, mit der das einzelne K$^+$-Ion die Membran durchwandert, größer ist als die der Na$^+$-Ionen und Anionen. Daraus ergibt sich zu beiden Seiten der Grenzschicht eine verschiedene Ionenverteilung. Die K$^+$-Ionen treten schneller durch die Membran als die übrigen Ionen und eilen entsprechend dem bestehenden Konzentrationsgefälle in Richtung von innen nach außen den Anionen voraus, für die die Membran weniger permeabel ist. Infolge ihrer elektrischen Ladung verursachen sie ein positives Potential an der Membranoberfläche, das ihrer Bewegung entgegenwirkt. Schließlich wird die treibende Kraft (osmotischer Gradient, von innen nach außen) so groß wie die hemmende Kraft (elektrischer Gradient, von außen nach innen): Die ein- und austretenden Ionen halten sich das Gleichgewicht (TEORELL 1953).

Das Gleichgewichtspotential des K$^+$ kann unter der theoretischen — praktisch jedoch nicht realisierbaren — Annahme berechnet werden, daß das K$^+$ vollkommen frei, keines der anderen Ionen aber überhaupt diffundieren kann; die Grundlage der Berechnung liefert die Nernstsche Formel:

$$E_M = \frac{RT}{F} \cdot \ln \frac{[C_i]}{[C_a]} . \tag{17}$$

(E_M = Gleichgewichtspotential; C_i = Innenkonzentration der K-Ionen; C_a = Außenkonzentration der K-Ionen; R = Gaskonstante; T = absolute Temperatur; F = Faradaysche Konstante.)

Für das K$^+$ ergibt sich unter den genannten Voraussetzungen im physiologischen Temperaturbereich ein Potential von $+99$ mV (außen positiv, innen negativ), wenn man in die Gl. (17) die Ionenkonzentrationen des Muskels einsetzt. Für die anderen diffusionsfähigen Ionen (Na$^+$, Cl$^-$) kann man die entsprechenden theoretischen Werte der Gleichgewichtspotentiale auf dieselbe Weise bestimmen. Für das Na$^+$ würde sich ein Wert von -52 mV (außen negativ, innen positiv) und für das Cl$^-$ ein Wert von $+100$ mV (außen positiv, innen negativ) ergeben. Wegen der wesentlich geringeren Diffusionsfähigkeit der beiden letztgenannten Ionen sind jedoch die Gleichgewichtspotentiale des Na$^+$ und des Cl$^-$ im unerregten Muskel ohne praktische Bedeutung. Dagegen ist zu erwarten, daß wenigstens ein Teil des theoretischen K$^+$-Gleichgewichtspotentials nach Richtung und Größe als Membranpotential des Muskels ableitbar ist.

2. Ruhepotential der Membran

a) Messung und Größe des Membranpotentials

Zur genauen quantitativen Messung des Membranpotentials bedient man sich der intracellulären Ableitung (LING und GERARD 1949; NASTUK und HODGKIN 1950). Eine Glascapillare mit einer auf $< 0.5\ \mu$ Durchmesser ausgezogenen Spitze

wird in das Innere der Muskelfaser eingeführt; sie dient als innere Ableitelektrode.
Da ihr Widerstand bei Füllung mit isotonischer Lösung sehr hoch ist (50—150
Megohm), wird er durch Füllung mit einer Lösung von 3 Mol KCl/l auf 10—30
Megohm erniedrigt[1]. Ein Schema der Anordnung und Schaltung zeigt Abb. 33.

Das Membranpotential läßt sich nur dann in seiner vollen Höhe erfassen,
wenn die Membran an der Stelle des inneren Abgriffes unverletzt ist und keine
Kurzschlüsse zwischen innen und außen auftreten. Diese Voraussetzung ist

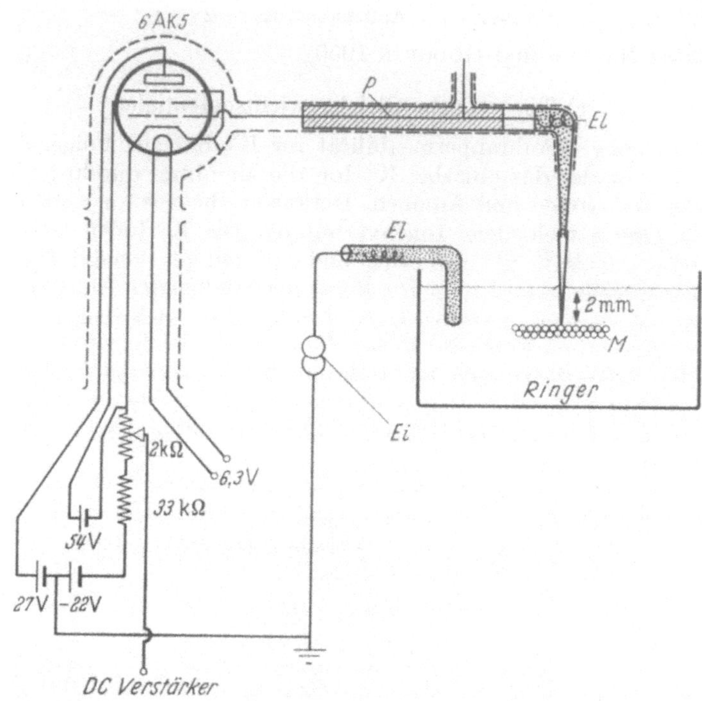

Abb. 33. Anordnung zur Registrierung des Membranpotentials in Muskelfasern. Bezeichnung: M Muskel, G Glascapillare; El AgAgCl-Elektrode, P Paraffin, Ei Eichgerät (Nach NASTUK und HODGKIN 1950)

gewöhnlich erfüllt, wenn der Durchmesser der Faser relativ zum Durchmesser der
Glascapillare groß ist. In dünnen Fasern sind Verletzungen nicht auszuschließen,
die das Membranpotential erniedrigen. Daher sieht man bei Serienmessun-
gen gewöhnlich die höchsten Meßwerte als diejenigen Werte an, die dem
absoluten Membranpotential unter physiologischen Bedingungen am nächsten
kommen. Andererseits sind auch Überhöhungen durch methodische Fehler möglich. Ein sicheres Kriterium für die Richtigkeit der in der Literatur angegebenen
Zahlen gibt es daher nicht. Die Technik der Ableitung von einer verletzten Stelle
liefert naturgemäß zu kleine Potentiale (Verletzungs- bzw. Demarkations-
potentiale). Trotzdem ist die Ableitung vom Querschnitt mittels der Saugelektrodentechnik (SCHÜTZ 1931) auch heute noch berechtigt, wenn nicht die Absolutwerte, sondern die relativen Änderungen in der Zeit gemessen werden sollen
(WEIDMANN 1956c). Bei guter Lage der Saugelektrode stimmen die intra- und
extracellulär abgeleiteten relativen Potentialänderungen des Herzmuskels während
der Erregung überein (HOFFMAN et al. 1959; s. a. SCHÜTZ 1958).

---

[1] Ein hoher Elektrodenwiderstand hat u. a. den Nachteil, daß er die Zeitkonstante im
Verstärkereingang vergrößert und damit eine zeitgetreue Wiedergabe des schnellen Anstiegs
des Aktionspotentials ausschließt.

Tabelle 11. *Ruhe- und Aktionspotentiale verschiedener Muskeln* (nach WEIDMANN 1956b)

Tier	Muskel	Faser-durch-messer μ	Ruhe-poten-tial mV	Aktions-poten-tial mV	Autoren	Jahr
Katze	Skeletmuskel	—	80	116	TRAUTWEIN et al.	1953
Meerschweinchen	Skeletmuskel	—	85	121	TRAUTWEIN et al.	1953
Frosch	Skeletmuskel	80	88	119	NASTUK u. HODGKIN	1950
Frosch	Skeletmuskel	80	90	125	FATT u. KATZ	1951
Hund	Herzventrikel	16	82	102	TRAUTWEIN u. ZINK	1952
Katze	Herzventrikel	16	87	100	HOFFMAN u. SUCKLING	1952
Frosch	Herzventrikel	10	62	—	WOODBURY et al.	1950
Frosch	Herzventrikel	10	85	103	WARE et al.	1957
Hund	Vorhof	10	85	105	HOFFMAN u. SUCKLING	1953
Kaninchen . .	glatter Muskel	<10	60	—	BÜLBRING u. HOOTON	1953
Meerschweinchen	glatter Muskel	<10	60	—	BÜLBRING	1954

Aus den Daten der Tab. 11 geht hervor, daß das Membranpotential bei fast allen quergestreiften Muskelfasern 80—90 mV beträgt. Die Angaben für die dünnen Fasern sind aus den erwähnten Gründen unsicher, ebenso die für die glatten Muskelfasern aufgeführten Werte; die Höchstwerte dieser Fasergruppe betragen jedoch gleichfalls 80 mV. Auch das Membranpotential der Herzmuskelfasern erreicht Spitzenwerte von 90 mV, unterscheidet sich also kaum von dem Potential der Skeletmuskelfaser. Trotz der allgemeinen Übereinstimmung der angegebenen Werte ist die Möglichkeit einer physiologischen Streuung des Membranpotentials auch in Fasern ein und desselben Organs nicht ganz auszuschließen. Das würde bedeuten, daß die relativ großen Streuungen der Werte, die man z. B. am Vorhof der Ratte (WEBB 1956) oder am Schließmuskel der Muschel (HOYLE und LOWY 1956) erhält, nicht nur methodisch bedingt sind, sondern echte physiologische Variationen darstellen.

Die Zahlen der Tab. 11 beziehen sich bei Kaltblütermuskeln gewöhnlich auf Raumtemperatur (20° C), bei Warmblütermuskeln auf Körpertemperatur (37 bis 38° C). Die Werte sind trotzdem vergleichbar, weil das Membranpotential des ruhenden unerregten Muskels so gut wie gar nicht temperaturabhängig ist. Der Q_{10}-Wert liegt z. B. für Froschmuskeln bei 1,035 (LING und GERARD 1949) und entspricht der Temperaturabhängigkeit reiner Diffusionsvorgänge.

b) Abhängigkeit von der K⁺-Außenkonzentration

Aus der annähernden Übereinstimmung der experimentell ermittelten Membranpotentiale mit den aus der Nernstschen Formel errechneten Werten kann man schließen, daß das Membranpotential des Muskels vorwiegend aus dem K⁺-Gleichgewichtspotential besteht. Für diese Auffassung spricht im besonderen die Abhängigkeit des Membranpotentials von der K⁺-Außenkonzentration: Das Membranpotential des Muskels ist umgekehrt proportional dem Logarithmus der Kaliumkonzentration im Außenmilieu, wie man an zahlreichen Objekten, glatten und quergestreiften Muskeln von Warm- und Kaltblütlern, an Krabben- und Insektenmuskeln feststellen konnte (JENERICK und GERARD 1953; LING und GERARD 1949; R. H. ADRIAN 1956; BÜLBRING und HOOTON 1953; FATT und KATZ 1953; PILLAT et al. 1958), ebenso am Herzmuskel, und zwar sowohl am Vorhof wie am Ventrikel (BURGEN und TERROUX 1953a; 1953b). Zusatz von hochkonzentrierten KCl-Lösungen zum Coronarperfusat des Schildkrötenherzens verringert das Membranpotential (BURGEN und TERROUX 1953b).

Ein Beispiel für die K^+-Abhängigkeit des Ruhepotentials zeigt die Abb. 34. Eine Erhöhung der Kaliumaußenkonzentration auf den 10fachen Wert erniedrigt das Membranpotential um etwa 45%. Entsprechend nimmt bei Abnahme der Kaliumaußenkonzentration das Membranpotential zu. In K^+-armen Lösungen kann das Membranpotential sogar auf Werte über 100 mV ansteigen. Änderungen der Na^+-Konzentration haben auf das Membranpotential keinen mit der K^+-Wirkung vergleichbaren Einfluß (vgl. Schütz 1958).

Andere Ionen vermögen das Membranpotential nur in relativ hohen Konzentrationen zu verändern. So sind Calciumionen erst bei Konzentrationen wirksam, die das 8fache des Normalwertes betragen. Dann verschiebt sich nach Befunden

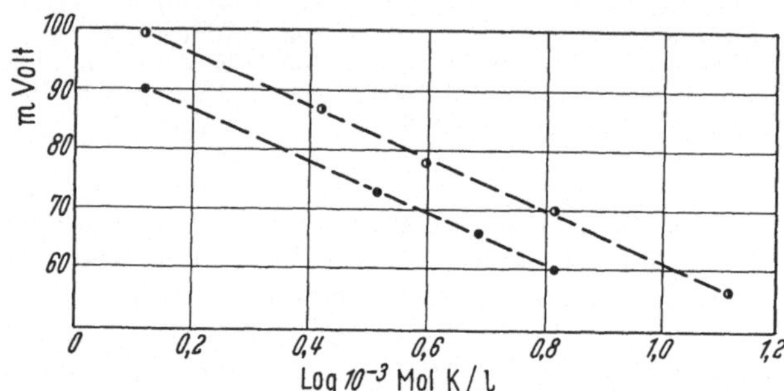

Abb. 34. Membranpotential als Funktion der K^+-Außenkonzentration (M. sartorius, Frosch 22° C). Gefüllte Kreise: Normale Ca-Konzentration; halbgefüllte Kreise: 8fache Ca-Konzentration. (Nach Jenerick und Gerard 1953)

am Froschskeletmuskel (Jenerick und Gerard 1953) das Membranpotential nach höheren Werten (Abb. 34). Die Relation zwischen dem Membranpotential und dem Logarithmus der Kaliumaußenkonzentration bleibt dabei erhalten. Bei Gegenwart hoher Calciumkonzentrationen muß man also die Außenlösung mit mehr K^+ versetzen als bei normalem Ca^{++}-Gehalt, wenn das Membranpotential auf einen bestimmten niedrigen Wert eingestellt werden soll. Änderungen des pH im Außenmilieu haben dagegen keinen erkennbaren Einfluß auf das Membranpotential, das in einem Bereich von pH 6,5—8,5 konstant bleibt (Ling und Gerard 1949; Jenerick und Gerard 1953), obwohl sich der K^+- und Na^+-Gehalt der Muskelzelle erheblich ändert. Eine eindeutige Abhängigkeit des Membranpotentials von der Ionenkonzentration besteht also in diesem Fall nicht (Shaw et al. 1956).

Die beschriebene Beziehung zwischen K^+-Außenkonzentration und Membranpotential ist zweifellos auf die relativ hohe Permeabilität der Membran für K^+ zurückzuführen. Sie läßt sich theoretisch durch Versuche an Membranmodellen belegen, die für K^+ selektiv permeabel sind (Ussing 1949; Teorell 1953). Die Anwendbarkeit der Nernstschen Formel bleibt aber auf die K^+-Konzentrationsänderung begrenzt und ist auch dann nur unter ganz bestimmten Voraussetzungen möglich. Außer den oben genannten Gründen, die die Gültigkeit der Formel einschränken, ist zunächst zu berücksichtigen, daß die theoretisch nach Nernst berechneten Änderungen des Potentials bei bestimmten Konzentrationsverschiebungen größer als die tatsächlich beobachteten sind (Jenerick und Gerard 1953). Ferner ist eine lineare Beziehung zwischen dem Membranpotential und dem Logarithmus der K^+-Außenkonzentration nur dann festzustellen, wenn kein Ausgleich zwischen der veränderten Außenlösung und der Innenlösung stattgefunden hat, bei Erhöhung des K^+-Gehaltes im Außenmilieu also noch kein K^+ in das Innere eingedrungen ist (Burgen und Terroux 1953). Schließlich setzt die Nernstsche Formel voraus, daß die Permeabilität der Membran konstant und unabhängig vom Membranpotential ist. Die Permeabilität der Muskelmembran nimmt aber sowohl für K^+ als auch für Na^+ mit abnehmendem Membranpotential zu (s. HODGKIN 1951). Aus all diesen Gründen erscheint es schwierig, wenn nicht unmöglich, das Membranpotential als Gleichgewichtspotential des K^+ aus physikalisch genau definierten Gesetzmäßigkeiten abzuleiten.

Das Membranpotential von durchschnittlich 80 mV kann schon deswegen nicht nur auf dem K^+-Gleichgewicht beruhen, weil auch bei völlig freier Diffusion aller Elektrolytionen nach Schädigung der Membran eine Potentialdifferenz von 10—20 mV zwischen innen und außen bestehen bleibt (s. z. B. DRAPER und WEIDMANN 1951). Diese Restspannung kann z. T. auf dem verschiedenen Eiweißgehalt im Innen- und Außenmedium beruhen (s. AWAPURA 1950). Das Sarkoplasma enthält mehr gelöste Eiweißstoffe, die auf Grund ihrer Größe auch durch die für Elektrolytionen permeable Membran nicht diffundieren können. Dann würde sich je nach der Ladung der Eiweißmoleküle eine asymmetrische Ionenverteilung nach Art eines Donnan-Gleichgewichtes mit einem Potentialgefälle zwischen innen und außen ergeben.

Das Potential der ruhenden Membran ist also nur im Modellfall als Gleichgewichtspotential des K^+ zu bezeichnen. Es gibt ferner Muskelfasern, deren Membranpotential auch nicht annähernd dem Kaliumgleichgewichtspotential entspricht. Hierzu gehören die sog. „langsamen" Fasern des Froschmuskels; ihr Potential (60 mV) bleibt bei einer Abnahme der K^+-Außenkonzentration nahezu konstant (KIESSLING 1959), während es etwa proportional dem Logarithmus der Na^+-Außenkonzentration zunimmt. Der Gradient der Kurve hängt jedoch von der jeweiligen K^+-Außenkonzentration ab.

3. Aktiver Ionentransport

a) Na^+-Pumpe

Der entscheidende Einwand gegen die Analogie von physikalischer und biologischer Membran ist der Befund, daß auch unter völlig ausgeglichenen Verhältnissen ein dauernder Austausch von Na^+ und K^+ durch die Membran stattfindet, den physikalische Diffusionsvorgänge allein nicht erklären können. Daher müssen in der Muskelmembran außer den osmotischen Kräften noch Zusatzkräfte wirksam sein, die die Ionenkonzentrationen trotz des ständigen Austausches aufrechterhalten. Diese Zusatzkräfte sind chemischer Natur und werden Stoffwechselprozessen zugeschrieben, die sich in der Membran abspielen (HODGKIN 1951).

Im Fall des K^+ kann man darüber diskutieren, ob die Annahme solcher Prozesse unbedingt erforderlich ist, um den Ionenaustausch nach beiden Richtungen bei Konstanz der Konzentrationsverhältnisse zu erklären; denn das einmal erreichte Gleichgewicht zwischen dem osmotischen und elektrischen Gradienten schließt nicht aus, daß Ionen entsprechend dem Konzentrationsgefälle von innen nach außen und entsprechend dem elektrischen Gradienten von außen nach innen wandern. Die Erfahrungen an ausgeschnittenen, geschädigten oder vergifteten Muskeln sprechen allerdings für die Beteiligung aktiver Vorgänge am K^+-Transport.

Völlig gesichert ist die Bedeutung von Stoffwechselprozessen für den Na^+-Austausch. Der Konzentrationsgradient des Na^+ ist von außen nach innen gerichtet. Da der elektrochemische Gradient des Membranpotentials die Na^+-Ionen in dieselbe Richtung treibt, kann sich für das Na^+ kein Gleichgewicht zwischen Ein- und Ausstrom auf Grund rein physikalischer Kräfte einstellen. Wenn trotz des ständigen Einstroms von Na^+ in Richtung des Konzentrationsgefälles der Na^+-Gehalt des Innen- und Außenmilieus konstant bleibt, so muß eine Kraft wirken, die entgegen dem Gefälle die positiv geladenen Na^+-Ionen wieder nach außen zurücktreibt. Diese Kraft wird durch Stoffwechselvorgänge geliefert, die man mit dem Sammelbegriff „Na-Pumpe" bezeichnet (DEAN 1941; HODGKIN 1951; STEINBACH 1951).

Im Gleichgewicht muß der Na^+-Ausstrom so groß wie der Na^+-Einstrom sein. Experimentell läßt sich zeigen, daß der Ausstrom sich nach der Größe des Einstroms richtet: Wenn man in der Außenlösung von Frosch- und Krötenmuskeln Natrium durch Lithium oder Cholin ersetzt, dann sinkt nicht nur der Na^+-Einstrom auf Null, sondern auch der Na^+-Ausstrom auf die Hälfte des ursprünglichen Wertes ab (SWAN und KEYNES 1956). Änderungen des Na^+Gehaltes der Außenlösung von 45—650 mMol pro l verschieben die Na^+-Konzentration im Myoplasma in derselben Richtung, so daß das Verhältnis der Na^+-Außenkonzentration zur Na^+-Innenkonzentration annähernd gleichbleibt (SHAW et al. 1956). Die Konstanz dieses Verhältnisses ist nur durch die Annahme eines aktiven Vorganges zu erklären, der den Ausstrom auf den Einstrom einstellt.

Aus der Höhe des normalen Natriumausstromes ($3,5 \cdot 10^{-5}$ Mol pro g Axoplasma und pro Std.), und dem Potentialgefälle (100 mV) kann die Konzentrationsarbeit berechnet werden, die die Natriumpumpe zu leisten hat (KEYNES und MAISEL 1954). Die in der Stunde geleistete Arbeit beträgt 0,08 cal pro g Axoplasma; sie wird durch den Ruhestoffwechsel des Muskels bestritten.

b) Wechselwirkung zwischen Na^+- und K^+-Transport

Der Na^+-Ausstrom hängt aber nicht nur von der Na^+-Konzentration der Außenlösung ab. Wenn man den K^+-Gehalt in der Außenlösung erniedrigt, dann sinkt der Ausstrom von Na^+ ab (SWAN und KEYNES 1956). In K^+-reichem Medium nimmt der Na^+-Ausstrom zu (KEYNES und MAISEL 1954). Nach Erfahrungen am Cephalopodennerven (HODGKIN und KEYNES 1955) beruht die Abhängigkeit des Na^+-Ausstroms von der K^+-Außenkonzentration nicht auf den gleichzeitigen Änderungen des Membranpotentials (s. o.). Wird das Membranpotential nicht durch K^+-Konzentrationsänderung, sondern durch Polarisations- oder Depolarisationsströme geändert, so bleibt der Na^+-Ausstrom der gleiche.

Da mit Zunahme der K^+-Außenkonzentration der K^+-Einstrom bis zur Einstellung eines neuen Gleichgewichts zunimmt, außerdem aber auch der Na^+-Ausstrom ansteigt, ist eine Wechselwirkung zwischen der Tätigkeit der Na^+-Pumpe und dem Transport des K^+ von außen nach innen anzunehmen. Diese Wechselwirkung erklärt die Stoffwechselabhängigkeit des K^+-Gehaltes im Muskel auch ohne die Annahme einer K^+-Pumpe, die man beim Nerven für den K^+-Einstrom gegen das Konzentrationsgefälle verantwortlich macht (HODGKIN 1951).

Im Warmblütermuskel ist die Konstanz des normalen K^+-Gehaltes an eine ausreichende O_2-Zufuhr durch den Blutkreislauf gebunden. Wird der Muskel isoliert oder von der Blutversorgung abgeschnitten, so nimmt nach Versuchen am Katzendarm (LEMBECK und STROBACH 1956), am Katzenskeletmuskel (BAETJER 1933) und am Rattenzwerchfell (CREESE 1954) der K^+-Gehalt kontinuierlich ab, bis sich ein neues Gleichgewicht einstellt. Beim Rattenzwerchfell erhöht der Entzug von Glucose aus der Ringerlösung die K^+-Abgabe, während erneuter Glucosezusatz den Effekt rückgängig macht (LEUPIN und VERZAR 1948). K^+ tritt immer dann vermehrt aus der Zelle, wenn man die Glykolyse durch Monojodacetat hemmt und die Sauerstoffzufuhr drosselt; gleichzeitig nimmt die Na^+-Aufnahme zu (DEAN 1940, 1941; CREESE 1954). Die Fähigkeit der Membran, die normale K^+- und Na^+-Konzentration im Innern der Muskelfaser aufrechtzuerhalten, ist offenbar an energieliefernde glykolytische und oxydative Prozesse gebunden. Wenn tatsächlich Na$^+$- und K$^+$-Transport in der angegebenen Weise voneinander abhängen, muß der K$^+$-Verlust der Muskelfaser auf der Schädigung der Na$^+$-Pumpe beruhen.

Die Koppelung der Na$^+$-Abgabe mit der K$^+$-Aufnahme ist besonders eingehend am Herzmuskel studiert worden. Das Rattenherz (HERCUS, McDOWALL und MENDEL 1955) erleidet nach Isolierung in normaler Krebs-Lösung einen K$^+$-Verlust, der stets von einer Zunahme des Na$^+$-Gehaltes begleitet ist. Der Na$^+$-Gehalt geht sofort auf den Normalwert zurück, wenn man den Herzmuskel in eine Lösung mit niedrigem Na$^+$-Gehalt (93 mMol/l statt 145 mMol/l) verbringt. Im Zustand der Anoxie nimmt der Na$^+$-Nettoeinstrom erheblich zu und sinkt nach anschließender Behandlung mit Sauerstoff wieder ab (HERCUS, McDOWALL und MENDEL 1955) (Abb. 35). Die Befunde am Herzmuskel bestätigen die Ansicht, daß die stoffwechselabhängigen Verschiebungen der Na$^+$- und K$^+$-Ionen ineinandergreifen.

c) Stoffliche Wirkungen auf den Ionentransport

Die dem Pumpenmechanismus zugrunde liegenden chemischen Prozesse sind im einzelnen unbekannt. Am Nerven kann man durch 2,4-Dinitrophenol, das die Koppelung zwischen Zellatmung und Phosphorylierung aufhebt und damit die Bildung energiereichen Phosphates verhindert (LOOMIS und LIPMAN 1948), den K$^+$-Rückstrom in die Zelle hemmen (HODGKIN und KEYNES 1954). Am Muskel ist es bisher nicht gelungen, den K$^+$-Einstrom durch Dinitrophenol zu beeinflussen (KEYNES und MAISEL 1954); dagegen ist es möglich, durch Abkühlung den K$^+$- Einstrom ebenso wie den Na$^+$-Ausstrom erheblich zu verlangsamen (HODGKIN und KEYNES 1955). Der Q_{10}- Wert für die Ionenströme in den angegebenen

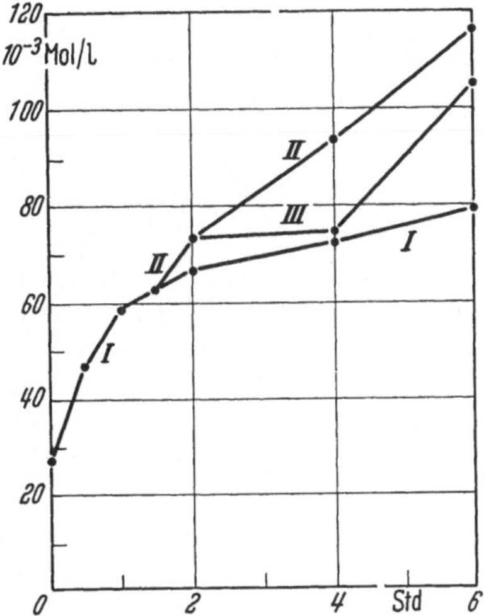

Abb. 35. Wirkung von Anoxie auf die Na-Aufnahme des Rattenventrikels (33° C), in normaler Krebslösung (KREBS und HENSELEIT 1932), die in mMol/l enthält: Na$^+$ 145, K$^+$ 5,9, Ca^{++} 2,6, Mg^{++} 1,2, Cl$^-$ 130, HCO$_3^-$ 25, H$_2$PO$_4^-$ 1,2, SO$_4^{--}$ 1,2. Ordinate: Intracellulärer Na-Gehalt; Abszisse: Zeit nach Isolierung des Präparates. Kurve *I*: Mit O$_2$ gesättigt; Kurve *II*: Anoxie (2 Std. nach O$_2$-Sättigung); Kurve *III*: Wiederzufuhr von O$_2$ (nach $^1/_2$ Std. Anoxie). Beachte, daß die Zufuhr von O$_2$ die Wirkung der Anoxie auf die Dauer nicht ganz aufhebt. (Nach HERCUS, McDOWALL und MENDEL 1955)

Richtungen ist 3,3, während der Na$^+$-Einstrom und K$^+$-Ausstrom Temperaturkoeffizienten aufweisen, die nur wenig über 1,0 liegen, und sich damit als relativ stoffwechselunabhängige Vorgänge ausweisen.

Die Aufnahme von Na$^+$-Ionen im ausgschn itten Muskel (Frosch; Ratte) hängt von der Zusammensetzung der Außenlösung ab; sie ist in Ringerlösung am größten und kann durch Verwendung von Plasma oder von gepufferter Tyrodelösung eingeschränkt werden (CAREY und CONWAY 1954; CREESE 1952). Das Bicarbonatsystem hat offenbar die Fähigkeit, die normalen Membraneigenschaften zu erhalten. Prüft man aber den Ausstrom eines im Muskel vorhandenen Fermentes (Aldolase), das die Membran nur durch Diffusion passieren kann, so zeigt sich keine Änderung, wenn Bicarbonat in der Lösung fehlt (ZIERLER 1956). Glucose- und Sauerstoffmangel erhöhen dagegen den Austritt von Aldolase, ebenso den Anstieg in der K$^+$-Außenkonzentration. Beide Wirkungen sind mit einer Zunahme der Membranpermeabilität zu erklären. Im einzelnen ist jedoch nicht immer zu entscheiden, ob die Änderungen des Stoffaustausches auf Änderungen des aktiven Ionentransports oder der passiven Ionenpermeabilität beruhen.

K$^+$- und Na$^+$-Gehalt des Muskels sind hormonell beeinflußbar. Besonders im glatten Muskel verändert sich die Ionenkonzentration unter der Einwirkung bestimmter Hormone. Die Befunde sind aber insofern nicht eindeutig, als die genannten Hormone auch die Spontanaktivität verändern, die ihrerseits die K$^+$- und Na$^+$-Konzentrationen erheblich beeinflußt. Acetylcholin vergrößert den K$^+$-Ausstrom im Herzmuskel (HOWELL und DUKE 1908). Das Membranpotential des Katzenvorhofs wird unter dem Einfluß von ACh und Vagusreizung größer, wenn es wesentlich unter der Norm, also relativ weit von dem K$^+$-Gleichgewichtspotential entfernt liegt (BURGEN und TERROUX 1953a, b; WEIDMANN 1956). Die Wirkung des ACh beruht daher auf einer Zunahme der K$^+$-Permeabilität, die sowohl den vermehrten Ausstrom von K$^+$-Ionen als auch die Zunahme des Membranpotentials bis zu dem Grenzwert des Gleichgewichtspotentials (100 mV) erklärt.

d) Aktiver Ionentransport und Membranpotential

Indirekte Aufschlüsse über die Leistungsfähigkeit des aktiven Ionentransportsystems sind durch Messung des Membranruhepotentials möglich, das auf Änderung des K$^+$-Konzentrationsgefälles in der angegebenen Weise anspricht. Allerdings kann diese Methode nur grobe Verschiebungen der K$^+$-Konzentration anzeigen, wie aus Abb. 34 hervorgeht. Beim ausgeschnittenen Muskel nimmt das Membranpotential erst ab, wenn der K$^+$-Verlust bereits relativ hoch ist. Im M. tibialis ant. der weißen Maus bleibt das Membranpotential etwa zwei Tage nach der Isolierung des Muskels auf der ursprünglichen Höhe (100 mV), um am 5. Tag auf 90, am 10. auf 80 mV abzufallen und sich schließlich nach 50 Tagen auf einen nahezu konstanten Endwert von 70 mV einzustellen (WARE JR., BENNET und MC INTYRE 1952). Stoffwechselgifte, die die ATPase hemmen, senken das Membranpotential des Froschmuskels innerhalb von 10 min auf 60 mV (LING und GERARD 1949b). Aus diesem Befund kann man schließen, daß die Energie für die Erhaltung des normalen K$^+$Konzentrationsgradienten und des Membranpotentials aus der Spaltung von Adenosintriphosphat stammt.

e) Aktiver Ionentransport bei Dehnung

Ein Zusammenhang zwischen Ionenbewegungen und Stoffwechselprozessen ist auch auf Grund der Änderungen wahrscheinlich, die beide Größen bei Dehnung des Muskels erfahren. K$^+$-Austausch und Membranpotential ändern sich zwar nicht infolge der Dehnung (HARRIS 1953; LING und GERARD 1949a), wohl aber der Natriumausstrom, der im gedehnten Muskel zunimmt (HARRIS 1954) (Abb. 36). Ebenso wie der Skeletmuskel des Frosches (Wintertier) verhält sich der Herzmuskel der Ratte (HERCUS, DOWALL und MENDEL 1955). In beiden Präparaten verschiebt sich bei Dehnung Wasser vom intracellulären in den extracellulären Raum; die intracelluläre Konzentration des Na$^+$ ändert sich daher nicht, wenn man sie auf den Wassergehalt bezieht. Da das Na$^+$ gegen den elektrischen Gradienten die Zelle

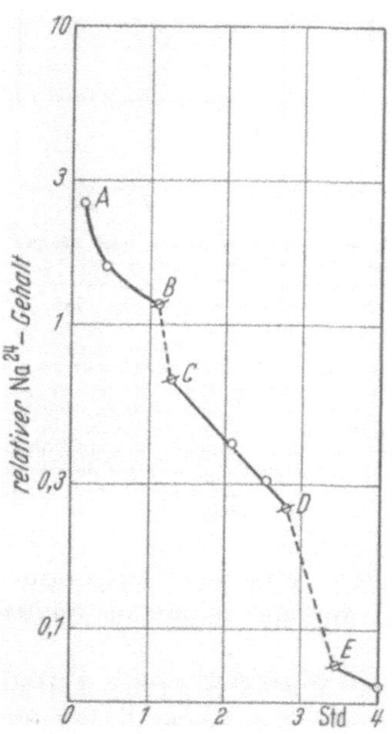

Abb. 36. Na$^+$-Ausstrom bei Dehnung des Muskels (M. sartorius, 0° C). Muskel vor dem Versuch mit Na²⁴ angereichert, dann in inaktive Ringerlösung verbracht. Von Punkt A nach B Na²⁴-Abgabe im ungedehnten Muskel; von B nach C Abgabe bei der Länge 119% l_0; von C nach D Abgabe bei der Länge l_0 und von D nach E nach erneuter Dehnung auf 119% l_0. Ordinate: Gehalt des Muskels an Na²⁴ in relativen Einheiten. (Nach HARRIS 1954)

verläßt, kann der Na$^+$-Austritt aus der Muskelfaser nicht mit dem Wasserverlust allein erklärt werden. Man nimmt daher an (HARRIS 1954), daß die Na$^+$-
Pumpe im gedehnten Muskel mit größerer Intensität arbeitet als im ungedehnten
Zustand. Für diese Annahme spricht die Tatsache, daß der Stoffwechsel mit
zunehmendem Dehnungsgrad ansteigt (FENG 1932b) (s. S. 36, 200).

4. Elektrische Eigenschaften der Membran

Die Membraneigenschaften werden durch biologische Vorgänge unbekannter
Genese dauernd verändert. Trotzdem verhält sich unter ausgeglichenen Bedingun-
gen die Muskelfaser wie ein stationäres System von definierten Widerständen und
Kapazitäten. Die für die Nervenfaser entwickelte Kabeltheorie (HODGKIN und
RUSHTON 1946) läßt sich ohne Einschränkung auf die Skelet- und Herzmuskelfaser

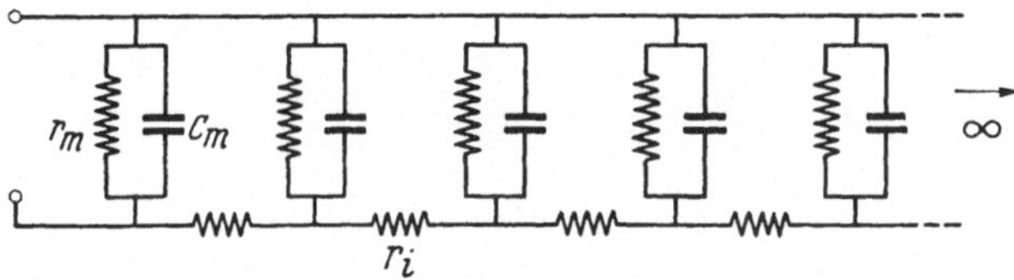

Abb. 37. Elektrisches Ersatzschema für eine Muskelfaser. r_i = Längswiderstand des Sarkoplasmas (= Innenwiderstand); c_m = Membrankapazität; r_m = Membranwiderstand; die Potentialdifferenz ist im Schema nicht
berücksichtigt. (Nach WEIDMANN 1956)

übertragen (KATZ 1948; WEIDMANN 1952). Man vergleicht die Einzelfaser mit
einer kabelähnlichen Struktur, die im Protoplasma einen gut leitenden Kern und
in der Membran eine schlecht leitende Hülle hoher Kapazität besitzt (s. Ersatzschema Abb. 37; HERMANN 1879).

a) Bestimmung der Konstanten

Für die Angabe der Kabeleigenschaften sind 3 Größen maßgeblich, die unter
Ruhebedingungen als Konstante gelten können:

a) die spezifische Membrankapazität C_m (μ Farad/cm^2);
b) der spezifische Membranwiderstand R_m ($\Omega \cdot$ cm^2);
c) der spezifische Innenwiderstand[1] R_i ($\Omega \cdot$ cm).

Zur Messung der 3 Größen werden zwei Mikroelektroden in die Faser eingeführt.
Die eine Elektrode dient dazu, einen anodischen Rechteckimpuls von einer
indifferenten Außenelektrode durch die Membran zu schicken; die zweite Mikro-
elektrode, die in variablen Abständen von der ersten Elektrode liegt, registriert
den zeitlichen und räumlichen Spannungsabfall entlang der Faser. Mit dieser
Methode (Abb. 38) lassen sich zwei Meßgrößen bestimmen:

a) die Zeitkonstante (τ) des Spannungsabfalls;
b) die Längenkonstante (λ) des Spannungsabfalls.

Mit Hilfe der Größen τ und λ kann man nach der Kabeltheorie 3 Gleichungen
angeben, die bei bekanntem Faserdurchmesser ($2\,r$) die Bestimmung von C_m, R_m
und R_i gestatten (HODGKIN und RUSHTON 1946; DAVIS und LORENTE DE NÓ 1947;
s. a. v. MURALT 1958).

---

[1] Nach der üblichen Terminologie bedeutet der spezifische Elektrolytwiderstand den
Widerstand eines Würfels von der Kantenlänge 1 cm.

Die Gleichungen lauten:

a) $C_m = \dfrac{\tau}{R_m}$; (18)

b) $R_m = \dfrac{\lambda^2 \cdot 2\,R_i}{r}$; (19)

c) $R_i = \dfrac{V_0 \cdot 2\,\pi\,r^2}{i_0 \cdot \lambda}$; (20)

($V_0 =$ Potential-Änderung zwischen der Innen- und Außenseite der Membran am Ort der Polarisationselektrode; $i_0 =$ Stromstärke).

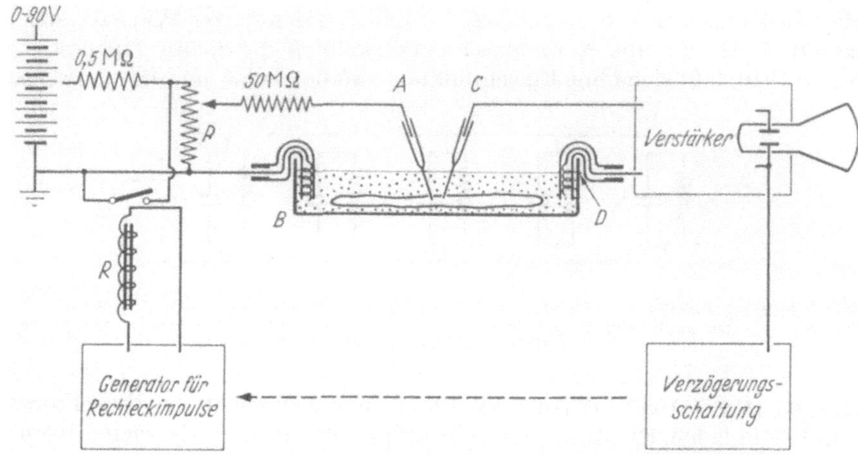

Abb. 38. Anordnung zur Polarisation der Fasermembran mit rechteckigen Stromstößen. A polarisierende Mikro-elektrode, C ableitende Mikroelektrode, B und D AgAgCl/Elektroden in Berührung mit der Badeflüssigkeit, P Stufenpotentiometer zur Wahl der Stromstärke, R Relais. (Nach WEIDMANN 1956)

Eine Zusammenstellung der bisher gemessenen Werte findet sich in Tab. 12. Der Membranwiderstand für Gleichstrom schwankt bei Skelet- und Herzmuskelfasern von Wirbeltieren zwischen 1200 und 4000 Ω cm². Beim Krabbenmuskel beträgt der Wert nur 100 Ω cm². Der Innen- oder Kernwiderstand der Muskelfaser ist im Durchschnitt zwei- bis dreimal größer als der Widerstand der isotonischen Lösung, die die Muskelfaser unter physiologischen Bedingungen umgibt. Der Unterschied wird mit der geringeren Anionenbeweglichkeit im Myoplasma unter teilweiser Bindung von K$^+$-Ionen durch intracelluläre Proteine erklärt (LOWRY 1943; HODGKIN und KEYNES 1953). Das Verhältnis R_i/R_m beträgt

Tabelle 12. *Elektrische Daten verschiedener Muskelfasertypen* (nach WEIDMANN 1956 b) Spezifischer Membranwiderstand R_m, spez. Membrankapazität C_m, Innenwiderstand R_i, Außenwiderstand R_a.

Tier	Muskel	Durch-messer η	R_m Ω cm²	C_m μF/cm²	R_i Ω cm	R_a Ω cm	R_i/R_a	Autoren	Jahr
Frosch	Skeletm.	80	4000	6—8	230	87	2,6	FATT u. KATZ	1951
Krabbe	Skeletm.	125	100	40	69	22	3,1	FATT u. KATZ	1953
Frosch	Herzm.	129	2100	11	—	87	—	DEL CASTILLO u. MACHNE	1953
Ziege	Purkinje Faser	75	2000	12	105	51	2,1	WEIDMANN	1952
Kalb, Schaf	Purkinje Faser	75	1200	11	154	51	3,0	CORABEUF u. WEIDMANN	1954

bei Wirbeltiermuskeln 1/20 bis 1/8. Der Kern hat also einen wesentlich kleineren Widerstand als die Membran. Mit zunehmender Temperatur nimmt der Membranwiderstand ab (FATT und KATZ 1953; DEL CASTILLO und MACHNE 1953). Der Q_{10}-Wert beträgt beim Froschmuskel 1,35 und entspricht ungefähr der Temperaturabhängigkeit des Widerstandes einer 0,1 Mol/l KCl-Lösung; bei den Krabbenmuskeln ist der Q_{10}-Wert wesentlich größer, nämlich 2,5 (FATT und KATZ 1953). Die Membrankapazität C_m ist relativ hoch und erreicht bei Krabbenmuskeln den bisher höchsten gemessenen Wert von 40 $\mu F/cm^2$.

b) Membranwiderstand

An den Skeletmuskelfasern, die dem ANG gehorchen und auf jede Depolarisation unter einen bestimmten Schwellenwert mit einer Erregung antworten, ist der Widerstand der unerregbaren Membran nur durch polarisierende (anodisch von außen nach innen gerichtete) Ströme zu messen. In „langsamen" Fasern (s. S. 87) kann man dagegen auch die Spannung des kathodisch wirkenden Stroms beliebig erhöhen, ohne daß die Membran erregt wird (BURKE und GINSBORG 1956a). An diesen Fasern läßt sich besonders deutlich eine Eigenschaft der Muskelmembran nachweisen, die man als „Gleichrichterwirkung" bezeichnet (Abb. 39); sie beruht auf dem hohen Widerstand bei anodischen und dem relativ kleineren Widerstand bei kathodischen Strömen. Die Potentialänderung auf depolarisierende Ströme ist immer kleiner als auf hyperpolarisierende Ströme gleicher Größe. Der Gleichrichtereffekt wird gewöhnlich erst dann deutlich, wenn der depolarisierende, bzw. hyperpolarisierende Strom über einige Zeit andauert. In den katelektrotonischen Potentialen, die auswärtsgerichtete Ströme mit und ohne vorherige Hyperpolarisation hervorrufen, ist die Änderung des Membranwiderstandes an einem Buckel vor Einstellung eines Gleichgewichtes zu erkennen (Abb. 39).

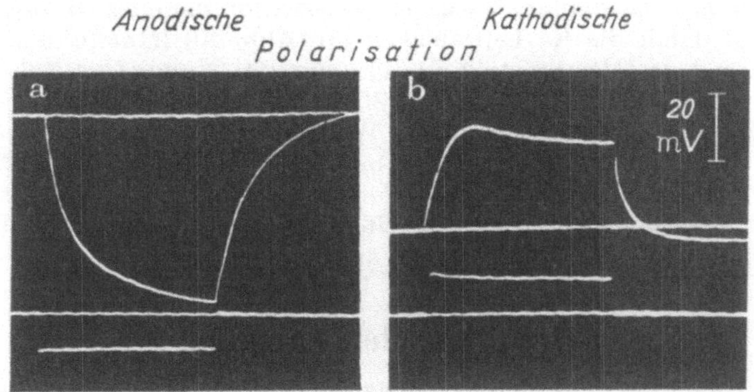

Abb. 39. Gleichrichtereffekt der Muskelmembran; „langsame" Faser des Froschmuskels (M. iliofibularis); Ruhepotential 57 mV. Durch die Membran werden von außen nach innen (linke Seite) und von innen nach außen (rechte Seite) Stromstöße von 3,1 · 10⁻⁸ A geschickt, die das Potential vergrößern oder verkleinern; Obere Kurve: Membranpotential (Ausschlag nach unten Hyperpolarisation = Zunahme des Ruhepotentials; Ausschlag nach oben Depolarisation = Abnahme des Ruhepotentials); untere Kurve: Strom. Beachte, daß bei kathodisch wirkenden Strömen die resultierenden Spannungen kleiner sind als bei anodischen Strömen (Nach BURKE und GINSBORG 1956)

An den „schnellen" Fasern des Skeletmuskels läßt sich die Gleichrichterwirkung der Membran nachweisen, wenn das NaCl quantitativ durch K_2SO_4 ersetzt wird; dann verliert die Membran ihre normale Erregbarkeit, nicht aber die Fähigkeit der Gleichrichtung (KATZ 1949). Unter diesen Bedingungen hat der Effekt allerdings umgekehrtes Vorzeichen; d. h. der Membranwiderstand ist für kathodische Ströme größer als für anodische Ströme. Ebenso verhält sich die Nervenmembran (s. HODGKIN 1958).

Da der Strom, der zwischen zwei Polarisationselektroden durch die Membran fließt, von Ionen getragen wird, ist der gemessene Widerstand auch ein reziprokes Maß für die Ionenleitfähigkeit oder die Permeabilität der Membran. Dabei ist zu beachten, daß der gemessene Widerstand sich nur auf den Nettobetrag des Stromes bezieht, der sich aus der algebraischen Summe der transportierten Ladungseinheiten von An- und Kationen in beiden Richtungen ergibt. Permeabilitätsänderungen sind daher nicht zwangsläufig von einer entsprechenden Änderung des Membranwiderstandes begleitet. Im unerregten Muskel wird der die Membran passierende Ionenstrom im wesentlichen durch das Kalium bestritten; daher ändert sich im allgemeinen der Membranwiderstand in umgekehrter Richtung

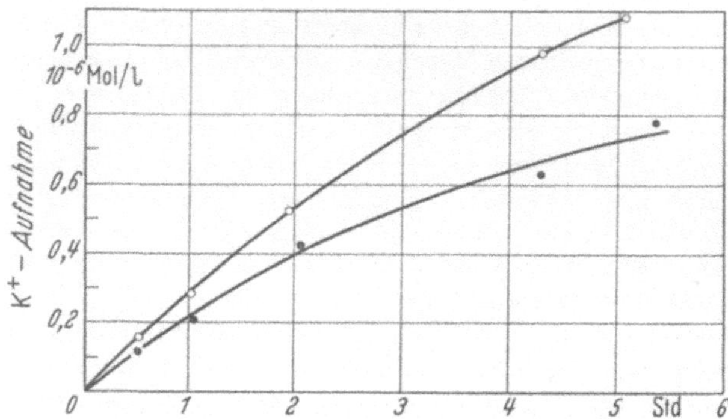

Abb. 40. Aufnahme von K⁴² in der Zeit durch den Muskel (M. sartorius, Frosch) in einer mit K⁴² angereicherten Ringerlösung. Offene Kreise: Normaler Muskel; gefüllte Kreise: 22 Tage nach Denervation (Nach HARRIS und NICHOLLS 1956)

wie die Kaliumpermeabilität. Nach der Denervation nimmt z. B. die Aufnahme von K^{42} und damit die K^{+}-Leitfähigkeit ab (Abb. 40) (HARRIS und NICHOLLS 1953), während der Membranwiderstand zunimmt (NICHOLLS 1956). Im denervierten Froschmuskel beträgt R_m 10300 Ω cm² gegenüber dem Normalwert von 4300 Ω cm². Der spezifische innere Widerstand bleibt dagegen unverändert, ebenso die Membrankapazität. Das Membranpotential wird durch die Denervation trotz der verringerten K^{+}-Permeabilität nicht beeinflußt; man nimmt daher an, daß die Denervation die Durchlässigkeit der Membran nicht ausschließlich für Kalium, sondern auch für andere Ionen ändert.

II. Fortgeleitete Erregung

Unsere Kenntnisse von der Erregung des Muskels beruhen im wesentlichen auf Befunden, die man am Froschskeletmuskel sowie am Herzmuskel des Kalt- und Warmblüters erhoben hat. Wenn auch gerade in den letzten Jahren andere Muskeln in das Studium einbezogen werden, so hat sich doch an der Sonderstellung der erstgenannten Muskeln nichts geändert. Bei den quergestreiften Muskelfasern handelt es sich um hochspezialisierte Strukturen, die mit wenigen Ausnahmen unter physiologischen Bedingungen einen bestimmten, gut definierten und daher auch experimentell relativ leicht reproduzierbaren Erregungstyp zeigen: Die dekrementlose fortgeleitete Erregung, die dem Alles- oder Nichts-Gesetz folgt und an der Muskelmembran nach demselben Schema abläuft wie an der Nervenmembran. Der physiologische den Erregungsvorgang auslösende Reiz ist ein elektrisches Potential, das die Eigenschaften der Membran vorübergehend ändert.

1. Bedingungen der Erregung am Reizort

a) Direkte Erregung

Der Muskel kann „direkt" (durch Ausschalten der Endplatten) oder „indirekt"
auf dem Weg über den Nerven gereizt werden. Im zweiten Fall liegt zwischen dem
Reizort an der motorischen Nervenfaser und dem Erregungsort an der Muskelmembran die Endplatte, die den ankommenden Nervenimpuls in veränderter
Form und verzögert weitergibt. Der experimentelle Nachweis der speziellen Eigenschaften der Muskelmembran erfordert daher Versuche, bei denen der Reizort
unmittelbar an der Muskelfaser selbst liegt, die Endplatte also durch spezifische
Gifte (z. B. Curare) ausgeschaltet ist. Am besten eignet sich eine Methode, bei der
die Reizelektroden auf der Innen- und Außenseite der Muskelmembran liegen;
dazu muß eine Elektrode in das Faserinnere eingestochen werden (JENERICK und
GERARD 1953).

b) Kritische Membranspannung und Reizschwelle

Der Reiz, der die Muskelmembran erregt, führt primär zu einer Abnahme des
normalen Ruhepotentials. Beim Froschmuskel (20° C) muß das Ruhepotential
von 90 auf 60 mV fallen, damit eine fortgeleitete Erregung eintritt (JENERICK und
GERARD 1953). Diese kritische Spannung ist auch für indirekte Reizung maßgeblich; die motorische Endplatte kann einen Nervenimpuls auf die Muskelfaser nur
dann übertragen, wenn das Membranruhepotential auf den kritischen Wert
gesenkt wird (FATT und KATZ 1951). Für die Purkinjefaser von Säugetieren
liegt die kritische Spannung sowohl bei Spontantätigkeit als auch bei künstlicher
Reizung zwischen 60 und 70 mV (WEIDMANN 1956), für Krabbenmuskeln liegt sie
zwischen 20 und 45 mV (FATT und KATZ 1953).

Die Membrandepolarisation erreicht man experimentell durch einen Gleichstrom kurzer Dauer (Rechteckimpuls), der von einer intracellulären zu einer extracellulären Elektrode durch die Membran fließt und die positive Außenladung
gegenüber der Innenladung vermindert. Der eigentliche Reizstrom muß also am
Ort der Erregung senkrecht zur Faserachse gerichtet sein. Hierfür gibt es einen
eindeutigen Beweis. Wenn man die beiden Reizelektroden in variablem Abstand
in die Faser einsticht, so nimmt die Schwellenstromstärke mit Abnahme des
Elektrodenabstandes zu (WATANABE 1958); je näher die Elektroden einander
rücken, desto geringer ist — bei gleicher Stromstärke — der Anteil der Strom-
schleifen, der die Membran schneiden und erregen kann. Bei Anlage zweier
Oberflächenelektroden treten zwischen Innen- und Außenmedium der Membran
nur dann Potentialdifferenzen auf, wenn der Reizstrom (oder eine seiner Komponenten) den Muskel in der Richtung der Faserachse durchfließt. Bei Anlage eines
zur Faserachse genau senkrechten elektrischen Feldes bleibt der Muskel unerregt
(RUSHTON 1930). Bei Anlage des elektrischen Feldes in longitudinaler Richtung
antwortet immer das Muskelende, an dem die Kathode liegt, auf den elektrischen
Reiz mit einer Erregung (BIEDERMANN 1895; EBBECKE 1933; SCHÄFER 1940;
TAYLOR 1953; STEN-KNUDSEN 1954). Die Erregung und der ihr folgende Kontraktionsprozeß bleiben dagegen aus, wenn am Ort der Kathode die Membran
zerstört ist.

Bei einem normalen Membranruhepotential von 90 mV und einem kritischen
Potential von 55 mV beträgt die für eine Erregung notwendige Depolarisation
35 mV. Wegen der relativ hohen Widerstände der Elektroden und Gewebsschichten
sind — z. B. bei Versuchen an menschlichen Muskeln (HOMMA 1954) — ungleich
höhere Reizspannungen erforderlich, damit die Membrandepolarisation von
35 mV erreicht wird. Die Höhe der *Schwellenspannung* (d. h. derjenigen von außen

angelegten Spannung, die den Muskel eben erregt), hängt nicht nur von der Art der verwandten Reizelektroden, sondern auch von deren Lage zur Muskelmembran ab. Angaben über Änderungen der sog. Reizschwelle sind nur möglich, wenn die Reizbedingungen innerhalb einer Versuchsreihe streng konstant bleiben. Die Reizschwelle wird durch wenigstens 3 Größen bestimmt:

a) durch den Membranwiderstand;

b) durch das Membranruhepotential;

c) durch die kritische Membranspannung.

Da es nur in den seltensten Fällen möglich ist, von diesen 3 Größen eine einzige bei Konstanz der beiden anderen zu ändern und ihren Einfluß auf die Reizschwelle zu untersuchen, kann auch nicht ihre Abhängigkeit von der Temperatur, der Akkommodation, der Stromflußdauer und von Stoffwirkungen restlos geklärt

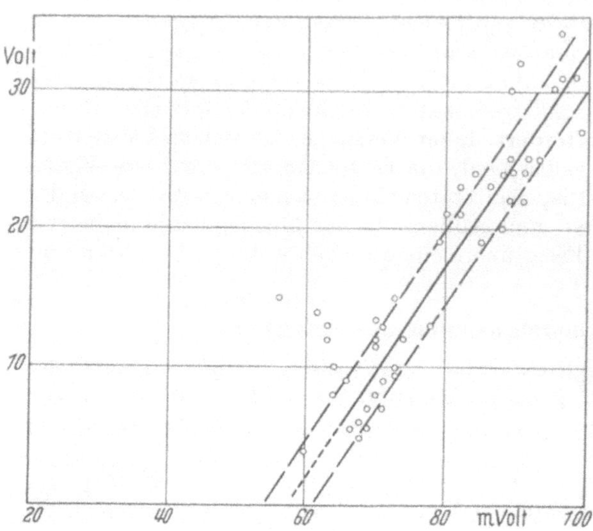

Abb. 41. Reizschwelle (Ordinate) als Funktion des Membranpotentials (Abszisse); M. sartorius, Frosch, 22° C. (Nach JENERICK und GERARD 1953)

werden. Spannungen, die die Membran nicht auf 50—60 mV (Froschmuskel) depolarisieren, sind „unterschwellig". Das Membranpotential nimmt unter dem Einfluß eines unterschwelligen von innen nach außen gerichteten Stromes ab und kehrt nach Abschaltung des Stromes wieder zu seinem Ausgangswert zurück. Der zeitliche Verlauf dieser Repolarisation wird durch die physikalischen Eigenschaften der Muskelmembran (s. S. 53) bestimmt.

Für die Theorie der Erregungsbildung am Muskel sind Versuche von Bedeutung, in denen man der Membran ein bestimmtes Polarisationspotential aufzwingt und die Reizschwelle bei Änderung des Potentials prüft. Da für die Depolarisation auf den kritischen Wert immer größere Reizspannungen notwendig

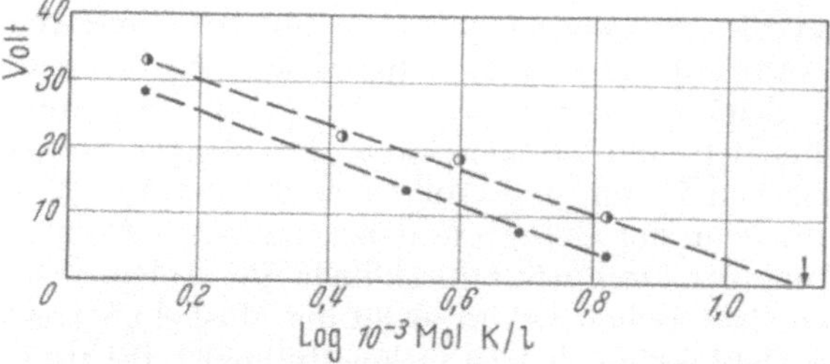

Abb. 42. Reizschwelle (Ordinate) als Funktion der Kalium-Außenkonzentration (Abszisse); M. sartorius, Frosch 22°C. Gefüllte Kreise: Normale Ca-Konzentration; halbgefüllte Kreise: 8fache Ca-Konzentration. (Nach JENERICK und GERARD 1953)

sind, wenn das Membranpotential zunimmt, muß zwangsläufig mit Zunahme des Membranpotentials die Reizschwelle ansteigen. Dies ist tatsächlich der Fall (Abb. 41): Membranpotential und Schwelle stehen innerhalb eines weiten Bereiches in einer linearen Korrelation (JENERICK und GERARD 1953). Wenn das Membranpotential ungefähr so groß ist wie die kritische Spannung (60 mV), ist die Reizschwelle annähernd Null. Die Korrelation zwischen Reizschwelle und Membranpotential besteht auch dann, wenn man das Membranpotential durch Änderungen der K⁺-Außenkonzentration auf verschiedene Werte einstellt. Mit steigender K⁺-Außenkonzentration nimmt die Reizschwelle ab (WALKER und LA POSTE 1947) (Abb. 42). Die Befunde stehen mit der alten Erfahrung in Einklang, nach der unter der Kathode die Erregbarkeit zunimmt, unter der Anode aber abnimmt (s. SCHAEFER 1940).

c) Akkommodation und polare Erregung

Mit zunehmender Flußdauer des Reizstrom wird wie am Nerven aus im einzelnen noch unbekannten Ursachen die Erregbarkeitszunahme unter der Kathode und die Erregbarkeitsabnahme unter der Anode kleiner (Akkommodation). Die kritische Spannung, bei der das Membrangleichgewicht umkippt, ist daher keine Konstante, sondern nimmt unter der Kathode ab, unter der Anode zu, wenn der Polarisationsstrom lang genug fließt. Nach Versuchen an der Riesenfaser des Tintenfisches ist mit der Akkommodation eine kathodische Abnahme und eine anodische Zunahme der Na⁺-Permeabilität verbunden (s. HODGKIN 1958). Damit würde sich das Membranpotential unter der Kathode von dem Gleichgewichtspotential des Na⁺ entfernen, unter der Anode sich diesem nähern; nach der Ionentheorie (s. S. 67) müßte dann die kritische Membranspannung im ersten Fall absinken (auf Werte < 60 mV), im zweiten Fall ansteigen.

Wegen der Fähigkeit zur Akkommodation läßt sich der Muskel (wie der Nerv) auch von der Anode aus erregen, wenn der Reizstrom (Gleichstrom) genügend lange fließt, um die kritische Membranspannung auf den Wert des Ruhepotentials zu heben. Dann senkt die Depolarisation, die bei Stromöffnung an der Anode einsetzt, das Membranpotential auf diesen neu eingestellten kritischen Wert, die Membran wird erregt. Die Bedingung für die Schließungs- und Öffnungserregung ist immer die gleiche: Das Erscheinen des katelektrotonischen und das Verschwinden des anelektrotonischen Potentials muß sehr viel schneller erfolgen als die Änderung der Reizschwelle durch Akkommodation. Ist dies nicht der Fall, so wird die Membran nicht erregt, der Strom „schleicht sich ein".

d) Reizzeitspannungskurve

Auch überschwellige Ströme müssen eine gewisse Zeit (Nutzzeit) fließen, um das Membranpotential auf den kritischen Wert zu senken. Jeder Erregung geht daher an der Kathode zunächst eine katelektrotonische Polarisation voraus (SCHAEFER 1940). Die *Nutzzeit* (Hauptnutzzeit) eines eben überschwelligen Stromstoßes (Rheobase) beträgt für den Froschskeletmuskel bei Raumtemperatur 50—100 msec. Mit zunehmender Reizspannung nimmt nach Maßgabe der Reizzeitspannungskurve (Abb. 43) die für die Membrandepolarisation benötigte Zeit ab. Die Reizzeitspannungskurve hat für alle Muskeln, die auf einen Reiz mit einer fortgeleiteten Erregung antworten, denselben nach der Zeitabszisse konvex gekrümmten Verlauf. „Langsame" Muskeln haben relativ höhere Nutzzeiten als schnelle Muskeln. Wegen der schlechten Definition der Hauptnutzzeit wird als Zeitparameter der Erregbarkeit auch für den Muskel die Nutzzeit der doppelten Rheobase (Chronaxie) angegeben.

Die motorischen Nerven haben kleinere Chronaxie- und größere Rheobasenwerte als die von ihnen innervierten Muskeln. Deshalb wird der nicht curarisierte Muskel gewöhnlich vom Nerven oder von dessen Endigungen aus erregt. Nur bei langen Reizzeiten mit kleinen Reizspannungen, die den Nerven nicht erregen, gerät der Muskel direkt in Erregung (s. FULTON 1947). Am innervierten Muskel kann man Nerven- und Muskel-Erregbarkeit durch einen einfachen Kunstgriff voneinander trennen: Da die Muskelfaser ebenso wie die Nervenfaser nur auf longitudinal gerichtete Ströme anspricht (s. o.), ist der Reizstrom, der genau parallel zur Muskelfaserachse fließt, für den Nerven unwirksam; dann bleibt die Muskel-erregbarkeit übrig, wie aus Abb. 43 hervorgeht. Senkrecht zur Faserachse gerichtete Ströme erregen dagegen nur den Nerven, während bei allen anderen Stromrichtungen Muskel *und* Nerv erregt werden (RUSHTON 1930). Die Reizspannungskurve zeigt dann einen Knick (Abb. 43), der das Überspringen von der Charakteristik des motorischen Nerven (γ-Erregbarkeit) auf die Muskelcharakteristik (α-Erregbarkeit) bezeichnet. Dieser Knick läßt sich an quergestreiften (RUSHTON 1930) und an glatten Muskeln (ROSENBLUETH und CANNON 1934) nachweisen. Bei Lähmung der Endplatte durch Curare bleibt im quergestreiften Muskel die α-Erregbarkeit bestehen. Muskelpartien, die nicht innerviert sind, zeigen den Knick in der Reizzeitspannungskurve nicht: Sie sind nur „direkt" erregbar.

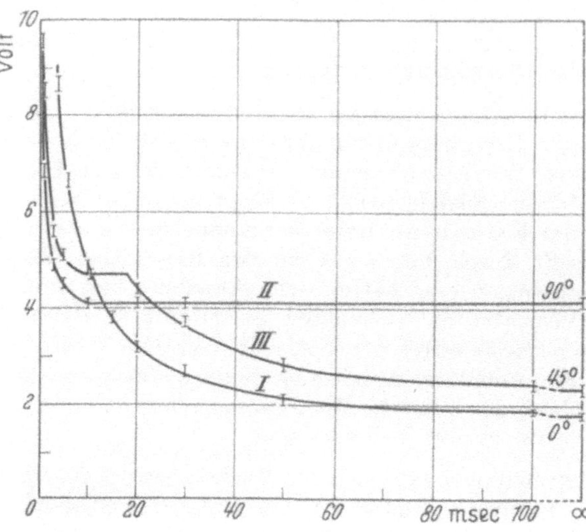

Abb. 43. Reizzeitspannungskurve des Froschmuskels (M. sartorius, Raumtemperatur). Ordinate: Reizspannung; Abszisse: Reizzeit. Kurve *I*: reine α-Erregbarkeit (Lage der Elektroden parallel zur Faserachse); Kurve *II* reine γ-Erregbarkeit (Lage der Elektroden senkrecht zur Faserachse); Kurve *III* gemischte α-γ-Erregbarkeit (Lage der Elektroden 45° zur Faserachse). Beachte: γ-Erregbarkeit bei hohen Reizspannungen, α-Erregbarkeit bei niedrigen Reizspannungen. (Nach RUSHTON 1930)

Die Chronaxie kann man mit relativ großer Genauigkeit auch am menschlichen Muskel messen, wenn man als Reizantwort das Auftreten von Aktionspotentialen in Einzelfasern prüft. Die Werte liegen zwischen 0,1 und 0,7 msec (s. SCHAEFER 1942), sind aber aus den angegebenen Gründen nicht ausschließlich als Eigenschaften der Muskeln, sondern auch nervaler Strukturen zu betrachten. Dieser Einwand trifft im besonderen für die glatten Muskeln der Hohlorgane der Vertebralen zu, weil sie zahlreiche vegetative Ganglienzellen enthalten (RIESSER 1949). Viele glatte Muskeln (z. B. Pilomotoren, Nickhaut) sind elektrisch überhaupt unerregbar, wenn sie chronisch denerviert sind (ROSENBLUETH und CANNON 1934; BEUTNER, LANDEY und LIEBERMANN 1940).

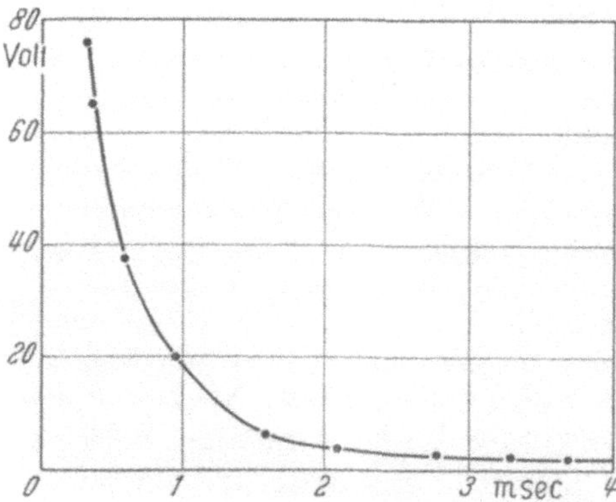

Abb. 44. Reizzeitspannungskurve eines „schnellen" glatten Muskels (M. adductor post., Pinna nobilis). (Nach ABBOTT und LOWY 1956c)

Die Chronaxie der glatten Muskeln in Hohlorganen der Warmblüter ist wenigstens 50 mal länger als die Chronaxie der Skeletmuskeln von demselben Tier. Die relativ langen Nutzzeiten sind aber nicht für alle glatten Muskeln charakteristisch. Der schnelle Anteil der hinteren Adductor-Muskeln von pinna nobilis hat Nutzzeiten von wenigen msec (ABBOTT und LOWY 1956c) (Abb. 44). Glatte Muskeln sind also nicht unter allen Umständen langsamer als quergestreifte.

e) Temperaturabhängigkeit der Erregbarkeit

Die Reizschwelle des M. sartorius (Frosch) nimmt bei gegebener Flußdauer des Stromes mit zunehmender Temperatur in einem Bereich zwischen 10—25° zu (JENERICK und GERARD 1953). Die Q_{10}-Werte schwanken von 1,05 bis 1,9. Die hohen Werte erhält man nur an Muskeln frischer guternährter Tiere, die niederen an Muskeln von Hungerfröschen. Der kausale Zusammenhang zwischen den Q_{10}-Werten der Schwelle und dem Ernährungszustand ist undurchsichtig.

Die Chronaxie nimmt mit steigender Temperatur gewöhnlich ab, jedenfalls beim Nerven (s. SCHAEFER 1942); entgegen anders lautenden Befunden (BENOIT 1934) folgt auch der Froschmuskel der allgemeinen Regel, daß bei Erwärmen die Rheobase ansteigt und die Chronaxie absinkt (SUZDELSKAIA 1957). Eine eindeutige Erklärung der Temperatureffekte ist noch nicht möglich. Die Zunahme der Reizschwelle mit steigender Temperatur könnte jedoch auf einer Abnahme des Membranwiderstandes beruhen; denn die für die Erregung notwendigen Reizströme müssen aus physikalischen Gründen mit fallendem Membranwiderstand größer werden. Deshalb nimmt auch nach Denervation die Rheobase auf ein Fünftel des Normalwertes ab (POLLOCK et al. 1946); R_m wird nach Denervation größer und daher der für eine bestimmte Membrandepolarisation notwendige Reizstrom i kleiner, da i proportional $1/R_m$ ist (NICHOLLS 1956).

f) Stoffliche Abhängigkeit der Reizschwelle

Die Höhe der kritischen Spannung nimmt mit steigender *Calcium*konzentration der Außenflüssigkeit ab, mit fallender Calciumkonzentration zu. Beim Herzmuskel verschiebt eine 4fache Erhöhung der Ca⁺⁺-Konzentration die kritische Spannung um 8 mV nach kleineren Membranpotentialen, eine 4fache Senkung um 7 mV nach größeren Membranpotentialen (WEIDMANN 1955b; HOFFMAN und SUCKLING 1956). Daher wird die Reizschwelle mit steigendem Ca⁺⁺-Gehalt größer, mit sinkendem Ca⁺⁺-Gehalt kleiner. Die lineare Korrelation zwischen Membranruhepotential und Reizschwelle bleibt dabei erhalten (s. Abb. 41); die Gerade wird lediglich verschoben (JENERICK und GERARD 1953). Bei hohen Ca⁺⁺-Außenkonzentrationen steigt die Reizschwelle mit zunehmendem pH-Wert an, während das Membranruhepotential in einem weiten Bereich (von pH 6,2 bis pH 8,8) gleichbleibt (LING und GERARD 1949).

Da depolarisierende oder polarisierende Ströme die Erregbarkeit verändern, sind dazu auch alle Stoffe in der Lage, die das Membranruhepotential in die eine oder andere Richtung treiben. Man spricht dann von katelektrotonisch- und anelektrotonisch-wirksamen Substanzen (FLECKENSTEIN 1955). Kathodisch wirkende Stoffe erniedrigen die Reizschwelle (KUFFLER 1946; KATZ 1939), anodisch wirkende erhöhen sie. Unterschwellige Reizströme werden daher durch Katelektrotonika über die Schwelle gehoben (KATZ 1947; KUFFLER 1946); im besonderen können unterschwellige Endplattenpotentiale unter dem Einfluß von Erregungsstoffen die Schwelle erreichen. Ein Katelektrotonikum in diesem Sinn ist das *Kalium* des Außenmediums, weil es das Membranruhepotential erniedrigt und damit die Reizschwelle senkt. Durch Injektion K⁺-reicher Lösungen in das Coronarsystem kann man z. B. das Membranruhepotential des Herzmuskels auf den kritischen Schwellenwert herabsetzen und eine Erregung auslösen (WEIDMANN 1956c; vgl. SCHÜTZ 1958).

Acetylcholin vermindert am Vorhof der Schildkröte Chronaxie und Rheobase (ASHMAN und GARREY 1931), obwohl es den Membranwiderstand verringert und die K$^+$-Permeabilität vergrößert (HOWELL und DUKE 1908; BURGEN und TERROUX 1953 b). Die am Skeletmuskel beschriebenen Wirkungen des Acetylcholins (RÖSSEL 1948; NICHOLLS 1956) greifen vorwiegend an der Endplatte an. Nach Denervation werden glatte und quergestreifte Muskeln auf die Überträgersubstanzen Acetylcholin und Adrenalin überempfindlich (DALE und GADDUM 1930; NICHOLLS 1956). Die umgekehrten Erscheinungen sind unter dem Einfluß von anelektrotonisch wirksamen Stoffen zu beobachten (s. FLECKENSTEIN 1955). Stoffe wie die Lokalanaesthetica (*Novocain, Cocain* usw.) erhöhen das Membranpotential ebenso wie ein Gleichstrom an der Anode; sie setzen die Erregbarkeit herab und können die Wirkung eines an sich überschwelligen elektrischen Reizes an der Kathode aufheben.

Die Änderungen der Erregbarkeit (in Rheobasen- oder Chronaxiewerten angegeben) unter dem Einfluß von *Hormonen* oder anderen Wirkstoffen sind bis jetzt wenig geklärt. Objekte, die der dauernden Wirkung solcher Stoffe unterliegen, sind die glatten Muskeln. Der Uterus hat eine hohe Erregbarkeit, wenn er unter der Kontrolle des Follikelhormons steht (JUNG 1955). Der Kastratenuterus zeigt nur einige kleine Spitzenpotentiale, deren Amplitude durch eine vermehrte synchrone Erregung einzelner Muskelpartien (etwa unter dem Einfluß von Oestrogen) ansteigen kann (JUNG 1956); gleichzeitig nimmt die mechanische Spontanaktivität zu (s. S. 167). Die Chronaxie wird mit steigender Wirkung des Oestrogens kleiner, während im Anoestrus der Uterusmuskel elektrisch unerregbar ist. Progesteron erhöht die Reizschwelle des Uterus (CSAPO und GOODALL 1954).

2. Depolarisationsphase der Erregung[1])

a) Amplitude des Aktionspotentials

In dem Augenblick, in dem das Membranpotential durch die Depolarisation am Reizort die kritische Schwelle von 55 mV (Froschmuskel) erreicht hat, wird es instabil und bewegt sich in Richtung eines neuen Gleichgewichts. Im Elektromyogramm des curarisierten Froschmuskels ist bei intracellulärer Ableitung das Umkippen von dem alten in den neuen Gleichgewichtszustand an einem steilen Abfall des ursprünglich außen gegen innen positiven Membranpotentials auf einen negativen Spitzenwert (— 35 mV) erkennbar (NASTUK und HODGKIN 1950; KATZ 1956) (Abb. 45). Die gesamte Amplitude des monophasischen Aktionspotentials (AP) beträgt: 80 + 35 = 115 (mV), wenn das Membranruhepotential als relatives Null-Niveau gewertet und der Ausschlag in positiven Zahlen angegeben wird. Der Betrag, um den das Spitzenpotential den absoluten Nullwert unterschreitet, wird als „Überschuß" (engl. "Overshoot") bezeichnet. Das eigentliche Aktionspotential geht von der kritischen Membranspannung (55 mV) aus und setzt sich in einem deutlichen Knick von dem katelektrotonischen Potential ab (s. SCHAEFER 1940).

Die Angaben über die absolute Größe des AP (s. Tab. 11) hängen von den Versuchsbedingungen ab, z. B. von der Lage der Elektroden, von deren elektrischen Eigenschaften sowie von den Zeitkonstanten der Registrierinstrumente.

---

[1] Die Begriffe „Depolarisation" und „Repolarisation" (s. S. 68) stammen aus einer Zeit, in der man das Aktionspotential mit dem Zusammenbruch der normalenPolarisationsspannung erklärte. Nach heutiger Auffassung handelt es sich nicht um eine einfache Depolarisation, sondern um eine Umkehr der Polarisationsspannung. Inzwischen sind aber die genannten Termini so gebräuchlich geworden, daß es nicht zweckmäßig erscheint, sie zu ändern. Unter „Depolarisationsphase" sei also diejenige Phase verstanden, in der die Membranspannung von dem Ruhewert auf das Spitzenpotential umkippt.

Auch bei ein und demselben Muskel finden sich bei verschiedenen Fasern erhebliche Unterschiede in den AP-Amplituden, besonders z. B. beim Rattenvorhof (WEBB 1956) oder beim Krabbenmuskel (FATT und KATZ 1953). Ob diese Unterschiede auf Eigenschaften der Fasern oder auf Besonderheiten der verwandten Versuchstechnik beruhen, läßt sich nicht mit Sicherheit entscheiden. Beim Froschmuskel besteht eine eindeutige Relation der AP-Amplitude zum Faserdurchmesser (HAKANSSON 1957); mit dem Durchmesser nimmt die Amplitude zu. Die Relation trifft nur für Fasern des gleichen Muskels, nicht für Fasern verschiedener Muskeln zu. Die in Tab. 11 (S. 47) angegebenen AP-Werte sind nur eine Auswahl aus einer großen Anzahl von Meßergebnissen. Die höchsten am Skelet- und Herzmuskel gemessenen AP-Amplituden liegen bei 125 bis 130 mV (FATT und KATZ 1951; WEIDMANN 1955a). Zwischen Warm- und Kaltblütermuskeln besteht trotz der verschiedenen Versuchstemperatur, bei der die Befunde erhoben worden sind, hinsichtlich des AP kein wesentlicher Unterschied. Die Überschuß-Werte des Herzmuskels liegen im Durchschnitt unter den Skeletmuskelwerten desselben Tieres (WARE JR. et al. 1957).

Unter sonst gleichen Bedingungen wird die Höhe des AP durch die physi-

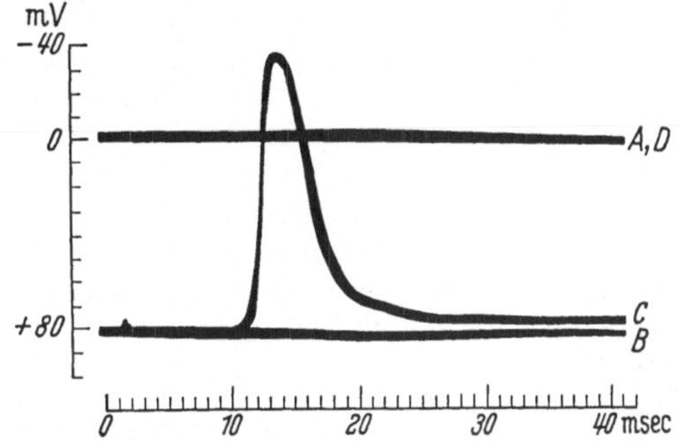

Abb. 45. Ruhe- und Aktionspotential der Muskelfaser (M. sartorius, Frosch, 6° C). Ableitungen in der Reihenfolge der Buchstaben: *A* Nullpotential bei Lage beider Elektroden außerhalb der Fasern; *B* Membranpotential im unerregten Zustand (= + 80 mV); *C* Aktionspotential (Amplitude 115 mV; Überschuß = − 35 mV); *D* wie *A*. (Nach NASTUK und HODGKIN 1950)

kalischen Konstanten der Muskelmembran bestimmt. Die Abhängigkeit vom spezifischen Widerstand R_m ergibt sich aus der Ionentheorie der Erregung (s. S. 67), die Abhängigkeit von der spezifischen Membrankapazität C_m aus der Tatsache, daß der Aktionsstrom die Membranoberfläche entlädt: Die AP-Amplitude muß mit steigender Kapazität abnehmen. Muskeln mit relativ hoher Kapazität wie die Krabbenmuskeln (FATT und KATZ 1953) entwickeln daher nur kleine und langsam ansteigende Aktionspotentiale.

b) Anstiegszeit des AP

Fast alle Muskeln erreichen den AP-Gipfel in Zeiten, die relativ zur gesamten Dauer des Potentials sehr kurz sind. Bei der Einzelfaser des Froschmuskels dauert der Anstieg von 20 auf 100% des Gipfels (22° C) 0,30 bis 0,50 msec (NASTUK 1953; HAKANSSON 1957). Beim Herzmuskel desselben Tieres sind die Zeiten erheblich länger (etwa 8 msec bei 19° C) (WOODBURY et al. 1950), bei den entsprechenden Muskeln der Warmblüter wesentlich kürzer (etwa 0,2 msec im Reizleitungssystem der Ziege bei 37° C) (DRAPER und WEIDMANN 1951). Da die in diesen Zeiten erreichten Amplituden kaum voneinander abweichen, ist die Steilheit des Potentialanstieges, die Anstiegsgeschwindigkeit des AP, in den einzelnen Objekten sehr unterschiedlich und kann 10 V/sec (Froschventrikel) bis 670 V/sec (Reizleitungssystem der Ziege) betragen (Tab. 13). Die Ursachen für diese Variabilität sind nur teilweise bekannt. Die relativ geringe Anstiegssteilheit der AP-Kurve beim Krabbenmuskel ist im wesentlichen auf physikalische Besonderheiten dieses Muskels (s. S. 54) zurückzuführen.

Die Unterschiede zwischen Warmblüter- und Kaltblütermuskeln sind vorwiegend eine Folge der verschiedenen Versuchstemperatur. Anstieg der Temperatur verkürzt die Anstiegszeit des Aktionspotentials, ändert aber nicht oder nur

Tabelle 13. *Anstiegsgeschwindigkeit des intracellulär abgeleiteten Aktionspotentials* (V/sec) bei verschiedenen Muskeln

Tier	Muskel	°C	V/sec	Autoren	Jahr
Frosch	Skeletmuskel	17	470	NASTUK u. HODGKIN	1950
Frosch	Herzventrikel	19	10	WOODBURY et al.	1950
Ziege	Reizleitungssystem	37	670	DRAPER u. WEIDMANN	1951
Katze	Vorhof	37	11,6	BURGEN u. TERROUX	1953
Krabbe	Skeletmuskel	20	20,5	FATT u. KATZ	1953

wenig dessen Amplitude. Nur starke und anhaltende Kälteeinwirkung (TRAUTWEIN, GOTTSTEIN und FEDERSCHMIDT 1953) erniedrigt den AP-Gipfel. Im übrigen wird die AP-Amplitude von der Temperatur kaum beeinflußt. Bei den Purkinje-Fasern von Warmblütern (WEIDMANN 1956b) nimmt der AP-Überschuß mit abnehmender Temperatur erst in einem Temperaturbereich unter 28° C ab. Die Aktionspotentialamplitude von Krabbenmuskeln (FATT und KATZ 1953) steigt dagegen bei einer Temperaturabnahme von 10° C um rund 10 mV (von 60 auf 70 mV). Ebenso liegen die Spitzenpotentiale des Katzenvorhofs (BURGEN und TERROUX 1953) bei 28° C um 10 mV über dem bei 38° C gemessenen Wert.

c) Spitzenpotential und Membranpotential

Das Spitzenpotential ist im allgemeinen eine relativ stabile Größe. Änderungen der Herzfrequenz (HOFFMAN und SUCKLING 1954), des Ca^{++}-Gehaltes (HOFFMAN und SUCKLING 1956) haben z. B. keinen oder nur sehr geringen Einfluß. O_2-Mangel (TRAUTWEIN, GOTTSTEIN und DUDEL 1954), CO_2-Überschuß (CORABEUF und BOISTEL 1953) und mechanische Dehnung (DUDEL und TRAUTWEIN 1954) vermindern das Aktionspotential nur dann, wenn die genannten chemischen und mechanischen Änderungen ausreichen, um das Membranruhepotential zu erniedrigen. Die Abnahme der AP-Spitze unter den genannten Einwirkungen kann daher nur eine Folge des verminderten Membranruhepotentials sein (WEIDMANN 1956b).

Die Beziehung zwischen Aktions- und Ruhepotential läßt sich zeigen, wenn man geeigneten Objekten, z. B. falschen Sehnenfäden von Kalbs- und Schafherzen innerhalb der normalen Schlagfolge ein konstantes Membranruhepotential durch einen Rückkoppelungsstromkreis aufzwingt und 1 msec nach Ausschalten dieses Kreises eine Extrasystole auslöst (WEIDMANN 1956b). Die Versuche ergeben eine Korrelation zwischen Membranruhe- und Aktionsspitzenpotential. Mit zunehmender Depolarisation der Membran in der Ruhe nimmt die Gesamtamplitude des AP ab. Bei einem Membranruhepotential von mehr als 90 mV beträgt der Überschuß 30 mV, bei einem Membranruhepotential von weniger als 60 mV wird der Potentialüberschuß Null. Ähnlich verhält sich die Anstiegssteilheit des AP, wenn man sie bei verschiedenen Ausgangspotentialen an der steilsten Stelle des Anstiegs mißt. Bei einem Ausgangspotential von etwa 90 mV ist die Steilheit des AP ($\Delta V/\Delta t$) am größten und bleibt bei einer weiteren Erhöhung des Ruhepotentials praktisch unverändert. Die Kurve, die die Beziehung zwischen Anstiegssteilheit des AP und Membranruhepotential wiedergibt, hat daher einen S-förmigen Verlauf (Abb. 46). Eine merkliche Abnahme der Anstiegssteilheit und des Potentialüberschusses tritt erst bei Membranspannungen < 90 mV ein. Da oberhalb dieses Wertes der AP-Überschuß konstant bleibt, nimmt die Gesamtamplitude des AP um denselben Betrag zu, um den das Ruhepotential erhöht ist.

Die Abhängigkeit des Aktionspotentials vom Membranruhepotential oberhalb des Grenzwertes von 90 mV läßt sich auch am Froschskeletmuskel nachweisen, wenn man das Membranpotential entweder durch Anlegen eines Anelektrotonus oder durch Herabsetzen der K^+-Konzentration in der Außenflüssigkeit vergrößert (FATT und KATZ 1951; DESMEDT 1953). Steigt z. B. das Membranruhepotential durch entsprechende Reduktion des K^+ um 20 mV an, dann wird auch die Amplitude des AP (bei gleichbleibendem Niveau des erreichten Endwertes) um 20 mV größer (DESMEDT 1953). Bei längerer Einwirkung erhöhter KCl-Konzentrationen in der Außenlösung sinkt das natürliche Membranruhepotential unter den Normalwert ab; dann ändert sich auch die Anstiegssteilheit des AP nach der durch die Kurve der Abb. 46 festgelegten Beziehung (WEIDMANN 1956 b).

Die Wirkung erhöhter oder erniedrigter K^+-Konzentrationen ist also mehr indirekter Art: Die Abnahme oder Zunahme des Membranruhepotentials ist die eigentliche Ursache der im AP sichtbaren Veränderungen. Dieser Auffassung entspricht die Tatsache, daß die Anstiegssteilheit des AP in konzentrierten K^+-Lösungen sofort auf den Normalwert zurückgeht, wenn man das Membranruhepotential durch anelektrotonische Ströme wieder auf 90 mV bringt (WEIDMANN 1956 b). Die an Purkinje-Fasern des Warmblüterherzens erhobenen Befunde bestätigen ältere Beobachtungen an anderen Muskelarten. Die Erhöhung der K^+-Außenkonzentration hat nur dann eine Wirkung auf das AP, wenn sie das

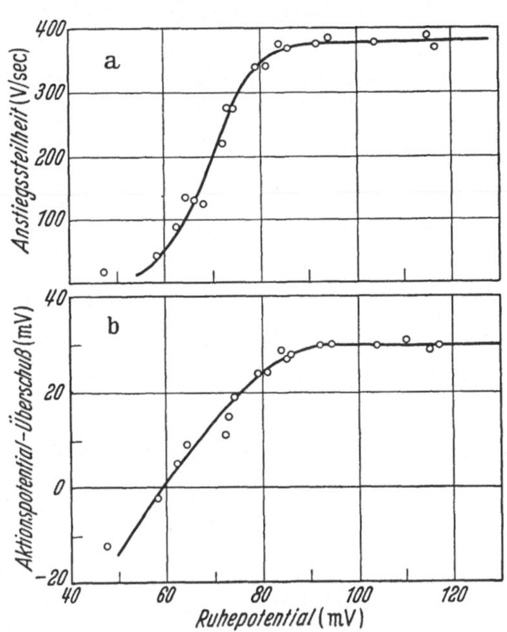

Abb. 46. Anstiegssteilheit (*a*) und Aktionspotentialüberschuß (*b*) als Funktion des Ruhepotentials (Purkinjefaser des Schafes). (Nach WEIDMANN 1956)

Membranruhepotential erheblich vermindert. Beim Katzenvorhof ändert sich selbst in $8{,}4 \cdot 10^{-3}$ Mol/l KCl-Lösungen (gegenüber $5{,}6 \cdot 10^{-3}$ Mol/l Normalwert) das AP nicht (BURGEN und TERROUX 1953); auch Reduktionen der KCl-Konzentration auf $2{,}8 \cdot 10^{-3}$ Mol/l sind praktisch ohne Einfluß auf das Spitzenpotential.

d) Wirkung von Na^+-Ionen

Dagegen ist die Wirkung verminderter Na^+-Konzentrationen bei allen bisher untersuchten Muskeln (mit Ausnahme des Krabbenmuskels s. u.) eindeutig: Das Niveau des Spitzenpotentials wird kleiner, wenn das Na^+ teilweise durch andere indifferente Kationen wie das Cholin ersetzt wird (Abb. 47). In Lösungen, die überhaupt kein Na^+ enthalten, verschwindet das AP vollständig: Der Muskel ist unerregbar. Der Überschuß des AP sinkt annähernd linear mit dem Logarithmus der Na^+-Außenkonzentration ab, während das Membranruhepotential unverändert bleibt (NASTUK und HODGKIN 1950; SHAW et al. 1956; DÉLEZE 1959). Die Anstiegssteilheit fällt bei gleichem Membranruhepotential mit sinkender Na^+-Konzentration im Außenmedium ab; sie bleibt weiterhin von der Höhe des Membranruhepotentials (s. Abb. 46) abhängig, doch verschiebt sich die Kurve mit fallender Na^+-Konzentration in der Außenflüssigkeit nach kleineren Ordinatenwerten (WEIDMANN 1955).

Dieselben Befunde erhält man bei Erhöhung der Na^+-Innenkonzentration DESMEDT 1953). Wird in der Außenlösung das K^+ vermindert, so reichert sich nach einiger Zeit im Austausch mit dem Innenkalium das Na^+ der Außenflüssigkeit in der Muskelfaser an (FENN und COBB 1934). Dann fällt in langfristigen Experimenten der Aktionspotentialüberschuß von 33 auf 17 mV, während der Na^+-Gehalt von 17 auf 68 mMol/l Faserwasser ansteigt. Beide Änderungen sind reversibel, wenn man den K^+-Gehalt der Außenlösung wieder erhöht.

e) Ionenaustausch während der Depolarisation

Die Abnahme des AP mit fallender Na^+-Außenkonzentration und steigender Na^+-Innenkonzentration kann man — ähnlich wie für die Nervenfaser (HODGKIN 1951) — durch die Annahme erklären, daß die Höhe des Aktionspotentials von dem Na^+-Konzentrationsgradienten zwischen Innen- und Außenflüssigkeit abhängt. Der Na^+-Konzentrationsgradient bestimmt aber nicht nur den Ablauf der elektrischen Erscheinungen, sondern auch den Na^+-Austausch während der Erregung. Analog zu den am Nerven festgestellten Tatsachen (s. z. B. KEYNES 1951) findet im Froschskeletmuskel während der Erregung ein schneller Austausch des extracellulären Na^+ gegen das intracelluläre K^+ statt (KEYNES 1954). Dieser mit moderner Isotopentechnik erhobene Befund bestätigt ältere Beobachtungen am Säugetiermuskel: In der Muskelzelle häuft sich unter dem Einfluß längerer Tätigkeit Na^+ an (MALORNY und NETTER 1937). Der Na^+-Nettoeinstrom während der Erregung beträgt im Froschmuskel $1,6 \cdot 10^{-11}$ Mol/cm² Membranoberfläche, der K^+-Nettoausstrom $1 \cdot 10^{-11}$ Mol/cm² (HODGKIN und HOROWICZ 1959). Der Na^+-Einstrom ist gemessen an dem Gehalt der Muskelfaser an Na^+ verschwindend klein und beträgt nur $^1/_{1000}$ der gesamten im Muskel vorhandenen Na^+-Menge. Der vermehrte Ionenaustausch während der Erregung wird allgemein mit einer Zunahme der normalen Kationenpermeabilität erklärt (HODGKIN 1951). Die Membrandepolarisation auf den kritischen Wert (50 bis 60 mV) löst eine initiale Abnahme des Membranwiderstandes aus: Bei der Skeletmuskelfaser des Frosches sinkt R_m von $4000\ \Omega$ cm² auf $40\ \Omega$ cm² (FATT und KATZ 1951), ebenso beim Papillarmuskel des Hundes auf ein Prozent des Ausgangswertes ab (WEIDMANN 1956 b); damit stimmen frühere Befunde überein, die eine Abnahme der Impedanz in der kontrahierten Ventrikelwand der Schildkröte ergeben haben (RAPPORT und RAY 1927; s. a. S. 146). Die Membrankapazität ändert sich dagegen während der Membrandepolarisation nicht.

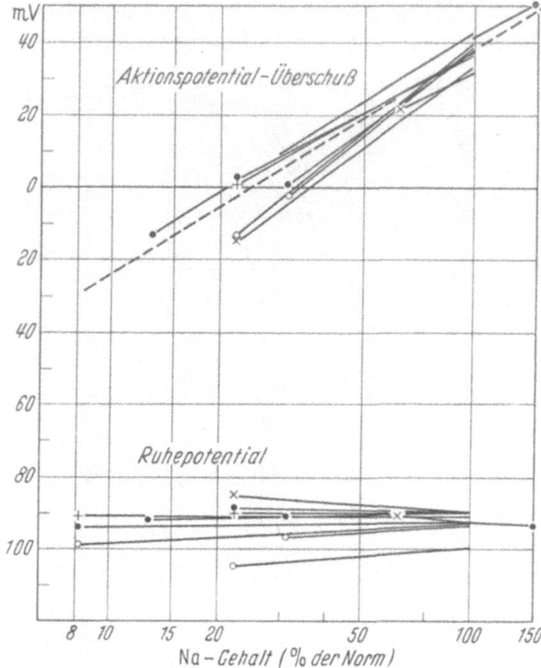

Abb. 47. Potentialdifferenz der ruhenden und aktiven Membran (Ordinate) als Funktion der Na-Außenkonzentration. Kreuze: Falsche Sehnenfäden des Hundes; Kreise: Purkinjefasern der Ziege. Unterbrochene Gerade: Errechnete Werte für ein reines Na-Gleichgewichtspotential bei 37° C. (Nach DRAPER und WEIDMANN 1951)

f) Ionentheorie der Erregung

Die genannten Befunde rechtfertigen den Schluß, daß das Aktionspotential das elektrische Äquivalent des gegenüber dem Ruhezustand nach Richtung und Größe veränderten Ionenaustauschs ist (OVERTON 1902).

Da das normale Membranruhepotential auf einer relativ hohen Permeabilität für K^+ gegenüber einer geringeren Na^+-Permeabilität (s. o.) beruht, muß beim einigermaßen freien Austausch der Ionen vor allem die Durchlässigkeit für das Na^+ zunehmen. Die Erklärung des Überschießens des AP zu negativen Absolutwerten bedarf einer weiteren, bisher nur am Nerven experimentell gesicherten Annahme (s. HODGKIN 1958): Die Permeabilität für Na^+ muß früher zunehmen und wenigstens vorübergehend relativ größer sein als die für K^+. Dann kippt das Membranpotential aus dem K^+-Gleichgewichtspotential in das Na^+-Gleichgewichtspotential mit entgegengesetztem Vorzeichen um. Tatsächlich nähert sich das Spitzenpotential des AP von -40 mV (absoluter Maßstab) dem theoretischen Na^+-Gleichgewichtspotential, das sich nach der Nernstschen Formel aus dem Verhältnis der Innen- zur Außenkonzentration des Na^+ ergibt. Der Gipfel des AP kann daher als ein neues, wenn auch nur vorübergehendes Gleichgewicht zwischen dem osmotischen Gradienten und dem elektrischen Gradienten des Na^+ gelten (HODGKIN 1958): Der osmotische Gradient treibt das Na^+ nach innen, der elektrische Gradient nach außen.

Nach der Ionentheorie ist als Energiequelle des AP der Na^+-Konzentrationsgradient zwischen außen und innen anzusehen. Die Geschwindigkeit, mit der sich diese Energie in ein elektrisches Potential umsetzt, hängt in der angegebenen Weise vom Ausgangspotential ab. Der Nettoladungstransport von der Außen- zur Innenseite der Membran läßt sich aus dem Aktionspotential annähernd errechnen, und beträgt im Froschmuskel pro cm Membranlänge $\sim 10^{-8}$ Coulomb oder pro cm² Membranoberfläche (bei einem Durchmesser von $100\,\mu$) $\sim 10^{-6}$ Coulomb (HAKANSSON 1957). Das entspricht einem Nettotransport von $\sim 10^{-11}$ Mol univalenter Ionen pro cm², also einem Betrag, der mit dem gemessenen Na^+-Nettoeinstrom gut übereinstimmt. In derselben Größenordnung bewegen sich Zahlen, die man für Purkinje-Fasern von Warmblüterherzen berechnet hat (WEIDMANN 1952).

Die Ionentheorie der Muskelerregung gilt in der hier dargestellten Form nicht für alle Muskeln; der Krabbenmuskel ist auch in Lösungen, die kein Na^+ enthalten, voll erregbar (FATT und KATZ 1953). Die Zunahme der Na^+-Permeabilität ist also nicht der einzige Weg, der zu einem Aktionspotential führt. Dieser Befund spricht zwar gegen die grundsätzliche Bedeutung des Na^+-Einstroms, aber nicht gegen die Ionentheorie als solche, die die Entstehung des Aktionspotentials auch mit dem Austausch anderer Ionen, etwa Anionen, erklären kann.

g) Alles-oder-Nichts-Gesetz

Das Aktionspotential ist unter sonst gleichen Bedingungen unabhängig von der Reizstärke. Für das Niveau des schließlich erreichten Spitzenpotentials muß es gleichgültig sein, ob die Depolarisation der Membran auf den kritischen Wert durch starke oder eben überschwellige Reize zustande kommt. Wenn einmal die Depolarisation soweit fortgeschritten ist, daß die Erregung überhaupt einsetzen kann, dann läuft der Prozeß in seinen einzelnen Stufen automatisch immer nach demselben vorgeschriebenen Schema ab: Permeabilitätszunahme der Membran, besonders für Na^+, Zunahme des Ionenaustauschs, anfänglich vermehrter Na^+-Einstrom und Überschießen des Aktionspotentials auf einen von der Reizstärke unabhängigen Wert von -40 mV: Die Erregung folgt dem Alles- oder Nichts-

Gesetz (ANG) (LUCAS 1905; ADRIAN 1933). Streng gilt dieses Gesetz nur für die fortgeleitete Erregung, nicht für die lokalisierte (s. S. 87); das ANG läßt sich daher auch nur an Muskeln bestätigen, deren Membran die Fähigkeit besitzt, die Erregung vom eigentlichen Reizort auf die ganze Faserlänge fortzuleiten. Muskeln dieser Art finden sich häufiger, als man bisher angenommen hat und sind durchaus nicht auf die relativ kleine Gruppe der schnellzuckenden Vertebratenmuskeln beschränkt. Alle bisher untersuchten Herzmuskeln von Warm- und Kaltblütern (s. WEIDMANN 1956b) und eine größere Anzahl glatter Muskeln von Wirbeltieren und Wirbellosen gehorchen dem ANG (BOZLER 1938; GREVEN 1955; FATT und KATZ 1953), wenn auch zum Teil nur unter besonderen Bedingungen, die im lebenden Organismus nicht immer erfüllt zu sein brauchen.

3. Repolarisationsphase[1]

a) Zeitlicher Verlauf

Während der zeitliche Ablauf der Depolarisationsphase in allen Muskeln gleichförmig ist, sind die Kurventypen der Repolarisation in den einzelnen Muskelarten verschieden (Abb. 48). Allen Muskeln ist aber gemeinsam, daß die Repolarisation sehr viel langsamer abläuft als die Depolarisation. Das Verhältnis der Repolarisationszeit zur Depolarisationszeit ist beim Muskel wesentlich größer als beim marklosen Nerven, unterliegt aber großen individuellen Schwankungen und kann 10:1 (Skeletmuskel) bis 300:1 (Herzmuskel) betragen. Bei den Skeletmuskeln (z. B. Froschmuskeln) sinkt die Aktionspotentialamplitude relativ schnell ab (HAKANSSON 1957) (Abb. 55). Der absteigende Ast des AP erreicht seine größte Steilheit erst einige Zeit nach dem Gipfel, während er gegen Ende der Repolarisation wieder flacher wird. Der Herzmuskel zeichnet sich bei nicht zu frequenter Reizung durch eine stark verzögerte Repolarisation mit einem langgezogenen Plateau aus, von dem das AP steil auf den Ausgangswert zurückkehrt. Das Niveau des Plateaus liegt bei der Purkinje-Faser des Warmblüterherzens tiefer als bei der Ventrikelmuskelfaser (WEIDMANN 1956b). Zwischen der verzögerten Repolarisation des Herzmuskels und der schnellen Repolarisation des Skeletmuskels gibt es alle Übergänge mit mehr oder weniger ausgesprochenem Plateau und verschieden steilem Abfall, sowie bucklige und doppelgipfelige Repolarisationskurven. Bei bestimmten glatten Hohlorganmuskeln von Warmblütern können sich steile Spitzen- und breite Plateaupotentiale überlagern (GREVEN 1955). Der Vorhofmuskel weist kein Plateau auf, wohl aber eine gegenüber dem Skeletmuskel verzögerte und im Vergleich zum Herzmuskel stetigere Repolarisation (BURGEN und TERROUX 1953).

Da der Rückgang des AP wenigstens zehnmal mehr Zeit beansprucht als der Anstieg, bestimmt die Repolarisationsphase im wesentlichen die *Gesamtdauer* des Aktionspotentials. Die AP-Dauer ist am größten bei den langsamen Muskeln und beträgt z. B. beim Herzmuskel der Schildkröte 3—4 sec (WEIDMANN 1956b) gegen etwa 10 msec beim M. sartorius des Frosches (Temperatur 10° C) (HAKANSSON 1957); sie ist stark temperaturabhängig und nimmt mit steigender Temperatur ab. Für Herzmuskeln von Kalt- und Warmblütern ergeben sich Q_{10}-Werte von 2,2 bis 2,3 im Bereich von 10 bis 40° C (HEINTZEN, KRAFT und WIEGMANN 1956; WOODBURY, HECHT und CHRISTOPHERSON 1951; MEDA 1952; BURGEN und TERROUX 1953), beim Krabbenmuskel Werte von 3,8 (FATT und KATZ 1953). Die Temperaturabhängigkeit der einzelnen Repolarisationsphasen des Herzmuskels kann je nach den Versuchsbedingungen verschieden sein (HEINTZEN et al. 1956; s. a. Abb. 121).

---

[1] „Repolarisationsphase" = diejenige Phase, in der das Membranpotential von dem Spitzenwert des AP auf den Ruhewert zurückkehrt (s. Fußnote S. 62)

Beim Skeletmuskel läuft das Aktionspotential während der Repolarisation nicht immer glatt in das ursprüngliche Ruhepotential ein. Noch bevor es die Ausgangslage erreicht, wird die Steilheit des Abfalls kleiner, unter Umständen vorübergehend sogar Null. Dadurch entstehen in der Repolarisationskurve Buckel, deren

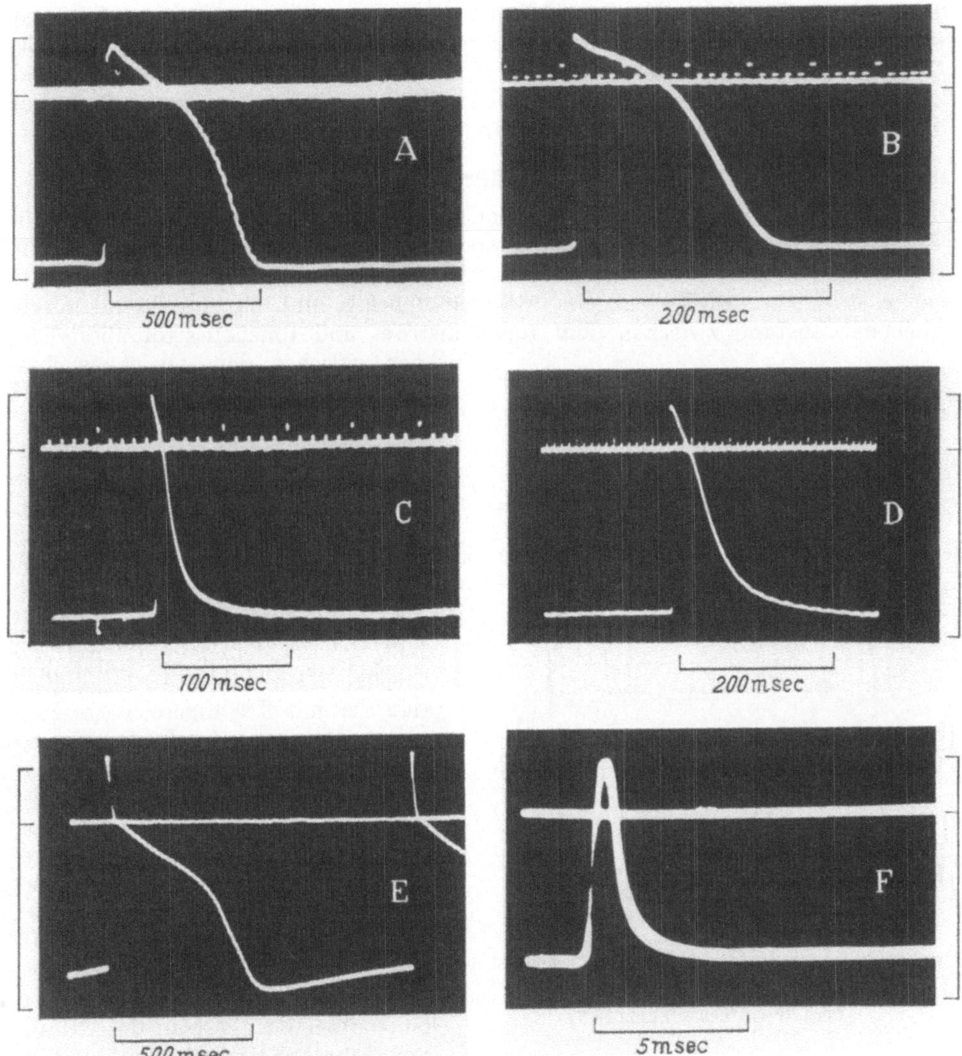

Abb. 48. Ruhe- und Aktionspotentiale verschiedener Muskeln. *A* Froschherz; *B* Ventrikel des Hundes; *C* Ventrikel der Ratte; *D* Vorhof des Hundes; *E* Purkinje-Faser des Schafes; *F* Rattenzwerchfell. Eichmarken am linken Rand von oben nach unten: − 30, 0, + 100 mV (außen gegen innen). (Nach WEIDMANN 1956)

Dauer und Amplitude inkonstant und individuell sehr verschieden ist (s. SCHAEFER 1940). Diese „negativen" *Nachpotentiale* sind in fast allen Muskeln nachweisbar. Da ihr Ende nicht genau zu bestimmen ist, sind die Angaben über die Dauer des Aktionspotentials relativ unsicher, zumal die Nachpotentiale wesentlich länger dauern können als die eigentlichen Spitzenpotentiale (AP bis zum Beginn des Nachpotentials). In seltenen Fällen tritt das negative Nachpotential erst im Anschluß an ein „positives" Nachpotential auf. Dann fällt das Aktionspotential steil bis zum Ausgangspotential und unter diesen Wert ab, um dann wieder zuzunehmen und in ein langgezogenes negatives Nachpotential überzugehen. Ob ein positives Nachpotential im zeitlichen Ablauf des AP erscheint oder nicht, hängt ganz von den experimentellen Bedingungen, u. a. von dem Ruhepotential ab (BENOIT und CORABEUF 1955). Bei starker Hyperpolarisation der Muskelfaser verschwindet das positive Nachpotential, um einem breiten und im ganzen negativen Potential Platz zu machen. Das Niveau des negativen Nachpotentials nimmt mit steigender Temperatur zu, d. h. es verschiebt sich in Richtung auf das absolute Nullpotential (BREMER 1955; MACFARLANE und MEARES 1955); es hängt im übrigen von den Stoffwechselbedingungen des Muskels ab (s. S. 73, vgl. SCHÜTZ 1958).

b) Ionenaustausch während der Repolarisation

Für die Deutung der Repolarisation im Rahmen der Ionentheorie sind die Befunde an den langsam repolarisierenden *Herzmuskeln* entscheidend, die im depolarisierten Zustand künstliche Eingriffe in den normalen Ablauf der Repolarisation erlauben. Im Plateau des Aktionspotentials muß ein annähernd ausgeglichener Zustand zwischen dem Ioneneinstrom und Ionenausstrom bestehen, der zwischen dem Gleichgewichtspotential des K^+ und Na^+ liegt (WEIDMANN 1956b); in der Repolarisationsphase würde dann das Membranpotential wieder in das K^+-Gleichgewichtspotential zurückkehren, weil sich die Permeabilitätsverhältnisse zu Gunsten des K^+ verschieben. Hierfür gibt es einige, wenn auch nur indirekte Beweise. Zunächst läßt sich an dem langsamen Herzmuskel der Schildkröte feststellen, daß das mit K^{42} angereicherte Präparat während jeder Erregung vermehrt K^+ in das Coronarperfusat abgibt (WILDE und O'BRIEN 1953) (Abb. 49). Die zeitliche Zuordnung des K^+-Ausstroms zum Elektrokardiogramm (WILDE 1957) ergibt ferner, daß die vermehrte K^+-Abgabe — unter Berücksichtigung der Laufzeit, die für den Weg zwischen Muskel und Coronargefäß erforderlich ist — über das Plateau des AP andauert und relativ spät ihr Maximum

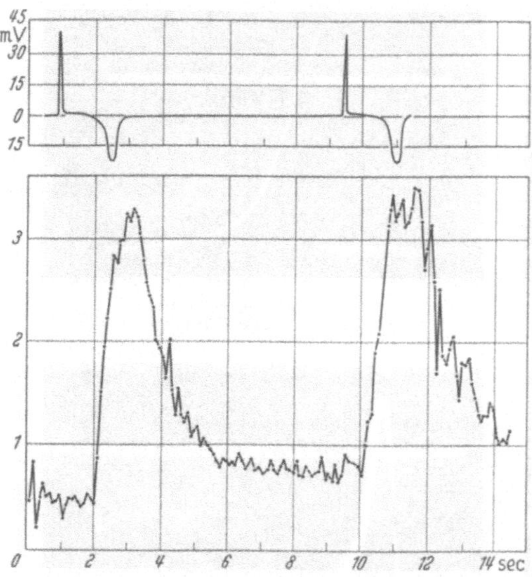

Abb. 49. Kaliumabgabe des durchströmten Schildkrötenherzens; oben: Elektrokardiogramm; unten: K^{42}-Konzentration im Coronarperfusat in willkürlichen Einheiten. (Nach WILDE und O'BRIEN 1955)

erreicht. Dieser Befund berechtigt zu dem Schluß, daß die K^+-Permeabilität während der Repolarisation erhöht ist. Die anfängliche Abnahme des Membranwiderstandes R_m hält jedoch nicht über die Repolarisationsphase an (WEIDMANN 1956b): R_m kehrt kurz nach dem Spitzenpotential auf den Ausgangswert zurück, nimmt dann während des Plateaus zu, um schließlich wieder abzufallen. Die Zunahme von R_m kann man zwar als Zeichen abnehmender Na^+-Permeabilität deuten, ist aber mit dem immer noch vermehrten Ionenaustausch kaum in Einklang zu bringen. Nach Versuchen an der Nervenfaser (HODGKIN 1958) setzt die Repolarisation in dem Augenblick ein, in dem das Verhältnis der K^+-Permeabilität zur Na^+-Permeabilität wieder zunimmt. Das Kalium ist dann der Ladungsträger für die Repolarisation:

der Nettoausstrom von K$^+$ steigt an. Das Plateau im Aktionspotential des Herzmuskels entspricht nach der Ionentheorie einem relativ stabilen Gleichgewichtszustand, in dem sich der Na$^+$-Nettoeinstrom und K$^+$-Nettoausstrom annähernd die Waage hält; es läßt sich ähnlich wie das Ruhepotential durch einen elektrischen Stromstoß in Richtung auf ein anderes Gleichgewicht verschieben. Tatsächlich gelingt es, durch überschwellige von außen nach innen gerichtete Stromstöße das Plateau zu verkürzen und die Repolarisation zu beschleunigen (WEIDMANN 1951, 1956b).

Der Gesamtverlust des Frosch- und Schildkrötenherzens an K$^+$ während einer Erregung beträgt $^1/_{400}$ des intracellulären Gehaltes (HAJDU 1953; WILDE und O'BRIEN 1955). Die für den Ausstrom verantwortlichen Kräfte sind der osmotische Gradient und der elektrische Gradient, dieser jedoch nur so lange, als das Membranpotential zwischen außen und innen negatives Vorzeichen hat. Aus der zunehmend gegensinnigen Wirkung des elektrischen Gradienten erklärt sich zum Teil die Abnahme der Repolarisationssteilheit in der Zeit.

Der *Skeletmuskel* gibt ebenso wie der Herzmuskel bei jeder Erregung K$^+$ ab (FENN und COBB 1936; FENN 1940). Das austretende K$^+$ muß unter physiologischen Bedingungen in gleichen Mengen in das Innere des Muskels zurückwandern, wenn auf die Dauer der K$^+$-Bestand gleichbleiben soll. Der dazu notwendige aktive Prozeß ist dem kombinierten Na$^+$-K$^+$-Pumpenmechanismus zuzuschreiben (s. o.), der das eingetretene Na$^+$ nach außen und das herausdiffundierte K$^+$ nach innen befördert. Tatsächlich nimmt während der Tätigkeit auch der K$^+$-Einstrom in die Muskelfaser zu (NOONAN, FENN und HAEGE 1941). Wenn der Einstrom den Ausstrom nicht mehr voll kompensiert, muß sich K$^+$ im Äußeren der Zelle anhäufen. Der K$^+$-Verlust kann dann zwei Ursachen haben: Entweder ist der

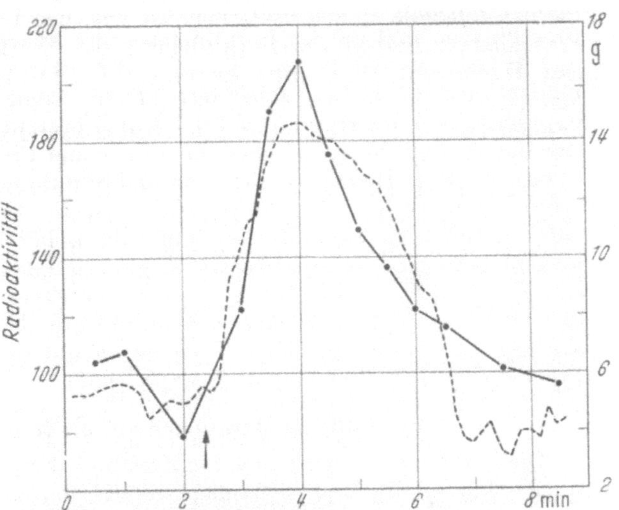

Abb. 50. Einfluß von Histamin auf die Spannung (unterbrochene Linie) und den Verlust an K^{42} (ausgezogene Linie); Dickdarmstreifen des Meerschweinchens, 37° C. Linke Ordinate: Radioaktivität der Außenflüssigkeit in W. E. Rechte Ordinate: Spannung in g; Abszisse: Zeit. Bei Pfeil: Wirkung von 10^{-5} g/cm^3 Histamin. (Nach BORN und BÜLBRING 1956)

Pumpenmechanismus geschädigt oder die Zeit zwischen aufeinanderfolgenden Erregungen ist so kurz, daß sie für den aktiven Rücktransport des K$^+$ nicht ausreicht. Bei mäßig frequenter Reizfolge erleiden frische Objekte keinen K$^+$-Verlust (MOND und NETTER 1930). Dagegen läßt sich an allen bisher untersuchten Muskeltypen nachweisen, daß mit Zunahme der Reizfrequenz die extracelluläre K$^+$-Konzentration ansteigt. Der durch hohe Reizfrequenzen ermüdete Skeletmuskel des Frosches setzt K$^+$ in beträchtlichen Mengen frei (REQUISTER 1938; MITCHELL und WILSON 1921). Dabei sinkt das Membranpotential unter Umständen um 20 mV ab (LING und GERARD 1949), weil das Verhältnis der K$^+$-Innen- zur K$^+$-Außenkonzentration abnimmt. Der ausgeschnittene Muskel stellt sein Membranpotential erst wieder her, wenn er 15 bis 60 min unerregt bleibt.

In rhythmisch tätigen Muskeln, wie den Herzen und *glatten* Muskeln unterliegt das Membranpotential und mit diesem die Entladungsfrequenz (s. S. 92) großen Schwankungen (WEIDMANN 1956 b; BÜLBRING 1954, 1955), die mit entsprechenden Änderungen des Kaliumaustausches verbunden sind. Der Dickdarm des Meerschweinchens antwortet auf eine Zunahme der mechanischen Spannung mit einer Abnahme des Membranpotentials und mit einem Anstieg der Erregungsfrequenz und der K^+-Abgabe im Effluogramm (BORN und BÜLBRING 1956). Erhöhung der Frequenz durch Histamin (10^{-5} g/cm^3) oder Acetylcholin (10^{-6}/cm^3) hat dieselbe Wirkung auf die Entladungsfrequenz wie mechanische Dehnung (BÜLBRING 1954; Abb. 50); die Kaliumabgabe steigt dann auf das Zweifache der Norm an. Adrenalin (10^{-6} g/cm^3) hat den umgekehrten Erfolg, indem es die Frequenz der Spontantätigkeit erniedrigt oder sie ganz unterdrückt. Ähnliche Ergebnisse liefern Versuche am isolierten Rattenherz (HERCUS, McDOWALL und MENDEL 1955).

Die Zunahme der Reizfrequenz hat eine weitere Wirkung, die man bisher nur am Herzmuskel beobachtet hat: die Verkürzung der Plateaudauer im zeitlichen Ablauf des AP. Der Frequenzeinfluß wirkt sich gewöhnlich nicht auf die dem Plateau folgende Repolarisationsphase aus, wie Versuche am künstlich gereizten Froschherzen und an der Purkinjefaser des Warmblüterherzens zeigen (KRAFT und WIEGMANN 1957; DRAPER und WEIDMANN 1951). Mit der Plateaudauer nimmt auch die Gesamtdauer des AP ab, wenn die Frequenz zunimmt. Beim Papillarmuskel des Hundes und der Katze besteht im mittleren Frequenzbereich eine lineare Beziehung zwischen AP-Dauer und Frequenzabnahme (HOFFMAN und SUCKLING 1954; HOFFMAN, BINDLER und SUCKLING 1956; TRAUTWEIN und DUDEL 1956). Im Bereich niedriger Frequenzen ist die Abhängigkeit gering. Herzen, die unter natürlichen Verhältnissen mit sehr hoher Frequenz schlagen, weisen im Verlauf ihres monophasischen AP so gut wie gar kein Plateau auf (wie z. B. der Rattenventrikel, s. Abb. 48). Wenn man die Frequenz plötzlich erhöht, so nimmt die AP-Dauer erst nach einigen Schlägen ab; dagegen stellt sich das AP beim Wechsel von hohen zu tiefen Frequenzen mit dem ersten Schlag auf die neue Frequenz um (KRAFFT und WIEGMANN 1957).

c) Stoffliche Wirkungen auf die Repolarisationsphase

Die Plateaudauer wird auch bei Zunahme der extracellulären Kalium-Konzentration kürzer, die wahrscheinlich die K^+-Permeabilität der Membran steigert und damit die Repolarisation beschleunigt. Wenn man eine $4 \cdot 10^{-2}$ Mol KCl/l-Lösung in das Coronarperfusat des Schildkrötenherzens im Beginn der elektrischen Aktivität injiziert (WEIDMANN 1956 c), so verkürzt sie nach einer Lauf- und Diffusionszeit von 0,2 msec (vom Augenblick der Injektion bis zum Eintritt in den Herzmuskel) noch innerhalb desselben Erregungsablaufes die Plateauzeit. Das Resultat bestätigt ältere Befunde, nach denen bei Erhöhung der extracellulären K^+-Konzentration das AP des Herzmuskels vorzeitig abbricht (JOSHIDA 1926; GARCIA RAMOS und ROSENBLUETH 1947). Ähnlich wie das Plateau des Herzmuskels verhält sich das negative Nachpotential des Froschskeletmuskels: steigender K^+-Gehalt der Außenflüssigkeit verkürzt die Dauer des negativen Nachpotentials (MACFARLANE und MEARES 1955), während Senkung der extracellulären K^+-Konzentration das negative Nachpotential auf ein höheres Niveau (d. h. näher zum absoluten Nullwert des Membranpotentials) verschiebt (DESMEDT 1955); die Abstiegssteilheit des AP ist proportional dem einfachen Wert der K^+-Außenkonzentration.

Die genannten Befunde sind nur in kurzfristigen Versuchen (s. a. BRADY und WOODBURY 1957; DÉLEZE 1959) zu erheben, in denen sich relativ wenig K^+ gegen

Na⁺ zwischen innen und außen austauscht. Da sich durch die veränderte K⁺-Außenkonzentration auch das Membranruhepotential verschiebt, könnte man die beschriebenen Wirkungen auf den AP-Ablauf auch als indirekte Folge des veränderten Membranruhepotentials deuten. Die „momentane" Änderung des K⁺-Außenmilieus während der Erregung (WEIDMANN 1956c) liefert aber dasselbe Ergebnis, auch wenn sich das Membranruhepotential auf den neuen K⁺-Wert noch nicht eingestellt hat. Daher wirkt wahrscheinlich das extracelluläre K⁺ direkt auf die Membraneigenschaften. Eine Reihe von Befunden spricht für die Möglichkeit, daß es sich um eine Zunahme der K⁺-Permeabilität handelt, die den K⁺-Ausstrom beschleunigt; denn die Dauer des Plateaus ändert sich auch unter der Wirkung von Stoffen, die nachweisbar die K⁺-Permeabilität der Muskelmembran beeinflussen.

Acetylcholin vergrößert ebenso wie Vagusreizung den K⁺-Nettoausstrom (HOWELL und DUKE 1908) und die K⁺-Permeabilität (HARRIS und HUTTER 1956), verringert den Membranwiderstand (ASHMAN und GARREY 1931) und die AP-Dauer des Warmblütervorhofs (BURGEN und TERROUX 1953b; GARCIA RAMOS und ROSENBLUETH 1947; JOHNSON und McKINON 1956). Der Effekt ist reversibel und geht unter dem Einfluß von Atropin zurück. Ob das Acetylcholin auch eine

Bedeutung für den physiologischen Vorgang der Repolarisation hat (STÄMPFLI 1956), ist experimentell noch nicht ausreichend geklärt. Die Funktion des Schrittmachers ist jedenfalls an die Anwesenheit von ACh gebunden (s. S. 94).

Adrenalin verlängert im Gegensatz zu Acetylcholin die Plateaudauer des Froschherzens (LUEKEN und SCHÜTZ 1938). Die Wirkung beruht wahrscheinlich auf einer Abnahme der K⁺-Permeabilität, die den K⁺-Ausstrom und auch die Repolarisation verzögert. Ebenso deutet man die Plateaubildung bei Krabbenmuskeln unter dem Einfluß bestimmter Ionen (FATT und KATZ 1953; s. S. 153).

Stoffwechselstörungen, die sich auf die natürlichen K⁺-Konzentrationsverhältnisse auswirken, verändern gewöhnlich auch den Ablauf der Repolarisationsphase. Am Herzmuskel hat sich immer wieder bestätigt, daß selbst mäßiger O₂-Mangel die Plateaudauer verkürzt ohne sonst das AP zu beeinflussen (SCHÜTZ 1939; TRAUTWEIN und DUDEL 1956). Die Abnahme der Plateaudauer ist immer

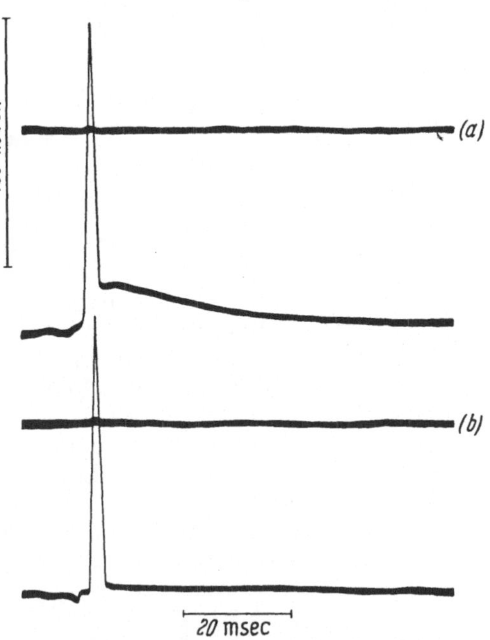

Abb. 51. Aktionspotential des M. sartorius (Frosch bei 25° C). Ruhepotential: 85 mV; Überschuß: 46 mV. *a* normal; beachte das starke negative Nachpotential im Anschluß an die Aktionspotentialspitze; *b* nach 20 min Waschen in 2:4-Dinitrophenol (2 · 10⁻³ Mol/l). (Nach MACFARLANE und MEARES 1955)

mit einem K⁺-Verlust verbunden, den die Zelle unter der Wirkung des O₂-Mangels erleidet (FENN und GERSHMAN 1950; SHANES und BERGMAN 1955). Beim Skeletmuskel sind die ersten elektrischen Folgen der Anoxie in reiner N₂-Atmosphäre nicht im Spitzenpotential, sondern im negativen Nachpotential zu erkennen, das unter dem Einfluß des O₂-Mangels früher abbricht (MACFARLANE und MEARES 1955). Die Bildung des negativen Nachpotentials hängt offenbar von Stoffwechselprozessen ab, die dem K⁺-Ausstrom entgegenwirken. Die Natur dieser

Prozesse ist unbekannt. Vermutlich handelt es sich dabei um dieselben Prozesse, die das normale Membranpotential aufrechterhalten (s. o.). Als Energielieferanten kommen energiereiche Phosphate in Frage, da Zusatz von 2,4-Dinitrophenol ($2 \cdot 10^{-3}$ Mol/l) das negative Nachpotential völlig auslöscht (MACFARLANE und MEARES 1955) (Abb. 51). Auch die anaerobe Gärung kann als Energiequelle für den K^+-Rücktransport dienen, weil Jodacetat das Niveau des negativen Nachpotentials erniedrigt (BREMER 1955).

Eine ungeklärte und an einzelnen Objekten verschiedene Wirkung haben *Calcium-* und *Magnesium-*Ionen auf die Repolarisationsphase (Abb. 52). Am Ventrikel und Vorhof von Warmblütern ist nachgewiesen, daß die Plateaudauer

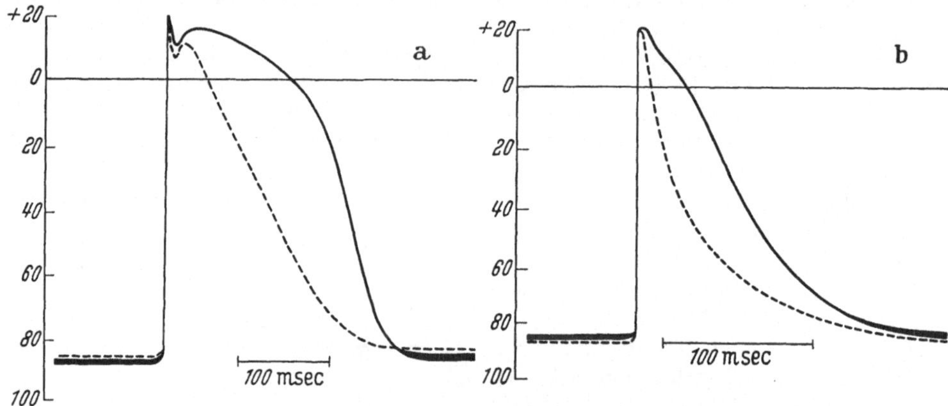

Abb. 52. Aktionspotentiale des Papillarmuskels (*a*) und des Vorhofs (*b*) des Hundes unter dem Einfluß erhöhter Ca^{++}-Konzentration. Ausgezogene Linie = normaler Ca^{++}-Gehalt ($2,7 \cdot 10^{-3}$ Mol/l); unterbrochene Linie = erhöhter Ca^{++}-Gehalt ($10,8 \cdot 10^{-3}$ Mol/l). (Nach HOFMAN und SUCKLING 1956)

zunimmt, wenn die extracelluläre Ca^{++}-Konzentration verringert wird (HOFFMAN und SUCKLING 1956); beim Froschherzen nimmt unter denselben Bedingungen die Plateaudauer ab (TRAUTWEIN und WITT 1952). Steigende Ca^{++}-Konzentrationen beschleunigen am Ventrikel des Warmblüters die Repolarisation und verkürzen das Plateau (Abb. 52); der Ablauf des AP ist dann dem Verhalten des Vorhofs unter normalen Bedingungen sehr ähnlich (HOFFMAN und SUCKLING 1956). Mg^{++}-Ionen haben im allgemeinen einen den Ca^{++}-Ionen entgegengesetzten Effekt. Da Änderungen der Ca^{++}-Konzentration den Menbranwiderstand nicht beeinflussen (WEIDMANN 1956b), muß das Calcium auf Eigenschaften wirken, die bisher nicht genügend bekannt sind.

4. Refraktärzeit

Während des Ablaufs einer Erregung ist der Muskel ebenso wie der Nerv über eine gewisse Zeit für einen zweiten Reiz unerregbar (SCHAEFER 1940). Die Refraktärzeit des Herz- und Skeletmuskels dauert so lange, bis die Repolarisation den kritischen Wert von 60 mV erreicht (WEIDMANN 1956b). Daher ist der Muskel während des eigentlichen Spitzenpotentials absolut refraktär. Für den Froschmuskel (M. sartorius) beträgt die Refraktärzeit bei Raumtemperatur (20° C) etwa 1 msec; die glatten Muskeln von Warmblütern haben bei Körpertemperatur (37° C) Refraktärzeiten bis zu 3 sec (s. SCHAEFER 1942). Solche hohen Werte sind auch bei ganglienzellenfreien Muskelorganen keine Seltenheit (BOZLER 1938) und daher Eigenschaften der Muskeln, nicht irgendwelcher neuraler Strukturen.

Wenn man den Muskel kurz vor dem Ende der Repolarisation reizt, nachdem das Membranpotential eben den kritischen Wert überschritten hat, so läßt sich zwar eine Erregung auslösen, doch sind die Amplituden des AP kleiner als bei der ersten Erregung. Die Erregbarkeit ist in dieser Phase, der *relativen* Refraktärzeit, geringer als in der Norm, kehrt aber mit fortschreitender Repolarisation schnell auf den Ausgangswert zurück (vgl. SCHÜTZ 1958). Da der Zeitpunkt, an dem der Muskel das kritische Membranpotential (60 mV) während der Repolarisation erreicht, die Dauer der absoluten Refraktärzeit bestimmt, hängt diese auch von der Steilheit der Repolarisation ab. Mit zunehmenden Reizfrequenzen, die die Repolarisation beschleunigen, nimmt daher auch die Refraktärzeit ab.

5. Fortleitung der Erregung

a) Strömchentheorie

Die Erregung, die beim Schließen eines elektrischen Reizstromes von der Kathode ausgeht, breitet sich an der Oberfläche einer Zelleinheit (Muskelfaser) nach beiden Seiten in der Längsachse aus. Die Fähigkeit, die Erregung fortzuleiten, besitzen nur Muskelfasern, die dem Alles- oder Nichts-Gesetz gehorchen, also schon in der Art der Erregung am Reizort spezialisiert sind.

Die Theorie der Erregungsausbreitung basiert auf der Vorstellung, daß am Reizort durch die Membran Kurzschlüsse zwischen der Innen- und Außenseite der Membran entstehen und damit lokale Kreisströmchen veranlassen, die in dem aufgelockerten Bezirk von außen nach innen, in den noch nicht erregten benachbarten Stellen von innen nach außen gerichtet sind (HERMANN 1879; CREMER 1909; s. a. SCHAEFER 1940). Die Strömchen erregen jede einzelne Stelle, wenn sie die Membran auf den kritischen Spannungswert depolarisieren. Dies ist unter physiologischen Bedingungen immer der Fall. Damit ist die Voraussetzung für eine Kettenreaktion gegeben, die sich von Ort zu Ort über die ganze Faserlänge ausbreitet.

b) Fortpflanzungsgeschwindigkeit der Erregung

Die Fortpflanzungsgeschwindigkeit der Erregungswelle hängt von den Zeiten ab, die für die örtliche Depolarisation bzw. für die Entladung der Membrankapazität erforderlich sind. Nach der Kabeltheorie (OFFNER, WEINBERG und YOUNG 1940) ist die Leitungsgeschwindigkeit ϑ eine Funktion des spezifischen Membranwiderstandes R_m, der Membrankapazität C_m, des spezifischen Innenwiderstandes R_i, des Faserradius ϱ (bei der Länge l_0), der Faserlänge l/l_0 und des Außenwiderstandes R_a.

Die Prüfung dieser Beziehungen ergibt an isolierten verschieden dicken Einzelfasern des Froschmuskels in einem Außenmilieu geringen Widerstandes (Ringer-Lösung) eine lineare Abhängigkeit der Größe ϑ von dem Durchmesser 2ϱ (HAKANSSON 1956): ϑ nimmt proportional dem Durchmesser zu (Abb. 53). Die Fortpflanzungsgeschwindigkeit mißt man gewöhnlich durch Anlage zweier Ableitelektroden in einem definierten Abstand Δl; die Zeitspanne Δt, die zwischen dem Durchgang der Erregungswelle unter der ersten und zweiten Elektrode verstreicht, ist aus der Phasenverschiebung der positiven gegen die negative Spitze des biphasischen AP (s. S. 77) zu ermitteln. ϑ ist dann umgekehrt proportional der Größe Δt bei bekanntem Elektrodenabstand Δl. Da die meisten Muskelfasern keinen kreisförmigen, sondern einen ovalen Querschnitt haben, wird für genaue Messungen nicht der Durchmesser, sondern der Umfang bestimmt und aus diesem der mittlere Durchmesser errechnet. Beim Durchmesser von 36 μ und bei einer Versuchstemperatur von 20° C ergibt sich für die *isolierte* Froschmuskelfaser eine Fortpflanzungsgeschwindigkeit von 0,9 m/sec (HAKANSSON 1956), bei einem Durchmesser von 135 μ ein Wert von 3,0 m/sec. Die am Ganzmuskel aus Einzelfaserableitungen gewonnenen Werte liegen zwischen 1,0 und 2,2 m/sec (WILSKA und VARJORANTA 1939; KATZ 1948). Die offenbar geringere Abhängigkeit vom Durchmesser bei Messungen am Ganzmuskel wird damit erklärt, daß die untersuchten Einzelfasern von einer Masse inaktiver und schlecht leitender Muskelsubstanz umgeben sind, die den Außenwiderstand erhöht und die Geschwindigkeit je nach der Faserdicke in verschiedenem Maße beeinflußt und damit die Zunahme von ϑ mit steigendem Durchmesser teilweise ausgleicht (HAKANSSON 1956). Derselbe Befund ergibt sich aus Messungen am menschlichen Armmuskel, wenn man das Erscheinen eines biphasischen AP in verschiedenen Abständen vom Reizort längs der Faserachse registriert (BUCHTHAL, GULD und ROSENFALCK 1955a). Die Fortpflanzungsgeschwindigkeit schwankt auch in Fasern mit sehr verschiedenem Durchmesser (23 bis 80 μ) bei einer 62 Jahre alten Frau nur zwischen 6 und 16 m/sec, bei einem einjährigen Kind nur zwischen 3,3 und 4,4 m/sec. Allerdings muß man bei diesen Versuchen damit rechnen, daß nicht Einzelfasern, sondern mehrere Fasern verschiedenen Querschnitts gereizt werden, die Fortpflanzungsgeschwindigkeiten mit geringer Streuung vortäuschen. Bei Willkürbewegungen ergeben sich an demselben Muskel

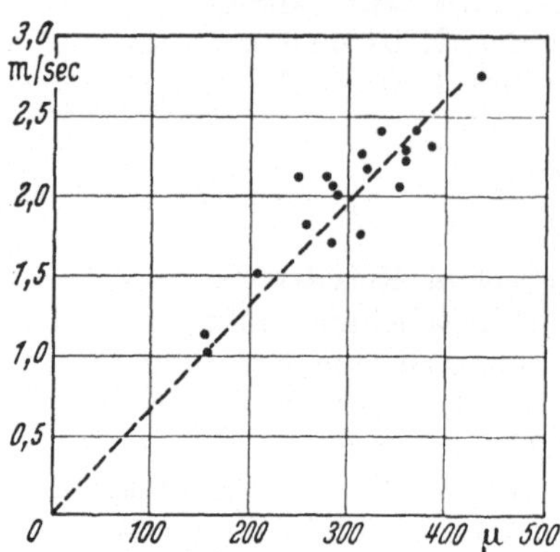

Abb. 53. Fortpflanzungsgeschwindigkeit ϑ (m/sec) des Aktionspotentials als Funktion des Umfanges (μ) in Einzelfasern (M. semitendinosus, Winterfrosch, 20° C). (Nach HÅKANSSON 1956)

etwa die gleichen Werte wie bei künstlicher Reizung: 4,7 m/sec $\pm$ 1,3 m/sec (BUCHTHAL, GULD und ROSENFALCK 1955b), in anderen Versuchen erheblich größere Streuungen von 1,3 bis 12,5 m/sec, die vielleicht auf der Innervation verschiedener Faserarten beruhen (DENSLOW und HASSETT 1943). Weitere Werte für eine Auswahl von Muskelarten sind in der Tab. 14 zusammengefaßt.

Tabelle 14. *Fortleitungsgeschwindigkeit ϑ der Erregungs- und Kontraktionswelle bei verschiedenen Skeletmuskeln*

Tier	Muskel	Temperatur °C	ϑ (m/sec)	Autoren	Jahr
Frosch	M. sartorius	0	0,51	ABBOTT u. RITCHIE	1951b
Frosch	M. semitend.	20	2,2	HAKANSSON	1956
Frosch	M. rectus abd.	0	0,5	WILSKA u. VARJORANTA	1939
Kröte	M. sartorius	0	0,40	ABBOTT u. RITCHIE	1951b
Krabbe	Beinmuskel	20	0,29	FATT u. KATZ	1053
Haifisch	Kiefermuskel	0	0,68	ABBOTT u. RITCHIE	1951b
Mensch	M. biceps	37	4,7	BUCHTHAL et al.	1955

Mit Ausnahme der für den menschlichen Muskel angegebenen Werte sind die Leitungsgeschwindigkeiten der Tabelle an ausgeschnittenen Muskeln in Ringer-Lösung gemessen worden; in Luft ist wegen des erhöhten Außenwiderstandes die Größe ϑ um etwa 50% kleiner (HAKANSSON 1957). Beim Vergleich der Zahlen ist ferner zu berücksichtigen, daß die Versuchstemperaturen sehr verschieden sind. Die Fortleitungsgeschwindigkeit des Muskels nimmt mit steigender Temperatur zu. An Einzelfasern des Froschmuskels ergibt sich ein Q_{10}-Wert von 1,9 in einem Temperaturbereich von 15 bis 20° C (HAKANSSON 1956). Die Temperaturabhängigkeit ist z. T. durch die Abnahme des Membranwiderstandes mit steigender Temperatur zu erklären ($Q_{10} = 1,35$ s. o.). Die Umrechnung des für den Froschmuskel bei 20° angegebenen Wertes auf den entsprechenden Wert bei 37° C ($Q_{10} = 1,9$) ergibt 7,0 m/sec; d. h. der Unterschied zwischen Kalt- und Warmblütermuskeln ist vorwiegend temperaturbedingt (BUCHTHAL, GULD und ROSENFALCK 1955a). Auch die Papillarmuskeln des Warmblüterherzens haben bei einem mittleren Durchmesser von 70 μ Fortleitungsgeschwindigkeiten, die in demselben Bereich liegen (1,5 bis 3,5 m/sec). Nur die glatten Muskeln fallen aus dieser Reihe heraus; die Muskeln des Eileiters, des Ureters und des Uterus leiten die Erregung mit wesentlich kleineren Geschwindigkeiten von 0,002 bis 0,06 m/sec (HASANA 1933; BOZLER 1938, 1941a). Da die elektrischen Eigenschaften dieser Muskeln unbekannt sind, ist es auch nicht möglich, die niedrigen Fortleitungsgeschwindigkeiten zu erklären. Dagegen sind vom Krabbenmuskel Membranwiderstand und Membrankapazität bekannt. Aus der hohen Kapazität errechnet sich trotz des großen Durchmessers von 510 μ ein relativ niedriger ϑ-Wert (0,3 m/sec bei 20°C), der dem tatsächlich gemessenen Wert entspricht (FATT und KATZ 1953).

Während der Dehnung des Muskels wird der Querschnitt der Faser kleiner; da außerdem die Länge l zunimmt, wäre nach der Kabeltheorie eine Abnahme der Fortleitungsgeschwindigkeit zu erwarten. Da ferner die Kapazität C_m indirekt proportional der Membrandicke ist, müßte sie bei Dehnung zunehmen, die Fortleitungsgeschwindigkeit auch aus diesem Grund kleiner werden. Die Messungen von ϑ am M. sartorius des Frosches (HOFFMANN 1912; MARTIN 1954; ITO 1955) haben aber ergeben, daß der Muskel in einem Längenbereich von 100 bis 130% l_0 die Erregung mit derselben Geschwindigkeit fortleitet. Auch an Einzelfasern ändert sich die Größe ϑ bis zu einem Dehnungsgrad von 160% l_0 nicht (HAKANSSON 1957); daher nimmt man an, daß die Membran nicht elastisch gedehnt wird, sondern im ungedehnten Zustand in Falten liegt, die erst bei der Dehnung entfaltet werden (MARTIN 1954; Abb. 54). Da aber bei Einzelfasern in einem Längenbereich > 160% l_0 die Fortpflanzungsgeschwindigkeit ϑ sogar

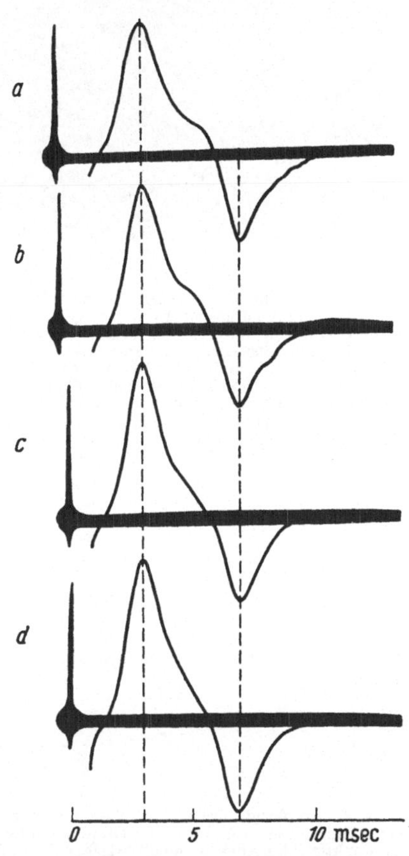

Abb. 54. Wirkung von Längenänderungen auf den Abstand zwischen den beiden Gipfeln des biphasischen Aktionspotentials (M. sartorius, Frosch, 20° C). $a = 78\%\ l_0$; $b = 94\%\ l_0$; $c = 110\%\ l_0$; $d = 122\%\ l_0$. (Nach MARTIN 1954)

zunimmt (HAKANSSON 1957), ist die Relation zwischen l und ϑ nicht in allen Einzelheiten durch die Annahme einer gefalteten Membran zu verstehen.

Die Konstanz der Größe ϑ bei Querschnitts- und Widerstandsänderungen der Faser ist in einer ganz anderen Versuchsreihe bestätigt worden. Nach Denervation werden die Muskeln atrophisch, die Fasern also dünner, aber ihre Fortleitungsgeschwindigkeit bleibt dieselbe (NICHOLLS 1956). Der Befund entzieht sich bis jetzt einer befriedigenden Deutung; er entspricht jedoch der allgemeinen Erfahrung, daß die Fortpflanzungsgeschwindigkeit der Erregungswelle im Ganzmuskel relativ unabhängig von dem Faserdurchmesser ist.

c) Biphasisches Aktionspotential

Bei Ableitung des Aktionspotentials von zwei Stellen der Oberfläche erhält man das Bild des biphasischen AP (Abb. 55): Die von den beiden Elektroden ab-

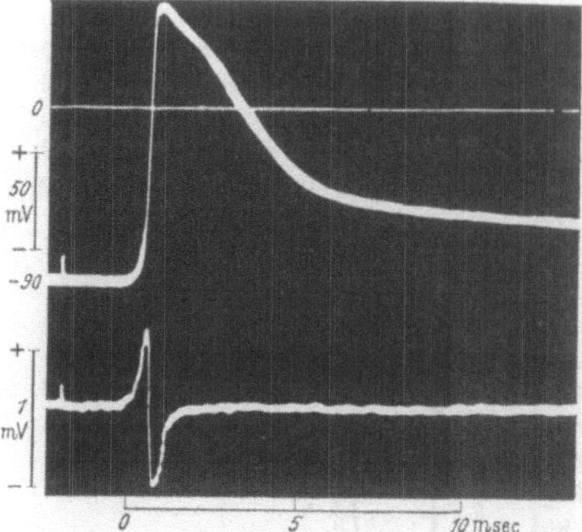

Abb. 55. Aktionspotential einer isolierten Froschmuskelfaser (M. semitendinosus, 19° C), umgeben von einem großen Volumen Ringerlösung; gleichzeitige Registrierung des monophasischen AP mit einer intracellulären Elektrode (oben) und des biphasischen AP mit einer extracellulären Elektrode (unten). Membranpotential = 90 mV; Beachte Reizmarkierung am linken Rand der beiden Kurven. (Nach HÅKANSSON 1957)

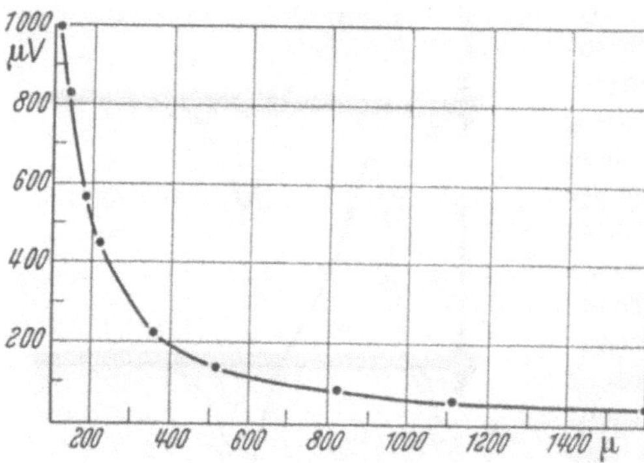

Abb. 56. Amplitude des biphasischen Aktionspotentials einer Einzelfaser (von Gipfel zu Gipfel gemessen) in μV als Funktion des Abstandes (μ) zwischen der Ableitelektrode (40 μ offene Weite der Glascapillare) und dem Mittelpunkt einer kreisförmigen Faser (Umfang 350 μ, M. semitendinosus, Frosch, 22° C). (Nach HÅKANSSON 1956)

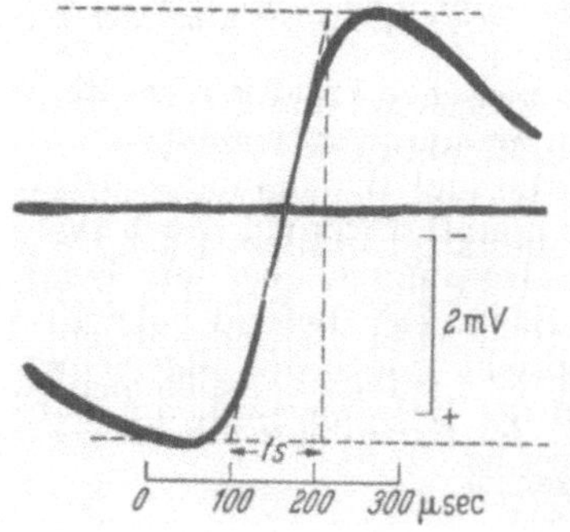

Abb. 57. Messung der Anstiegszeit, bzw. Dauer (t_s) der biphasischen Aktionspotentialamplitude (M. biceps brachii, Mensch 36,5°C). (BUCHTHAL, GULD u. ROSENFALCK 1957a)

gegriffenen monophasischen Aktionspotentiale müssen sich überlagern, wenn der Elektrodenabstand kleiner ist als der Weg, den die Erregungswelle während der Dauer des monophasischen AP zurückzulegen vermag. Das biphasische AP ist bei geringem Abstand der Elektroden gleich dem zweiten Differentialquotienten des intracellulär abgeleiteten monophasischen AP (LORENTE DE NÓ. 1947): der positive Gipfel fällt in den ersten Anstieg des monophasischen AP (Abb. 55), der negative Gipfel fällt mit dem Maximum seiner Amplitude zusammen (HAKANSSON 1957). Mit zunehmendem Abstand der Elektroden nimmt auch die Verspätung der negativen gegen die positive Spitze zu, entsprechend dem reziproken Wert der Fortleitungsgeschwindigkeit.

Die *Amplitude* des biphasischen AP ist wegen des Verlustes durch das entgegengerichtete Potential der anderen Elektrode und wegen der Kurzschlüsse der Umgebung kleiner als die des intracellulär abgeleiteten AP; sie nimmt mit zunehmender Entfernung der Ableitelektrode von der erregten Muskelfaser ab (Abb. 56). Beim menschlichen Armmuskel liegt diese Abnahme bereits in der Größenordnung einer Zehnerpotenz (von einigen mV auf 100 μV), wenn die Ableitelektrode 0,38 mm von der Potentialquelle entfernt ist (BUCHTHAL, GULD und ROSENFALCK 1957). Gleichzeitig nimmt die Anstiegszeit des biphasischen AP (Abb. 57) mit dem Abstand der Elektrode von der erregten Muskelfaser zu. Beide Befunde ergeben sich aus den physikalischen Bedingungen, die für die Ausbreitung des Potentials in einem leitenden Medium bestehen (LORENTE DE NÓ 1947).

Bei den Froschmuskelfasern mit elliptischem Umfang sind die Amplituden bei der Ableitung von der „flachen" Seite größer, als bei Ableitung von der runden Seite (HAKANSSON 1956). Die biphasische Ableitung sagt daher wenig über die tatsächlichen

Membraneigenschaften aus, ist aber für den Nachweis der elektrischen Aktivität und für Messungen des zeitlichen Ablaufs der Erregung besonders an menschlichen Muskeln brauchbar. Die Anstiegszeit der Amplitude (Abb. 57) beträgt bei verschiedenen menschlichen Muskeln (M. biceps femoris, M. extensor digitorum, M. biceps brachii) etwa 8,5 bis 9,0 msec BUCHTHAL, GULD und ROSENFALCK 1955a; BERGANINI 1955); die Streuung ist aus Abb. 58 zu ersehen. Dabei besteht eine ausgesprochene Altersabhängigkeit mit Werten von 5,7 msec (1 Jahr) und 10 msec (80 Jahre) (BUCHTHAL, PINELLI und ROSENFALCK 1954). Gerade bei Versuchen an Menschen sind aber die zahlreichen physikalischen Parameter zu berücksichtigen, die die Meßwerte beeinflussen können (s. BUCHTHAL, GULD und ROSENFALCK 1954).

Einen gewissen theoretischen Wert hat im Tierexperiment die Angabe der *Anstiegslänge* λ des monophasischen AP. Die Größe λ ist die kürzeste Entfernung zwischen einer unerregten Stelle und einer anderen, die den größten Depolarisationswert bereits erreicht hat. Sie ist proportional der Fortleitungsgeschwindigkeit ϑ und der Anstiegszeit t_s des Spitzenpotentials:

$$\lambda = \vartheta \cdot t_s. \tag{21}$$

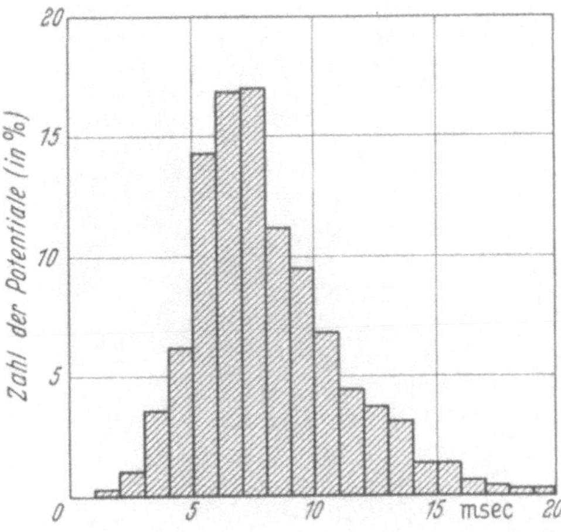

Abb. 58. Verteilungskurve der Anstiegszeit des biphasischen Aktionspotentials vom menschlichen Muskel (M. biceps brachii; 36,5° C; 21 Jahre alt; 1268 Messungen). (Nach BUCHTHAL, GULD und ROSENNFALCK 1954)

III. Übertragung der Erregung in der Endplatte

1. Allgemeine Eigenschaften der Endplatte

a) Struktur und Membranpotential

Die physiologischen Impulse, die die Skeletmuskeln erregen, laufen in den Endigungen der motorischen Nerven in die Muskelfasern ein. Die Übertragung geschieht an umschriebenen Stellen (Endplatten), in denen sich die präsynaptische Nervenmembran mit der postsynaptischen Muskelmembran berührt (Abb. 59). Die Endplatten bestehen nach elektronenmikroskopischen Untersuchungen aus Falten der Muskelmembran, in die die Nervenendigungen eintauchen (ROBERTSON 1956). Das Sarkolemm des quergestreiften Muskels trennt in dem postsynaptischen Bezirk der Endplatte das Protoplasma der Muskelfaser von den präsynaptischen nervalen Strukturen (REGER 1955). Infolge der Faltung ist die Oberfläche der Muskelmembran in den Endplatten vergrößert. Das Aussehen der Platte ist in allen Skeletmuskeln dasselbe, obwohl die Dimensionen der Muskelfasern sehr verschieden sind. Die Endplatte liegt stets im Zentrum der einzelnen Muskelfaser, die meist nur von einer einzigen Nervenendigung innerviert wird, soweit es sich um Muskeln handelt, die dem ANG gehorchen und die Erregung fortleiten. Viele Muskelfasern dieses Typs besitzen also über die ganze Länge nur *eine* myoneurale Verbindung, sehr lange Fasern unter Umständen mehrere Synapsen.

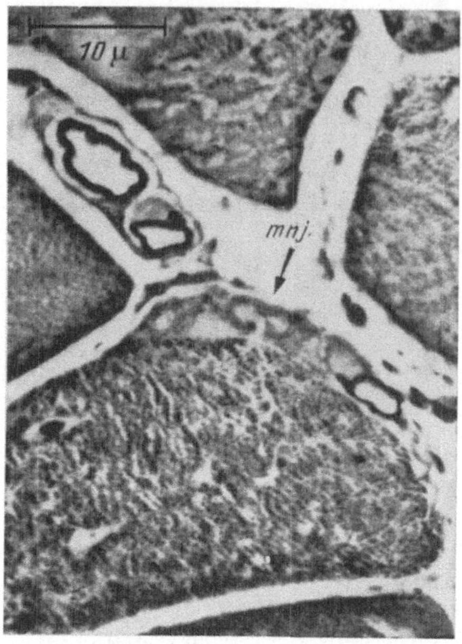

Abb. 59. Querschnitt von Muskelfasern des Beinmuskels der Eidechse (Anolis carolinensis). Vergrößerung 1900fach. m. n. j. = myoneurale Synapse
(= Endplatte). Links oben sind zwei Nervenfasern
mit Myelinscheiden getroffen. (Nach ROBERTSON
1956)

Der Prozeß, der die Erregung von der Nervenmembran auf die Muskelmembran an den Endplatten überträgt, unterscheidet sich grundsätzlich von der Fortleitung der Erregung entlang der Muskelmembran (FATT 1954; NASTUK 1955; KATZ 1956). Die Einsicht in die an der Endplatte ablaufenden elektrischen Vorgänge ist durch Mikroelektroden möglich, die intracellulär in die unmittelbar anliegenden Muskelfaserschichten eingestochen werden (FATT und KATZ 1951). Das Ruhepotential der inaktiven Endplattenmembran läßt sich wegen technischer Schwierigkeiten nicht genau bestimmen. Es liegt beim Froschskeletmuskel in der Nähe von 90 mV, ist also etwa so groß wie das Potential der übrigen Muskelfasermembran. Bei Anlage eines Gleichstroms, der durch die Membran fließt, kann man aus dem bestehenden kat- oder anelektrotonischen Potential auf die Höhe des Membranwiderstandes schließen (FATT und KATZ 1951). Dabei wird eine Erregung der Muskel- oder Nervenmembran durch Ersatz des NaCl mit K_2SO_4 vermieden. Unter diesen Bedingungen zeigt die Endplattenmembran wie auch die übrige Muskelmembran (s. S. 55) einen Gleichrichtereffekt: Die Potentiale, die ein von innen nach außen gerichteter Strom hervorruft, sind immer größer als bei umgekehrter Stromrichtung (KATZ 1949; FATT und KATZ 1951; Abb. 60).

b) Spontanaktivität der Endplatte

Auch ohne Nervenimpulse ist die Endplattenregion dauernd aktiv und entlädt sich rhythmisch in sogenannten Miniaturpotentialen, deren Amplituden wesentlich kleiner sind als die des fortgeleiteten AP (etwa 0,5 bis 1,5 mV) und mit der Entfernung der Elektroden vom Ort der lokalen Depolarisation abnehmen

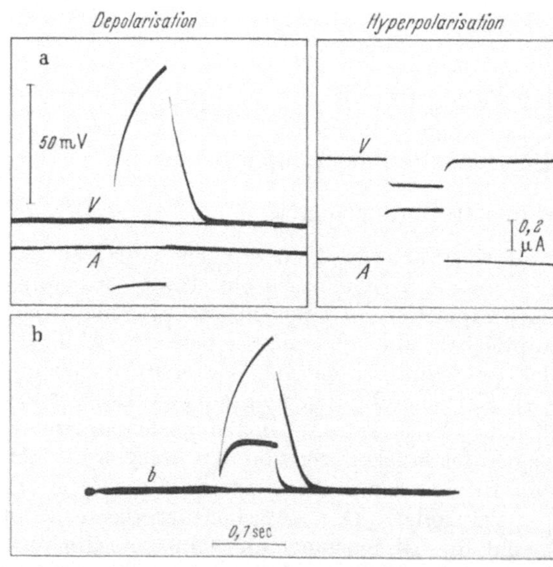

Abb. 60. Gleichrichtereffekt der Endplatte (Froschmuskelfaser). Der
Muskel ist vor dem Versuch durch K_2SO_4 unerregbar gemacht.
a) A Strom, der durch die Membran geschickt wird (Ausschlag nach
unten von innen nach außen gerichtet); V elektrotonisches Potential
(Ausschlag nach oben: Depolarisation). b) Abnahme des katelektrotonischen Potentials durch elektrophoretisch auf die Endplatte ap-
pliziertes ACh; obere Kurve: Normal, untere Kurve: ACh-Wirkung.
(Nach DEL CASTILLO und KATZ 1955b)

(FATT und KATZ 1952). Diese spontanen Potentiale können durch Curare unterdrückt, durch Physostigmin verstärkt werden (MARTIN 1955); sie sind am Kaltblütermuskel (Frosch) (FATT und KATZ 1952b; MARTIN 1955) und Warmblütermuskel (Katze und Ratte) (BOYD und MARTIN 1956; LILEY 1957) nachweisbar (Abb. 61).

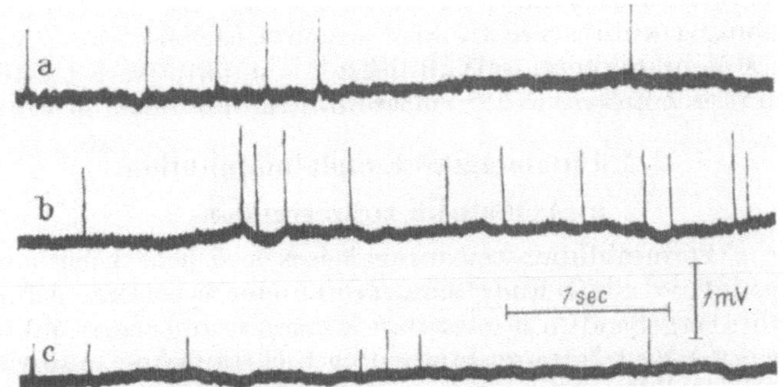

Abb. 61. Spontane Miniaturpotentiale der Endplatte des M. tenuissimus der Katze (37° C). Ableitungen *a* bis *c* von derselben Faser zu verschiedenen Zeiten. Beachte die verschiedene Frequenz und Amplitude. (Nach BOYD und MARTIN 1956a)

Die Potentiale des Frosch- und Katzenmuskels unterscheiden sich nur hinsichtlich der Frequenz, wenn die Bedingungen sonst dieselben sind (Temperatur jeweils 25° C); im Katzenmuskel sind sie etwas weniger frequent als im Froschmuskel. Bei Abkühlung werden die Amplituden der Spontanpotentiale größer, ihre Frequenz kleiner und ihre Dauer länger (BOYD und MARTIN 1956). Vom M. gracilis und vom Zwerchfell der Ratte kann man außer den „kleinen" auch „große" Spontanpotentiale ableiten (LILEY 1957), deren Amplitude bis zu 12 mV beträgt, im übrigen aber großen Variationen unterliegt.

Die Spontanaktivität dauert in unverminderter Höhe an, wenn NaCl der Badeflüssigkeit entzogen und durch Glucose ersetzt wird. Während unter diesen Bedingungen alle anderen im Skeletmuskel vorhandenen Membranen unerregbar sind, erhält die Endplatte ihre Miniaturpotentiale aufrecht, wenn auch in veränderter und nicht ganz einheitlicher Form. Ebenso bleibt die Fähigkeit zur Bildung von Spontanrhythmen erhalten, wenn man statt Glucose K_2SO_4 als NaCl-Ersatz wählt (DEL CASTILLO und KATZ 1955b). Dann verschwinden zwar mit der Abnahme des Ruhepotentials die Miniaturpotentiale so gut wie vollständig; sie erscheinen aber sofort wieder, wenn die Endplattenmembran durch einen von innen nach außen oder von außen nach innen gerichteten Strom „kathodisch" oder

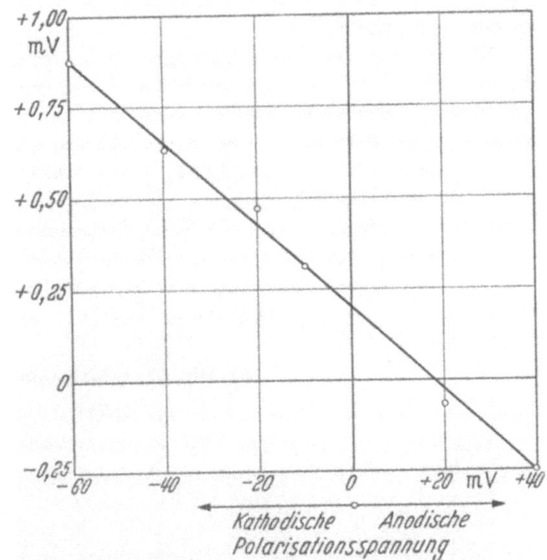

Abb. 62. Amplitude der spontanen Miniaturpotentiale der Endplatte (Ordinate in mV) als Funktion des Membranpotentials (Froschmuskel, Raumtemperatur). Der Muskel ist vor dem Versuch mit K_2SO_4 behandelt worden. Beachte, daß bei Membranpotentialen um + 20 mV keine Spontanentladungen auftreten (ausgewertet nach Versuchen von DEL CASTILLO und KATZ 1955b)

„anodisch" polarisiert wird. Dabei nehmen die Amplituden und Frequenzen der Potentiale mit der Höhe der angelegten negativen oder positiven Spannung zu (Abb. 62). Bei kathodischer Polarisation haben sie positives, bei anodischer Polarisation negatives Vorzeichen (jeweils außen gegen innen gemessen). Die Befunde sind etwa in dem Sinn zu deuten, daß die Membran bei jeder Spontanentladung vorübergehend einem neuen Gleichgewicht zustrebt, das in Richtung des Membranpotentials Null liegt. Als unmittelbare Ursache der Entladung kommt eine Zunahme der Permeabilität für *alle* Ionen in Frage.

2. Physiologische Endplattenfunktion

a) ACh als Überträgersubstanz

Künstliche Permeabilitätssteigerungen lassen sich sehr leicht durch Acetylcholin erzielen, für das die Endplattenmembran eine besondere Affinität besitzt. Läßt man vorübergehend ACh in kleinsten Mengen mittels einer Mikropipette auf die Oberfläche der Endplattenmembran durch Elektrophorese einwirken (Nastuk 1953), so sinkt der Membranwiderstand für einen angelegten Strom in K_2SO_4-Lösung ab (s. o.) und kehrt relativ schnell auf den alten Wert zurück, wenn die Einwirkung von ACh aufhört (Del Castillo und Katz 1955a). Die Abnahme des Ohmschen Widerstandes unter dem Einfluß von ACh wirkt sich wie ein Kurzschluß an einem Gleichrichter aus: Sie ist bei auswärts gerichtetem Strom größer als bei einem Strom, der einwärts gerichtet ist und ohnehin einen geringeren Membranwiderstand zu überwinden hat (s. Abb. 60). Das ACh dürfte daher allgemein permeabilitätssteigernd wirken und nicht nur bestimmten Ionen, sondern allen Ionen die Passage durch die Membran in Richtung des Konzentrationsgradienten erleichtern.

Da an den Nervenendigungen ACh freigesetzt wird (Dale, Feldberg und Vogt 1936), liegt es nahe, die Entstehung der spontanen Miniaturpotentiale auf in „Quanten" gebildete Mengen von ACh zurückzuführen, die die Endplattenmembran vorübergehend — vor ihrem Abbau durch Cholinesterase — depolarisieren (Del Castillo und Katz 1954; Katz 1956). Die Miniaturpotentiale sind für die Erregung der Muskelmembran unterschwellig. Erst eine Erregung der motorischen Nervenfaser depolarisiert die Endplattenmembran soweit, daß in der Umgebung der Endplatte das Potential der Muskelfasermembran unter das kritische Niveau von 50 bis 60 mV absinkt. Die unmittelbare Ursache der indirekten Muskelerregung ist also eine elektrische Größe: die Änderung des Endplattenpotentials (s. Schaefer 1942).

b) Die Endplattendepolarisation

kann jedoch nicht etwa auf einem elektrotonischen Potential beruhen, das an den Nervenendigungen auf die Endplattenmembran nach der Strömchentheorie übergreift. Ein solches künstlich am Nerven erzeugte Potential kann zwar bis zu den Nervenendigungen reichen, nicht aber die myoneurale Synapse überqueren (Del Castillo und Katz 1954). Nach der derzeitigen Auffassung überträgt das ACh die Erregung in der Endplattensynapse, indem es die Oberfläche der Endplatte depolarisiert, wenn es genügend konzentriert ist (Katz 1956). Diese Auffassung stützt sich auf folgende Tatsachen:

a) In die Muskelarterie der Katze injiziertes ACh löst eine Kontraktion aus, der eine Salve offenbar nicht ganz synchroner Aktionspotentiale vorausgeht (Brown 1937);

b) extracellulär auf die Endplattenoberfläche des Froschmuskels wirkendes ACh hat in genügend hohen Konzentrationen denselben Effekt (Del Castillo und Katz 1955a); intracellulär verabfolgtes ACh ist dagegen wirkungslos;

c) bei jeder präsynaptischen Erregung wird an den Endplatten vermehrt ACh frei (FELDBERG 1933; DALE und FELDBERG 1934).

Das ACh ist aber nicht selbst der Träger der Ladungen, die während des Anstiegs des Endplattenpotentials durch die Membran fließen. Die Stromstärke ist weit größer als die Ladungen, die an dem freigesetzten ACh haften (FATT und KATZ 1951). Deshalb müssen andere Ionen für den Endplattenstrom verantwortlich sein. Erst das ACh stellt aber die Bedingungen für den Ionenaustausch zwischen Innen- und Außenmilieu her, indem es die Permeabilität der Endplatte erhöht. Dabei bewegt sich das Endplattenpotential in Richtung auf einen neuen Gleichgewichtszustand hin, der bei 10 bis 20 mV (positiv außen gegen innen) liegt, also weit über dem Natriumgleichgewichtspotential der Muskelfasermembran (DEL CASTILLO und KATZ 1955 b). Daher kann sich die Permeabilitätszunahme unter der Wirkung des ACh nicht auf das Na^+ allein beschränken; die Endplattenmembran muß vielmehr für alle Ionen, zumindest auch für K^+,

durchlässiger werden (DEL CASTILLO und KATZ 1955 a). Für diese Annahme spricht das Ergebnis von Versuchen, bei denen eine von der Muskelmembran direkt ausgelöste Erregung die Endplattenregion zur selben Zeit erreicht wie eine indirekte Erregung, so daß sich das „Nerven"- und „Muskelpotential" (N- und M-Potential) überlagert (Abb. 63). Das resultierende Potential wird kleiner, wenn das N-Potential vor der Spitze des M-Potentials einsetzt, also zu einem Zeitpunkt, in dem nach der Ionentheorie die Na^+-Permeabilität relativ zur K^+-Permeabilität noch

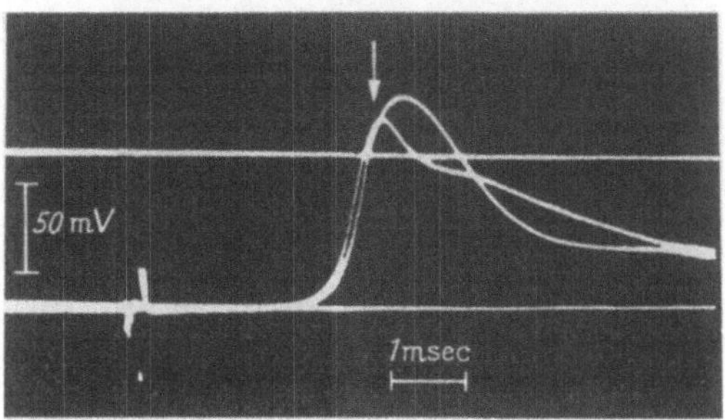

Abb. 63. Wirkung der Endplattenerregung auf das direkt (an anderer Stelle) ausgelöste Aktionspotential der Muskelmembran. Pfeil: Augenblick, in dem die vom Nerven (indirekt) ausgelöste Erregung an der Endplatte einsetzt. Obere Kurve: Normales Aktionspotential der Muskelfaser; Untere Kurve: Aktionspotential, das aus der Überlagerung beider Potentiale (des Muskel- und Nervenpotentials) resultiert. M. sartorius, Frosch. (Nach DEL CASTILLO und KATZ 1954c)

stark erhöht ist. Die Wirkung der indirekten Erregung auf das Gesamtpotential kann man mit einem gegensinnigen Effekt erklären, der auf einer Zunahme der Membranpermeabilität für alle Ionen beruhen könnte (DEL CASTILLO und KATZ 1954b). Ebenso läßt sich die verzögerte Repolarisation des Summenpotentials (s. Abb. 63) deuten. In beiden Fällen würde sich das Endplattenpotential bei einer allgemeinen Permeabilitätszunahme in Richtung des absoluten Nullpotentials verschieben.

Der unspezifische Anstieg der Membranleitfähigkeit unter der Wirkung des ACh erklärt auch das Verhalten der Endplatte in Lösungen, die statt Natriumchlorid K_2SO_4 enthalten. Dann nimmt trotz der vollständigen Depolarisation durch K_2SO_4 der Membranwiderstand für einen von innen nach außen gerichteten Strom ab, wenn ACh auf die Endplatte appliziert wird (S. Abb. 60). Da in der K_2SO_4-Lösung immer noch spontane Miniaturpotentiale an der Endplatte auslösbar sind (s. Abb. 62), muß der Membranwiderstand rhythmischen Schwankungen unterliegen, die die Annahme rechtfertigen, daß die motorischen Nervenendigungen quantenmäßig ACh freisetzen (DEL CASTILLO und KATZ 1954b). Das Endplattenpotential wäre dann ein Summenpotential von sehr vielen Miniaturpotentialen, die als Antwort auf synchron freigesetzte ACh-Quanten entstehen. Für diese Möglichkeit spricht der Befund, daß das kleine spontane und das volle Erregungspotential im zeitlichen Verlauf qualitativ übereinstimmen und daß das Endplattenpotential immer ein ganzzahlig Vielfaches eines Miniaturpotentials beträgt (KATZ 1956).

c) Endplatten- und Aktionspotential

Um die Erregung auf die benachbarte Muskelmembran zu übertragen, genügen Endplattendepolarisationen um 20 mV. Durch das „ACh-Leck" der Endplatte entsteht zwischen der Innen- und Außenseite der anliegenden Membranabschnitte ein Kurzschluß, der ausreicht, um die Muskelfasermembran auf den kritischen Wert von 50 bis 60 mV zu depolarisieren. In den Elektrogrammen der Endplatte setzt sich dann auf das relativ langsam ansteigende Endplattenpotential (220 V/sec im Froschmuskel) das steil ansteigende Spitzenpotential der Muskelmembran (670 V/sec) auf (NASTUK 1953; FATT und KATZ 1952; Abb. 64). Die Anstiegszeit des Endplattenpotentials ist beim Froschmuskel etwa doppelt so groß wie beim Warmblütermuskel, wenn die Temperatur jeweils 25° C beträgt (BOYD und MARTIN 1956). Bei Erwärmung nimmt die Dauer des über- und unterschwelligen Potentials ab. Das Endplattenpotential des Froschmuskels ist abstufbar — im Gegensatz zu dem von ihm ausgelösten Aktionspotential. Im Sinn der Ionentheorie würde also die Durchlässigkeit für Na^+ und K^+ in der Endplattenregion von den Reizbedingungen abhängen (FATT und KATZ 1951).

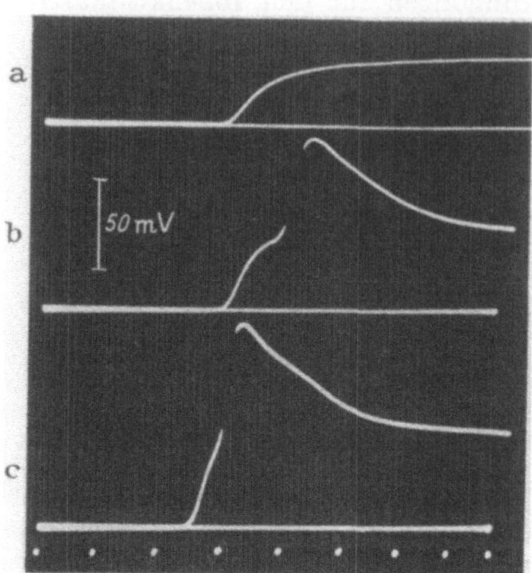

Abb. 64. Endplattenpotential und Aktionspotential des nicht curarisierten Froschmuskels. a) 25% der normalen NaCl-Konzentration; b) 50% der normalen NaCl-Konzentration; c) normale NaCl-Konzentration. Beachte: Auf das anfängliche Endplattenpotential setzt sich das steile Aktionspotential auf; in a) wird die Schwelle für das AP nicht mehr erreicht. Zeitmarken: 1 msec. (Nach FATT und KATZ 1952)

An den *Insektenmuskeln* lassen sich über die ganze Länge der Faser Potentiale ableiten, die den Endplattenpotentialen der Vertebraten sehr ähnlich sind (HOYLE 1955), sich von diesen jedoch durch einen wesentlich trägeren Anstieg (38 V/sec bei der Kakerlake, 40 V/sec bei der Heuschrecke) unterscheiden (s. Abb. 68). Trotzdem hebt sich das Aktionspotential kaum merklich von dem Synapsenpotential ab, weil die Anstiegsrate beider Potentiale etwa gleich groß ist (Anstiegsrate des Aktionspotentials bei der Kakerlake etwa 36 V/sec, bei der Heuschrecke 17 V/sec).

3. Stoffliche Wirkungen auf die Endplattenfunktion

a) Curarewirkung

Der Endplatte schreibt man z. Z. die Rolle eines Chemoreceptors zu, mit dem der Überträgerstoff in Reaktion tritt (KATZ 1956). Mittels dieser Hypothese ist es möglich, die Wirkung von Stoffen zu erklären, die die Endplattenfunktion lähmen. Unter solchen Stoffen ist das *Curare* für den Physiologen der interessanteste, weil es für Zwecke der „direkten" Reizung zuverlässig die Erregung über die Nervenendigungen ausschaltet. Da das Curare die ACh-Bildung an der Endplatte nicht aufhebt (DALE, FELDBERG und VOGT 1936), muß es spezifisch auf die Eigenschaften der Endplatte wirken: Curare hindert die Reaktion zwischen ACh und Chemoreceptor, die die Permeabilitätszunahme an der Endplattenmembran einleitet (DEL CASTILLO und KATZ 1954a). Der elektrophoretisch applizierte Stoff (D-Tubocurarin) ist nur dann wirksam, wenn er extracellulär angreift. Curare löscht die normalen Endplattenpotentiale entweder ganz aus oder reduziert sie auf unterschwellige Miniaturpotentiale (BOYD und MARTIN 1956b; Abb. 65); dabei ist es gleichgültig, ob die Endplattenpotentiale von einer indirekten Erregung oder von einer unmittelbaren ACh-Wirkung herrühren (DEL CASTILLO und KATZ 1957b). Mit der Curarelähmung braucht also die Endplatte

nicht jede Reaktionsfähigkeit auf ACh verloren zu haben; sie ist nur nicht mehr imstande, die physiologischen, bei einer indirekten Erregung freigesetzten ACh-Mengen mit einem vollen Endplattenstrom zu beantworten. Daher gewinnt die Endplatte ihre Funktionsfähigkeit wieder zurück, wenn sich ACh unter der Wirkung von Stoffen anhäuft, die den physiologischen ACh-Abbau durch Cholinesterase hemmen (Eserin und Prostigmin, Abb. 65) (ECCLES und MACFARLANE 1949; BOYD und MARTIN 1956b). Der Angriffspunkt dieser Stoffe muß zwangsläufig dort liegen, wo unter normalen Bedingungen am meisten Cholinesterase nachzuweisen ist, nämlich in der postsynaptischen Region der Nerv-Muskel-Verbindung (KOELLE 1955).

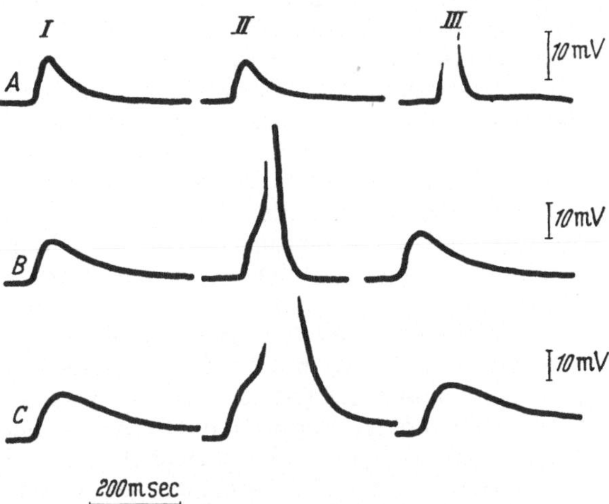

Abb. 65. Zeitlicher Verlauf des Endplattenpotentials bei indirekter Erregung (M. tenuissimus, Katze) Ableitung von 3 Fasern (I, II, III); die Präparate sind durch Curare-Präparate so eingestellt, daß die Endplattenpotentiale bei indirekter Erregung gerade den Schwellenbereich für die Auslösung eines Aktionspotentials erreichen. Potential in A III, B II und C II überschwellig. A: Tubocurarinchlorid $1,5 \cdot 10^{-6}$ g/cm³, 37° C; B: $5 \cdot 10^{-6}$ g/cm³ Tubocurarinchlorid $+ 10^{-7}$ g/cm³ Prostigmin, 37° C; C: Mg⁺⁺ $28,1 \cdot 10^{-3}$ Mol/l; Ca⁺⁺ $10 \cdot 10^{-3}$ Mol/l, 21° C. Beachte Schwellenwerte: A = 10 mV; B = 14 mV; C = 18 mV. (Nach BOYD und MARTIN 1956b)

b) Wirkung von ACh und Dekamethonium

Die Endplatte ist auf ACh wesentlich empfindlicher als die übrige Muskelmembran (KUFFLER 1943). Deshalb spricht die Muskelfaser auf intraarterielle ACh-Konzentrationen, die für die Endplatte überschwellig sind, nur auf dem Wege über das Endplattenpotential, nicht unmittelbar an. Hohe Konzentrationen ACh (10^{-2} g/cm³) erregen zwar die Muskelfasermembran von Frosch- und Vogelmuskel direkt (RIESSER 1921; BROWN und HARVEY 1938), lähmen aber die Endplatte durch Dauerdepolarisation (FELDBERG 1933) und schließen die indirekte Erregung aus. Ein solcher „Endplattenblock", den man am Muskel des Menschen und der Katze auch durch *Dekamethonium* (60 µ/kg Körpergewicht) hervorrufen kann (BURNS und PATON 1951), hat also ganz andere Ursachen wie etwa die Curarelähmung (VAN MAANEN 1955). Beim Froschmuskel ist die Endplattendepolarisation durch ACh oder Dekamethonium nur von geringer Dauer (THESLEFF 1955a). Das Ruhepotential stellt sich nach kurzer Zeit wieder her, aber der neuromuskuläre Block bleibt bestehen. Die Endplatte wird für die geringen bei der indirekten Erregung gebildeten ACh-Konzentrationen unempfindlich. Damit kann man die an roten Muskeln (M. soleus der Katze) beobachtete antagonistische Wirkung von Physostigmin erklären, das die lokale ACh-Konzentration an der Endplatte erhöht und dadurch dem Dekamethoniumblock entgegenwirkt (JEWELL und ZAIMIS 1954). Bei anderen Muskeln, wie z. B. dem M. tibialis der Katze, verstärkt dagegen Physostigmin die neuromuskuläre Lähmung. In diesen Fällen bleibt der Endplattenblock wahrscheinlich an die Depolarisation der Membran gebunden, wie aus Versuchen am Zwerchfell der Ratte hervorgeht (THESLEFF 1955b).

Acetylcholin ist im denervierten Muskel besonders wirksam, dessen Cholinesteraseaktivität gehemmt ist (BERGNER 1957). Die Denervationswirkung, die am 5. Tag nach dem Eingriff einsetzt, äußert sich in einer Neigung zu Dauerdepolarisationen unter dem Einfluß von ACh. Auch Muskeln, die im innervierten Zustand nicht auf ACh ansprechen (z. B. Säugetiermuskeln; GASSER und DALE 1926) und Muskelbezirke, die keine Nervenendigungen besitzen, antworten auf sonst unwirksame ACh-Konzentrationen mit Dauererregungen. Die für die Depolarisation der Muskelmembran notwendige ACh-Konzentration nimmt beim M. sartorius (Frosch) von 10^{-2} g/cm³ vor der Denervation auf 10^{-3} g/cm³ nach der Denervation ab. Der Eingriff verändert also die ACh-Empfindlichkeit aller Membranen; die Wirkung ist aber nirgends so deutlich wie an der Endplatte, die nach der Denervation tausendmal reaktionsfähiger auf ACh ist als die Muskelmembran (NICHOLLS 1956). Die spontan freigesetzten ACh-Mengen genügen dann, um volle Endplattenpotentiale mit fortgeleiteten, gewöhnlich nicht synchronisierten Erregungen einzelner Fasern und entsprechenden mechanischen Reaktionen („fibrillären Zuckungen") auszulösen (ADAMS, DENNY BROWN et al. 1953).

Unterschwellige Endplattenpotentiale können durch Anlage eines Katelektrotonus an der Endplatte (KATZ 1939; BURNS und PATON 1951) sowie durch Applikation depolarisierender Stoffe, der sog. Katelektrotonika (FLECKENSTEIN 1955), gebahnt werden. Denselben Erfolg hat Dehnung des Muskels (HUTTER und TRAUTWEIN 1956): Die Frequenz der Miniaturpotentiale nimmt zu, wenn man ein partiell curarisiertes Nervmuskelpräparat dehnt. Dabei steigt die mechanische Gipfelhöhe an, weil zusätzliche Muskelfasern erregt werden, deren Endplatten vor der Dehnung auf die normalen Überträgerkonzentrationen nicht ansprechen.

c) Wirkung von Kationen

Fast alle Kationen haben eine spezifische Wirkung auf die Endplattenfunktion. Bei Entzug von Natrium-Ionen spricht zwar die Endplatte noch auf ACh an, der Anstieg des lokalen Potentials ist aber erheblich verzögert (s. Abb. 64). Bei Reduktion des NaCl-Gehalts auf die Hälfte der normalen Konzentration nimmt die Anstiegsgeschwindigkeit des Endplattenpotentials etwa um 50% ab; das dann noch auslösbare Aktionspotential setzt sich verspätet von dem Endplattenpotential ab (FATT und KATZ 1952; s. Abb. 64). Wenn die Na^+-Konzentration auf ein Viertel des Normalwertes abfällt, erreicht das Endplattenpotential nicht mehr die Schwelle, die für das fortgeleitete Aktionspotential erforderlich ist. Da die Reaktion der Endplatte auf ACh unter diesen Bedingungen relativ wenig beeinträchtigt ist, nimmt man an, daß die Abnahme der Na^+-Konzentration die Produktion der Überträgersubstanz (ACh) vermindert.

Damit im Warm- und Kaltblütermuskel ein Endplattenpotential aus der Summation einer genügend großen Anzahl von Miniaturpotentialen entstehen kann, ist die Anwesenheit von Calcium-Ionen erforderlich (DEL CASTILLO und STARK 1952; BOYD und MARTIN 1956). Zusatz von Ca^{++}-Ionen erhöht die Frequenz der Miniaturpotentiale, Entzug von Ca^{++}-Ionen drückt die Frequenz herab und löst das volle Endplattenpotential in isolierte Miniaturpotentiale auf. Magnesium-Ionen wirken dem Ca^{++} entgegen (DEL CASTILLO und ENGBACK 1954) und setzen die Zahl der am Aufbau eines Endplattenpotentials beteiligten Miniatureinheiten herab. In allen Muskeln findet sich unter physiologischen Bedingungen eine Mg^{++}-Konzentration, bei der die spontanen Bedplattenpotentiale gerade nicht die für die Depolarisation notwendige Höhe erreichen, solange kein Impuls vom Nerven her die Endplatte trifft.

IV. Nichtfortgeleitete lokale Erregung

1. Lokale Erregung „langsamer" Fasern

a) Allgemeine Eigenschaften

Der lokale Prozeß, der am Anfang einer jeden physiologischen Erregung steht und in einem umschriebenen, dem Innervationsort benachbarten Gebiet der Muskelmembran eine Depolarisation hervorruft, läuft bei sämtlichen bisher untersuchten Muskelfasertypen nach demselben Schema ab. Aber nicht bei allen Muskeln teilt sich dieser lokale Prozeß durch die Fortleitung einer Alles- oder Nichts-Erregung der ganzen Faser mit. Der Prototyp einer Faser, die die lokale Antwort der Membran auf den nervalen Impuls nicht fortleitet, ist die sogenannte „langsame" Faser des Froschskeletmuskels (KUFFLER und GERARD 1947; KUFFLER 1953). Diese Fasern, die nur einen kleinen Prozentsatz der gesamten Faseranzahl eines Muskels ausmachen, werden von dünnen Axonen des motorischen Nerven innerviert. Man kann sie daher funktionell isolieren, indem man sie indirekt mit elektrischen Strömen reizt, die nach Form und Dauer auf die Erregungsparameter der dünnen Nervenfasern abgestimmt sind.

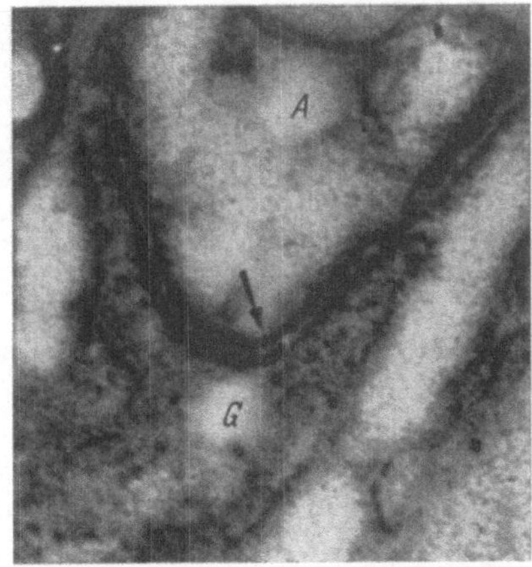

Abb. 66. Querschnitt einer Muskelfaser des Beinmuskels der Wespe (Vespula carolina). Vergrößerung 103000fach. Bei Pfeil: Synapse zwischen Nervenaxon (A) und Muskel; G synaptische Granula. (Nach EDWARDS et al. 1958)

Der Versuch, eine auf diese Weise identifizierte langsame Faser durch Einstich einer intracellulären Elektrode direkt zu reizen, führt zu einem negativen Ergebnis: Die Faser ist für direkte elektrische Reizung über weite Strecken unerregbar (BURKE und GINSBORG 1956a). Eine Erregung ist nur an den Membranabschnitten möglich, die in unmittelbarer Nachbarschaft der Nervenendigungen liegen. Die Aufzweigungen der dünnen Nervenfasern enden in kolbenförmigen Verdickungen (Endtrauben), die an multiplen Stellen an die Oberfläche einer einzelnen Faser herantreten. In den Insektenmuskeln, die morphologisch und funktionell zum „lokalen" Erregungstyp gehören, liegen die Nervenendigungen über beträchtliche Strecken mit der Muskelfasermembran in engem Kontakt (Abb. 66), während sie in den Endplatten der „schnellen" Vertebratenmuskeln die Muskelfasern nur an engumschriebenen Stellen berühren (EDWARDS et al. 1958).

b) Synapsenpotential („s.n.j.p.")

In den Synapsen der „langsamen" Fasern lassen sich ebenso wie in den Endplatten der „schnellen" Fasern spontane Miniaturpotentiale wechselnder Amplitude mit einer Anstiegszeit von etwa 2,5 msec (bei 20° C) nachweisen (BURKE 1957). Die Erregung der dünnen Nerven depolarisiert die Muskelfasern an den Innervationsorten; das entstehende gegen den Ruhezustand negative Potential (engl. "small nerve junctional potential", abgek. s. n. j. p.) ist in den Grundzügen dem Endplattenpotential ähnlich und wie dieses ein Summenpotential von vielen Miniaturpotentialeinheiten. Nach Aufhören des Reizstroms fällt das Potential biphasisch mit einer deutlichen Phase der Hyperpolarisation ab (KUFFLER und

Williams 1953a), die im wesentlichen auf passiven elektrischen Eigenschaften
der Membran beruht; denn Potentiale, die durch einen von außen nach innen
gerichteten Strom aufgezwungen werden, fallen nach Abschalten des Stromes
in derselben Weise ab wie das physiologische Potential der Synapse (Burke
und Ginsborg 1956a) (Abb. 67). Die Amplituden dieser Potentiale betragen bei
den dünnen Fasern des M. iliofibularis (Frosch) maximal 30 mV, im Durchschnitt
etwa 7 bis 15 mV, die Anstiegszeiten 6 bis 14 msec und die Repolarisationszeiten
etwa 20 bis 37 msec (bei 20° C). Bei indirekter Reizuug des Nerven kann man
diese Potentiale an jeder Stelle der Muskelfaser registrieren, obwohl sie sich nicht
über die Muskelmembran fortpflanzen. Der Befund ist aber verständlich, wenn
man berücksichtigt, daß die multiplen Nervenendigungen die Faser über die ganze

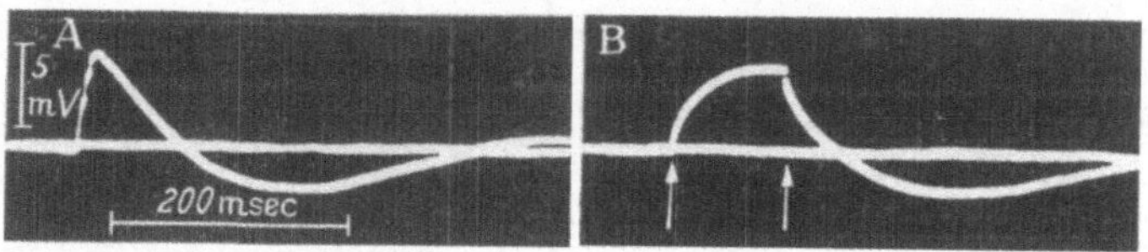

Abb. 67. *A* Synapsenpotential der langsamen Faser des Froschmuskels (M. iliofibularis) mit anschließender Phase
der Hyperpolariastion. *B* passiv aufgezwungenes Potential durch einen von innen nach außen gerichteten Strom
(Dauer durch Pfeile markiert); beachte den gleichen Rückgang mit Hyperpolarisation wie in *A*. (Nach Burke
und Ginsborg 1956)

Länge annähernd gleichzeitig erregen. Die Amplituden sind nicht an allen Stellen
gleich groß, weil die Eigenschaften der Synapsen offenbar von Ort zu Ort verschieden sind.

Da die postsynaptische Membran dieser Fasern auf Depolarisation nicht mit
einem fortgeleiteten Aktionspotential anspricht, kann man das Membranruhepotential durch künstliche Depolarisationsströme auf ein bestimmtes Niveau einstellen und die Rückwirkung auf das Synapsenpotential prüfen, das bei
Nervenreizung entsteht. Die Amplitude des Synapsenpotentials wird dann mit
zunehmender Depolarisation kleiner und bei einem bestimmten kritischen Wert
Null. Bei weiterer Depolarisation kehrt sich das Vorzeichen des Synapsenpotentials um. Die neuromuskuläre Erregung treibt also die Membran einem neuen
Gleichgewicht entgegen, das — ähnlich wie das Endplattenpotential — zwischen
dem Na^+- und K^+-Gleichgewicht liegt. Deshalb erscheint es gerechtfertigt, das Synapsenpotential als das Ergebnis einer relativen Permeabilitätszunahme der postsynaptischen Membran für *alle* Ionen zu deuten (Burke und Ginsborg 1956b).

Das Synapsenpotential der langsamen Faser gehorcht ebensowenig wie das
Endplattenpotential dem Alles- oder Nichts-Gesetz. Eine solche Möglichkeit
scheidet schon durch die Existenz der Miniaturpotentiale aus, die sich erst
durch die präsynaptische Erregung zum vollen Potential summieren. Bei den langsamen Fasern ist die Amplitude dieser Potentiale relativ großen Schwankungen
unterworfen; sie hängt u. a. von der Frequenz der motorischen Nervenimpulse ab
und nimmt innerhalb eines beschränkten Bereiches mit dieser zu. Einzelreize
reichen gewöhnlich nicht aus, um die Synapse maximal zu depolarisieren (Kuffler
und Williams 1953).

Stoffe, die die Potentiale der Endplatte verändern, wirken in gleicher Weise auf
die Potentiale der neuromuskulären Verbindungen in den „langsamen" Fasern.
Acetylcholin verstärkt, Tubocurarin und Atropin löschen die Miniaturpotentiale
aus, Ca^{++} erhöht und Mg^{++} erniedrigt die Entladungsfrequenz (Burke und Ginsborg 1956b; Burke 1957.) Zusatz von Ca^{++} oder Entzug von Mg^{++} vergrößert
die Höhe der an der Synapse auf einen Nervenreiz entstehenden Potentiale. Lösungen mit niedrigem Ca^{++}-Gehalt ($0{,}45 \cdot 10^{-3}$ Mol/l) und hohem Mg^{++}-Gehalt

(15 · 10⁻³ Mol/l) haben den entgegengesetzten Effekt und verursachen Potential-schwankungen, deren Amplitude und Ablauf den spontanen Miniaturpotentialen sehr ähnlich sind (BURKE 1957).

2. Lokale Erregung anderer Muskelfasern

Die lokale Erregung ist nur eine Eigenschaft bestimmter langsamer Fasern des Frosches, nicht aber für alle Muskelfasern charakteristisch, die sich mit relativ kleiner Geschwindigkeit kontrahieren. Die Skeletmuskel der Warmblüter sind z. B. auf den Typ der fortgeleiteten Erregung spezialisiert — unabhängig davon, wie groß ihre Zeitparameter sind (KUFFLER und VAUGHAN WILLIAMS 1953 b). Die einzige bisher bekannte Ausnahme sind die intrafusalen Fasern, die die Receptoren der proprioceptiven Reflexe unter Spannung halten (KUFFLER, HUNT und QUIL-LIAM 1951). Alle glatten Muskeln neigen zu lokalen Erregungen, besonders wenn sie unter dem Einfluß depolarisierender Stoffe (ACh, KCl) stehen, die in geeigneten Konzentrationen auf umschriebene Stellen der Membranoberfläche wirken (KUFFLER 1946; SCHMANDT und SLEATOR 1955). Andererseits kennen wir eine große Anzahl glatter Muskeln, die dem Alles-oder-Nichts-Gesetz folgen, jedoch Aktionspotentiale und Kontraktionszeiten aufweisen, die um ein Vielfaches länger sind als die der langsamen Fasern des Frosches (BOZLER 1938). Dieselben Muskeln, die auf einen direkten Reiz mit einer fortgeleiteten Erregung antworten, können aber unter Umständen auf indirekten Reiz nur mit einer auf den Innervations-bezirk beschränkten lokalen Erregung reagieren, wie z. B. der Uterusmuskel (ROSENBLUETH et. al. 1936). Die Annahme einer Korrelation zwischen Zeitpara-metern und Erregungstypen ist daher kaum zu vertreten. Die Dimensionen der Mus-kelfaser sind zwar für die Zeitparameter, nicht aber für den Erregungstyp maßgeblich. So finden sich (neben fortgeleiteten Aktionspotentialen) alle Charakteristica der lokalen Synapsenantwort mit Miniaturpotentialen bei Krabbenmuskeln (KATZ und KUFFLER 1946; FATT und KATZ 1953), die einen bis zu fünf mal größeren Faser-durchmesser haben als die langsamen Fasern des Frosches.

a) Lokale Erregung „schneller" Skeletmuskelfasern

Unter unphysiologischen Reizbedingungen kann auch in Muskeln, die gewöhn-lich dem Alles- oder Nichts-Gesetz folgen, die Erregung auf den Reizort lokalisiert bleiben, ohne fortgeleitet zu werden. Diese „lokale Erregung" ist nicht nur an den neuromuskulären Verbindungen, sondern an jeder Stelle der Muskelmembran auszulösen. Wenn man eine Froschmuskelfaser durch einen von innen nach außen gerichteten einschleichenden Strom an der Membranoberfläche allmählich unter den kritischen Wert (50 mV) depolarisiert, bei dem gewöhnlich die normale Alles-oder Nichts-Erregung einsetzt, so bleibt die Reaktion auf den Reizort (Kathode des Stromkreises) begrenzt; sie ist nur noch an mechanischen Änderungen erkenn-bar und besteht in einer über die Dauer des Stromflusses anhaltenden Verkürzung (*Kathodenwulst*), die überhaupt nicht oder nur sehr langsam fortgeleitet und von keinem Aktionspotential eingeleitet wird (GELFAN und BISHOP 1933). Die Mindest-zeit, die ein Depolarisationsstrom fließen muß, um eine lokale Kontraktion ohne Fortleitung (Kontraktur) auszulösen, beträgt für den Froschmuskel bei 20° C 3 msec (GJONE 1955). Reize, die den Muskel nach einer starken Depolarisation (auf Membranspannungen < 50 mV) treffen, haben nur lokale, durch Änderungen der Reizstärke abstufbare Kontrakturen zur Folge. Liegt das Membranpotential in einem Bereich von etwa 20 bis 30 mV, so wird die Faser praktisch unerregbar. Die lokale Erregung geht unter der Wirkung eines anelektrotonischen Gleich-stroms wieder zurück (BIEDERMANN 1895; KUFFLER 1946; FLECKENSTEIN,

HILLE und ADAM 1950; FLECKENSTEIN und RICHTER 1953). Mit der Repolarisation verschwindet auch die lokale Kontraktur des Muskels. Die Befunde haben eine gewisse theoretische Bedeutung, weil sie auf die Möglichkeit einer Koppelung zwischen dem Erregungsvorgang an der Membran und dem Verkürzungsprozeß in den contractilen Ketten hinweisen (FLECKENSTEIN 1955, ROTHSCHUH 1956; s. a. S. 160; über lokale Erregungen des Herzmuskels vgl. SCHÜTZ 1958).

b) Lokale Erregung bei Membranschädigung

Lokale Erregungen können durch alle möglichen mechanischen und chemischen Reize zustande kommen. Die Bedingung für ihre Entstehung ist immer dieselbe: Eine über eine Mindestzeit andauernde Depolarisation der Membran unter die kritische Spannung von 50 bis 60 mV. Wenn starke mechanische Reize auf den Muskel einwirken, kann eine lokale Kontraktion in Form des sog. *idiomuskulären Wulstes* entstehen (SCHIFF 1858), der besonders bei kachektischen Menschen als Folge von Quetsch- oder Schlagreizen auftritt (ADAMS, DENNY BROWN et al. 1953). Diese Verkürzungen pflanzen sich mit sehr kleiner Geschwindigkeit von nur 0,2 cm/sec über die ganze Muskellänge fort und dauern an jedem Ort etwa 0,7 sec an. Sie werden von entsprechend langdauernden Membrandepolarisationen, nicht aber von Aktionspotentialen eingeleitet, die für die Alles-oder-Nichts-Erregung typisch sind. Trifft eine normale Erregungswelle auf einen idiomuskulären Wulst, so wird sie wegen der hier bestehenden Membrandepolarisation blockiert (HOFFMANN 1913), wie Versuche am M. retractor penis der Schildkröte gezeigt haben.

Nach zahlreichen experimentellen Erfahrungen ist die fortgeleitete Alles-oder-Nichts-Erregung ein relativ anfälliger, die lokale Erregung aber ein wesentlich stabilerer Prozeß. Deshalb ist die *Entartung* eines Muskels frühzeitig daran zu erkennen, daß die ursprünglich fortgeleitete Erregung in den Typ der lokalen Erregung umschlägt. Der Verlust der normalen Reaktionsfähigkeit auf kurzdauernde Stromimpulse und das Auftreten von lokal begrenzten oder „wurmartig" langsam über den Muskel fortschreitenden Kontraktionen sind der schon lange bekannte äußere Ausdruck dieses Sachverhalts. Unter den Ursachen der Entartungsreaktion ist die Unterbrechung der normalen myoneuralen Einheit durch Nervenläsion usw. das klinisch häufigste Ereignis.

Am Rande einer Schnittverletzung von Muskelfasern entwickelt sich innerhalb kurzer Zeit ein Bild mit allen Erscheinungen eines lokalen Erregungsvorgangs: die *Entladungskontraktur* (ROTHSCHUH 1950). Der Strom, der die Membran über den entstandenen Kurzschluß an der Verletzungsstelle entlädt (sog. Verletzungsstrom), führt zu einer Depolarisation, die am Querschnitt beginnt und allmählich auch die Membranabschnitte der Umgebung erfaßt. Dabei geht die Faser in einen Zustand der Kontraktur über, der streng auf den depolarisierten Bezirk begrenzt bleibt.

c) Lokale Erregung von Insektenmuskeln

Der experimentelle Entscheid, ob ein Muskel dem lokalen oder dem fortgeleiteten Erregungstyp angehört, ist schwierig; denn mechanische Schädigungen der Muskelmembran bei der Präparation oder bei der intracellulären Ableitung können ebenso einen lokalen Erregungstyp vortäuschen wie die Registrierung von Endplattenpotentialen. Andererseits ist der Nachweis eines Aktionspotentials nicht ohne weiteres ein sicheres Zeichen dafür, daß der Muskel dem Alles-oder-Nichts-Gesetz folgt. Von den Insektenmuskeln kann man z. B. Aktionspotentiale mit Spitzen ableiten, die negative Absolutwerte von —15 mV erreichen, also deutlich das Null-Potential überschießen (Abb. 68). Aber die Amplituden sind sehr variabel und ändern sich mit der Höhe der Synapsenpotentiale, von denen sie an keiner Stelle der Faser zu trennen sind.

Unter dem Einfluß erhöhter Mg^{++}- oder erniedrigter Ca^{++}-Konzentrationen werden beim Insektenmuskel wie beim Frosch- und Katzenmuskel die Synapsenpotentiale reduziert und verzögert (HOYLE 1955). Ein Aktionspotential ist dann nicht mehr nachzuweisen. Während aber die Frosch- und Katzenmuskeln unter diesen Bedingungen auch nicht mehr auf indirekte Reize reagieren, antworten die Beinmuskeln von Heuschrecke und Kakerlake mit kräftigen Einzelkontraktionen.

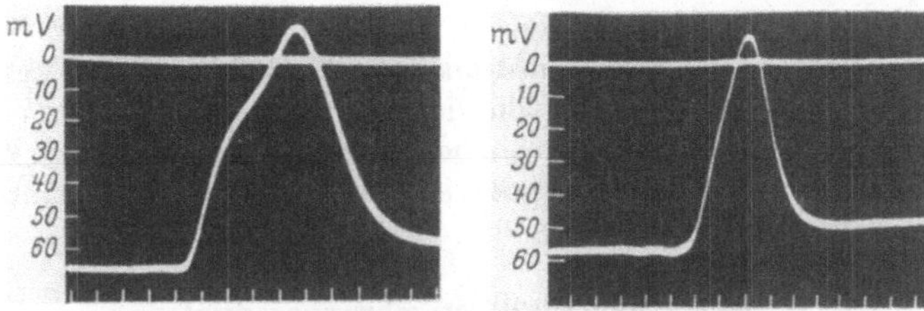

Abb. 68. Ruhe- und Aktionspotentiale von Insektenmuskeln. Links M. extensor tibialis der Heuschrecke (Locusta migratoria); Rechts M. extensor tibialis der Kakerlake (Periplaneta americana). Zeitmarken 1 msec; 20° C. Beachte den Wendepunkt in der Kurve der Abb. links, in der sich das Aktionspotential vom Endplattenpotential absetzt. (Nach HOYLE 1955)

Dieser Unterschied zwischen Vertebraten- und Insektenmuskeln erklärt sich relativ einfach aus den verschiedenen Innervationsverhältnissen: Die Muskelfaser der Vertebraten besitzt nur eine oder wenige Endplatten, die Muskelfaser der Insekten aber multiple myoneurale Verbindungen, die über die ganze Länge Synapsenpotentiale bei indirekter Reizung liefern (DEL CASTILLO, HOYLE und MACHNE 1953). Im ersten Fall kann daher die lokale Erregung am Ort der Endplatte nur mechanische Effekte in einem einzigen kleinen umschriebenen Bezirk der unmittelbar anliegenden Myofibrillen hervorrufen, im zweiten Fall summieren sich aber bei synchroner Innervation diese Effekte zu einer vollen Zuckung. Die Insektenmuskelfaser kommt also infolge ihrer multiplen Innervation mit der lokalen Erregung aus, weil sie durch einen motorischen Nervenimpuls als Ganzes überall gleichzeitig depolarisiert wird (HOYLE 1955).

V. Spontane Erregung

1. Spontane Erregung des glatten Muskels

a) Entstehungsort der Rhythmen

Wie alle erregbaren Strukturen besitzt die Muskelmembran die Fähigkeit, Erregungen in bestimmten Rhythmen selbst zu bilden. Die Prozesse, die diesen spontanen Erregungen zugrunde liegen, sind bisher nicht restlos geklärt. Die rhythmische Bildung von ACh-Quanten in den motorischen Nervenendigungen (s. S. 80) löst Erregungen aus, die sich erst über die Synapse der Muskelmembran mitteilen, also nicht auf primären Prozessen in der Muskelfaser beruhen. Experimentell ist nicht immer zu entscheiden, wo der Ursprungsort der spontanen Erregungen liegt: in den myoneuralen Synapsen, in den Nervenendigungen oder in der Muskelmembran selbst. Diese Schwierigkeit besteht gerade beim Studium glatter Muskeln, die sich auch unter physiologischen Bedingungen in ständigem Rhythmus spontan entladen und repolarisieren (BOZLER 1939; FISCHER 1944b). Die Eingeweidemuskeln der Vertebraten zeichnen sich durch eine besondere Neigung zur Spontantätigkeit aus. Es gelingt aber nur schwer, Präparate herzustellen, die von Ganglienzellen und irgendwelchen anderen Nervenelementen frei sind. Nervenlose Streifen aus den Eingeweiden des Warmblüters zeigen beinahe denselben Spontanrhythmus wie andere Präparate, die mit Sicherheit den Auerbachschen Plexus enthalten (FISCHER 1944b; EVANS und SCHILD 1953). Streifen ohne Nerven reagieren auf die Überträgersubstanzen mit einer Zunahme der Frequenz der Spontanaktivität: Ursprünglich inaktive Präparate antworten auf Zusatz eines dieser Stoffe mit spontanen Entladungen (ROSENBLUETH et al. 1936; KLINGER 1951). Auch in den ganglienzellenhaltigen Muskeln, wie den Eingeweidemuskeln, greifen die physiologischen Überträgersubstanzen unmittelbar an der Fasermembran an (BOZLER 1939). Als Beweis dient die Tatsache, daß Stoffe, die als Ganglienblocker wirken, die Spontantätigkeit nicht beeinflussen (FELDBERG 1951). Im denervierten Zustand nimmt — ähnlich wie beim Skeletmuskel — die Empfindlichkeit der glatten Muskeln für die genannten Stoffe zu (DALE und GADDUM 1930); als Ursache der Sensibilisierung ist eine erhöhte Membranpermeabilität für alle Ionen anzunehmen (CANNON und ROSENBLUETH 1937).

b) Frequenz und Membranpotential

Eine der Bedingungen, an die die spontanen Entladungen gebunden sind, ist — außer einer mangelhaften Akkommodation der Objekte — eine anhaltende Depolarisation auf Werte, die nahe an dem kritischen Potential von 50 bis 60 mV liegen (s. o.). Tatsächlich ist das Membranpotential in den Pausen zwischen den spontanen Entladungen bei allen rhythmisch tätigen Muskeln relativ niedrig; beim glatten Muskel (Dickdarmstreifen des Meerschweinchens) beträgt es 50 mV. Bei Dehnung des Muskels nimmt das sog. Ruhepotential weiter ab, während die Frequenz der spontanen Erregung ansteigt (BÜLBRING 1955; Abb. 69), und zwar bei Dehnungen um 40% l_0 von 40 auf 80/min (35° C). Dabei ist die Frequenz weniger längen- als spannungsabhängig; sie erreicht während des Spannungsanstieges ein Maximum und sinkt dann auf einen etwas kleineren, gegenüber dem Ausgangswert aber immer noch erhöhten Wert ab, wenn sich die Spannung auf einem konstanten Niveau hält. Der Abfall der Frequenz beweist, daß auch diese Muskeln bis zu einem gewissen Grad akkommodieren können.

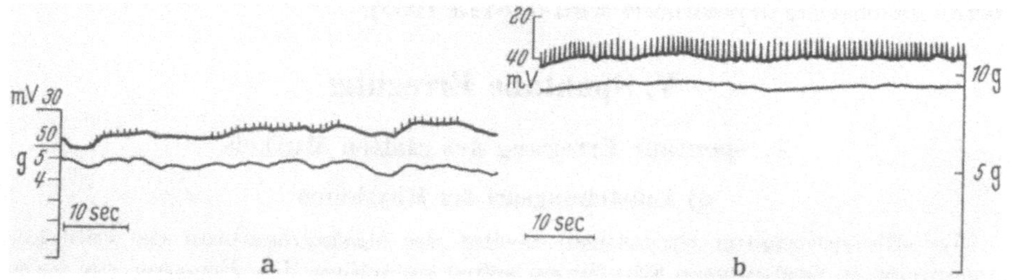

Abb. 69. Membranpotential und Spontanentladung (obere Kurve) sowie Spannung (untere Kurve) des Dickdarmstreifens des Meerschweinchens (35° C). a) Länge 7 mm; b) nach Dehnung auf 8 mm; beachte Abnahme des Membranpotentials bei Dehnung (s. Eichung). (Nach BÜLBRING 1955)

Mit zunehmendem Membranpotential nimmt die Entladungsfrequenz ab. Wenn man auch nicht immer klar entscheiden kann, in welcher Weise die beiden Größen zueinander korreliert sind, so ist doch die Abnahme der Frequenz als eine Folge der Potentialzunahme und nicht als deren Ursache aufzufassen. Für diese Ansicht sprechen Befunde an künstlich polarisierten oder depolarisierten glatten Muskeln (BÜLBRING 1955): Die Frequenz der Spontanerregungen nimmt im Anelektrotonus ab, im Katelektrotonus zu. Atropin, das das Membranpotential in den Pausen zwischen den spontanen Entladungen erhöht, löscht in geeigneten

Konzentrationen die Spontanaktivität vollständig aus, während Acetylcholin und Histamin die Frequenz der Entladungen und die mechanische Spannung erhöhen, das Potential in den Pausen aber erniedrigen (Abb. 70). Dabei fällt das Potential stets vor dem Frequenzanstieg ab.

Die Entladungen gehen gewöhnlich von sog. „Schrittmacher"-Regionen aus, deren Membran sich vor jedem Spitzenpotential spontan depolarisiert. Die Zeit, in der das „Generatorpotential" den kritischen Wert erreicht, nimmt mit steigendem Ausgangspotential zu, die Frequenz also ab (MARSHALL 1959).

c) Fortleitung der Spontanerregung

Das zunächst lokale Spitzenpotential des Schrittmachers kann in der Umgebung Aktionspotentiale auslösen, die den Muskel teilweise oder ganz erfassen (BOZLER 1947; GREVEN 1955). Bei einigen Objekten erscheinen die spontanen Erregungen nicht in regelmäßigen Abständen, sondern in Salven hochfrequenter Entladungen, die mit Perioden relativer Inaktivität abwechseln. Ein charakteristisches Beispiel ist der schwangere Warmblüteruterus (BOZLER 1938; WOODBURY und MCINTYRE 1954; JUNG

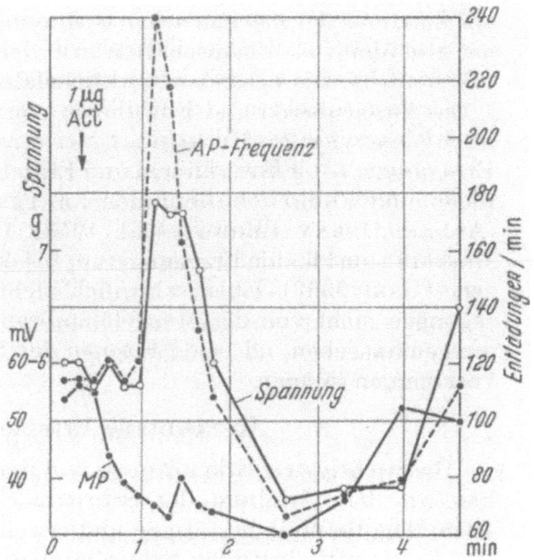

Abb. 70. Einfluß von Acetylcholin ($5 \cdot 10^{-6}$ g/cm³) auf den Dickdarmstreifen des Meerschweinchens (35° C). ●- - -● = Frequenz der Aktionspotentiale; O—O = mechanische Spannung; ●—● = Membranpotential in den Pausen zwischen den Aktionspotentialen. (Nach BÜLBRING 1955)

1955), an dem während einer Wehe von 30 bis 50 sec Dauer eine Serie von Aktionspotentialen ableitbar ist. Die Ursache der Rhythmik ganzer Entladungsserien ist unklar. Zweifellos greift der Einfluß von nervalen Impulsen und Hormonen hemmend und fördernd in den Ablauf der Spontanerregungen ein (GREVEN 1955). Da diese Wirkungen von Ort zu Ort verschieden sein können, erscheint es verständlich, daß die Spontanerregungen sich nicht immer über das gesamte Syncytium des glatten Muskels ausbreiten, sondern auf bestimmte Bezirke begrenzt bleiben. Die an sich myogene Fortleitung der Erregungswelle wird also durch neurale und humorale Steuerung blockiert, gebahnt oder in bestimmte Richtung gelenkt. Ein bekanntes Beispiel ist die peristaltische Welle der Darmmuskulatur (BOZLER 1949).

2. Spontane Erregung des quergestreiften Skeletmuskels

Der quergestreifte Skeletmuskel entlädt sich nur unter unphysiologischen Bedingungen spontan. Ein einfaches Mittel, um ihn dazu anzuregen, ist der Entzug von Ca^{++}-Ionen aus der Badeflüssigkeit (ADRIAN und GELFAN 1933). Die Ca^{++}-Ionen haben auf die Membran der Muskelfaser einen umgekehrten Effekt wie auf die Endplatte: an der Endplatte erhöhen sie, an der Muskelmembran erniedrigen sie die Frequenz der Spontanerregungen. Ca^{++}-arme Lösungen mit einem Gehalt von weniger als 0,3 mMol Ca^{++}/l oder Lösungen, die überhaupt kein Ca^{++} enthalten (Lösung nach BIEDERMANN 1890, 1895), setzen beim Froschmuskel das Membranpotential herab und regen zu spontanen Entladungen an (FALK 1956), die von fibrillären Zuckungen begleitet sind (ITO et al. 1954). An jeder Erregung beteiligen sich nach Versuchen am M. sartorius der Kröte 6 bis 12 Fasern. Ein künstlich angelegter Katelektrotonus wird zum Schrittmacher für diese Entladungen, deren Frequenz mit abnehmendem Membranruhepotential zunimmt. Die Amplituden der Aktionspotentiale können zwischen dem vollen Normalwert und Werten schwanken, die weit unter dem Potential einer Alles-oder-Nichts-Erregung liegen (BÜLBRING und HOOTON 1953). Wie beim glatten Muskel steigt die Frequenz mit Zunahme der mechanischen Spannung an. Der an Ca^{++} verarmte Skeletmuskel hat also ähnliche Eigenschaften wie der glatte Muskel; er ist auch auf Überträgersubstanzen besonders reaktionsfähig (BÜLBRING et. al. 1956).

Das Fasciculieren und Fibrillieren von degenerierenden, absterbenden und chronisch denervierten Muskeln ist der mechanische Ausdruck für die spontanen Erregungen von Faserbündeln und Einzelfasern, wie sie aus zahlreichen experimentellen und klinischen Befunden an Tier- und Menschenmuskeln bekannt sind (ADAMS, DENNY BROWN et al. 1953). Ganz ähnlich verhalten sich denervierte Muskeln vom lokalen Erregungstyp (Insektenmuskeln) während der Regenerationszeit (CASE 1956). Dabei ist freilich nicht auszuschließen, daß die spontanen Erregungen nicht von der Muskelmembran, sondern von den myoneuralen Verbindungen ausgehen, da beide Formen der Spontanerregungen in demselben Muskel vorkommen können.

3. Spontane Erregung des Herzmuskels

Die wichtigsten Erkenntnisse von der Natur der spontanen Erregung verdanken wir dem Studium der Schrittmacherfunktion am Herzmuskel (s. SCHÜTZ 1958). Die Befunde bestätigen und erweitern die an anderen Muskeln gewonnenen Ergebnisse. Die kritische Schwellenspannung, bei der die Erregung einsetzt und das Membranpotential sich in Richtung auf das Na^+-Gleichgewicht verschiebt, beträgt bei allen bisher untersuchten Herzmuskeln etwa 60 mV (s. WEIDMANN 1956 b). In der Gegend des Schrittmachers stellt sich dieser Wert im Verlauf eines Prozesses ein, der noch während oder unmittelbar nach der Repolarisationsphase der vorausgegangenen Erregung beginnt und die Membran in der Diastole auf den kritischen Wert depolarisiert. Die Geschwindigkeit dieser Depolarisation nimmt als Funktion der Zeit und der Temperatur zu ($Q_{10} = 5,0$) (TRAUTWEIN et al. 1953), während das kritische Schwellenpotential unabhängig von der Temperatur ist. Ob der Prozeß, der die diastolische Depolarisation unterhält, über eine Abnahme der K^+-Permeabilität oder über eine Zunahme der Na^+-Permeabilität an der Membran angreift, ist bis jetzt nicht genügend geklärt (s. WEIDMANN 1956 b). Viele Befunde sprechen für die erste Möglichkeit. Eine spezifische Wirkung auf die Spontanaktivität des Herzens hat das ACh, das das Ruhepotential der Schrittmacherregion erhöht, die Depolarisation verzögert und damit die Frequenz des schlagenden Herzens vermindert (TRAUTWEIN und DUDEL 1958; Abb. 71). Alle Effekte beruhen wahrscheinlich darauf, daß das ACh selektiv die K^+-Permeabilität am Herzen erhöht. Die am glatten Muskel beobachteten ACh-Wirkungen (Erniedrigung des Membranpotentials und Erhöhung der Spontanfrequenz, s. S. 92) erfordern dagegen die Annahme, daß ACh die Membranleitfähigkeit nicht nur für K^+, sondern wahrscheinlich auch für Na^+ steigert. Bei genügend hohen ACh-Konzentrationen steht das Herz still, weil die Depolarisation auf den kritischen Potentialwert dann ausbleibt oder so langsam erfolgt, daß sie unterschwellig wird. Die Chirurgen verwenden daher Acetylcholin, um das Herz künstlich still zu legen.

Auf das stillstehende Herz kann das Acetylcholin auch als Erregungssubstanz wirken, indem es das Ruhepotential und mit diesem die kritische Membranspannung auf dem für die Spontanrhythmik erforderlichen Niveau hält. Bei einem konstant niedrigen Membranpotential liegt die kritische Spannung weit unter dem Normalwert von 60 mV. Zugabe sehr kleiner Konzentrationen ACh erneuert das

physiologische Ruhepotential und stellt die kritische Schwelle auf den Normalwert ein. Da anschließend die Kaliumleitfähigkeit wieder abnimmt und das Membranpotential kleiner wird, beginnt das Herz zu schlagen, wenn die Depolarisation
schnell genug erfolgt, um die kritische Membranspannung vor einer eventuellen
Akkommodation zu erreichen. ACh wirkt besonders dann erregend, wenn der ACh-
Gehalt des Schrittmachers durch Blockade der physiologischen Synthese klein

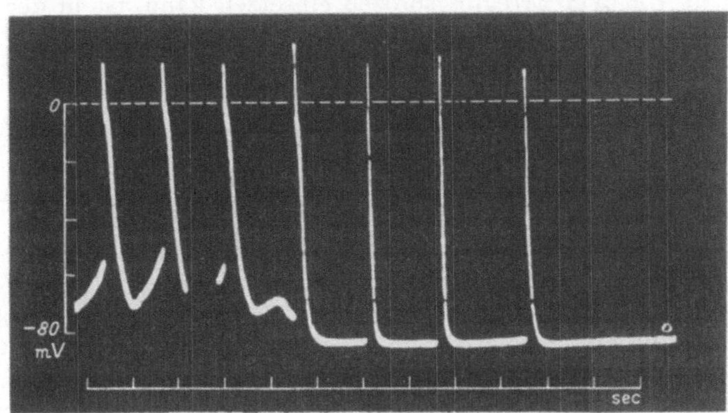

Abb. 71. Membran- und Aktionspotential eines spontan schlagenden Sinuspräparates (Hund). Bei Unterbrechung
des Strahles werden 100 γ ACh gegeben. Beachte diastolisches Generatorpotential vor ACh-Gabe, von dem sich
das AP absetzt; Verschwinden des Generatorpotentials nach Gabe von ACh. Die drei letzten Erregungen werden
wahrscheinlich nicht mehr vom Sinus, sondern von tiefer gelegenen Abschnitten ausgelöst, die die Schrittmacherfunktion für kurze Zeit übernehmen, weil sie vom ACh noch nicht erreicht sind. Anschließend Herzstillstand.
(Nach TRAUTWEIN und DUDEL 1958)

(BURN 1950), das Membranpotential niedrig und die Kaliumleitfähigkeit relativ
gering ist (TRAUTWEIN und DUDEL 1958); es wirkt dagegen hemmend, wenn die
Kaliumpermeabilität und das Membranpotential relativ groß sind.

F. Die Kontraktion

Die mechanischen Zustandsänderungen des Muskels sind auf zwei verschiedenen Wegen einer Messung zugänglich: Entweder registriert man die Änderungen
der Länge bei konstanter Belastung (Spannung) oder die Änderung der Spannung
bei konstanter Länge. Im ersten Fall handelt es sich um eine *isotonische*, im zweiten
um eine *isometrische* Kontraktion (FICK 1882).

Für die Registrierung von Längen- und Spannungsänderungen während der
Kontraktion dienen dieselben Methoden wie für entsprechende Messungen am
ruhenden Muskel (s. S. 19). Die zeitgetreue Wiedergabe relativ schnell ablaufen-
der Kontraktionskurven ist nur mit Registrierinstrumenten geringer Trägheit
möglich. Dabei bietet die Messung der Spannung bei der isometrischen Anordnung
gegenüber der Längenmessung, die immer mit Trägheitseffekten verbunden ist,
entschiedene Vorteile.

I. Einzelzuckung

1. Latenzzeit

Zwischen dem Zeitpunkt des Reizes und der ersten mechanisch nachweisbaren
Verkürzung der contractilen Ketten verstreicht eine Zeitspanne, die als Latenzzeit bezeichnet wird. Die Dauer dieser Zeit hängt wesentlich von der Empfindlichkeit und Einstellgeschwindigkeit der benützten Registrierinstrumente ab. Mit der

technischen Verbesserung dieser Instrumente ist der Zeitpunkt, in dem die initialen mechanischen Zustandsänderungen des Muskels meßbar werden, immer näher an den Zeitpunkt des Reizes herangerückt. Trotzdem ist auch heute mit hochempfindlichen Instrumenten eine echte Latenzzeit nachweisbar, wenn als Kriterium für die mechanische Reaktion der eben erkennbare Anstieg der Spannung über die Nullinie bei isometrischer Anordnung dient. Da die mechanische Reaktion nicht vor dem Erregungsprozeß einsetzen kann, ist in der Latenzzeit auch die Nutzzeit des Reizstromes („elektrische Latenz") enthalten. Zur Bestimmung der Latenzzeit verwendet man stets relativ hohe Reizspannungen mit kleinen Nutzzeiten (Rechteckimpulse kurzer Dauer).

a) Latenzrelaxation

Wegen der Zeitspanne, die die Kontraktionswelle benötigt, um vom Reizort aus die ganze Muskellänge zu erfassen, muß man für die Messung der Latenzzeit nach Möglichkeit die mechanische Reaktion unmittelbar am Reizort registrieren. Für diesen Zweck empfiehlt es sich, den Muskel an vielen Stellen durch Verwendung multipler (A. V. Hill 1949d) oder „massiver" (Sandow 1948) Elektroden gleichzeitig zu reizen und eine indirekte Erregung durch Curarisierung auszuschalten. Der erste Spannungsanstieg über die Nullinie ist jedoch nicht mit der ersten mechanischen Reaktion identisch. Sieht man von einem sehr geringen, nur mit hochempfindlichen Registrierinstrumenten nachweisbaren und mit dem Anstieg der AP synchronen Spannungsanstieg (Göpfert und Schaefer 1942) ab, so ist die früheste mechanische Reaktion nicht ein Anstieg, sondern ein Abfall der Spannung (Rauh 1922, Sandow 1948). Die „Latenzrelaxation" beginnt beim Froschmuskel (M. sartorius, Raumtemperatur) etwa 1,5 msec nach dem Reiz, während die eigentliche Kontraktion erst 1,5 msec später, also 3 msec nach dem Reiz einsetzt. Die Amplitude der Latenzrelaxation beträgt etwa $^1/_{1000}$ der isometrischen Gesamtspannung, die der Muskel im Gipfel der Kontraktion erreicht: sie nimmt mit der Entfernung von der Stelle ab, von der die Erregung bei „Ein-Ort-Reizung" ausgeht. Bei gleichzeitiger Erregung aller Muskelquerschnitte (A. V. Hill 1949d; Sandow 1948) ist die Amplitude der Latenzrelaxation überall gleich groß. Die Relaxation ist auch an einer Querdeformation unmittelbar am Reizort zu erkennen. Die so ermittelten Latenzzeiten entsprechen den mit der üblichen Methode bestimmten Werten (Sandow 1948). An Einzelfasern läßt sich die Relaxation ebenso nachweisen wie am Ganzmuskel (Mauro 1952).

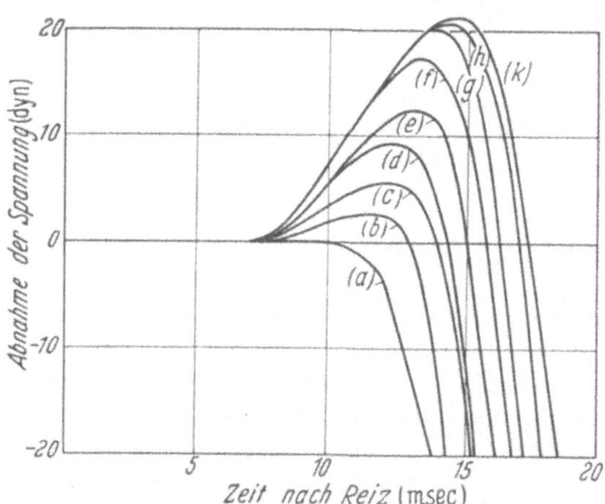

Abb. 72. Änderungen der Spannung eines Froschmuskels (M. sartorius, 0° C) während der Latenzzeit bei verschiedenen Längen; a) 27, b) 30, c) 31, d) 32, e) 33, f) 34, g) 35, h) 36, k) 37 mm. Standardlänge $l'_0 = 30{,}5$ mm, Gewicht 75 mg. (Nach Abbott und Ritchie 1951a)

Den zeitlichen Verlauf der Latenzrelaxation zeigt Abb. 72 für einen Froschmuskel bei 0° C (Abbott und Ritchie 1951a). Der Beginn des ersten Abfalls ist nicht genau zu bestimmen (etwa 7 msec nach dem Reiz). Der weitere Verlauf der Latenzrelaxation hängt von der Ausgangslänge des Muskels im Augenblick des Reizes ab. Mit zunehmender Ausgangslänge wird der Spannungsabfall steiler und die Amplitude der Latenzrelaxation größer; der Zeitpunkt, in dem die Spannung das ursprüngliche Niveau durchläuft, liegt beim gedehnten Muskel wesentlich später als beim ungedehnten.

b) Dauer der Latenzzeit

Da die Dauer der Relaxation mit der Muskellänge zunimmt, wird auch die eigentliche Latenzzeit zwischen dem Zeitpunkt des Reizes und dem Zeitpunkt, in dem die isometrische Spannungskurve die Ausgangslinie kreuzt, mit zunehmenden Dehnungsgraden größer; sie beträgt z. B. nach Versuchen am M. sartorius (Frosch, 0° C) bei einer Länge von 27 mm 10 msec und bei einer Länge von 36 mm 17 msec (s. Abb. 72). Die Relation zwischen Latenzzeit und Ausgangslänge ist nicht linear, vielmehr wird die Zunahme der Latenzzeit mit steigender Länge kleiner. Der Beginn der Relaxation ist nahezu unabhängig von der Ausgangslänge, obwohl der Gradient des Spannungsabfalls mit abnehmender Länge immer flacher wird. Unterhalb der Gleichgewichtslänge l_0 (Länge bei der Spannung Null) ist überhaupt keine Relaxation nachweisbar. Weitere Entdehnung staucht die Muskelfaser; die Latenzzeit ist dann scheinbar verlängert, weil zunächst eine gewisse Zeitspanne verstreichen muß, bis die Fasern genügend verkürzt sind, um eine meßbare Spannung entwickeln zu können (ABBOTT und RITCHIE 1951a). Dagegen ist die Latenzzeit eines Muskels, der sich in einem Zustand des plastischen Tonus befindet (etwa nach vorausgegangener isotonischer Kontraktion). unabhängig von der Tonuslänge (ABBOTT und RITCHIE 1951b).

Die angegebenen Daten beziehen sich ausschließlich auf Latenzzeiten bei isometrischer Registriertechnik (s. a. ABBOTT und RITCHIE 1948). Bei isotonischer Anordnung verursacht die Trägheit des Hebelsystems während der Muskelverkürzung zusätzliche Fehler, die die Latenzzeit scheinbar verlängern. Mit Hebeln geringer Trägheit kann man diese Fehler so stark reduzieren, daß die isotonischen Latenzzeiten nur wenig von den isometrisch registrierten abweichen. So ergibt sich für den M. sartorius (Frosch) bei 0° C zwischen dem Zeitpunkt des Reizes und dem Zeitpunkt, in dem der Muskel eben gegenüber seiner ursprünglichen Länge kürzer zu werden beginnt, eine Zeitspanne von 16 msec (ABBOTT und RITCHIE 1951b). Bei den langsamen Muskeln der Schildkröte ist die Latenzzeit wesentlich länger. Tab. 15 enthält einige Angaben über isometrische Latenzzeiten verschiedener Muskeln.

Tabelle 15. *Latenzzeit verschiedener Muskeln unter isometrischen Bedingungen* (bei Längen > l_0)

Tier	Muskel	Temp. °C	Latenzzeit m/sec	Autoren	Jahr
Frosch	M. sartorius	0	16	ABBOTT u. RITCHIE	1951a
Kröte	M. sartorius	0	20	ABBOTT u. RITCHIE	1951a
Schildkröte . . . (Sommertier)	M. iliofibularis	0	90—100	A. V. HILL	1950b
Schildkröte . . . (Wintertier)	M. iliofibularis	0	50—70	A. V. HILL	1950b
Rochen	Kiefermuskel	18	3,3	ABBOTT u. RITCHIE	1951a
Katze	M. tenuissimus	37	1,0	ABBOTT u. RITCHIE	1951a
Ratte	Zwerchfell	37	1,5	GOFFART u. RITCHIE	1952

Beim Vergleich der Warm- und Kaltblüterwerte ist die Temperaturabhängigkeit der Latenzzeit zu berücksichtigen. Der Beginn der Relaxation wird mit sinkender Temperatur verzögert; die Zeitspanne zwischen Reiz und Latenzrelaxation hat beim Froschmuskel im Bereich von 0 bis 20° C einen Q_{10}-Wert von 2,6. Für die eigentliche Latenzzeit besteht dieselbe Temperaturabhängigkeit. Die Amplitude der Latenzrelaxation erreicht bei Raumtemperatur (22 bis 24° C) ein Maximum und nimmt mit fallender und steigender Temperatur ab; sie verschwindet vollständig, wenn der Muskel auf 40° C erwärmt wird (Sandow 1943, 1944).

c) Optische und elastische Eigenschaften während der Latenzzeit

Die Relaxation in der Latenzzeit führt man heute allgemein auf eine vorübergehende Umordnung der molekularen Strukturen in den Eiweißketten des Muskels zurück. Dabei kann es sich nur um diejenigen Ketten handeln, die unter normalen

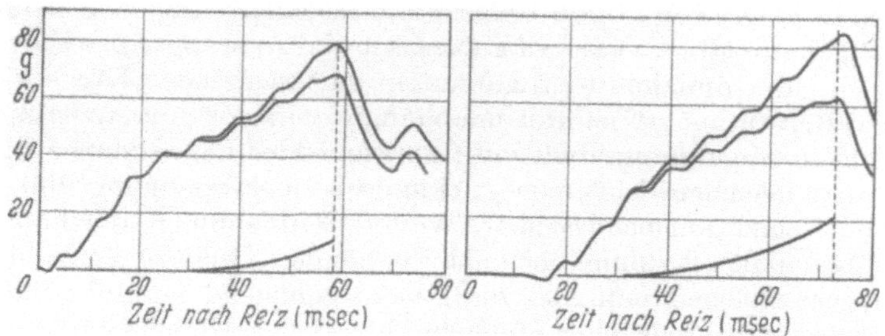

Abb. 73. Verhalten des Muskels (M. iliotibialis, Schildkröte, 0° C) bei einmaliger Dehnung ($\sim$ 10% l_0) während der Latenzzeit. Der Muskel wird im unerregten (untere Kurve) und erregten Zustand um 3 mm in verschiedenen Zeitpunkten der Latenzzeit gedehnt. Links: Beginn der Dehnung bei 0, Ende bei 58 msec; rechts: Beginn der Dehnung bei 13 msec, Ende bei 73 msec nach dem Reiz; unterste Kurve: Differenz zwischen der Spannung des erregten und unerregten Muskels. Dauer der Latenzzeit etwa 80 msec. (Nach A. V. Hill 1950d)

Bedingungen Träger der Elastizität sind und durch die Erregung eine Verschiebung in ihren Gliedern erfahren könnten. Für diese Annahme spricht die Tatsache, daß die optische Durchlässigkeit eines sehr dünnen Muskels (M. sterno-cutaneus des Frosches) während der Latenzzeit zunimmt, und zwar zu demselben Zeitpunkt, in dem auch die mechanische Relaxation einsetzt (1,4 msec nach dem Reiz bei 24° C) (D. K. Hill 1953a). Da die Zunahme der Transparenz auf der Abnahme des durch die Muskelfibrillen gebrochenen Lichtes beruht, schreibt man sie einem Zerfall bestehender molekularer Bindungen zu, den der Membranprozeß der Erregung auslöst. Beide Erscheinungen (Latenzrelaxation und Zunahme der Transparenz) fallen zeitlich in den absteigenden Ast des Aktionspotentials.

Die Latenzrelaxation ist mit Sicherheit nicht eine Folge zunehmender Dehnbarkeit in den elastischen Serienelementen (s. S. 122). Wenn ein Schildkrötenmuskel im unbelasteten, aber nicht gestauchten Zustand bei 0° C während der

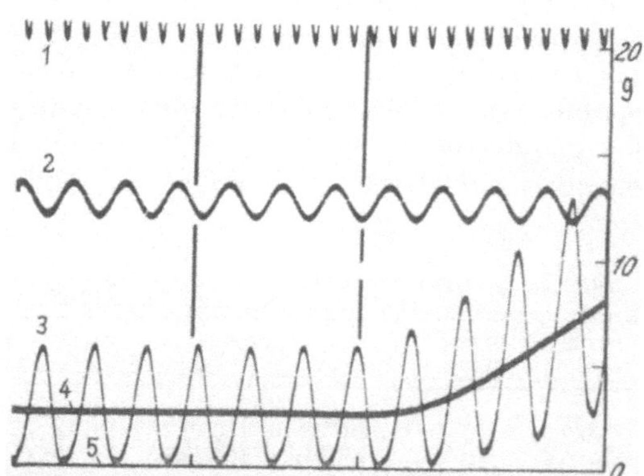

Abb. 74. Verhalten des Muskels (M. coracobrachialis, Schildkröte) bei periodischen sinusförmigen Längenänderungen (0,7% l_0). Von oben nach unten: 1 Zeitmarke ($^1/_{100}$ sec), 2 Länge ($\Delta l = 0{,}209$mm), 3 Spannung mit aufgezwungener Längenänderung, 4 Spannung ohne Längenänderung, 5 Nullinie. Die Latenzzeit ist durch die beiden senkrechten Striche angegeben. Dehnungsfrequenz 37 Hz, $l_0 = 30$ mm, Latenzzeit = 87,7 msec, Temperatur 0,2° C. (Nach Reichel und Bleichert 1955)

relativ langen Latenzzeit (bis zu 100 msec) um rund 10% seiner Länge gedehnt wird (Dauer der Dehnung 60 msec), so erreicht er am Ende der Dehnung eine höhere Spannung als im unerregten Zustand (A. V. Hill 1949d, 1950d; Abb. 73). Die Spannungskurven des nicht gereizten und gereizten Muskels weichen jedoch nicht von Anfang an, sondern erst in der Mitte der Latenzzeit voneinander ab, also etwa zu demselben Zeitpunkt, in dem die Relaxation beginnt. Der Unterschied zwischen den beiden Spannungsanstiegen ist variabel und beträgt bis zu 30% des Ruhewertes; er beruht offenbar auf einer Abnahme der Dehnbarkeit (A. V. HILL 1949d). Von der Änderung sind jedoch nicht die elastischen, sondern die plastischen Eigenschaften betroffen; denn wenn man plastische Effekte durch die Anwendung sehr kleiner periodischer Dehnungen und Entdehnungen (1% l_0) ausschließt, ändern sich die resultierenden Spannungsamplituden bis zum Ende der Latenzzeit nicht (REICHEL und BLEICHERT 1955, Abb. 74). Die Abnahme der plastischen Dehnbarkeit in der Latenzzeit kann auf einer durch den Reiz veranlaßten Umordnung in den contractilen Ketten beruhen; sie steht daher nicht im Widerspruch zu der Deutung der Relaxation (s. o.). Beide Phänomene sind ebenso wie die Zunahme der optischen Transparenz mit Änderungen der molekularen Eiweißgefüge zu erklären, auch wenn die Prozesse unbekannt sind, die ihnen zugrunde liegen. Eine Reihe von Befunden spricht für die chemische Natur dieser Prozesse. Außer dem hohen Temperaturkoeffizienten der Latenzzeit (s. o.) ist die Aktivierungswärme ein sicheres Zeichen für einen chemischen Vorgang exothermer Natur. Am Schildkrötenmuskel (0° C) läßt sich nachweisen, daß die erste meßbare Wärmeabgabe noch vor dem Ablauf der Latenzzeit (60 msec nach dem Reiz bei einer Latenzzeit von 100 msec) einsetzt (A. V. HILL 1950b, s. Abb. 150, S. 221).

Der Spannungsabfall während der Latenzzeit kann auch ein Summeneffekt von zwei gegeneinander laufenden Prozessen sein (SANDOW 1944). Die Kontraktion der Actomyosinkettenglieder würde dann schon vor dem Zeitpunkt einsetzen,

an dem die Relaxation ihren Gipfel erreicht, und unter Umständen den gegensinnigen erschlaffenden Prozeß (Umordnungsvorgang) vollkommen kompensieren. In diesem Fall wäre überhaupt keine Latenzrelaxation meßbar. Tatsächlich ist die Relaxation nicht eine notwendige Voraussetzung der Kontraktion; denn sie ist z.B. an Muskeln von Winterfröschen nicht nachweisbar (RAUH 1922), ebensowenig an Herzmuskeln von Kaltblü-

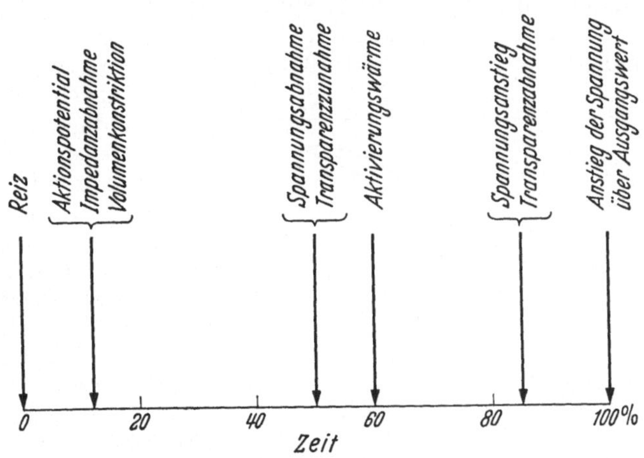

Abb. 75. Schema der zeitlichen Folge der elektrischen, mechanischen, optischen und thermischen Änderungen während der Latenzzeit. Abszisse: % der Latenzzeit

tern. Einige Muskeln von Avertebraten, die sonst alle Eigenschaften eines schnell zuckenden Wirbeltiermuskels besitzen, zeigen keine Latenzrelaxation (z.B. Muskeln von Muschel, Krabbe, Schnecke und Tintenfisch) (ABBOTT und LOWY 1956a). Am Tintenfischmuskel ist aber trotz fehlender Relaxation schon in der Latenzzeit eine deutliche Abnahme der Opazität, also eine Zunahme der Lichtdurchlässigkeit festzustellen (ABBOTT und LOWY 1956d). Die optischen Änderungen brauchen also nicht mit den meßbaren mechanischen Änderungen parallel zu gehen. Die Erforschung der in der Latenzzeit sich abspielenden Prozesse steckt noch in den Anfängen, obwohl sie den Schlüssel zur Klärung der Fundamentalvorgänge der Kontraktion liefern könnte. Ein Schema über die zeitliche Folge, in der sich die verschiedenen Eigenschaften des Muskels während der Latenzzeit ändern, gibt Abb. 75 (s. a. SCHAEFER und GÖPFERT 1937). Mit dem Erregungsvorgang ist eine initiale Abnahme von Impedanz und Volumen gekoppelt (s. S. 144 und S. 145).

d) Stoffliche Abhängigkeit der Latenzzeit

Die Latenzzeit ändert sich unter der Wirkung bestimmter Stoffe, die offenbar an den Aktivierungsprozessen spezifisch angreifen. Mit Abnahme des p_H von 7,8 auf 7,0 wird die Latenzzeit größer (SANDOW 1943), ebenso die Zeitspanne bis zum Beginn der Relaxation. Die gleichen Änderungen treten nach vorangegangener Muskelaktivität auf (SANDOW 1945). Nitrationen haben einen deutlichen Einfluß auf die Parameter der Latenz (KAHN und SANDOW 1950): Ersetzt man in einer O_2-gesättigten phosphatgepufferten Ringerlösung alle Cl^--Ionen durch Nitrationen, so nimmt beim curarisierten Froschmuskel (M. sartorius, 25° C) die eigentliche Latenzzeit und die Zeitspanne zwischen Reiz und Relaxationsbeginn um 1 bis 2 msec unmittelbar nach dem Wechsel der Lösung ab. Die Amplitude der Latenzrelaxation nimmt um 50%, die isometrische Gipfelspannung um 300% zu. Einen spezifischen Einfluß auf die Dauer der Latenzzeit hat die Salzkonzentration der umgebenden Lösung: Mit zunehmender Konzentration wird die Zeitspanne zwischen Reiz und Kontraktionsbeginn länger (HOWARTH 1957).

2. Anstiegsphase

a) Verkürzungsgeschwindigkeit

Nach der Latenzzeit erreicht der Muskel unter isotonischen Bedingungen in kurzer Zeit seine größte Verkürzungsgeschwindigkeit. Beim M. sartorius (Frosch 0° C) ist dies 8 msec nach der Latenzzeit, also etwa 24 msec nach dem Reiz, der Fall (ABBOTT und RITCHIE 1951), wenn die Erregung an allen Muskelquerschnitten nahezu gleichzeitig einsetzt (Abb. 76). Die Geschwindigkeit bleibt weit über die Hälfte der Anstiegsphase, bei dem genannten Muskel fast bis zum Gipfel der isotonischen Einzelzuckung konstant. Die isotonischen Kontraktionskurven von Einzelfasern (M. semitendinosus, Frosch) steigen anfänglich mit der Zeit linear an und biegen nach 60% der Anstiegsphase in den flacheren Gipfelteil um (BUCHTHAL und KAISER 1951). Bei den schnellen Warmblütermuskeln (37° C) liegt der Zeitpunkt, in dem die registrierte Verkürzungsgeschwindigkeit maximal wird, wegen der Trägheit von Muskel und Hebelsystem relativ spät in der Anstiegszeit; so erreicht das Rattenzwerchfell erst 3 msec nach der isometrisch bestimmten Latenzzeit (1,5 msec) das Maximum seiner Verkürzungsgeschwindigkeit (RITCHIE 1954a). Die Zeit, über die der Muskel diese Geschwindigkeit hält, ist relativ kurz und beträgt nur 25% der gesamten Anstiegszeit. Die Dauer dieser Phase hängt von der Belastung ab: Einzelfasern des Froschskeletmuskels

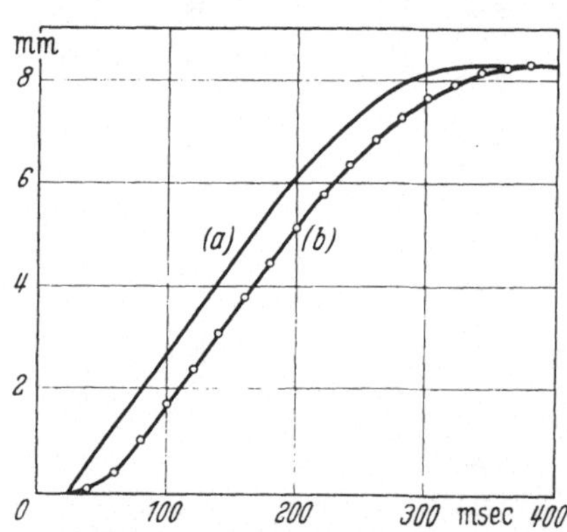

Abb. 76. Isotonische Zuckungen eines Froschmuskels (M. sartorius, Frosch, 0° C) bei sehr kleiner Belastung. a) Gleichzeitige Erregung der ganzen Länge mit multiplen, über die ganze Länge verteilten Elektrodenpaaren. b) Reizung an einem Ende. Kreise: Aus der Kurve *a* errechnete Punkte, unter der Annahme, daß die Erregung 86 msec benötigt, um von einem Ende zum anderen zu gelangen (bei einer Fortpflanzungsgeschwindigkeit von 45 cm/sec). Geschwindigkeit der Verkürzung 1,3 l_0/sec. Ordinate: Verkürzung (mm); Abszisse: Zeit nach dem Reiz (msec). (Nach ABBOTT und RITCHIE 1951b)

verringern die Geschwindigkeit ihrer Verkürzung im belasteten Zustand sehr viel früher als ohne Belastung (BUCHTHAL und KAISER 1951). Eine allgemein verbindliche Aussage über die Verkürzungsgeschwindigkeit verschiedener Objekte ist nach den vorliegenden Befunden nicht möglich.

Tab. 16 enthält Angaben über die maximale Verkürzungsgeschwindigkeit verschiedener Muskeln. Die Werte geben ohne Ausnahme die absolute, nicht die relative, zur Muskellänge korrelierte Geschwindigkeit bei sehr geringer Belastung an. Glatte Muskeln verkürzen sich im allgemeinen wesentlich langsamer als die quergestreiften Skeletmuskeln. Die für den Ganzmuskel angegebenen Geschwindigkeiten sind gewöhnlich kleiner als die an Einzelfasern desselben Muskels gemessenen Werte (BUCHTHAL und KAISER 1951). Der Unterschied kann darauf beruhen, daß die mechanischen Ausgangsbedingungen für die verschieden langen Fasern innerhalb eines Muskels nicht dieselben sind wie für eine isolierte Einzelfaser.

Tabelle 16. *Maximale Verkürzungsgeschwindigkeit v_0 verschiedener Muskeln*

Tier	Muskel	Temp. °C	v_0 cm/sec	Autoren	Jahr
Frosch . .	M. semitendinosus	0	2,0	BUCHTHAL u. KAISER	1951
Frosch . .	M. sartorius	0	4,2	WILKIE	1956a
Ratte . . .	Diaphragma	37	20,0	RITCHIE	1954a
Kaninchen .	Uterus	37	0,5	CSAPO u. GOODALL	1954
Muschel . .	M. byssus ant.	14	0,06—0,09	ABBOTT u. LOWY	1953
Muschel . .	M. adductor post.	14	0,09	ABBOTT u. LOWY	1953
Schnecke .	M. retractor pharyngis	14	0,17	ABBOTT u. LOWY	1953

Unter den Parametern, von denen die Verkürzungsgeschwindigkeit v abhängt, sind die Muskellänge l_0, die Belastung (bzw. der elastische Dehnungsgrad) und die Temperatur die wichtigsten. Die Abhängigkeit von der *Länge* l_0 der Muskelfaser ergibt sich aus der Überlegung, daß die Geschwindigkeit der Verkürzung mit der Zahl der hintereinandergeschalteten contractilen Einheiten zunehmen muß. Die Verkürzungsgeschwindigkeit verschiedener Fasern läßt sich daher nur dann vergleichen, wenn sie auf die Gleichgewichtslänge l_0 bezogen ist (BUCHTHAL und KAISER 1951).

Der Vergleich erfordert ferner die Angabe der *Last*, unter der sich der Muskel verkürzt; denn mit zunehmendem elastischen Dehnungsgrad nimmt die Verkürzungsgeschwindigkeit ab. Da bei Muskeln verschiedenen Querschnitts ein und dieselbe Belastung die Verkürzungsgeschwindigkeit nicht in demselben Maß verändert, gibt man gewöhnlich die Last (P) in relativen Einheiten der isometrischen Maximalkraft (P_0) an, die der Muskel im Tetanus bei der Länge l_0 aktiv entwickeln kann; denn P_0 ist ebenso vom Querschnitt abhängig wie P. Der Ganzmuskel hat seine größte Verkürzungsgeschwindigkeit (v_0), wenn P/P_0 gleich 0 ist; sie wird zunehmend kleiner, wenn P/P_0 sich

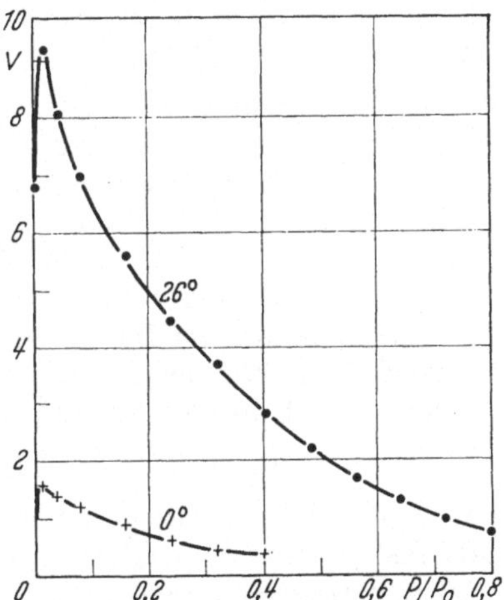

Abb. 77. Verkürzungsgeschwindigkeit einer Einzelfaser (M. semitendinosus, Frosch, 0° C) während einer Einzelzuckung als Funktion der Belastung. Ordinate: Verkürzungsgeschwindigkeit in l_0/sec; Abszisse in Einheiten der maximalen isometrischen Kraft P_0. Beachte den Unterschied im Verlauf der Kurve bei verschiedenen Temperaturen. (Nach BUCHTHAL und KAISER 1951)

dem Wert 1,0 nähert. Die Geschwindigkeit v als Funktion von P/P_0 ergibt eine gekrümmte Kurve (Abb. 77). Diese typische Kurvencharakteristik ist allen bisher untersuchten Muskeln gemeinsam. Einzelfasern (M. semitendinosus, Frosch) unterscheiden sich nur insofern vom Ganzmuskel, als sie ihre maximale Verkürzungsgeschwindigkeit nicht bei der Last Null, sondern bei der Last 0,02 P_0 erreichen (BUCHTHAL und KAISER 1951).

Die maximale Verkürzungsgeschwindigkeit nimmt mit steigender Temperatur zu. Für Einzelfasern ergibt sich im Bereich von 0 bis 24° C eine Zunahme der maximalen Verkürzungsgeschwindigkeit mit einem durchschnittlichen Q_{10}-Wert von 2,5 (BUCHTHAL und KAISER 1951). Wenn die Temperatur in einem Cyclus von 10 min von 26° C auf 0° C gesenkt und dann wieder auf 26° C gehoben wird, dann sind trotz völligen thermischen Ausgleichs zwischen Objekt und Außenlösung bei ein und derselben Temperatur im Abkühlungsversuch die Verkürzungsgeschwindigkeiten größer als im Erwärmungsversuch. Für diesen Befund (Abb. 78) gibt es bisher keine befriedigende Erklärung.

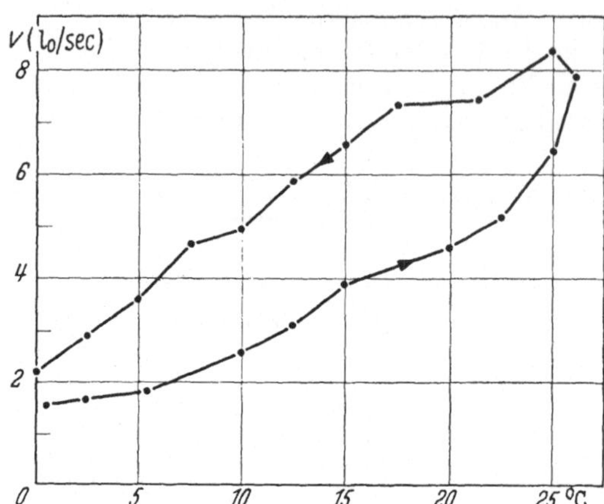

Abb. 78. Verkürzungsgeschwindigkeit einer Einzelfaser (M. semitendinosus, Frosch, 0° C) während einer Einzelzuckung als Funktion der Temperatur (Belastung 0,1 P_0). Änderung der Temperatur in Pfeilrichtung. Beachte den Unterschied der Werte bei zunehmender und abnehmender Temperatur. Ordinate: Verkürzungsgeschwindigkeit in l_0/sec. Abszisse: Temperatur in °C. (Nach BUCHTHAL und KAISER 1951)

Die *mittlere* Verkürzungsgeschwindigkeit einer Einzelzuckung ergibt sich aus dem Integral der in jedem Zeitpunkt während der Anstiegszeit t_a gemessenen Verkürzungsgeschwindigkeit:

$$v_m = \frac{1}{t_a} \int_{t=0}^{t=t_a} v \cdot dt \qquad (22)$$

v_m hat einen geringeren Temperaturkoeffizienten als v_0. Daher ist die Zeitspanne, über die die maximale Verkürzungsgeschwindigkeit konstant bleibt, relativ zur gesamten Gipfelzeit bei hohen Temperaturen kleiner als bei niedrigen.

b) Dauer der Anstiegszeit

Aus dem Produkt der mittleren Verkürzungsgeschwindigkeit während der Anstiegsphase und der Dauer der Gipfelzeit t_a (vom Zeitpunkt des Anstiegsbeginns bis zum Zeitpunkt des Zuckungsgipfels) ergibt sich die Gesamtverkürzung Δl_g, um die sich ein Muskel unter gegebenen Ausgangsbedingungen verkürzen kann:

$$\Delta l_g = v_m \cdot t_a \qquad (23)$$

Die Gipfel- oder Anstiegszeit wird in der Einzelfaser mit steigender Belastung zunächst größer, dann kleiner. Die dadurch bedingten Unterschiede können bis zu 30% betragen (BUCHTHAL und KAISER 1951; s. Abb. 80). Isotonische Zuckungen

Tabelle 17. *Mechanische Anstiegszeiten t_a von Kaltblütermuskeln bei 0° C*
(isometrische Einzelkontraktionen)

Tier	Muskel	t_a sec	Autor	Jahr
Frosch . .	M. sartorius	0,22	RITCHIE	1954b
Frosch . .	M. semitendinosus	0,4	BUCHTHAL u. KAISER	1951
Schildkröte.	M. coracobrachialis	2,00	REICHEL	unveröffentlicht
Frosch . .	Ventrikel	6,8	REICHEL	unveröffentlicht
Schildkröte.	Ventrikel	11,0	REICHEL	unveröffentlicht

erreichen bei allen Ausgangsbelastungen den Kontraktionsgipfel später als isometrische Zuckungen (FICK 1882; BUCHTHAL und KAISER 1951). Ohne Rücksicht auf diese Streuungen ergeben sich für verschiedene Kalt- und Warmblütermuskeln die aus Tab. 17 und 18 ersichtlichen Anstiegszeiten.

Tabelle 18. *Mechanische Anstiegszeiten t_a von verschiedenen Warmblütermuskeln bei Körpertemp.*

Mensch/Tier	Muskel	Temperatur °C	t_a msec	Autor	Jahr
Ratte	Diaphragma	37	22	RITCHIE	1954a
Mensch	M. adductor pollicis	35	51	MERTON	1954
Katze	M. tibialis anterior	38	30	LAMMERS	1955
Meerschweinchen .	M. glutaeus max.	38	15	HONCKE	1947

Glatte Muskeln verkürzen sich während einer Einzelzuckung über Zeiten, die mehrere Sekunden bis zum Gipfel dauern können. Aber nicht jeder glatte Muskel ist als „langsamer" und nicht jeder quergestreifte Muskel als „schneller" Muskel anzusprechen. Die Anstiegszeiten des Schließmuskels von Pinna nobilis beträgt z. B. bei 15° C 0,2 sec (ABBOTT und LOWY 1956c), die des quergestreiften Schildkrötenskeletmuskels bei derselben

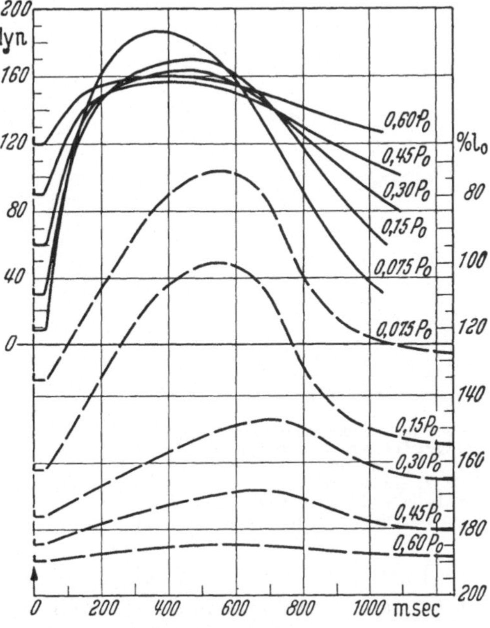

Abb. 79. Temperaturabhängigkeit der Anstiegszeit verschiedener Muskeln. Ordinate: Anstiegszeit in sec (logarithmischer Maßstab); Abszisse: Temperatur in °C. o — o M. sartorius, Frosch, ● — ● M. coracobrachialis, Schildkröte; × — × Herzventrikel, Frosch; oberste Kurve: Herzventrikel, Schildkröte. (Nach REICHEL, unveröffentlichte Versuche)

Abb. 80. Isometrische und isotonische Zuckungskurven einer Einzelfaser (M. semitendinosus, Frosch, 0° C). Bei verschiedenen Ausgangsspannungen (in Einheiten von P_0 angegeben) werden alternierend je eine isotonische (untere Reihe) und je eine isometrische Zuckung (obere Reihe) aufgenommen. Linke Ordinate: Spannung in dyn; rechte Ordinate: Länge in % l_0; Abszisse: Zeit in msec. P_0 = 200 dyn. (Nach BUCHTHAL und KAISER 1951)

Temperatur 0,4 sec (Reichel[1]). Die langsamsten quergestreiften Muskeln sind
die Herzmuskeln mit Anstiegszeiten bis zu 11 sec bei 0° C (s. Tab. 17). Der
Temperaturkoeffizient (Q_{10}) der Gipfelzeit liegt für alle bisher untersuchten Kaltblütermuskeln zwischen 2,2 und 2,8 in einem Temperaturbereich von 0 bis 30° C.
Mit steigender Temperatur wird die Anstiegszeit verkürzt (Abb. 79).

Die *isometrische* Zuckungskurve unterscheidet sich nicht nur durch die Länge
der Gipfelzeit, sondern auch durch ihre Form von der isotonischen Zuckungskurve
(Abb. 80). Der zeitliche Spannungsanstieg läßt keine lineare Phase mit konstanter
Anstiegssteilheit erkennen. Die Steilheit des Spannungsanstieges erreicht entweder
sofort nach der Latenzrelaxation (s. z. B. Abbott und Ritchie 1951 b) oder erst
im weiteren Verlauf der Gipfelzeit im Wendepunkt der isometrischen Zuckungskurve ein Maximum (Buchthal 1942; Gilson et al. 1944). Die Lage des Wendepunktes hängt von der Güte der verwandten Registrierinstrumente, von der Art
der untersuchten Objekte, von der Ausgangsspannung und anderen Parametern ab.

3. Längenspannungsdiagramm der Einzelkontraktion

a) Isotonische Maxima

Die isotonische Gesamtverkürzung während einer Einzelzuckung nimmt als
Produkt aus Anstiegszeit und mittlerer Verkürzungsgeschwindigkeit mit steigender Belastung P ab, wie aus Versuchen an
Einzelfasern (Buchthal und Kaiser 1951)
und Ganzmuskeln (Reichel 1936) hervorgeht. Bei 0,6 bis 0,8 P_0 beträgt die Verkürzung gewöhnlich nur noch 10% des Maximalwertes, der bei 0,05 bis 0,15 P_0 liegt.
Unterhalb dieses Bereiches wird die Gesamtverkürzung mit fallender Last kleiner,
weil die Anstiegszeit abnimmt. Die Verbindung der im Kontraktionsgipfel gemessenen Längen als Funktion der Belastung ergibt die Kurve der isotonischen
Maxima mit einem mehr oder weniger
ausgesprochenen S-förmigen Verlauf (Wendepunkt bei 0,05 bis 0,15 P_0; Abb. 81).

Die isotonische Verkürzung ändert sich
als Produkt zweier temperaturabhängiger
Größen (v_m und t_a) mit der Temperatur, wie
Versuche an Einzelfasern ergeben haben
(Buchthal und Kaiser 1951). Da bei kleinen Ausgangsbelastungen die Temperaturabhängigkeit der mittleren Verkürzungsgeschwindigkeit geringer ist als die der Anstiegszeit, nimmt die Gesamtverkürzung in
diesem Bereich mit fallender Temperatur

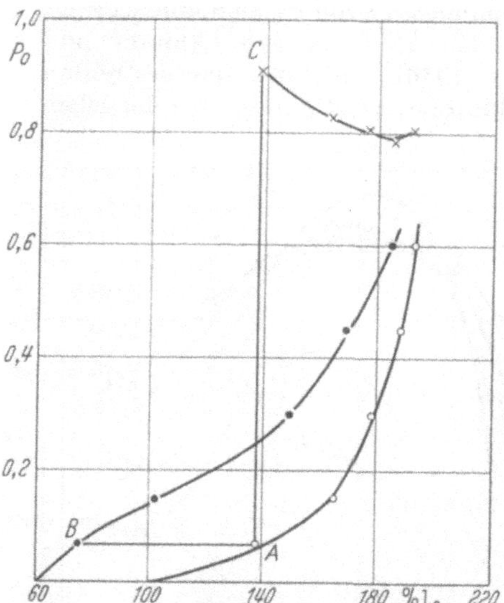

Abb. 81. Längenspannungsdiagramm, aus den
Originalkurven der Abb. 80 ermittelt. ●—● isotonische Maxima, ×—× isometrische Maxima,
○—○ Ruhedehnungskurve. Strecke AB = isotonische Verkürzung vom Punkt A, Strecke AC
= isometrischer Spannungsanstieg vom Punkt A

zu. Im Bereich hoher Belastung kehren sich die Verhältnisse um. Im ganzen sind
aber die Unterschiede in der Gesamtverkürzung bei verschiedenen Temperaturen
nur gering und liegen im Bereich der Streuungen, die zum Teil durch schlecht
definierte Reizbedingungen (z. B. Reizabstand) verursacht sind; sie betragen bei
niederen Ausgangslasten nicht mehr als 10%, wenn sich die Temperatur um 16° C
(von 10° auf 26° C) ändert.

---

[1] Unveröffentlichte Versuche.

b) Isometrische Maxima

Der im Gipfelpunkt aktiv erreichte Spannungsanstieg (*Extraspannung*=Gipfelspannung — Ausgangsspannung) nimmt mit der elastischen Verlängerung zunächst zu, erreicht bei etwa 120% der Gleichgewichtslänge l_0 ein Maximum und nimmt mit weiterer Dehnung des Muskels wieder ab (Abb. 82). Bei 180% l_0 beträgt die Extraspannung von Einzelfasern (M. semitendinosus, Frosch) nur noch 20% des Maximalwertes (BUCHTHAL 1942). Für alle bisher untersuchten Ganzmuskeln gelten dieselben Beziehungen (s. REICHEL 1952). Wird die Extraspannung nicht auf den Dehnungsgrad, sondern auf die Ausgangsbelastung bezogen, so ist wegen des flachen Anstiegs der Ruhedehnungskurve der Bereich, in dem die Extraspannung mit steigender Belastung zunimmt, sehr klein. Die isometrische *Gesamtspannung* der Einzelzuckung (Extraspannung + Ausgangsspannung) durchläuft gewöhnlich als Funktion der Länge von 100 bis 120% l_0 ein Maximum („Blixsches Maximum", BLIX 1892) und ein anschließendes Minimum, das je nach den Versuchsbedingungen mehr oder weniger ausgesprochen und unter Umständen überhaupt nicht nachweisbar ist (vgl. z. B. Abb. 82 mit

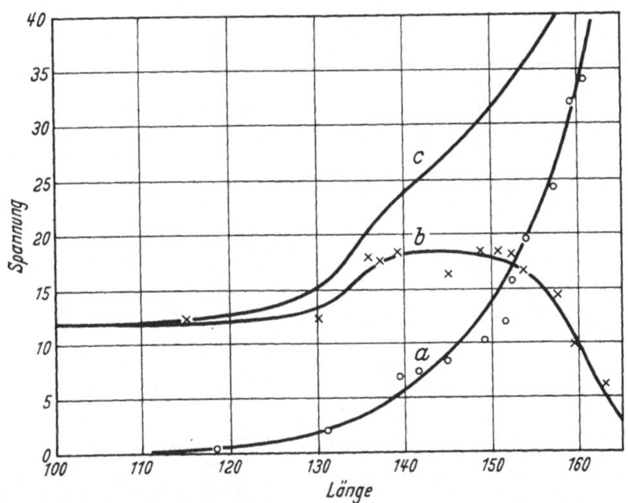

Abb. 82. Längenspannungsdiagramm einer Einzelfaser (M. semitendinosus, Frosch) in Ruhe und während isometrischer Kontraktion (Einzelzuckung). Ordinate: Spannung in mg; Abszisse: Länge der Faser (Gleichgewichtslänge im unbelasteten Zustand = 100). a) Ruhedehnungskurve; b) Extraspannung; c) Kurve der isometrischen Maxima. (Nach BUCHTHAL 1942)

Abb. 83). Herzmuskelstreifen der Schildkröte und des Frosches (REICHEL 1956) sowie glatte Muskeln ergeben gewöhnlich Diagramme ohne Blixsches Maximum. Die Kurve der isometrischen Maxima steigt bei diesen Objekten in einer nach der Längenabszisse konvexen Krümmung an. Das am Herzen beschriebene Maximum der isometrischen Drucke (O. FRANK 1895) ergibt sich zwangsläufig, wenn man die Druck- und Volumenwerte aus dem Längenspannungsdiagramm errechnet, das kein Maximum enthält (REICHEL 1956). Das Franksche Maximum ist also nicht mit dem Blixschen Maximum identisch.

Die Kurve der isometrischen Maxima fällt nicht mit der Kurve der isotonischen Maxima zusammen, sondern verläuft bei gleichen Längen stets im Bereich höherer Spannungen als die Kurve der isotonischen Maxima. Dieser Befund (BLIX 1892) hat sich an allen bisher untersuchten Objekten (glatten und quergestreiften Muskeln, Herzmuskeln) bestätigt, und zwar an Ganzmuskeln (s. REICHEL 1952, Abb. 83) und Einzelfasern (BUCHTHAL und KAISER 1951, Abb. 82). Mit zunehmender Belastung nähern sich beide Kurven der Ruhedehnungskurve. An Einzelfasern sind die Amplituden der isometrischen und isotonischen Kontraktionen bei einer Länge, die 200% der Gleichgewichtslänge l_0 beträgt, praktisch nicht mehr meßbar (BUCHTHAL und KAISER 1951). Die bei dieser Länge bestehende Spannung (P) entspricht annähernd der maximalen isometrischen Spannung (P_0), die der Muskel im Tetanus zu entwickeln vermag (A. V. HILL 1938). Der Punkt, in dem die drei Kurven (Ruhedehnungskurve, Kurve der isotonischen und isometrischen Maxima) zusammenfallen, bezeichnet die *absolute Muskelkraft* (E. WEBER 1846). Im

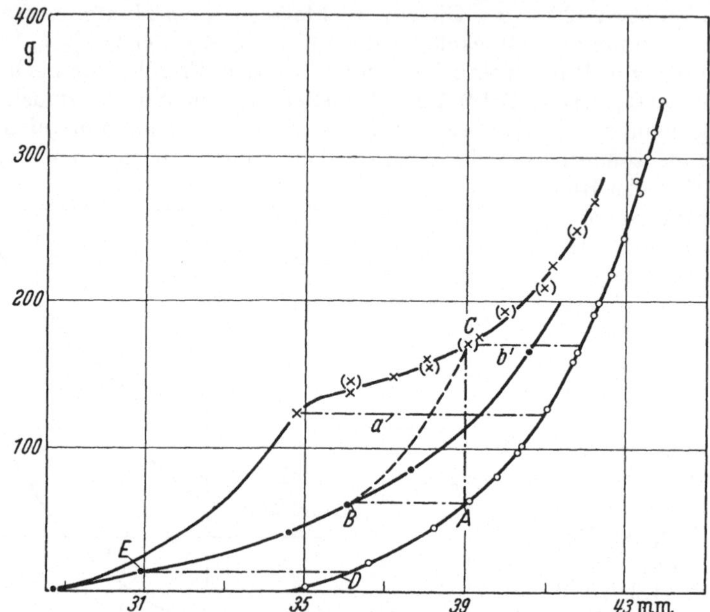

Abb. 83. Längenspannungsdiagramm des Skeletmuskels (M. semimembranosus, Frosch). Ordinate: Kraft in g; Abszisse: Längenänderung in mm. Länge des Muskels im Punkt 0 3,5 cm. Temperatur 22,0° C. Vor Versuch Belastung des Muskels mit 350 g; erste Aufnahme nach Abklingen der elastischen Nachwirkung (15 min). Stufenweise Entdehnung. Auf jeder Stufe isotonische und isometrische Kontraktionen. ○ statische Gleichgewichtspunkte des ruhenden Muskels; ● isotonische Maxima; × isometrische Maxima. Unterbrochene Kurve = Verbindungslinie zwischen isotonischen und isometrischen Maxima. $A\,B$ Beispiel einer isotonischen Verkürzung; $A\,C$ entsprechender isometrischer Spannungsanstieg; $B\,C$ Kurve der Unterstützungsmaxima für den Punkt A. a, b Abstände zwischen Ruhedehnungskurve und Kurve der isometrischen Maxima. (×) konstruierte isometrische Maxima; weitere Erklärung s. Text S. 141. (Nach REICHEL 1952)

Diagramm des Ganzmuskels ist allerdings dieser Punkt nicht genau definiert (WÖHLISCH 1943), weil die Länge l_0 der einzelnen Fasern verschieden ist.

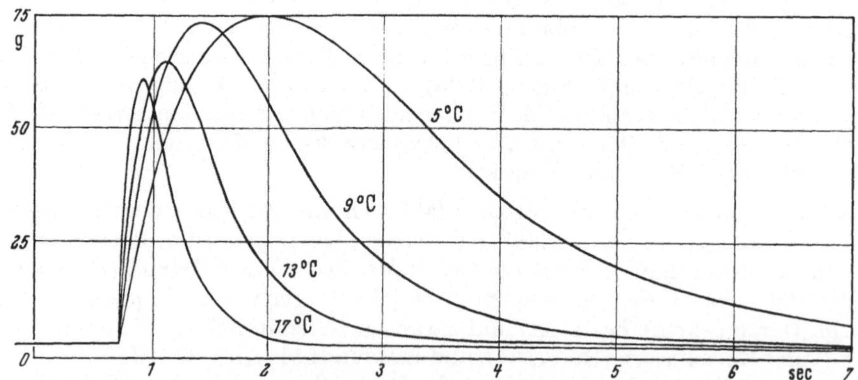

Abb. 84. Zeitlicher Verlauf isometrischer Zuckungen bei verschiedenen Temperaturen (M. coracobrachialis, Schildkröte). (Nach REICHEL und BLEICHERT, unveröffentlicht)

Die isometrische Gipfelspannung ist temperaturabhängig. Abb. 84 zeigt den zeitlichen Verlauf isometrischer Einzelzuckungen bei verschiedenen Temperaturen

(M. coracobrachialis, Schildkröte). Die Kontraktionsamplitude ergibt sich auch hier aus dem Produkt der mittleren Anstiegsgeschwindigkeit und der Anstiegszeit. Da die erstere einen kleineren Temperaturkoeffizienten hat als die letztere, nimmt die Amplitude mit fallender Temperatur zu. Der Temperaturkoeffizient der isometrischen Kraft einer Einzelzuckung ist daher negativ, wie übereinstimmend verschiedene Autoren am quergestreiften Skeletmuskel (WAGNER 1926; A. V. HILL 1951 c), am Herzmuskel (DOI 1921; KATZUNG und FARAH 1956) und am glatten Muskel (WINTON 1927) festgestellt haben. Beim Herzmuskel ist der Temperaturkoeffizient über den ganzen Bereich von 0 bis 20° C negativ; beim Skeletmuskel tritt gelegentlich zwischen 5 und 8° C ein Maximum auf (WAGNER 1926), das möglicherweise auf temperaturbedingten Änderungen anderer Parameter (Chronaxie, Ausgangsspannung usw.) beruht. Ähnlich wie die Verkürzungsgeschwindigkeit stellt sich die Amplitude der isometrischen Spannung nach der Temperaturänderung erst allmählich auf einen konstanten Wert ein, auch wenn sich die Temperaturdifferenzen zwischen Bad und Muskel völlig ausgeglichen haben.

c) Unterstützungsmaxima

Isometrische und isotonische Zuckungen sind Grenzfälle aller möglichen im Experiment darstellbaren oder auch in vivo verwirklichten Kontraktionsformen. Zu diesen zählen die Unterstützungs- und Anschlagszuckungen (engl. afterload- und stop-contractions). Die Zeitkurven der Unterstützungszuckungen

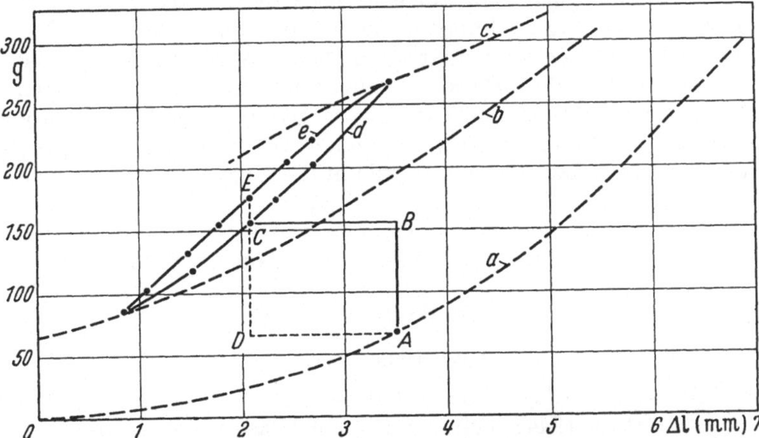

Abb. 85. Unterstützungs- und Anschlagsmaxima des Längenspannungsdiagramms; M. gastrocnemius, Frosch (20° C). *a* Ruhedehnungskurve; *b* isotonische Maxima; *c* isometrische Maxima; *d* Unterstützungsmaxima für Punkt *A*; *e* Anschlagsmaxima für Punkt *A*; *ABC* Unterstützungszuckung; *ADE* Anschlagszuckung. Die Kurven *a*, *b*, *c* sind nicht experimentell bestimmt. (Nach REICHEL 1936)

bestehen aus einem ersten isometrischen und einem zweiten isotonischen Anteil. In der ersten Phase der Zuckung steigt die aktive Muskelspannung an, bis sie so groß ist wie das Gewicht, gegen das der Muskel vor Beginn der Kontraktion unterstützt wird. In der zweiten Phase verkürzt sich der Muskel isotonisch gegen die gleichbleibende Last bis zum Kontraktionsgipfel weiter. Eine rein isotonische Kontraktion ist daher eine Unterstützungskontraktion, bei der das Unterstützungsgewicht (nicht das Ausgangsgewicht) Null ist, eine rein isometrische Kontraktion eine solche, bei der das Unterstützungsgewicht größer ist als die Kraft, die der Muskel unter gegebenen Bedingungen zu entwickeln vermag. Für einen bestimmten Ausgangszustand müssen sich die Maxima der Unterstützungszuckungen in eine Kurve (sog. U-Kurve) einordnen, die das rein isotonische

Verkürzungsmaximum mit dem rein isometrischen Spannungsmaximum verbindet (O. Frank 1901). Da zu jedem Ausgangszustand ein bestimmtes isometrisches und isotonisches Maximum gehört, kann man beliebig viele U-Kurven zwischen die entsprechenden isotonischen und isometrischen Maxima legen. Die Charakteristik der U-Kurven hängt von den Bedingungen des Versuches ab. Bei großen Ausgangslasten sind sie steiler als bei niedrigen; bei relativ hohen Temperaturen (20° C) und relativ kleinen aktiven Gesamtverkürzungen verlaufen sie der Ruhedehnungskurve parallel und erscheinen gegen diese jeweils um eine bestimmte Strecke Δl auf der Abszisse nach kleineren Längen verschoben (Reichel 1936; 1952; Abb. 83). Bei niedrigen Temperaturen und relativ großen isotonischen Verkürzungen verlaufen dagegen die U-Kurven in dem gleichen Spannungsbereich flacher als die Ruhedehnungskurve, und zwar mit einer nach der Längenabszisse leicht konkav gekrümmten Charakteristik (Buchthal und Kaiser 1951).

d) Anschlagsmaxima

Für isotonisch-isometrische Kontraktionen (sog. Anschlagszuckungen), bei denen sich der Muskel erst isotonisch um eine bestimmte Strecke bis zum Anschlag verkürzt, um sich dann isometrisch bis zum Zuckungsgipfel weiter zu kontrahieren, liegen die entsprechenden Kurven des Ganzmuskels (Reichel 1936; Abb. 85) der Einzelfaser (Buchthal und Kaiser 1951) über den bei derselben Ausgangsbelastung registrierten U-Kurven; d. h. bei ein und derselben Endlänge erreicht der Muskel eine höhere Spannung auf isotonisch-isometrischem als auf dem umgekehrten Weg. Anschlagszuckungen sind auch Kontraktionen, bei denen die Ausgangslänge des Muskels kleiner ist als die Gleichgewichtslänge l_0. Die Muskelfasern sind dann im Ruhezustand gestaucht und gefaltet; sie müssen sich daher bei isometrischer Fixierung erst auf die vorgeschriebene Länge isotonisch verkürzen, bevor sie Spannung entwickeln können. Die bei Längen $< l_0$ registrierten Spannungsmaxima ergeben eine Kurve, die in die Kurve der reinen isometrischen Maxima einläuft (s. Abb. 83).

Die Deutung des Längenspannungsdiagramms setzt die Kenntnis der elastischen Eigenschaften des kontrahierten Muskels voraus (s. S. 141).

4. Erschlaffungsphase

a) Zeitlicher Verlauf

Die Erschlaffung von Einzelfasern (Buchthal und Kaiser 1951) und Ganzmuskeln (Gilson et al. 1944) beginnt mit einer Phase zunehmender Steilheit, um dann in eine Phase abnehmender Steilheit überzugehen (s. Abb. 80, 84, 86). Der Wendepunkt der Erschlaffungskurve von Einzelfasern liegt bei isotonischer Kontraktion relativ zur Dauer der Anstiegszeit später als bei isometrischer Kontraktion. Die Phase abnehmender Steilheit verläuft exponentiell (Gilson et al. 1944), braucht aber nicht unbedingt einer solchen Funktion zu folgen (Aubert 1956). Die zeitliche Lage des Wendepunktes ist großen Schwankungen unterworfen. Die mittlere Erschlaffungsgeschwindigkeit steht in einer gewissen, wenn auch nicht streng definierten Relation zur Anstiegsgeschwindigkeit der Kontraktion; mit Zunahme der Verkürzungsgeschwindigkeit und der im Gipfel der Kontraktion erreichten Gesamtverkürzung oder der im Gipfel entwickelten Extraspannung nimmt auch die Steilheit der Erschlaffungskurve in allen Teilphasen zu. Der Skeletmuskel (Einzelfaser und Ganzmuskel) erschlafft nach Kontraktionen, die von sehr hohen Ausgangsbelastungen ausgehen, langsamer als nach Kontraktionen niedriger Ausgangsbelastung (Hartree and Hill 1921 a); daher erreicht er das ursprüngliche Längen- oder Spannungsniveau im gedehnten Zustand später als im ungedehnten. Dagegen ist nach Versuchen am Herzmuskelstreifen die Erschlaffungszeit unabhängig von der Ausgangsbelastung. Nach langanhaltender Tätigkeit wird der Erschlaffungsgradient des Skeletmuskels kleiner; der Erfolg ist ein die Zuckung lange Zeit überdauernder Kontraktionsrest (Nachkontraktur s. S. 160), der unter isometrischen und isotonischen Versuchsbedingungen auftreten kann.

b) Dauer der Erschlaffung

Wegen des relativ langsamen Abfalls der Erschlaffungskurve gegen Ende der Zuckung und wegen des gelegentlichen Kontraktionsrückstandes ist es nicht möglich, die Dauer der Erschlaffungszeit genau festzulegen. Angaben über die Erschlaffungszeit beziehen sich daher gewöhnlich auf die Zeit, in der die isometrische Spannung auf 10% der ursprünglichen Spannungsamplitude absinkt. Beim M. sartorius (Frosch, 0° C)

beträgt z. B. die so bestimmte Erschlaffungsdauer etwa 0,4 msec (RITCHIE und WILKIE 1955). Der Q_{10}-Wert der Erschlaffungszeit liegt in der gleichen Größenordnung wie der der Anstiegszeit; das Verhältnis der Erschlaffungsdauer zur Anstiegszeit ist beim Skeletmuskel 5,0, beim Herzmuskel dagegen wesentlich kleiner (1,0).

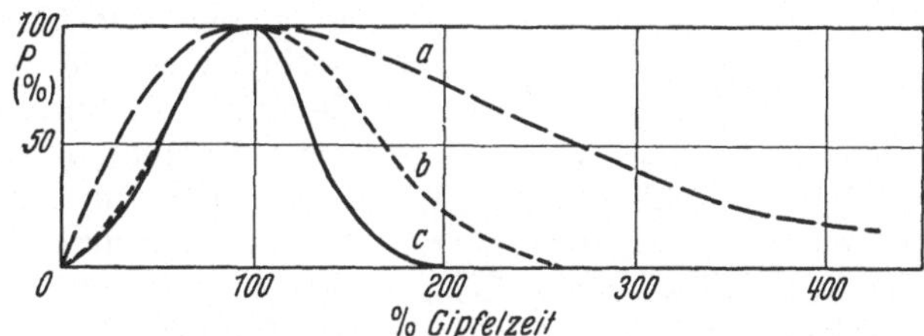

Abb. 86. Zeitlicher Verlauf der isometrischen Kontraktionskurve verschiedener Muskeltypen. *a* Skeletmuskel, *b* Vorhof, *c* Ventrikel der Schildkröte. Ordinate: Spannung in % der Gipfelspannung, Abszisse: Zeit in % der Gipfelzeit. (Nach REICHEL und BLEICHERT 1958)

Da die Relation zwischen Anstiegs- und Erschlaffungszeit bei allen Skeletmuskeln unter sonst gleichen Bedingungen unabhängig von der absoluten Dauer der Zuckung ist, haben die Kontraktionskurven langsamer und schneller Muskeln denselben zeitlichen Verlauf, wenn man als Zeitmaßstab die Anstiegszeit, als Kontraktionsmaßstab die Gipfelspannung wählt (s. FULTON 1947). Ebenso verhalten sich verschiedene Herzmuskelstreifenpräparate von Frosch und Schildkröte (REICHEL und BLEICHERT 1958). Der Herzmuskel erschlafft relativ zur Anstiegszeit stets schneller als der Skeletmuskel (Abb. 86). Am Vorhofmuskel ergibt sich eine Relation, die zwischen der des Skelet- und Herzmuskels liegt. Die Erschlaffung der glatten Muskeln ist im Sperrtonus (s. S. 127) verzögert; das Verhältnis der Anstiegs- zur Erschlaffungszeit ist dann besonders klein.

5. Kontraktion und Reizfrequenz

Die Parameter, die Höhe und Ablauf einer Einzelzuckung bestimmen, ändern sich unter dem Einfluß zu- und abnehmender Reizfrequenz; diese Abhängigkeit ist besonders eingehend am Herzmuskel untersucht worden.

a) Positive Treppe

Am Froschventrikel (Raumtemperatur) läßt sich zeigen, daß die Kontraktionsamplitude mit abnehmendem Reizabstand zunimmt und ein Maximum erreicht, wenn der Reiz alle 6 sec erfolgt (NIEDERGERKE 1956a). Mit weiter zunehmender Reizfrequenz wird die Kontraktionsamplitude kleiner. Bei steigenden Ca^{++}-Konzentrationen in der Außenlösung verschiebt sich das Maximum nach kleineren Reizfrequenzen (Abb. 87). Beim Warmblüterherzmuskel ergibt sich dieselbe Abhängigkeit der Kontraktionsamplitude von der Reizfrequenz; der Katzenpapillarmuskel (38° C) erreicht z. B. ein Amplitudenmaximum bei einer Diastolendauer von 1 sec (GARB und PENNA 1955).

Wenn der Reizabstand geändert wird, stellt sich die Amplitude nicht sofort auf die neue Reizfrequenz ein. Beim Übergang von einer niedrigen (Reizabstand 20 min) auf eine höhere Frequenz (Reizabstand 3 sec) steigt die Amplitude des Froschventrikels (Raumtemperatur) von einer Zuckung zur andern an, bis sie nach etwa 5 min einen konstanten Endwert erreicht (Abb. 88). Den Anstieg der Kontraktionsamplitude bezeichnet man als „positive Treppe" (Bowditch 1871), die sich auch am Skeletmuskel nachweisen läßt. Wenn man den M. sartorius des Frosches nach längerer Reizpause alle 3 sec bei 0° C reizt, so steigt die Amplitude über 10 Einzelzuckungen an. Derselbe Erfolg läßt sich auch mit größeren Reizfrequenzen erzielen. Eine nach einem kurzen Tetanus registrierte Einzelzuckung ist höher als eine vor dem Tetanus ausgelöste Zuckung (Rosenblueth und Morison 1937). Beim Katzenpapillarmuskel haben Extrasystolen auf die Amplitude der im normalen Rhythmus nachfolgenden Kontraktion denselben Effekt (Garb und Penna 1955). Die Wirkung nimmt zu, wenn die Zeit zwischen dem Beginn der Extrasystole und der letzten regulären Kontraktion kürzer wird; sie ist unabhängig von der Amplitude der Extrasystole, die kleiner werden kann, wenn der zeitliche Abstand von der vorausgehenden Kontraktion abnimmt.

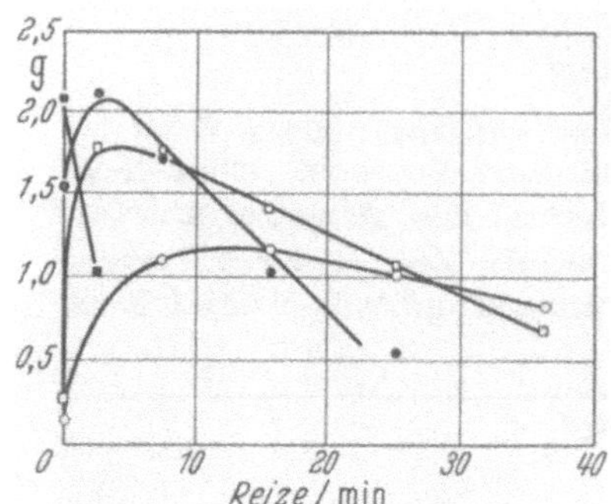

Abb. 87. Amplitude isometrischer Kontraktionen des Froschventrikels (Raumtemperatur) als Funktion der Reizfrequenz. Ordinate: Spannung (g); Abszisse: Reize/min. Die verschiedenen Kurven stammen aus Versuchen mit verschiedener Ca-Konzentration: $O—O = 10^{-3}$ Mol/l, $\square—\square = 2 \cdot 10^{-3}$ Mol/l; $\bullet—\bullet = 4 \cdot 10^{-3}$ Mol/l; $\blacksquare—\blacksquare = 6 \cdot 10^{-3}$ Mol/l. (Nach Niedergerke 1956a)

b) Negative Treppe

Da unter der Wirkung hoher Ca^{++}-Konzentrationen $(8 \cdot 10^{-3}$ Mol/l) das Amplitudenmaximum bei sehr kleinen Reizfrequenzen liegt, ist nach Versuchen am Froschventrikel die erste nach einem Stillstand von 20 min registrierte Kontraktionsamplitude sehr hoch, um bei frequenter Reizung (Reizabstand 3 sec) von einer Zuckung zur anderen abzunehmen und erst nach etwa 5 min den Endwert zu erreichen („negative Treppe"; Abb. 89). In K^+-freien Lösungen ist die Treppe gewöhnlich positiv, aber kleiner als unter physiologischen Bedingungen (Hajdu

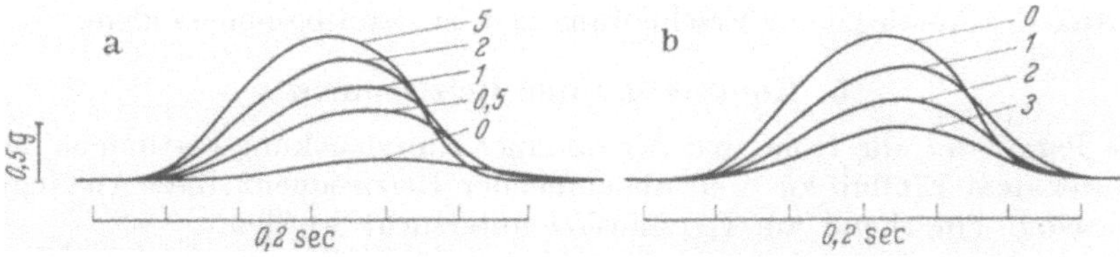

Abb. 88. Zeitlicher Verlauf der isometrischen Kontraktion des Froschventrikels bei der positiven Treppe(a) und beim „Umschalten" (b) (Raumtemperatur). a) Rhythmische Reizung (20/min) nach einem 20 min-Stillstand; Nummern bedeuten die Zeit in min nach Beginn der Reizung; b) die rhythmische Reizung wird zum Zeitpunkt Null unterbrochen und dann im Abstand von 1,2 und 3 min (Zahlen am Rande der Kurve) eine „Probekontraktion" registriert. (Nach Niedergerke 1956a)

1953), weil die erste Kontraktion nach längerem Stillstand größer ist als bei normalem K^+-Gehalt und die Amplitude den konstanten Endwert früher erreicht (Niedergerke 1956a).

Auch beim Umschalten von einer sehr hohen (rechts vom Maximum der Abb. 87 liegenden) Reizfrequenz auf eine kleine (links vom Maximum liegende) Reizfrequenz wird die Amplitude erst nach mehreren Kontraktionen konstant,

wie z. B. Befunde am Katzenpapillarmuskel und Hundeventrikel zeigen (TRAUT-
WEIN und DUDEL 1954; CATTELL und GOLD 1955). Unmittelbar nach dem Umschalten wird die Amplitude wesentlich größer und anschließend wieder kleiner, bis sie in
den der neuen Reizfrequenz angepaßten Endwert einläuft (Umschalteffekt). Diese
allmähliche Abnahme der Amplitude läßt sich auch am Froschherzen nachweisen,
wenn der Reizabstand plötzlich von 3 sec auf 1 min erhöht wird (NIEDERGERKE
1956, s. Abb. 88).

c) Zeitlicher Ablauf von Kontraktionen verschiedener Reizfrequenzen

Der zeitliche Ablauf der Kontraktion ist in Abhängigkeit von der Reizfrequenz je nach den Bedingungen sehr verschieden. Auf den Endwert eingestellte, also nach Abklingen der Treppe registrierte Kontraktionen werden in ihrer
Anstiegszeit kürzer, wenn die Reizfrequenz
in einem Bereich zunimmt, der jenseits des
Amplitudenmaximums liegt (TRAUTWEIN
und DUDEL 1954; NIEDERGERKE 1956a). Das
Verhalten der Anstiegszeit diesseits des Amplitudenmaximums ist inkonstant und offenbar von Parametern abhängig, die vorerst
nicht bekannt sind (vgl. HOFMANN 1901;
BAUEREISEN 1943; SZENT GYÖRGYI 1951;
HAJDU 1953; RITCHIE und WILKIE 1955).
Die Verkürzung der Anstiegszeit mit steigender Reizfrequenz in dem angegebenen
Bereich kann auch mit einer Zunahme der
Anstiegsgeschwindigkeit verbunden sein.
Beide Phänomene sind auch dann zu beobachten, wenn das Amplitudenmaximum
durch hohe Ca^{++}-Konzentrationen nach kleineren Frequenzen verschoben ist. Die Ge-

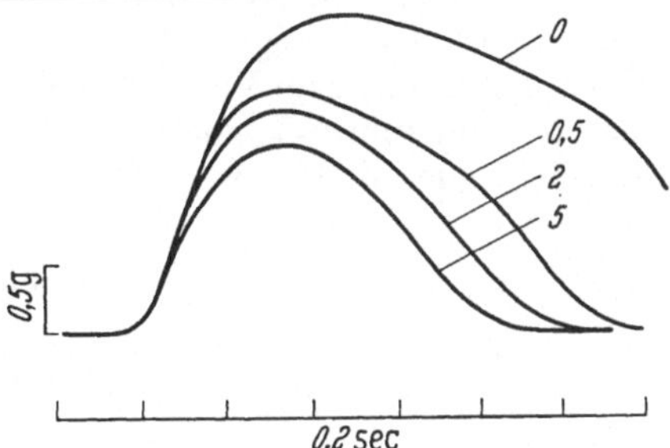

Abb. 89. Zeitlicher Verlauf der isometrischen
Kontraktion während der negativen Treppe bei
hohem Ca^{++}-Gehalt ($8 \cdot 10^{-3}$ Mol/l) (nach Versuchen am Froschventrikel bei Raumtempera-
tur). Präparat über längere Zeit stillgelegt,
dann rhythmisch gereizt (20 Reize/min). Im
Zeitpunkt Null erste Aufnahme, dann nach
0,5, 2 und 5 min „Probeaufnahmen". (Nach
NIEDERGERKE 1956a)

samtdauer der Kontraktion durchläuft als Summe von Anstiegs- und Erschlaffungszeit in Abhängkeit von der Reizfrequenz ein Maximum, das bei derselben
Reizfrequenz liegt wie das Amplitudenmaximum.

Die Änderungen im zeitlichen Ablauf der Kontraktionen *während* der Treppe
sind nicht einheitlich. Nur bei der negativen Treppe nimmt in Lösungen hoher
Ca^{++}-Konzentration die Anstiegszeit von einer Zuckung zur anderen deutlich ab
(NIEDERGERKE 1956a; Abb. 89).

d) Theorie der Treppe

Eine Theorie der Treppe erscheint so lange verfrüht, als die einzelnen Bedingungen der Treppenbildung noch zu wenig erforscht sind. Ein möglicher Grund für die
positive Treppe kann der mit jeder Kontraktion verbundene K^{+}-Verlust (HAJDU
1953) sowie die Anreicherung von Ca^{++} an der Membran sein (NIEDERGERKE 1956a),
da sowohl die Abnahme des K^{+}-Gehaltes als auch die Zunahme des Ca^{++}-Ge-
haltes der Muskelfaser die Kontraktionsamplitude unter sonst gleichen Bedingungen
erhöht. Die „Ca^{++}-Theorie" der Treppe wird gestützt durch die Tatsache, daß
das stillstehende Herz ständig Ca^{++} verliert (LIEB und LOEWI 1918), bei jeder
Erregung aber wieder Ca^{++} aufnimmt (MOULIN und WILBRANDT 1955). Die
negative Treppe bei hohen Ca^{++}-Konzentrationen ist wenigstens teilweise als
Membraneffekt zu deuten, da von einer Stufe zur andern die Plateaudauer des AP
verkürzt wird (s. S. 153). Ebenso ist die Abnahme von Amplitude und Anstiegszeit mit zunehmender Reizfrequenz (oberhalb der Grenzfrequenz, bei der

das Amplitudenmaximum liegt) auf Änderungen im zeitlichen Ablauf des Erregungsprozesses zurückzuführen. Auch für andere Formen der Treppe könnten Membranvorgänge verantwortlich sein (NIEDERGERKE 1956a); intracellulär abgeleitete Aktionspotentiale lassen jedoch in diesen Fällen keine wesentlichen Änderungen erkennen (WHALEN et al. 1958).

Eine andere Möglichkeit der Deutung ergibt sich aus der Tatsache, daß alle die positive Treppe auslösenden Ursachen (längerer Stillstand, Frequenzzunahme, Extrasystolen) beim Warmblüterherzen nach Denervation oder pharmakologischer Blockierung des Sympathicus unwirksam werden (WHALEN et al. 1958). Der Befund läßt sich durch die Annahme erklären, daß die sympathischen Nervenendigungen bei jeder Kontraktion Norepinephrin freisetzen, das die mechanische Amplitude von einer Kontraktion zur anderen erhöht. Positiv inotrope Wirkungen wie Adrenalin und Abkühlung verringern daher die Treppe, wie auch Versuche am Skeletmuskel zeigen (WÖHLISCH 1950; SZENT GYÖRGYI 1951). Trotz dieser Übereinstimmung im Verhalten von Herz- und Skeletmuskel wird man aber kaum die „Norepinephrin-Theorie" der Treppe auf den Skeletmuskel übertragen können, der nicht wie der Herzmuskel auf Sympathicus-Reizung anspricht.

II. Tetanus

1. Summationsbedingungen

a) Unvollständiger Tetanus

Wird der Reizabstand kürzer als die Dauer einer vollständigen Kontraktion (Anstiegs- + Erschlaffungszeit), so summieren sich die Kontraktionsamplituden. Auf einen in der Anstiegs- oder Erschlaffungsphase gesetzten Reiz antwortet der Muskel mit einer Kontraktion, deren Gipfel unter sonst gleichen Bedingungen über dem der vorausgehenden einfachen Zuckung liegt. Die Latenzzeit der superponierten Kontraktion ist dieselbe wie bei einmaliger Reizung (MACPHERSON u. WILKIE 1954), ihre Amplitude hängt vom Reizabstand ab; die Spannungsamplitude erreicht ein Maximum, wenn der Abstand zwischen zwei hintereinander ausgelösten isometrischen Zuckungen etwas kleiner ist als die Anstiegszeit der Einzelkontraktion (COOPER und ECCLES 1930). Die Summation hört auf, wenn der Reizabstand kleiner als die absolute Refraktärzeit wird. Beim Skeletmuskel ist die absolute Refraktärzeit nicht länger als die Latenzzeit; daher hat ein zweiter Reiz kurz nach der Latenzzeit (z. B. 20 msec nach dem ersten Reiz beim M. sartorius, Frosch, 0° C) bereits einen Summationseffekt (MACPHERSON und WILKIE 1954; Abb. 90). Am Herzmuskel ist dagegen eine Superposition frühestens im letzten Drittel der Anstiegszeit durch einen zweiten Reiz auszulösen (s. SCHÜTZ 1958), weil die absolute Refraktärzeit relativ zur Gipfelzeit wesentlich größer ist als beim Skeletmuskel (s. FRANK 1899).

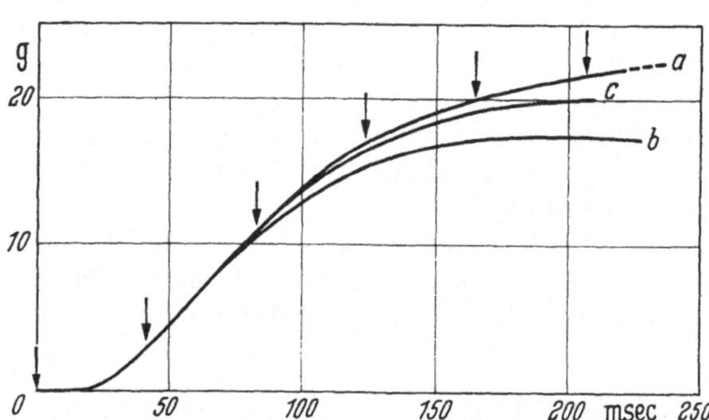

Abb. 90. Isometrische Kontraktionskurven bei Superposition (M. sartorius, Frosch, 0° C). Kurve *a*: Vollständiger Tetanus (5 Reize in der Anstiegsphase; Reizmomente durch Pfeile markiert). Kurve *b*: Einfache Zuckung. Kurve *c*: Summationszuckung zweier Reize. Ordinate: Isometrische Spannung; Abszisse: Zeit nach dem ersten Reiz. (Nach MACPHERSON und WILKIE 1954)

Eine im ersten Viertel der Anstiegszeit ausgelöste Superpositionskontraktion eines Skeletmuskels beginnt mit derselben Anstiegsgeschwindigkeit wie die Grundzuckung; die durch die beiden Reize entstandene Gesamtkontraktion erreicht eine höhere Spannung und dauert länger als die einfache Zuckung, hat aber sonst alle Eigenschaften einer gewöhnlichen durch einen einzigen Reiz hervorgerufenen Kontraktion: Die beiden Zuckungen sind zu einer einzigen verschmolzen (*Fusion*). Beim Froschmuskel (M. sartorius, 0°C) ist die Fusion so gut wie vollständig, wenn der Reizabstand etwa 25 msec beträgt (MACPHERSON und WILKIE 1954; RITCHIE

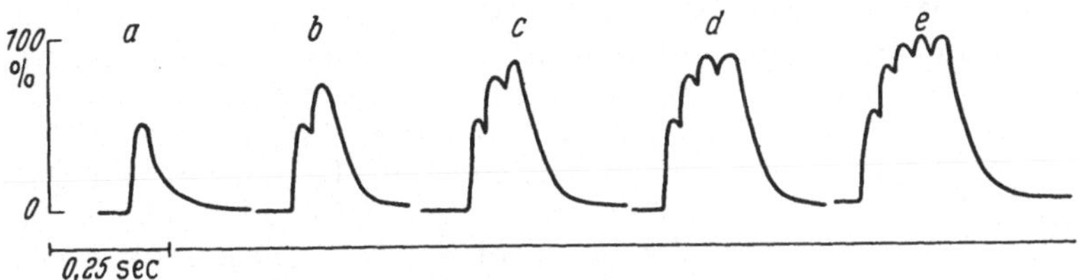

Abb. 91. Isometrische Superpositionskontraktionen des Froschmuskels (M. sartorius, Raumtemperatur). Reizabstand 40 msec. a) Einzelzuckung; b) 2 Reize; c) 3 Reize; d) 4 Reize; e) 5 Reize. (Nach GILSON et al. 1944)

1954). Alle Erregungen, die später als 50 msec nach dem ersten Reiz einsetzen, führen zu Superpositionskurven die, sich deutlich von der ursprünglichen Kurve durch einen Knick im zeitlichen Verlauf abheben. Auf dem Gipfel oder während der Erschlaffung hervorgerufene Superpositionszuckungen ergeben doppel- oder mehrgipfelige Kurvenbilder, die erkennen lassen, daß sie sich aus zwei oder mehr superponierten Zuckungen zusammensetzen (unvollständiger Tetanus). Da jede superponierte Amplitude sich auf die vorausgegangene aufsetzt, hängt die schließlich erreichte Spannung von der Zahl der Reize ab, die den Muskel bei gegebenem Reizabstand treffen. So beträgt der Spannungszuwachs der Superposition im M. sartorius des Frosches (Raumtemperatur, Reizabstand 40 msec, Anstiegszeit 30 msec, Ausgangsspannung 0,2 P_0) für zwei Reize 75% und für 3 und mehr Reize 80% der ursprünglichen, von einer einzigen Zuckung erreichten Amplitude (GILSON et al. 1944; Abb. 91). Ist unter denselben Bedingungen der Reizabstand kürzer als ein Viertel der Anstiegszeit (10 msec), so verschmelzen die Einzelzuckungen vollständig. Die Gesamtamplitude der Kontraktion nimmt mit der Zahl der Reize bei konstantem Reizabstand zu, um bei 5 Reizen in einen maximalen

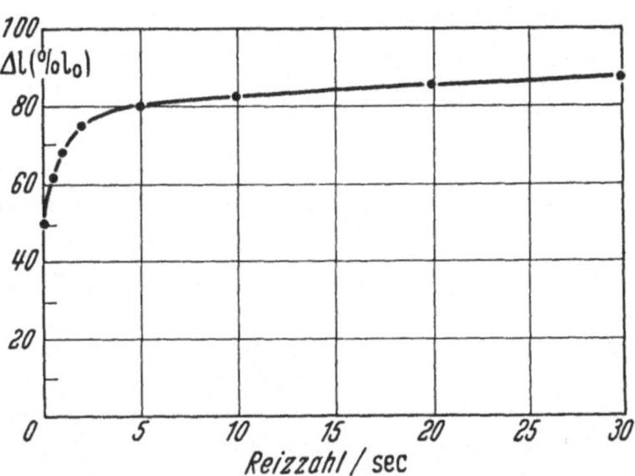

Abb. 92. Verkürzung als Funktion der Reizfrequenz (Einzelfaser, M. semitendinosus, Frosch, 0°C). Ausgangslast 0,3 P_0. Ordinate: Verkürzung in % l_0; Abszisse: Reizzahl/sec. (Nach BUCHTHAL und KAISER 1951)

Wert einzulaufen, der um etwa 100% größer ist als die Spannung der Einzelzuckung. Dieselbe Beziehung zwischen Amplitude und Reizzahl besteht unter isotonischen Bedingungen. Nach Versuchen an Einzelfasern vom M. semitendinosus des Frosches (BUCHTHAL und KAISER 1951) nimmt bei einem Reizabstand von 33 msec und bei 0°C die Gesamtverkürzung um 30% zu, wenn die Reizzahl von 1 auf 10 ansteigt. Die Gipfel kommen mit steigender Reizzahl immer später zu liegen. Bei weiterem Anstieg der Reizzahl nimmt die Kontraktionsamplitude nicht mehr wesentlich zu; der Muskel verbleibt über die Dauer der rhythmischen Reizung in einem kontrahierten Zustand (Tetanus).

b) Glatter Tetanus

Das Spannungs- oder Verkürzungsniveau des Tetanus bleibt so lange bestehen, als keine Ermüdungserscheinungen auftreten. Der Tetanus ist „glatt", wenn die Spannung oder Länge keine dem Rhythmus der Erregung entsprechenden Schwankungen erkennen läßt, die gegenüber der Gesamtspannung ins Gewicht fallen. Mit empfindlichen Meßinstrumenten sind jedoch auch im sogenannten glatten Tetanus Oscillationen des Mechanogramms nachzuweisen (GÖPFERT und SCHAEFER 1942). Dasselbe läßt sich anhand des Beugungsspektrums auf optischem Wege zeigen (NICOLAI 1936). Die mechanischen und optischen Oscillationen entsprechen den Gipfeln der superponierten Einzelzuckungen, die zwar im Anstieg der tetanischen Kontraktion, nicht aber auf deren Plateau vollständig miteinander verschmelzen. Der Begriff des glatten Tetanus bezieht sich daher praktisch auf die Fusion der superponierten Einzelzuckungskurven im Kontraktionsanstieg; der Begriff des unvollständigen Tetanus würde sinngemäß bedeuten, daß im Anstieg der Beginn der einzelnen Zuckungskurven noch zu erkennen ist. Die maximalen Gipfelhöhen eines unvollständigen Tetanus liegen stets tiefer als die eines glatten Tetanus. Von der Einzelzuckung bis zum glatten Tetanus nimmt die Spannungs- oder Verkürzungsamplitude über verschiedene Stufen des unvollständigen Tetanus mit steigender Reizfrequenz zu (Abb 92). Bei sehr hohen Reizfrequenzen sinkt die Amplitude des Tetanus gewöhnlich ab, weil der Muskel ermüdet. Ein Beispiel zeigt ein Versuch am Rattenzwerchfell (37° C) (Abb. 93).

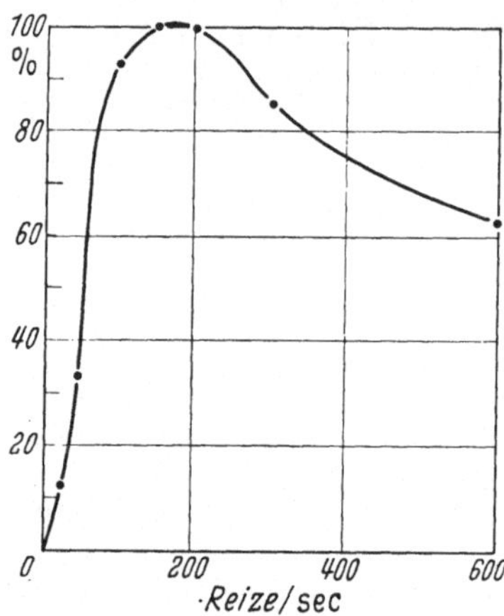

Abb. 93. Isometrische Spannung als Funktion der Reizfrequenz (Rattenzwerchfell, 37° C). Ordinate: Spannung (% der Tetanusspannung); Abszisse: Reizfrequenz (Reize/sec.) (Nach RITCHIE 1954 a)

Die *Fusionsfrequenz*, bei der die Kurven der superponierten Einzelzuckungen im Kontraktionsanstieg miteinander zu verschmelzen beginnen, beträgt für den M. semitendinosus (Frosch) bei 0° C etwa 20 Reize/sec; schnelle Muskeln haben entsprechend ihrer kleineren Anstiegszeit höhere Fusionsfrequenzen (s. Tab. 19).

Tabelle 19. *Fusionsfrequenz (F_f) und Verhältnis (Q_T) der Tetanusspannung zur Spannung der Einzelzuckung bei verschiedenen Muskeln*

Mensch/Tier	Muskel	Temp. °C	F_f (Rz./sec)	Q_T	Autoren	Jahr
Frosch . . .	M. sartorius	0	40	1,4	RITCHIE	1954
Mytilus edulis	M. adduct. posterior	14	2	14,0	ABBOTT u. LOWY	1953
Mytilus edulis	M. retract. pedis	14	7	3,0	ABBOTT u. LOWY	1953
Pinna	M. adduct. posterior	15	7	6,0	ABBOTT u. LOWY	1956c
Katze . . .	M. tibialis anter.	37	130	—	RITCHIE	1955
Mensch . . .	M. adduct. pollic. brev.	36	—	4,0—5,0	BOTELHO et al.	1954
Katze . . .	M. rectus internus	37	350	—	COOPER u. ECCLES	1930
Katze . . .	M. soleus	37	30	—	COOPER u. ECCLES	1930

Für den M. sartorius des Frosches beträgt die Fusionsfrequenz bei 0° C 40 Reize/sec (RITCHIE 1954). Mit Zunahme der Temperatur muß entsprechend der Abnahme der Anstiegszeit ($Q_{10} = 2,2$) die Fusionsfrequenz zunehmen. Daher errechnet sich für den M. sartorius des Frosches bei einer Temperatur von 16° C eine Fusionsfrequenz von 150 Reizen/sec, die annähernd dem tatsächlich gemessenen Wert entspricht (RITCHIE 1954); bei Raumtemperatur (20° C) würde sich eine Fusionsfrequenz von etwa 200 Reizen/sec ergeben. Entsprechend hoch sind die Fusionsfrequenzen des Warmblütermuskels bei Körpertemperatur. Die höchsten Werte (350 Reize/sec) sind an den Augenmuskeln gemessen worden. Die sog. blassen Muskeln (M. gastrocnemius, M. extensor digitorum longus) haben Fusionsfrequenzen von 100 Reizen/sec. während der rote M. soleus schon bei Frequenzen von 30 Reizen/sec in einen vollständigen Tetanus gerät (COOPER und ECCLES 1930). Extrem kleine Fusionsfrequenzen (2 Reize/sec) finden sich bei glatten Muskeln, wie aus Tab. 19 hervorgeht.

Die Angaben können nur einen Anhalt für die Größenordnung geben, um die sich die Fusionsfrequenzen verschiedener Muskeln unterscheiden. Im übrigen sind sie nur mit Vorbehalt miteinander zu vergleichen, da die Bestimmung der Fusionsfrequenz weitgehend von der Empfindlichkeit der benützten Registrierinstrumente abhängt.

Der erste *Anstieg* einer tetanischen Kontraktion folgt dem Kurvenverlauf der Einzelzuckung. Der Spannungsanstieg des M. sartorius (Frosch, 0° C, Anstiegszeit 200 msec) ist im Tetanus über 45 msec derselbe wie während einer Zuckung (MACPHERSON und WILKIE 1954). Die isotonische Verkürzungsgeschwindigkeit von Einzelfasern (M. semitendinosus, Frosch) ist über den ganzen linearen Teil der Kontraktionskurve in beiden Fällen die gleiche (BUCHTHAL und KAISER 1951). Im Tetanus hält sich aber die maximale Verkürzungsgeschwindigkeit über längere Zeit als während einer Einzelzuckung; die Anstiegszeiten sind daher gegenüber der Einzelkontraktion verlängert.

Die *Erschlaffung* aus dem tetanischen Kontraktionszustand setzt kurz nach dem letzten rhythmischen Reiz ein. Die isometrische Spannung des M. sartorius (Frosch, 16° C) beginnt 12 msec nach dem letzten Reiz abzusinken (RITCHIE 1954; Abb. 94). In dieser Zeit ist die Latenzzeit von mindestens 10 msec sowie die Anstiegszeit der durch den letzten Reiz ausgelösten Superpositionskontraktion auf der Höhe des Tetanus enthalten. Der Ablauf der Erschlaffung aus dem Tetanus ist qualitativ derselbe wie während einer Einzelkontraktion und folgt annähernd einer Expo

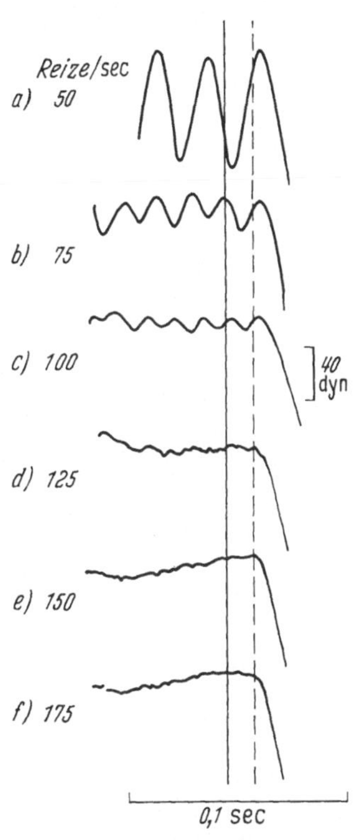

Abb. 94. Spannungs-Zeit-Kurven am Ende einer tetanischen Kontraktion von 1 sec Dauer (M. sartorius, Frosch, 16° C). Reizfrequenz in *a*: 50 Reize/sec; in *b*: 75 Reize/sec; in *c*: 100 Reize/sec; in *d*: 125 Reize/sec; in *e*: 150 Reize/sec; in *f*: 175 Reize/ sec. Nicht durchbrochene senkrechte Linie bedeutet Zeitmoment des letzten Reizes; unterbrochene Linie: Beginn der Erschlaffung. Zeitintervall zwischen dem letzten Reiz und dem Beginn der Erschlaffung 12 msec. (Nach RITCHIE 1954b)

nentialfunktion. Im allgemeinen ist jedoch die Erschlaffungsgeschwindigkeit des Tetanus gegenüber der der Einzelkontraktion verringert, der Kontraktionsrückstand vergrößert (GILSON et al. 1944). Dabei ist auch unter optimalen Bedingungen nicht immer ein Ermüdungseffekt auszuschließen, der die Erschlaffung verzögern kann.

2. Längenspannungsdiagramm der tetanischen Kontraktion
a) Isometrische Maxima

Die Höhe der tetanischen Spannungs- bzw. Verkürzungsmaxima hängt von der Ruhedehnung ab. Die Kurve der isometrischen Spannungsamplituden hat ein

Maximum bei der Gleichgewichtslänge l_0, durchläuft ein Minimum mit zunehmenden Belastungen und steigt dann mit einer nach der Längenabszisse konvexen Charakteristik an, um sich allmählich der Ruhedehnungskurve zu nähern, die sie im „Punkt der absoluten Muskelkraft" erreicht (Abb. 95). Bei Einzelfasern ist der Unterschied zwischen der isometrischen Spannung P_0 (Länge l_0) und der Höchstspannung P'_0 (200% l_0) relativ klein (10%), bei Ganzmuskeln dagegen wesentlich größer. Der beschriebene Verlauf der Kurve der isometrischen Maxima ist eine Eigenschaft aller bisher untersuchten Muskeln im ganzen physiologischen Temperaturbereich; er ist sowohl an Einzelfasern und Faserbündeln des Kaltblüters (Frosch) (RAMSEY und STREET 1940; BUCHTHAL und KAISER 1949) und des Warmblüters (Meerschweinchen) (HONCKE 1947) als auch an Ganzmuskeln der verschiedensten Tiere

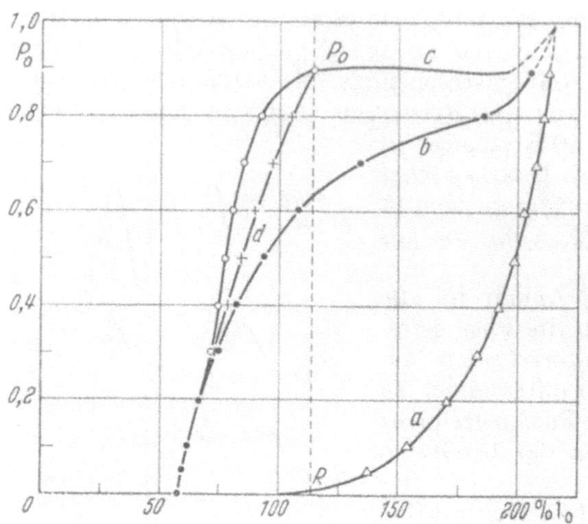

Abb. 95. Längenspannungsdiagramm bei tetanischer Kontraktion (M. semitendinosus, Einzelfaser, Frosch 0° C). Ordinate: Spannung in Einheiten von P_0. Abszisse: Länge in $\%$ l_0. Kurve a Ruhedehnungskurve; b isotonische Maxima; c isometrische Maxima; d Unterstützungsmaxima für den Ausgangspunkt R. (Nach BUCHTHAL und KAISER 1951)

nachweisbar, z. B. an Muskeln des Frosches (WILKIE 1956a), der Schnecke (ABBOTT und LOWY 1956b) und des Menschen (RALSTON et al. 1947). Die Unterschiede im Kurvenverlauf sind im einzelnen gering und betreffen gewöhnlich nur das Minimum, das mehr oder weniger ausgesprochen sein und in den Diagrammen einiger Muskeln, z. B. des Uterusmuskels, auch fehlen kann (Abb. 96). Die tetanische *Extraspannung* (Differenz zwischen der isometrischen Gesamtspannung und der Ruhespannung) nimmt als Funktion der Belastung kontinuierlich von dem Maximalwert (Belastung $\sim$ Null) ab; wird sie auf die Länge bezogen, so erreicht sie das Maximum bei der Standardlänge l'_0, während sie nach kleineren und größeren Längen abnimmt. Dabei ist zu berücksichtigen, daß die bei Längen $< l_0$ ausgelösten Kontraktionen Anschlagszuckungen sind.

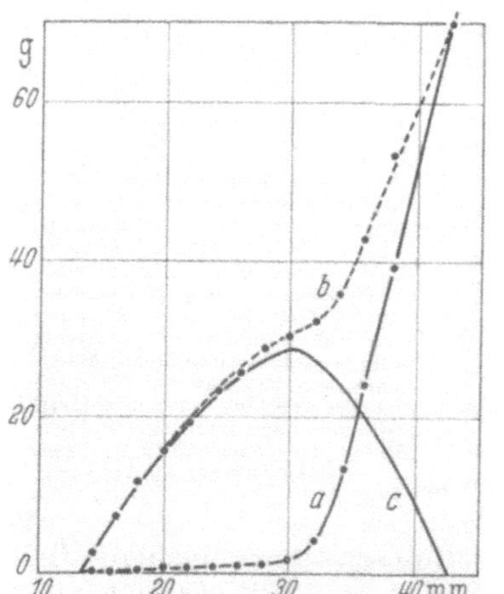

Abb. 96. Längenspannungsdiagramm bei tetanischer Kontraktion des glatten Muskels (Muskelstreifen des Uterus, Kaninchen, 37,5° C, Reizfrequenz 60 Reize/sec, Reizdauer 5 sec). Muskel nach Oestrogenbehandlung. Standardlänge l'_0 30 mm. Kurve a = Ruhedehnungskurve, Kurve b = isometrische Maxima; c = Extraspannung (Differenz zwischen der isometrischen Gipfelspannung und der Ruhespannung). (Nach CSAPO und GOODALL 1954)

Unter optimalen Ausgangs- und Temperaturbedingungen entwickelt der Froschmuskel Extraspannungen (bezogen auf den Querschnitt) bis zu 0,030 kg/mm², der Warmblütermuskel Spannungen bis zu 0,1 kg/mm² (FISCHER und STEINHAUSEN 1925; s. Tab. 20). Die Einzelfaser des M. semitendinosus (Frosch) erreicht bei 0° C eine Extraspannung von 0,028 kg/mm² (BUCHTHAL und KAISER 1951); der am Ganzmuskel (M. semitendinosus) gemessene Wert ist um 40% kleiner, weil der Querschnitt auch inaktives Bindegewebe enthält. Die entsprechenden Werte für glatte Muskeln sind großen Schwankungen unterworfen, die zum Teil durch den verschiedenen Gehalt an Bindegewebe, zum Teil aber auch durch die Eigenart der kontraktilen Strukturen bedingt sind. Eingeweidemuskeln von Warmblütern entwickeln relativ niedrige Extraspannungen (0,004 bis 0,008 kg/mm²) (GREVEN 1951b), die Muskeln von Muscheln und Schnecken erreichen dagegen Werte, die genau so groß sind wie die Extraspannungen quergestreifter Vertebratenmuskeln (0,02 bis 0,045 kg/mm²) (ABBOTT und LOWY 1953).

Tabelle 20. *Maximalwerte der vom Muskel aktiv entwickelten Kraft* (ΔP_e)
(Unter Benützung der Tabelle von FISCHER und STEINHAUSEN 1925)

Mensch/Tier	Muskel	ΔP_e (kg/mm²)	Autoren	Jahr
Mensch . . .	M. gastrocnemins und soleus	0,059	FISCHER u. STEINHAUSEN	1925
Mensch . . .	M. biceps	0,0812	FISCHER u. STEINHAUSEN	1925
Mensch . . .	M. gastrocnemius u. soleus	0,0624	FISCHER u. STEINHAUSEN	1925
Mensch . . .	Kopfstrecker	0,0900	FISCHER u. STEINHAUSEN	1925
Mensch . . .	Kaumuskel	0,1000	FISCHER u. STEINHAUSEN	1925
Frosch . . .	M. sartorius	0,022	ABBOTT u. LOWY	1953
Kröte	M. sartorius	0,018	A. V. HILL	1953c
Mytilus edulis	M. adduct. posterior	0,005	ABBOTT u. LOWY	1953
Mytilus edulis	M. retract. pedis	0,020	ABBOTT u. LOWY	1953
Schnecke . .	Fußmuskel	0,026	ABBOTT u. LOWY	1953

Der *Maximalspannung* P_0 kommt eine große theoretische Bedeutung zu, weil sie diejenige Kraft bezeichnet, die die contractilen Ketten unter optimalen Bedingungen zu entwickeln vermögen. Zu diesen optimalen Bedingungen zählt u. a. auch die ständige Reaktivierung des contractilen Apparates durch kurz aufeinanderfolgende Erregungen im Tetanus. Bei einer Einzelzuckung wird der Wert P_0 nur deswegen nicht erreicht, weil der aktive Zustand (active state) vorzeitig abbricht (s. S. 138). Das Verhältnis der Spannung der Einzelzuckung zur Tetanusspannung (s. Tab. 19) gibt daher an, welcher Prozentsatz von P_0 während einer Einzelzuckung bis zum Gipfel der Kontraktion frei wird. Bei Einzelfasern und Ganzmuskeln des Frosches ist das Verhältnis 0,5 (18° C) (BUCHTHAL 1942; GILSON et al. 1944); Abkühlung auf 0° C erhöht das Verhältnis auf 0,7 (ABBOTT und LOWY 1953), weil der Temperaturkoeffizient der isometrischen Kraft für die Einzelzuckung negativ, für die Tetanusspannung aber schwach positiv ist. An den glatten Muskeln sind wesentlich größere Unterschiede zwischen der Spannung der Einzelzuckung und der vollen Tetanusspannung zu verzeichnen. Beim M. adductor post. von Mytilus edulis ist die tetanische Spannung 14mal größer als die Spannung der einfachen Kontraktion (ABBOT und LOWY 1953; s. Tab. 19).

Die Temperaturabhängigkeit der vollen isometrischen Tetanusspannung ist nur gering. Der Froschskeletmuskel reagiert auf eine Erwärmung von 0° C auf 10° C mit einer Zunahme der tetanischen Spannung um 20% (A. V. HILL 1951b). Messungen an Einzelfasern von Froschmuskeln haben unter Berücksichtigung aller methodischen oder biologisch bedingten Streuungen ergeben, daß die Spannung des Tetanus in einem Bereich von 4 bis 22° C sich nur geringfügig ändert (WASHINGTON et al. 1955; RAMSEY 1955). Bei einem Temperaturanstieg von 1° C steigt die tetanische Spannung nicht mehr als um 1% an; das entspricht einem Q_{10}-Wert von 1,2 in einem Temperaturbereich von 0 bis 20° C (CASELLA 1941).

b) Isotonische Maxima

Für den Q_{10}-Wert der tetanischen isotonischen Verkürzung werden sehr hohe Werte angegeben. Bei 26° C verkürzt sich die Einzelfaser (M. semitendinosus, Frosch) um 25 bis 200% mehr als bei 0° C (BUCHTHAL und KAISER 1951; Abb. 97). Die unterschiedlichen Prozentwerte erklären sich insofern, als die Temperaturabhängigkeit mit steigenden Ausgangsbelastungen zunimmt. Bei niedrigen Ausgangsbelastungen ist die Verkürzung aus rein mechanischen Gründen bereits maximal: Die Einzelfaser erreicht bei 0° C im isotonischen Tetanus eine Minimallänge (50% der Gleichgewichtslänge l_0), über die hinaus sie sich auch bei Erwärmung nicht weiter verkürzen kann. Mit steigenden Ausgangslasten (ab $0,2\ P_0$)

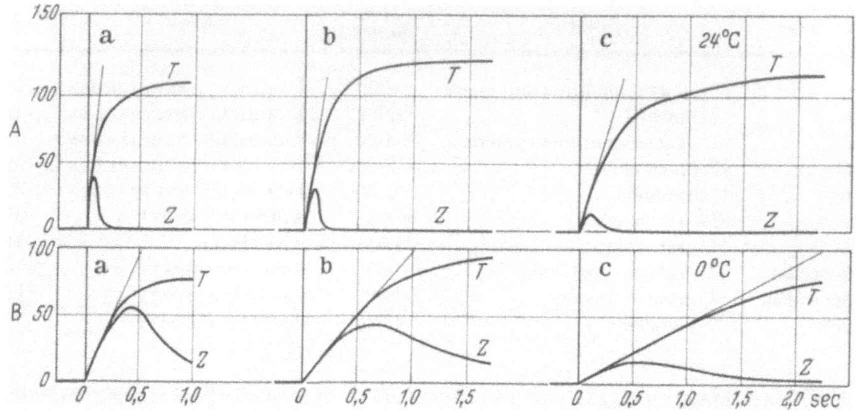

Abb. 97. Zeitlicher Verlauf der Verkürzung bei isotonischen Einzelzuckungen und tetanischen Kontraktionen (M. semitendinosus, Einzelfaser Frosch). Ordinate: Verkürzung in % der maximalen tetanischen Verkürzung bei sehr kleiner Belastung ($0,05\ P_0$). Abszisse: Zeit in sec. Bezeichnungen: T Tetanus, Z Zuckung, a Belastung $0,05\ P_0$, $b = 0,25\ P_0$, $c = 0,50\ P_0$, $A = 24°$ C, $B = 0°$ C. Die Gradienten der Geraden im Anstieg einer jeden Kurve bezeichnen die maximale Verkürzungsgeschwindigkeit (v_0) in jedem Versuch

nimmt zwar die Gesamtverkürzung (Differenz zwischen Ausgangslänge und Tetanuslänge) bei 0° C zu, die im Tetanus erreichte Absolutlänge ist aber immer noch größer als der Minimalwert (50% l_0). In diesem Spannungsbereich kann also durch Temperaturanstieg die Gesamtverkürzung zunehmen.

Für Einzelfaser und Ganzmuskel gilt die allgemeine Regel, daß der Muskel bei keiner Spannung und bei keiner Temperatur kleinere Längen als 50% der Gleichgewichtslänge l_0 im isotonischen Tetanus erreicht, ohne daß sich die Eigenschaften der contractilen Ketten ändern (BUCHTHAL und KAISER 1951; A. V. HILL 1949a). Wenn mit zunehmenden Ausgangsspannungen die volle Verkürzung auf 50% l_0 nicht mehr möglich ist, so liegt das im wesentlichen an der Spannungsabhängigkeit der Verkürzungsgeschwindigkeit, die mit steigender Belastung abnimmt. Einzelfasern können jedoch im isotonischen Tetanus auch noch bei Spannungen bis zu $0,4\ P_0$ dicht an ihre Minimallänge herankommen.

Die Kurve der isotonischen Maxima steigt steil an und läuft in einem nach der Längenabszisse konkaven, dann konvexen Teil in den Punkt der absoluten Kraft ein (BUCHTHAL und KAISER 1951). Auch im Tetanus sind aber unter isotonischen Bedingungen die Verkürzungen nie so groß, daß die isotonischen Maxima auf die Kurve der isometrischen Maxima zu liegen kommen: Bei einer bestimmten Länge sind die isometrischen Spannungen stets größer als die Spannungen, unter denen sich der Muskel oder die Einzelfaser isotonisch auf dieselbe Länge verkürzt (BLIX 1892; BUCHTHAL und KAISER 1951). Die Unterschiede zwischen den isotonischen und isometrischen Maxima des Tetanus sind aber im ganzen Spannungsbereich geringer als zwischen den entsprechenden Maxima von Einzelzuckungen (vgl. Abb. 95 mit Abb. 81). Unterstützungs- und Anschlagsmaxima ordnen sich auch im Längenspannungsdiagramm des Tetanus in Kurven ein, die zwischen den rein isotonischen und isometrischen Maxima liegen. Die Unterschiede in ihrer gegenseitigen Lage sind dieselben wie in den Diagrammen von Einzelzuckungen (REICHEL 1936); nur für Unterstützungs- und Anschlagskontraktionen, die von der Gleichgewichtslänge l_0 ausgehen, kommen die Maxima von isometrisch-isotonischen und isotonisch-isometrischen Kontraktionen auf dieselbe Kurve zu liegen (WILKIE 1956), weil bei diesen Längen der weiteren Verkürzung eine von der Art des Kontraktionsablaufs unabhängige Grenze gesetzt ist.

III. Elastizität des kontrahierten Muskels

1. Dynamische Dehnbarkeit

a) Experimentelle Befunde

Bei der Messung der elastischen Eigenschaften während einer Einzelzuckung oder auf der Höhe des Tetanus verfährt man ebenso wie bei Versuchen am ruhenden Muskel (s. S. 31) und bestimmt die Spannungsänderungen ΔP, die eine Längenänderung Δl auf einem gegebenen Spannungsniveau (P) hervorruft. Der umgekehrte Weg (Bestimmung der Längenänderung Δl bei einer aufgezwungenen Spannungsänderung ΔP) führt zwar zu denselben Ergebnissen, ist aber mit großen methodischen Schwierigkeiten verbunden und wird daher nur selten beschritten.

Die Dehnbarkeit $(\Delta l/\Delta P)$ des Muskels im Kontraktionszustand ist praktisch nur in dynamischen Versuchen meßbar, weil in statischen Versuchen mit Änderungen des Kontraktionszustandes zu rechnen ist, die die Meßergebnisse in nicht übersehbarer Weise verfälschen. Statische Versuche sind daher nur möglich, wenn der Kontraktionsprozeß von der Dehnung oder Entdehnung nicht beeinflußt wird. Dies ist aber nur unter ganz besonderen Bedingungen der Fall.

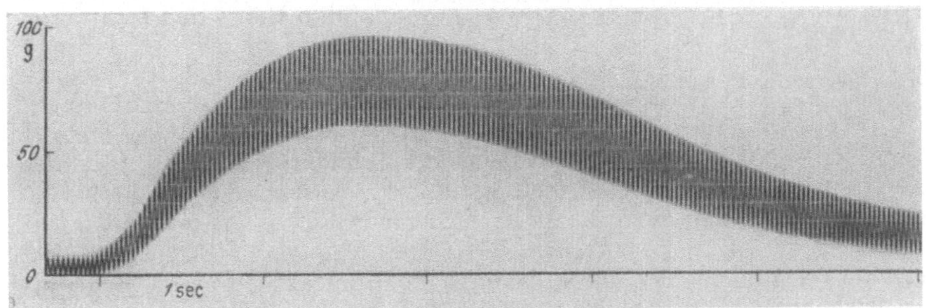

Abb. 98. Isometrische Kontraktionskurve des Muskels (M. coracobrachialis, Schildkröte, 2° C) mit aufgezwungenen periodischen Längenänderungen ($\Delta l = 0{,}104$ mm $= 0{,}3\%\ l_0$, Frequenz $= 35$/sec). (Nach REICHEL et al. 1956)

Auch im dynamichen Versuch muß man die Längenänderungen dem Muskel so schnell aufzwingen, daß sein Kontraktionszustand vom Beginn bis zum Ende der Längenänderung nach Möglichkeit derselbe bleibt. Daher muß die Geschwindigkeit der Längenänderung relativ groß zur Kontraktionsgeschwindigkeit sein (REICHEL et al. 1956). Außerdem ist es notwendig, möglichst kleine Längenänderungen (Δl) zu wählen, die Fehler durch plastisches Nachgeben der contractilen Ketten ausschließen und relativ zur Gesamtspannung kleine Spannungsänderungen (ΔP) hervorrufen. Zwingt man solche Längenänderungen einem relativ langsamen Muskel (Skeletmuskel der Schildkröte bei 0 bis 5° C) entweder kontinuierlich in Form sinusförmiger Dehnungen und Entdehnungen (Abb. 98) oder einmalig in Form schneller Entdehnungen (Abb. 99) zu irgendeinem Zeitpunkt einer isometrischen Einzelzuckung auf, so sind folgende Befunde zu erheben:

a) Die Dehnbarkeit ($\Delta l/\Delta P$) nimmt mit zunehmender Spannung während des Anstiegs einer isometrischen Zuckung ab, während der Erschlaffung entsprechend der Spannungsabnahme wieder zu;

b) bei derselben Spannung ist die Dehnbarkeit während der Anstiegs- und Erschlaffungsphase dieselbe;

c) der reziproke Wert der Dehnbarkeit, die sogenannte Steifheit ($\Delta P/\Delta l$), als Funktion der Spannung (P) ergibt ebenso wie beim ruhenden Muskel eine Gerade (BUCHTHAL und KAISER 1944; REICHEL et al. 1956).

Beim Herzmuskel (Ventrikel und Vorhof von Frosch und Schildkröte) fällt die Gerade mit der des ruhenden Muskels zusammen; d. h. die dynamische Dehnbarkeit ist bei gleicher Spannung (P) im Ruhe- und Kontraktionszustand dieselbe (LUNDIN 1944; BLEICHERT und REICHEL 1957; REICHEL und BLEICHERT 1959; Abb. 100). An anderen Kaltblütermuskeln, z. B. am M. retractor penis der Schildkröte bei 20° C (SCHOEPFLE und GILSON 1946), sowie an Warmblütermuskeln (Meerschweinchen, 37 bis 38° C) (HONCKE 1947) erhält man die gleichen Befunde, soweit die genannten methodischen Voraussetzungen zutreffen. Für Untersuchungen im Kontraktionsgipfel spielt die Verfälschung der Meßwerte durch den Kontraktions- oder Erschlaffungsprozeß keine Rolle, da zu diesem Zeitpunkt die Kontraktionsgeschwindigkeit gleich Null ist. Bei Einzelfasern (M. semitendinosus, Frosch) nimmt auf der Höhe der isometrischen Kontraktion die Dehnbarkeit um 25% gegenüber dem Ruhewert ab (BUCHTHAL und KAISER 1944), wenn die Temperatur 6° C beträgt; bei 23° C fallen Kontraktions- und Ruhewert zusammen. Die dynamische Dehnbarkeit des kontrahierten Froschskeletmuskels ist daher relativ stark temperaturabhängig, während sie sich im Ruhezustand nur wenig mit der Temperatur ändert. Der Grund für die Abnahme der Dehnbarkeit in einzelnen Muskeln, besonders bei niedrigen Temperaturen, könnte deshalb eine Zunahme der Viscosität sein, die den dynamischen Spannungsabfall bei Entdehnung überhöht.

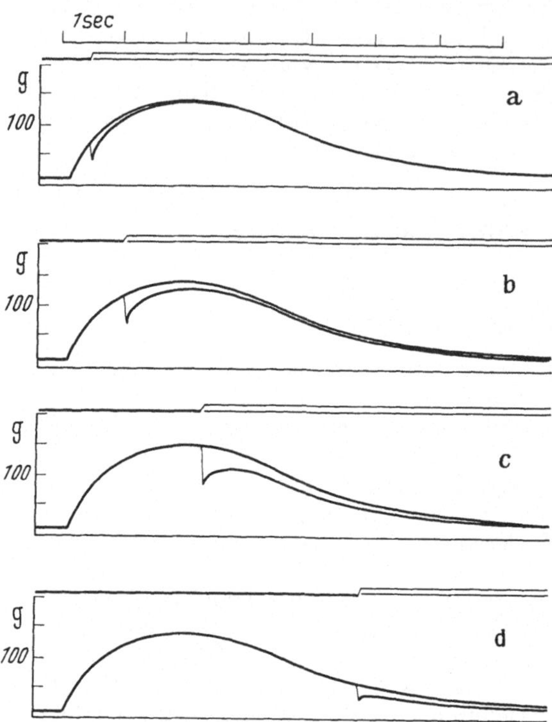

Abb. 99. Isometrische Kontraktionskurven des Muskels (M. coracobrachialis, Schildkröte, 5° C) mit einmaligen Entdehnungen ($\Delta l = 0,2$ mm $= 0,6\%\ l_0$) zu verschiedenen Zeitpunkten. Oberste Kurve in jeder Abbildung: Längenänderung. Auf jede Abbildung ist je eine Kontraktionskurve mit und ohne Entdehnung übereinander registriert. Zeitpunkt der Entdehnung in *a* 0,36 sec, in *b* 0,94 sec, in *c* 2,18 sec und in *d* 4,74 sec nach dem Reiz. (Nach REICHEL et al. 1956)

Bei verschiedenen Präparaten ein und desselben Tieres sind die relativen Abnahmen der Dehnbarkeit (bezogen auf gleiche Spannung) gegenüber dem Ruhezustand sehr unterschiedlich. Beim Skeletmuskel der Schildkröte können

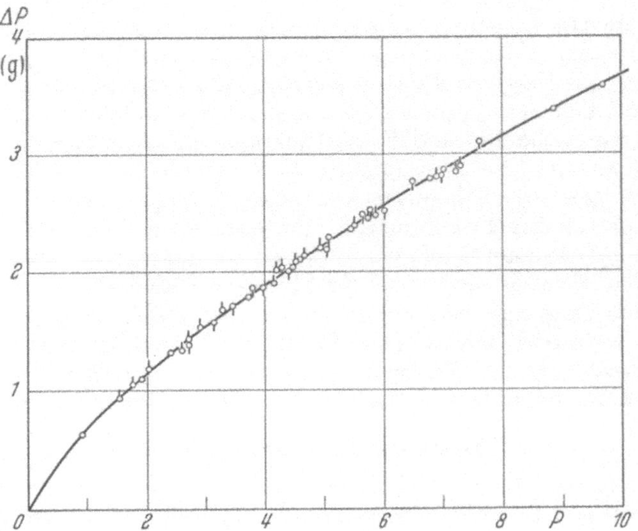

Abb. 100. Spannungsänderung ΔP bei plötzlicher Entdehnung (um eine Strecke Δl) als reziprokes Maß der dynamischen Dehnbarkeit ($\Delta l/\Delta P$) in Abhängigkeit von der Spannung P (Froschherz, Streifenpräparat, $l_0 = 13$ mm, Gewicht 50 mg, 4,7° C; Längenänderung, $\Delta l = 0{,}26$ mm, $= 2\%\ l_0$); Kreise = Steifheit des ruhenden Herzmuskels; Kreise mit Strich nach oben = Steifheit des kontrahierten Herzmuskels während des Anstiegs; Kreise mit Strich nach unten = Steifheit des kontrahierten Herzmuskels während der Erschlaffung. (Nach BLEICHERT und REICHEL 1957)

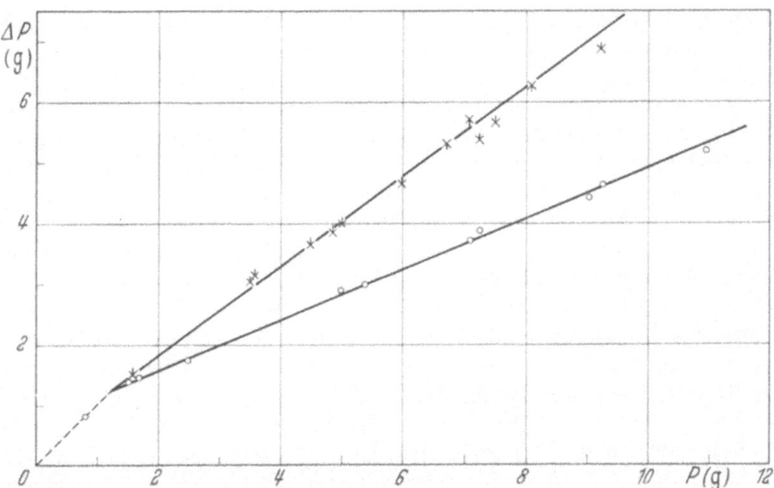

Abb. 101. Spannungsänderung ΔP bei plötzlicher Entdehnung (um eine Strecke Δl) als reziprokes Maß der dynamischen Dehnbarkeit ($\Delta l/\Delta P$) in Abhängigkeit von der Spannung P (Skeletmuskel; M. coracobrachialis, Schildkröte, 3,5° C; $l_0 = 22$ mm; Gewicht 150 mg; $\Delta l = 2\%\ l_0$). Obere Kurve (Kreuze): Kontraktionswerte für eine isometrische Kontraktion bei der Ausgangsspannung von 0,13 g. Kreuze mit Strich nach oben: Meßwerte während des Anstiegs. Kreuze mit Strich nach unten: Meßwerte während der Erschlaffung. Untere Kurve (Kreise): Ruhewerte. Verhältnis der dynamischen Dehnbarkeit in Ruhe zu der des kontrahierten Muskels 1,4:1. (Nach REICHEL und BLEICHERT unveröffentlicht)

im Temperaturbereich von 0 bis 5° C die Überhöhungen der Spannungsamplitude ΔP zwischen 10 und 60% schwanken (REICHEL und BLEICHERT 1957; Abb. 101).

Die Steifheitsspannungskurven sind auch in diesem Fall Gerade, die sich mit verschiedener Steilheit von der für den ruhenden Muskel gültigen Kurve abheben. Eine eindeutige Korrelation zu der vom Muskel entwickelten Maximalspannung besteht dabei nicht, wohl aber zu der Ausgangsspannung, von der aus sich der Muskel kontrahiert: mit zunehmender Ausgangsspannung wird der Unterschied zwischen der Ruhe- und Kontraktionsdehnbarkeit geringer (BUCHTHAL und KAISER 1944), weil die statische Dehnbarkeit proportional der Spannung abnimmt, die Viscosität aber nicht im selben Maß mit der Spannung zunimmt.

Durch rhythmische Be- und Entlastung oder durch einmalige Änderung der am Muskel hängenden Last ist es möglich, auch während der *isotonischen* Kontraktion Aufschluß über die dynamische Dehnbarkeit zu gewinnen; solche Versuche hat man bisher nur am Froschmuskel, und zwar an der Einzelfaser (BUCHTHAL und KAISER 1951) und am Ganzmuskel (MARCEAU und LIMON 1924) durchgeführt. Im isotonischen Tetanus nimmt bei der Einzelfaser die dynamische Dehnbarkeit gegenüber dem Ausgangszustand um 50 bis 100% ab. Bei gleicher Spannung erscheint die isotonisch kontrahierte Faser immer weniger dehnbar als die isometrisch kontrahierte. Bei Faserbündeln sind die Unterschiede zwischen Kontraktions- und Ruhedehnbarkeit kleiner als bei Einzelfasern.

b) Theorie der Kontraktionselastizität

Eine Deutung der genannten Resultate ist nur möglich, wenn man die an allen Objekten erhobenen Befunde berücksichtigt. Von den zur Zeit vertretenen Theorien stützen sich einige im wesentlichen auf die Tatsache, daß die dynamische Dehnbarkeit während der Kontraktion auch bei gleicher Spannung kleiner sein kann als im Ruhezustand (A. V. HILL 1949d, BUCHTHAL und KAISER 1951). Aus diesem Befund zieht man den Schluß, daß die contractilen Ketten im Ruhezustand nur plastisch dehnbar sind und infolge der Erregung ihre Plastizität verlieren. Dann wären die elastischen Eigenschaften des ruhenden Muskels gar nicht den Myofibrillen, sondern parallelen Strukturen (Sarkolemm, Bindegewebe usw.) zuzuordnen (A. V. HILL 1950c). Gegen die Annahme paralleler Elastizitäten im physiologischen Dehnungsbereich spricht aber eine ganze Reihe von Befunden (s. S. 25). Eine zweite Theorie schreibt elastische und contractile Eigenschaften denselben Proteinketten zu, deren Glieder auch im Ruhezustand Träger der Elastizität sein sollen, durch die Erregung aber in einen relativ undehnbaren Zustand übergehen würden (Transmutationstheorie nach BUCHTHAI 1942). Beiden Theorien ist die Voraussetzung gemeinsam, daß jede Kontraktion zwangsläufig mit einer Abnahme der Dehnbarkeit gekoppelt sein muß. Dies ist aber nicht der Fall, wie die Versuche an Einzelfasern des Froschmuskels, an Faserbündeln des Warmblüters, am M. retractor penis der Schildkröte und an einigen Herzstreifenpräparaten bei verschiedenen Temperaturen zeigen. Die Übereinstimmung von Ruhe- und Kontraktionsdehnbarkeit bei gleicher Spannung und ihre Unabhängigkeit von der jeweiligen Kontraktionsphase ist durch eine Theorie zu erklären, die die elastischen Eigenschaften relativ dehnbaren, die contractilen Eigenschaften relativ undehnbaren Gliedern der Eiweißketten zuschreibt. Ein vereinfachtes Modell würde dann zwei hintereinandergeschaltete Elemente enthalten, von denen das eine Träger der Contractilität, das andere Träger der Elastizität ist (REICHEL 1952). Das elastische Serienelement, dessen Existenz auch von den beiden erstgenannten Theorien kaum bezweifelt und sogar gefordert wird, muß dann folgende Eigenschaften haben:

a) eine Dehnungskurve, die gegen die des ruhenden Muskels nach kleineren Längen verschoben ist, im übrigen dieselbe nichtlineare Charakteristik besitzt sowie eine der Absolutspannung P proportionale Anstiegssteilheit ($\Delta P/\Delta l$);

b) eine Dämpfung, die mit zunehmender Geschwindigkeit der Längenänderung die resultierende Spannungsamplitude dynamisch überhöht.

Soweit die dynamische Dehnbarkeit im Ruhe- und Kontraktionszustand auf demselben Spannungsniveau die gleiche ist, muß die Dämpfung des elastischen Serienelementes unabhängig vom Kontraktionszustand sein. In allen anderen Fällen (Froschskeletmuskel bei niedriger Temperatur) bedarf die Zwei-Elemente-Theorie der zusätzlichen Annahme, daß während der Kontraktion etwa durch vermehrte Reibung der kontrahierten Ketten die Dämpfung der elastischen Serienelemente gegenüber dem Ruhezustand zunimmt. Hierfür gibt es einen unmittelbaren Beweis: Das logarithmische Dekrement der Spannung bei plötzlicher Entdehnung einer Einzelfaser aus dem isometrischen Tetanus ist größer als bei einer entsprechenden Entdehnung der ruhenden Faser; die errechnete Dämpfungskonstante kann das Dreifache des Ruhewertes betragen (BUCHTHAL 1942). Für eine erhöhte Dämpfung im kontrahierten Zustand spricht ferner die größere Abhängigkeit der dynamischen Elastizität von der Temperatur (BUCHTHAL und KAISER 1944). Die Abhängigkeit von der Dehnungsgeschwindigkeit kann während der Kontraktion aus methodischen Gründen nur in sehr engen Grenzen untersucht und wegen ihres exponentiellen Charakters (s. Abb. 22) unter Umständen überhaupt nicht erfaßt werden. Negative Resultate (A. V. HILL 1953 b) beweisen also nicht, daß die elastischen Serienelemente im kontrahierten Zustand ungedämpft seien.

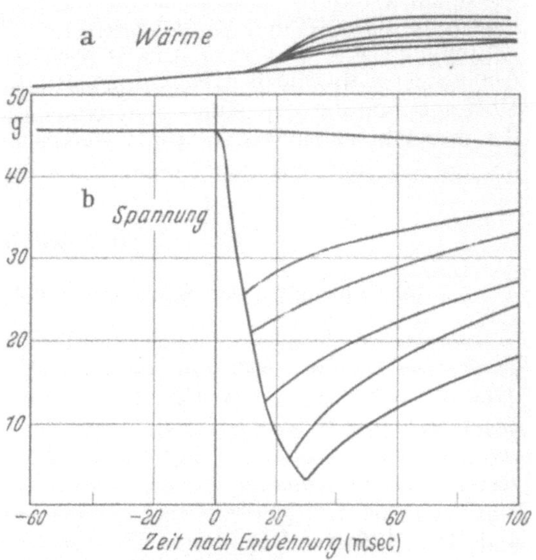

Abb. 102. Wärmebildung während plötzlicher Entdehnung aus dem isometrischen Tetanus (M. sartorius, Kröte, 0° C, $l_0 = 26$ mm, Gewicht 67 mg). Untere Kurven b: isometrische Spannung des Tetanus; im Zeitpunkt Null wird der Muskel aus diesem Tetanus um folgende Beträge entdehnt: 0,24 mm; 0,32 mm; 0,47 mm; 0,71 mm; 0,97 mm; die entsprechenden Spannungsänderungen sind übereinanderkopiert. Obere Kurven a: Entsprechende Temperaturänderungen (Nullinie der Temperatur liegt bei der Eichmarke 20; Temperaturzunahme = Ausschlag nach oben). (Nach A. V. HILL 1953b)

Als Zeichen der Viscositätszunahme im Froschskeletmuskel kann man auch die Tatsache werten, daß bei einer Entdehnung des kontrahierten Muskels der Spannungsanstieg, der auf den plötzlichen Spannungsabfall folgt, größer ist als die Nachspannung des ruhenden Muskels. Der Versuch ist allerdings nur beweiskräftig, wenn man ihn zu einem Zeitpunkt durchführt (etwa am Ende der Erschlaffung), in dem eine erneute Aktivierung der contractilen Ketten infolge der Entdehnung unwahrscheinlich ist (REICHEL und ZIMMER 1956).

2. Thermoelastisches Verhalten

Außer der nicht immer nachweisbaren und von einem Objekt zum anderen wechselnden Viscositätszunahme ist am Skeletmuskel des Kaltblüters (Frosch und Kröte) eine weitere durch die Kontraktion eingeleitete Änderung nachweisbar, die das thermoelastische Verhalten betrifft (A. V. HILL 1953 b). Während der ruhende Muskel Kautschukelastizität besitzt und auf Entdehnung mit einer Wärmeabsorption antwortet (s. S. 38), gibt der kontrahierte Muskel bei demselben Versuch regelmäßig Wärme ab (Abb. 102). Zum Nachweis dieses thermo-

elastischen Effektes bedarf es besonders trägheitsfreier Meßverfahren (s. S. 213);
außerdem muß die Entdehnung so schnell erfolgen, daß während des Spannungs-
abfalles der Verkürzungszustand der contractilen Ketten praktisch derselbe bleibt.
Nach Abzug der durch die Entdehnung freiwerdenden und in Wärme übergeführ-
ten elastischen Energie verbleibt eine positive Wärmetönung, die $0{,}018\,l'_0 \cdot (-\Delta P)$
beträgt ($l'_0 =$ Standardlänge, $-\Delta P =$ Spannungsabfall). Der kontrahierte Muskel ist daher im Gegensatz zum ruhenden Muskel als normalelastischer Körper zu
betrachten, obwohl die Versuche (A. V. HILL 1953 b) nicht sicher die Möglichkeit
ausschließen, daß der beschriebene Effekt auf vermehrter Reibung beruht. Außerdem kann die Berechnung der elastischen Energie aus den indirekt ermittelten
Entdehnungskurven der elastischen Serienelemente zu kleine Werte liefern. Die
Änderung der thermoelastischen Eigenschaften würde aber an der grundsätzlichen
Übereinstimmung von Ruhe- und Kontraktionsdehnbarkeit nichts ändern, weil
der thermokinetische Anteil an der elastischen Zugkraft auch beim ruhenden Muskel nur 1% der normalen isometrischen Spannung beträgt (JOSENHANS 1949 b).

3. Plastizität

a) Änderungen der Gleichgewichtslänge infolge der Kontraktion

Einzelfasern können sich bei anhaltender Reizung unter isotonischen Bedingungen auf Längen verkürzen, die nur 20% der Gleichgewichtslänge l_0 betragen
(RAMSEY und STREET 1940). In diesem maximal verkürzten Zustand (sog. Δ-Zu-
stand) kann die Faser auch nach Aufhören der Reizung verharren. Sie zeigt dann
veränderte Eigenschaften: Ihre Ruhedehnungskurve ist nach kleineren Längen
verschoben, die isometrische Extraspannung ist relativ klein; im histologischen
Bild erscheint die Querstreifung verwaschen, weil die Myofibrillen desorientiert
sind. Der Δ-Zustand ist damit als eine besondere Form des plastischen Tonus
anzusehen (s. S. 27): Die contractilen Ketten können im Anschluß an isotonische Kontraktionen kleinere Gleichgewichtslängen annehmen. Darauf beruht die
Reversibilität der plastischen Verlängerung beim quergestreiften und glatten Muskel (SULZER 1928; BOZLER 1930). Der Vorgang ist molekulartheoretisch etwa so
zu deuten, daß die durch die Kontraktion gefalteten Eiweißketten in diesem
Zustand verbleiben, wenn sie nicht durch eine Kraft wieder gestreckt werden.
Daher ist die Reversibilität der plastischen Verlängerung besonders am unbelasteten Objekt und unter isotonischen Bedingungen zu beobachten. Andererseits
kann die isometrisch entwickelte Spannung bereits bestehende Bindungen aufheben und gefaltete Ketten strecken. Daher ist gelegentlich die nach einer isometrischen Kontraktion erreichte Ruhespannung kleiner als vor der Kontraktion
(SCHEINER 1950); ebenso kann die Verkürzung im Anschluß an eine ACh-Kontraktur oder die initiale Verkürzung eines frisch excidierten Muskels durch anhaltende elektrisch ausgelöste isometrische Tätigkeit gelöscht werden (HESS 1927;
SCHEINER 1950; RIESSER und NEUSCHLOSS 1921; REHSTEINER 1927). Am glatten
Muskel sind ähnliche Befunde zu erheben (BOZLER 1930).

Ob und in welcher Richtung sich die Ruhespannung oder Ruhelänge unter dem
Einfluß einer Kontraktion ändert, hängt ganz von den Versuchsbedingungen ab.
Der plastisch verkürzte Muskel neigt unter dem Einfluß isometrischer Kon-
traktionen zu einer Verlängerung, der plastisch verlängerte und unbelastete
Muskel nach isotonischer Kontraktion zu einer Verkürzung der ursprünglichen
Faserlänge. Anhand der Latenzzeitmessungen (s. S. 95) läßt sich nachweisen, daß
dieser Befund nicht ausschließlich auf Stauchungseffekten beruhen kann, die die
scheinbaren Latenzzeiten ähnlich wie bei Anschlagszuckungen verlängern müßten;

die Latenzzeiten bleiben trotz der Abnahme der Gleichgewichtslängen konstant (ABBOTT und RITCHIE 1951 b; Abb. 103).

Für die Annahme, daß die plastischen Eigenschaften den contractilen Ketten zuzuschreiben sind, spricht eine ganze Reihe von Befunden. Beim Herzmuskel des Kaltblüters hängt die isometrische Gipfelspannung deutlich von der plastischen Verlängerung ab; die isometrischen Maxima nehmen bei gleichbleibender Ausgangsspannung bis zu einem Optimum mit steigender Länge l zu, dann wieder ab (REICHEL[1]). Der tetanisch gereizte Skeletmuskel (M. sartorius, Frosch) entwickelt im plastisch gedehnten Zustand Spannungen, die um 15% kleiner sind als bei der ursprünglichen Länge in situ (AUBERT et al. 1951). Dabei verschiebt sich nicht nur die Ruhedehnungskurve, sondern auch die Kurve der isometrischen Maxima in ihrem ganzen Verlauf nach größeren Längen. Die Plastizität kann also nur eine Eigenschaft der contractilen Ketten sein.

In demselben Sinn sprechen Versuche, bei denen der Muskel während der Kontraktion starken Dehnungen (über 2% der Standardlänge) unterzogen wird. Der resultierende Spannungsanstieg hängt dann nicht nur von den elastischen und viscösen, sondern auch von den plastischen Eigenschaften der Proteinketten ab. Wenn die tragenden Ketten plastisch nachgeben, wird der Spannungsanstieg ΔP_d während der Dehnung kleiner. Da die Kontraktion der plastischen Verlängerung mindestens so lange entgegenwirkt, als die isometrische Spannung einen gewissen Grenzwert nicht überschritten hat, ist im ersten Anstieg einer isometrischen Kontraktion die plastische Dehnbarkeit des Muskels verringert, wie Versuche mit der Methode der „schnellen Dehnung" ("quick stretch") beweisen (A. V. HILL 1949 d). Wenn man einen Froschmuskel (M. sartorius) bei 0° C einer starken und schnellen Dehnung (Abb. 104) während der isometrischen Einzelzuckung unterzieht, so hängt der Erfolg der Dehnung nicht nur von dem Spannungsniveau, sondern auch von dem Zeitpunkt ab, in dem die

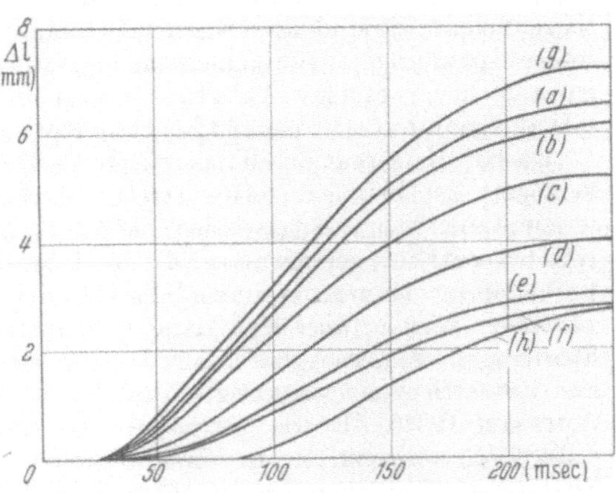

Abb. 103. Isotonische Kontraktionen des Skeletmuskels (Kiefermuskel, Rochen 0° C l'_0 = 40 mm) bei sehr kleiner Belastung und Reizung über die ganze Länge. Ordinate: Verkürzung (mm); Abszisse: Zeit nach dem Reiz (msec). Kurven a bis f: Aufeinanderfolgende Zuckungen am Ende der vorausgegangenen Verkürzung. Muskellänge vor jeder Zuckung: a) 40 mm; b) 35,2 mm; c) 31,5 mm; d) 28,9 mm; e) 27,4 mm; f) 27,4 mm. Vor der Zuckung g) wird der Muskel auf seine ursprüngliche Länge (40 mm) passiv gedehnt, vor der Zuckung h) wird der Muskel von 40 mm auf 27,4 mm gestaucht. Beachte: Latenzzeit bleibt von a bis f annähernd konstant, wird dagegen in h) erheblich verlängert. (Nach ABBOTT und RITCHIE 1951)

Abb. 104. Zeitlicher Verlauf der Spannung bei plötzlicher Dehnung des Muskels (M. sartorius, Kröte, 0° C, l_0 = 30 mm; Δl = 10% l_0; Dauer der Dehnung 15 bis 20 msec). Dehnung des Muskels zu verschiedenen Zeitpunkten. Ordinate Spannung (g), Abszisse Zeit (sec). (Nach A. V. HILL 1949 d)

---

[1] Unveröffentlichte Versuche.

Dehnung einsetzt. Während der Anstiegsphase nimmt zwar die dynamische Spannungsamplitude mit steigender Spannung zu (entsprechend der Nichtlinearität der elastischen Serienelemente), sie erreicht den Maximalwert aber nicht erst im Zuckungsgipfel, sondern schon im zweiten Drittel der Anstiegszeit. Während der Erschlaffung nehmen die der normalen Zuckungskurve aufgesetzten ΔP-Werte relativ schnell ab; sie sind dann wesentlich kleiner als die in der Anstiegsphase auf demselben Spannungsniveau gemessenen Spannungsamplituden. Der zeitliche Ablauf eines solchen Versuches (Abb. 104) unterscheidet sich wesentlich von dem Kurvenbild, das man mit sehr kleinen Längenänderungen ($\Delta l < 2\% \, l_0$) erhält (vgl. Abb. 98).

Da die Kontraktion die plastische Verlängerung der kontraktilen Elemente verzögert, ist bei der "quick stretch"-Methode der Spannungsabfall, der dem momentanen Spannungsanstieg nachfolgt (Abb. 104), vor dem Kontraktionsgipfel wesentlich geringer als auf der Höhe der Kontraktion oder während der Erschlaffung. Ganzmuskeln und Faserbündel, die man im isometrischen Tetanus von einer Länge l_1 auf eine Länge l_2 dehnt, stellen sich nach der Dehnung auf Spannungen ein, die größer als die von der Ausgangslänge l_2 aktiv erzeugten rein isometrischen Spannungen sind (BECK 1923; BETHE 1923; SULZER 1930a; ASMUSSEN 1936). Ebenso verhalten sich Einzelfasern in einem Längenbereich $> 150\% \, l_0$, während sie in einem Bereich $< 150\% \, l_0$ nach Dehnung dieselben Spannungen erreichen, die sie aktiv entwickeln, wenn sie bereits im Ruhezustand die Länge l_2 haben (BUCHTHAL 1942).

Cyclische, genügend langsame (sog. semidynamische) Dehnungen und Entdehnungen im isometrischen Tetanus oder abwechselnde Be- und Entlastungen im isotonischen Tetanus sind mit beträchtlichem Arbeitsverlust verbunden (BUCHTHAL 1942; SULZER 1930a), der mit steigender Ausgangsspannung abnimmt. Der Arbeitsverlust des kontrahierten Muskels läßt sich wie der des ruhenden Muskels durch die Annahme erklären, daß die kritische Spannung für die Lösung molekularer Seitenverbindungen oder für das Öffnen intermolekularer Falten in den Proteinketten höher liegt als für den umgekehrten Vorgang (H. H. WEBER 1935; BUCHTHAL 1942).

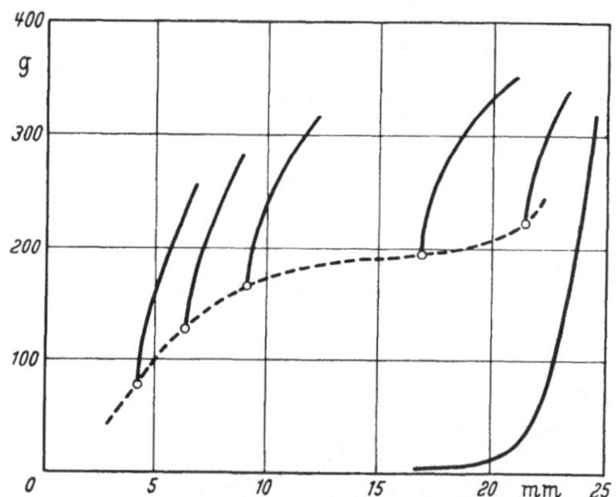

Abb. 105. Dehnungskurven des kontrahierten Muskels (M. gracilis, Frosch). Belastung im isotonischen Tetanus bei verschiedenen Ausgangsspannungen. Ordinate: Spannung (g); Abszisse: Länge (mm). Gestrichelte Kurve: Kurve der isotonischen Maxima; aufgesetzte Kurven: Dehnungskurven im Kontraktionszustand; rechte Kurven: Entdehnungskurven des ruhenden Muskels. Geschwindigkeit der Belastung 68 g/sec (Nach SULZER 1930a)

Die Entdehnungskurve der isometrisch kontrahierten Einzelfaser verläuft steiler als die Kurve der isometrischen Maxima; sie kann sogar unter die Kurve der isotonischen Maxima zu liegen kommen, soweit der Kontraktionszustand der contractilen Elemente unverändert bleibt (BUCHTHAL 1042). Entdehnungen spielen sich offenbar nur an den elastischen Serienelementen ab und sind daher im dynamischen Versuch für die Messung der viscös-elastischen Eigenschaften des kontrahierten Muskels geeignet.

Wird ein Muskel aus dem isotonischen Tetanus langsam belastet, so verlaufen die Dehnungskurven stets steiler als die Kurven der isotonischen Maxima, solange sich der Kontraktionszustand noch nicht auf die erhöhte Spannung eingestellt hat (SULZER 1930a, Abb. 105). Die Kurven verbinden ähnlich wie die

U-Kurven die isotonischen mit den isometrischen Maxima; sie weisen eine nach der Längenabszisse konkave Krümmung auf, die man mit dem allmählichen Nachgeben der contractilen Ketten erklären kann. Die plastische Verlängerung des kontrahierten Muskels ist aber immer kleiner als die des ruhenden Muskels, der bei derselben Ausgangslänge gleich belastet wird.

b) Sperrtonus des glatten Muskels

Der Mechanismus, der die Ketten etwa infolge von intermolekularen Querverbindungen während der Kontraktion hindert, auf eine Spannungszunahme mit einer plastischen Verlängerung oder nach Dehnung mit einer Relaxation zu antworten, ist als Sperrung bezeichnet worden (v. ÜXKÜLL 1903; NOYONS und v. ÜXKÜLL 1911; BECK 1923; BETHE 1923). Der glatte Muskel besitzt eine besonders große Fähigkeit zur Sperrung im kontrahierten Zustand. Der Wandmuskel von Holothuria nigra kommt nach Dehnung aus dem isometrischen Tetanus mit Spannungen ins Gleichgewicht, die erheblich über den isometrischen Maxima liegen (A. V. HILL 1926b). Typische Sperrmuskeln sind die Schalenschließmuskeln der Muscheln, an denen das Phänomen der Sperrung zum ersten Mal beschrieben wurde (NOYONS und ÜXKÜLL 1911). Die Sperrung ist aber unvollständig und in vivo an dauernde Erregungen gebunden, die im Elektrogramm deutlich festzustellen sind (LOWY 1953). Auch wenn die Frequenz dieser Erregungen auf der Höhe der Kontraktion wegen der relativ langen Erschlaffungsdauer gering ist, so besteht doch kein Zweifel, daß für die Erhaltung des Schalenschlusses die tetanische Dauerinnervation erforderlich ist. So erschlafft z. B. der M. adductor von Mytilus edulis immer dann, wenn die Frequenz der Aktionspotentiale abnimmt. Die für die Sperrung verantwortlichen intermolekularen Bindungen überdauern jedoch die kontraktile Tätigkeit, wenn der Muskel Gelegenheit hat, sich ohne Spannung isotonisch zu verkürzen. Dies läßt sich am Schalenschließmuskel von Pinna nobilis zeigen (BANDMANN und REICHEL 1955). Der Muskel ist nach der Präparation gegenüber seiner Normallänge in situ tonisch verkürzt und zeigt im histologischen Bild eine starke Desorientierung seiner Strukturen; er unterscheidet sich aber von dem kontrahierten Muskel dadurch, daß er schon bei einer relativ niedrigen Spannung plastisch nachgibt. Der innervierte und im Kontraktionszustand gesperrte Muskel ist dagegen in der Lage, selbst hohe Spannungen bei kleinen Absolutlängen zu halten, ohne sich plastisch zu verlängern.

Bei den glatten Muskeln der Hohlorgane läßt sich ebenso wie beim Schalenschließmuskel der Muscheln eine dauernde elektrische Aktivität nachweisen, die für die Erhaltung einer bestimmten dem Voluminhalt angepaßten Länge notwendig ist (s. z. B. JUNG 1955). Bei künstlicher Druckerhöhung gelingt es, relativ steile, durch plastische Effekte kaum verfälschte Dehnungskurven aufzunehmen, weil die Muskeln infolge der im Erregungsrhythmus ausgelösten Kontraktionen gegen das plastische Nachgeben gesperrt sind.

c) Relaxation und Erschlaffung

Alle Sperrmuskeln zeichnen sich durch eine gegenüber der Anstiegszeit stark verlängerte Erschlaffungszeit aus. Der isotonisch kontrahierte, unbelastete Muskel kann sich unter Umständen überhaupt nicht mehr verlängern, sondern bleibt auch nach Aufhören der Erregungen in einem tonisch verkürzten Zustand. Die Erschlaffung der einzelnen contractilen Elemente kann nach außen nicht manifest werden, weil die Ketten auch nach der Kontraktion in einem desorientierten Zustand verharren. Der isometrisch kontrahierte Tonusmuskel erschlafft, weil die von ihm entwickelte Spannung ausreicht, um die desorientierenden Kräfte zu überwinden. Die allmähliche Lösung der im Lauf der Kontraktion entstandenen

Seitenbindungen innerhalb der Fadenstrukturen erfordert aber Zeit, die die Dauer der Erschlaffung verlängert. Deshalb besteht bei solchen Objekten eine weitgehende Parallelität zwischen der Erschlaffung des kontrahierten Muskels und der Relaxation des ruhenden Muskels (s. S. 33) (BOZLER 1953a); denn der Spannungsabfall, der dem Spannungsanstieg bei plötzlicher Dehnung nachfolgt, beruht wenigstens in der letzten Hälfte vorwiegend auf dem allmählichen plastischen Nachgeben der Ketten. Beim M. retractor pharyngis der Schnecke ist tatsächlich der zeitliche Ablauf des Spannungsabfalls aus dem isometrisch kontrahierten und dem in Ruhe gedehnten Zustand annähernd derselbe, wenn er von der gleichen Gipfelspannung aus erfolgt (BOZLER 1941b). Zusatz von 6% CO_2 zur Außenlösung verlangsamt in beiden Fällen den Spannungsabfall.

Trotz dieser Analogie ist der eigentliche Erschlaffungsprozeß, der die verkürzten Einzelglieder der Proteinketten wieder in die alte Länge zurückführt, nicht mit dem plastischen Nachgeben der Proteinketten identisch. Muskeln, die geringfügige tonische und plastische Eigenschaften haben (z. B. quergestreifte Skeletmuskeln) erschlaffen in Zeiten, die wesentlich kürzer als die Relaxationszeiten im Ruhezustand sind. Die Temperaturabhängigkeit der Relaxation ist geringer als die der Erschlaffung (A. V. HILL 1950e). Das läßt sich nicht nur an quergestreiften, sondern auch an glatten Muskeln zeigen. Der glatte Magenmuskel des Kaninchens antwortet auf Temperaturabnahme mit einer verzögerten Erschlaffung aus der isotonischen Kontraktion, nicht aber mit einer meßbaren Änderung im zeitlichen Ablauf der Nachdehnung (KITISIN und GILSON 1954). Ebenso ist auch in ausgesprochenen Tonusmuskeln (wie z. B. im M. adductor von Pinna nobilis) die Tonusspannung unabhängig von der Temperatur (REICHEL 1955). Die tonische Verkürzung und plastische Verlängerung beruht also auf einem passiven Mechanismus (Desorientierung oder Faltung der Proteinketten). Die Abhängigkeit dieses Mechanismus von dem eigentlichen Kontraktionsprozeß kann man in dem Sinn deuten, daß die Verkürzung der contractilen Elemente die Kettenglieder innerhalb der Feinstrukturen einander nähert, damit die Faltung und Desorientierung ermöglicht und in einem je nach Art des Muskels verschiedenen Ausmaß gegen hohe Spannungen erhält (s. Abb. 17). Dabei kann sich das Bindegewebe an dem Sperrtonus beteiligen (PANTIN 1956), indem es sich durch die Kontraktion der Myofibrillen desorientiert, staucht und zu einem Netzwerk verflicht, das die Erschlaffung des Systems verhindert oder mindestens verzögert (s. a. RÖSSEL 1951).

IV. Kraft-Geschwindigkeitsrelation

1. Hillsche Gleichung

Der zeitliche Verlauf einer Einzelzuckung und die Lage des Kontraktionsmaximums im Längenspannungsdiagramm liegt nicht von vornherein durch den Ausgangszustand fest, sondern richtet sich nach den mechanischen Bedingungen, die der Muskel *während* der Kontraktion antrifft. Dies wird bereits durch die verschiedene Lage der Maxima für Anschlags- und Unterstützungszuckungen deutlich. Außerdem ist die Geschwindigkeit, mit der sich die contractilen Elemente verkürzen, von der am Muskel liegenden Spannung abhängig.

Wenn ein Muskel bei der Standardlänge l'_0 gegen verschiedene Belastungen unterstützt wird, so verkürzt er sich bei tetanischer Reizung mit einer Geschwindigkeit, die mit zunehmender Last abnimmt. Die Beziehung ist aber nicht linear, wie anzunehmen wäre, wenn der zeitliche Ablauf der Verkürzung durch viscöse Widerstände bestimmt würde (FENN und MARSH 1935). Die Kraft-Geschwindigkeitsrelation entspricht vielmehr einer hyperbolischen Funktion, die folgender

Gleichung gehorcht (A. V. HILL 1938):

$$(P + a) \cdot (v + b) = (P_0 + a) \cdot b = \text{const.} \qquad (24)$$

(P = Last, unter der sich der Muskel verkürzt; P_0 = isometrische Gesamtspannung im Tetanus, v = tetanische Verkürzungsgeschwindigkeit.)

Die Kurve (Abb. 106) würde in dieser Formulierung dem Ast einer Hyperbel
mit den Asymptoten a und b entsprechen. Die Größe b ist eine Konstante mit der
Dimension einer Geschwindigkeit
und proportional der Länge des
Muskels; sie ist stark temperaturabhängig und wechselt von einem
Muskel zum andern. Die Größe
a ist eine Konstante mit der Dimension einer Kraft; sie steht in
einer festen Proportion zu der Tetanusspannung P_0. Das Verhältnis a/P_0 beträgt für Froschmuskeln im Durchschnitt 0,25 bei 0°C
(HILL 1938). Annähernd dieselben
Zahlen gelten für Warmblütermuskeln (Zwerchfell der Ratte
und Oberarmmuskel des Menschen) bei Körpertemperatur
(RITCHIE 1954 a; WILKIE 1950).
Bei Muskeln von Avertebraten
(Muschel und Schnecke) liegen
die Werte zwischen 0,1 und 0,28
(ABBOTT und LOWY 1953). In der

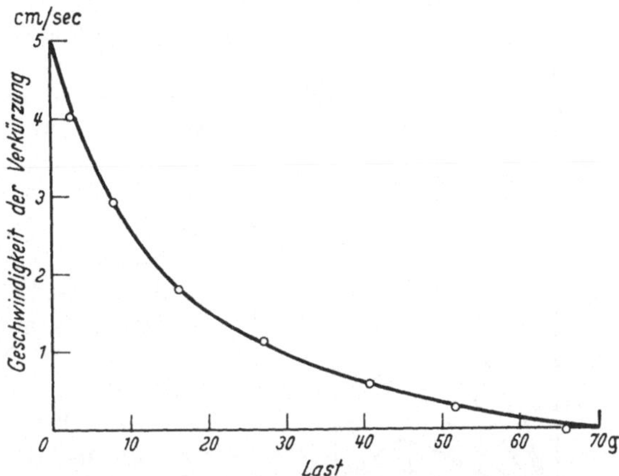

Abb. 106. Geschwindigkeit der tetanischen Verkürzung als
Funktion der Belastung bei gleicher Ausgangslänge (M. sartorius, Frosch, 0° C, l_0 = 38 mm). Der im isometrischen Tetanus
fixierte Muskel wird plötzlich freigegeben; dabei verkürzt er
sich nach Maßgabe der Belastung mit einer durch die Kurve
gegebenen Geschwindigkeit (sog. "Release"-Kontraktion).
(Nach A. V. HILL 1938)

Tab. 21 (nach ROSENFALCK und BUCHTHAL 1955) sind alle an verschiedenen Muskeln ermittelten Zahlen für das Verhältnis a/P_0 zusammengestellt. Abb. 107 zeigt
die Abnahme der Verkürzungsgeschwindigkeit mit zunehmender Belastung
am Beispiel des Uterusmuskels.

Tabelle 21. *Konstanten in* HILLs *Gleichung für verschiedene Muskeln*
(Nach ROSENFALCK und BUCHTHAL 1955)

Tier und Muskel	Temp °C	P_0 kg/cm²	v_0 l_0/sec	a/P_0	Autoren
Frosch, M. sartorius	0	—	1,29	0,257 (0,21—0,31)	A. V. HILL 1938
Frosch, M. semitend. (Einzelfaser)	0	2,8	3,0	0,16	BUCHTHAL u. KAISER 1951
Kröte, M. sartorius	0	1,4	1,0	0,21	A. V. HILL 1949a
Schnecke, M. retr. phar.	15	2,6	0,17	0,17	ABBOTT u. LOWY 1953
Blaumuschel, M. retr. ped.	14	2—2,5	0,7	0,1	ABBOTT u. LOWY 1953
Blaumuschel, M. retr. byss.	14	3,5—4,5	0,08	0,16	ABBOTT u. LOWY 1953
Blaumuschel, M. add. post.	14	0,5	0,09	0,2	ABBOTT u. LOWY 1953
Roche, M. coraco-mand.	0	0,6	2,0	0,35	WILKIE 1954
Schildkröte, M. gracilis	0	1,0	0,25	0,26	WILKIE 1954
Schildkröte, M. retr. penis	16	—	0,5	0,11 (0,07—0,16)	KATZ 1939b
Ratte, Diaphragma	37	1,0	15	0,25 (0,12—0,44)	RITCHIE 1954a
Mensch, M. biceps	37	2,0	6	(0,20—04,8)	WILKIE 1950
Mensch, M. pect. maj.	37	1,6	10	(0,4—0,8)	RALSTON et al. 1949
Kaninchen, Psoas-Modell	0	0,75	0,25	0,07	ULBRECHT et al. 1954
Kaninchen, Psoas-Modell	20	4,0	0,40	0,18	ULBRECHT et al. 1954

Die Konstanten a und b ergeben sich empirisch aus der Kraftgeschwindigkeitskurve. Dabei ist zu berücksichtigen, daß relativ geringe Änderungen im Kurvenverlauf relativ große Änderungen der Konstanten mit sich bringen. In praxi konnte man also ein und dieselbe Kurve durch Gleichungen mit sehr verschiedenen Konstanten annähernd richtig beschreiben. Daher erfordert die Bestimmung der Konstanten sehr viele und genau definierte Meßpunkte über den ganzen Kurvenverlauf (ROSENFALCK und BUCHTHAL 1955). Außerdem ist die Hyperbelgleichung nicht die einzige Möglichkeit, die Kraft-Geschwindigkeitsrelation

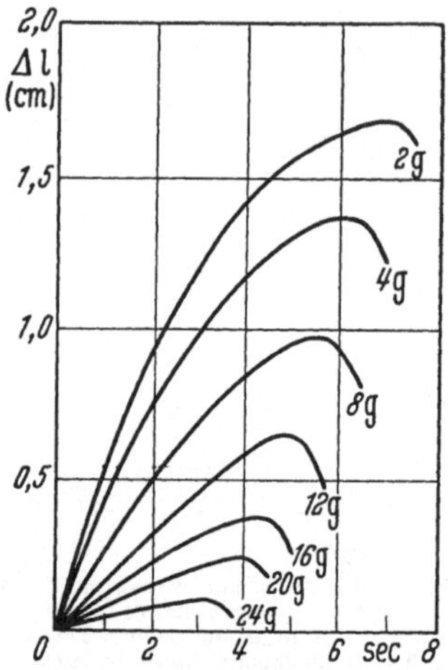

Abb. 107. Isotonische Anteile tetanischer Unterstützungskontraktionen des glatten Muskels (Uterusstreifen, Kaninchen, 37° C; Ausgangslänge l_0 = 32 mm). Der Beginn der isotonischen Verkürzung ist in den Nullpunkt des Koordinatensystems verlegt. Die Zahlen am Rande bezeichnen die Gewichte in g, gegen die der Muskel sich verkürzt. Maximale Verkürzungsgeschwindigkeit bei der Last 2 g: 0,5 cm/sec = 0,15 l_0/sec. (Nach CSAPO und GOODALL 1954)

mathematisch zu formulieren: Exponentialgleichungen ergeben ebenso brauchbare Lösungen (FENN und MARSH 1935; POLISSAR 1952; ABBOTT und WILKIE 1953). Trotzdem kommt der Hillschen Gleichung insofern besondere Bedeutung zu, als sie sich ursprünglich aus thermischen Meßwerten ableitet (A.V. HILL 1938) und damit eine Beziehung zwischen energetischen und mechanischen Änderungen während der Muskelkontraktion herstellt.

Die Hillsche Gleichung läßt sich auch an Einzelfasern auf die Kraft-Geschwindigkeitsrelation von Unterstützungskontraktionen anwenden (BUCHTHAL und KAISER 1951). Das Verhältnis von a/P_0 beträgt in Einzelfasern des M. semitendinosus (Frosch) 0,16 (ROSENFALCK und BUCHTHAL 1955). Bei dem Vergleich der Zahlen mit den am Ganzmuskel ermittelten Werten ist zu berücksichtigen, daß außer der Unsicherheit, die der Bestimmung von a aus den oben genannten Gründen anhaftet, das Verhältnis a/P_0 von der Ausgangslänge abhängt, die im Ganzmuskel und in der Faser sehr verschieden sein kann (BUCHTHAL und KAISER 1951); da sich ferner die Verkürzungsgeschwindigkeit mit dem elastischen Dehnungszustand ändert, in dem sich der Muskel vor der Kontraktion befindet (s. S. 101), gilt die Hillsche Gleichung streng nur dann, wenn die Ausgangslänge bei der Bestimmung der Kraft-Geschwindigkeitsrelation dieselbe bleibt. Dies ist nur bei Unterstützungs- oder „Release-"Kontraktionen (s. u.) der Fall.

Die Prüfung der Relation bei *verschiedenen* Längen setzt voraus, daß die maximale tetanische Kraft in dem untersuchten Längenbereich konstant ist. Dies trifft für Einzelfasern bei Längen $> l_0'$ tatsächlich zu (s. Abb. 95), nicht aber für den Ganzmuskel, der bei jeder Länge eine andere Tetanusspannung P_0' entwickelt. Daher ist die Hillsche Gleichung beim Ganzmuskel nur für einen kleinen Längenbereich gültig, in dem die Änderung von $(P_0')_l$ gering ist; ein solcher Bereich sind Längen, die nur wenig größer oder kleiner sind als die Standardlänge l_0' (ABBOTT und WILKIE 1952). Es gelingt aber relativ leicht, den Gültigkeitsbereich der Hillschen Gleichung auch auf Längen $< l_0'$ zu erweitern: Setzt man für diese Längen den jeweiligen Wert $(P_0')_l$ ein, den der Muskel bei der Länge l erreicht, dann läßt sich mit den gleichen Konstanten a und b die Kraftgeschwindigkeitsrelation mittels der Hillschen Gleichung formulieren. Ob ähnliche Korrekturen auch für Längen $> l_0'$ zu demselben Resultat führen, ist bis jetzt nicht bekannt.

Abgesehen von den genannten Einschränkungen, läßt sich die Hillsche Gleichung auf jede Art der tetanischen Verkürzung anwenden. Sie gilt im besonderen für sogenannte „Release Contractions" (= Entdehnungskontraktionen): Wenn man einen Muskel aus der isometrischen Fixierung im Tetanus löst, so verkürzt er sich bei anhaltender Reizung gegen eine Last P nach Abfall der Spannung von P_0 auf P mit einer Geschwindigkeit, die durch die Hillsche Gleichung definiert ist (A. V. HILL 1938; Abb. 106). Die Gleichung beschreibt also allgemein Eigenschaften der contractilen Elemente innerhalb der Proteinketten (A. V. HILL 1950e).

2. Kraft-Geschwindigkeitsrelation bei isometrischer Kontraktion

Die Kraft-Geschwindigkeits-Relation ist auch auf die innere Verkürzung der isometrischen Kontraktion anwendbar; denn nach der Zwei-Elemente-Theorie (s. S. 122) ist der aktive Spannungsanstieg einer isometrischen Zuckung oder eines isometrischen Tetanus so zu verstehen, daß die contractilen Elemente die dehnbaren elastischen Serienelemente um denselben Betrag verlängern, um den sie sich verkürzen. Die jeweils erreichte Spannung hängt dann ausschließlich von dem Dehnungszustand der elastischen Serienelemente ab (s. REICHEL 1952). Die elastischen Elemente sind in diesem Sinn Puffer des Kontraktionsmechanismus (LEVIN und WYMAN 1927; A. V. HILL 1950c). Mit steigender Spannung muß nach der Hillschen Gleichung die Verkürzungsgeschwindigkeit der kontraktilen Elemente abnehmen. Bei Kenntnis des Spannungszuwachses ΔP in der Zeit Δt, der aus der isometrischen Kontraktionskurve hervorgeht, kann man die Verkürzung Δl in der Zeit Δt auf jedem Spannungsniveau P ermitteln, wenn die Dehnbarkeit $\Delta l / \Delta P$ des elastischen Serienelementes bekannt ist. Aus den oben genannten Gründen (s. S. 119) läßt sich während einer Kontraktion nur die *dynamische* Dehnbarkeit bestimmen, für die der Spannungsabfall ΔP_d bei Entdehnungen um verschiedene Längen Δl aus dem isometrischen Tetanus ein reziprokes Maß ist (HILL 1950c). Dabei sind die Elastizitäten der Verbindungen zwischen Muskel und Hebel nach Möglichkeit auszuschalten oder experimentell zu bestimmen und in den Ergebnissen zu berücksichtigen. Man erhält dann entsprechend anderen Befunden (REICHEL et al. 1955) eine nichtlineare Charakteristik des elastischen Serienelementes.

Dasselbe Ergebnis liefern Versuche, in denen sich der Muskel während einer Einzelzuckung bis zu einem bestimmten Zeitpunkt zunächst isometrisch auf die Spannung P_1 kontrahiert, dann plötzlich Gelegenheit hat, sich isotonisch gegen eine variable Last P_2 ($< P_1$) zu verkürzen (WILKIE 1956b): Die elastische Verkürzung als Funktion der Differenz ($P_1 - P_2$) ist ein Maß für die dynamische Dehnbarkeit. Wird der Zeitpunkt der Entdehnung variiert, so ändert sich entsprechend P_1 auch die Differenz ($P_1 - P_2$). Alle Befunde beweisen, daß das Serienelement des kontrahierten Muskels wie das des ruhenden Muskels nicht lineare Eigenschaften hat, seine Dehnbarkeit also mit steigender Spannung abfällt.

Bei Kenntnis der Dehnbarkeit $\Delta l / \Delta P$ wäre es möglich, die innere Verkürzungsgeschwindigkeit $\Delta l / \Delta t$ des isometrischen Anstiegs einer tetanischen Kontraktion für einen bestimmten Spannungszuwachs ΔP zu ermitteln und zu der Spannung P in Beziehung zu setzen (A. V. HILL 1938). Rückläufig könnte man die isometrische Kontraktionskurve eines Tetanus aus der Hillschen Gleichung konstruieren, wenn die Kraft-Geschwindigkeitsrelation und die elastischen Eigenschaften des Serienelementes bekannt sind (s. z. B. WILKIE 1950). Da sich aber während der Kontraktion immer nur der dynamische, nicht der statische oder halbstatische Wert der Dehnbarkeit, der für den (relativ langsamen) Anstieg der tetanischen Kontraktion maßgeblich ist, ermitteln läßt, können die konstruierten und experimentellen Kurven nicht übereinstimmen. Tatsächlich ist es nicht gelungen, an ein und demselben Muskel aus der dynamischen Dehnbarkeit und der Kraft-Geschwindigkeitsrelation Kurven zu errechnen, die sich mit den experimentellen Kurven decken (JEWELL und WILKIE 1958); denn da die dynamische Dehnbarkeit gegenüber dem halbstatischen Wert zu klein ist, ergibt die Konstruktion eine Kontraktionskurve, die steiler als die registrierte Kurve verläuft. Bei Korrektur der $\Delta l/\Delta P$-Werte wäre aber eine Übereinstimmung von Theorie und Experiment denkbar, wie sie nach früheren Befunden bei verschiedenen Muskeln zu bestehen scheint (A. V. HILL 1938). Trotz der methodischen Mängel, die all diesen Versuchen anhaften, rechtfertigen die Befunde die Annahme, daß die tetanische Verkürzung der contractilen Elemente bei einer bestimmten Ausgangslänge in ihrem zeitlichen Ablauf vorwiegend von der Kraft-Geschwindigkeitsrelation abhängt. Daher ist es auch möglich, durch ein einfaches Verfahren aus dem Vergleich einer normalen isometrischen Kontraktion mit einer zweiten, bei der dem Muskel ein künstliches Serienelement mit bekannter Dehnbarkeit zugeschaltet ist, sowohl die Kraft-Geschwindigkeitsrelation als auch die Dehnungskurve des elastischen Serienelementes zu bestimmen (MACPHERSON 1953).

V. "Release-Recovery"-Phänomen

Die Hillsche Relation ist ein wichtiges Argument für die Auffassung, daß der Kontraktionsverlauf nicht ein für allemal durch den Ausgangszustand festgelegt, sondern auch noch während der Anstiegsphase veränderlich ist: Die Verkürzungsgeschwindigkeit während eines Tetanus richtet sich unter sonst gleichen Verhältnissen nach der Spannung, die der Muskel zu irgendeinem Zeitpunkt im Lauf der Kontraktion antrifft oder die er selbst aktiv entwickelt.

Da die bei isometrischer Kontraktion entwickelte Spannung, also die innere Verkürzung der contractilen Elemente, von dem elastischen Dehnungsgrad vor der Kontraktion abhängt, ergibt sich die Frage, ob diese Längenabhängigkeit über die Kontraktion andauert. Um diese Frage zu klären, muß man dem Muskel während der Kontraktion Längenänderungen aufzwingen und deren Wirkungen auf den contractilen Mechanismus prüfen. Auch hier sind Entdehnungsversuche Dehnungsversuchen vorzuziehen, weil sie nicht wie diese lang anhaltende plastische Effekte verursachen (REICHEL 1952; A. V. HILL 1953 c).

1. "Recovery"-Spannung im Tetanus

Im vollen isometrischen Tetanus antwortet der Skeletmuskel (M. sartorius, Frosch) auf eine Entdehnung (Release) bei andauernder Reizung mit einem erneuten Spannungsanstieg (Recovery), der dem momentanen Spannungsabfall während der Entdehnung nachfolgt. Das "Release-Recovery"-Phänomen (GASSER und A. V. HILL 1924) ist über den ganzen Längenbereich nachweisbar. Bei Verwendung möglichst wenig dehnbarer Verbindungen zwischen Muskel und isometrischem Registrierhebel genügt eine Entdehnung um 4% der Standardlänge l'_0, um die Spannung auf den Null-Wert abfallen zu lassen (A. V. HILL 1953a; Abb. 108). Der anschließende Wiederanstieg der Spannung stimmt in seinem zeitlichen Verlauf mit dem Spannungsanstieg einer gewöhnlichen tetanischen Kontraktion bei derjenigen Länge überein, auf die der Muskel im Release-Versuch entdehnt wird. Der Muskel erreicht die tetanische Gleichgewichtsspannung P'_0 in beiden Fällen bei Längen $< l'_0$ relativ schnell, bei Längen $> l'_0$ relativ langsam. Der Endwert der Spannung ist im Entdehnungsversuch nicht immer der gleiche wie der einer normalen Kontraktion und kann sowoh über als auch unter dem Vergleichswert liegen; die Differenzen sind aber relativ klein (etwa 5% P_0) und entweder auf veränderte Sperrung (s. S. 127) oder auf unterschiedliche Verteilung „stark" und „schwach" kontrahierter Querschnitte zurückzuführen (HILL 1953a).

Das Recovery-Phänomen ist an allen bisher untersuchten Muskeln nachweisbar. Höhe und Geschwindigkeit des Spannungsanstiegs sind aber von Fall zu Fall verschieden; so ist z. B. auch beim Froschmuskel unter Umständen die Steilheit, mit der die Recovery-Spannung nach der Entdehnung ansteigt, geringer als die des normalen isometrischen Tetanus, der von derselben Länge ausgeht (SULZER 1930a). Einzelfasern des Froschmuskels entwikkeln Recovery-Spannungen, die relativ kleiner sind als die des Ganzmuskels (BUCHTHAL 1942). Die Einzelfaser kommt nach einer Entdehnung aus dem isometrischen Tetanus mit der neuen Länge bei Spannungen ins Gleichgewicht, die wesentlich unter der Kurve der isometrischen Maxima liegen.

Im Release-Recovery-Versuch erreicht der Muskel also nur unter bestimmten Bedingungen die volle isometrische Spannung. Im besonderen darf sich der Orientierungszustand der contractilen Ketten nicht ändern, wenn die Recovery-Spannung auf den normalen Wert einer rein isometrischen Kontraktion ansteigen soll. Dafür sprechen Versuche, in denen ein

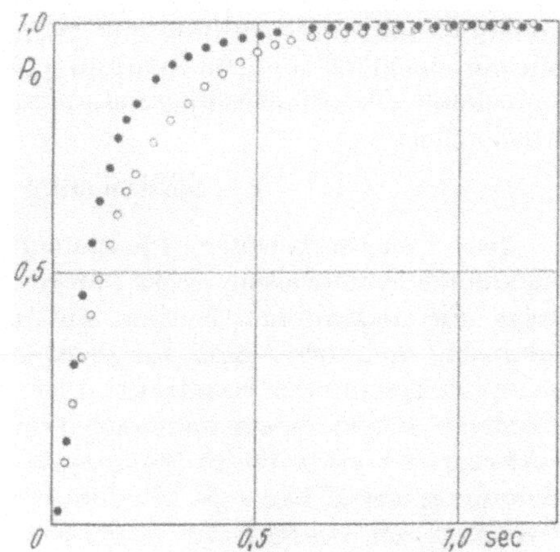

Abb. 108. Neuentwicklung ("Recovery") der Spannung nach einer Entdehnung aus dem isometrischen Tetanus (M. sartorius, Kröte, $l'_0 = 24$ mm). Ordinate: Spannung in Einheiten P_0; Abszisse: Zeit in sec (Nullpunkt: Beginn des erneuten Spannungsanstiegs: 1,1 sec nach dem Beginn des isometrischen Tetanus). Länge des Muskels *vor* Entdehnung: 23,5 mm; Länge des Muskels *nach* Entdehnung 22,0 mm. Gefüllte Kreise: Verlauf der "Recovery"-Spannung; offene Kreise: Verlauf des Spannungsanstiegs am Beginn des Tetanus bei der Länge 22 mm. (Nach A. V. HILL 1953)

Muskel (M. coracomandibularis, scyllium canicula, $0°$ C) im isometrischen Tetanus einmal von einer Länge l_1 auf eine Länge l entdehnt, dann von einer kleineren Länge l_2 auf die Länge l gedehnt wird. Die Spannung, mit der der Muskel im Entdehnungsversuch ins Gleichgewicht kommt, liegt regelmäßig unter dem im Dehnungsversuch erreichten Wert (ABBOTT und AUBERT 1952; Abb. 109). Sie ist außerdem stets kleiner als die Spannung, die der Muskel entwickelt, wenn er von vornherein die Länge l hat. Der Unterschied zwischen der isometrischen Normalspannung und der Release-Recovery-Spannung im Entdehnungsversuch verschwindet völlig, wenn der Muskel nach der Längenänderung vorübergehend erschlaffen kann.

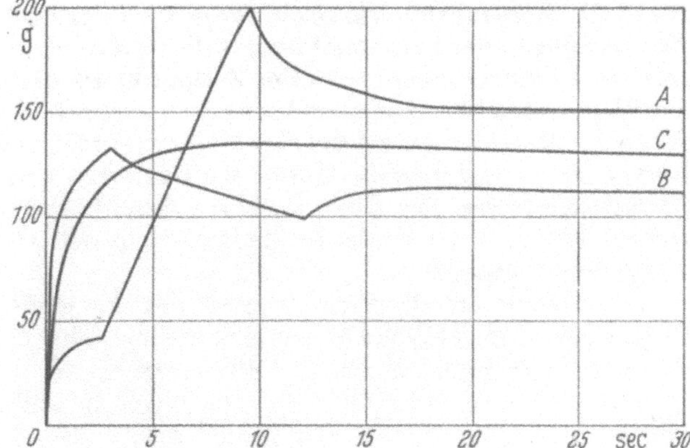

Abb. 109. Spannungsänderungen während und nach Dehnung des Muskels (Kaumuskel, Rochen $l'_0 = 35$ mm, $0°$ C) im isometrischen Tetanus (Reizfrequenz 5/sec). Ordinate: Spannung (g); Abszisse: Zeit nach Beginn der Reizung. Kurve A: Beginn eines isometrischen Tetanus bei der Länge 29 mm; nach 3 sec Dehnung von 29 auf 34 mm. Kurve B: Beginn eines isometrischen Tetanus bei 39 mm; nach 3 sec Entdehnung von 39 auf 34 mm. Kurve C: Isometrischer Tetanus bei konstanter Länge (34 mm). (Nach ABBOTT und AUBERT 1952)

Die Spannung sinkt dann auf Null ab und steigt nach erneutem Einsetzen der rhythmischen Reizung wieder auf denjenigen Wert an, der dem isometrischen Maximum bei der neuen Länge entspricht. Die Befunde lassen sich in dem Sinn deuten, daß der Muskel bei der Länge l_1 weniger desorientiert ist als bei der Länge l_2 (bzw. l) und in diesem Zustand auch nach der Dehnung verharrt, so lange die Kontraktion andauert und die Spannung auf einem relativ hohen Niveau hält. Erst wenn der Muskel erschlafft und die Spannung abfällt, stellt sich der alte, der Länge l entsprechende Desorientierungszustand und mit diesem die normale Tetanusspannung wieder her.

2. „Aktivierung" bei Einzelzuckungen

Das Release-Recovery-Phänomen läßt sich auch im Verlauf von Einzelzuckungen nachweisen; es ist ein einfaches Mittel, um die Frage zu prüfen, wie lange die contractilen Ketten auf einer Längenänderung mit einer Recoveryspannung antworten und wie groß die Längenabhängigkeit dieser Spannung in jedem Zeitpunkt der Kontraktion ist. Das Problem läßt sich experimentell durch Versuche klären, wenn man den Muskel im Verlauf einer isometrischen Einzelzuckung zu verschiedenen Zeitpunkten plötzlich entdehnt. Der dem momentanen Spannungsabfall folgende Wiederanstieg der Spannung ist dann ein Maß für die Reaktion der contractilen Elemente auf die Entdehnung. Wenn die Längenänderung sehr groß ($\Delta l > 2\% \, l_0$) ist, so bricht die Spannung während der plötzlichen Entdehnung in allen Phasen der Kontraktion vollständig zusammen (RITCHIE und WILKIE 1955), da die Proteinketten gestaucht werden. Die Spannungskurve hebt sich erst dann von der Nullinie ab, wenn die Verkürzung der contractilen Elemente soweit fortgeschritten ist, daß die elastischen Elemente neuerdings gedehnt werden. Dadurch geht für die Recoveryspannung ein erheblicher Teil der Verkürzung verloren.

Quantitativ besser auszuwerten sind Versuche, in denen die Längenänderung so klein ist, daß sie keine Stauchung verursacht (REICHEL und BLEICHERT 1958b). Für den Skeletmuskel ergibt sich dann ein typisches Kurvenbild (Abb. 110). Wenn man den Muskel (M. coracobrachialis, Schildkröte) vor dem Reiz entdehnt, so erreicht die Kontraktionskurve ein der neuen Länge entsprechendes Maximum. Eine Entdehnung in der Latenzzeit ändert die Spannung des Recoverygipfels nicht; erfolgt sie zu einem immer späteren Zeitpunkt in der Anstiegsphase, so sinkt die Gipfelspannung der Recoverykurve von einer Kurve zur anderen deutlich ab. Wenn der Muskel während der Erschlaffung entdehnt wird, so laufen alle Recoverykurven in ein und dieselbe Kurve ein (REICHEL und ZIMMER 1956). Der geringe Spannungsanstieg, der dann noch im Anschluß an eine Entdehnung nachweisbar ist, läßt sich als elastische Nachwirkung der vorangegangenen dynamischen Längenänderung deuten.

Die genaue quantitative Analyse des Versuchs (REICHEL und BLEICHERT 1958a; vgl. Abb. 110) hat zu berücksichtigen, daß die Höhe des Recoverygipfels sich aus der Summation zweier Größen ergibt:

a) des Spannungsabfalls ΔP_e, der durch die aufgezwungene Entdehnung der elastischen Serienelemente bedingt ist;

b) des Spannungsanstiegs ΔP_a, der durch die zusätzliche Verkürzung der contractilen Elemente als Antwort auf die Entdehnung zustande kommt.

Die Größe ΔP_e läßt sich bei Muskeln, deren Viscosität während der Kontraktion relativ wenig zunimmt, aus der Steifheitsspannungskurve (s. S. 23) des ruhenden Muskels für jedes Spannungsniveau (z. B. Punkt A) ablesen. Der Muskel würde infolge der Endehnung der elastischen Serienelemente bei gleichbleibendem Kontraktionszustand der contractilen Elemente eine relativ niedrige Spannung (Punkt B) erreichen. Der Unterschied zwischen der tatsächlichen erreichten Recoveryspannung (Punkt C) und der Spannung im Punkt B ist die Größe ΔP_a.

Der durch die zusätzliche Verkürzung bedingte Spannungszuwachs hat ein Maximum, wenn der Muskel vor der Kontraktion oder während der Latenzzeit entdehnt wird, und nimmt kontinuierlich ab, wenn die Entdehnung zu immer späteren

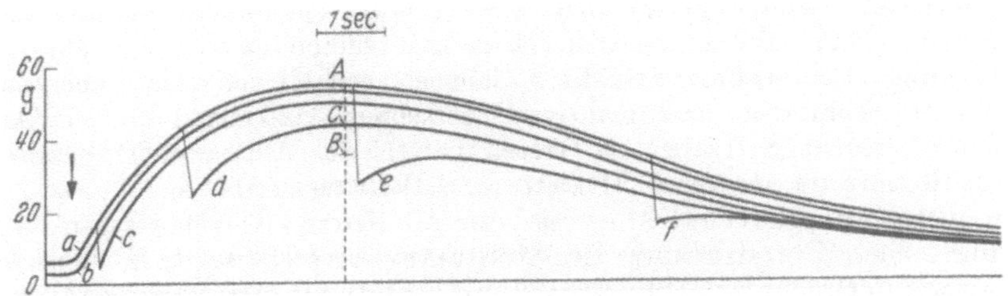

Abb. 110. Plötzliche Entdehnungen des Skeletmuskels (M. coracobrachialis, Schildkröte. $l_0 = 18$ mm, 1,5° C) während einer isometrischen Einzelzuckung. Längenänderung $\Delta l = 0,2$ mm $= 1,1\% \, l_0$; bei Pfeil Reiz. Kurve $a =$ isometrische Normalkurve, Kontraktion bei der Ausgangsspannung 7 g. $b =$ isometrische Kontraktion bei einer um 0,2 mm kleineren Länge (Ausgangsspannung 3 g); c bis $f =$ Entdehnung von Kurve a während verschiedener Zeitpunkte. Berechnung der zusätzlichen Aktivierung ΔP_a für die Kurve c: Punkt $B =$ Gipfel, der bei unverändertem Kontraktionszustand auf Grund des elastischen Spannungsabfalls erreicht würde. Punkt $C =$ tatsächlich erreichter Spannungsgipfel; Strecke $B\,C = \Delta P_a$. (Nach REICHEL und BLEICHERT 1957 b)

Zeitpunkten erfolgt (Abb. 112). Am Ende der Anstiegszeit ist ΔP_a praktisch Null. Der Versuch beweist, daß sich beim Skeletmuskel der Verkürzungsgrad der contractilen Elemente während der Erschlaffung kaum mehr beeinflussen läßt.

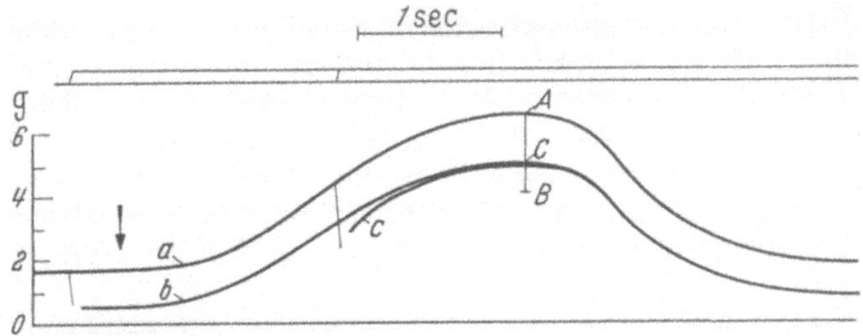

Abb. 111. Plötzliche Entdehnung des Herzmuskels (Ventrikelstreifen, Frosch, $l_0 = 13$ mm, 4,7° C) während einer isometrischen Einzelkontraktion. Künstliche Reizung (Reizabstand 35 sec). $\Delta l = 0,26$ mm $= 2\% \, l_0$. (Versuch wie Abb. 109). Kurve a: ohne Entdehnung; Kurve b: nach Entdehnung, Kurve c: Entdehnung während des Anstiegs. Punkte A, B, C wie in Abb. 109. Beachte: Recovery-Gipfel erreicht die volle Höhe von Kurve b. (Nach BLEICHERT und REICHEL 1957)

Der Kurvenverlauf (Abb. 112) ist unabhängig von dem Spannungsniveau, auf dem man den Versuch durchführt; er hängt auch nicht von der Größe der Längenänderung ab, soweit keine Stauchungseffekte auftreten. Die Zunahme der Verkürzung der contractilen Elemente nach einer elastischen Entdehnung läßt sich in dem Sinn deuten, daß bei der kleineren Länge entweder die Verkürzungsgeschwindigkeit jeder aktivierten contractilen Einheit oder die Zahl dieser Einheiten größer ist als bei der ursprünglichen Länge; daher kann man die Kurve der Abb. 112 auch als Kurve der

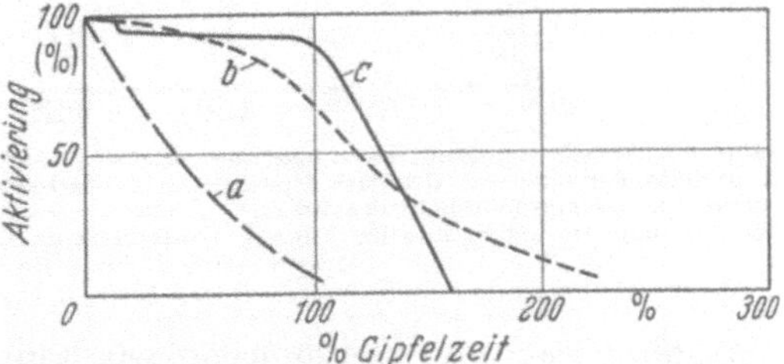

Abb. 112. Zeitlicher Verlauf der zusätzlichen Aktivierung. Ordinate Aktivierung in % der vollen Aktivierung. Abszisse: Zeit in % der Gipfelzeit. Kurve a: Skeletmuskel; b Vorhofsmuskel; c Ventrikelmuskel (Nach REICHEL und BLEICHERT 1958)

zusätzlichen durch die Entdehnung bedingten Aktivierung bezeichnen.

Die Abnahme dieser Aktivierung im Laufe einer Kontraktion ist nicht bei allen Muskeln gleichartig. Beim Herzmuskel (Ventrikelstreifen von Frosch und

Schildkröte) ändert sich die Recovery-Spannung im Bereich von Reizfrequenzen, die etwa der physiologischen Schlagfolge entsprechen, über die ersten zwei Drittel der Anstiegszeit nur wenig (BLEICHERT und REICHEL 1957 b; Abb. 111). Die Kurve der Aktivierung hat ein Plateau und fällt erst kurz vor dem Kontraktionsgipfel steil ab (Abb. 112). Die contractilen Elemente bleiben also auch während der Erschlaffung noch verkürzungsfähig. Ebenso verhält sich der Vorhofmuskel (Frosch und Schildkröte), nur mit dem Unterschied, daß der Abfall der Aktivierungskurve wesentlich früher (im ersten Drittel der Anstiegszeit) beginnt, das Plateau also nur angedeutet ist (REICHEL und BLEICHERT 1958).

Die Aktivierungskurve steht in keiner unmittelbaren Korrelation zur Kontraktionskurve einer Einzelzuckung. Im Kontraktionsgipfel kann z. B. auch an ein und demselben Objekt der Aktivierungsgrad (in Prozenten der vollen Aktivierung) sehr verschieden sein. Eine Zunahme der Reizfrequenz verkürzt zwar die Anstiegszeit und beschleunigt den Abfall der Aktivierung, verändert aber nicht beide Größen im selben Maß: Im Gipfel der Kontraktion ist der Grad der Aktivierung bei hoher Reizfrequenz kleiner als bei niedriger Reizfrequenz.

VI. Dauer des vollen aktiven Zustandes

1. Definition und Meßwerte

Von der Aktivierung, die zunächst nur etwas über die latente und durch Entdehnung meßbare Kontraktionsfähigkeit aussagt, ist der "active state" der englischen Literatur abzugrenzen. Dem Begriff liegt ursprünglich die Vorstellung zugrunde, daß der Muskel nur so lange voll aktiv ist, als er die maximale Spannung P_0 zu halten vermag. Diese Spannung kann der Muskel auch während einer Einzelzuckung erreichen, wenn er während des ersten Drittels der Anstiegsphase plötzlich gedehnt wird (A. V. HILL 1949d; Abb. 113). Dann stellt sich die

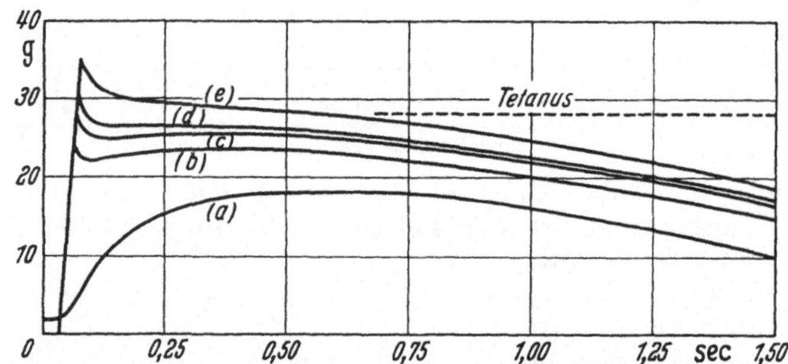

Abb. 113. Verschieden große Dehnungen des Muskels (M. sartorius, Kröte, 0° C, l_0 = 36 mm) 34 msec nach einem Einzelreiz (Kurven *b—e*). Ordinate: Spannung in g. Abszisse: Zeit nach dem Reiz. Dehnung in den einzelnen Versuchen: *a* = 0 mm (Vergleichskurve); *b* = 3,9 mm; *c* = 4,3 mm; *d* = 4,7 mm; *e* = 5,1 mm. Die Länge am Ende der Dehnung ist immer dieselbe: 36 mm. Unterbrochene Linie = Niveau des isometrischen Tetanus bei der Ausgangslänge 36 mm (Nach A. V. HILL 1949d)

Spannung nach der Dehnung auf ein Plateau ein, das beim Froschmuskel (M. sartorius, 0° C) 250 msec nach dem Reiz, also etwa nach der halben Anstiegszeit, abzusinken pflegt, weil der Muskel plastisch nachgibt. Wesentlich kleinere Werte für die Dauer des sog. „vollen aktiven Zustandes" ergeben sich, wenn man die Zeiten mißt, über die der Muskel auf der Höhe eines isometrischen Tetanus am Ende der rhythmischen Reizung (d. h. nach dem letzten Reiz) die volle Spannung aufrechterhält (MAURIELLO und SANDOW 1953; RITCHIE 1954b). Am Froschmuskel (M. sartorius) erhält man so einen Wert von 24 msec (bei 0° C; vgl. Abb. 94).

Als weiteres Kriterium für den aktiven Zustand dient die Verkürzungsgeschwindigkeit (v_0). Die Zeit, in der die Geschwindigkeit v_0 bei einer bestimmten Spannung konstant bleibt, läßt sich jedoch nicht ohne weiteres als Maß für die Dauer des vollen aktiven Zustandes verwenden. Je nach den Versuchsbedingungen sind nämlich die Zeiten, über die die Größe v_0 konstant bleibt, so verschieden, daß sie kaum Schlüsse auf die Dauer des aktiven Zustandes zulassen. Bei anfänglich isometrischen Zuckungen kann man die Verkürzungsgeschwindigkeit v auf einem bestimmten Spannungsniveau durch eine Entdehnung ermitteln, deren Geschwindigkeit so bemessen wird, daß sie eben den isometrischen Spannungsanstieg kompensiert. Dann bleibt die Spannung dieselbe, solange die Geschwindigkeit, mit der sich die contractilen Elemente gegen die elastischen Serienelemente verkürzen, so groß ist wie die Entdehnungsgeschwindigkeit (A. V. HILL 1953 c). Wenn v kleiner wird, sinkt die Spannung ab. Beim Froschmuskel (M. sartorius, 0° C) ist dies nach 90 msec der Fall, d. h. nach etwa 40% der Anstiegszeit, M. sartorius, Frosch, 0° C). Dagegen kann die Geschwindigkeit isotonischer Einzelkontraktionen über 70% der Anstiegszeit konstant bleiben (S. 100).

Auch die mit anderen Methoden gewonnenen Befunde sind nicht eindeutig. So hat man z. B. versucht, die Dauer des vollen aktiven Zustandes aus dem Zeitpunkt zu ermitteln, in dem die Kontraktionskurve von Superpositionszuckungen von der der Einzelkontraktion abweicht; denn da nach der ursprünglichen Definition (s. o.) der aktive Zustand im Tetanus länger andauert als während der Einzelzuckung, könnte man folgern, daß die Abnahme der Verkürzungsgeschwindigkeit von Einzelkontraktionen gegenüber superponierten Kontraktionen mit der Abnahme des vollen aktiven Zustandes identisch sei (MACPHERSON und WILKIE 1954). Unter isometrischen Versuchsbedingungen wäre dann der volle aktive Zustand des M. sartorius (Frosch) bei 0° C nach 44 msec, bei 10° C schon nach 22 msec beendet. Unter isotonischen Bedingungen hebt sich aber die tetanische Kontraktionskurve erst im letzten Drittel der Anstiegszeit von der einfachen Zuckungskurve ab.

Die Ergebnisse der einzelnen Verfahren lassen sich kaum miteinander vergleichen, weil jeder Versuchsreihe eine andere Definition des ,,aktiven Zustandes'', zugrunde liegt. Trotzdem besteht Übereinstimmung darin, daß sich im Skeletmuskel die Verkürzungsfähigkeit der contractilen Proteine relativ frühzeitig zu ihrer vollen Höhe entwickelt und abnimmt, bevor der Gipfelpunkt der Kontraktion erreicht ist. Unter sonst gleichen Bedingungen erscheint es daher gerechtfertigt, aus der Dauer der Anstiegszeit auf die Dauer des aktiven Zustandes zu schließen.

2. Pharmakologische Wirkungen auf den aktiven Zustand

So besteht die Möglichkeit, eine ganze Reihe von stofflichen Wirkungen mit Änderungen in der Dauer des aktiven Zustandes zu erklären. Wenn der aktive Zustand länger anhält, muß außer der Anstiegszeit auch die Hubhöhe einer Einzelzuckung zunehmen, solange die mittlere Verkürzungsgeschwindigkeit v_m konstant bleibt. Diese Bedingung kann z. B. bei positiven Treppeneffekten am Skeletmuskel erfüllt sein (RITCHIE und WILKIE 1955), ebenso bei Zuckungen, die unter Wirkung bestimmter Pharmaka wie etwa des Chinins stehen (LAMMERS und RITCHIE 1955). Chinin verlängert die Anstiegszeit des M. tibialis anterior (Katze) um 15% und erhöht die Gipfelspannung um 14%.

Andere Stoffe wirken nicht nur auf die Dauer, sondern auch auf die Geschwindigkeit des Anstiegs. Ein typisches Beispiel sind Nitrationen (KAHN und SANDOW 1955), die beim Froschmuskel die Latenzzeit verringern, die Steilheit des Spannungsanstiegs und die Hubhöhe vergrößern sowie die Anstiegszeit verlängern (Abb. 114). Bei einer Temperatur von 25° C kann die Spannungsamplitude um 300% überhöht sein; der Muskel erreicht dann bei einer Einzelzuckung Spannungen, die annähernd der tetanischen Maximalspannung entsprechen. Der Befund läßt sich auch in diesem Fall dadurch erklären, daß der aktive Zustand über längere Zeit als unter normalen Bedingungen erhalten bleibt (RITCHIE (1954c), wie aus Release-Recovery-Versuchen hervorgeht. Ebenso wie Nitrationen wirken Bromid- und Jodidionen (HILL und MACPHERSON 1954; KAHN und SANDOW 1955), deren Wirkung entsprechend der lyotropen Reihe von Br über NO_3 nach J zunimmt. Der Einfluß aller dieser Stoffe auf die Kontraktionsamplitude ist besonders groß, weil sie nicht nur den aktiven Zustand verlängern, sondern auch die Steilheit des Spannungsanstiegs bereits im Beginn der Zuckungskurve vergrößern.

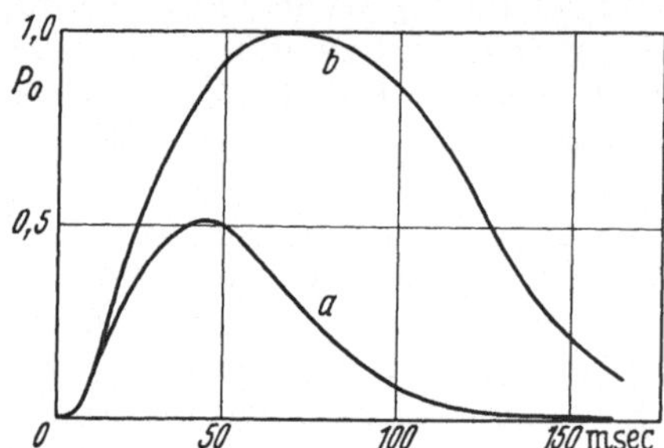

Abb. 114. Wirkung von Nitrationen auf den Kontraktionsablauf einer isometrischen Einzelzuckung (M. sartorius, Frosch, 18° C); a = normale Einzelzuckung; b = 50 min nach Einwirkung von $NaNO_3$ (anstatt NaCl) (Nach A. V. HILL und MACPHERSON 1954)

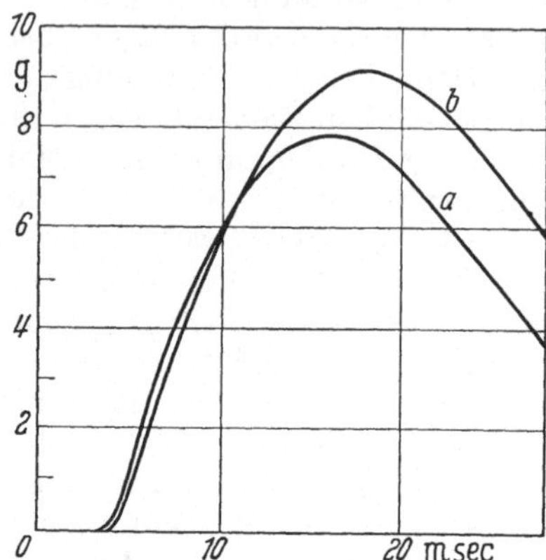

Abb. 115. Wirkung von Adrenalin auf den Ablauf der isometrischen Einzelzuckung des Warmblütermuskels. (Rattenzwerchfell, l_0 = 9 mm, 37° C) Kurve a: normal; Kurve b: 6 min nach Adrenalinzusatz (10^{-6} g/cm³). Reizfrequenz 6/min. (Nach GOFFART und RITCHIE 1952)

Die initiale Kontraktionsgeschwindigkeit kann sich jedoch auch unabhängig von der Dauer der Anstiegszeit ändern. Ein Beispiel ist die Wirkung von Calcium-Ionen, die die Anstiegszeit verkürzen, aber die Anstiegsgeschwindigkeit einer isometrischen Kontraktion vergrößern (NIEDERGERKE 1956a; WEIDMANN 1957; REITER 1958). Umgekehrt kann die Anstiegsgeschwindigkeit bei Beginn der Zuckung gegenüber der Norm kleiner, der Abfall des aktiven Zustandes aber verzögert sein. Dies ist der Fall, wenn Adrenalin (Konzentration 10^{-6} g/cm³) oder Coffein (Konzentration 10^{-4} g/cm³) auf den unermüdeten Warmblütermuskel (M. tibialis anterior und diaphragma der Katze bei 37° C) einwirkt: Der Spannungsanstieg wird flacher, die Hubhöhe aber um 5 bis 20% vergrößert und die Anstiegszeit verlängert (GOFFART und RITCHIE 1952; Abb. 115).

3. Voller aktiver Zustand im Tetanus

Keiner der genannten Stoffe, die den Abfall des aktiven Zustandes während einer Einzelzuckung verzögern und damit die Amplitude erhöhen, hat einen Einfluß auf die Spannung des isometrischen Tetanus. Da die Fusionsfrequenz mit zunehmender Dauer des aktiven Zustandes kleiner (s. z. B. LAMMERS und RITCHIE 1955) und das eben zur Fusion führende Reizintervall größer wird, muß man zum Vergleich der im Tetanus erreichten Spannungen die Reizfrequenz auf die veränderte Kontraktionsdauer abstimmen (s. z. B. HILL und MACPHERSON 1954). Dann lassen weder die Ionen der lyotropen Reihe (Br, NO_3, J) noch Adrenalin, Chinin usw. eine Wirkung auf die Tetanusspannung P_0 erkennen. Dieser wichtige Tatbestand steht in Einklang mit der Annahme, daß der volle aktive Zustand erhalten bleibt, solange die Reizung andauert. Es ist daher nicht möglich, die Spannung P_0 des Tetanus zusätzlich durch Pharmaka zu beeinflussen, deren Wirkung im wesentlichen auf der Eigenschaft beruht, den aktiven Zustand der Einzelzuckung über die Norm zu verlängern. Das Verhältnis der isometrischen Tetanusspannung zur isometrischen Spannung der Einzelzuckung nimmt daher unter dem Einfluß der genannten Stoffe ab. Damit wird auch der Unterschied zwischen der Temperaturabhängigkeit der Spannung von Tetanus und Einzelzuckung verständlich. Abkühlung verzögert den Rückgang des aktiven Zustandes und verlängert die Anstiegszeit (A. V. HILL 1951 b); sie erniedrigt zwar gleichzeitig die initiale Verkürzungsgeschwindigkeit der contractilen Elemente, aber in einem geringeren Ausmaß, als sie den aktiven Zustand verlängert. Die Wirkung der Temperaturabnahme auf die Hubhöhe ist daher positiv und mit der Wirkung des Adrenalins zu vergleichen. Die volle isometrische Tetanusspannung kann sich dagegen nur im selben Sinn wie die Verkürzungsgeschwindigkeit ändern; sie nimmt bei Abkühlung geringfügig ab und hat einen relativ kleinen Temperaturkoeffizienten (A. V. HILL 1951 b). Aus demselben Grund ist die Wirkung der den aktiven Zustand verlängernden Stoffe auf die Kontraktionshöhe bei hohen Temperaturen wesentlich größer als bei niedrigen. Der Zunahme der Zuckungsamplitude um 300% unter dem Einfluß von Nitrationen bei 25° C (KAHN und SANDOW 1955) steht z. B. eine Zunahme um nur 10% bei 0° C (RITCHIE 1954) gegenüber.

4. Kompressionswirkung auf den aktiven Zustand

Die Amplitude der Einzelzuckung ist nur deswegen kleiner als die des Tetanus, weil der zunächst voll aktive Zustand relativ früh in der Anstiegsphase nachläßt; sie läßt sich aber dem Tetanuswert angleichen, wenn es gelingt, die Dauer des aktiven Zustandes zu verlängern. Das kann nicht nur unter der Wirkung der genannten Stoffe, sondern auch unter dem Einfluß physikalischer Änderungen geschehen. Wenn sich ein Muskel z. B. unter einem Druck von 270 Atmosphären kontrahiert, so kann die isometrische Spannung einer Einzelzuckung auf das Doppelte des ursprünglichen Wertes ansteigen (nach Versuchen am M. retractor penis der Schildkröte bei 20° C) (BROWN 1936; Abb. 116). Die Wirkung beruht

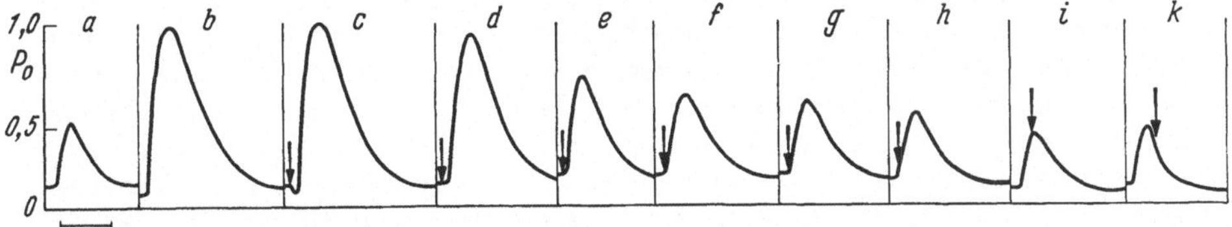

Abb. 116. Wirkung hoher Kompressionsdrucke (272 Atmosphären) auf den zeitlichen Ablauf der isometrischen Einzelkontraktion (M. retractor penis, Schildkröte, 20° C). *a* = normale Kurve; *b* = Zuckung unter der Wirkung des hohen Druckes, der 15 sec *vor* dem Reiz einsetzt; *c* bis *k* = Zuckungen unter der Wirkung des hohen Druckes, der zu verschiedenen Zeitpunkten *während* der Kontraktion einsetzt. (Zeitpunkt durch Pfeil markiert.) Ordinate: Spannung in P_0-Einheiten. (Nach BROWN 1936)

im wesentlichen auf einer Verlängerung des aktiven Zustandes, wie aus der Zunahme der Anstiegszeit um 60% des Normalwertes zu ersehen ist. Der Effekt hängt von dem Zeitpunkt ab, an dem die Kompression einsetzt. Beginnt sie vor dem Reiz, so erreicht die Zuckung ihre größte Amplitude; Kompressionen, die gleichzeitig mit dem Reiz oder unmittelbar nach dem Reiz beginnen, sind bereits weniger wirksam. Wenn man den Muskel im ersten Drittel der Anstiegszeit komprimiert, so ändert sich der Zuckungsablauf nur sehr wenig gegenüber der Norm. Noch später in der Anstiegszeit beginnende Kompressionen erniedrigen das Spannungsmaximum. Kompressionen, die erst in der Erschlaffung einsetzen, veranlassen einen steilen Abfall der Spannung. Der positive, die

Kontraktionshöhe steigernde Effekt ist temperaturabhängig und bei 0,5° C kleiner als bei 20° C. Im einzelnen ist das Ergebnis dieser Kompressionsversuche schwer zu deuten, weil sich mindestens zwei Wirkungen überlagern. Der positive Effekt überdauert nur wenig die Latenzzeit und ist mit Änderungen des Aktionspotentials verbunden. Er ist deshalb einem Vorgang zuzuschreiben, der primär an der Membran lokalisiert ist. Der negative Effekt ist der Wirkung von Entdehnungen ähnlich, die die Absolutspannung erniedrigen (s. a. CATTELL 1936).

VII. Theorie der Muskelmechanik

Ablauf und Höhe einer Kontraktion sind nach der obigen Darstellung von wenigstens drei Parametern abhängig:

a) von dem elastischen Dehnungszustand vor der Kontraktion;
b) von der Spannung während der Kontraktion;
c) von der Dauer des vollen aktiven Zustandes.

Welche der aufgeführten Größen jeweils die wichtigste ist, die die Zeitkurve und Amplitude einer Kontraktion bestimmt, ist nur unter ganz besonderen experimentellen Voraussetzungen zu entscheiden. Die Abhängigkeit des Kontraktionsverlaufs von einer einzigen Größe läßt sich nur dann untersuchen, wenn es gelingt, alle anderen Parameter konstant zu halten. So ist z. B. der Befund, daß zwischen der Spannung und Geschwindigkeit die Hillsche Beziehung (b) besteht, an die Bedingung gebunden, daß durch Dauerreizung im Tetanus der volle aktive Zustand (c) und durch die Wahl von Unterstützungskontraktionen der elastische Ausgangszustand (a) erhalten bleibt.

Der Verlauf der isometrischen Einzelzuckung hängt zusätzlich von den viscöselastischen Eigenschaften der Serienelemente ab, die bei der inneren Verkürzung der contractilen Elemente gedehnt werden. Der zeitliche Spannungsanstieg ist deshalb nur ein indirektes Maß für die Verkürzungsgeschwindigkeit. Bei konstanter Verkürzungsgeschwindigkeit müßte sich wegen der Abnahme der Dehnbarkeit der elastischen Serienelemente mit zunehmender Spannung eine Zuckungskurve ergeben, die im Anstieg mit fortschreitender Zeit immer steiler verläuft. In allen mit einwandfreier Methode registrierten isometrischen Einzelzuckungskurven nimmt aber die Steilheit nicht über das erste Drittel der Anstiegszeit zu. Die Umrechnung des Spannungsanstieges in der Zeit auf die entsprechenden Längenänderungen der contractilen Elemente ergibt eine relativ schnelle, schon kurz nach der Latenzzeit einsetzende Abnahme der Verkürzungsgeschwindigkeit, die sowohl auf dem Rückgang des aktiven Zustandes als auch auf der Zunahme der Spannung (entsprechend der Hillschen Relation) beruhen kann.

Während der isometrischen Kontraktion können bei einem bestimmten Spannungsniveau die Ketten plastisch nachgeben, so daß die Kontraktionsamplitude kleiner wird. Außerdem ist die Viscosität der elastischen Serienelemente in Rechnung zu stellen; sie kann wegen der relativ hohen Geschwindigkeit der inneren Dehnung während einer Einzelzuckung die Spannung dynamisch überhöhen. Da beide Effekte die Anstiegszeit verkürzen, könnten sie wenigstens teilweise die Tatsache erklären, daß die isometrischen Gipfel früher liegen als die isotonischen (s. S. 103). Entsprechend dieser Deutung müßte die Anstiegszeit zunehmen, wenn Geschwindigkeit und Ausmaß der inneren Dehnung unter sonst gleichen Bedingungen abnehmen. So kann man z. B. das Ergebnis von Versuchen erklären, in denen dem Muskel eine Feder in Serie zugeschaltet ist (MACPHERSON 1953); der Muskel verkürzt sich dann bei isometrischer Anordnung des Gesamtsystems (Muskel + Feder) um eine Länge Δl, während die

Feder um dieselbe Länge gedehnt wird. Unter diesen Bedingungen kontrahiert sich der Muskel nicht mehr rein isometrisch; die Dehnung der elastischen Serienelemente ist verringert, die Amplitude verkleinert und die Anstiegszeit verlängert.

Die isometrische Kontraktion unterscheidet sich von der isotonischen Kontraktion durch den Anstieg der Spannung, der nach der Hillschen Relation die Geschwindigkeit der inneren Verkürzung der contractilen Elemente ständig verkleinert, während die Geschwindigkeit der äußeren isotonischen Verkürzung bei gegebener Spannung über relativ lange Zeiten konstant bleibt. Daher muß für denselben Ausgangszustand der Betrag der inneren Verkürzung während der isometrischen Kontraktion kleiner als der Betrag der isotonischen Verkürzung sein. Dies trifft in den meisten Diagrammen, besonders in den Diagrammen tetanischer Kontraktionen zu (s. Abb. 95). Nur wenn die isometrische Zuckung keinen zu großen Spannungsbereich durchläuft, sind die Unterschiede zwischen der äußeren isotonischen und inneren isometrischen Verkürzung der contractilen Elemente bei einem gegebenen Ausgangszustand relativ klein. Unter der Annahme, daß die statische Entdehnungskurve des ruhenden Muskels für die elastischen Eigenschaften des Serienelementes auch während der Kontraktion repräsentitativ ist, sind die inneren Verkürzungen der contractilen Elemente für jeden Ausgangszustand gleich dem Längenabstand zwischen dem isometrischen Spannungsmaximum und der Ruhedehnungskurve. Wie aus Abb. 83 ersichtlich, nehmen diese Abstände kontinuierlich mit zunehmender elastischer Dehnung ab. Diese Abnahme ist bei einzelnen Muskeltypen verschieden groß und hängt von den Versuchsbedingungen ab; sie ist beim tetanisch kontrahierten Skeletmuskel besonders deutlich und erklärt Maximum und Minimum in der Kurve der isometrischen Maxima (s. Abb. 95). Wenn für denselben Ausgangszustand der Längenabstand des isotonischen Maximums von der Ruhedehnungskurve genau so groß ist wie der Längenabstand des isometrischen Maximums, dann ist die innere Verkürzung der isometrischen Kontraktion gleich der äußeren Verkürzung der isotonischen Kontraktion. In diesem Fall müssen die U-Kurven, deren Endpunkte durch die beiden genannten Maxima definiert sind, parallel zur Ruhedehnungskurve laufen (s. Abb. 83). Aus diesem Befund ergibt sich auch der in anderen Versuchsreihen bestätigte Unterschied in der Lage der isotonischen und isometrischen Maxima. Wenn der Muskel von einer großen Länge (Punkt A in Abb. 83) sich isotonisch kontrahiert, so ist die Gesamtverkürzung geringer als bei einer kleinen Länge (Punkt D). Wenn man den Muskel auf diese kleine Länge, auf die er sich vom Punkt A aus isotonisch verkürzt, im Ruhezustand entdehnt, so nimmt die äußere und innere Verkürzung zu (DE > AB), entsprechend auch der isometrische Spannungsanstieg, der über die Kurve der isotonischen Maxima hinausgeht.

Der Lageunterschied zwischen der Kurve der isotonischen Maxima und der der isometrischen Maxima bleibt auch erhalten, wenn die Amplituden der Einzelzuckungen relativ groß sind. Der Verlauf der Kurven wird dann nicht nur durch die Spannungsabhängigkeit der Verkürzung, sondern zusätzlich durch plastische Effekte bestimmt. Der Unterschied zwischen der Lage der Anschlags- und Unterstützungsmaxima (Abb. 85) erklärt sich aus der Hillschen Relation. Im isotonischen Anteil der Anschlagszuckung ist die Spannung niedrig, die Verkürzungsgeschwindigkeit daher relativ groß; im isotonischen Anteil der Verkürzungszuckung ist die Spannung hoch, die Verkürzungsgeschwindigkeit entsprechend kleiner; daher ist die mittlere Geschwindigkeit der Gesamtverkürzung (innere + äußere Verkürzung) im ersten Fall größer als im zweiten; bei gleicher Anstiegszeit und auf dem gleichen Spannungsniveau muß der Muskel während der Anschlagszuckung im Kontraktionsgipfel kleinere Absolutlängen erreichen als während der Unterstützungszuckung.

VIII. Zustandsänderungen während der Kontraktion

1. Eigenschaften der kontrahierten Proteinfilamente

Die elektrophoretische Untersuchung der Gerüsteiweiße im tetanisch kontrahierten Muskel hat Befunde ergeben, die man als Zeichen einer verringerten Extrahierbarkeit von Myosin und Actomyosin deuten kann (DUBUISSON 1954). Voll beweiskräftig sind diese Befunde nur im Zustand der Starre, die post mortem oder unter dem Einfluß hoher Konzentrationen von Monojodacetat auftritt (s. S. 206 und S. 208). Aber die Änderungen der Muskelproteine sind dann irreversibel und kaum mit den physiologischen Änderungen während der Kontraktion zu vergleichen.

a) Optische Eigenschaften

Einen Einblick in den physikalisch-chemischen Zustand der Muskeleiweiße während und nach der Kontraktion bieten optische Methoden. Die Eiweiße wirken wie ein trübes Medium, das durchfallendes Licht zerstreut und absorbiert. Nach der vorübergehenden Abnahme des von den Muskelfibrillen gebeugten Lichtes (D. K. HILL 1949, s. S. 98) nimmt nach Befunden an Einzelfasern sowohl die *Lichtstreuung* als auch die *Lichtabsorption* während einer isometrischen Kontraktion zu (BUCHTHAL, KNAPPEIS und LINDHARD 1936). Da der Muskel auch durch passive Dehnung weniger transparent wird (D. K. HILL 1953b), läßt sich der Effekt mit dem Spannungsanstieg während der Kontraktion erklären. Unmittelbar nach einem Tetanus von 2 sec nimmt beim M. sartorius (Frosch, Raumtemperatur) die Extinktion ab (v. BAEYER und v. MURALT 1934; v. MURALT 1934). Der Rückgang auf den Ausgangswert vollzieht sich in zwei Phasen, die mit der anaeroben und aeroben Resynthese des Kreatinphosphats in Zusammenhang stehen könnten. Unter anaeroben Bedingungen sinkt die Extinktion nach einer Serie von Tetani auf einen konstanten Endwert ab, der wesentlich niedriger als der Normalwert ist. Außerdem wird die Extinktion stufenförmig von einem Tetanus zum anderen kleiner, wenn die Glykolyse und mit dieser die KP-Resynthese durch Monojodessigsäure gehemmt wird. Spaltung und Resynthese des KP können jedoch nicht unmittelbar, sondern nur auf dem Umweg über unbekannte sekundäre Änderungen im chemisch physikalischen Zustand der Eiweißkörper auf die Lichtdurchlässigkeit wirken.

Das einfachste Mittel, strukturelle Umwandlungen während der Kontraktion festzustellen, bietet die Untersuchung der *Doppelbrechung*. Unter isotonischen Bedingungen nimmt im glatten und quergestreiften Muskel die Doppelbrechung regelmäßig ab (v. EBNER 1882; E. FISCHER 1936). Sie kann sogar vollständig verschwinden, wie Versuche am Wespenmuskel zeigen (PFEIFFER 1942). Dabei ist nicht immer sicher zu entscheiden, welcher Anteil der Doppelbrechung (Eigen- oder Stäbchendoppelbrechung) sich ändert. Nach den bisherigen Erfahrungen nehmen beide ab, in den meisten Fällen die Stäbchendoppelbrechung stärker als die Eigendoppelbrechung. Die Micellen werden also nicht nur in der Längsachse kürzer, sondern desorientieren sich während der Kontraktion. Diese Desorientierung kann man auf die Wirkung von Kräften zurückführen, die die Bildung von Falten und Querbrücken in den Ketten begünstigen und die Sperrfähigkeit erhöhen, solange die Kontraktion andauert (s. S. 127). Bei isometrischer Kontraktion wirkt die zunehmende Spannung diesen Kräften entgegen; sie kann eine Orientierung primär ungeordneter Teilchen und daher eine Zunahme der Doppelbrechung zur Folge haben. Daher sind die Angaben über das Verhalten der Doppelbrechung im isometrisch kontrahierten Muskel sehr verschieden. Bei geringen

Dehnungsgraden überwiegt die Abnahme der Eigendoppelbrechung den Orientierungseffekt; die Gesamtdoppelbrechung nimmt ab und weist bei synchroner Registrierung des Mechanogramms ein erstes Minimum während der Anspannung und ein zweites Minimum am Beginn der Erschlaffung auf (v. MURALT 1932); die gesamte Abnahme beträgt etwa 30%. Dieselben Änderungen sind an Einzelfasern nachweisbar (BUCHTHAL und KNAPPEIS 1938). Bei starken Dehnungsgraden ändert sich die Doppelbrechung des Muskels (M. sartorius, Frosch) unter dem Einfluß der Kontraktion nicht (BOZLER und COTTRELL 1937). Im glatten Muskel (M. retractor pharyngis von Helix pomatia) bleibt unter isometrischen Bedingungen die Doppelbrechung während der Kontraktion dieselbe wie im Ruhezustand; im Wespenmuskel nimmt dagegen die Doppelbrechung auf das Zweifache des ursprünglichen Wertes zu (PFEIFFER 1942).

b) Elektronenoptische und lichtmikroskopische Befunde

Die Versuche, die Strukturänderungen während der Kontraktion durch lichtoder elektronenmikroskopische Methoden (s. WOLPERS 1943) zu erfassen, haben je nach der Wahl des Objektes und der Fixationsmethode zu verschiedenen Ergebnissen geführt. Die Fixierungsflüssigkeiten lösen ohne Ausnahme irreversible Starrezustände oder vorübergehende Kontrakturen aus, die die Strukturänderungen des normalen Kontraktionsablaufes verdecken oder Wirkungen vortäuschen, die mit der eigentlichen Kontraktion nichts zu tun haben (s. HONCKE 1947). Eine geeignete Methode, an der lebenden Muskelfaser den Anteil der I- und A-Abschnitte an der Kontraktion im quergestreiften Muskel zu verfolgen, bietet sich im Phasenkontrastverfahren (A. F. HUXLEY 1952; 1954). Mit dieser Methode läßt sich an der Froschmuskelfaser feststellen, daß die A-Bande während einer elektrisch ausgelösten *isotonischen* Einzelzuckung ihre Länge nicht ändern. Der Befund läßt sich an isolierten Myofibrillen bestätigen, die in ATP-haltigen Lösungen zur Kontraktion gebracht und während der Kontraktion unter dem Phasenkontrastmikroskop beobachtet werden (HANSON 1952; H. E. HUXLEY und HANSON 1954). Die Verkürzung wird also nur an den I-Abschnitten sichtbar. Gleichzeitig spielen sich innerhalb der A-Fächer Formänderungen ab: Die H-Zonen werden enger, und zwar um denselben Betrag, um den die I-Fächer sich verkürzen. Diese Befunde rechtfertigen die Annahme, daß sich die Actinfilamente, die zwischen den H-Zonen zweier benachbarter Sarkomeren liegen, in die Myosinfilamente der A-Fächer schieben und damit die H- und I-Abschnitte verkürzen (s. Abb. 4). Die inneren Kräfte, die das Übereinandergleiten der Myosin- und Actinfilamente veranlassen, sind unbekannt; sie könnten jedoch in Brücken lokalisiert sein, die die beiden parallel zueinander angeordneten Filamente miteinander verbinden. Eine Zunahme dieser Kräfte würde die Actinfilamente in die Myosinfilamente hineinziehen und die Elemente der H-Zonen stauchen und außer Funktion setzen (H. E. HUXLEY 1956). Wenn sich das Objekt unter isotonischen Bedingungen auf weniger als 85% seiner Ruhelänge verkürzt, so schließen sich die H-Bande vollständig; an ihrer Stelle erscheint eine dunkle Linie, die auf einer Auffaltung der Actinfilamente beruhen kann. Bei einer Länge, die etwa 65% l_0 beträgt, sind die I-Fächer so stark verkürzt, daß die Enden der A-Abschnitte die Z-Linien berühren (A. F. HUXLEY und NIEDERGERKE 1954). Weitere Verkürzung läßt in dieser Region „Kontraktionsbande" entstehen, die von früheren lichtmikroskopischen Untersuchungen an fixierten Fasern bereits bekannt sind (JORDAN 1933). Der Befund, daß sich die isotonische Verkürzung vorwiegend in den I-Zonen abspielt, hat sich auch im elektronenmikroskopischen Bild fixierter Einzelfasern nachweisen lassen (CARLSEN und KNAPPEIS 1955). Nach neueren Untersuchungen an lebenden und fixierten Muskeln von Frosch, Maus und Insekten (SJÖSTRAND und ANDERSSON

CEDERGREN 1957; HODGE 1956) bleibt die Kontraktion aber nur bei Längen $> l_0$ auf die I-Abschnitte beschränkt. Bei Längen $< l_0$ beteiligen sich auch die A-Abschnitte an der Verkürzung. Da der Durchmesser der Filamente dabei deutlich größer wird, ist es wenig wahrscheinlich, daß die Kontraktion lediglich in einer gegenseitigen Verschiebung der Filamente besteht.

Die Befunde bei *isometrischer* Kontraktion weichen erheblich voneinander ab. Die Interferenzmikroskopie läßt an lebenden Fasern weder eine Änderung der A-Abschnitte noch eine solche der I-Abschnitte erkennen (A. F. HUXLEY und NIEDERGERKE 1954). Elektronenmikroskopische Untersuchungen an fixierten Fasern haben jedoch im Einklang mit früheren lichtmikroskopischen Befunden eine Verkürzung von A mit einer entsprechenden Verlängerung von I ergeben (KNAPPEIS und CARLSEN 1956; CARLSEN und KNAPPEIS 1957). Die Frage der Strukturänderungen bei der isometrischen Kontraktionsform bleibt also vorläufig ungeklärt.

c) Röntgendiagramm

Die Röntgendiagramme des lebenden Muskels ergeben Befunde, die gut mit den phasenkontrastmikroskopischen Bildern übereinstimmen (H. E. HUXLEY 1956). Das Kleinwinkeldiagramm, das strukturelle Sequenzen in Abständen von 10 bis 1000 Å wiedergibt, zeigt im kontrahierten und starren Muskel (s. S. 206) Reflexionen, die für eine parallele Anordnung zweier Reihen verschiedener Micellen sprechen. Bei der Kontraktion des Muskels scheinen sich die axialen 400 Å-Abstände in den A- und I-Abschnitten kaum zu ändern; die Träger dieser Periodik (Actinfilamente) bleiben also während der Kontraktion gleich lang (ASTBURY und SPARK 1947). Die Weitwinkeldiagramme liefern keine Anzeichen für eine Änderung der ursprünglichen α-Konfiguration während der Kontraktion (ASTBURY 1940). Der aktiv kontrahierte glatte M. retractor von mytilus edulis weist lediglich eine gegenüber dem Ruhezustand geringere Orientierung der Stäbchen auf. Die überraschende Konstanz aller übrigen Eigenschaften der Diagramme kann man damit erklären, daß nach den elektronenoptischen Befunden nur an einem sehr kleinen Teil der Gesamtstruktur, nämlich am System der Querbrücken zwischen Actin und Myosin, tiefgreifende Veränderungen zu erwarten sind. Alle anderen Teile werden passiv bewegt und ändern ihre Struktur nicht oder nur sehr wenig.

2. Physikalische Änderungen

a) Muskelvolumen

Unter dem Einfluß der physikalischen und chemischen Prozesse, die sich während und nach der Kontraktion abspielen, verändert sich auch das Volumen des Muskels. Die Ursache dieser Änderung ist nur in groben Umrissen bekannt.

Die Änderungen des Volumens lassen sich aus der Verschiebung des Flüssigkeitsmeniskus in einer Capillare ermitteln, die mit dem Muskelbehälter verbunden ist (ERNST 1925). Für genaue zeitliche Analysen empfiehlt es sich bei konstanten Volumen die Druckänderungen zu registrieren, die den Volumenänderungen entsprechen (ERNST et al. 1951).

Mit dieser relativ trägheitsfreien Methode läßt sich schon in der Latenzzeit eine Volumen-Konstriktion nachweisen, die während der Anstiegsphase fortdauert. Die Volumenänderung beginnt nur wenig später als das Aktionspotential und erreicht unter isotonischen Bedingungen im ersten Drittel der Anstiegsphase ein Maximum. Die initiale Volumenabnahme könnte trotz der Phasenverschiebung gegenüber dem Aktionspotential auf einer mit der Erregung gekoppelten Elektrokonstriktion beruhen (ERNST 1958). Im Tetanus haben die Volumenschwankungen dieselbe

Frequenz wie die Aktionspotentiale. Die Volumenabnahme beträgt bei einer isotonischen Einzelzuckung $0,5 \cdot 10^{-5}$ cm³ pro g Muskel (MEYERHOF und HART-HANN 1934); bei einer isometrischen Einzelzuckung ist sie mit $1,3 \cdot 10^{-5}$ cm³ pro g Muskelgewicht dagegen wesentlich größer, ihre Dauer erheblich länger. Der Unterschied läßt sich damit erklären (ERNST 1958), daß der isometrische Spannungsanstieg ebenso wie passive Belastung wirkt und Kristallisationen des Myosins auslöst (s. S. 36). Für die während der Kontraktion meßbare Konstriktion sind auch chemische Prozesse verantwortlich zu machen, wie die Spaltung von ATP und KP, deren Dephosphorylierung eine Volumenkonstriktion von 10, bzw. 11,5 cm³ pro Mol abgespaltenen Phosphates bewirkt. Nimmt man jedoch an, daß die initiale Wärme sich aus der Spaltung von KP und ATP herleitet, so sind die entsprechenden Mengen der gespaltenen energiereichen Phosphate zu klein um eine Konstriktion von $0,5 \cdot 10^{-5}$ cm³ pro g Gewicht erklären zu können.

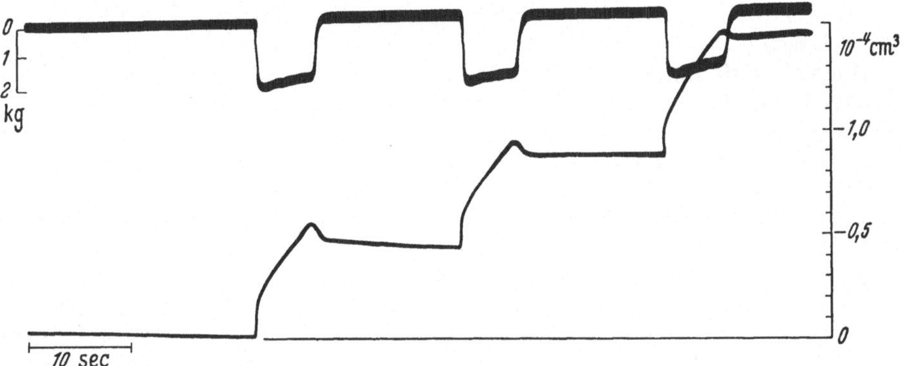

Abb. 117. Änderung des Volumens eines mit Monojodacetat vergifteten Muskels (M.gastrocnemius, Frosch, Raumtemperatur, $l_0 = 39$ mm, Gewicht 1,393 g) während aufeinanderfolgender Tetani von je 6 sec Dauer. Obere Kurve (mit Eichung am linken Rande): Spannung in kg; untere Kurve (mit Eichung am rechten Rand): Volumenabnahme (Ausschlag nach oben). Beachte: Summation der Konstriktionsrückstände nach jedem Tetanus. (Nach HARTMANN 1934)

Dagegen sind die sogenannten *Rückstände* nach der Kontraktion mit Sicherheit auf chemische Vorgänge zurückzuführen. Nach der Erschlaffung aus einer Einzelzuckung oder einem kurzen Tetanus geht die Konstriktion nur langsam (innerhalb von Minuten) zurück. Bei Vergiftung mit Monojodacetat bleibt sie länger auf dem ursprünglichen Tetanusniveau als in der Norm: Die Rückstände summieren sich, wenn mehrere Tetani kurz aufeinanderfolgen (Abb. 117). Dagegen verschwindet im nicht vergifteten Muskel der Konstriktionsrückstand in einer Serie tetanischer Kontraktionen vollständig; das Muskelvolumen nimmt schließlich von einem Tetanus zum anderen zu. Diese Zunahme kann nur auf der Milchsäurebildung beruhen, die pro Mol eine Dilatation von 24 cm³ ergibt (HARTMANN 1934). Der Nachweis dieser chemisch bedingten Volumenzunahme ist möglich, wenn der Muskel in Paraffin eingebettet ist und kein Wasser aufnehmen kann.

b) Impedanz

Die Impedanz des Muskels läßt sich an dem Wirbelstromverlust eines hochfrequenten elektromagnetischen Feldes messen und mit der Impedanz eines bekannten Elektrolyten unter gleichen Bedingungen vergleichen (HÖBER 1923). Eine weitere Möglichkeit der Messung ergibt sich aus der Vorstellung, daß der Muskel sich gegenüber dem Wechselstrom wie eine Kapazität C verhält, zu der der Membranwiderstand R_m parallel und der Widerstand R_r der intra- und extracellulären

Räume in Serie geschaltet sind (s. Ersatzschema Abb. 37). Die daraus resultierende Impedanz kann man in einer Brückenschaltung bei Wahl entsprechender Kapazitäten und Widerstände kompensieren. Mit dieser Methode ist die Impedanz vor, während und nach einem Tetanus bestimmt worden (ACHELIS 1932). Die Änderung der Impedanz läßt sich auch fortlaufend registrieren, in dem man den im Mittelzweig der Brücke fließenden Strom verstärkt und auf einen Kathodenstrahloscillographen überträgt (DUBUISSON 1936).

Wegen der relativ hohen Membrankapazität hängt die Impedanz bei sehr hohen Wechselstromfrequenzen (10^5 Hz) nur von der Größe R_r ab. Da in diesem Fall die Impedanz während der Kontraktion nahezu gleichbleibt (HARTREE 1933; BOZLER 1935; DUBUISSON 1936a), kann sich der Gehalt des Muskels an freibeweglichen Ionen nicht wesentlich ändern. Dagegen haben relativ niedrige Wechselstromfrequenzen in allen Versuchsreihen (ACHELIS 1932; BOZLER 1935; BUCHTHAL 1934, 1935) während einer isometrischen Einzelzuckung beim M. sartorius des Frosches (18° C) deutliche Änderungen ergeben, die sich in 3 Phasen unterteilen lassen (DUBUISSON 1937a):

a) eine kurzdauernde Abnahme der Impedanz, die wie im Nerven (COLE und CURTIS 1939) etwa zur selben Zeit wie das Aktionspotential einsetzt und mit diesem abklingt;

b) eine Zunahme der Impedanz, die sich unmittelbar an die Phase a) anschließt und ein Maximum während der Anstiegsphase erreicht;

c) eine nicht in allen Fällen nachweisbare zweite Zunahme mit einem Maximum während der Erschlaffung.

Beim M. sartorius des Frosches (18° C) kehrt die Impedanz etwa 0,3 sec nach der Erschlaffung auf den alten Wert zurück. Unter anaeroben Bedingungen, sowie bei Monojodacetatvergiftung bleibt ein Rückstand bestehen, der sich in aufeinanderfolgenden Zuckungen summiert (Abb. 118). Während des Tetanus nimmt die Impedanz nach einem anfänglich schnellen Anstieg über die Dauer der Kontraktion allmählich zu. Am Ende des Tetanus nimmt sie zunächst schnell, dann langsam ab ohne auf den ursprünglichen Wert zurückzukehren. Der Rückstand wird größer, wenn die Milchsäurebildung gehemmt ist (BOZLER 1935), besonders bei gleichzeitiger Zunahme der Kreatinphosphatspaltung (QUENSEL 1932).

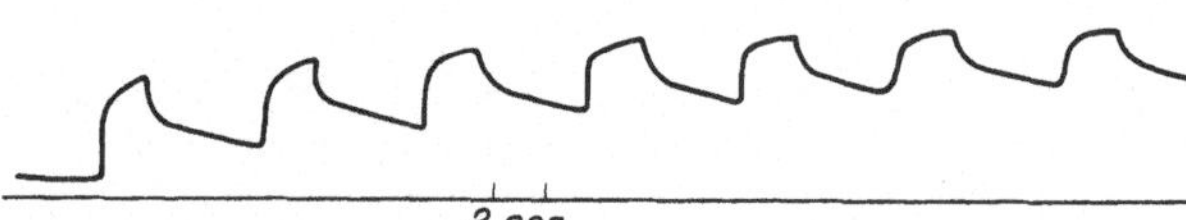

Abb. 118. Impedanzänderungen des Muskels bei niedriger Wechselstromfrequenz (M. rectus abdominis, Frosch, 19° C) während 7 aufeinanderfolgender Tetani von 2 sec Dauer. Ordinate: Impedanz in willkürlichen Einheiten. (Nach DUBUISSON 1937)

Die erste Phase ist mit Sicherheit als Zeichen der erhöhten Ionenleitfähigkeit an der Membran während des Erregungsprozesses zu werten (s. S. 66). Inwieweit die beiden anderen Phasen auf Änderungen von R_m oder C_m beruhen, ist unbekannt.

c) Muskelton

Bei asynchroner Kontraktion von Fasern oder Fasergruppen, die verschiedenen motorischen Einheiten angehören, sind über dem Muskel Geräusche zu hören, die man auf die Reibung zwischen den erregten und unerregten Teilen des Muskels zurückführt. Geräusche dieser Art sind die akustischen Phänomene, die jeder Mensch bei Verschluß des äußeren Gehörgangs wahrnehmen kann; sie stammen von den Kiefermuskeln, deren Einheiten sich in zeitlicher Succession kontrahieren. Nach Versuchen an verschiedenen Muskeln des Menschen ist die Frequenz der durch ein Mikrophon aufgenommenen Geräusche die gleiche wie die der Aktionspotentiale, wenn beide von denselben motorischen Einheiten herrühren (TREN-

DELENBURG und SCHÜTZ 1931; GORDON und HOLBOURN1948). Mit zunehmender
Kontraktionsstärke nimmt die Frequenz der Geräusche ebenso wie die der Aktionspotentiale zu. Die akustischen Phänomene sind gegenüber den Aktionspotentialen
beträchtlich verzögert; sie können also nicht Zeichen des Erregungsvorganges,
sondern nur Begleiterscheinungen des Kontraktionsvorganges sein. Auch während
des sog. glatten Tetanus treten im Rhythmus der Aktionspotentiale Geräusche auf,
deren unmittelbare Ursache nur die Miniaturkontraktionen auf der Höhe des
Tetanus sein können. Auch Einzelzuckungen sind von einem intramuralen Ge-
räusch begleitet, das jedoch nicht für die Entstehung des sog. ersten Herztones
verantwortlich ist (vgl. SCHÜTZ 1933, 1958).

d) Innendruck und Querelastizität

In den Interstitialräumen des Froschmuskels entstehen bei isometrischer
Kontraktion Druckanstiege bis zu 200 mm Hg (A. V. HILL 1948), die die Zunahme der sogenannten „Härte" im kontrahierten Zustand erklären. Die Kraft,
die erforderlich ist, um einen Muskel um eine bestimmte Strecke einzudrücken,
wird als „Eindringungsmodul" bezeichnet (GILDEMEISTER 1914). Während der
Kontraktion nimmt dieser Modul zu.

Die Prüfung der Torsionselastizität von Einzelfasern (STEN KNUDSEN 1948),
die man periodischen Drehungen um ihre eigene Achse unterzieht, hat eine Zunahme der Torsionsteifheit während der Kontraktion ergeben. Die Torsions-
steifheit des kontrahierten Muskels ist wesentlich stärker temperaturabhängig
als im Ruhezustand. Der Befund weist erneut auf einen starken Anteil der Viscosität an der Kontraktionselastizität hin.

G. Koppelung zwischen Erregung und Kontraktion

Der Mechanismus, der den Erregungsvorgang an den Kontraktionsprozeß in
den contractilen Proteinen ankoppelt, ist bis heute unbekannt. Die wesentliche

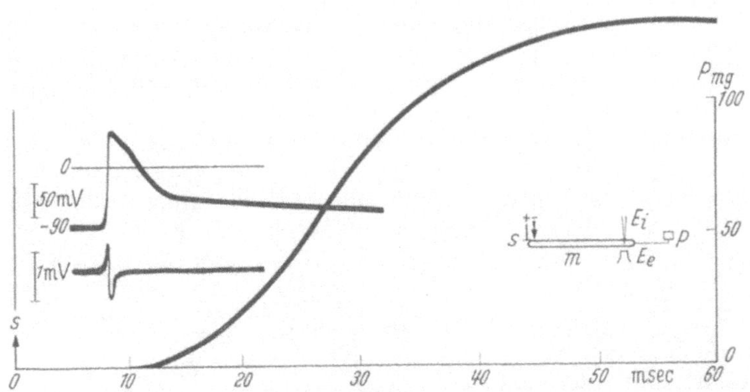

Abb. 119. Zeitliche Beziehungen zwischen dem Aktionspotential und der isometrischen Spannung einer Einzelzuckung (M. semitendinosus, Frosch, Einzelfaser, $l_0 = 11$ mm, Durchmesser 110 μ, 19° C). Links oben: Intra- und
extracellulär abgeleitetes Aktionspotential (monophasisch oben, biphasisch unten). Kurve in der Mitte des Bildes:
Isometrische Zuckungskurve. Schema rechts unten: Lage der Reizelektroden (S) und der Ableitelektroden (E_i
und E_e) an der Muskelfaser m; Spannungsmesser P. Beachte, daß das Aktionspotential erst einsetzt, wenn die
ganze Faser bereits von der Erregungswelle ergriffen ist; bei einer Fortleitungsgeschwindigkeit der Erregungswelle
von 1,5 m/sec erscheint das AP erst nach 7,3 msec (Nach HAKANSSON 1957)

Schwierigkeit beim Studium des Koppelungsmechanismus liegt darin, daß der
genaue zeitliche Ablauf des Membranprozesses nur in Änderungen elektrischer
Größen (Potential, Widerstand), der Ablauf des Kontraktionsprozesses nur in

10*

Änderungen von Länge und Spannung quantitativ zu erfassen ist. Die elektrischen und mechanischen Änderungen sind aber Summeneffekte verschiedener Vorgänge: das Aktionspotential ist z. B. das Resultat von Ionenströmen, die ihrerseits von den jeweiligen Permeabilitätsverhältnissen abhängen; der Kontraktionsprozeß ist das Ergebnis von mehreren Prozessen, von denen jeder zu den Änderungen des Membranpotentials oder der Ionenkonzentration in einer mehr oder weniger festen Beziehung stehen kann. Trotzdem sind auf Grund rein empirischer Daten gewisse Aussagen über die Art des Koppelungsmechanismus möglich. Zunächst lassen sich relativ einfache zeitliche Beziehungen zwischen Erregung und Mechanik nachweisen. Der Kontraktionsprozeß setzt grundsätzlich später als der Erregungsprozeß ein, ist also die Folge, nicht die Ursache der sich an der Membran abspielenden Vorgänge (Abb. 119). Während der Anstiegsphase des AP ändert sich am mechanischen Zustand des Muskels nichts. Dies gilt in gleicher Weise für den Skeletmuskel (Sandow 1952) wie für den Herzmuskel (s. Schütz 1958), und zwar auch dann, wenn man Aktionspotential und mechanische Spannung an ein und demselben Ort registriert. Im übrigen sind die zeitlichen Beziehungen zwischen Elektro- und Mechanogramm sehr verschieden. Beim Skeletmuskel fällt die erste erkennbare mechanische Reaktion (negative oder positive Spannungsänderung) in den absteigenden Ast des AP. Beim Herzmuskel überdauert die Anstiegsphase der Kontraktion das Plateau des AP und erreicht den Gipfel zu einem Zeitpunkt, in dem die Repolarisation bereits im Gang ist (s. Abb. 120).

I. Fortgeleitete Kontraktion

1. Kontraktionswelle

Bei punktförmiger Reizung pflanzt sich die Erregung in den Muskelfasern, die dem Alles-oder-Nichts-Gesetz gehorchen, vom Reizort über die ganze Muskellänge fort. An jedem Ort, den die Erregungswelle erfaßt, folgt auf das lokale Aktionspotential nach immer gleichbleibender elektromechanischer Latenz die lokale Kontraktion: der Erregungswelle läuft mit der Phasenverschiebung der Latenzzeit eine Kontraktionswelle nach. Wird ein Froschmuskel (M. sartorius) einmal punktförmig an dem einen Ende, dann multipel über die ganze Länge gereizt, so erreicht er im zweiten Fall die maximale Verkürzungsgeschwindigkeit früher (s. Abb. 76; Abbott und Ritchie 1951 b). Aus der Verschiebung der beiden Zuckungskurven läßt sich die Zeit, die die Kontraktionswelle benötigt, um sich über die ganze Muskellänge auszubreiten, und die Fortpflanzungsgeschwindigkeit der Kontraktionswelle ermitteln. Die Zahlenwerte stimmen bei Frosch-, Kröten- und Rochenmuskeln relativ gut mit der Fortpflanzungsgeschwindigkeit der Erregungswelle überein (40 bis 70 cm/sec bei 0° C in Luft); bei Einzelfasern sollen dagegen zwischen der Erregungs- und Kontraktionswellengeschwindigkeit erhebliche Unterschiede bestehen (Buchthal und Knappeis 1943).

Die Ankoppelung der contractilen Proteine an den Membranprozeß an jedem Ort der Muskelfaser ist ein noch ungelöstes Problem. Die Möglichkeit, daß an der Außenmembran eine „Aktivierungssubstanz" frei wird, die auf dem Weg der Diffusion die contractilen Proteine erreicht, ist bei der Kürze der Latenzzeit und der Länge des Weges zwischen Membran und Myofibrillen auszuschließen (A. V. Hill 1949h). Auch die Längsströme, die die Faser während der Membrandepolarisation durchfließen, kommen als Ursache für die Ankoppelung kaum in Frage (Sten Knudsen 1954). Dagegen könnte nach den Ergebnissen lokalisierter Reizversuche (s. S. 161) die Z-Membran, die mit der Außenmembran des Sarkolemms verbunden ist, die Erregung in das Innere übertragen und mittels des endoplasmatischen Reticulums an die Myofibrillen weiterleiten (A. F. Huxley 1956; Edwards et al. 1956). Eine solche Annahme würde allerdings voraussetzen, daß die Z-Strukturen an den Grenzschichten Ladungen besitzen, die auf Änderungen des Potentials an der Außenmembran in irgendeiner Form ansprechen (s. a. Huxley und Taylor 1958).

Bei indirekter Reizung läuft die Kontraktionswelle vom Innervationsort (Endplatte) nach beiden Seiten über die Muskelfaser. Da die Endplatten gewöhnlich in der geometrischen Mitte der Faser liegen oder bei multipler Innervation in gleichen Abständen über die Faser verteilt sind, wird die Faser relativ schnell als Ganzes von der Kontraktionswelle erfaßt. Die Erregung der einzelnen Muskelquerschnitte ist daher unter physiologischen Bedingungen relativ gut synchronisiert (Buchthal 1957). Wenn man nur ein Ende des Muskels künstlich reizt, verhalten sich bei isometrischer Fixierung die noch unerregten Teile der Fasern wie elastische Puffer, die durch die bereits erregten Teile gedehnt werden (Bethe und Happell 1923; Fischer 1926). Der Anstieg der Spannung in jedem Querschnitt ist eine Funktion der Dehnungsgeschwindigkeit, der dynamisch-elastischen Eigenschaften der noch nicht erregten Abschnitte, des Abstandes von den bereits kontrahierten Teilen und der Zeit, die die Kontraktionswelle benötigt, um den Querschnitt zu erreichen. Die der Reizelektrode fernen Abschnitte befinden sich bei Kontraktionsbeginn in einem anderen mechanischen Zustand wie die der Reizelektrode nahen Abschnitte. Das ist einer der Gründe, warum die Kontraktionsamplituden bei der „Einend"-Reizung gegenüber der bei der „Überalles"-Reizung registrierten Amplitude verändert und gewöhnlich kleiner als diese sind. Bei isotonischer Anordnung ist im Fall der asynchronen Erregung die Zeitdauer, die vom Augenblick des Reizes bis zur vollen Erregung der ganzen Muskellänge verstreicht (Übertragungszeit), kleiner als bei isometrischer Anordnung, weil sich der Muskel verkürzt und das unerregte Ende der Kontraktionswelle entgegenläuft. Die Übertragungszeit hängt von der Länge des Muskels ab und beträgt bei den relativ kurzen Muskeln des Frosches etwa 20% der Anstiegszeit (s. Abb. 76); in den langen Warmblütermuskeln sind sehr viel größere (auf die Anstiegszeit bezogene) Werte zu erwarten. Die Latenzzeit ist bei der „Einend"-Reizung nicht länger als bei der „Überalles-Reizung" (s. Abbott und Ritchie 1951b): die unerregten Abschnitte verhalten sich also nicht wie rein plastische Strukturen, deren elastische Serienelemente etwa erst bei der Erregung ins Spiel kommen, sondern werden elastisch gedehnt, sowie sich die ersten Abschnitte kontrahieren. Daher steigt die isometrische Zuckungskurve in dem Augenblick an, in dem am Reizort die Kontraktion einsetzt.

2. Beziehungen zwischen Mechanogramm und Elektrogramm

a) Alles-oder-Nichts-Gesetz der Kontraktion

Da die fortgeleitete Erregung dem Alles-oder-Nichts-Gesetz gehorcht (s. S. 67), ist die Frage zu stellen, ob das ANG auch für die mechanische Reaktion gilt. Unter streng definierten Bedingungen antwortet tatsächlich die Einzelfaser des Skeletmuskels auf verschieden starke Reize immer mit derselben mechanischen Amplitude, wenn die Reizstärke einmal den Schwellenwert überschritten hat. Der Beweis für das mechanische Alles-oder-Nichts-Gesetz ist ein Versuch, bei dem man Einzelfasern eines Froschmuskels (M. sartorius) mit einer Capillarelektrode reizt (Pratt und Eisenberger 1919): Die isometrische Zuckungsamplitude bleibt trotz Zunahme der Reizstärke solange konstant, als keine neuen Fasern der Nachbarschaft ins Spiel kommen. Die mechanische Reaktion nimmt daher mit wachsender Reizstärke nicht kontinuierlich, sondern stufenweise zu, bis alle Fasern durch einen übermaximalen Reiz in Erregung geraten. Sogenannte submaximale Kontraktionen beweisen also nichts gegen das ANG, sondern sind die zwangsläufige Folge von Erregungen, die nicht alle im Verband des Muskels vorhandenen Fasern erfassen. Der Herzmuskel gehorcht dagegen als ganzes Organ dem ANG, da das Syncytium die isolierte Erregung einzelner Fasern ausschließt. Ebenso verhalten sich glatte Muskeln, soweit sie syncytial aufgebaut sind und die Erregung ohne Dekrement fortleiten.

Der Gültigkeitsbereich des ANG hat für den Kontraktionsprozeß aber wesentlich engere Grenzen als für den Erregungsprozeß. Während das monophasische Aktionspotential unabhängig von den mechanischen Ausgangsbedingungen ist, nimmt die Amplitude einer isometrischen Zuckung mit steigendem Dehnungsgrad ab. Ebenso sind die Änderungen der Aktionspotentialamplitude bei Treppenzuckungen im Vergleich zu den erheblichen Änderungen der mechanischen Amplitude gering (NIEDERGERKE 1956a). Daher gilt das ANG für den contractilen Apparat nur dann, wenn man außer der Reizstärke alle anderen Bedingungen streng konstant hält.

b) Elektrische und mechanische Amplitude

Gerade die Treppenbildung und die große Variabilität des Mechanogramms gegenüber der relativen Konstanz des Elektrogramms sind andererseits wichtige Argumente gegen die Annahme einer festen Koppelung zwischen beiden Meßgrößen. Die Amplitude des AP steht weder beim Skelet- noch beim Herzmuskel in einem erkennbaren Zusammenhang mit dem Kontraktionsprozeß (s. SCHÜTZ 1958). Diese Tatsache wird durch eine ganze Reihe von Stoffwirkungen bestätigt, die die Anstiegssteilheit und Gipfelhöhe einer Einzelzuckung vergrößern, aber das monophasische Spitzenpotential nicht verändern. Ionen, die den aktiven Zustand verlängern, und damit die Zuckungsamplitude vergrößern (s. o.), haben keinen erkennbaren Einfluß auf das biphasische Aktionspotential (KAHN und SANDOW 1950; 1955); ebenso verhalten sich Ionen, die primär auf die Verkürzungsgeschwindigkeit wirken. Ca^{++}-Ionen erhöhen z. B. in Konzentrationen von 10^{-3} Mol/l beim Herzmuskel des Frosches und der Schildkröte die Anstiegssteilheit und die Amplitude der isometrischen Zuckungskurve; der Zunahme der Gipfelhöhe entspricht keine adäquate Zunahme der elektrischen Amplitude (NIEDERGERKE 1956a; WEIDMANN 1957). Teilweiser Ersatz des Na^+ durch Cholin in der Außenlösung verringert die Amplitude des AP und erhöht die isometrische Spannung einer Zuckung (MACDOWALL et al. 1955). Die genannten Beispiele, die sich beliebig vermehren ließen, zeigen zur Genüge, daß das Potential der fortgeleiteten Erregung in keiner irgendwie meßbaren Korrelation zu der Größe der mechanischen Verkürzung steht. Eine solche Korrelation ist auch gar nicht zu erwarten, da die Amplitude einer Zuckung das Resultat zweier Größen (Verkürzungsgeschwindigkeit und Anstiegszeit) ist, die sich (etwa bei Temperaturänderung) gegensinnig ändern können. Die beschriebenen Resultate schließen daher nicht die Möglichkeit aus, daß die elektrischen Parameter der Erregung zu einer der beiden mechanischen Größen in Beziehung stehen und steuernd in die Zeitcharakteristik der Kontraktion eingreifen.

c) Elektrische und mechanische Zeitparameter

Für solche Untersuchungen sind besonders Herzmuskeln mit ihrem relativ langdauernden Aktionspotential geeignet. Bei der Auswertung der Versuchsergebnisse ist zu berücksichtigen, daß aus technischen Gründen das Mechanogramm immer vom ganzen Muskel, das Aktionspotential aber immer nur von einem bestimmten Bezirk (bei Saugelektrodentechnik) oder von einer einzelnen

Myokardfaser (bei intracellulärer Ableitung) gewonnen wird. Wegen der Laufzeit der Erregungswelle sind die registrierten Aktionspotentiale und Mechanogramme nie streng gleichzeitig. Nach allen bisherigen Befunden steht die initiale Verkürzungsgeschwindigkeit zu den Zeitparametern des Aktionspotentials (Anstiegs-geschwindigkeit, Gesamtdauer, Plateaudauer) in keiner konstanten Relation. Mit zunehmender Dehnung nimmt bei allen Muskeln die initiale *Verkürzungsgeschwindigkeit* ab (s. S. 101), während Form und Dauer des Aktionspotentials konstant bleiben (DUDEL und TRAUTWEIN 1954). O_2-Mangel (Abb. 120) verrringert die initiale Verkürzungsgeschwindigkeit beim Katzenpapillarmuskel und beim Rattenvorhof und verkürzt bei gleicher elektrischer Anstiegszeit die Dauer des AP (TRAUTWEIN und DUDEL 1954; WEBB und HOLLANDER 1956). Ca^{++}-Ionen erhöhen in nicht zu hohen Konzentrationen (10^{-3} Mol/l) beim Schildkröten- und Froschventrikel die Verkürzungsgeschwindigkeit, während gleichzeitig die Dauer des AP abnimmt (NIEDERGERKE 1956a; WEIDMANN 1957). Teilweiser Ersatz der Na^+- durch Cholinionen hat eine größere Anstiegssteilheit in der isometrischen Kontraktionskurve, eine Abnahme des Depolarisationsgradienten und des Spitzenpotentials sowie eine Verkürzung der AP-Dauer zur Folge (MACDOWALL et al. 1955; BRADY und WOODBURY 1957). Glykoside haben in allen bisher untersuchten Herzmuskeln eine ähnliche Wirkung wie Calcium: Sie erhöhen die initiale Verkürzungsgeschwindigkeit, erniedrigen aber die AP-Dauer (z. B. STUTZ et al. 1954). Temperaturanstieg verkürzt Anstiegszeit und -dauer des AP, erhöht aber die Verkürzungsgeschwindigkeit beim Kalt- und Warmblüterherzen (HEINTZEN et al. 1956; HOLLANDER und WEBB 1951). Mit steigender Reizfrequenz nimmt beim Katzenpapillarmuskel die Verkürzungsgeschwindigkeit zu, die AP-Dauer ab (s. z. B. TRAUTWEIN und DUDEL 1954). Nach der Umschaltung von hoher auf niedrige Frequenz ist die initiale innere Verkürzungsgeschwindigkeit der ersten isometrischen Kontraktion sehr hoch und nimmt dann in den folgenden Kontraktionen

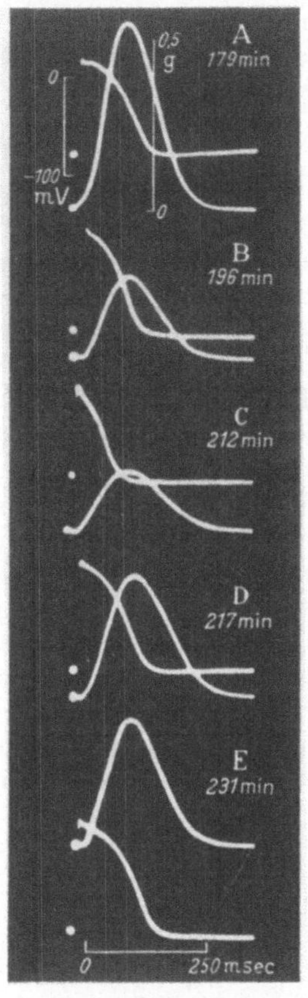

Abb. 120. Isometrische Einzelkontraktion und monophasisches Aktionspotential des Katzenpapillarmuskels. Künstliche Reizung von 60/min, 37,5° C. *A* = Sauerstoffsättigung; *B* = 16 min nach Anoxie. *C* = 32 min nach Anoxie; *D* und *E* während der Erholung in O_2-gesättigter Tyrodelösung. Minutenangaben beziehen sich auf die Zeit nach der Herausnahme des Herzens aus dem Thorax. Eichung für das Elektro- und Mechanogramm in Kurve *A*. (Nach TRAUTWEIN und DUDEL 1956)

allmählich ab, während Form und Dauer des AP vom Zeitpunkt des Umschaltens an unverändert bleiben. Auch bei der positiven Treppe ist die Zunahme der Verkürzungsgeschwindigkeit nicht von entsprechenden Änderungen der elektrischen Zeitparameter begleitet (NIEDERGERKE 1956a).

Eine weitaus bessere, wenn auch nicht immer nachweisbare Korrelation findet sich zwischen der mechanischen *Anstiegszeit* und der Dauer des Aktionspotentials beim Herzmuskel. Der Temperaturkoeffizient beider Größen ist nach Versuchen am Froschventrikelstreifen in einem Bereich von 0 bis 25° C derselbe ($Q_{10} = 2{,}25$) (HEINTZEN et al. 1956). Mit steigender Frequenz nimmt von einem bestimmten

Grenzwert an beim Warmblüterherzen (Trautwein und Dudel 1954) die Anstiegszeit und die Dauer des intracellulär abgeleiteten AP ab. Das Verhältnis beider Werte ist jedoch nicht konstant: die Gipfelzeit nimmt relativ weniger ab als die AP-Dauer. Eine unmittelbare Korrelation zu den AP-Werten besteht daher nicht. Dies gilt auch für pharmakologische Wirkungen: Adrenalin erhöht, Acetylcholin erniedrigt die AP-Dauer im Rattenvorhof; dabei ändert sich zwar die mechanische Anstiegszeit gleichsinnig, sie steht aber in keiner konstanten Relation zur AP-Dauer (Webb und Hollander 1956).

d) Aktionspotential und „Aktivierung"

Trotz der aufgeführten negativen Befunde wird man dem Erregungsprozeß nicht die Funktion absprechen können, die contractilen Ketten zu aktivieren. Damit ergibt sich die Frage, ob der zeitliche Verlauf des Aktionspotentials zum zeitlichen Verlauf der durch Entdehnung hervorgerufenen Aktivierung (s. S. 134) in einer erkennbaren Beziehung steht. Eine solche Beziehung läßt sich in Versuchen am Vorhof und Ventrikel von Frosch und Schildkröte tatsächlich zeigen (Reichel und Bleichert 1959). Der Rückgang der Aktivierung in der Zeit hat bei allen untersuchten Präparaten qualitativ dieselbe Charakteristik wie die Repolarisationskurve (Abb. 121); das in Ringerlösung extracellulär abgeleitete Aktionspotential fällt zwar steiler ab als die Aktivierungskurve, zeigt aber alle Einzelheiten der für jedes Präparat typischen Kurve der „zusätzlichen Aktivierung". Beide Kurven kann man durch Multiplikation der Zeitwerte des AP mit einem Proportionalitätsfaktor (in den meisten Fällen 1,4) über ihren ganzen Verlauf zur Deckung bringen. Die Relation bleibt auch bei Temperatur- und Frequenzänderung erhalten. Dabei ändert sich Aktivierung und Aktionspotential stets gleichmäßig; d. h. der Grad der Aktivierung stimmt in jedem Punkt der Kurve mit dem Grad der Depolarisation überein, auch wenn die Lage der Kurve relativ zum Kontraktionsgipfel je nach den Versuchsbedingungen wechselt.

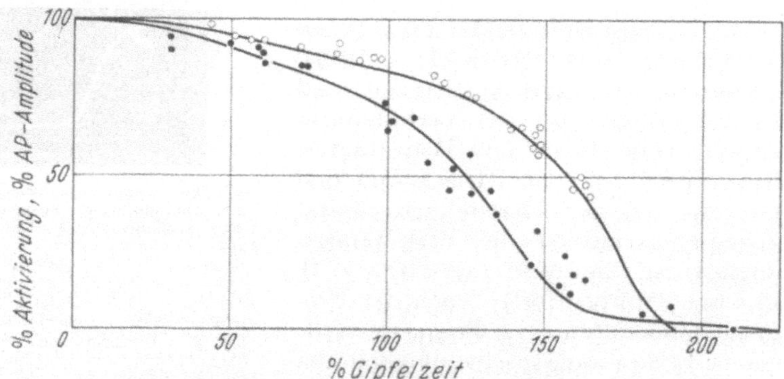

Abb. 121. Zeitlicher Verlauf der mechanischen Aktivierung und des monophasischen Aktionspotentials beim Herzmuskelstreifen (Frosch, l_0 = 8 mm; Gewicht = 60 mg). Entdehnung zur Messung der Aktivierung: 0,27 mm = 3,4% l_0. Ordinate: % der vollen Aktivierung (bei Entdehnung vor dem Reiz) und % des vollen extracellulär abgeleiteten AP. Abszisse: Zeit in % der mechanischen Anstiegszeit t_a; Nullpunkt: Beginn des isometrischen Spannungsanstiegs; Beginn der Repolarisation ist auf denselben Zeitpunkt verschoben. Offene Kreise: 10° C, Reizfrequenz 12/min; gefüllte Kreise: 2,5° C, Reizfrequenz 6/min. Durchgezogene Linien: Repolarisation in der Zeit, Zeitabszisse um 1,4 vergrößert. (Nach Reichel und Bleichert 1959)

Die Befunde erlauben den Schluß, daß der Rückgang der Aktivierung eine Funktion des jeweiligen Repolarisationsgrades ist. Je länger das Aktionspotential andauert, desto länger bleibt auch die durch die Aktivierungskurve definierte Verkürzungsfähigkeit des Muskels bestehen, von der in irgendeiner bisher noch ungeklärten Weise die Zuckungsamplitude abhängen kann. Unter der

Annahme einer solchen Beziehung ist zwischen der AP-Dauer (oder besser: dem Zeitintegral des AP) und der mechanischen *Amplitude* eine Korrelation zu erwarten, wenn es gelingt alle anderen Parameter (z. B. die initiale Verkürzungsgeschwindigkeit) konstant zu halten. Unter dieser Bedingung nimmt tatsächlich mit der AP-Dauer die Zuckungsamplitude zu, wie Adrenalin- und Acetylcholinversuche am Rattenvorhof zeigen (WEBB und HOLLANDER 1956). Dieselben Befunde lassen sich an zahlreichen Herzpräparaten erheben (vgl. CRANEFIELD und HOFFMAN 1958); die Abhängigkeit der mechanischen Amplitude von der

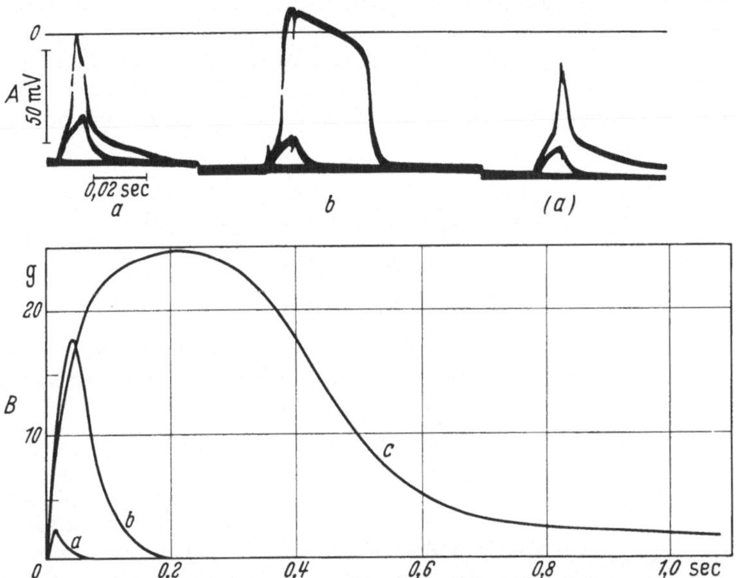

Abb. 122. Elektrogramm (*A*) und Mechanogramm (*B*) des Krabbenmuskels (Portunus, 20° C). *A*: Monophasisches Aktionspotential. Ordinate: Potential; Abszisse: Zeit. Untere gerade Linie: Membranpotential in Ruhe; obere gerade Linie: Nullpotential. Untere Kurve: Verlauf der unterschwelligen Endplattendepolarisation; b) Na- durch Cholin ersetzt; (a) nach Auswaschen des Cholins. *B*: Isometrische Einzelkontraktionen. Ordinate: Spannung in g. *a* normale Na-Konzentration. *b* Na durch Cholin ersetzt. *c* Na durch Tetraäthylammonium ersetzt. (Nach FATT und KATZ 1953)

Dauer des monophasischen AP sieht man geradezu als die einzige mögliche Relation zwischen Erregungs- und Kontraktionsprozß an. Auch bei der negativen Treppe (Abb. 89) soll eine Beziehung zwischen der AP-Dauer und der isometrischen Gipfelspannung bestehen (NIEDERGERKE 1956a).

Eine auffallende Parallelität von AP-Dauer und Zuckungsamplitude zeigen Krabbenmuskeln (FATT und KATZ 1953). Wenn man die Na^+-Ionen der Badeflüssigkeit ganz oder teilweise durch Cholinionen ersetzt, so entsteht im Aktionspotential ein breites Plateau; die mechanische Anstiegszeit ist verlängert und die Zuckungsamplitude vergrößert (Abb. 122). Unter der Wirkung von Tetraäthylammoniumionen kann die Anstiegszeit von etwa 10 msec bei 20° C auf 200 msec, die Dauer des AP von 4 auf 100 msec ansteigen und die isometrische Gipfelspannung das 10fache des Wertes bei normaler Na^+-Konzentration betragen. Da die initiale Steilheit der Kontraktionskurve sich nicht unter dem Einfluß der beiden Stoffe ändert, sind die genannten mechanischen Effekte nur durch die Verlängerung der Aktionspotentialdauer zu erklären.

Am Skeletmuskel der Vertebraten sind die geschilderten Beziehungen wegen der relativ kurzen Dauer des AP sehr schwer zu erfassen. Der rapide Abfall der Aktivierungskurve (REICHEL und BLEICHERT 1957b) deutet jedoch darauf hin, daß dieselbe elektromechanische Korrelation wie beim Herzmuskel besteht. Eine Zunahme der Aktivierungsdauer müßte dann mit einer längeren AP-Dauer verbunden sein. In diesem Sinn spricht der Befund, daß unter dem Einfluß von Nitrationen, die die mechanische Anstiegszeit verlängern, Dauer und Amplitude des negativen Nachpotentials zunehmen (ETZENSPERGER 1956). Auf ähnliche Weise kann man wenigstens zum Teil den posttetanischen Verkürzungsrückstand mit der Restdepolarisation erklären, die die Aktivierungsdauer verlängert und die Erschlaffung verzögert (s. ROTHSCHUH 1956). Eine strenge Relation zwischen Verkürzungs- und Depolarisationsgrad besteht jedoch auch in diesen Fällen nicht: Der Muskel kann vollständig erschlaffen, während die Depolarisation anhält (s. S. 161). Trotzdem ist an einer wenn auch kurzfristigen Korrelation zwischen dem Nachpotential und der mechanischen Amplitude nicht zu zweifeln. Positive Nachpotentiale sind mit einer Erschlaffung verbunden, wie Versuche am Herzmuskel zeigen (BOZLER 1943).

II. Nicht fortgeleitete Kontraktion

1. Lokale Kontraktion

a) Kaltblütermuskeln

Als Argument für eine relativ enge elektromechanische Koppelung dient die Tatsache, daß der Erregungstyp auch den Kontraktionstyp verschiedener Muskelfasern eindeutig definiert. Der Alles-oder-Nichts-Kontraktion der sogenannten „schnellen" Fasern steht die lokale Kontraktion der sogenannten „langsamen" Fasern gegenüber, die dem ANG nicht gehorchen. Die beste Methode, die relativ geringe Anzahl langsamer Fasern eines Froschmuskels zur Kontraktion zu bringen, ist die isolierte Reizung der dünnen Nervenfasern in der vorderen Wurzel (KUFFLER und WILLIAMS 1953b). Ein einzelner indirekter Reiz (Rechteckstoß von 1 bis 10 msec Dauer) hat im M. semitendinosus oder M. iliofibularis isometrische Spannungen von < 0,2 g zur Folge. Bei rhythmischer Reizung mit 4 Reizen/sec (Raumtemperatur) gehen die langsamen Fasern in einen Tetanus über, dessen Höhe mit steigender Frequenz zunimmt (Abb. 123).

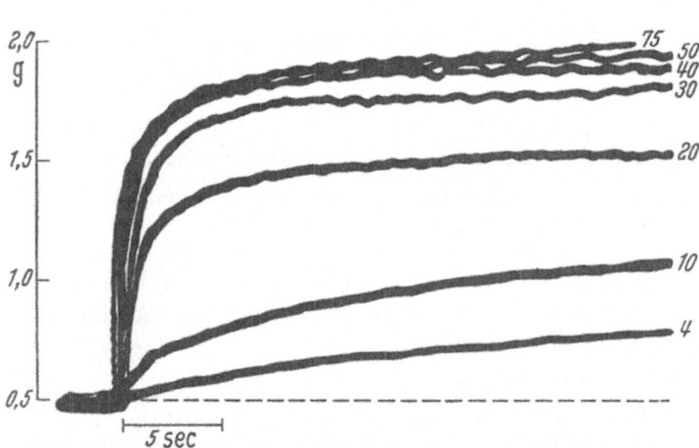

Abb. 123. Isometrische Spannungen der sog. „langsamen Fasern" bei verschiedenen Frequenzen (M. iliofibularis Frosch, 20° C). Ordinate: Spannung (g); Ausgangsbelastung 0,5 g. Zahlen am Rande: Reize/sec. (Nach KUFFLER und VAUGHAN WILLIAMS 1953b)

Ein Maximum (2 g) stellt sich bei Frequenzen von 50 bis 75 Reizen/sec ein. Der Anstieg der Kontraktion wird mit zunehmender Frequenz steiler, dauert aber auch bei sehr hohen Frequenzen wesentlich länger (bis zu 20 sec) als der Anstieg der schnellen Fasern. Charakteristisch für die langsamen Fasern ist eine stark verzögerte Erschlaffung, die besonders unter isotonischen Bedingungen über Minuten dauern kann. Der Kontraktionsrückstand während der Erschlaffung ist relativ leicht durch vorübergehende Dehnung zu beseitigen, hat also alle Eigenschaften eines auf Desorientierungseffekten beruhenden plastischen

Tonus (s. S. 27). Durch gleichzeitige Reizung der schnellen und langsamen Fasern eines Muskels können sich Zuckungen der schnellen Fasern auf die Kontraktionskurve der langsamen Fasern aufsetzen (Abb. 124). Da die beiden Fasertypen zueinander parallel liegen, sind in diesem Fall die Zuckungsamplituden unabhängig von der Grundspannung des Muskels. Im übrigen ist es bisher nicht gelungen, die mechanischen Eigenschaften der langsamen Fasern in allen Einzelheiten aufzuklären.

Die Befunde reichen aber aus, um Unterschiede zwischen einzelnen Muskelgruppen zu erklären, die man früher als „tonische" und „nichttonische" Muskeln bezeichnet hat (RIESSER und RICHTER 1925; SOMMERKAMP 1928). Als besonderes Merkmal der tonischen Muskeln gilt ihre Reaktion auf depolarisierende Stoffe wie das ACh und KCl. Während die nichttonischen Muskeln sich unter der Wirkung dieser Stoffe nur vorübergehend kontrahieren und relativ schnell wieder erschlaffen, halten die tonischen Muskeln ihren Verkürzungszustand über sehr viel längere Zeit aufrecht (WACHOLDER und v. LEDEBUR 1930). Diese Fähigkeit kommt ausschließlich den langsamen Fasern zu; denn Muskeln, die solche Fasern nicht enthalten, reagieren auf ACh und KCl mit einer nur kurz dauernden Kontraktur (KUFFLER und WILLIAMS 1953b). Wenn man den „langsamen" M. iliofibularis in eine Lösung von 10^{-5} g/cm³ ACh eintaucht, so stellt sich seine Spannung nach einem initialen steilen Anstieg auf ein Niveau ein, das im Lauf einer halben Stunde nur wenig abfällt. Dasselbe Kurvenbild erhält man bei Reizung mit konstantem Strom (50 mA). Sogenannte schnelle Muskeln (z. B. M. adductor longus oder M. sartorius des Frosches) erschlaffen dagegen nach chemischer und elektrischer Reizung innerhalb weniger Minuten vollständig.

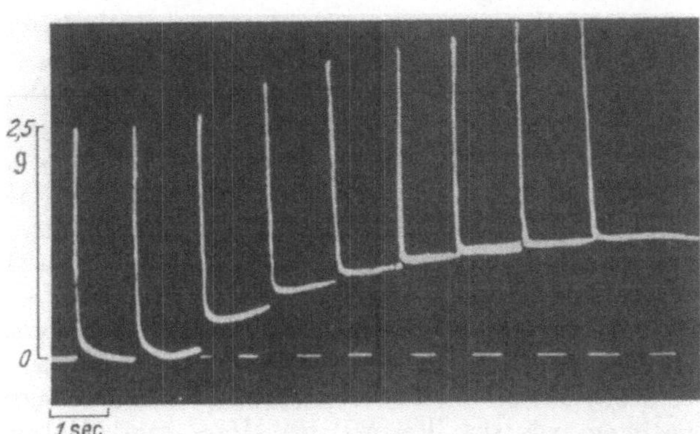

Abb. 124. Isometrische Kontraktionen bei gleichzeitiger indirekter Erregung der langsamen und schnellen Fasern eines Froschmuskels (M. iliofibularis, Raumtemperatur). Ordinate: Spannung in g; Abszisse: Zeit in sec. Durch Reizung dicker motorischer Nerven (10. Vorderwurzel) werden im 1 sec-Rhythmus Zuckungen der schnellen Fasern hervorgerufen; nach den beiden ersten Zuckungen werden gleichzeitig die dünnen Nervenfasern der Vorderwurzel gereizt: Anstieg der Grundspannung, auf die sich die Zuckungsamplituden aufsetzen. (Nach KUFFLER und VAUGHAN WILLIAMS 1953b)

Relativ niedrige ACh-Konzentrationen (10^{-6} g/cm³) greifen bei langsamen und schnellen Fasern in den neuromuskulären Synapsen an (BUCHTHAL und LINDHARD 1939; KUFFLER und WILLIAMS 1953b); denn Tubocurarin kann die ACh-Kontraktion in beiden Muskelfasertypen aufheben. Während aber die Kontraktion in den schnellen Fasern nur ausgelöst wird, wenn das Endplattenpotential einen bestimmten für die Alles-oder-Nichts-Erregung erforderlichen Schwellenwert überschritten hat, antworten die langsamen Fasern bereits auf kleinste Endplattenpotentiale mit lokalen Kontraktionen, die auf die Region der neuromuskulären Verbindungen beschränkt bleiben. Eine vollständige Kontraktion der ganzen Faserlänge ist daher nur durch Reizung aller multipel verteilten Nervenendigungen möglich (KUFFLER 1953).

Die langsamen Fasern des Frosches sind unter physiologischen Bedingungen als die Träger der normalen Grundspannung (Brondgeestscher Tonus) anzusehen, die zentrale Spontanerregungen oder Reflexe auch in dekapitierten Tieren aufrechterhalten. Die relativ großen Grundspannungen, die der innervierte Muskel gegenüber dem denervierten Muskel bei derselben Länge halten kann (REICHEL, BLEICHERT und WAGNER 1957), sind jedoch nicht mit der Annahme vereinbar, daß die langsamen Fasern allein für die Grundspannung verantwortlich sind.

b) Lokale Kontraktion bei Warmblütermuskeln

Der Warmblütermuskel besitzt überhaupt keine langsamen Fasern, die imstande wären, die Grundspannung zu tragen (LEKSELL 1945). Die einzigen Fasern dieser Art, die intrafusalen Fasern, spielen aber indirekt für die Erhaltung der Grundspannung eine wesentliche Rolle, indem sie durch ihre Kontraktion die sensiblen Nervenendigungen der Muskelspindeln reizen und auf dem Reflexweg die Erregung der schnellen Fasern steuern (HUNT 1951). Im übrigen haben die intrafusalen Fasern ganz ähnliche mechanische Eigenschaften wie die langsamen Fasern des Frosches (KUFFLER und HUNT 1952). Ob außer den intrafusalen Fasern im Warmblüter Fasern mit den Eigenschaften der langsamen Froschmuskelfasern vorkommen, ist unsicher. Histologisch lassen sich in verschiedenen Muskeln Nervenendigungen mit Endtrauben nachweisen (HÄGGQUIST 1956); der M. sphincter ani externus des Rhesusaffen wird z. B. ausschließlich durch dünne Nervenfasern mit Endtrauben innerviert. Aber es bestehen keine ausreichenden Gründe zu der Annahme, daß die Endtraubensynapsen nur in Muskelfasern vorkommen, die sich ausschließlich lokal kontrahieren. Andererseits ist die fortgeleitete Kontraktion nicht zwangsläufig an Muskelfasern gebunden, die Endplatten besitzen, wie das Beispiel des Herz- und glatten Muskels zeigt. Eine strenge Relation zwischen Kontraktions-, Innervations- und Fasertyp besteht also nicht, zumal Fasern bekannt sind, die die Eigenschaften beider Typen in sich vereinen (HÄGGQUIST 1956). Dazu gehören z. B. die Fasern von Crustacaeenmuskeln, bei denen man außer fortgeleiteten auch lokale Kontraktionen auslösen kann (KATZ 1953). Die Zuordnung funktioneller Eigenschaften zu histologischen Befunden ist daher in der Muskelphysiologie nur in einem beschränkten Maß möglich. Auch der Versuch den Typ der lokalen („tonischen") Kontraktion und der fortgeleiteten („phasischen") Kontraktion bestimmten Strukturen (Felder- und Fibrillenstrukturen) zuzuschreiben (KRÜGER 1949; 1950; KRÜGER und GÜNTHER 1956), läßt sich schwer mit den physiologischen Tatsachen vereinen (s. z. B. BRECHT und FENEIS 1950, MUSCHOLL 1956). Solche anatomisch-physiologischen Korrelationen sind schon deswegen unwahrscheinlich, weil jeder Muskel, auch der sogenannte tetanische Fibrillenmuskel, die Fähigkeit hat, sich sowohl „schnell" in Form einer fortgeleiteten Einzelkontraktion als auch „langsam" in Form einer lokal begrenzten Kontraktion zu verkürzen. Welcher Art die mechanische Antwort auf eine Erregung ist, hängt ausschließlich von den Reizbedingungen ab.

Glatte Muskeln sind bezüglich ihres Kontraktionstyps überhaupt nicht spezialisiert. So kann sich der Meerschweinchendünndarm an umschriebenen Stellen lokal kontrahieren, wo Stoffwechselveränderungen oder auch äußere Reize Anlaß zu lokalen Depolarisationen geben (BOZLER 1948). An denselben Stellen kann sich der Muskel aber auch spontan in einem Spitzenpotential entladen, das eine fortgeleitete Alles-oder-Nichts-Kontraktion auslöst. Dagegen ist die sogenannte tonische Kontraktion des glatten Muskels in den meisten Fällen keine lokale Kontraktion, sondern ein Tetanus, der auf spontanen Dauerentladungen beruht.

c) Lokale Kontraktion der Insektenmuskeln

Entsprechend ihrer multiplen Innervation gehören die Insektenmuskeln zu den Typen, die die Erregungs- und Kontraktionswelle nicht fortleiten. Unter definierten Reizbedingungen liefern jedoch diese Muskeln reproduzierbare Kontraktionskurven, die sich nur wenig von denen der schnellen Skeletmuskelfasern unterscheiden (WEIS-FOGH 1956; EWER und RIPLEY 1953). Eine eingehende Analyse der Mechanik liegt für den Flügelmuskel der Heuschrecke (Schistocerca gregaria; BUCHTHAL et al. 1957), sowie für den Tymbalmuskel der Zikade (platypleura capitata; PRINGLE 1954) vor.

Die tetanische Maximalkraft P_0 dieser Muskeln hat einen relativ hohen Temperaturkoeffizienten und steigt von 1,5 kg/cm² bei 11° C auf 3 kg/cm² bei 25°C an. Der Heuschreckenmuskel erreicht in Einzelzuckungen bei 11° C nahezu dieselbe Spitzenspannung wie im Tetanus. Die isometrische Spannung der Einzelkontraktion nimmt ebenso wie die Tetanusspannung mit steigender Temperatur zu. Ein

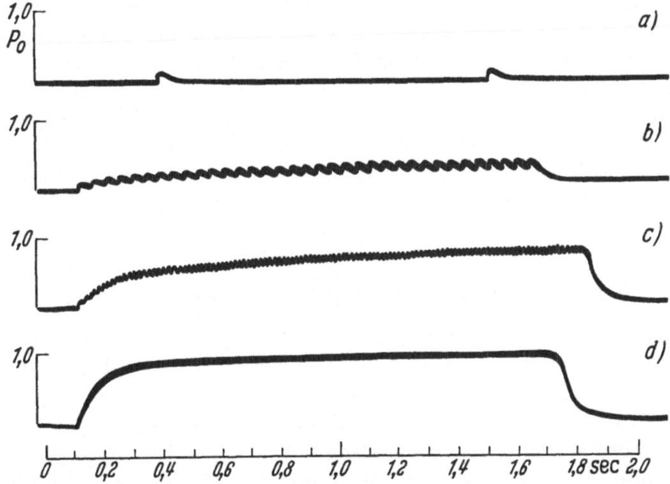

Abb. 125. Kontraktion des Zikadenmuskels (Platypleura capitata, 30° C) bei verschiedenen Reizfrequenzen. a = 1 Reiz/sec; b = 22 Reize/sec; c = 46 Reize/sec; d = 100 Reize/sec. (Nach PRINGLE 1954)

weiterer Unterschied zum Skeletmuskel ist die relativ kleine isotonische Verkürzung bei Einzelkontraktionen, die unter optimalen Bedingungen kaum mehr als 10% der Standardlänge beträgt; der Lageunterschied zwischen den Kurven der isotonischen und isometrischen Maxima ist bei diesen Muskeln besonders groß. Dagegen haben die entsprechenden Kurven des Tetanus fast den gleichen Verlauf. Die isotonische Verkürzung der Einzelzuckung steht zu der des Tetanus in einem Verhältnis 1 zu 6 (bei Standardlänge). Da nicht die Myofibrillen, sondern starke Bindegewebssträge die normale Ruhespannung halten, müssen die contractilen Ketten erst diese Spannung erreichen, bevor sie sich verkürzen oder „Extraspannung" entwickeln können. Die mechanische Latenzzeit dieser Muskeln ist daher — relativ zur Anstiegszeit — ungleich größer als bei den Vertebratenmuskeln; sie dauert z. B. beim Muskel der Heuschrecke unter isotonischen Bedingungen 24 bis 29 msec, unter isometrischen 19 bis 20 msec, während der Anstieg nur 100 msec und die gesamte Zuckung (Anstieg + Erschlaffung) nur 300 bis 360 msec beträgt (11° C). Die Anstiegszeit des Zikadenmuskels ist wesentlich geringer (10 msec bei 30° C), seine Fusionsfrequenz etwa 100 Reize/sec (Abb. 125). Der Q_{10}-Wert der Zeitparameter nimmt mit zunehmender Temperatur ab und liegt in dem Bereich von 0 bis 10° C bei 6,0, in dem Bereich zwischen 30 und 40° C bei 1,6. Entsprechend diesem Koeffizienten würde der Zikadenmuskel bei 37° C innerhalb von 6 msec den Gipfel einer Einzelzuckung erreichen, also etwa in derselben Zeit wie relativ schnelle Warmblütermuskeln (vgl. Tab. 18 und 19).

Die kleinste überhaupt bisher gemessene Anstiegszeit von 1 msec ist bei den Flügelmuskeln von Fliegen gemessen worden (SOTAVALTA 1947).

d) Lokale Kontraktion anderer Muskeln

Die Muskeln niederer Tiere gehören mit großer Wahrscheinlichkeit der Gruppe von Muskeln an, die sich lokal kontrahieren und dem ANG nicht gehorchen. Unter dieser Gruppe finden sich die langsamsten der ganzen Tierreihe. Die glatten Wandmuskeln der Seeanemone haben Latenzzeiten von einer halben Minute und Anstiegszeiten von 2 min (PANTIN 1956). Die extrem langen Zeiten finden sich nur bei glatten, die extrem kurzen nur bei quergestreiften Muskeln. Trotzdem besteht keine allgemein gültige Korrelation zwischen der Geschwindigkeit der Verkürzung und der histologischen Struktur. Die Muskeln der Muscheln können — ähnlich wie die quergestreiften Skeletmuskeln — auf elektrische Reizung sowohl mit lokalen als auch mit fortgeleiteten Kontraktionen antworten. Gleichstromreize genügend langer Dauer lösen z. B. beim M. retractor byssus von mytilus edulis Kontraktionen aus, die auf die Kathode lokalisiert bleiben (FLETCHER 1937). Da dieselben Reize aber auch fortgeleitete Spontankontraktionen hervorrufen können, setzt sich die sog. „tonische" Kontraktion dieser Muskeln aus sehr verschiedenen Anteilen zusammen.

2. Kontraktur

a) Bedingungen für die Entstehung der Kontraktur

Als Kontraktur bezeichnet man in der Literatur vielfach jede Dauerkontraktion, die nicht durch rhythmische Reizung zustande kommt. Für den Physiologen ist es daher notwendig, den Begriff zu begrenzen und nur auf solche Kontraktionen anzuwenden, die länger als die einfache Zuckung andauern, nicht fortgeleitet werden und reversibel sind (GASSER 1930). Alle diese Bedingungen können nur Muskeln erfüllen, die entweder von vornherein auf den lokalen Erregungstyp spezialisiert sind oder erst auf experimentelle Kunstgriffe und bestimmte Stoffe mit einer lokalen Kontraktion antworten. Die Dauerkontraktion der langsamen Fasern unter der Wirkung von ACh und Gleichstrom ist z. B. eine Kontraktur. Die meisten Kontrakturversuche sind daher gerade an Muskeln mit einem relativ hohen Gehalt an langsamen Fasern durchgeführt worden (M. rectus, Frosch). Aber auch bei solchen Muskeln ist immer mit Reaktionen der schnellen Anteile auf die sogenannten Kontrakturstoffe (ACh, KCl usw.) zu rechnen; außerdem sind in allen Eintauchversuchen die Bedingungen zu berücksichtigen, die für die Diffusion dieser Stoffe im Muskel bestehen (A. V. HILL 1949 h; BRECHT und FENEIS 1950): Der Muskel kann sich nicht gleichzeitig in allen Längsschnitten kontrahieren, wenn der Kontrakturstoff nur langsam durch den Fasermantel in das Innere eindringt. Diese Schwierigkeit kann man durch Injektion des Stoffes in die Blutgefäße umgehen (BRECHT und FENEIS 1950).

b) Kontraktur und Tetanus

Bei den Injektionsversuchen zeigt sich, daß *Acetylcholin* in allen Muskeln, die außer langsamen auch schnelle Fasern enthalten, zunächst keine Kontrakturen, sondern Zuckungen oder Tetani hervorrufen. Die Wirkung ist auf Endplattenentladungen zurückzuführen, wie Versuche an Einzelfasern ergeben haben (BUCHTHAL und LINDHARD 1942; KUFFLER 1943; Abb. 126). An diese fortgeleiteten Kontraktionen können sich lokale Kontraktionen anschließen, die mit negativen Nachpotentialen der Muskelmembran verbunden sind. Hohe ACh-Konzentrationen ($> 10^{-6}$ g/cm³) können die Muskelmembran unmittelbar depolarisieren und eine

relativ lang dauernde Kontraktur auch in schnellen Fasern unterhalten (v. LE-
DEBUR 1932). Dagegen antwortet der Herzmuskel auch auf relativ hohe Dosen
ACh (10^{-5} g/cm³) nicht mit einer Kontraktur, sondern mit einer Abnahme der
Zuckungsamplitude und einer Verkürzung der Plateaudauer im AP (s. S. 73).

*Kalium*lösungen (KCl-Lösungen von
0,6 %) wirken auf isolierte Einzelfasern
des Skeletmuskels wie Acetylcholin
(10^{-5} g/cm³) (KUFFLER 1943); einem
initialen Tetanus folgt eine Nachkontraktur, die sich nicht durch Curare
hemmen läßt, also auf einer unmittelbaren Depolarisation der Muskelmembran beruht (KUFFLER und
WILLIAMS 1953 b). Ebenso entsteht
die Kaliumkontraktur des Herzmuskels. Das Streifenpräparat des
Froschherzens (Abb. 127) antwortet
auf Ersatz der Ringerlösung durch
eine Lösung hoher KCl-Konzentration
(0,1 Mol/l) zunächst mit Spontanent-

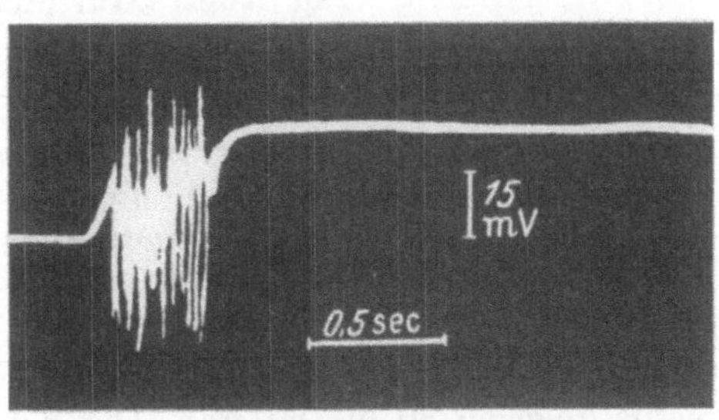

Abb. 126. Extracellulär abgeleitetes Membranpotential
von einzelnen „schnellen" Muskelfasern (M. adductor longus, Frosch) bei Einwirkung von Acetylcholin (10^{-5}g/cm³).
Die anfänglich frequenten Entladungen stammen von den
Endplatten und lösen einen Tetanus aus; die nachträgliche Dauerdepolarisation wird durch lokale Wirkung
des ACh auf die Muskelmembran verursacht und ist von
einer Kontraktur begleitet. (Nach KUFFLER 1946)

ladungen und Einzelzuckungen, die bei fortschreitender Depolarisation in einen
Zustand der Dauerverkürzung übergehen (NIEDERGERKE 1956 b). Die *Veratrin*-
kontraktur des Skeletmuskels wird durch einen Tetanus eingeleitet. In relativ
niedrigen Konzentrationen (10^{-7} bis 10^{-5} g/cm³) verändert Veratrin, das lokal

auf die Oberfläche einer Einzelfaser wirkt, weder das Membranpotential noch die Ruhespannung (KUFFLER 1946). Eine fortgeleitete Erregungswelle, die
den Ort der Veratrineinwirkung
passiert, verlängert jedoch das
negative Nachpotential, das bei
einer bestimmten Schwelle in
rhythmische Entladungen umschlägt und schließlich in einer
Dauerpolarisation mit Nachkontraktur endet. Am Ganzmuskel
sind unter der Wirkung entsprechend hoher Veratrinkonzentra-
tionen wiederholte Spitzenpotentiale zu registrieren; die
gleichzeitige Dauerkontraktion
ist in diesem Fall keine Kontraktur, sondern ein Tetanus,
der sich aus den alternierenden
Zuckungen einzelner Fasern auf-
baut (EICHLER 1938). Ähnliche
Beobachtungen liegen für die

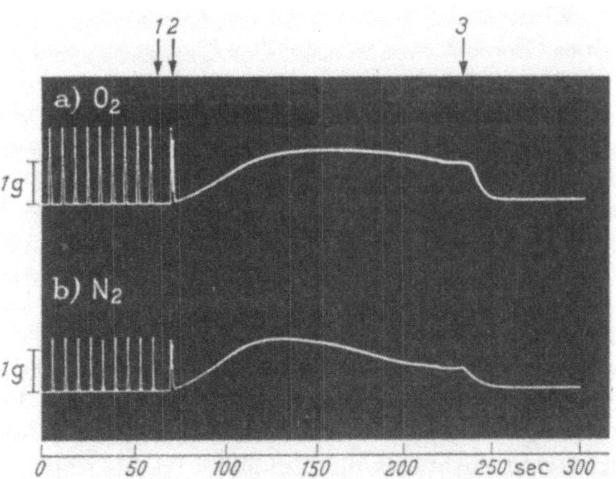

Abb. 127. Kaliumkontraktur des Herzmuskels (Streifenpräparat
des Froschherzens, Raumtemperatur). Ordinate: Spannung in g;
Abszisse: Zeit in sec. Bei Beginn der Kurven künstliche Reizung
des Präparates (Reizfrequenz 9/min). Pfeil *1*: Aufhören der künstlichen Reizung; Pfeil *2*: Ersatz der Ringerlösung durch eine
Lösung hoher KCl-Konzentration (10^{-1} Mol/l); Pfeil *3*: Ersatz der
KCl-Lösung durch Ringerlösung. Kurve a) KCl-Lösung mit O₂
gesättigt; Kurve b) KCl-Lösung mit N₂ gesättigt. Beachte den
schnelleren Abfall der Kontraktur in b und die spontanen
Einzelkontraktionen vor der Kontraktur (bei Pfeil *2*).
(Nach NIEDERGERKE 1956)

Dauerkontraktion nach Vergiftung mit Valeriansäure, Capronsäure und Barium-
chlorid vor (MARTIN und LUEKEN 1943). Ebenso sind die Kontraktionen unter
Histamin- und Acetylcholinwirkung beim glatten Muskel nicht immer als Kontrakturen anzusprechen. In geeigneten Konzentrationen (Histamin: 10^{-5} g/cm³;

ACh: $10^{-6}\,\mathrm{g/cm^3}$) rufen beide Stoffe am Dickdarmstreifen des Meerschweinchens eine Depolarisation hervor, die frequente Spontanerregungen myogenen Ursprungs mit einem Anstieg der mechanischen Spannung auslöst (BÜLBRING 1955).

c) Kontraktur und Membranpotential

Die Befunde sprechen für die Annahme, daß die Dauerdepolarisation der Membran die Ursache der Kontraktur ist. Bei allen Präparaten läßt sich jedoch ein Rückgang der Kontraktur trotz fortdauernder Depolarisation nachweisen. Diese Lösung der Kontraktur beruht auf einem unbekannten Prozeß, der die contractilen Ketten von der Membran entkoppelt und in den schnellen Fasern des Skeletmuskels sehr viel früher und stärker einsetzt als im Herzmuskel und in den langsamen Fasern; so dauert z. B. beim M. adductor longus des Frosches die Kontraktur nach Eintauchen in eine 0,6%-KCl-Lösung nur einige Sekunden, beim M. rectus dagegen 30 bis 60 min. Die Kontraktur läßt sich durch Sauerstoff über längere Zeit unterhalten und bricht nach Befunden am Froschherzen bei O_2-Abschluß sehr viel früher ab als unter aeroben Bedingungen (NIEDERGERKE 1956 b; s. Abb. 127).

Im Anschluß an langanhaltende Tetani bleiben gewöhnlich Dauerdepolarisationen bestehen, die man als verlängerte Nachpotentiale auffassen kann; das mechanische Korrelat ist die sogenannte posttetanische Kontraktur (Tiegelsche Kontraktur), die besonders als Symptom der Ermüdung nach anstrengender Muskeltätigkeit in vivo auftritt (s. BRECHT 1951). Auch die Kältekontraktur bei Abkühlung des Muskels kann eine mechanische Folge der verzögerte Repolarisation sein.

Kontrakturen sind auch die lokalen Kontraktionen, die man an der Kathode eines Gleichstroms in schnellen Fasern auslösen kann, wenn es gelingt, die Membran langsam unter den Schwellenwert der Alles-oder-Nichts-Erregung zu depolarisieren (s. S. 89). An diesen Kontrakturen läßt sich besonders deutlich zeigen, daß das ANG keine Gültigkeit für den lokalen Kontraktionstyp hat: Die Stärke des Kathodenwulstes nimmt mit dem Depolarisationsgrad zu. Einzelfasern des M. sartorius (Frosch) antworten auf senkrecht zur Längsachse über kurze Zeit angelegte elektrische Felder mit Zuckungen, deren Gipfel mit der Feldstärke zunehmen (BROWN und SICHEL 1956). Auch die idiomuskuläre Verkürzung (S. 90) ist durch verschieden starke mechanische Reize abstufbar. Die isometrische Spannung der KCl-Kontraktur von Muskeln, die reich an langsamen Fasern sind (M. rectus, Frosch), steigt mit der KCl-Konzentration an (FLECKENSTEIN 1955). Da mit der KCl-Konzentration die Depolarisation zunimmt, vom Depolarisationsgrad aber die Aktivierung abhängt, die im Release-Recovery-Versuch während eines isometrischen Kontraktionscyclus noch möglich ist (REICHEL und BLEICHERT 1957 b; 1959), liegt es nahe, einen ähnlichen Koppelungsmechanismus auch für die Kontraktur anzunehmen. Entdehnungen während der Kontraktur müßten daher dieselben mechanischen Wirkungen haben. Wenn man einen glatten Muskel (M. adductor, pinna nobilis) im Zustand der isometrischen ACh-Kontraktur plötzlich entdehnt, so folgt auf den steilen Spannungsabfall ein Spannungsanstieg, der sehr langsam ist, im übrigen aber dem Recoveryphänomen des tetanisch gereizten Skeletmuskels oder des Herzmuskels entspricht (BANDMANN und REICHEL 1955). Ganz beweiskräftig sind diese Versuche jedoch nicht, solange die Frage ungeklärt bleibt, ob sich hinter der ACh-Kontraktur des verwandten Muskels nicht ein Tetanus als Folge vermehrter Spontanrhythmik verbirgt. Da aber Streifenpräparate vom Vorhof und Ventrikel (Schildkröte und Frosch[1]) gleichfalls deutliche Recovery-

---

[1] Unveröffentlichte Versuche.

Spannungen im Zustand der Kontraktur entwickeln, ist nicht daran zu zweifeln, daß die Aktivierung des contractilen Apparates auch in diesem Fall von der Membran gesteuert wird.

Die Abhängigkeit der Kontraktur von dem Polarisationszustand der Membran ergibt sich aus der Wirkung von Lokalanaesthetica, die die Depolarisation hindern und daher eine Kontraktur hemmen oder löschen können (HARDT und FLECKENSTEIN 1948). Ein einfacher Beweis für die Relation zwischen Kontraktur und Membranpotential ist die Tatsache, daß sich eine große Anzahl chemisch ausgelöster Kontrakturen (ACh-, KCl-, Nicotin- und Veratrinkontrakturen) durch einen an die Muskeloberfläche angelegten Anelektrotonus beseitigen oder wenigstens abschwächen läßt (KUFFLER 1946; FLECKENSTEIN 1955); bei stufenförmiger Erhöhung der an der Anode liegenden Spannung erfolgt auch die mechanische Änderung (Erschlaffung) in entsprechenden Stufen. Umkehr des Gleichstroms verstärkt die Kontraktur.

Mit sehr feinen Reizpipetten (Durchmesser $2\,\mu$) gelingt es, Kontrakturen zu erzeugen, die auf ein einziges Sarkomer beschränkt bleiben (A. F. HUXLEY 1956). Bei derartigen Versuchen am Froschmuskel stellt sich heraus, daß der Reiz nur dann eine mechanische Reaktion auslöst, wenn die Reizpipette über eine Z-Linie zu liegen kommt. Dann kontrahiert sich der I-Abschnitt zu beiden Seiten der Z-Membran symmetrisch, während alle anderen Abschnitte im Ausgangszustand verharren. Der Befund ist ein wichtiges Argument für die Annahme, daß die Z-Membran die Erregung von der Außenmembran an die contractilen Fibrillen weiterleitet. Beim Krabbenmuskel liegen die reaktionsfähigen Stellen an der Grenze zwischen I und A; dabei kontrahiert sich nur die anliegende Hälfte des I-Abschnitts, so daß sie die Z-Linie in Richtung nach A zieht.

d) Entkoppelung von Membrandepolarisation und Kontraktur

Trotz der nachweisbaren Korrelation zwischen Membranpotential und Kontraktur ist die Koppelung zwischen beiden Größen nicht zwangsläufig (s. z. B. TAYLOR 1953). So ist z. B. die Dauerverkürzung an die Anwesenheit von *Calcium*-Ionen gebunden; Erhöhung der Ca^{++}-Ionenkonzentration beschleunigt den Anstieg der Kontraktur und verlangsamt die Erschlaffung beim Froschherzen (NIEDERGERKE 1956b). Entzieht man Ca^{++} dem Muskel, so entwickelt sich trotz der Depolarisation der Membran durch KCl keine Kontraktur. Bei der in der Chirurgie üblichen Stillegung des menschlichen Herzens mit hohen K^+-Konzentrationen ($2 \cdot 10^{-1}$ Mol/l), die die Reizbildung lähmen und die Muskelfasermembran vollkommen depolarisieren, tritt keine oder eine schwache Kontraktur auf. Dabei empfiehlt es sich, Citratsalze zu verwenden, die die Ca^{++}-Ionen binden und die Kontraktur hemmen. Quergestreifte Muskeln des Warmblüters entwickeln bei Durchströmung mit K^+-Lösungen trotz einer relativ hohen Membrandepolarisation keine Kontraktur, wenn die K^+-Konzentration relativ langsam im Muskelgewebe ansteigt. Dann sind offenbar Membranprozeß und Kontraktionsvorgang bereits entkoppelt, bevor die Depolarisation wirksam werden kann (PILLAT et al. 1958).

Umgekehrt ist — im Gegensatz zur fortgeleiteten Kontraktion — die Kontraktur nicht an die Depolarisation der Membran gebunden: der Muskel kann sich auch ohne vorhergegangene Membrandepolarisation aktiv verkürzen. Die Membranbatterie kann daher nicht — wie man gelegentlich angenommen hat (FLECKENSTEIN 1955) — der Energielieferant für die Kontraktion sein. Es ist möglich, den Membranprozeß durch ein Verfahren zu umgehen, das mittels feinster Mikropipetten auf elektrophoretischem Wege direkt wirkende Stoffe in das Innere der Faser bringt. Ca^{++}-Ionen, die man so an die contractilen Eiweißketten heranführt, rufen eine Verkürzung einer oder mehrerer Myofibrillen in der Umgebung der Pipette hervor (NIEDERGERKE 1955). Diese Verkürzung hat alle Eigenschaften einer Kontraktur: sie bleibt lokal begrenzt, wird also nicht oder nur sehr langsam fortgeleitet; sie ist reversibel und geht in dem Augenblick zurück, in dem die Elektrophorese aufhört. Der beschriebene Versuch ist ein wichtiges Argument für die Ansicht, daß die Wirkung der Ca^{++}-Ionen ein wesentliches Glied in der Kette der Vorgänge ist, die den Kontraktionsprozeß an den Membranprozeß ankoppeln. Die künstliche Anreicherung von Ca^{++}-Ionen im Faserinnern ersetzt offenbar einen mit der Erregung gekoppelten Vorgang, der unter normalen Bedingungen Ca^{++} freisetzt.

Eine Kontraktion ohne Membrandepolarisation ist die zum ersten Mal am Froschmuskel beschriebene *Kompressionsverkürzung* (EBBECKE 1914; s. CATTELL 1936). Der Erfolg eines allseitig auf den Muskel wirkenden Druckes hängt von dessen Höhe ab: Drucke unter der „Druckschwelle" (von etwa 150 kg/cm²) sind wirkungslos, Drucke zwischen 150 bis 200 kg/cm² lösen relativ kurzdauernde Kontraktionen (sog. „Druckzuckungen") aus, bei denen der Muskel trotz anhaltenden Druckes wieder erschlafft. Drucke oberhalb 400 kg/cm² rufen irreversible Strukturänderungen mit Erregbarkeitsverlust hervor. Der Druckbereich der reversiblen Kontraktur, während der der Muskel voll erregbar und histologisch unverändert bleibt, liegt zwischen 200 und 400 kg/cm². Die Kompressionskontraktur ist unter isotonischen und isometrischen Bedingungen nachweisbar; sie setzt in allen Fasern und in allen Querschnitten gleichzeitig ein, ist also nicht von einer Kontraktionswelle begleitet; sie gehorcht nicht dem Alles-oder-Nichts-Gesetz, da nach Versuchen am M. retractor penis der Schildkröte die isometrisch entwickelte Kontrakturspannung mit dem Kompressionsdruck ansteigt (BROWN und EDWARDS 1932); das Maximum entspricht der normalen Tetanusspannung P_0. Die Kontraktur dauert nur so lange an, als der Druck anhält: Dekompression hat einen schnellen Abfall der Kontrakturspannung zur Folge (D. E. BROWN 1935). Wenn man den Muskel aber nicht auf der Höhe der Kontraktur, sondern schon zu einem Zeitpunkt dekomprimiert, in dem er erst 5% seiner vollen Kontrakturspannung erreicht hat, dann antwortet er auf die Dekompression mit einer Kontraktion, die in ihrem zeitlichen Verlauf einer normalen Zuckung sehr ähnlich und ebensowenig wie die Druckzuckung oder die Druckkontraktur von einer Membrandepolarisation eingeleitet oder begleitet ist.

Vielfach rechnet man den plastischen Tonus (s. S. 27) zu den Kontrakturformen. In Wirklichkeit beruht dieser Tonus auf einer Desorientierung der contractilen Ketten, die eine Begleiterscheinung und Folge der Kontraktion, nicht mit ihr identisch ist. Im übrigen erscheint es wenig sinnvoll, den Begriff des Tonus kritiklos auf alle möglichen Kontraktionsformen des Muskels anzuwenden und z. B. als Bezeichnung für die Ruhespannung, für den unwillkürlichen Tetanus der Haltemuskeln, für alle Formen der Kontraktur und allgemein sogar für Dauerkontraktionen jeder Art zu benützen. Daher ist hier nur der Desorientierungszustand der contractilen Ketten als „Tonus" definiert (s. S. 27 u. 127).

III. Spontankontraktion

Die Spontanentladungen, die unter unphysiologischen Bedingungen beim *quergestreiften* Skeletmuskel von der Endplatte und der Muskelmembran ausgehen und sich über die ganze Faserlänge ausbreiten können, lösen entsprechende mechanische Reaktionen in Form von Zuckungen oder Tetani aus (MINES 1908; s. S. 93). Beim *glatten* Muskel sind Spontankontraktionen die Regel; der Ursprungsort der sie auslösenden Erregungen können nervale und muskuläre Membranstrukturen sein (s. S. 91). Der Grad der Verschmelzung der einzelnen Kontraktionen hängt auch in diesem Fall von der Frequenz der Erregungen und von der Zuckungsdauer des Muskels ab. Die gewöhnliche mechanische Reaktion auf die Spontanerregungen ist ein Tetanus. Die lokalen Kontraktionen, die als Antwort auf lokale Membrandepolarisationen zu erwarten wären, gehen meistens in den tetanischen Kontraktionsformen unter.

Die Unterschiede in der mechanischen Reaktion auf Gleichstrom- und Wechselstrom-Reizung sind beim glatten Muskel längst nicht so eindrucksvoll wie beim Skeletmuskel. Besonders eingehend hat man die Reaktionen auf verschiedene Reizarten an den Muskeln von Muscheln untersucht (LOWY 1953; HOYLE und LOWY 1956), die auch im isolierten Zustand ohne jeden äußeren Reiz elektrische und mechanische Spontanaktivität zeigen (Abb. 128). Gleichstromreize (1 bis 2 V während 3 bis 4 sec; Temperatur 14° C) erhöhen die Frequenz der Spontanentladungen über einige Minuten; die anfänglich starke Frequenzzunahme

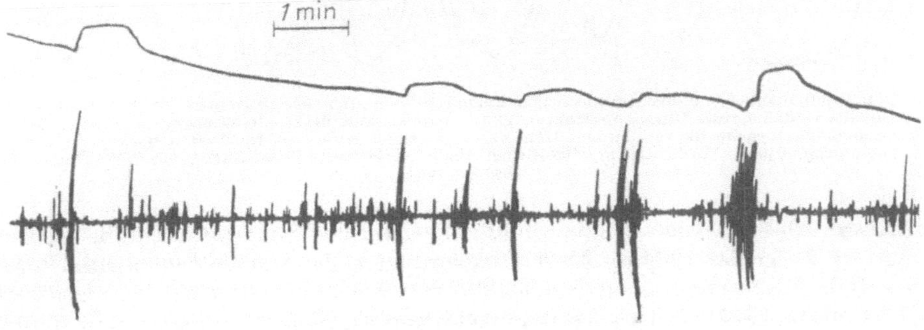

Abb. 128. Spannung (obere Kurve) und elektrische Spontanentladungen (untere Kurve) des M. ant. retractor byssus der Muschel (Mytilus edulis, 14° C). Beide Ordinaten in willkürlichen Einheiten. Aktionspotentiale extracellulär abgeleitet. (Nach HOYLE und LOWY 1956)

ist von einem Anstieg der mechanischen Spannung begleitet, die sich auf einem Plateau halten kann, bis sie allmählich mit abnehmender Entladungsfrequenz wieder abfällt. Wechselstromreize (50/sec) verstärken die Synchronisation der Einzelfasererregungen und erhöhen daher die Amplituden der biphasisch abgeleiteten Aktionspotentiale. Die Änderung des Erregungsmusters dauert aber nur kurz: nach einer halben Minute zeigt das Elektrogramm wieder das ursprüngliche Bild. Das mechanische Verhalten entspricht in allen Einzelheiten den elektrischen Daten: Der Anstieg der Spannung erfolgt relativ schnell und die Erschlaffung ist etwa nach einer Minute beendet, während sie im Gleichstromversuch über mehrere Minuten andauern kann.

Die sogenannte „*tonische*" Kontraktion, die für Gleichstromreize spezifisch ist, beruht also gegenüber der „*phasischen*" Kontraktion bei Wechselstromreizung nur auf der längeren Dauer der vermehrten Spontanentladungen (HOYLE und LOWY 1956). Diese grundsätzlich richtige Auffassung von der Natur der sogenannten tonischen Kontraktion schließt aber nicht die Möglichkeit aus, daß die anhaltende Aktivität den Desorientierungszustand der Proteinketten und damit den plastischen Tonus erhöht, der die Erschlaffung verzögert. Deshalb kann vorübergehende Spannungszunahme (etwa durch Dehnung oder durch eine auf die Erschlaffungskurve aufgesetzte isometrische Wechselstrom- oder Gleichstromkontraktion) den Rückgang der tonischen Kontraktion beschleunigen (WINTON 1937; JOHNSON 1955). In situ leiten kontraktionshemmende Nervenimpulse die Erschlaffung ein (LOWY 1953).

Nach den bisher vorliegenden Befunden beruhen auch die Kontraktionen der glatten Muskeln in den Hohlorganen der Warmblüter auf Spontanerregungen (GREVEN 1954, Abb. 129). Die Zuordnung des vom ganzen Präparat (z. B. Streifen)

registrierten Mechanogramms zum Elektrogramm, das man immer nur von einer
sehr begrenzten Stelle gewinnen kann, ist bei solchen Objekten besonders schwierig, weil die Erregungswelle oft überhaupt nicht den ganzen Muskel erfaßt. Die
intracellulär abgeleiteten Aktionspotentiale des Meerschweinchendickdarms zeigen
deutlich den tetanischen Charakter der Spontankontraktionen. Histamin (10^{-2} g/l)
und Acetylcholin (10^{-3} g/l) lösen Dauerkontraktionen aus, die von vermehrten
Spontanerregungen unterhalten werden (BÜLBRING 1955; s. Abb. 70; s. a. VAUGHAN

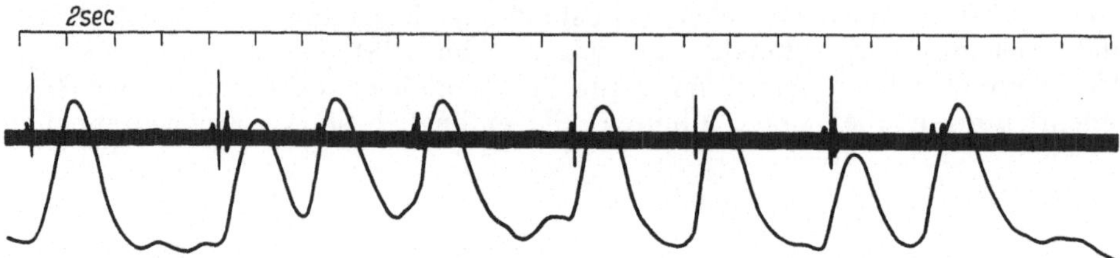

Abb. 129. Rhythmische Spontankontraktionen (Verkürzungen) und extracellulär abgeleitete Aktionspotentiale des
Meerschweinchendünndarms (Streifenpräparate, 38° C). Große Ausschläge: Mechanogramm; kleine Zacken:
Aktionspotentiale. Beachte die verschiedene Höhe der einzelnen mechanischen Amplituden und der vorausgehen-
den Potentialamplituden. Ordinaten in willkürlichen Einheiten. Abszisse: 2 sec-Marken am oberen Rand (Nach
GREVEN 1954)

WILLIAMS 1954). Ebenso ist die erhöhte mechanische Spontanrhythmik bei Dehnung eine Folge der erhöhten Entladungsfrequenz. Die Kontraktionen des Uterusmuskels des Kaninchens unter dem Einfluß von Wechselstromreizen (60/sec) (CSAPO
und GOODALL 1954) sind als Tetani superponierter Einzelzuckungen aufzufassen,
die nicht nur im Rhythmus der Reize, sondern auch als Antwort auf spontane
Erregungssalven (s. BOZLER 1942) entstehen.

IV. Mechanik des innervierten Muskels

Die Mechanik des Muskels in situ ist in allen Einzelheiten nur aus dem makro-
skopischen Aufbau, aus den Ansatzpunkten im Skelet und dem Synergismus und
Antagonismus anderer Muskeln und Muskelgruppen zu verstehen. Alle damit verbundenen Fragestellungen gehören in das Gebiet der Anatomie. Für den Physiologen ergeben sich aus der Kenntnis der mechanischen Eigenschaften des ausgeschnittenen Muskels zusätzliche Probleme, die sich im besonderen auf die
funktionelle Einheit innerhalb eines Muskelverbandes und auf die natürliche Kontraktion unter verschiedenen Bedingungen beziehen. Eine erschöpfende Behandlung des Themas hätte das gesamte motorische Nervensystem einschließlich der
Steuerungsmechanismen durch zentrifugale und zentripetale Erregungen einzu-
beziehen. Die folgende Darstellung beschränkt sich auf die mechanischen Zustandsänderungen des Erfolgsorgans, ohne deren Ursachen, die motorischen Nervenimpulse oder ganglionären Erregungen, einer Analyse zu unterziehen.

1. Motorische Einheiten

a) Innervationsverhältnis

Die funktionelle Einheit der natürlichen Muskelkontraktion ist nicht die
Einzelfaser, sondern die sog. motorische Einheit, d. h. eine Gruppe von Fasern,
die von einer einzigen motorischen Nervenfaser versorgt wird (LIDDELL und
SHERRINGTON 1925; VAN HARREVELD 1955). Über die anatomische Anordnung
der in einer motorischen Einheit zusammengefaßten Fasern liegen relativ wenig

Daten vor. Die Einheiten sind nicht mit den histologisch differenzierbaren Faserbündeln identisch, die 20 bis 60 Fasern enthalten (WOHLFART 1935), sondern verteilen sich über mehrere solche Bündel und überschneiden sich gegenseitig. Fasern
des M. tenuissimus der Katze, die in der Längsachse miteinander verknüpft sind,
werden von derselben Nervenfaser innerviert (ADRIAN 1925). Die histologischen
und elektrischen Eigenschaften der individuellen Fasern einer Einheit sind nicht
immer dieselben und un-
terscheiden sich wie Ein-
zelfasern verschiedener
Einheiten. Der reziproke
Wert der Zahl der Mus-
kelfasern, die derselben
motorischen Einheit an-
gehören, wird als Inner-
vationsverhältnis be-
zeichnet. Bei der Zäh-
lung der im motorischen
Nerven des Menschen
enthaltenen Fasern sind

Tabelle 22. *Verhältnis* (Q_I) *der Zahl* (Z_N) *der motorischen Nervenfasern zur Zahl* (Z_M) *der Muskelfasern menschlicher Muskeln mit verschiedenem mittlerem Faserdurchmesser* (d_m) (Nach FEINSTEIN et al. 1955)

Muskel	Z_N	Z_M	Q_I	$d_m(\mu)$
M. gastrocnemius . .	579	1 000 000	1:1730	54
M. caput mediale. . .	579	1 000 000	1:1730	54
M. tibialis anterior . .	445	270 000	1:600	57
M. interosseus dorsalis I.	119	40 500	1:340	26
M. lumbricalis I.	95	10 300	1:100	20
M. platysma	1096	27 100	1:25	20

sowohl die Anteile der dünnen Nervenfasern (bis zu 30%), die die intrafusalen
Muskelfasern der Spindeln innervieren, als auch die Anteile der afferenten Nervenfasern des Muskels (bis zu 40%) zu berücksichtigen (BUCHTHAL 1957). Für die
rein motorischen Einheiten der schnellen Fasern menschlicher Muskeln sind die
Innervationsverhältnisse in der Tab. 22 zusammengefaßt (FEINSTEIN et al. 1955).
In den großen Muskeln der Gliedmaßen kann eine Einheit mehr als 1000 Einzelfasern enthalten. Das größte Innervationsverhältnis (1:7) ist bis jetzt in den
Muskeln der Sinnesorgane (äußeren Augenmuskeln und M. tensor tympani) gefunden worden (ohne Korrektur für die dünnen und afferenten Nervenfasern).
Gewöhnlich haben die Muskeln mit relativ großem Faserdurchmesser auch das
kleinste Innervationsverhältnis; eine Beziehung zum Durchmesser der motorischen Nervenfaser besteht jedoch nicht (FERNAND und YOUNG 1951). Entsprechend dem Innervationsverhältnis ist die maximale Kraft, die eine einzelne
motorische Einheit entwickeln kann, in den Augenmuskeln sehr klein (0,08 g bei
einer Gesamtzahl von 2700 Einheiten), im M. biceps brachii relativ groß (50 g bei
einer Gesamtzahl von 440 Einheiten) (BUCHTHAL 1957; s. a. VAN HARREVELD 1955).

b) Innervationsfeld

Die über eine motorische Nervenfaser laufende Erregungswelle erfaßt alle die
von ihr innervierten Fasern etwa zur selben Zeit. Der Ort, an dem die Erregung
über die Endplatten auf die Muskelfasern übergreift, ist in den meisten Warmblütermuskeln auf eine schmale Zone begrenzt, die gewöhnlich in der Mitte der
Muskeln liegt (KÖLLE 1955). Eine Ausnahme von dieser Regel sind lange Muskeln,
wie der M. sartorius (VAN HARREVELD 1948), der mehrere über die ganze Länge
verteilte Endplattenbänder aufweist; der kurze Kopf des M. biceps brachii (Mensch)
enthält etwa 70% der Nervenendigungen in einer Zone, die im proximalen Drittel
lokalisiert ist (DAVENPORT 1930). Der Innervationsbezirk einer Einheit läßt sich
an diesem Muskel bei submaximaler Willkürerregung durch multiple Ableitung der
biphasischen Aktionspotentiale von der Membranoberfläche mittels Nadelelek-
troden identifizieren: alle Ableitorte, an denen die Aktionspotentiale zur selben
Zeit und mit hohen Spitzen einsetzen, müssen einer Einheit angehören, soweit
die Laufzeit der Erregung über die Nervenendigungen die gleiche ist (BUCH-
THAL, GULD und ROSENFALCK 1955b). Das auf diese Weise bestimmte Feld liegt

in der auch topographisch abgrenzbaren Innervationszone, die im M. biceps brachii des Menschen sich über etwa 25 mm in der Längsachse des Muskels ausdehnt. Die Breite und Tiefe des Innervationsfeldes für eine einzelne Einheit läßt sich durch Abtastung eines Querschnittes mit multiplen Elektroden ermitteln (BUCHTHAL, GULD und ROSENFALCK 1957b); dabei genügt die Untersuchung eines einzigen Querschnitts, da die Fasern im M. biceps brachii von Sehne zu Sehne ziehen und in jedem Querschnitt denselben motorischen Einheiten angehören müssen. Die genannten Versuche haben ergeben, daß die Spitzenpotentiale einer Einheit von über 50 μV bei submaximaler Willkürerregung auf eine Fläche mit einer Breite von 4 bis 6 mm beschränkt sind (BUCHTHAL, GULD und ROSENFALCK 1957a). Bei diesen Angaben ist bereits berücksichtigt, daß die Ausbreitung der Spitzenpotentiale an Orte, die von der Potentialquelle entfernt liegen, ein größeres Innervationsfeld vortäuschen kann. Die Einheiten erkennt man gewöhnlich an der charakteristischen Frequenz der Entladungen; dabei kann man bei maximaler Willkürerregung des Muskels am selben Ort Potentiale von mehreren (bis zu 6) motorischen Einheiten ableiten. Dieser Befund steht im Einklang mit histologischen Daten, nach denen sich die Innervationsfelder überschneiden.

c) Motorische Einheiten glatter Muskeln

Muskeln mit syncytialen Strukturen sind als eine einzige motorische Einheit anzusprechen, wenn die Erregung gleichmäßig alle Fasern über die Zellbrücken erfaßt. Diese Bedingung trifft ohne Zweifel für den Herzmuskel zu. Die glatten Muskeln sind zwar wie das Herz syncytial aufgebaut, aber nur zum Teil als motorische Einheiten anzusehen. Zu dieser Gruppe zählt die *Uretermuskulatur* (BOZLER 1942). Eine an einem Ort entstehende Erregung greift auf alle Fasern über und löst eine Kontraktionswelle aus, die sich vom Reizort über den ganzen Ureter fortpflanzt, Der von der Welle erfaßte Abschnitt zeigt immer dasselbe Erregungsmuster mit rhythmischen Entladungen, denen der tetanische Charakter des Kontraktionsablaufs entspricht. Eine ganz ähnliche Ausbreitung von Erregung und Kontraktion ist am Hundemagen nachweisbar (BOZLER 1945).

In der *Darmmuskulatur* (Meerschweinchen) überschreitet eine mechanisch ausgelöste Erregung die unmittelbare Umgebung des Reizortes (im Umkreis von 0,5 mm) nicht (GREVEN 1955). Auch Spontanerregungen pflegen sich gewöhnlich nicht über den ganzen Faserkomplex, sondern fingerförmig von dem Ursprungsort in einzelnen Richtungen auszubreiten. Die dabei benützten Bahnen können von Fall zu Fall wechseln, je nach den Bedingungen, die die Erregungswelle in den Einzelfasern antrifft (GREVEN 1954; Abb. 129): Die Amplituden und Frequenzen der extracellulär abgeleiteten Aktionspotentiale sind an ein und demselben Ort großen Variationen unterworfen. Die motorische Einheit der Darmmuskulatur ist daher kein streng definierter und anatomisch festgelegter Begriff wie die Einheit des Skeletmuskels; nur in Ausnahmefällen finden sich Zellbezirke, die wenigstens über einige Minuten konstante Aktionspotentiale und Mechanogramme mit gleichbleibenden Spannungsamplituden liefern (GREVEN 1957). Unter natürlichen Bedingungen kann das Darmstück, das von einer peristaltischen Welle erfaßt wird, als funktionelle Einheit gelten (BOZLER 1949): Durch Einführen eines Bolus in den Darm werden am oralen Ende die normalen Spontankontraktionen stärker; sie befördern den Bolus caudalwärts in Darmabschnitte, deren contractile Tätigkeit sich zunächst nicht oder nur wenig verändert. Der orale Schnürmechanismus kann auf der gleichzeitigen Erregung eines ganzen Faserrings, also auf der Synchronisation bereits bestehender Spontankontraktionen beruhen. Für diese Deutung spricht das (extracellulär abgeleitete) Elektrogramm, das sich von dem Normalbild nur durch eine Erhöhung der Potentialspitzen unterscheidet.

Da sich der Vorgang durch Nicotin hemmen läßt, ist die Beteiligung von Reflexen anzunehmen (Bozler 1949).

Eine Synchronisation von Spontanrhythmen an verschiedenen Orten ist auch bei den Kontraktionen des *Uterusmuskels* wahrscheinlich. Vom nicht graviden Uterus (Ratte und Katze) lassen sich mit extracellulär angelegten Elektroden von 100 μ Durchmesser monophasische Spitzenpotentiale ableiten, die in Gruppen von je 2 bis 6 Entladungen (Frequenz 1/sec) alle 15 sec im Elektrogramm erscheinen und entsprechende Kontraktionen (Superpositionszuckungen) auslösen (Jung 1956; Abb. 130), Die Amplituden einzelner Potentialspitzen können trotz gleichbleibender Kontraktionsamplitude verschieden groß sein — je nach der Zahl der

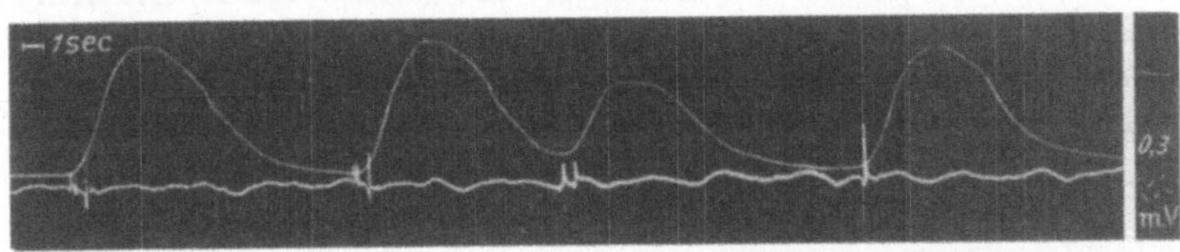

Abb. 130. Spontankontraktionen (isotonische Verkürzungen in willkürlichem Maßstab) und extracellulär abgeleitete Aktionspotentiale eines Uterussegmentes einer ausgewachsenen Katze, die schon geboren hat (Temp. 38° C). Untere Kurve: Elektrogramm (Eichwert am rechten Rand). Abszisse: Zeit (Eichwert links oben). (Nach Jung 1956)

von der Elektrode abgeleiteten synchron erregten Fasern. Während der Schwangerschaft oder unter dem Einfluß von Follikelhormonen nimmt nicht nur die Frequenz der Spontanentladungen (auf 8/sec), sondern auch die Zahl der synchronisierten Einheiten deutlich zu, wie aus dem Anstieg der Spitzenpotentiale auf sehr hohe und annähernd gleichbleibende Amplituden zu ersehen ist. In der Wehe verschmelzen annähernd die funktionell von einander unabhängigen motorischen Einheiten zu einer einzigen (Abb. 131) und sprechen gemeinsam auf eine Erregung

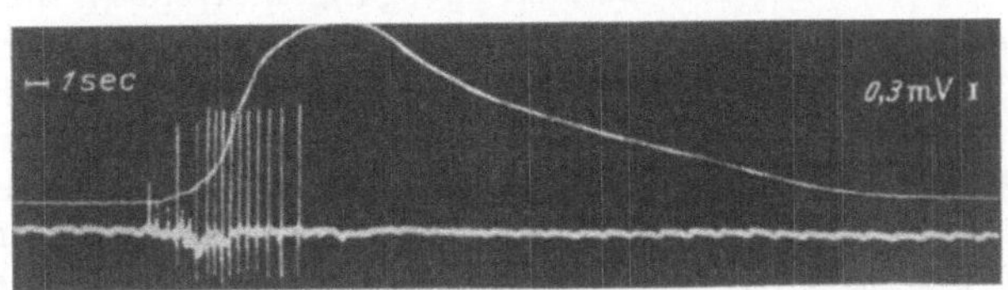

Abb. 131. Tetanische Spontankontraktionen (isotonische Verkürzungen in willkürlichem Maßstab) und extracellulär abgeleitete Aktionspotentiale eines Uterussegments einer ausgewachsenen kastrierten und mit Follikelhormon behandelten Katze. Angaben wie Abb. 130. (Nach Jung 1956)

an, die sich vom „Schrittmacher" in caudaler Richtung über den ganzen Muskel fortpflanzt; das Myometrium verhält sich dann praktisch wie der Herz- oder Uretermuskel. Die verbesserte Synchronisation der Erregungen ist auch die Ursache für den Anstieg der isometrisch entwickelten Gesamtkraft bei elektrischer Reizung (Wechselstrom 60/sec, Reizdauer 0,5 bis 5,0 sec) nach Oestrogenbehandlung (Csapo und Goodall 1954).

d) Motorische Einheiten von Avertebratenmuskeln

Bei den Avertebratenmuskeln (z. B. *Krabbenmuskeln*) kann man zwar motorische Einheiten unterscheiden, aber das Innervationsverhältnis ist so klein und die Überschneidung der Innervationsfelder der Nervenfasern so groß (Katz 1949), daß durch efferente nervale Erregungen praktisch alle Einheiten ins Spiel kommen müßten, wenn nicht hemmende Impulse die Zahl der aktivierten Fasern verringern würden (Kuffler und Katz 1946). Die Hemmung erfolgt über eigene

Nervenfasern, deren Impulse sowohl das Endplattenpotential als auch das lokale Potential in der Nachbarschaft der Endplatte erniedrigen können (α-, bzw. β-Hemmung). Den hemmenden Impulsen wirken Bahnungsvorgänge entgegen, die sich an den Endplatten abspielen, durch das Prinzip der Successivsummation die Potentiale über die Schwelle heben und fortgeleitete Erregungen veranlassen. Je nach dem Grad der bahnenden oder hemmenden Wirkung muß daher auch in diesen Muskeln die funktionelle Einheit der Innervation das eine Mal mehr, das andere Mal weniger Fasern umfassen. Die Kontrolle über die Zahl der erregten Fasern üben besondere Ganglien aus. Eigene Hemmungszentren sind für die relativ schnelle Öffnung der Schalen in den *Muscheln* verantwortlich (LOWY 1953). Reizung von Hemmungsnerven vermindert die elektrische Spontanrhythmik des M. adductor (mytilus edulis) und beendet den Tetanus, der die Schalen geschlossen hält (HOYLE und LOWY 1956). In ähnlicher Weise steuern zentrale und periphere Ganglien den Kontraktionszustand des *Schneckenfußes* (POSTMA 1947).

2. Nervale Bedingungen der natürlichen Kontraktion

a) Zeitliche Folge der natürlichen Erregungen

Die natürliche Kontraktionsform der Skeletmuskeln und auch der meisten glatten Muskeln ist der Tetanus; Einzelzuckungen kommen nur unter ganz besonderen experimentellen oder pathologischen Bedingungen vor. Das dem Tetanus zugrunde liegende Erregungsmuster ist bei Ableitung von der Haut ein Elektrogramm mit einer Unzahl irregulärer Wellen, die von zum Teil asynchronen, z. T. synchronen und sich überlagernden Aktionspotentialen verschiedener Einheiten und Fasern herrühren. Das Elektrogramm einer einzelnen motorischen Einheit zeigt dagegen relativ konstante Amplituden, die je nach der Lage der Elektrode mono-, bi- und triphasisch sein können (DIRKEN und SIEMELINK 1941). Die über den motorischen Nerven laufenden Erregungen erreichen die verschiedenen motorischen Einheiten nicht zur gleichen Zeit. Daraus ergibt sich zwangsläufig, daß während eines normalen Tetanus nie alle Einheiten gleichmäßig kontrahiert sind, sondern sich gegenseitig ablösen um einen bestimmten Spannungsanstieg oder Verkürzungsgrad zu halten. Dabei müssen sich die isometrischen Spannungen der später erregten motorischen Einheiten auf die Kontraktionskurven der früher erregten Einheiten aufsetzen. Die Fusionsfrequenz, bei der eben die Einzelkontraktionen zu einem glatten Tetanus verschmelzen, ist deshalb für den willkürlich erregten Muskel kleiner als für den direkt gereizten Muskel.

Die höchsten Spannungen erreicht der Muskel bei möglichst synchroner Erregung (etwa durch Reizung des Nerven in Muskelnähe). Bei einer nur geringen Phasenverschiebung in der Erregung einzelner Einheiten nimmt die Zuckungsamplitude ab (MERTON 1954); reizt man den M. adductor pollicis (Mensch) indirekt einmal von der Handwurzel aus, das andere Mal von der Ellbeuge aus, so wird im zweiten Fall die Erregung der einzelnen Einheiten wegen der langen Laufstrecke über den Nerven desynchronisiert, die Zuckungsamplitude daher kleiner als im ersten Fall. Die Amplituden einer Gruppe von Einheiten nehmen bereits ab, wenn ihre Erregung nur um die Dauer des Aktionspotentials gegen die Erregung einer benachbarten Gruppe verschoben ist. Die Wirkung so geringer Phasenverschiebungen ist nicht ganz durchsichtig.

b) Abstufung von Kraft und Geschwindigkeit

Die natürlichen Bewegungen beruhen auf der Fähigkeit des Organismus Kraft und Geschwindigkeit der Muskeln durch Willkürinnervation oder durch ein System unwillkürlicher Steuerungs- und Regelmechanismen (R. WAGNER 1925;

HAMMOND et al. 1956) den äußeren mechanischen Bedingungen anzupassen. Mensch und Tier können den Kontraktionsgrad eines Muskels nur variieren, indem sie entweder die Zahl der erregten motorischen Einheiten oder die Frequenz der über jede Einheit laufenden Erregungen ändern (räumliche, bzw. zeitliche Abstufung). Die Abhängigkeit der isometrischen Spannung von der Frequenz läßt sich am menschlichen Muskel durch Auszählung der Aktionspotentiale irgendeiner Einheit bei Willkürerregung leicht bestimmen. Beim M. adductor digiti quinti sind an der Abstufung sehr kleiner und sehr großer Spannungen (10 bis 30, bzw. 70 bis 100% der Maximalspannung) Frequenzänderungen von 2 bis 40/sec beteiligt (BIGLAND und LIPPOLD 1954); im mittleren Bereich können dagegen die

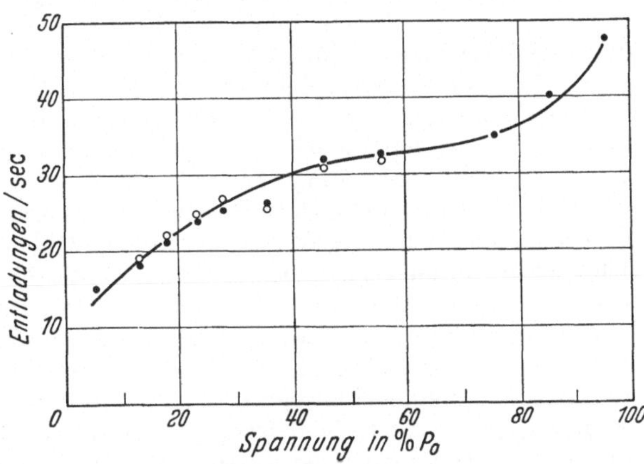

Abb. 132. Zahl der Reize/sec als Funktion der isometrischen Spannung im M. adductor digiti minimi brevis des Menschen bei willkürlicher nicht maximaler Erregung. Gefüllte Kreise: Normalbedingungen; offene Kreise: partieller Block des N. ulnaris. (Nach BIGLAND und LIPPOLD 1954)

Spannungen auch ohne wesentlichen Anstieg der Erregungsfrequenz von 30 auf 70% der Maximalspannung zunehmen (Abb. 132). Eine Abstufung dieses Spannungsbereichs ist dann nur durch Unterschiede in der Zahl der erregten Einheiten möglich: Die Spannung muß zunehmen, wenn immer mehr motorische Einheiten ins Spiel kommen („Recruitment"). Bei einem partiellen Block des N. ulnaris wird zwar wegen des Ausfalls einer Anzahl motorischer Einheiten die absolute Maximalspannung kleiner; die Erregungsfrequenz bleibt aber in einem weiten Bereich bei gleicher Spannung gegenüber der Norm unverändert. Dieser Befund rechtfertigt die Annahme, daß auf einem bestimmten Spannungsniveau die Zahl der innervierten motorischen Einheiten unabhängig von der Nervenblockade ist.

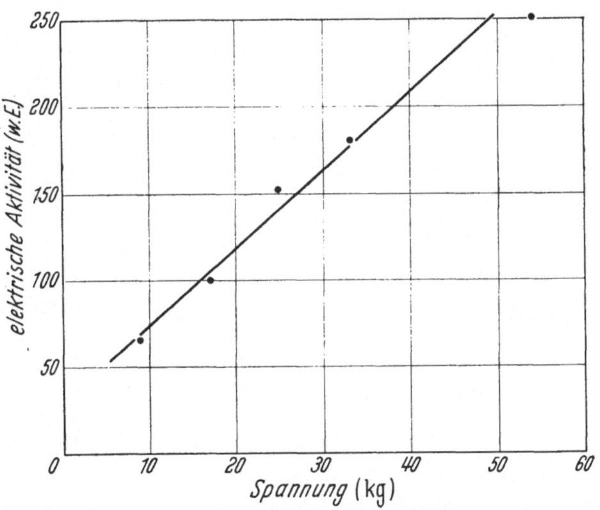

Abb. 133. „Elektrische Aktivität" (durch Planimetrieren des Elektrogramms gewonnen) als Funktion der Spannung bei konstanter Verkürzungsgeschwindigkeit. Nicht maximale Willkürerregung des Muskels (Wadenmuskel, Mensch). Ordinate: Elektrische Aktivität in willkürlichen Einheiten; Abszisse: Spannung in kg des gehobenen Gewichts. (Nach BIGLAND und LIPPOLD 1954)

Einen Anhalt für die Zahl der gleichzeitig innervierten Einheiten gibt die Amplitude der mit konzentrischen Nadelektroden abgeleiteten Aktionspotentiale. Durch Planimetrieren des Elektrogramms erhält man ein indirektes (nicht ganz zuverlässiges) Maß für die räumliche und zeitliche Summation (sog. elektrische Aktivität) (BIGLAND und LIPPOLD 1954). Dabei läßt sich eine lineare Beziehung zwischen der Spannung und der elektrischen Aktivität feststellen, wenn die Verkürzungsgeschwindigkeit des Muskels (M. gastrocnemius, Mensch) konstant gehalten und der Muskel nicht maximal erregt wird (Abb. 133). Bei Abnahme der Verkürzungsgeschwindigkeit bleibt die Korrelation linear, doch wird der Neigungswinkel der Geraden kleiner.

Die Abstufung der Verkürzungsgeschwindigkeit ist unter physiologischen Bedingungen wesentlich schlechter zu übersehen als die Abstufung der Kraft. Bei maximaler Willkürerregung ändert sich die Verkürzungsgeschwindigkeit ausschließlich gemäß der Hillschen Relation: Sie nimmt mit zunehmender Kraft in einer hyperbolischen Kurve ab (WILKIE 1950). Die Übereinstimmung dieses am menschlichen Oberarmmuskel erhobenen Befundes mit dem Verhalten künstlich gereizter ausgeschnittener Muskeln (s. S. 129) bedeutet, daß die Erregungsfrequenz bei maximaler Willkürinnervation konstant und unabhängig von der Spannung ist, unter der der Muskel steht. Im Elektrogramm bleibt unter diesen Bedingungen die Erregungsfrequenz unverändert, wenn sich der Muskel bei verschiedenen Spannungen verkürzt. Schwieriger zu beantworten ist die Frage, wie sich der Muskel bei gleichbleibender Spannung mit verschiedener Geschwindigkeit verkürzen kann. Die Messung der elektrischen Aktivität bei variabler Geschwindigkeit ergibt auch in diesem Fall eine lineare Korrelation zwischen beiden Größen (BIGLAND und LIPPOLD 1954). Daher muß außer der Erregungsfrequenz innerhalb einer Einheit auch die Zahl der erregten Einheiten mit steigender Geschwindigkeit zunehmen. Die Abhängigkeit der Geschwindigkeit von der Zahl der erregten Fasern ist aus folgenden Gründen möglich: der Muskel ist in seiner Länge durch die Knochenenden fixiert und kann sich gegen ein Gewicht nur dann verkürzen, wenn er mit diesem durch isometrische Anspannung ins Gleichgewicht gekommen ist; da für den isotonischen Anteil der Gesamtkontraktion die Hillsche Gleichung gilt, so muß die Geschwindigkeit v mit der Zahl der innervierten Einheiten ebenso wie die maximale isometrische Kraft (P_0) zunehmen, da bei gegebener Spannung P die Größe v von P_0 abhängt. Die Geschwindigkeit läßt sich außerdem auf die mechanischen Bedingungen durch gleichzeitige Kontraktion der Antagonisten abstimmen, die die Gegenspannung erhöhen, die Extremität versteifen und die Präzision der Bewegung vergrößern. Unter der Wirkung relativ großer und gleichbleibender Kräfte ist jedoch bei maximaler Willkürerregung eine Miterregung der Antagonisten nicht nachzuweisen (WILKIE 1950). Die Trägheit von Gewicht und Hebelarm muß der Muskel durch eine initiale isometrische Anspannung überwinden. Eine reine isotonische Verkürzung ist also in vivo kaum möglich. Die physiologischen Kontraktionen der quergestreiften Vertebratenmuskeln sind gewöhnlich Unterstützungskontraktionen oder rein isometrische Kontraktionen.

c) Zeitliche und räumliche Summation beim glatten Muskel

In den glatten Muskeln ist sowohl die räumliche als auch die zeitliche Abstufung von Kraft und Geschwindigkeit möglich. Die Abhängigkeit der isometrischen Spannung von der Entladungsfrequenz läßt sich an den verschiedensten Präparaten (Dünndarm, Uterus, Schalenschließmuskel) bestätigen (GREVEN 1954; BOZLER 1939; JUNG 1956; LOWY 1953). Da in diesen Organen auf jeden künstlichen Reiz eine Salve von Spontanerregungen folgt, muß zwangsläufig die isometrische Spannung ebenso wie beim Skeletmuskel mit der Reizfrequenz zunehmen, bis das Ende einer Entladungsserie mit dem Beginn der nachfolgenden zusammentrifft. Die Spannung läßt sich auch dann noch abstufen, wenn man die Dauer der Reizung ändert, wie Versuche am Uterusmuskel des Kaninchens zeigen (CSAPO und Goodall 1954). Das Maximum der Spannung erreicht dieser Muskel erst, wenn er über 5 sec mit Wechselstrom (60/sec) gereizt wird.

Eine räumliche Summation ist nur in Muskeln verwirklicht, die über anatomische oder funktionelle motorische Einheiten verfügen. Ein Muskel, den die Erregungswelle in seiner ganzen Länge erfaßt (z. B. Ureter), hat nicht die Fähigkeit durch Synchronisation verschiedener Einheiten den mechanischen Erfolg abzustufen. Dagegen ist im Dünndarm und Uterus eine solche räumliche Abstufung möglich (Greven 1954; Jung 1956). Im Uterus steht die Synchronisation der Einheiten unter dem Einfluß von Hormonen: sie ist unter der Wirkung von Oestrogen, das die Reizschwelle erniedrigt, wesentlich stärker ausgesprochen als unter der Wirkung von Progesteron (Csapo und Goodall 1954). Auf ähnlichen Erregbarkeitsveränderungen könnte auch der steuernde Einfluß vegetativer Zentren auf die Motorik der glatten Muskulatur beruhen (s. Bacqu und Monnier 1935; Rosenblueth et al. 1936).

d) Haltefunktion der Skeletmuskeln

Fast alle Muskeln haben neben der reinen Bewegungsfunktion noch die Aufgabe einen bestimmten Verkürzungsgrad gegen eine dehnende Kraft zu halten. Praktisch ist jeder Muskel zu dieser Haltefunktion fähig, auch wenn im allgemeinen die Regel gilt, daß Muskeln mit relativ langer Kontraktionsdauer dafür spezialisiert sind. Beim Menschen erhält die Rücken- und Beinmuskulatur den Körper gegen die Schwerkraft aufrecht. Der Haltefunktion liegen ohne Ausnahme tetanische Kontraktionen abwechselnd innervierter motorischer Einheiten zugrunde. Die Elektogramme solcher Haltemuskeln bestehen aus frequenten Aktionspotentialen, deren Amplituden sich je nach dem erforderlichen Verkürzungsgrad mit wechselnder Synchronisation ändern. Ein Beispiel (Abb. 134) ist

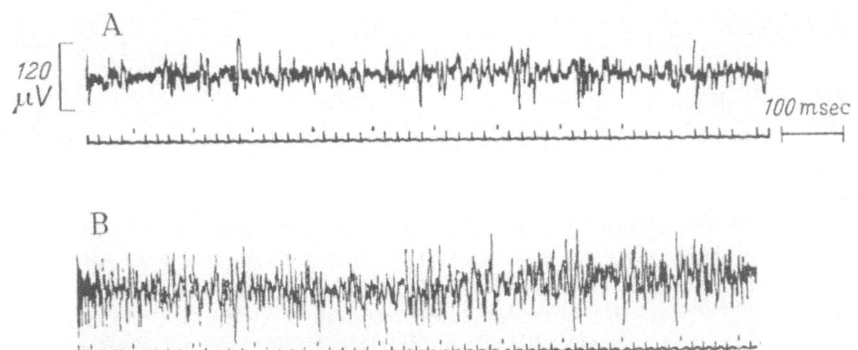

Abb. 134. Extracellulär abgeleitete Aktionspotentiale des M. soleus der Frau. *A*: beim bequemen Stehen auf niederen Absätzen; *B*: beim „bequemen" Stehen auf hohen Absätzen (Nach Joseph und Nightingale 1956)

das Elektrogramm des M. soleus einer Frau beim Stehen auf niedrigen und hohen Absätzen (Joseph und Nightingale 1956). Aber nicht alle als Haltemuskeln bezeichneten Muskeln sind beim aufrechten Stehen aktiv. Der M. vastus lateralis und medialis sind gewöhnlich elektrisch stumm, ebenso die reinen Bewegungsmuskeln (Buchthal, Guld und Rosenfalck 1954), solange sie nicht willkürlich innerviert werden.

Der tetanische Charakter des sogenannten „Ruhetonus" (Brondgeest 1860) steht außer Zweifel. Die ständig abwechselnde Erregung verschiedener Einheiten beruht auf Eigenreflexen und Spontanentladungen der motorischen Zentren; sie veranlaßt das Erfolgsorgan zu einer Dauerkontraktion mit gleichzeitigen struk-

turellen Änderungen, die sich im plastischen Tonus äußern (s. S. 27). Bei Durchschneidung der motorischen Nerven verschiebt sich das Längenspannungsdiagramm nach größeren Längen, während der Muskel bei erhaltener Innervation
auch nach relativ starken Belastungen annähernd auf die ursprüngliche Länge
zurückkehrt. Der Befund läßt sich nur so deuten, daß die Dauererregung den
Muskel in einem desorientierten Zustand erhält (REICHEL, BLEICHERT und WAG-
NER 1957; Abb. 135).

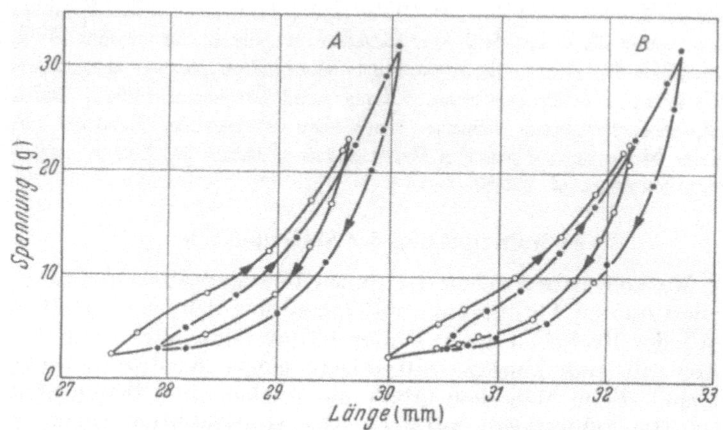

Abb. 135. Längenspannungsdiagramme, aus einzelnen periodischen Dehnungs-Entdehnungscyclen gewonnen.
Offene Kreise: Niedriges Spannungsniveau; geschlossene Kreise: Hohes Spannungsniveau. *A* vor Denervation,
B nach Denervation. Präparat: Frosch, dekapitiert, M. gastrocnemius. Amplitude der Längenänderungen 2,2 mm,
Frequenz 0,1 Hz. Länge in situ 29 mm, Gewicht 770 mg. Pfeilrichtung gibt Richtung der Spannungsänderung bei
Dehnung und Entdehnung an. (Nach REICHEL, BLEICHERT und WAGNER 1957)

e) Funktion der glatten Gefäß- und Hohlorganmuskeln

Bei den glatten Muskeln ist die tetanische Dauerkontraktion der physiologische
Zustand in vivo, den auch in völlig denervierten Organen spontane Erregungen aufrechterhalten (LÖFVING und MELLANDER 1956). Die Änderung der mechanischen Bedingungen kann sich sowohl auf die Frequenz dieser Erregungen
als auch auf die räumliche und zeitliche Summation der funktionellen Einheiten
auswirken. In bestimmten Gefäßgebieten (z. B. Niere; s. KRAMER 1959) bleibt die
Blutstromstärke bei einem künstlich erzeugten Druckanstieg im arteriellen
Schenkel konstant. Dieser Befund läßt sich erklären, wenn man annimmt, daß
in den Gefäßmuskeln (wie in anderen glatten Muskeln) die Frequenz der Spontanerregungen und der sich summierenden Kontraktionen mit steigender Spannung
zunimmt. Die Vasokonstriktion erhöht den arteriellen Widerstand und vermindert
die Stromstärke etwa im selben Maß wie die Druckdifferenz zwischen arteriellem
und venösem Schenkel ansteigt. Ganz anders verhalten sich Organe, die bei
konstantem Druck verschieden große Volumina aufnehmen können (z. B. Harnblase). Auch diese Eigenschaft ist der glatten Muskulatur zuzuschreiben, aber nur
dann zu verstehen, wenn die Volumenzunahme so langsam erfolgt, daß die Muskulatur Zeit hat ohne wesentliche Zunahme der Spannung und der Erregungsfrequenz plastisch nachzugeben. Möglicherweise spielen hier Hemmungsreflexe
eine entscheidende Rolle. Bei unphysiologisch schnellen Volumenzunahmen steigt
der Druck nach in vivo-Versuchen an der Harnblase junger Katzen relativ steil
an (REMINGTON und ALEXANDER 1955). Ein vollständiger Dehnungs-Entdeh-
nungscyclus ist mit einer sehr großen Hysteresis und einer deutlichen Abnahme
der Wandspannung unter den Ausgangswert verbunden. Das ursprüngliche Niveau
stellt sich jedoch nach einer Zeit von etwa 30 min wieder ein, wenn die Harnblase sich noch spontan kontrahieren kann.

Die muskulären Hohlorgane können nur bei einer synchronen Erregung aller Einheiten ihr Volumen verkleinern. Der mechanische Ablauf der Kontraktion entspricht einer tetanischen Unterstützungskontraktion, während der sich das Organ unter einem relativ hohen Druck über einen Außenwiderstand entleert. Auch wenn während des Druckanstiegs das Volumen zunächst konstant bleibt, so braucht doch für die einzelnen Muskelbezirke die Kontraktion nicht rein isometrisch zu sein, weil das Organ — ähnlich wie der Herzmuskel (RUSHMER 1955) — auch bei konstanten Volumen seine Form ändern kann. Die Entleerung selbst ist bei gleichbleibendem Druck für die einzelne Muskelfaser nicht rein isotonisch, da mit abnehmendem Volumen die Spannung trotz gleichen Druckes absinkt.

f) Funktion der Insektenmuskeln

Bei fast allen Vertebratenmuskeln ist unter physiologischen Bedingungen in situ wegen der Verschmelzung der Einzelkontraktionen die Frequenz der De- und Repolarisationscyclen größer als die der vollständigen Kontraktions-Erschlaffungscyclen. Wesentlich weniger frequente Erregungen unterhalten die Cyclen der Flügel oder Zirporgane der Insekten (CHADWICK 1953; BOETTIGER und FURSHPAN 1952). Einer Flügelschlagfrequenz von 120/sec bei calliphora entspricht z. B. nur eine Spitzenpotentialfrequenz von 3/sec (PRINGLE 1949; ROEDER 1951). Der Zirpmuskel der Zikade (platypleura capitata) antwortet auf einen einzigen Reiz in situ mit 4 vollständigen mechanischen Cyclen, in denen das Zirporgan jeweils von der Stellung „Aus" in die Stellung „Ein" überwechselt (PRINGLE 1954). Mit steigender Reizfrequenz antwortet das Organ mit einer entsprechend höheren Cyclusfrequenz, um bei einer Reizfrequenz von 100/sec in eine regelmäßige Dauerrhythmik von 350/sec überzugehen, die mit der Frequenz des normalen Zirptons übereinstimmt. Wenn die Reizung aufhört, klingt der Ton nur langsam ab. Dagegen verhält sich der ausgeschnittene Muskel bei 30° C wie jeder andere quergestreifte Muskel und entspricht in seinen Zeitparametern etwa dem M. sartorius des Frosches bei derselben Temperatur; auf Einzelreize reagiert er mit Zuckungen, die sich von einer bestimmten Reizfrequenz an summieren und bei einer Reizfrequenz von 100/sec zu einem vollständigen glatten Tetanus verschmelzen (s. Abb. 125).

Der Muskel kontrahiert sich in vivo beinahe isometrisch, bis er eine bestimmte Spannung (18 g) erreicht, bei der das Organ einklinkt. Dabei verkürzt sich der Muskel um 1,5% l_0, seine Spannung fällt auf beinahe Null ab und das Organ wird durch elastische Kräfte wieder in Stellung „Aus" gezogen. Dann entwickelt sich die Spannung wieder aufs neue, und der Rhythmus kann sich wiederholen. Man hat versucht den Vorgang mit dem Release-Recovery-Phänomen des Vertebratenmuskels zu vergleichen (PRINGLE 1954). Die bis jetzt bekannten Daten reichen jedoch für eine lückenlose Erklärung des Mechanismus nicht aus, der auch für die Übertragung der Energie von den indirekten Flügelmuskeln auf die Flügelbewegung bei anderen Insekten (Hymenopteren und Coleopteren) eine Rolle zu spielen scheint (PRINGLE 1954). Auch die Annahme, daß es sich bei dem Flügelschlagrhythmus um einfache Resonanzphänomene handle (SOTAVALTA 1947), wird den Tatsachen nicht gerecht.

H. Chemische Umsetzungen

I. Aufbau energiereicher Phosphate

1. Herkunft der Energie

Die während der Kontraktion geleistete Arbeit stammt letzten Endes aus der Oxydation von Nahrungsstoffen. Die wichtigsten Energielieferanten für die quergestreifte Skeletmuskulatur des Kalt- und Warmblüters sind die Kohlenhydrate. Die Fette kommen nach dem derzeitigen Stand unserer Kenntnisse nur dann als Betriebsstoffe in Betracht, wenn die Kohlenhydrate aufgebraucht sind. Das Eiweiß spielt unter normalen physiologischen Bedingungen, im besonderen bei ausreichender Ernährung, für die Muskelarbeit des Menschen keine Rolle. Der Stickstoffgehalt von Urin und Faeces nimmt daher auch bei anhaltender körperlicher Tätigkeit nicht zu (v. PETTENKOFER und VOIT 1873).

Die Kohlenhydratverbrennung bei Muskelarbeit ist im Gaswechsel am Anstieg des respiratorischen Quotienten auf Werte erkennbar, die nahe bei 1,0 liegen (A. V. HILL 1927). Mit zunehmender Fettverbrennung bei anhaltender Arbeit sinkt der respiratorische Quotient ab. Sind die Kohlenhydratreserven von vornherein niedrig (etwa bei Mangeldiät), so bleibt der respiratorische Quotient auch im Anfangsstadium der Muskelarbeit erheblich unter dem Wert 1,0. Bei trainierten Versuchspersonen steigt der respiratorische Quotient langsamer an als bei untrainierten (BANG, BOJE und NIELSEN 1936).

Beim isolierten und perfundierten *Herzmuskel* des Warmblüters liegt der respiratorische Quotient gewöhnlich unter 1,0; denn der Herzmuskel verbrennt nicht nur Kohlenhydrate (LOCHE und ROSENHEIM 1907), sondern auch Fettsäuren, die er dem Blut entnimmt (GREEN et al. 1952). Lösliche Herzmuskelpräparationen können tatsächlich die Oxydation von Fettsäuren beschleunigen. Außerdem vermag der Herzmuskel Keto-Körper (z. B. β-Oxybuttersäure) energetisch zu verwerten (BING 1956). Inwieweit er Aminosäuren als Energielieferanten heranziehen kann, ist unsicher. Auf dem Weg über den Citronensäurecyclus können die Spaltprodukte des Aminosäureabbaus im Herzmuskel für die mechanische Arbeit eine Rolle spielen. Der Anteil der Nichtkohlenhydrate am Gesamtsauerstoffverbrauch des Herzmuskels ist relativ hoch und beträgt bis zu 60% (BING 1956).

Die aus der Oxydation der Nahrungsstoffe gewonnene Energie kann der Muskel nicht unmittelbar, sondern erst über eine Kette chemischer Reaktionen zur Arbeitsleistung verwenden (LIPMANN 1941). Am Ende dieser Kette steht gewöhnlich die Synthese eines energiereichen Stoffes, dessen anaerobe Spaltung die Energie für die Kontraktion liefert. Dieser Stoff ist das Adenosintriphosphat (ATP) oder vielleicht auch ein anderes verwandtes organisches Phosphat. Unter normalen physiologischen Bedingungen bleibt der ATP-Gehalt konstant; daher muß der Muskel den Schwund, der etwa infolge der Tätigkeit entsteht, durch eine entsprechende Resynthese immer wieder ausgleichen. Die dazu notwendigen chemischen Reaktionen laufen hinter der ATP-Spaltung her.

Solange ATP oder andere energiereiche Phosphatverbindungen verfügbar sind, bleibt der Muskel arbeitsfähig. Er kann sich also auch dann kontrahieren, wenn aus irgendwelchen Gründen (z. B. im Zustand der Anoxie) keine Oxydation von Kohlenhydraten stattfinden kann (HERMANN 1879).

Der ATP-Bestand eines Muskels ist so klein, daß er nur für wenige Kontraktionen ausreichen würde. Tatsächlich kann aber ein isolierter Froschmuskel in reiner Stickstoffatmosphäre 400 bis 500 Zuckungen ausführen (HERMANN 1879). Dieser immer wieder bestätigte Befund ergibt sich aus der Fähigkeit des Muskels, energiereiche Phosphate auch unter anaeroben Bedingungen aus dem Zerfall anderer Stoffe aufzubauen. Erst wenn der (relativ große) Bestand an diesen Stoffen aufgebraucht ist, hört die Arbeitsfähigkeit des Muskels auf. Dann müssen aerobe Prozesse erneut für den Nachschub an Energie sorgen. Die Erholung des Muskels nach längerer erschöpfender Arbeit ist daher nur im Sauerstoffmilieu, also unter aeroben Bedingungen möglich.

Im Gleichgewichtszustand müssen die energieliefernden Reaktionen die energieverbrauchenden Reaktionen kompensieren. In der Kette der energieliefernden *α) Übersichtsschema der energieliefernden Reaktionen*

Glykogen (und Glucose)
$\updownarrow$
Acetaldehyd $\rightleftharpoons$ Brenztraubensäure $\rightleftharpoons$ Milchsäure
$\downarrow$
Acetyl-CoA $\rightleftharpoons$ Fettsäure
$\downarrow$
Citronensäurecyclus

Reaktionen (Schema α) wird die freie Energie, die bei der Oxydation von Kohlenhydraten oder Fettsäuren entsteht, auf energiereiche Phosphate (ATP) übertragen.

Adenosintriphosphorsäure

Der Transformationsweg ist vorerst nur in den Grundzügen bekannt; er wird hier am Beispiel des ATP erörtert (s. LEHNARTZ 1952; s. LEUTHARDT 1959). Damit soll aber nicht gesagt sein, daß ATP das einzige energiereiche Phosphat ist, das als unmittelbarer Energielieferant für die Kontraktion in Betracht kommt.

β) Übersichtsschema des anaeroben Abbaus der Kohlenhydrate

Glykogen $\rightarrow$ Glucose-1-phosphat
$\updownarrow$
Glucose $\xrightarrow{\text{Hexokinase}}$ Glucose-6-phosphat
$\updownarrow$
Fructose-6-phosphat
$\updownarrow$
Fructose-1,6-diphosphat
$\updownarrow$
Phosphoglycerinaldehyd $\rightleftharpoons$ Dioxyacetonphosphat
$\updownarrow$
1,3-Diphosphoglycerinsäure
$\updownarrow$
3-Phosphoglycerinsäure
$\updownarrow$
2-Phosphoglycerinsäure
$\updownarrow$
Phosphoenolbrentraubensäure
$\updownarrow$
Brenztraubensäure
Acetaldehyd + CO_2 Acetyl-CoA   Milchsäure
$\downarrow$
Äthylalkohol   (Muskel)
(Hefe)

2. Möglichkeiten der ATP-Synthese

a) Atmungskettenphosphorylierung

Der anaerobe Abbau der Glucose oder anderer Hexosen sowie der aus dem Fett gebildeten Fettsäuren ist nur unvollständig. Über eine Reihe von Zwischenstufen entsteht aus den Kohlenhydraten (s. Schema β) und Fetten (s. Schema γ) Acetyl-Co A (s. LYNEN 1957), das der Muskel über den Citronensäurecyclus (s. Schema δ) weiter abbaut (s. KREBS 1957); der Kohlenstoff wird zu CO_2 oxydiert, während der Wasserstoff von den Cofermenten der Dehydrogenase aufgenommen und in dieser Form der Oxydation — der oxydativen Phosphorylierung oder Atmungskettenphosphorylierung — zugeführt wird. Als Cofermente der Dehydrogenase dienen fast ausschließlich die beiden Pyridinnucleotide DPN (Diphosphorpyridinnucleotid) und TPN (Triphosphorpyridinnucleotid) (WARBURG und CHRISTIAN 1939; s. a. KALCKAR 1950), deren Struktur aus folgenden Formeln hervorgeht.

Oxydiertes Pyridinnucleotid

Reduziertes Pyridinnucleotid

R bedeutet in DPN: H
R bedeutet in TPN: PO_3H_2

Die Reduktion erfolgt nach der allgemeinen Gleichung:

$$\text{red. Substrat} + \text{oxyd. Coenzym} \xrightarrow{\text{Enzym}} \text{oxyd. Substrat} + \text{red. Coenzym} + H^+;$$

im speziellen Fall der Milchsäuredehydrogenase (MDH) nach der Gleichung:

$$CH_3\text{—CH(OH)—COOH} + DPN^+ \xrightarrow{\text{MDH}} CH_3\text{—CO—COOH} + DPNH + H^+ \qquad (25)$$

Die verschiedenen spezifischen Enzymproteine des Muskels katalysieren die Übertragung des Wasserstoffes von den Substraten auf die Pyridinnucleotide (s. LEHNARTZ 1952; s. LEUTHARDT 1959), die ihn auf dem Wege der Atmungskette (s. Schema ε) weitergeben. Der Wasserstoff des DPNH, bzw. TPNH, geht über Phyllochinonreductase und Phyllochinon zu Cytochrom b; dieser Transport ist mit der Bildung eine Moleküls ATP aus ADP verknüpft. Bei der Oxydation der Flavinenzyme (= Diaphorasen) wird der Wasserstoff als Ion frei; seine Elektronen wandern über die Cytochrome zum Warburgschen Atmungsferment (Cytochromoxydase), das durch den Luftsauerstoff oxydiert wird. Dabei vereinigt sich der vom Flavin abgegebene Wasserstoff mit Sauerstoff zu Wasser. Mit dem Elektronentransport vom Cytochrom b zum Warburgschen Atmungsferment

γ) Übersichtsschema des Fettsäurecyclus

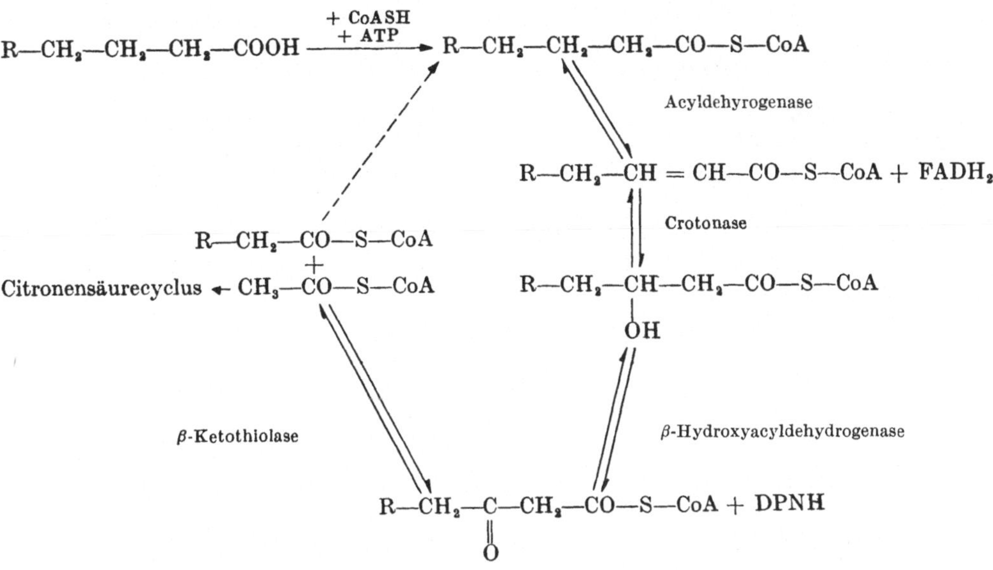

δ) Schema des Citronensäurecyclus

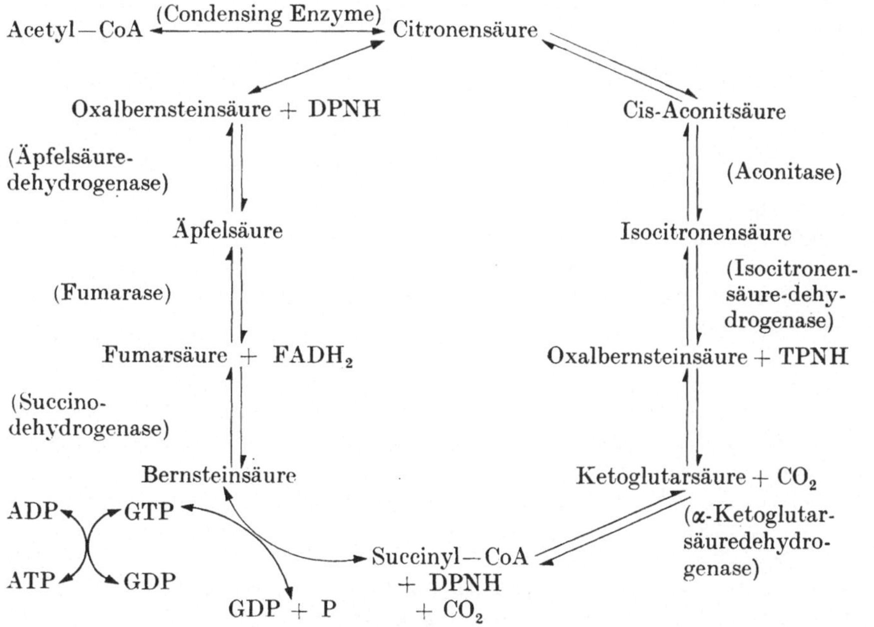

ist die Synthese von zwei weiteren Mol ATP und ADP und anorganischem Phosphat gekoppelt, so daß insgesamt bei der Oxydation von 1 Mol DPNH oder TPNH 3 Mol ATP entstehen. Wenn man die Atmungskette entkoppelt, z. B. durch

Thyroxin, Dinitrophenol oder Dicumarol, so wird zwar noch das reduzierte
Coenzym oxydiert, aber die gleichzeitige Synthese des ATP unterbunden.

ε) Schema der Atmungskettenphosphorylierung

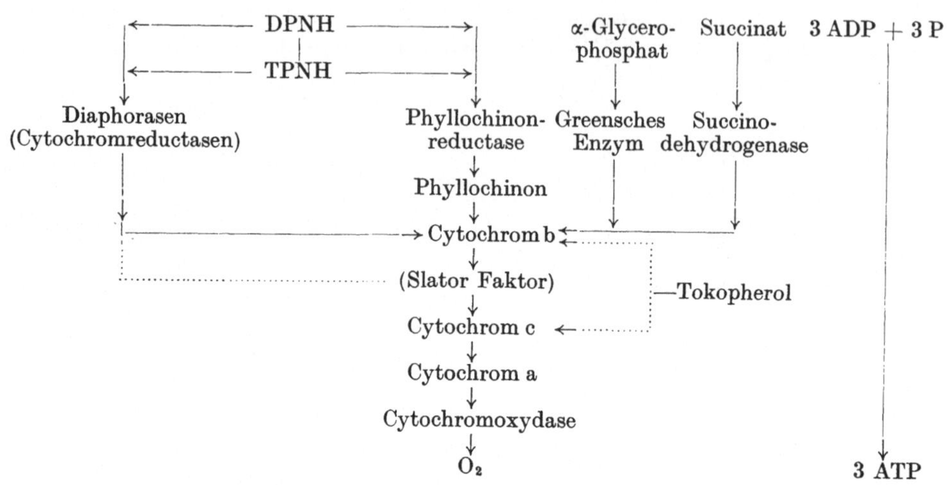

Der Ort, an dem die oxydativen Phosphorylierungen die ATP-Synthese unterhalten, sind die Sarkosomen oder Mitochondrien, die nahe den A-Abschnitten im
quergestreiften Muskel liegen (PERRY 1956). Die Zahl der Sarkosomen ist in den
dauernd beanspruchten Muskeln (wie etwa dem Herzmuskel) besonders groß.
Entsprechend diesem histologischen Befund ist auch der Gehalt an Enzymen, die
für die Kettenphosphorylierung erforderlich sind, im Herzmuskel größer als in
allen anderen Geweben (PALADE 1958).

b) Kreatinphosphat-Spaltung

Der Aufbau von ATP ist noch auf einem weiteren anaeroben Weg möglich, und
zwar durch Spaltung von KP (LOHMANN 1934), das im Muskel reichlich vorhanden
ist (EGGLETON und EGGLETON 1927; MEYERHOF und LOHMANN 1928). Der Phosphatrest des KP wird durch die Phosphokreatin-ATP-Transphosphorylase auf
das ADP übertragen:

$$KP + ADP \rightleftharpoons K + ATP \tag{26}$$

Da die Reaktion reversibel ist, kann Kreatin (K) wieder durch ATP, das beim anaeroben Abbau von Glykogen oder bei der aeroben Atmungskettenphosphorylierung entsteht, zu KP umgesetzt und damit der KP-Speicher aufgefüllt werden
(s. PARNAS et al. 1934; LEHMANN 1935; MEYERHOF und SCHULZ 1935; MEYER-
HOF und LOHMANN 1935). Der Aufbau des ATP auf Kosten des KP spielt in
kreatinphosphatreichen Muskeln mit geringer oxydativer Tätigkeit (z. B. in den
blassen Fasern von Kaninchenskeletmuskeln) eine wesentliche Rolle. Kreatinphosphat kann der Muskel auch bei völligem Sauerstoffentzug spalten und damit
als ein ständiges Energiereservoir verwenden, aus dem er ohne oxydative Umsetzungen ATP neu bilden kann. In den Muskeln der Wirbellosen ist kein KP
enthalten, wohl aber das ihm verwandte Argininphosphat, das dieselbe Funktion
im Energiehaushalt versieht.

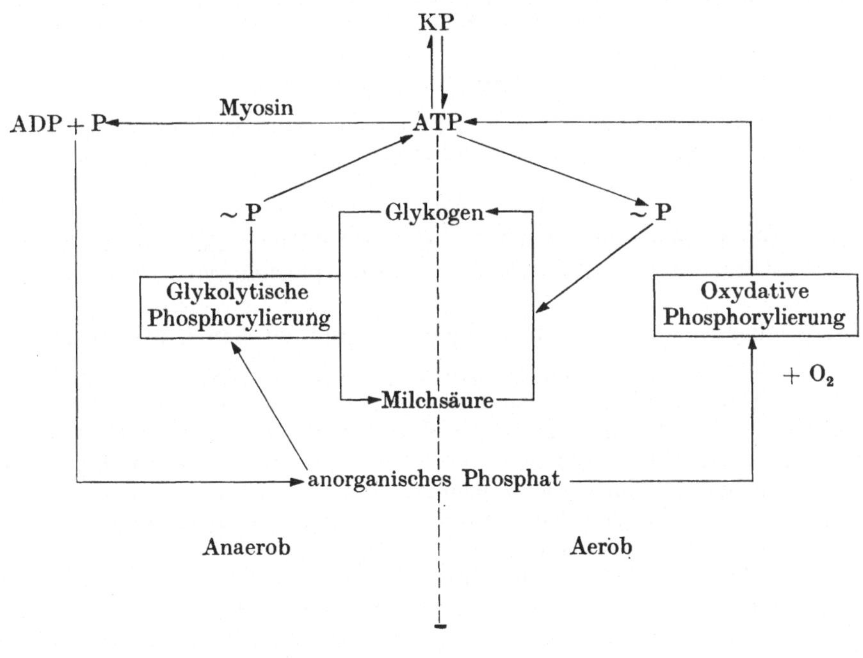

Kreatinphosphorsäure   Argininphosphorsäure

Bei langdauernder Muskeltätigkeit ist der KP-Zerfall gesteigert. Die Zunahme von Phosphat und Kreatin ist besonders deutlich, wenn man den Muskel mit Monojodessigsäure oder Monobromessigsäure vergiftet, die den anaeroben Zerfall des Glykogens in Milchsäure und damit auch die Synthese des KP hemmen (LUNDSGAARD 1930). Obwohl die Reaktionskette, die zur Milchsäurebildung führt, relativ kleine Energiewerte frei werden läßt, kann sie die Spaltung des KP durch dessen Resynthese chemisch und energetisch wenigstens teilweise kompensieren; sie folgt stets dem KP-Zerfall nach.

ζ) Schema des Kohlenhydratstoffwechsels

c) Glykolyse

Ohne Beteiligung des KP kann der Muskel ATP anaerob beim Hexoseabbau synthetisieren (s. Schema ζ); daher verfügt er im Glykogen über eine anaerobe Energiereserve, die den ATP-Speicher unmittelbar auffüllen kann. Beim Abbau des Glykogens zur Milchsäure führen folgende Reaktionen zur Bildung des ATP:

a) bei der Gärungsreaktion bildet sich 1,3-Diphosphoglycerinsäure:

$$\text{3-Phosphoglycerinaldehyd} + DPN^+ + P \rightleftharpoons \text{1,3-DPGS} + DPNH + H^+; \qquad (27)$$

1,3-DPGS geht unter der Einwirkung des ersten dephosphorylierenden Enzyms, der 3-DPGS-Kinase, in 3-Phosphoglycerinsäure über; dabei wird ADP zu ATP:

$$\text{1,3-DPGS} + ADP \rightleftharpoons \text{3-PGS} + ATP; \qquad (28)$$

b) aus 3-PGS entsteht dann 2-Phosphoglycerinsäure, aus der Enolase H_2O abspaltet; die bei dieser Reaktion gebildete Phosphorenolbrenztraubensäure geht in der 2. dephosphorylierenden Reaktion der Glykolyse unter der Wirkung von Pyruvatkinase in Brenztraubensäure über; dabei entsteht ATP aus ADP:

$$PBTS + ADP \rightleftharpoons BTS + ATP \qquad (29)$$

d) α-KGS-Oxydation (Substratphosphorylierung)

Im Citronensäurecyclus (s. Schema δ) führt die oxydative Decarboxylierung von α-Ketoglutarsäure zur Bildung von ATP (OCHOA 1954). Primär bildet sich Succinyl-CoA, das bei gleichzeitiger Phosphorylierung von Guanosindiphosphorsäure (GDP) in Succinat übergeht (s. Schema ε). Guanosintriphosphorsäure (GTP) phosphoryliert ihrerseits wieder ADP zu ATP und dient in diesem Fall als phosphorylierendes Coenzym:

$$\alpha\text{-KGS} + CoA + DPN^+ \rightleftharpoons \text{Succinyl CoA} + DPNH + CO_2 \qquad (30)$$

$$\text{Succinyl-CoA} + GDP + P \rightleftharpoons \text{Succinat} + CoA + GTP \qquad (31)$$

$$GTP + ADP \rightleftharpoons ATP + GDP \qquad (32)$$

$$\text{Summe: } \alpha\text{-KGS} + ADP + P + DPN^+ \rightleftharpoons \text{Succinat} + ATP + DPNH + CO_2 \quad (33)$$

e) ADP-Disproportionierung

Außer den beschriebenen Reaktionen ist die Resynthese des ATP auch durch die Myokinase-Reaktion möglich (Engelhardtsche Reaktion; W. A. ENGELHARDT 1942).

$$ATP + AMP \rightleftharpoons 2\,ADP \qquad (34)$$

Dabei entsteht in reversibler Weise je ein Mol ATP und AMP aus 2 Mol ADP. AMP selbst kann durch die Adenylatkinase wieder phosphoryliert werden.

3. Wechselwirkung zwischen anaeroben und aeroben Umsetzungen

Die beschriebenen anaeroben Umsetzungen, die den Speicher an energiereichem Phosphat auffüllen, sind ohne Ausnahme Reaktionen, die nur auf Kosten der im Muskel selbst vorhandenen oder auf dem Blutweg dem Muskel angebotenen Stoffe möglich sind, soweit man diese als primäre Energiespeicher ansehen kann. Da der Vorrat an solchen Stoffen im Organismus begrenzt ist, bedarf anhaltende Muskeltätigkeit einer ständigen Regeneration des ATP-Speichers durch die Oxydation von Kohlenhydraten. Wenn man die Glykolyse durch Monojodessigsäure hemmt, so bildet sich keine Milchsäure. Die anerobe Arbeitsfähigkeit bleibt erhalten, aber nur solange als die anaeroben Energiespeicher den Energiebedarf decken können (LUNDSGAARD 1930). Verbringt man einen mit Monojodessigsäure vergifteten Muskel in lactathaltige Lösung, so kann er einige hundert Zuckungen bei optimaler Sauerstoffzufuhr ausführen, da die Milchsäure über den Citronensäurecyclus (s. Schema δ) abgebaut und aus dem dabei gewonnenen DPNH über die Atmungskettenphosphorylierung ATP gewonnen werden kann. Unter anaeroben Bedingungen sind dagegen auch in lactathaltiger Lösung nur etwa 80 Zuckungen möglich, da der Muskel die zugesetzte Milchsäure nicht mehr abbauen kann (LOHMANN und OHLMEYER 1956). Die bei der Kohlenhydratverbrennung freiwerdende Energie kann der Muskel wahlweise zur Auffüllung der verschiedenen anaeroben Energiespeicher benützen, und zwar sowohl für die Restitution des KP als auch zum Wiederaufbau des ATP. In beiden Fällen kann die Synthese unmittelbar auf dem Weg der Atmungskettenphosphorylierung erfolgen; sie ist nicht auf den Umweg über anaerobe Zwischenstufen (wie etwa KP-Spaltung oder Glykolyse) angewiesen.

Als entscheidenden Schritt in der Restitutionsphase hat man früher (MEYERHOF 1930) die oxydative Resynthese des Glykogens in der sog. Pasteur-Meyerhofschen Reaktion betrachtet. Da der O_2-Verbrauch der Erholungsphase nur einer Sauerstoffaufnahme entspricht, die für die Oxydation von $^1/_5$ der während der Muskelarbeit gebildeten Milchsäure notwendig wäre, hat man den Schluß gezogen, daß der Muskel nur $^1/_5$ der Milchsäure verbrennt und die dabei freiwerdende Energie zum Aufbau der übrigen $^4/_5$ Milchsäure zu Glykogen verwendet. Diese Ansicht läßt sich heute nicht mehr vertreten, weil der O_2-Verbrauch der Erholungsphase nicht für den oxydativen Milchsäureabbau repräsentativ (HAHN 1930) und die Resynthese von Kohlenhydrat aus Milchsäure oder Alkohol im Vergleich zum oxydativen Abbau dieser Stoffe äußerst gering ist (WIELAND et al. 1933). In Wirklichkeit beruht der Pasteur-Effekt auf einer Hemmung der Milchsäurebildung durch den Sauerstoff (HAHN 1930) und nicht etwa auf der oxydativen Resynthese der Milchsäure zu Glykogen. Doch sind unabhängig vom Pasteur-Effekt die glykolytischen Reaktionen auf jeder Stufe umkehrbar; daher ist auch ein Wiederaufbau von Glykogen aus der Milchsäure in der Erholungsphase möglich (s. Schema ζ). Besonders hat die Leber die Fähigkeit, die bei Muskelarbeit anfallende Milchsäure zur Resynthese von Glykogen zu verwenden (ALPERT und TRAGER 1956). In hepatektomierten Tieren steigt der Milchsäuregehalt von Muskel und Blut an, weil die Resynthese mit dem anaeroben Zerfall des Glykogens nicht Schritt hält.

Der Versuch (MEYERHOF 1930), die unvollständige Oxydation der Milchsäure aus thermodynamischen Daten abzuleiten, hat nur noch historisches Interesse. Bei vollständiger Verbrennung von 1 g Glykogen werden im Reagenzglas 4300 cal, bei vollständiger Verbrennung der aus 1 g enthaltenen Milchsäure 3900 cal frei. Die Differenz von 400 cal entfällt auf die Milchsäurebildung aus Glykogen. Unter der Annahme, daß die anaerobe Wärmebildung während anhaltender Tätigkeit im wesentlichen auf der Glykolyse und die aerobe Wärmetönung auf der Oxydation der Milchsäure beruht (s. aber S. 227 und S. 229), müßte das Verhältnis der anaeroben Wärme zur Gesamtwärme 1 : 11 betragen, wenn die gebildete Milchsäure restlos zu CO_2 und H_2O oxydiert würde. Die direkt gemessenen Werte liegen zwischen 1,6 und 4,5 (s. Tab. 25); d. h. die anaerobe Wärme ist anscheinend kleiner als bei vollständiger Oxydation der Milchsäure zu erwarten wäre. Gegen diesen Vergleich von chemischen und thermischen Daten ist einzuwenden, daß die genannten Verhältniszahlen nur für Einzelzuckungen und kurz dauernde Tetani gelten, bei denen der Anteil der Milchsäurebildung und -oxydation an der Wärmetönung kaum ins Gewicht fällt.

Der *Herzmuskel* mit seinem ständigen hohen Energieverbrauch bestreitet den Bedarf an Kohlenhydratäquivalenten durch unmittelbare Aufnahme von Glucose und Milchsäure aus dem Blut. Dies läßt sich auch am menschlichen Herzmuskel nachweisen (BING 1956), dessen Glucoseverbrauch eindeutig mit dem Blutzuckerspiegel zunimmt. Ebenso hängt die Aufnahme von Milchsäure durch den Herzmuskel von der arteriellen Konzentration ab (BING 1956). Dabei verringert Milchsäurezusatz den Glucoseverbrauch. Die Oxydation von Milchsäure und Glucose sowie von Brenztraubensäure bleibt auch unter optimalen Bedingungen beträchtlich hinter dem aeroben Gesamtumsatz des Herzmuskels zurück, der seinen Energiebedarf zu einem großen Teil durch die Oxydation von Fettsäuren und Ketokörpern decken kann.

4. Energiebilanz der chemischen Umsetzungen

Die Richtung der Reaktionen zeigt zugleich den Weg an, auf dem der Organismus die chemisch gebundene Energie der Nahrungsstoffe durch Abbau und Oxydation in energiereiche Phosphatverbindungen wie ATP oder andere Nucleotide überführen kann. Daraus ergibt sich zwangsläufig der Schluß, daß aus der Oxydation, bzw. dem glykolytischen Abbau von Kohlenhydraten, im besten Fall nur soviel energiereiche Phosphatverbindungen hervorgehen können, wie Energie aus dem Kohlenhydratabbau zur Verfügung steht. Nach experimentellen Erfahrungen werden 3 Moleküle ATP aus ADP und anorganischem Phosphat gebildet, wenn eine C_6-Einheit des Glykogens in 2 Moleküle Milchsäure zerfällt. Die Energie des glykolytischen Zerfalls kann zunächst zum Aufbau von 4 ATP-Molekülen dienen, von denen eines für die Bildung von Fructosediphosphat verbraucht wird. Ist der Ausgangsstoff nicht Glykogen, sondern Glucose, so geht ein weiteres ATP-Molekül für die Hexokinasereaktion verloren. Daher entsteht beim glykolytischen Zerfall von Glucose 1 Molekül weniger ATP als bei der Spaltung einer C_6-Einheit des Glykogens. Die Bildung von 2 Mol Milchsäure aus einer C_6-Einheit ist mit einer Änderung der freien Energie $(-\Delta F)$ von 51 600 cal verbunden (BURK 1929).

$$\text{Glykogen} \rightarrow 2 \text{ Milchsäure} - 51\,600 \text{ cal} \qquad (35)$$

Der Energiebetrag von 51 600 cal steht für den Aufbau von ATP zur Verfügung; er muß mindestens den Energieverlust decken, der bei der Spaltung von 3 Molekülen ATP in ADP frei wird. Die Größe dieses Betrages ist noch nicht eindeutig festgelegt, wie aus der folgenden Tabelle hervorgeht.

Tabelle 23. *Freie Energie der ATP-Spaltung*

Nr.	pH	°C	Betrag (cal/Mol)	Autoren	Jahr
1	7,0	30	7600 bis 7800	ROBBINS u. BOYER	1957
2	7,25	37	5050 bis 6850	VLADIMIROV et al.	1957
3	8,0	20	6900	PODOLSKY u. MORALES	1956
4	8,0	19	7000	KITZINGER u. BENZINGER	1955

Bei der Nr. 1 und 2 der Tabelle handelt es sich um Bestimmungen von $-\Delta F$ auf Grund des Hexokinasegleichgewichtes, bei Nr. 3 und 4 um Messungen der Reaktionsenthalpie $(-\Delta H)$ der Myokinasereaktion mit Hilfe einer mikrocalorimetrischen Methode. Zum Vergleich der beiden Gruppen muß man bei der letzt genannten Methode das Entropieglied $(-T\Delta S)$ berücksichtigen, und zwar nach der Formel:

$$-\Delta F = -\Delta H - T\Delta S \qquad (36)$$

$T\Delta S$ ist etwa mit einem Betrag von 2200 cal anzusetzen, der in den Zahlen von Nr. 3 und 4 der Tabelle nach Formel (36) bereits enthalten ist. Zuverlässiger sind die Werte von Nr. 1 und 2 der Tabelle, weil sie auf Meßergebnissen beruhen, die kein Entropieglied enthalten. Rechnet man mit einem $-\Delta F$-Wert von $-$7600 cal, so muß der 3fache Wert in den 3 Molekülen ATP enthalten sein, also $-$22800 cal. Im Lauf der Kettenreaktionen von der glykolytischen Spaltung des Glykogens (C_6-Einheit) bis zum Aufbau von ATP wird daher ein relativ großer

Betrag
$$- 51\,600 \text{ cal} + 22\,800 \text{ cal} = -\,28\,800 \text{ cal} \tag{37}$$

nicht in ATP übergeführt. Der *chemische Nutzeffekt* (d. h. das Verhältnis der freien in 3 Molekülen enthaltenen Energie zu der gesamten aufgewendeten Energie) ist dann

$$\frac{22\,800 \cdot 100}{51\,600} = 44\,(\%) \tag{38}$$

Beim glykolytischen Zerfall von Glucose ist der Nutzeffekt entsprechend der kleineren Zahl von ATP-Molekülen (2 statt 3) um $^1/_3$ kleiner.

Die vollständige Oxydation von Glykogen liefert pro Mol C_6-Einheit eine freie Energie von 690 700 cal. Um diesen Wert zu der Energie der organischen Phosphatverbindungen in Beziehung setzen zu können, muß man die Zahl der energiereichen Phosphatverbindungen kennen, die pro Atom des bei der Oxydation verbrauchten Sauerstoffs entstehen. Bei der Oxydation von 1 Mol Brenztraubensäure, die 5 Sauerstoffatome erfordert, entstehen im zellfreien Herzmuskelextrakt 15 energiereiche Phosphatverbindungen (OCHOA 1943). Eine Glucoseeinheit des Glykogens würde mit ihren 12 Sauerstoffatomen bei vollständigem oxydativem Abbau 36 Phosphatverbindungen liefern. Rechnet man zu diesen 36 Phosphatverbindungen noch die 3 Verbindungen hinzu, die auf Grund der Glykolyse möglich sind, so ergibt sich unter aeroben Bedingungen eine Zahl von 39. Die so in das ATP übergeführte Energie beträgt dann 296 000 cal, denen 690 700 cal freie Energie pro Mol Kohlenhydrat (C_6-Einheit) gegenüberstehen. Der Nutzeffekt ist

$$\frac{296\,000 \cdot 100}{690\,700} = 43\,(\%) \tag{39}$$

Auch in den anaeroben Zwischenstufen der Glykolyse müssen die Energiebeträge der Phosphatbindungen mindestens so groß sein, um die für die Synthese notwendige Energie decken zu können. Bei der Reaktion (28) werden 4 750 cal, bei der Reaktion (29) 6 100 cal frei (BURTON und KREBS 1953). Die Energie der Phosphatbindungen in der Diphosphoglycerinsäure und der Phosphoenolbrenztraubensäure ist also wesentlich größer als die Energie, die zur Synthese von ATP aus ADP und Phosphat notwendig ist (KALCKAR 1950; NEEDHAM 1956).

II. Abbau energiereicher Phosphate

1. ATPase-Aktivität des Muskels

a) Myosin-ATPase

Nach derzeitigen Anschauungen setzen die contractilen Proteine die aus der ATP-Spaltung gewonnene Energie in mechanische Arbeit um (s. H. H. WEBER 1957). Eine Reihe experimenteller Daten spricht dafür, daß auch die für den Erregungsvorgang erforderliche elektrische Energie des Membrankondensators aus der chemischen Energie der ATP-Spaltung stammt (s. S. 52). Ebenso kommt für die synthetischen Leistungen (Nucleotid- und Proteinaufbau) sowie für eventuelle sekretorische Vorgänge der Muskelzelle die ATP-Hydrolyse als energieliefernder Vorgang in Frage (PERRY 1956). ATP wird im Muskel ständig abgebaut und der Phosphatrest zwischen den Phosphatverbindungen dauernd ausgetauscht. Trotzdem bleibt der ATP-Gehalt konstant (KALCKAR, DEHLINGER und MEHLER 1944). Der stationäre Zustand ist das Ergebnis eines Gleichgewichtes zwischen den ATP-bildenden und ATP-spaltenden Prozessen (PERRY 1956). Bei der hydrolytischen

ATP-Spaltung geht Adenosintriphosphat unter Abspaltung von Phosphat in Adenosindiphosphat über.

$$ATP + H_2O \rightarrow ADP + H_3PO_4 \tag{40}$$

Die Reaktion wird durch ATP-spaltende Fermente des Muskels beschleunigt. Unter diesen ist die ungelöste Myofibrillen-ATPase besonders wichtig, deren Anteil an der ATP-Spaltung etwa 80% beträgt (PERRY 1956); sie ist mit dem Myosin identisch (ENGELHARDT und LJUBIMOVA 1939). Die ATPase-Aktivität der contractilen Proteine ist an Wasserextrakten, Muskelhomogenaten, Myosin- und Actomyosingelen und -solen, sowie an extrahierten Faser- und Fadenpräparaten nachweisbar (LOHMANN 1934; DEUTSCH und NILSSON 1954; WEBER und PORT-ZEHL 1952) und eine Eigenschaft fast aller bisher untersuchten Myosine. In verschiedenen Muskeln kann allerdings die ATPase-Aktivität erheblich schwanken; sie ist z. B. im Wandmuskel von Urechis erheblich kleiner als im Insekten- oder Kaninchenmuskel (MARUYANA 1954). Der ATP-reiche Fischmuskel hat eine größere ATPase-Aktivität als der Säugetiermuskel. Der ATP-Zerfall hat z. B. in Fischmuskelhomogenaten bei 20° C eine Halbwertszeit von 38 sec, in Rindermuskelhomogenaten eine Halbwertszeit von 108 sec (PORTMANN 1955). Mit abnehmender Temperatur werden die Halbwertszeiten entsprechend einem Q_{10}-Wert von 2,3 größer. Oberhalb von 20° C ist der Q_{10}-Wert der Spaltungsrate kleiner, bei 40° C erreicht die ATPase-Aktivität von extrahierten Muskelfasern ein Maximum (NAGAI et al. 1956).

Gereinigtes Myosin spaltet nur die endständige Phosphatgruppe des ATP ab. Die darüber hinausgehende Spaltung zu AMP (Adenosinmonophosphat) geschieht unter der Wirkung von Myokinase, die im Sarkoplasma reichlich vorhanden und immer eng mit der Myosin-ATPase verknüpft ist (PERRY 1956). Nach Gl. (34) entsteht bei der Aufspaltung von 2 ADP ein Molekül AMP und ein Molekül ATP. Diese Reaktion dient zugleich der ATP-Resynthese auf dem Weg über die Disproportionierung von je zwei Molekülen ADP (s. S. 180). Die Adenylsäure (AMP) kann entweder zu ATP phosphoryliert oder weiter abgebaut werden, z. B. durch eine Adenyldeaminase zu Inosinmonophosphat und Ammoniak oder durch Nucleotidasen zu Adenosin.

Myosin spaltet außer dem Adenosintriphosphat auch andere im Muskel vorkommende Phosphate, z. B. das Inosintriphosphat und Uridintriphosphat (RANNEY 1954a). Diese Spaltungen dürften im Vergleich zu der Spaltung des ATP für die Muskelarbeit kaum eine Rolle spielen, da die Konzentrationen von Inosintriphosphat und Uridintriphosphat 50 bis 100 mal kleiner sind als die des ATP.

b) Stoffliche Wirkungen auf die ATPase

Die ATPase-Aktivität des lebenden Muskels ist erheblich geringer als die von Homogenaten und Faser- oder Fadenpräparationen. Erst nach längerem Auswaschen des Extraktes erreicht die Spaltungsrate des ATP die volle Höhe. Zusatz von frischem, nicht ausgewaschenem Muskelextrakt setzt die Spaltungsrate herab (MARSH 1951). Der lebende frische Muskel enthält einen Stoff, der unter normalen Bedingungen die ATPase-Aktivität des Myosins hemmt. Dieser Stoff (der sogenannte *Marsh-Bendall-Faktor*) ist vorwiegend in den Granula (Sarkosomen) nachweisbar (PORTZEHL 1957) und besteht aus zwei Anteilen (BENDALL 1952; 1953), einem Protein und einem wärmelabilen dialysierbaren Körper mit dem Molekulargewicht 10000.

Die hemmende Wirkung des Marsh-Bendall-Faktors ist an die Anwesenheit freier Magnesium-Ionen gebunden (s. H. H. WEBER 1958). Calcium inaktiviert in Präparaten des Kaninchenmuskels den Hemmungsstoff und erhöht die Spaltungsrate des ATP (BENDALL 1953). Ca^{++} wirkt innerhalb eines bestimmten nicht zu hohen Konzentrationsbereichs (bis zu 10^{-3} Mol/l $CaCl_2$) als Katalysator der Hydrolyse des ATP. Die ATPase-Aktivität hängt ferner — bei gegebener Ca^{++} und Mg^{++}-Konzentration — von der Gesamtkonzentration an freiem ATP ab; sie nimmt zunächst mit steigender Konzentration zu, erreicht ein Maximum und sinkt dann mit weiter zunehmenden Konzentrationen ab (HASSELBACH und WEBER 1953; H. H. WEBER 1955). Diese Abhängigkeit ist in der Enzymchemie nicht ungewöhnlich, da sich ganz ähnliche Wechselwirkungen zwischen Proteinen und Substraten auch bei anderen Enzymreaktionen finden. Die Beziehung zwischen ATP-Konzentration und ATP-Spaltungsrate hängt aber ihrerseits von der Mg^{++}-Konzentration ab. Die Wirkung der Mg^{++}-Ionen ergibt sich ebenso wie die der Ca^{++}-Ionen aus der allen Nucleotiden gemeinsamen Eigenschaft, mit Metallionen Komplexe zu bilden; sie ist aber in den einzelnen Präparaten nicht einheitlich. In Actomyosin*gelen* des Kaninchenmuskels begünstigen Mg^{++}-Ionen die ATP-Spaltung und verschieben die ATP-Konzentration, bei der die Spaltungsrate ihr Maximum hat, in einen höheren Bereich (PERRY und GREY 1956). In Abwesenheit von Mg^{++} liegt das Maximum bei einer ATP-Konzentration von $3 \cdot 10^{-3}$ Mol/l (GESKE, ULBRECHT und WEBER 1957); die optimale Mg^{++}-Konzentration beträgt in den Proteinextrakten des Kaninchenmuskels 10^{-4} Mol/l. Auch die Präparate anderer Muskeln (z. B. Heuschreckenmuskeln) werden in ihrer ATPase-Aktivität durch Mg^{++}-Ionen gefördert, während sie — im Gegensatz zu den Präparaten des Kaninchenmuskels — durch Ca^{++}-Ionen gehemmt werden (KIELLEY und MEYERHOF 1948). In Actomyosin*solen* und Myosinpräparaten des Kaninchenmuskels nimmt die ATPase-Aktivität unter dem Einfluß von Mg^{++}-Ionen ab (HASSELBACH 1952a). Dabei bleibt die Abhängigkeit von der ATP-Konzentration erhalten; die ATPase-Aktivität richtet sich also nach dem Verhältnis der ATP-Konzentration zur Mg^{++}-Konzentration.

Die durch Mg^{++} aktivierte ATPase von Actomyosingelen wird mit steigenden Gesamtionenkonzentrationen weniger wirksam (H. H. WEBER 1955; PERRY 1956), ebenso bei Änderung des p_H-Wertes. Das Optimum liegt für das Actomyosin im physiologischen Bereich (KIELLEY und MEYERHOF 1948), für das Myosin bei p_H 9,0. Der Angriffspunkt der Ionen, im besonderen von Ca^{++} und Mg^{++}, bei der hydrolytischen Spaltung des ATP ist im einzelnen nicht geklärt. Ebensowenig sind die Bedingungen zu überblicken, unter denen die ATPase des Myosins oder Actomyosins in vivo wirkt; denn die ATPase-Aktivität ist von der Konzentration an *freien* Ionen abhängig, deren Anteil an dem Gesamtionengehalt des Muskels unbekannt ist (PERRY 1956). Unbekannt sind ferner die sehr geringen Änderungen im p_H-Wert, in der Ionenstärke oder in der Konzentration des ATP, die die ATP-Hydrolyse einleiten und unterhalten.

Unter den Stoffen, die die ATPase-Aktivität der Muskelproteine verändern können, sind für den Physiologen nur zwei von einigem Interesse: Das Äthylendiamintetraacetat, das bei ausreichender KCl-Konzentration die ATP-Spaltungsrate um das 13fache erhöhen kann (HASSELBACH 1952; BOWEN und KERWIN 1954; MOMMAERTS und GREEN 1954), und das Salyrgan, das die ATPase inaktiviert (KUSHINSKY und TURBA 1950).

Die Beständigkeit der ATPase des Myosins ist relativ gering. Ca^{++} und Mg^{++}-Ionen sind für die Erhaltung der normalen Enzymfunktion unentbehrlich; sie können die Geschwindigkeit der Reaktionen des hochbeladenen ATP (4 negative Ladungen) mit dem Myosin, das man als SH-Enzym ansehen kann (SINGER 1944), wesentlich beeinflussen. Dabei ist das Myosin nicht in all seinen Bauteilen gleich aktiv: Das H-Meromyosin ist offenbar der eigentliche Träger der ATPase-

Funktion, weil es auch ohne die sonstigen Bestandteile (L-Merom) noch hoch aktiv ist (s. PERRY 1956).

c) Sarkosomen-ATPase

Außer den Myofibrillen sind die Sarkosomen an der ATP-Spaltung im lebenden Muskel beteiligt (CHAPPELL und PERRY 1953). Die Sarkosomen-ATPase bestreitet etwa 20% der Gesamtaktivität des blassen, an Myoglobin armen Kaninchenmuskels. In den Muskeln, die aus dunklen myoglobin- und mitochondrienreichen Fasern bestehen (Taubenflügelmuskel, Herzmuskel), ist der Anteil der Mitochondrien-ATPase wesentlich höher (PERRY 1952a). Die Sarkosomen-ATPase läßt sich von der Myosin-ATPase deutlich abtrennen und enthält als wesentlichen Bestandteil ein Lipoproteid, das bei der chemischen Reinigung zurückbleibt (KIELLEY und MEYERHOF 1948; PERRY 1952b). Die ATPase der Mitochondrien wird im Kaninchenmuskel durch Mg^{++} gehemmt, durch Ca^{++} gefördert, im Taubenmuskel durch beide Ionen aktiviert (PERRY 1952).

2. ATP und isolierte Eiweißstrukturen

a) Modellpräparationen

Die Ansicht, daß die hydrolytische Spaltung des ATP die letzte energieliefernde Stufe für die mechanische Kontraktion sei, stützt sich auf Versuche an extrahierten Eiweißstrukturen des Muskels. Diese Strukturen bezeichnet man allgemein als „Modelle", weil sie in vitro eine Koppelung zwischen dem chemischen Vorgang der ATP-Spaltung und dem mechanischen Vorgang der Kontraktion zeigen. Modelle dieser Art sind (H. H. WEBER 1955, 1958):

a) *Fadenmodelle*, die man aus Solen mit hohen Konzentrationen Actomyosin erhält. Das Actomyosin geliert in Fäden, wenn die Ionenstärke auf den Wert einer 0,05 Mol/l KCl-Lösung reduziert und ATP vorhanden ist (WEBER und PORTZEHL 1952). Werden diese Fäden gestreckt, so orientieren sich die Filamente achsenparallel. Die Stäbchendoppelbrechung nimmt entsprechend dieser Orientierung zu.

b) *Fasermodelle*, die sich aus dem frischen Muskel durch Glycerin extrahieren lassen. Dabei werden die Membranen zerstört und die meisten der im Sarkoplasma enthaltenen Proteine entfernt. Das übrig bleibende Cytoskelet besteht aus Myofibrillen, die nach elektronenoptischen Studien trotz der Extraktion intakt bleiben (HANSON und HUXLEY 1953). Inwieweit solche Modelle außer der myofibrillären ATPase noch andere Enzyme, wie Myokinase, ATP-KP-Transphosphorylase und granuläre ATPase enthalten, ist nicht geklärt. Glycerinbehandelte Fasern bestehen aus Proteinfilamenten des Actins und Myosins. Beide Eiweiße bauen offenbar verschiedene Filamente auf (HASSELBACH 1953), die, wie im intakten Muskel, streng parallel zueinander in der Achsenrichtung orientiert sind.

c) „*Fibrillenmodelle*" (d. h. Myofibrillen), die man auf mechanischem Weg aus einer Faser isolieren kann. Wegen ihres kleinen Durchmessers ($2\,\mu$) sind diese „Modelle" für die schnelle Diffusion von ATP wesentlich günstiger als die Fasermodelle, deren Grenzschichtdicke bei etwa $30\,\mu$ liegt (HASSELBACH 1952b).

Die Wirkung von ATP auf die Actomyosinmodelle ist eine doppelte:

a) ATP bringt die Modelle zur Kontraktion;

b) ATP hat einen spezifischen Einfluß auf die physikalischen Eigenschaften der Modelle und erhöht ihre Dehnbarkeit.

b) Mechanik der Modellkontraktion

Die ATP-Kontraktion ist zum ersten Mal an Fadenmodellen bei p_H 7,0, physiologischer Ionenstärke und Raumtemperatur beobachtet worden (W. A. ENGELHARDT und LJUBIMOWA 1939; W. A. ENGELHARDT et al. 1940). Diese Präparate kontrahieren sich, wenn man sie im unbelasteten Zustand in eine Lösung von 10^{-3} bis 10^{-2} Mol ATP/l verbringt. Dabei muß Mg^{++} in Spuren, eventuell auch Ca^{++} vorhanden sein.

Die *Verkürzungsgeschwindigkeit* ist je nach den Diffusionsbedingungen für ATP 2—10mal kleiner als die des Muskels, von dem das Eiweißmodell stammt. Bei der Verkürzung nimmt die Doppelbrechung ab, in orientierten Präparaten nur die Eigendoppelbrechung. Da die Stäbchendoppelbrechung während der Kontraktion unverändert bleibt, können an der Verkürzung der contractilen Ketten im Modell keine Desorientierungseffekte beteiligt sein (STRÖBEL 1952).

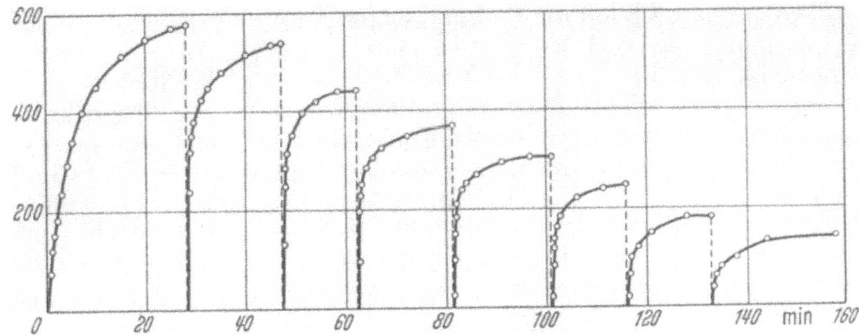

Abb. 136. "Release-Recovery"-Phänomen des Fasermodells (aus Rinderrectum gewonnen). Ordinate: Spezifische Spannung in g/cm². Abszisse: Zeit in Minuten. Das Modell wird in den aus der Kurve ersichtlichen Zeitabständen jeweils um 7% seiner ursprünglichen Länge entdehnt. Unmittelbar während der Entdehnung fällt die Spannung auf Null ab um sich anschließend wieder zu erholen. Mit abnehmender Länge wird die Recovery-Spannung kleiner. (Nach ULBRECHT und ULBRECHT 1952)

Die Verkürzungsgeschwindigkeit (v) nimmt mit der Belastung (P) ähnlich wie beim Muskel ab; bei der Wahl entsprechender Konstanten folgt die Beziehung etwa der für den Muskel gültigen "Velocity-load-relation" von A. V. HILL (ULBRECHT und ULBRECHT 1952). Ferner läßt sich das "Release-Recovery"-Phänomen auch am Modell nachweisen: Bei plötzlicher Entdehnung während einer isometrischen Kontraktion steigt die Spannung nach einem anfänglichen Abfall wieder an (Abb. 136). Zwischen Modell und Muskel bestehen daher Analogien, die die Annahme rechtfertigen, daß Modell- und Muskelkontraktion auf denselben chemischen Elementarvorgang zurückzuführen sein könnten (A. WEBER 1951).

Die *Spannung* des kontrahierten Actomyosinfadens ist durch seine relativ niedrige Zerreißspannung begrenzt. Bei langsamer Erhöhung des Proteingehaltes in Solen kann man durch Trocknung Fäden erhalten (WEBER und PORTZEHL 1952), die eine isometrische Spannung von 200 g/cm² liefern. Die höchsten Spannungen bis zu 4000 g/cm², die nominell etwa die des Muskels erreichen, liefern die Fasermodelle. Allerdings erhält man diese Spannungen nur, wenn die Modelle vor Einwirkung des ATP gestaucht, also unter ihre Gleichgewichtlänge l_0 entdehnt sind. Eine isometrische Kontraktion bei Längen, die ebenso groß oder größer sind als l_0, würde Spannungen erzeugen, die das Präparat zerreißen. Die angegebenen Werte beziehen sich also auf die Zerreißspannung und sind daher nicht ohne weiteres mit der isometrischen Spannung des Muskels zu vergleichen. Dabei ist ferner zu berücksichtigen, daß die Querschnitte von Faden-, Fasermodell und Muskel sehr verschiedene Anteile an contractilen Proteinen enthalten.

c) ATP-Spaltung und Modellkontraktion

Die Modellkontraktion ist an die hydrolytische Spaltung des ATP durch die Myosin-ATPase gebunden (GESKE und WEBER 1957); denn ATP-Spaltung und -Kontraktion erfolgen in den Modellen gleichzeitig. Bei Vergiftung der ATPase-Aktivität mit Salyrgan verliert das Modell seine Kontraktionsfähigkeit. Spaltungsrate und Verkürzung des Modells ändern sich etwa in demselben Verhältnis (WEBER und PORTZEHL 1952). Unter optimalen Bedingungen beträgt die maximale isotonische Verkürzung des unbelasteten Modells etwa 80 bis 90% der Ursprungslänge. Die isometrische Spannung des Modells ist temperaturabhängig und bei $0°$ C etwa 7 mal kleiner als bei $20°$ C; in derselben Proportion ändert sich auch die Spaltungsrate von ATP, wenn die Temperatur von $20°$ C auf $0°$ C absinkt (BOZLER 1954; WEBER und PORTZEHL 1954). Oberhalb von $28°$ C nimmt die Kontraktionshöhe mit steigender Temperatur ab (NAGAI et al. 1956), während die Erschlaffungsfähigkeit zunimmt.

Die Wirkung von ATP auf die Verkürzung des Fasermodells wird durch ATP-KP-Transphosphorylase und Kreatinphosphat verstärkt. An sich unwirksame Konzentrationen von ATP (10^{-6} bis 10^{-5} Mol/l) bringen die Modelle zur Kontraktion, wenn man ATP-KP-Transphosphorylase und als Phosphatdonator KP zusetzt (PERRY 1956). Das kontraktionsfähige System, das aus Protein, ATP, KP und Mg^{++} besteht, ist sehr anfällig auf Änderungen im Ca^{++}- und H^+-Gehalt. Ein Zusatz von Ca^{++} ($0{,}5 \cdot 10^{-3}$ Mol/l) oder ein Anstieg des p_H von 6,2 auf 6,8 kann bei Gegenwart der anderen Stoffe im Proteinmodell Kontraktionen auslösen. Umgekehrt führt eine Abnahme des p_H zur Erschlaffung (SZENT GYÖRGYI 1951). Kontraktion und Erschlaffung kann daher bei abwechselnder Durchperlung mit N_2 und CO_2 alternieren.

Die Kontraktion aller Arten von Actomyosinmodellen ist mit einer Zunahme des Proteingehaltes von 2 auf 30 bis 50% und mit einer deutlichen Abnahme des Wassergehaltes verknüpft (IVANOV und TOR CINSKIJ 1955). In Suspensionen setzen sich daher die Actomyosingele bei ATP-Zusatz schnell ab (SZENT GYÖRGYI 1950). Mit abnehmendem Wassergehalt wird auch die Kontraktionsfähigkeit geringer. Trotzdem beruht die Modellkontraktion nicht bloß auf Wasserverlust; denn die Fäden werden nicht nur kürzer, sondern auch breiter (SZENT GYÖRGYI 1947). Die Transformation von chemisch gebundener in mechanische Energie ist aber auch unter den relativ durchsichtigen Bedingungen der Modellkontraktion ungeklärt. Nur der Ort, an dem sich die Transformation vollzieht, ist bekannt und in SH-Gruppen des Actomyosins zu lokalisieren, bei deren Blockade die Verkürzung der glycerinbehandelten Proteine ausbleibt (KUSCHINSKY und TURBA 1950, 1956; KOREY 1950).

d) Unspezifische Modellkontraktion

Actomyosingele spalten außer dem ATP auch Inosin- (ITP), Guanosin- (GTP), Uridin- (UTP) und Cytidintriphosphat (CTP) (HASSELBACH 1956; RANNEY 1954 a). Alle diese Stoffe bringen die Modelle zur Kontraktion, wenn sie infolge der Enzymaktivität des Myosins hydrolytisch zerfallen Die Konzentration der genannten Phosphate im Muskel ist aber so gering, daß sie allenfalls nur die Energie relativ schwacher Kontraktionen mit kleiner Verkürzung und geringer Spannungsentwicklung bestreiten können. Die Höhe der erreichten Spannung nimmt ebenso wie die Spaltungsrate der genannten Nucleotidtriphosphate (NTP) mit der Mg^{++}-Konzentration zu. Eine Abhängigkeit von dem NTP-Gehalt der Lösung besteht jedoch nicht; die Spaltungsrate ist für einen gegebenen Mg^{++}-Gehalt bei allen überhaupt wirksamen NTP-Konzentrationen maximal. Zusatz von Ca^{++}-Ionen erhöht wohl die

Spaltungsrate, nicht aber die Höhe der isometrisch erreichten Spannung. Das wirksamste Nucleotidtriphosphat ist nach dem ATP das ITP, das bei entsprechendem Mg^{++}-Zusatz das Modell zu einer Kontraktion von annähernd gleicher Amplitude wie das ATP veranlassen kann (PORTZEHL 1954). Die Spaltung der genannten Nucleotidtriphosphate läßt sich nicht durch den Marsh-Bendall-Faktor hemmen; daher ist es auch nicht möglich, durch abwechselnde Inaktivierung und Aktivierung des Marsh-Bendall-Faktors Kontraktion und Erschlaffung aufeinander folgen zu lassen.

Die Modelle können sich auch unter der Wirkung unspezifischer Stoffe wie Alkohol, Histamin usw. kontrahieren. Die durch diese Stoffe ausgelösten Kontraktionen haben etwa denselben zeitlichen Verlauf wie die ATP-Kontraktionen, beruhen aber auf einem grundsätzlich anderen Vorgang; denn sowohl die mechanischen als auch die strukturellen Änderungen während der Kontraktion sind in beiden Fällen sehr verschieden (ROBB et al. 1955). Ähnliche, aber mit der ATP-Kontraktion kaum vergleichbare Modellkontraktionen können in HgJ_2 oder KJ-Lösungen zustandekommen (BOWEN und LAKI 1956). Die Verkürzung nimmt mit steigenden Konzentrationen KJ zu und hängt ebenso von der Temperatur ab wie die ATP-Verkürzung. Die Deformation der contractilen Ketten durch KJ kann auf der Bindung elektrostatischer Kräfte beruhen, die unter normalen Bedingungen die contractilen Ketten im orientierten Zustand erhalten (s. a. MORALES und BOTTS 1952; MORALES et al. 1955). Die Befunde sind daher kaum als Beweise gegen die spezifische Kontraktionswirkung des ATP zu verwerten.

Wesentlich größere Schwierigkeiten bereitet aber der Modelltheorie die Tatsache, daß eine strenge Parallelität zwischen ATPase-Aktivität und Kontraktionsstärke nicht in allen Fällen besteht. Zugabe von überoptimalen Dosen von Mg^{++} (10^{-2} Mol $MgCl_2$/l) zu einem Actomyosinfaden in 0,05 Mol KCl/l beschleunigt zwar die Kontraktion, hat aber keinen Einfluß auf die ATPase-Aktivität. Mit sinkender Ionenstärke nimmt die Mg^{++}-aktivierte ATPase-Aktivität ab, die Verkürzung aber zu, wenn KCl zugesetzt wird. Umgekehrte Wirkungen (verlangsamte Kontraktion bei gesteigerter ATPase-Aktivität) erhält man bei Zusatz von $CaCl_2$ (10^{-2} Mol/l) (BOWEN 1951; 1952; BOWEN und KERWIN 1955). Ca^{++}-Ionen ändern jedoch in den angewandten Konzentrationen den kolloidalen Zustand der Proteine, während geringe Ionenstärken mit einer Aufnahme von Wasser verbunden sind; beide Effekte können sich in nicht übersehbarer Weise auf die mechanischen Eigenschaften der Präparate auswirken (PERRY 1956). Aber auch der Grad der Dephosphorylierung ist nicht immer eindeutig zu dem Ausmaß der Kontraktion korreliert. Bei variablem ATP- und Mg^{++}-Zusatz kann die Kontraktionsgröße verschieden sein, auch wenn die Menge des dephosphorylierten ATP dieselbe bleibt (ASHLEY et al. 1953).

e) Hemmung der Modellkontraktion

Die Vielzahl der Befunde erklärt sich zum Teil aus der verschiedenen Technik der Modellpräparation, bei der nicht immer die Grenzschichtdicke in den zulässigen Grenzen bleibt, und zum Teil aus geringen Unterschieden in den Versuchsbedingungen, die die Resultate erheblich verändern können. Eine der besonders schlecht kontrollierbaren Größen ist der Gehalt anATPase-Hemmstoffen in den Fasermodellen (s. o.). Diese Hemmstoffe sind zugleich Erschlaffungssubstanzen, weil sie die Wirkung der ATP-Spaltung aufheben und damit die Erschlaffung aus dem kontrahierten Zustand einleiten. Eine der wichtigsten Erschlaffungssubstanzen ist das ATP selbst, das in geeigneten Konzentrationen die ATPase-Wirkung des Myosins hemmt. Durch Zusatz hoher Konzentrationen von ATP kann man daher das frische, nicht zu stark ausgewaschene

Fasermodell des Kaninchenmuskels in isotonischer KCl-Lösung mit 0,01 Mol $MgCl_2$/l zu einem vollständigen Kontraktionscyclus veranlassen (BOZLER 1951; 1952). Solange der ATP-Gehalt des Modells bis zu einem kritischen Wert auf dem Diffusionsweg ansteigt, führt die hydrolytische Spaltung zur Verkürzung. Überschreitet der ATP-Gehalt im Modell die optimale Konzentration, dann hemmt er die ATPase-Aktivität in zunehmendem Maße: Das Modell erschlafft. Das Modell erschlafft aber nicht, wenn Ca^{++}-Ionen anwesend sind, die die Aktivität der Myosin-ATPase erhalten.

Alle Stoffe, die nachweisbar die ATPase-Aktivität herabsetzen, verhindern oder hemmen auch in den Modellen die Verkürzung. Bei Zusatz des Marsh-Bendall-Faktors, der in frisch gewonnenen Muskelextrakten enthalten ist, kann man die ATP-Kontraktion der Modelle reversibel gestalten (SZENT GYÖRGYI 1951). Daher nimmt man an, daß die Actomyosinketten sich im lebenden Muskel trotz Anwesenheit von ATP nicht kontrahieren können, solange der Marsh-Bendall-Faktor wirksam ist. Erst die Inaktivierung des Marsh-Bendall-Faktors führt zu ATP-Spaltung und Kontraktion.

f) ATP und Dehnbarkeit der Modelle

Die zweite Wirkung des ATP auf das Modell, die sogenannte „Weichmacher"-Wirkung erklärt wenigstens teilweise Erscheinungen, die man bei Abnahme des ATP-Gehaltes im Muskel während der Totenstarre beobachtet (s. S. 208). Nach einer allgemein anerkannten Theorie stellt man sich vor, daß das ATP Querverbindungen zwischen den parallel zueinander liegenden Eiweißfilamenten des Actins und Myosins lockert oder aufbricht und damit Kräften entgegenwirkt, die die gegenseitige Verschiebung der Eiweißfilamente hemmen. Wird im Modellversuch die ATPase-Wirkung und damit die Spaltung des ATP vermindert und ATP zugesetzt, so nimmt bei Dehnung die resultierende Spannung um das 7fache gegenüber dem „starren" nicht mit ATP versetzten Modell ab (PORTZEHL 1952). ATP ist daher ein "Plasticizer" („Weichmacher"), der die normale Dehnbarkeit des Muskels erhält. Ganz ähnlich wie ATP verhalten sich andere Phosphatverbindungen (Abb. 137), aber mit dem Unterschied, daß sie nicht wie das ATP Kontraktion hervorrufen, sondern nur als „Weichmacher" wirken.

Für das Verständnis der „Weichmacher"-Wirkung ist es notwendig zu entscheiden, ob sie sich auf die plastische oder auf die elastische Dehnbarkeit bezieht. Die frische mit Glycerin extrahierte Faser befindet sich in einem mehr oder weniger

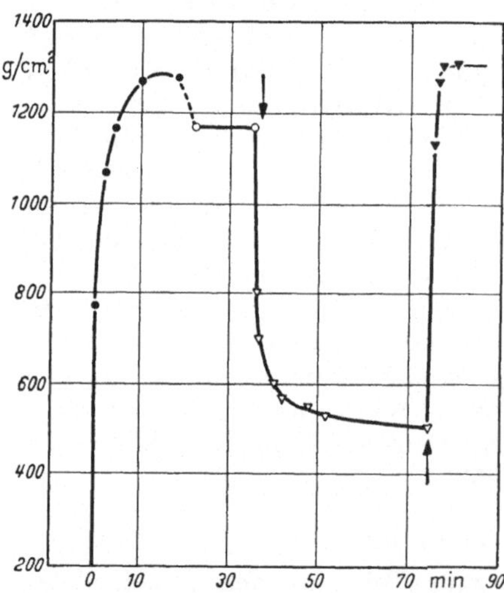

Abb. 137. Kontraktionscyclus des Fasermodells. ●—● = ATP-Kontraktion (in 2 · 10⁻³ Mol/l). ---- = Auswaschen; ○—○ = ohne ATP; ↓ in 0,025 Mol/l Pyrophosphat; ↑ = Zusatz von ATP (3 · 10⁻³ Mol/l). (Nach WEBER und PORTZEHL 1952)

starren Zustand. Kleine Belastungen verursachen eine schnelle reversible Längenzunahme, der bei großen Belastungen eine langsame irreversible Verlängerung nachfolgt (BOZLER 1956; Abb. 138). Unter dem Einfluß von Pyrophosphat bleibt die erste (elastische) Komponente der Längenzunahme unverändert, während die zweite (plastische) Komponente sehr viel größer als ohne Pyrophosphat ist. Daher erscheint die Annahme berechtigt, daß die Phosphatverbindungen auf die plastischen, weniger auf die elastischen Eigenschaften wirken. Auch die durch Zusatz kleiner Mengen ATP (mit KP) eingeleitete Modellverkürzung hat keine Änderung der elastischen Dehnbarkeit zur Folge, da der Spannungsabfall bei plötzlichen Entdehnungen von einem gegebenen Spannungsniveau immer derselbe und unabhängig davon ist, bei welcher Länge die Entdehnung stattfindet (Abb. 138). Die Analogie zu den am Muskel beschriebenen Verhältnissen ist eindeutig (s. S. 30) und läßt auf eine wenigstens qualitative Übereinstimmung von Muskel- und Modelleigenschaften schließen.

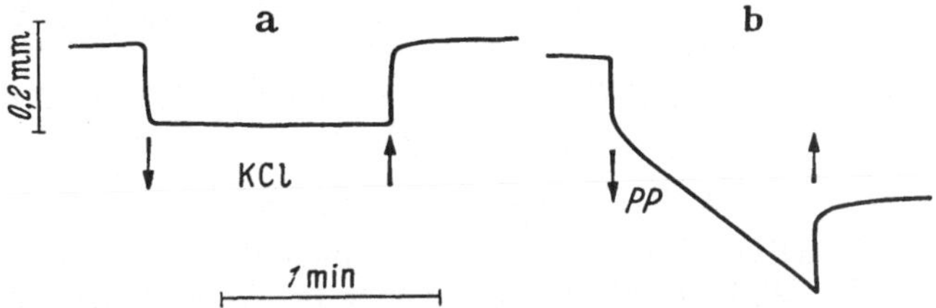

Abb. 138. Dehnung einer mit Glycerin und Wasser extrahierten Muskelfaser durch Belastung (8° C). Bei ↓ Belastung mit 0,8 g, bei ↑ Entlastung, *a* Fasermodell in KCl-Lösung; *b* Fasermodell in Lösung, die Pyrophosphat (2 · 10⁻³ Mol/l) enthält. (Nach Bozler 1956)

g) Erschlaffung der Modelle

Im Modell haben ATP und alle anderen energiereichen Phosphate noch eine besondere Funktion; sie ermöglichen die Erschlaffung aus dem kontrahierten Zustand (Abb. 137). Bei Abwesenheit eines „Weichmachers" bleibt das Modell kontrahiert und starr (Weber und Portzehl 1952; Ranney 1954b), es erschlafft aber, wenn man Pyrophosphat, UTP oder auch ATP zusetzt, dessen Spaltung durch Hemmung der Enzymtätigkeit unterbunden ist (H. H. Weber 1951; Portzehl 1952). Die erschlaffende Wirkung des ATP läßt sich am reinsten in Fasermodellen darstellen, die auf der Höhe der Kontraktion von ATP gereinigt, dann neuerdings mit ATP und gleichzeitig mit Salyrgan versetzt werden. Die Möglichkeit durch hohe Konzentrationen von ATP eine vollständige Erschlaffung zu erzielen (s. S. 189), beruht also nicht nur auf der ATPase-hemmenden, sondern auch auf der „Weichmacher"-Wirkung des nicht spaltbaren ATP. Für die normale Erschlaffung müssen auch Mg^{++}-Ionen ($0,5 \cdot 10^{-3}$ Mol/l) vorhanden sein, damit das Pyrophosphat oder ATP seine Wirkung auf die plastische Dehnbarkeit ausüben kann (Bozler 1956). Mg^{++}-Ionen sind ferner in bestimmten Proteinmodellen für die Inaktivierung der ATPase-Eigenschaft des Myosins erforderlich, weil das System ohne diese Inaktivierung nicht erschlaffen könnte. Dabei spielt in den Faden- und Fasermodellen des Kaninchenmuskels die Reaktivierung des Marsh-Bendall-Faktors durch Bindung von Ca^{++}-Ionen eine wesentliche, vorläufig aber nicht ganz geklärte Rolle. Wenn ein Fasermodell unter dem Einfluß von nicht-spaltbarem ATP erschlafft ist, so genügt ein geringer Zusatz von Ca^{++}-Ionen, um das System wieder zur Kontraktion zu bringen (Ranney 1954b). Daher erscheint es verständlich, daß Mikroinjektionen von Ca^{++}-Ionen in das Innere von Muskelfasern Kontraktion hervorrufen (Heilbrunn und Wiercinsky 1947).

Außer den genannten Stoffen ist auch Kreatinphosphat an den Prozessen beteiligt, die das System zur Erschlaffung befähigen (Bozler 1953b, 1954; s. a. Perry 1956). Lange Zeit aufbewahrte glycerinbehandelte Fasern, die sich unter der Wirkung schwacher ATP-Konzentrationen kontrahieren, können nur in Gegenwart von KP spontan erschlaffen, das die Resynthese des ATP sicherstellt. Während der Erschlaffung des Modells ist die Resynthese des ATP vermehrt, die Spaltung verringert und die Bildung anorganischen Phosphats ungleich geringer als in der Anstiegsphase der Modellkontraktion (Bendall 1953).

Je nach den Bedingungen kann die erste mechanische Reaktion des Modells auf ATP-Zusatz nicht die Kontraktion, sondern die Änderung der plastischen Dehnbarkeit sein. Belastete Fasermodelle können sich bei Zusatz von ATP verlängern, bevor sie sich kontrahieren (PERRY 1956). Kontraktions- und „Weichmacher"-Wirkung lassen sich auch ganz unabhängig voneinander darstellen; denn die Kontraktion ist wenigstens zeitlich immer mit der Hydrolyse des ATP gekoppelt und nur durch energiereiche Phosphate auszulösen, die von Myosin gespalten werden. Die Dehnbarkeitsänderung ist dagegen unspezifisch und mit einer Adsorption des ATP oder irgend eines anderen energiereichen Phosphats an das Actomyosin (wahrscheinlich an Actin) verbunden. Deshalb bleibt die „Weichmacher"-Wirkung auch dann erhalten, wenn die ATPase-Aktivität durch Sulfhydrilgifte vernichtet ist (WEBER und PORTZEHL 1952; PERRY 1956).

h) ATP-Wirkung auf Actomyosinsole

Der Verkürzungseffekt des ATP ist im allgemeinen nur bei Gelen nachzuweisen, in denen die Proteinfilamente relativ fixierte Lagen zueinander haben; er läßt sich aber auch an den Eiweißpartikeln von Actomyosinsolen beobachten (BLUM und MORALES 1953; ZIMM 1948): auf die Zugabe von ATP zu einer natürlichen Actomyosinlösung (Ionenstärke > 0,3) dehnen sich die Partikel zunächst aus; anschließend verkürzen sie sich, sowie eine genügend große Menge des Nucleotids hydrolytisch zerfällt (TSAO 1953). Damit steht die schon lange bekannte Abnahme der Viscosität und Strömungsdoppelbrechung von Actomyosinlösungen bei relativ kleinen ATP-Zusätzen in Einklang (WEBER 1950). Ähnlich wirken ITP und UTP (RANNEY 1954a). Diese Wirkungen beruhen weniger auf der Aufspulung und Verkürzung der Proteinpartikel (JORDAN und OSTER 1948) als auf der Dissoziation, die die Nucleotide in dem Actomyosinkomplex hervorrufen. Wenn man z. B. ein Actomyosinsol bei Anwesenheit von 4 bis $5 \cdot 10^{-3}$ Mol ATP/l zentrifugiert, dann erhält man in der überstehenden Flüssigkeit noch 20 bis 30% des Gesamtproteins mit derselben Sedimentationskonstanten, derselben Wasserlöslichkeit und ATPase-Aktivität, die für das Myosin charakteristisch sind. Im Bodensatz findet sich Actin, das man mit ATP vom Myosin trennen kann (H. H. WEBER 1950). Dabei brechen offenbar Querverbindungen zwischen Actin und Myosin auf, so daß die hochviscösen Actomyosinpartikel in weniger viscöse Actin- und Myosinpartikel dissoziieren. Da die Dehnbarkeit der Gele von der Verschieblichkeit der Actinfilamente gegen die Myosinfilamente abhängt, könnte die dissoziierende Wirkung des ATP in den Solen auch die „Weichmacher"-Wirkung in den Gelen erklären. Im übrigen ist aber der Vergleich von Befunden an Solen und Gelen nicht ohne weiteres möglich (PERRY 1956), zumal die Actomyosindissoziation nicht ganz geklärt, zum Teil sogar durch Messungen der Lichtdispersion in Frage gestellt ist (JORDAN und OSTER 1948; ZIMM 1948; TSAO 1953). Nach diesen Befunden bleibt das Molekulargewicht des gelösten Proteins unter bestimmten Bedingungen unverändert, auch wenn sich die Partikel bei Zugabe von ATP zunächst verlängern, oder sich unter der Wirkung der zunehmenden ATP-Hydrolyse wieder verkürzen. Die Längenänderung kann nicht auf einer Dissoziation beruhen, sondern nur auf einem Erschlaffungs- bzw. Kontraktionsprozeß innerhalb der Actomyosinteilchen. Da die Bindungsfähigkeit des Myosins mit dem Actin durch Sulfhydrylreagentien und oxydierende Substanzen aufgehoben, seine Viscosität in einem großen Bereich von Ionenstärken durch ATP herabgesetzt wird, können die Kräfte, die Myosin und Actin aneinanderheften, nicht einfacher elektrostatischer Natur sein. Hierfür spricht auch die Temperaturabhängigkeit der Viscositätsabnahme, die bei 0° C am deutlichsten, bei höheren Temperaturen weniger ausgesprochen ist (NAGAI et al. 1956).

III. Änderungen der chemischen Zusammensetzung

1. Methoden

Den Gehalt des Muskels an Stoffen, die sich an dem Energieumsatz der Kontraktion beteiligen, kann man in Homogenaten und Gewebsschnitten durch direkte chemische Analysen bestimmen. Teilprozesse des Stoffwechsels lassen sich durch die Isotopenmethode verfolgen, bei der das Gewebe mit radioaktiven Substanzen angereichert und auf seine Fähigkeit geprüft wird, sie in andere Verbindungen einzubauen. Über die Aufnahme von Stoffen aus dem Blut und die Abgabe von Stoffwechselprodukten in das Blut geben Messungen der Stoffkonzentration im Plasma der zu- und abführenden Gefäße Aufschluß. Für Versuche am Warmblüterherzen empfiehlt sich die Katheterisierung des Coronarsinus, die Einblicke in die Stoffwechselvorgänge beim intakten Tier und Menschen ermöglicht (BING und BEUREN 1959). Für die Messung der gesamten vom Muskel in der Zeiteinheit abgegebenen oder aufgenommenen Stoffmengen müssen nach dem Fickschen Prinzip die Blutvolumina bekannt sein, die durch das muskuläre Organ fließen. Zu diesem Zweck werden Strömungsmeßgeräte (Rotameter, Strompendel usw.), für Messungen am Herzmuskel auch indirekte Verfahren (Stickoxydulmethode nach KETY und SCHMIDT 1949) benutzt.

2. Änderungen des ATP-, ADP- und KP-Gehaltes

Die Konstanz des ATP-Gehaltes im Muskel ist nur möglich, wenn die Spaltung des ATP ständig durch eine äquivalente Synthese kompensiert wird. Der Anstieg des anorganischen Phosphats im Sarkoplasma regt sowohl die anaerobe als auch die aerobe Restitution des ATP an (MEYERHOF 1945). Im ruhenden nicht erregten Zustand wird ständig ATP gespalten und resynthetisiert. Während der Muskeltätigkeit kann der anaerobe und aerobe Stoffwechsel um das 10fache zunehmen, wie aus dem Anstieg von Milchsäurebildung und O_2-Verbrauch hervorgeht. Da sowohl die Glykolyse als auch die oxydative Kettenphosphorylierung letzten Endes in die Synthese von ATP auslaufen, müßte bei konstantem ATP-Niveau der ATP-Zerfall gesteigert sein. Der unmittelbare Nachweis dieses Zerfalls anhand der Abnahme von ATP oder der Zunahme der primären Spaltprodukte (von ADP und anorganischem Phosphat) stößt auf erhebliche Schwierigkeiten; denn die ATP-Resynthese verläuft so schnell, daß man die vorübergehende Zunahme des ADP oder anorganischen Phophats nicht mit den gewöhnlichen chemischen Mitteln erfassen kann. Da aber die schnelle Resynthese nur auf Kosten eines anderen energiereichen Phosphates möglich ist, so wäre theoretisch zu fordern, daß auch bei konstantem Gehalt von ATP und ADP irgendein organisches Phosphat abnimmt, gleichgültig ob es sich dabei um Kreatinphosphat oder um ein Phosphat unbekannter Struktur (FLECKENSTEIN et al. 1954) handelt.

Nur in wenigen Versuchsreihen ist es bisher gelungen, eine Abnahme des ATP mit einer entsprechenden Zunahme des ADP noch während einer *Einzelzuckung* festzustellen (MUNCH-PETERSEN 1953; MOMMAERTS und RUPP 1951). Für solche Untersuchungen eignen sich Muskeln, die sich so langsam kontrahieren, daß man sie mit geeigneten Mitteln (etwa durch flüssige Luft) in einem bestimmten Kontraktionszustand fixieren kann (s. MOMMAERTS und SCHILLING 1955). Am Skeletmuskel der Schildkröte läßt sich ein Anstieg des ADP-Gehaltes von 6 bis 7% in der ersten Hälfte der Anstiegsphase während einer Einzelkontraktion nachweisen (MUNCH-PETERSEN 1953). Andere Versuche, mit sehr schnellen Fixierungsmethoden am Skeletmuskel der Schildkröte Änderungen des ATP-, ADP- und KP-Gehaltes zu erfassen, sind erfolglos geblieben (MOMMAERTS 1954; 1955): weder unter aeroben noch unter anaeroben Bedingungen läßt sich ein Abfall des ATP- und KP-Gehaltes oder ein Anstieg im ADP-Gehalt zu irgendeinem Zeitpunkt der Kontraktion feststellen. Diese negativen Befunde können jedoch nicht als schlüssige Beweise für die Annahme gelten, daß die Energie einer Einzelkontraktion nicht aus dem ATP-Zerfall stammt; denn sie lassen die Möglichkeit offen, daß der Muskel die relativ geringe Menge von ATP ($0{,}2 \cdot 10^{-6}$ Mol pro g Muskelgewicht), die den Energiebedarf einer Einzelzuckung decken würde, aus anderen bisher unbekannten organischen Phosphorverbindungen noch während der Kontraktion resynthetisiert (MOMMAERTS 1954). Für diese Möglichkeit sprechen besonders Befunde an Muskeln, die man über einige Zeit im kontrahierten Zustand erhält und auf ihren Gehalt an anorganischen Phosphaten prüft (FLECKENSTEIN et al. 1954). Relativ kurz dauernde *Tetani* von 1,3 bis 3,5 sec verursachen im M. rectus abdominis des Frosches keinen meßbaren Abfall des ATP und keine Zunahme des ADP (ATP-Gehalt: $2{,}80 \cdot 10^{-6}$ Mol pro g Muskel; ADP-Gehalt: $0{,}70 \cdot 10^{-6}$ Mol pro g Muskel); auch eine Abnahme des Kreatinphosphatgehaltes, die ausreichen würde, um den ATP-Abbau zu kompensieren, findet nicht statt. Dagegen nimmt regelmäßig das gesamte säurelösliche, organische Phosphat zugunsten des anorganischen Phosphates ab. Aus dieser 3. Fraktion könnte der Muskel durchaus die ATP-Resynthese nach Maßgabe des ATP-Zerfalls bestreiten, auch wenn der Kreatinphosphatgehalt durch 2,4-Dinitrophenol auf $^1/_{20}$ der Norm reduziert ist. Bei längerer Reizdauer reicht offenbar diese Form der Resynthese nicht aus; daher nimmt der ATP-Gehalt beträchtlich (um $0{,}22 \cdot 10^{-6}$ Mol pro g Muskelgewicht) ab und der ADP-Gehalt entsprechend zu. Bei Kühlung des Muskels von 20° C auf 0° C wird der ATP-Schwund geringer. Entsprechende Befunde (Abnahme des ATP-Gehaltes während der Kontraktion) sind auch an anderen Froschmuskeln (M. sartorius und M. gastrocnemius) erhoben worden (LUNDSGAARD 1950; FEUER 1955).

Die Versuche, den Anteil von Phosphatverschiebungen an dem energieliefernden Prozeß durch Anreicherung mit radioaktivem Phosphor zu klären, haben keinen vermehrten Einbau von P³² in die energiereichen Phosphatverbindungen während der Kontraktion ergeben (FLECKENSTEIN et al. 1954). Sowohl der ruhende als auch der tetanisch kontrahierte Muskel nimmt dauernd P³² in deutlich nachweisbaren Mengen auf, und zwar bei 20° C etwa 10mal mehr als bei 0° C; aber ein Unterschied zwischen der Aufnahme im Kontraktions- und Ruhestand ist nicht nachzuweisen. Die Befunde sind aber nicht ganz eindeutig, da sie am M. rectus (Frosch) erhoben worden sind. Dieser Muskel ist besonders reich an langsamen Fasern, die sich möglicherweise überhaupt nicht oder nur wenig kontrahieren, also an dem vielleicht vermehrten Phosphataustausch in den schnellen Fasern gar nicht beteiligt sind. Außerdem diffundiert der radioaktive Phosphor so langsam durch die Membranen, daß sein Einbau im Zellinneren begrenzt und von der Kontraktion unabhängig sein kann.

Dieser Einwand trifft auch für Versuche am Warmblütermuskel (M. gastrocnemius der Katze) zu, die gleichfalls negative Befunde ergeben haben (DIXON und SACKS 1959). Da der Muskel in dieser Versuchsreihe über 30 sec tetanisch gereizt und dabei unter völlig anaeroben Bedingungen (bei Körpertemperatur) gehalten wird, müßte sich radioaktiver Phosphor zwischen der endständigen Phosphorgruppe des ATP und dem Kreatinphosphat verteilen, wenn ATP gespalten und aus KP wieder anaerob resynthetisiert würde. Ein solcher Umbau des Phosphors läßt sich (wahrscheinlich aus dem oben genannten Grund) ebensowenig feststellen, wie ein P-Austausch zwischen ATP und ADP infolge der Myokinase-Reaktion.

Trotz der im ganzen negativen Befunde ist bei Kontraktionen, die über Minuten andauern, an der Möglichkeit eines Abbaus des Kreatinphosphats nicht zu zweifeln. Hierfür spricht die Abnahme der Lichtextinktion und des Volumens, sowie die Zunahme der Impedanz (s. S. 142ff.), die alle annähernd gleichzeitig verlaufen und offenbar physikalische Begleiterscheinungen der KP-Spaltung sind.

Auch die Befunde an Muskeln im Zustand von chemisch ausgelösten *Kontrakturen* bieten kein einheitliches Bild. Soweit man annehmen darf, daß es sich bei den Dauerkontraktionen um echte Kontrakturen handelt (z. B. ACh-, KCl- und Nicotinkontraktur), hat die Analyse des ATP- und ADP-Gehaltes im M. rectus (Frosch) gegenüber dem Ruhewert keine Änderung ergeben (FLECKENSTEIN et al. 1955; FLECKENSTEIN 1955). Dagegen ist die Kontraktur von einer deutlichen Abnahme des KP-Gehaltes begleitet (im Durchschnitt 3 bis 4 · 10^{-6} Mol pro g Muskelgewicht), aus der der Muskel die Resynthese der für die mechanische Arbeit erforderlichen ATP-Menge bestreiten könnte. Mittels der Isotopentechnik läßt sich aber bei keiner der genannten Kontrakturen ein gegenüber dem Ruhezustand vermehrter Einbau von radioaktivem Phosphor in ATP nachweisen (JANKE 1956; FLECKENSTEIN 1955); auch dieser Befund ist nur zu verwerten, wenn man die relativ geringe Diffusionsgeschwindigkeit von P^{32} in das Innere der Faser berücksichtigt (NEEDHAM 1956). In anderen Versuchen an Froschmuskeln nimmt schon 2 sec nach Einsetzen der ACh- und KCl-Kontraktur der ATP-Gehalt, nach 5 sec auch der KP-Gehalt ab (LANGE 1955a). Bei Hemmung der sog. Lohmannschen Reaktion (S. 178, Gl. 26) bleibt der KP-Gehalt unverändert. Glatte Muskeln sollen im Zustand der Kontraktur eine positive ATP-Bilanz mit einer Abnahme des ATP im Strukturrückstand und einer Zunahme im Sarkoplasma aufweisen und während der Erschlaffung die ATP-Konzentrationen rückläufig ändern (LANGE 1955b). Die genannten Befunde lassen keine eindeutige Aussage über das chemische Verhalten des Muskels im Zustand der Kontraktur zu, zumal man in den einzelnen Versuchen nicht sicher entscheiden kann, ob die Dauerkontraktion in elektrischer und mechanischer Hinsicht wirklich eine Kontraktur und kein Tetanus ist.

Unabhängig von der Beweiskraft, die man den genannten Befunden zubilligt, erscheint jedoch die Kritik an der sog. „ATP-Spaltungs-Theorie" der Muskelkontraktion wenigstens insofern berechtigt, als bis heute ein überzeugender Beweis fehlt, daß die Kontraktion *zwangsläufig* an die Spaltung des ATP gebunden ist. Thermodynamische Befunde haben im Gegenteil gezeigt, daß die ATP- und KP-Reserven nicht ausreichen, um die Energie zu bestreiten, die der Muskel unter anaeroben Bedingungen bei Ausfall der Milchsäurebildung bis zur völligen Erschöpfung freisetzt (A. V. HILL 1955; s. a. S. 226).

3. Änderungen des Milchsäuregehaltes

Da unter anaeroben Bedingungen die wichtigste Energiequelle für die Resynthese der energiereichen Phosphate der glykolytische Kohlenhydratabbau ist, muß sich zwangsläufig das Endprodukt Milchsäure im Muskel anhäufen. Wenn man beim ausgeschnittenen *Skeletmuskel* die Sauerstoffzufuhr unterbindet, so kann die Milchsäurebildung nach einem Tetanus von 12 sec Dauer (0° C; pH 7,0) über eine Stunde andauern (D. K. HILL 1940d). Für den arbeitenden Warmblütermuskel in situ sind die Bedingungen anaerob, solange die Kreislaufreaktionen nicht ausreichen, um den erhöhten Sauerstoffbedarf zu decken. Aus diesem Grund gibt der menschliche Muskel im Anfang einer länger dauernden Tätigkeit vermehrt Milchsäure an das Blut ab. Wenn schließlich im "steady state" ein Gleichgewicht zwischen O_2-Bedarf und O_2-Angebot in der Muskelzelle erreicht ist, dann steigt der Milchsäuregehalt des Blutes nicht weiter an; denn die Resynthese der energiereichen Phosphatverbindungen erfolgt dann auf aerobem Weg, während die Milchsäurebildung gehemmt, ein Teil der noch entstehenden Milchsäure vollständig oxydiert und ein anderer Teil zum Wiederaufbau des Glykogens in der Leber verwandt wird. Beim Menschen erreicht die Milchsäurekonzentration im Blut einige Minuten nach Beginn der Arbeit ihr Maximum (JOHNSON und EDWARDS 1937). Während schwerer körperlicher Arbeit ist mit einem Anstieg der Blutmilchsäure von 12 mg-% auf den 7fachen Wert zu rechnen. Bei O_2-Mangel (etwa in Höhen über 3000 m) ist die Zunahme der Milchsäurekonzentration während körperlicher Arbeit größer als bei normalen atmosphärischen Verhältnissen (BARCROFT 1925). Mit der Milchsäurekonzentration nimmt auch der Gehalt an Brenztraubensäure im Blut zu, doch liegt das Maximum der Brenztraubensäurekonzentration etwas später als das Milchsäuremaximum. Unter völlig anaeroben Bedingungen läßt anhaltende tetanische Kontraktion die Brenztraubensäure stärker ansteigen als in der Norm, weil die für die Reduktion von Brenztrauben- zu Milchsäure erforderlichen Dehydrierungsreaktionen schließlich gehemmt sind (SACKS und MORTON 1956).

Der *Herzmuskel* deckt einen Teil seines Energiebedarfs durch Aufnahme von Milchsäure und Brenztraubensäure aus dem Blut. Das menschliche Herz kann bis zu 11,5 mg Milchsäure und bis zu 0,8 mg Brenztraubensäure pro 100 g Gewicht in der Minute verbrauchen (BING und BEUREN 1959). Ein großer Teil der aufgenommenen Brenztraubensäure dient wahrscheinlich zum Aufbau von Kohlenhydratäquivalenten, da in Herzmuskelschnitten nur die Hälfte der vorhandenen Brenztraubensäure decarboxyliert wird (OLSEN und STARE 1951). Im Zustand der Hypoxie nimmt die Aufnahme von Milchsäure und Brenztraubensäure durch den Herzmuskel ab, obwohl die Konzentration beider Säuren im arteriellen Blut zunimmt (GOODALE und HACKEL 1949).

Der Anstieg des Milchsäuregehaltes verändert bestimmte physikalische Eigenschaften des Muskels, wie z. B. Volumen und Impedanz (s. S. 144). Beide Wirkungen bleiben aus, wenn der Muskel mit Monojodessigsäure vergiftet ist.

4. Änderungen des Wasserstoffionenkonzentration

Die H^+-Konzentration läßt sich im Muskel nur indirekt auf manometrischem oder volumetrischem Wege bestimmen (LIPMANN und MEYERHOF 1930; D. K. HILL 1940d), indem man die Druck- und Volumenschwankungen einer den Muskel umgebenden CO_2-Atmosphäre mißt; da bei Alkalisierung der Muskel CO_2 aufnimmt, muß der CO_2-Druck oder das CO_2-Volumen absinken; dagegen steigt der Druck oder das Volumen an, wenn der Muskel saurer wird und vermehrt Kohlendioxyd abgibt. Diese relativ träge Methode eignet sich nur für langfristige Versuche. Bei kurzdauernder Muskeltätigkeit kann man das Verhalten des p_H-Wertes durch Anfärbung mit Indicatorstoffen prüfen (MARGARIA und v. MURALT 1934) oder mit einer auf die Muskeloberfläche aufgesetzten Glaselektrode die p_H-Änderungen fortlaufend bestimmen (DUBUISSON 1954; CALDWELL 1954). Auch diese Methode ist wegen der Zeit, die für die Diffusion des CO_2 von innen nach außen erforderlich ist, immer noch relativ träge, aber doch geeignet, innerhalb von 0,2 sec etwa 50% der tatsächlichen Änderungen im Inneren des Muskels zu erfassen (A. V. HILL 1928). Mit der Technik der photographischen Registrierung kann man an sehr langsamen Muskeln (Froschmagen mit Anstiegszeiten von 10 sec) Verschiebungen des p_H-Wertes feststellen, die bereits vor Beginn der Kontraktion einsetzen und sowohl alkalischer als auch saurer Natur sein können (DUBUISSON 1939, 1954). An diese initiale Änderung schließt sich bei isometrischer Kontraktion eine Abnahme des p_H-Wertes an (Phase b, Abb. 139), die ihr Maximum während der Anstiegsphase erreicht. Vor Beginn der Erschlaffung verschiebt sich der p_H-Wert nach der alkalischen (Phase c), im Anschluß an die Erschlaffung nach der sauren Seite (Phase d). Den Umschlag der Reaktion nach alkalischen Werten kann man als Zeichen des

KP-Zerfalls deuten. Die schließliche Abnahme des p_H-Wertes beruht auf der Milchsäurebildung, da sie bei Vergiftung mit Monojodacetat ausbleibt. Die Analyse der p_H-Änderung im Verlaufe einer kurzdauernden Kontraktion hat zu berücksichtigen, daß der Muskel mit steigender Spannung auch im ruhenden Zustand alkalischer wird (s. S. 36). Bei isometrischer Kontraktion könnte daher die Zunahme der Spannung die primäre Ursache für die Verschiebung des p_H nach der alkalischen Seite (Phase c) sein.

Bei langanhaltender Tätigkeit wird das Muskelgewebe mit zunehmender Milchsäurekonzentration saurer. Die Wirkung der Milchsäureproduktion wird aber teilweise durch den Zerfall von Kreatinphosphat oder Argininphosphat kompensiert, bei deren Spaltung basische Gruppen entstehen. Während der ersten Serie wiederholter tetanischer Kontraktionen hat der ausgeschnittene Muskel alkalische Reaktion (LIPMANN und MEYERHOF 1930); denn die KP-Hydrolyse ist

wahrscheinlich gesteigert, bevor die Milchsäurebildung voll einsetzt (LEHNARTZ 1931). Bei einem Tetanus von 5 sec Dauer (Temperatur 3° C) werden im Froschmuskel $^2/_3$ der gesamten Milchsäure erst im Anschluß an die Kontraktion gebildet (MEYERHOF 1931). Daher zerfällt bei Beginn der Muskeltätigkeit mehr KP, als Milchsäure entsteht. Wenn man die Milchsäurebildung verhindert, bleibt der Muskel über die ganze Erholungsphase alkalisch (D. K. HILL 1940d; 1944).

Die Reaktionskette, die innerhalb der anaeroben Glykolyse zur Bildung von Milchsäure führt, hängt von der H^+-Ionenkonzentration ab. Mit abnehmendem p_H wird die Bildung von Milchsäure kleiner um bei einem p_H-Wert von

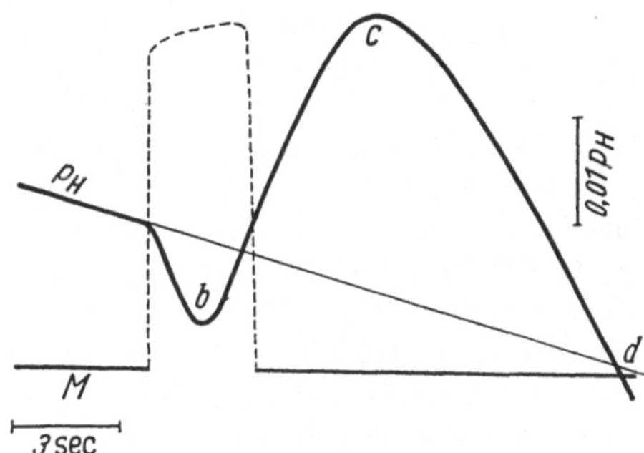

Abb. 139. Änderungen des p_H-Wertes während eines Tetanus von 3 sec Dauer (M. gastrocnemius, Frosch). Dickausgezogene Linie: Tatsächlich beobachtete Änderungen des p_H (Eichung am rechten Rand); a Ruhewert (die Gerade bezeichnet die Änderung des p_H-Wertes, die ohne Kontraktion zu erwarten wäre). b, c, d Phasen der p_H-Änderung. Unterbrochene Kurve: Mechanogramm des vollen Tetanuswertes. (Nach DUBUISSON 1939)

6,3 ganz aufzuhören (KERLY und RONZONI 1933). Da die Ursache der Säuerung im tätigen Muskel die Produktion von Milchsäure ist, kann der p_H-Wert nicht unter 6,3 abfallen. Der niedrigste in einem völlig ermüdeten Muskel gemessene Wert liegt bei 6,5 (LOHMANN und OHLMEYER 1956).

Als Indicator für das Aufhören der Milchsäureproduktion kann auch die gesamte Energie dienen, die der Muskel in einer Serie von isometrischen Einzelkontraktionen bis zur Erschöpfung in Form von Wärme nach außen abgibt. Für den mit Monojodacetat vergifteten und völlig anaerob arbeitenden Froschmuskel beträgt diese Energie 0,4 cal/g (A. V. HILL 1955). Wenn die ohne Monojodacetatvergiftung freigesetzte Energie während anaerober Tätigkeit größer als 0,4 cal/g ist, so kann der Differenzbetrag nur aus der anaeroben Gärung stammen. Ferner muß die Rate der Wärmebildung abfallen, wenn die H^+-Ionenkonzentration so hoch ist, daß die Milchsäureproduktion aufhört. Bei dem Versuch, im Muskelinneren eine entsprechend hohe H^+-Ionen-Konzentration herzustellen, erreicht man nur in einer Atmosphäre von 100% CO_2 p_H-Werte, die kleiner sind als 6,3; denn nur unter dieser Bedingung sinkt der Betrag der freigesetzten Energie auf 0,4 cal/g ab (A. V. HILL 1955). Der Versuch beweist, daß das Faserinnere sich nur sehr unvollkommen an die Ionenkonzentration der Außenlösung angleicht.

5. Änderungen des Glykogen- und Glucosegehaltes

Die Milchsäurebildung ist zwangsläufig mit einer Abnahme des Kohlenhydratgehaltes verbunden (PARNAS und WAGNER 1940). Im isolierten Rattenmuskel läßt sich bei anhaltender elektrischer Reizung ein Schwund des Glykogens nachweisen (v. HEIJNINGEN und KEMP 1956). Dabei nimmt sowohl das freie als auch das gebundene Glykogen ab. Isolierte Herzmuskeln (Vorhof von Ratte, Maus und Meerschweinchen, sowie Froschventrikel) oder Skeletmuskeln (Rattenzwerchfell) verlieren so lange kein Glykogen, als die Glucosezufuhr ausreicht, um den Glykogenschwund zu kompensieren. Voraussetzung ist allerdings eine Grenzschichtdicke, die eben noch eine freie Diffusion von Glucose in das Zellinnere erlaubt. Wenn die Schichtdicke den zulässigen Wert überschreitet, finden sich im Schnitt anoxische Innenzonen mit Glykogenmangel, dagegen Randzonen mit normalem Glykogengehalt (SCHMID und SIESS 1956). Das isolierte Mäuse- und Rattenzwerchfell erhält wegen seiner geringen Wanddicke (300 bis 400 μ) seinen Glykogengehalt über Stunden, wenn die Nährlösung genügend Glucose enthält. Die Glucosekonzentration nimmt in der Nährlösung während der Muskeltätigkeit ständig ab. Der Verbrauch an Glucose beträgt im Warmblütervorhof 2,4 mg pro 100 g Muskelfrischgewicht und pro Minute, wenn die Außenlösung einen Glucosegehalt von 0,3 % hat. In glucosefreier Lösung wird der Glykogengehalt der Muskelfaser stetig kleiner; gleichzeitig nimmt auch die Milchsäureproduktion ab.

Der Glucoseverbrauch des menschlichen Herzmuskels liegt zwischen 1,37 und 13,65 mg (pro 100 g Muskelgewicht und pro min) (BING und BEUREN 1959). Die großen Unterschiede in den Angaben beruhen zum Teil auf den physiologischen Schwankungen im Glucosegehalt des arteriellen Blutes, mit denen sich auch die Glucoseaufnahme ändert.

IV. O$_2$-Verbrauch des Muskels

Unter ausgeglichenen Verhältnissen muß die aerobe Resynthese der energieliefernden Phosphate ihren Abbau vollständig kompensieren. Da die dazu notwendige Energie aus Oxydationen stammt, ist der Sauerstoffverbrauch ein Maß für den Gesamtenergieumsatz bei körperlicher Arbeit. Man kann daher aus dem Sauerstoffverbrauch eines Muskels auf den Energieaufwand schließen, der für eine bestimmte Muskelarbeit erforderlich ist.

Für die Messung des O$_2$-Verbrauchs an ausgeschnittenen Muskeln sind optimale Diffusionsbedingungen notwendig. Solche Bedingungen sind dann gegeben, wenn das verwandte Objekt eine Grenzschichtdicke besitzt, die die O$_2$-Aufnahme nicht beeinträchtigt. Nach WARBURG (1923, s. a. A. V. HILL 1928b) hängt die zulässige Grenzschichtdicke d' von dem Sauerstoffdruck C_0, dem Diffusionskoeffizienten D (Volumen O$_2$, das durch die Flächeneinheit in der Zeiteinheit diffundiert) und dem Sauerstoffverbrauch A des Gewebes (Volumen O$_2$, das in der Zeiteinheit von der Volumeneinheit des Gewebes verbraucht wird) in folgender Weise ab:

$$d' = \sqrt{8\,C_0 \cdot \frac{D}{A}}. \tag{41}$$

Bei einem normalen Sauerstoffpartialdruck von 150 mm Hg liegen Schichtdicken von 500 μ noch innerhalb des zulässigen Bereiches (LUTZ und BRECHT 1958; BARTELS und BRECHT 1952). Bindegewebsscheiden sind für die O$_2$-Diffusion ungünstig; daher hat der ausgeschnittene Froschmuskel einen höheren O$_2$-Verbrauch, wenn er von dem Bindegewebe an der Oberfläche befreit ist. Präparationsverletzungen von Muskelgewebe begünstigen die O$_2$-Aufnahme an den Schnittwunden.

Für die Messung des O_2-Verbrauchs am ausgeschnittenen Muskel bieten sich folgende Methoden an:

a) Die manometrische Methode, mit der man die Abnahme des O_2-Druckes in einem geschlossenen System durch die O_2-Aufnahme des Muskels bestimmt (WARBURG 1923);

b) die volumetrische Methode, mit der man die entsprechende Abnahme des O_2-Volumens mißt (D. K. HILL 1940a). Bei beiden Methoden sind alle Änderungen des Druckes und Volumens, die durch die Wärmebildung oder CO_2-Produktion zustandekommen, auszuschließen und die Bedingungen zu berücksichtigen, von denen die Diffusion des O_2 in den Muskel abhängt;

c) die elektrochemische Bestimmung des O_2-Drucks in Lösungen mittels der Quecksilbertropfelektrode, an deren Oberfläche durch Reduktion des O_2 ein dem O_2-Druck proportionaler Stromfluß auftritt (DAVIES und BRINK 1942; BARTELS 1949). Mit dieser Methode kann man die Registrierung der mechanischen Parameter verbinden.

1. O₂-Verbrauch des ruhenden Muskels

a) Normalwerte

Eine Übersicht über den O_2-Verbrauch verschiedener Muskeln im ungedehnten ruhenden Zustand gibt Tab. 24. Der O_2-Verbrauch beträgt bei allen bisher untersuchten Muskeln 30 bis 150 mm³ pro g Frischgewicht und Stunde. Wenn die Warburgsche Grenzschichtdicke nicht überschritten wird, ist der O_2-Verbrauch des ruhenden Muskels relativ unabhängig von der O_2-Spannung; in einem Temperaturbereich von 15 bis 20° C nimmt der oxydative Stoffwechsel erst dann ab, wenn der O_2-Druck unter 2 mm Hg abfällt (D. K. HILL 1948). Die Werte für die glatten Muskeln liegen im Durchschnitt über den Skeletmuskelwerten. Der Unterschied erklärt sich zwanglos aus der Spontanaktivität des glatten Muskels, die reine Ruhebedingungen ausschließt. Muskeln von gut ernährten, frischen Tieren haben einen höheren oxydativen Umsatz als Muskeln von Hungertieren. Die Werte von Sommertieren sind höher als die von Wintertieren. Die Tabellenangaben beziehen sich sämtlich auf Raumtemperatur (20° C); mit steigender Temperatur wird der O_2-Verbrauch größer. Daher sind im allgemeinen die für Warmblütermuskeln bei Körpertemperatur (37° C) gefundenen Werte höher: Das Zwerchfellsegment der Ratte hat einen O_2-Verbrauch von 116 bis 123 mm³ in der Stunde pro g Gewicht (ZIERLER 1956). Im übrigen erklären sich die zum Teil abweichenden Angaben aus unterschiedlichen Versuchsbedingungen. Dabei spielt der Dehnungszustand des untersuchten Muskels eine erhebliche Rolle.

Tabelle 24. *O₂-Verbrauch verschiedener Kaltblütermuskeln im Ruhezustand*

Tier	Muskel	Methode	Jahreszeit	Ruheatmung (mm³) pro g u. Stunde	Autor	Jahr
Frosch . .	M. sartorius	Warburg	Winter	29—48	MEYERHOF	1919
Schildkröte.	M. retractor	Warburg	Frühjahr	21,1—45,5	v. LEDEBUR	1932a
Schildkröte.	M. retractor	Warburg	Sommer	32,9—58,2	v. LEDEBUR	1933a
Frosch . .	M. rectus abd.	Bartels	Frühjahr	39,0—67,2	BARTELS u. BRECHT	1952
Frosch . .	M. rectus abd.	Bartels	Herbst	45,0—79,8	BARTELS u. BRECHT	1952
Frosch . .	M. sartorius	Bartels	Herbst	43,2—119,4	BARTELS u. BRECHT	1952
Blutegel . .	Rückenmuskel	Bartels	—	54 —108,0	BRECHT et al.	1954
Anodonta	M. adductor weißer Anteil	Bartels	—	48 —114,0	BRECHT et al.	1955
Anodonta	M. adductor weißer Anteil	Bartels	—	42 —144,0	BRECHT et al.	1955

Der O_2-Verbrauch einzelner Muskelgruppen in situ läßt sich mittels des Fickschen Prinzips durch Bestimmung der arteriovenösen O_2-Differenz und des durchfließenden Minutenvolumens ermitteln; das venöse Blut wird dabei mit der Kathetermethode entnommen. Der O_2-Verbrauch der nicht arbeitenden Vorderarmmuskulatur des Menschen beträgt 144 mm³ pro g Gewebe in einer Stunde (MOTTRAM 1955), liegt also unter Berücksichtigung der verschiedenen Temperatur (37° C gegenüber 20° C) in dem Bereich der am ausgeschnittenen Muskel gemessenen Werte (s. Tab. 24). Nach den zitierten Angaben errechnet sich für die 30 kg schwere Muskelmasse eines erwachsenen Menschen ein Tagesumsatz von 540 Cal, also etwa 30 bis 40% des Grundumsatzes (ZIERLER 1956).

b) Feng-Effekt

Der O_2-Verbrauch des ruhenden Muskels steigt mit zunehmender elastischer Dehnung (bis zu einer Länge 130 bis 140 % l_0) an. Dieser als Feng-Effekt bezeichnete und am Kaltblütermuskel wiederholt bestätigte Befund (LUTZ und BRECHT 1958) hat sich zunächst aus Messungen der oxydativen Wärme ergeben (FENG 1932b). In Übereinstimmung mit den thermischen Daten (s. S. 215) nimmt die CO_2-Produktion (EDDY und DOWNS 1921) und der O_2-Verbrauch (FENG 1932b; BRECHT, UTZ und LUTZ 1956) bei elastischer Dehnung um das 2 bis 4fache zu und nach Entdehnung wieder ab. Die vermehrte O_2-Aufnahme beruht nicht etwa darauf, daß der Sauerstoff in den gedehnten und dünnen Muskel besser diffundiert als in das ungedehnte Präparat; denn man findet sie auch bei Muskeln, deren Querschnitt unter der Grenzschichtdicke liegt. Beim quergestreiften Muskel ändert sich der O_2-Verbrauch ebenso wie die Wärmebildung gewöhnlich in zwei Phasen; zunächst steigt der oxydative Stoffwechsel auf ein initiales Maximum an, um sich dann allmählich auf ein für die neue Spannung oder Länge charakteristisches Niveau einzustellen, das erheblich über dem Normalwert liegt.

Vorausgegangene Aktivität (Serie von Einzelzuckungen) vermindert die Wirkung der Dehnung auf den oxydativen Stoffwechsel, besonders bei Muskeln, die mit Monojodacetat vergiftet sind. Zusatz von Monojodacetat oder Glucose hat jedoch keinen Einfluß auf den Feng-Effekt, wenn der Muskel nicht vor der Dehnung gearbeitet hat. Die Zunahme des Stoffwechsels bei Dehnung kann also nicht auf einer vermehrten Milchsäurebildung beruhen, auch wenn tatsächlich im gedehnten Zustand mehr Milchsäure nachweisbar ist (ERNST 1958). Da aber der p_H-Wert sich nicht nach sauren, sondern nach alkalischen Werten verschiebt (MARGARIA 1934), darf man annehmen, daß trotz der erhöhten Milchsäurebildung vorwiegend alkalische Valenzen infolge der Dehnung freiwerden. Die zunehmend alkalische Reaktion beruht wahrscheinlich auf dem vermehrten Zerfall von KP. Damit kann man auch den erhöhten O_2-Verbrauch erklären, der erforderlich ist, um den KP- und ATP-Spiegel zu erhalten. Wegen der exothermen Natur all dieser Reaktionen muß die Wärmebildung bei Dehnung isolierter Muskeln vermehrt sein (FENG 1932a).

Warum der KP-Zerfall und vielleicht auch die ATP-Hydrolyse mit steigender elastischer Dehnung zunimmt, ist im einzelnen nicht geklärt. Sicher handelt es sich nicht um nerval ausgelöste Kontraktionswirkungen, da der Dehnungseffekt auch an curarisierten Muskeln nachweisbar ist (FENG 1932a). Der Effekt könnte dazu dienen, das Membrangleichgewicht auch im gedehnten Zustand trotz möglicher Permeabilitätsänderungen zu erhalten (LUTZ und BRECHT 1958). Mit dieser Auffassung läßt sich auch die Tatsache in Einklang bringen, daß Zunahme der K^+-Außenkonzentration die Wärmebildung des ruhenden Muskels (SOLANDT 1936) und den Feng-Effekt stark erhöht (FENG 1932a).

Die am glatten Warmblütermuskel beschriebenen O$_2$-Verbrauchszunahmen (Bülbring 1953) bei Dehnung sind nicht ohne weiteres mit den am quergestreiften Muskel erhobenen Befunden zu vergleichen; denn der glatte Warmblütermuskel antwortet auf Dehnung mit einer Zunahme der Spontanaktivität, die den Energiebedarf zwangsläufig erhöht. Der dadurch bedingte Anstieg des O$_2$-Verbrauchs ist dann von dem reinen Feng-Effekt nicht zu trennen. Dieselbe Schwierigkeit ergibt sich für die Deutung der bei glatten Kaltblütermuskeln (Blutegelrückenmuskel, gelbem und weißem Anteil des Schließmuskels von Anodonta) beobachteten O$_2$-Verbrauchs-Zunahmen im Anschluß an eine Dehnung (Brecht et al. 1954; Brecht et al. 1955). Da aber hier eine relativ gute Korrelation zwischen Spannungsanstieg und O$_2$-Verbrauch besteht, kann man einen wesentlichen Teil der oxydationssteigernden Wirkung der Dehnung dem Feng-Effekt zuschreiben. Da der glatte Muskel plastische Eigenschaften hat, fällt seine Spannung nach einer Dehnung allmählich ab (Relaxation, s. S. 33). Der O$_2$-Verbrauch erreicht sein Maximum synchron mit der Spannung und fällt während der Relaxation auf den Ausgangswert, auch wenn die Spannung sich anschließend noch länger auf einem relativ hohen Niveau (etwa 30% der anfänglichen Gipfelspannung) hält. Längenzunahmen ohne Spannungsanstieg, etwa plastische Verlängerungen, beeinflussen den O$_2$-Verbrauch nicht. Wesentlich wirksamer sind elastische Dehnungen, die mit einem Spannungsanstieg verbunden sind. Bei Entdehnungen nimmt der O$_2$-Verbrauch ab. Diese Abnahme des oxydativen Stoffwechsels dauert auch über die anschließende elastische Nachwirkung an, während der die Spannung auf den statischen Endwert ansteigt (Brecht et al. 1955).

Bei isotonischer Anordnung steigt der O$_2$-Verbrauch des M. adductor von Anodonta unter dem Einfluß eines an den Muskel angehängten Gewichtes an, bleibt aber nur solange erhöht, als die Länge mit der Last noch nicht im Gleichgewicht ist. Im Gleichgewicht kehrt der O$_2$-Verbrauch wieder auf den Ausgangswert zurück. Entlastung ändert den Stoffwechsel in umgekehrter Richtung (Brecht et al. 1955). Die Befunde lassen keine allgemein verbindliche Aussage über die möglichen Korrelationen des Feng-Effektes zur Länge oder Spannung des Muskels zu. Eine solche Aussage ist schon deshalb schwierig, weil ein und derselbe Muskel verwandter Tierarten sich bei Dehnung sehr verschieden verhalten kann: Der M. sartorius von Rana temporaria (England) antwortet auf Belastung mit einem deutlichen Anstieg des O$_2$-Verbrauchs, der M. sartorius von Rana esculenta (Ungarn) läßt dagegen nur eine sehr geringe oder überhaupt keine Stoffwechselwirkung der Dehnung erkennen (Feng 1932b).

2. O$_2$-Verbrauch des tätigen Muskels

a) O$_2$-Verbrauch der Einzelzuckung

Der O$_2$-Umsatz *während* einer Einzelkontraktion ist auch unter optimalen aeroben Bedingungen Null. Dieser Schluß ergibt sich zwangsläufig aus der Tatsache, daß in reiner N$_2$- und reiner O$_2$-Atmosphäre die initiale Wärmebildung gleich groß ist (D. K. Hill 1940b; A. V. Hill 1956). Die aerobe Wärmebildung setzt erst *nach* der Zuckung ein, ebenso der O$_2$-Verbrauch. Der Muskel büßt also im Verlauf einer Einzelzuckung arbeitsfähige Energie ein, die er erst in der Erholungsphase im Anschluß an die Kontraktion durch oxydative Prozesse ersetzt. Auch die Wärmebildung während eines Tetanus von 20 sec Dauer ist nach Befunden am Froschmuskel (M. sartorius, 0° C) unabhängig vom Sauerstoffangebot (D. K. Hill 1940b). Unter den genannten Bedingungen muß also wenigstens eine Zeit von 20 sec verstreichen, bevor der oxydative Restitutionsstoffwechsel einsetzt. Bei höheren Temperaturen ist die Phasenverschiebung zwischen Beginn

der Kontraktion und Beginn der Stoffwechselsteigerung kürzer. Dauert der
Tetanus länger als diese Zeitdifferenz, dann ist auch während der Tätigkeit der
Sauerstoffverbrauch vergrößert.

b) O_2-Verbrauch des Tetanus

Während eines 3 min dauernden elektrisch ausgelösten Tetanus steigt der O_2-
Verbrauch des Froschmuskels (M. rectus abdominis) auf das 3 bis 4-fache des

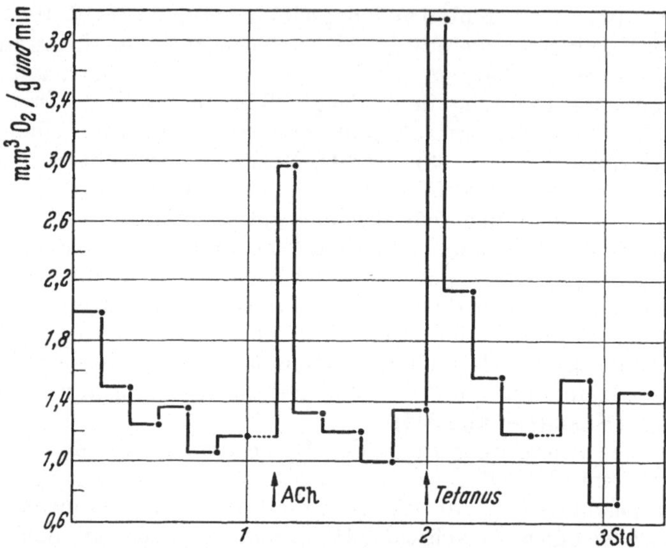

Abb. 140. O_2-Verbrauch eines Muskels (M. rectus, Frosch, 20° C, 0,34 mm dicke Schicht). Bei *1* isometrische Kontraktion von etwa 3 min Dauer, ausgelöst durch ACh (10^{-4} g/cm³); bei *2* isometrischer Tetanus von 3 min Dauer.
Ordinate: O_2-Verbrauch in mm³ O_2 pro g Muskelgewicht und pro min. Abscisse: Zeit in Stunden. (Nach BARTELS
und BRECHT 1952)

Ruhewertes an (BARTELS und BRECHT 1952; Abb. 140). Der oxydative Stoffwechsel nimmt gewöhnlich mit der Höhe der tetanischen Gipfelspannung zu.

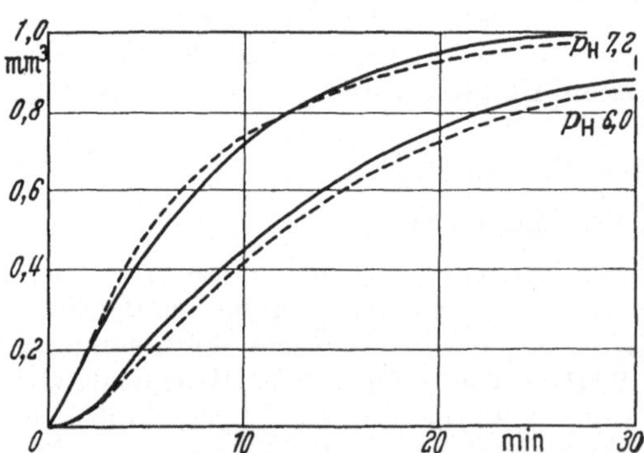

Abb. 141. O_2-Verbrauch (unterbrochene Kurve) und Wärmebildung (ausgezogene Kurve) nach einem kurzen Tetanus
(12 sec) bei zwei verschiedenen pH-Werten (7,2 und 6,0);
M. sartorius, Frosch, 0° C. Ordinate: O_2-Verbrauch (mm³);
Wärmebildung (willkürliche Einheiten). (Nach D. K. HILL
1940a)

Eine eindeutige, in jedem Zeitpunkt
der Kontraktion bestehende Abhängigkeit des O_2-Verbrauchs von der
erreichten Spannung besteht aber
nicht; denn die vermehrte Sauerstoffaufnahme setzt später als der
Spannungsanstieg ein und dauert
auch nach der elektrischen Reizung
an, wenn die Spannung längst auf
das Ausgangsniveau abgesunken ist.

Der Maximalverbrauch pro min,
der auch bei zunehmender Reizdauer
nicht mehr ansteigt, beträgt im
Froschmuskel (M. sartorius, pH 7,2,
0° C) $4,1 \cdot 10^{-3}$ cm³ pro g Muskelgewicht. Nach einem Tetanus von
12 sec stellt sich das Maximum in-
nerhalb von 7 min ein, um über etwa 5 min nahezu konstant zu bleiben (Abb. 141);
D. K. HILL 1940a). Unter den genannten Bedingungen ist die O_2-Aufnahme nach

30 min beendet. Derselbe initiale Verlauf ergibt sich für die aerobe Wärmebildung, wenn man sie maßstabsgerecht aufträgt. Bei einem p$_H$ 6,0 ist der O$_2$-Verbrauch über 1 min nach der Reizung Null; die Zeitkurve des O$_2$-Verbrauchs wird daher über die ganze Dauer des Versuches um etwa 1 min verschoben. Außerdem ist das Maximum der O$_2$-Aufnahme in der Zeiteinheit kleiner als bei normalem p$_H$-Wert.

Gifte (z. B. Azid), die spezifisch die Cytochromoxydase außer Funktion setzen, senken den oxydativen Erholungsstoffwechsel auf 10% des Normalwertes (D. K. HILL 1940a). Deshalb erscheint die Annahme berechtigt, daß die Geschwindigkeit der aeroben Reaktionen von der Konzentration an Cytochromoxydase abhängt. Die Fähigkeit zu Dauerarbeit setzt einen hohen Gehalt an Cytochromoxydase voraus, der z. B. in den Flügelmuskeln der Insekten etwa 100mal größer ist als im Froschmuskel.

Soweit chemisch ausgelöste Dauerkontraktionen im Mechano- und Elektrogramm dem Tetanus gleichen (s. S. 159), sind sie immer von einem hohen Stoffumsatz begleitet. Acetylcholin ruft in Konzentrationen von 10^{-4} g/cm^3 am M. rectus abdominis (Frosch), dessen Dicke so reduziert ist, daß sie eine genügend schnelle Diffusion des Erregungsstoffes in alle Schichten des Muskels erlaubt, eine Dauerkontraktion von etwa 3 min hervor (BARTELS und BRECHT 1952; Abb. 140). Der O$_2$-Verbrauch steigt dabei etwa auf den 3fachen Wert an und sinkt allmählich (innerhalb von 20 min) auf den Ruhewert ab, während die Spannung schon nach 3 min das Ausgangsniveau erreicht. Auch bei anderen Muskeln nehmen die oxydativen Umsetzungen unter der Wirkung des ACh zu (FENN 1931; HEGNAUER 1931). Der glatte Blutegelrückenmuskel antwortet auf ACh in Konzentrationen von 10^{-6} bis 10^{-4} g/cm^3 bei isometrischen Bedingungen mit einer Zunahme von Spannung und O$_2$-Verbrauch. Der oxydative Stoffwechsel geht in diesem Muskel vor der Spannung auf den ursprünglichen Wert zurück. Gipfelspannung und O$_2$-Verbrauch nehmen mit steigender ACh-Konzentration zu, doch ist die Wirkung des ACh auf den Stoffwechsel ungleich geringer als die Wirkung rhythmischer elektrischer Reizung. Während isotonischer ACh-Kontrakturen kann im glatten Warmblütermuskel der O$_2$-Verbrauch sogar kleiner als der Ausgangswert sein (BÜLBRING 1953), der vorwiegend von der Frequenz der Spontankontraktionen abhängt.

c) O$_2$-Verbrauch der Kontraktur

Der oxydative Stoffumsatz im Tetanus oder im Zustand der ACh-Kontraktur ist als Energielieferant für die Resynthese der über die Dauer der tetanischen Miniaturkontraktionen zerfallenden energiereichen Phosphate anzusehen. Der Mehrverbrauch an O$_2$ ist aber nicht an den diskontinuierlichen Charakter des Tetanus gebunden; denn Kontrakturen, die nach einer initialen tetanischen Phase keine Zeichen alternierender Kontraktionen und Erschlaffungen erkennen lassen, sind gleichfalls von einer erhöhten O$_2$-Aufnahme begleitet. K$^+$-Kontrakturen mit vollständiger Dauerdepolarisation der Membran sind mit Zunahmen des oxydativen Stoffwechsels auf den dreifachen Ruhewert verbunden (BRECHT et al. 1955). Der O$_2$-Verbrauch bleibt auch während des Rückgangs der Kontraktur wenigstens teilweise über relativ lange Zeit erhöht. Ganz ähnlich verhält sich der Muskel in der Nachkontraktur der Veratrinvergiftung.

Nicht bei jeder Dauerverkürzung ist der O$_2$-Verbrauch gegenüber dem Ruheumsatz vermehrt. Sog. Tonusmuskeln (weißer und gelber Anteil des M. adductor von Anodonta und Rückenmuskel des Blutegels) steigern zwar wie andere Muskeln während elektrischer Reizung ihren oxydativen Stoffwechsel mit zunehmender Spannung, sind aber in der Lage, nach Aufhören der Reizung ihre Spannung auf ein „Tonusniveau" einzustellen, ohne daß der Sauerstoffverbrauch erhöht bleibt (BRECHT et al. 1954, 1955). Da es sich dabei um einen plastischen Tonus handelt, der auf einer Fixierung der Filamente und Fasern in einem verkürzten oder auch desorientierten Zustand beruht, ist nicht zu erwarten, daß sich der O_2-Verbrauch beim Übergang von der einen zur anderen Tonuslänge ändert. Plastische („tonische") Längenänderungen haben so gut wie keinen Einfluß auf den oxydativen Stoffwechsel (EVANS 1923; FISCHER 1944b). Auch die Längen- oder Spannungsänderungen bei Zu- oder Abnahme der Salzkonzentration in der Badeflüssigkeit sind nicht mit Änderungen des O_2-Verbrauchs verbunden, wie Versuche am Blutegelmuskel zeigen (ÖZER und WINTERSTEIN 1949).

d) O_2-Verbrauch und mechanische Parameter der Kontraktion

Die angegebenen Werte für den oxydativen Tätigkeitsstoffwechsel gelten gewöhnlich für einen mechanischen Ausgangszustand, von dem aus der Muskel das Optimum seiner Extraspannung entwickelt. Da dies Optimum bei der Länge l'_0 liegt, ergibt sich die wichtige, bis jetzt aber nicht eindeutig geklärte Frage, wie sich der O_2-Verbrauch bei kleineren und größeren *Längen* verhält. Der quergestreifte Muskel nimmt im allgemeinen während der Kontraktion bei Längen $> l'_0$ mehr Sauerstoff als bei der Länge l'_0 auf. Am Herzmuskel ist diese Tatsache von zahlreichen Autoren immer wieder bestätigt worden (vgl. SCHÜTZ 1958). Der glatte Schließmuskel der Muschel verbraucht dagegen bei elektrischer Reizung gegenüber dem Ruheverbrauch im völlig entspannten Zustand wesentlich mehr Sauerstoff als bei der normalen Schalenschlußlänge, bei der er unter einer erhöhten Spannung steht (BRECHT et al. 1955).

Der O_2-Verbrauch des tätigen Muskels hängt ferner von den mechanischen Bedingungen ab, unter denen die Kontraktion auch bei gleichbleibendem Ausgangszustand abläuft. *Isotonische* Einzelzuckungen steigern im quergestreiften Froschskeletmuskel den O_2-Verbrauch stärker als *isometrische* Zuckungen (FISCHER 1931). Der Befund steht vielleicht mit der Tatsache in Zusammenhang, daß isotonische Verkürzungen mehr Wärme freisetzen als isometrische Spannungsanstiege, auch wenn die Ausgangslänge dieselbe ist (Fenn-Effekt, s. S. 216). Diese „Extrawärme" wäre dann chemischer Natur und unter Umständen mit einem vermehrten Zerfall von energiereichem Phosphat gekoppelt, den der gesteigerte oxydative Stoffwechsel wieder ausgleicht. Aber der Unterschied im O_2-Verbrauch zwischen isotonischer und isometrischer Kontraktionsform ist nicht an allen Muskeln nachweisbar. Am Herzmuskel ist es bisher nicht gelungen, einen dem Fenn-Effekt analogen Stoffwechselbefund zu erheben (vgl. SCHÜTZ 1958). Beim Colon des Meerschweinchens sind unter isotonischen Kontraktionsbedingungen die oxydativen Umsätze sogar geringer als unter isometrischen Bedingungen (BÜLBRING 1953).

Der O_2-Verbrauch steht zu der Höhe der isometrischen *Gipfelspannung* in keiner stetigen und nicht immer nachweisbaren Korrelation. Ein konstantes Verhältnis zwischen der Gipfelspannung einer Einzelzuckung und dem O_2-Verbrauch der Erholungsphase ist schon deswegen nicht zu erwarten, weil die Gipfelspannung das Produkt zweier Zeitparameter ist (der mittleren Verkürzungsgeschwindigkeit v_m und der Anstiegszeit t_a), die in verschiedener Weise zu den chemischen Umsetzungen korreliert sein können. Die gelegentlich behauptete konstante Korrelation zwischen O_2-Verbrauch und Gipfelspannung (der sog. Oxydationskoeffizient; MEYERHOF 1930) kann also nur beschränkt gelten. Am Herzmuskel läßt sich eine Zunahme des oxydativen Tätigkeitsstoffwechsels unter dem Einfluß inotrop wirksamer Stoffe feststellen, die die Kontraktionsgeschwindigkeit, die Anstiegszeit und die Spannungsamplitude erhöhen. Der O_2-Verbrauch des mit Adrenalin behandelten Warmblüterherzens liegt auch bei Konstanz der Schlagfrequenz über dem Normalwert (vgl. SCHÜTZ 1958); bei denselben Konzentrationen Adrenalin sind die isometrischen Druckamplituden erhöht (ULLRICH, RIECKER und KRAMER 1954).

Da alle Stoffwechselprozesse temperaturabhängig sind, muß zwangsläufig auch die Intensität der oxydativen Umsetzungen mit fallender Temperatur abnehmen. Tatsächlich nimmt bei Abkühlung eines Muskels nicht nur der O$_2$-Verbrauch in der Zeiteinheit, sondern auch der Betrag des pro Kontraktion verbrauchten Sauerstoffs ab. Gleichzeitig wird die Geschwindigkeit von Anstieg und Erschlaffung kleiner, die isometrische Spannungsamplitude einer Einzelzuckung aber größer. Das Beispiel der Temperaturänderung zeigt deutlich, daß die chemischen Umsetzungen mehr zu den Parametern des zeitlichen Kontraktionsablaufs als zu der Gipfelspannung korreliert sind: Dem negativen Temperaturkoeffizienten der isometrischen Spannung einer Einzelzuckung (WAGNER 1926) steht der positive Temperaturkoeffizient der O$_2$-Aufnahme gegenüber; er beträgt z. B. beim Warmblüterherzen in der Anordnung des Herz-Lungen-Präparates 1,83 (Temperaturbereich zwischen 16 und 36° C; BADEER 1956).

c) Oxydativer Tätigkeitsumsatz des menschlichen Muskels

Am Menschen kann man durch gasanalytische Verfahren (Messung des O$_2$-Gehaltes in der Expirationsluft) den O$_2$-Verbrauch während der Arbeit einzelner Muskelgruppen (z. B. der Beinmuskulatur) ermitteln und zu verschiedenen mechanischen Größen (Kraft, Geschwindigkeit, Leistung) in Beziehung setzen (ABBOTT, BIGLAND und RITCHIE 1952; ABBOTT und BIGLAND 1953). Mit Zunahme der aktiv entwickelten Kraft wird unter sonst gleichen Bedingungen der O$_2$-Verbrauch größer. Die Befunde rechtfertigen den Schluß, daß der O$_2$-Verbrauch des menschlichen Muskels vorwiegend von der Zahl der aktiven Fasern abhängt. Bei gleicher Kraft nimmt außerdem der O$_2$-Verbrauch zu, wenn die Verkürzungsgeschwindigkeit (dl/dt) größer wird. Da das Produkt aus P und dl/dt gleich der Leistung L ist, nimmt der O$_2$-Verbrauch mit der Leistung zu. Die Korrelation besteht jedoch nicht, wenn nicht *vom*, sondern *am* kontrahierten Muskel Arbeit bei gleicher Kraft und variabler Geschwindigkeit geleistet wird (sog. „negative Arbeit"). Unter diesen Bedingungen ist der O$_2$-Verbrauch relativ unabhängig von der Leistung.

Die Sauerstoffaufnahme der arbeitenden Muskulatur läßt sich auch durch die Standardmethoden der indirekten Calorimetrie messen und durch Umrechnung auf Wärmeeinheiten als Maß für den sogenannten Leistungszuwachs benützen, der sich aus der Differenz zwischen dem Gesamt- und Grundumsatz ergibt. Solange die verbrannten Stoffe Kohlenhydrate oder Kohlenhydratäquivalente sind, liegt der RQ während körperlicher Arbeit nahe bei 1,0, der calorische Brennwert des O$_2$ nahe bei 5,0 Cal pro l O$_2$.

Bei Dauerarbeit herrscht unter natürlichen Bedingungen in der Muskulatur zwischen O$_2$-Bedarf und O$_2$-Zufuhr ein Gleichgewicht; der Warmblütermuskel erreicht diesen "steady-state" erst, wenn der Kreislauf sich auf die vermehrte Blutversorgung der Muskulatur umgestellt hat. Da andererseits die Muskeltätigkeit sofort in voller Höhe einsetzt, kann im Anfang einer Arbeit die O$_2$-Zufuhr den momentan erhöhten O$_2$-Bedarf nicht decken. Der Muskel bestreitet dann seinen Energieverbrauch aus anaeroben Quellen und geht eine O$_2$-Schuld ein (KROGH und LINDHARD 1920; A. V. HILL, LONG und LUPTON 1924), die er erst nach der Arbeit ausgleicht. Die O$_2$-Schuld kann beim Menschen bis zu einigen Litern betragen.

V. Kontraktur und Starre
als Folge von Stoffwechselstörungen

Fast alle über längere Zeit andauernden künstlichen Eingriffe in den normalen Ablauf des Muskelstoffwechsels rufen Verkürzungszustände hervor, die meist irreversibel und mit einer Abnahme der normalen Dehnbarkeit verbunden sind. Sie werden gewöhnlich durch Membrandepolarisationen mit Kontrakturen eingeleitet, Dabei ist der Übergang von der reversiblen Kontraktur zur irreversiblen Starre fließend.

Chloroform, Säuren, Basen usw. können Struktur und Stoffwechsel an der Membran sowie in den contractilen Proteinen schädigen und am Ort der Schädigung nicht fortgeleitete Kontraktionen auslösen. Diese Kontrakturen unterscheiden sich von den sogenannten „Erregungskontrakturen" dadurch, daß sie auch unter dem Einfluß anelektrotonisch wirksamer Gleichströme oder Pharmaka bestehen bleiben (sog. „Schädigungskontrakturen", FLECKENSTEIN 1955). Unter den genannten Stoffen sind nur die Säuren von einigem physiologischem Interesse. Bei $p_H < 6{,}5$ fällt die normale Milchsäurebildung und damit ein wichtiger Energielieferant für die Resynthese von ATP aus. Da auch die Säurekontraktur erst bei p_H-Werten $< 6{,}5$ einsetzt, kann sie eine Folge des ATP-Schwundes sein. Wirkt die Säure in noch höheren Konzentrationen auf den Muskel ein, so geht die anfängliche Kontraktur in eine irreversible Starre über.

1. Monojodacetatrigor

Wenn man einen Froschmuskel (M. sartorius) in eine Monojodacetat — $(0{,}02$ bis $1{,}0 \cdot 10^{-3}$ Mol/l) — Ringerlösung eintaucht, so verkürzt er sich isotonisch auf eine Länge, die etwa so groß ist wie bei tetanischer Reizung im unbelasteten Zustand. Das Maximum der Wirkung tritt trotz der geringen Dicke des verwandten Muskels erst nach 20 min ein. Die isometrischen Kontrakturspannungen sind wesentlich kleiner als die des Tetanus (SANDOW und SCHNEYER 1955). Während wiederholter Dehnungs-Entdehnungscyclen sinkt das Spannungsniveau, auf dem die Hysteresisschleifen liegen, beträchtlich ab (Abb. 142; AUBERT 1956). Die Befunde deuten darauf hin, daß an der Monojodacetatkontraktur Desorientierungsvorgänge beteiligt sind, die sich bei isotonischer Anordnung stärker auswirken als bei isometrischer. Daher kann der Muskel aus der Monojodacetatkontraktur nur erschlaffen, wenn er unter Spannung steht. Die isometrische Kontraktur geht innerhalb einiger Stunden wieder zurück (AUBERT und ROMBAUT 1953). Da der Abfall der isometrischen Spannung mit zunehmender Temperatur steiler wird, ist eine ausschließlich physikalische Erklärung dieser Kontraktur nicht möglich (AUBERT 1956). Nach der Ansicht verschiedener Autoren (SANDOW und SCHNEYER 1955; AUBERT 1956) beruht sie auf der Hemmung der ATP-Resynthese durch den Ausfall der energieliefernden Glykolyse; der ständige ATP-Schwund wäre dann als die Ursache von Membrandepolarisation und Kontraktur anzusehen.

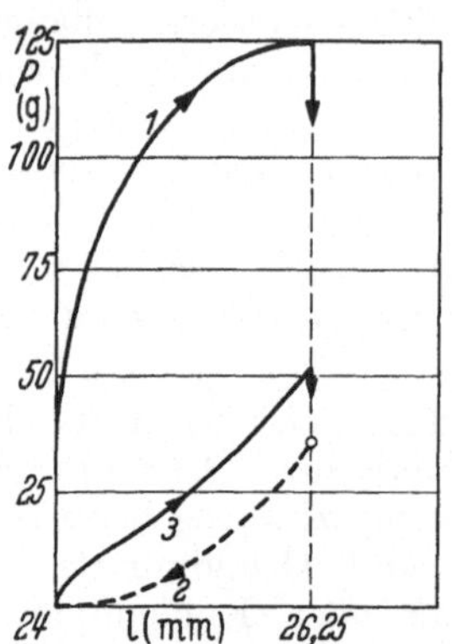

Abb. 142. Dehnungs-Entdehnungskurven des Muskels (M. sartorius, Frosch, 17° C, $l_0 = 29$ mm, Gewicht 185 mg) im Zustand der Monojodacetatkontraktur ($0{,}4 \cdot 10^{-3}$ Mol/l). Ordinate: Spannung in g; Abscisse: Längenänderung in mm. Geschwindigkeit der Längenänderung 0,27 cm/sec; Betrag der Längenänderung: 2,25 mm. Kurve 1: Dehnung, Kurve 2: Entdehnung, Kurve 3: Wiederdehnung. (Nach AUBERT 1956)

Prüft man Froschskeletmuskeln unter dem Einfluß von Monojodacetat auf den Gehalt an ATP (HERMANS 1956), so ergibt sich eine Abnahme des ATP um 60% und des KP um 85% mit einer geringen Zunahme von Inosinmonophosphat, das im unvergifteten Muskel nicht nachweisbar ist. Das verlorengegangene organische Phosphat findet sich zu 50% als anorganisches Phosphat wieder. Alle Änderungen treten bereits vor Einsetzen der Kontraktur auf, die nachträglich den Gehalt an den genannten Stoffen kaum mehr zu beeinflussen vermag. Dabei erlischt die elektrische Erregbarkeit, bevor die Kontraktur beginnt. Die Versuche rechtfertigen den Schluß, daß der Erregungsprozeß relativ frühzeitig ausfällt. Mit dem niedrigen ATP-Gehalt läßt sich auch die Abnahme der Dehnbarkeit unter der Wirkung von Monojodacetat erklären. Besonders bei Verwendung hoher Monojodacetat-Konzentrationen entwickelt sich eine Starre (Rigor), in der der Muskel um das Mehrfache weniger dehnbar als im Ruhestand ist (SANDOW und BRUST 1946; SANDOW und MAURIELLO 1955). Der Rigor kann – ähnlich wie die Totenstarre (s. S. 208) – auf einer unphysiologischen Auffaltung der contractilen Ketten mit einem teilweisen Ausfall der elastischen Serienelemente beruhen. Wenn man den starren Muskel auf der Höhe der im Rigor erreichten Spannung entdehnt, so fällt die Spannung sehr steil ab; anschließend „erholt" sie sich zwar wieder ("Recovery"-Phänomen), aber ungleich langsamer als im Tetanus (AUBERT 1956; MAURIELLO und SANDOW 1959). Bei der Entdehnung gibt der Rigormuskel Wärme ab, verhält sich also in thermoelastischer Hinsicht ganz ähnlich wie im normalen Tetanus. Bei anschliessender Dehnung entzieht er eine entsprechend große Wärme der Umgebung, solange er nicht plastisch nachgibt und Wärme verliert.

Wenn man isolierte Skeletmuskelfasern des Frosches an umschriebenen Stellen mit sehr hohen Konzentrationen $(5{,}0 \cdot 10^{-3}$ Mol/l) Monojodacetat und NaCN $(10 \cdot 10^{-3}$ Mol/l) vergiftet (ROTHSCHUH 1957), dann treten am Ort der Schädigung Kontrakturen auf, die sich mit sehr kleiner Geschwindigkeit $(200 \, \mu/\text{min})$ fortpflanzen und allmählich einen Querschnitt nach dem anderen erfassen. Unter dem Fluorescenzmikroskop zeigen sich Bilder mit strukturellen Desorganisationen, die bei den „Erregungs"-Kontrakturen (z. B. KCl-Kontrakturen) nicht nachweisbar sind. Die am Ort der Einwirkung beginnende und dann sich ausbreitende Verletzungsdepolarisation ist auch hier ein wesentliches Glied in der Kette der Kausalvorgänge. Auf ähnlichen Membran- und Strukturänderungen können auch die am isolierten Rattenzwerchfell durch 2,4-Dinitrophenol und verwandte Stoffe verursachten Kontrakturen (BARNES und DUFF 1955; HAJDU und SZENT GYÖRGYI 1954) beruhen, die sich von den KCl-, ACh-, usw. Kontrakturen durch die relativ hohen isometrischen Spannungen unterscheiden; sie sind immer von einer Membrandepolarisation begleitet, die primär die direkte Erregbarkeit vernichtet.

2. Kontraktur durch Substrat- und O_2-Entzug

Eine weitere Möglichkeit, eine ATP-Hydrolyse ohne entsprechende Resynthese zu erzwingen und die Wirkung der ATP-Abnahme auf den mechanischen Zustand zu prüfen, bietet sich durch gleichzeitigen Entzug von Sauerstoff und Glucose. Unter diesen Bedingungen entsteht beim glatten und quergestreiften Muskel eine zunächst reversible Dauerkontraktion (Kontraktur), der eine Anhäufung von Spaltprodukten der energiereichen Phosphate und des Glykogens (P, Kreatin und Milchsäure) vorausgeht (BORN 1956; SCHMID und SIESS 1956). Das Zwerchfell der Maus geht nach Glucose- und O_2-Entzug sehr schnell in diesen Zustand über. Die Kontraktur tritt auch dann ein, wenn zunächst nur Glucose und erst nach Aufhören der Milchsäureproduktion auch Sauerstoff entzogen wird.

Im Herzvorhof (Ratte, Maus und Meerschweinchen) bildet sich die Kontraktur bei Glucose- und O_2-Mangel innerhalb von 2 bis 3 Std. nach dem diastolischen Stillstand aus (SCHMID und SIESS 1956). Solange die Kontraktur noch nicht voll entwickelt ist, geht sie beim Herz- und Skeletmuskel nach Zufuhr von Glucose und Sauerstoff wieder zurück; Glucose allein bringt die Kontraktur zum Stillstand, in Kombination mit Sauerstoff löscht sie die Kontraktur aus.

Bei anhaltendem Glucose- und O_2-Mangel entsteht eine Starre, deren schließliche Lösung auf irreversiblen myolytischen Veränderungen beruht, also nichts mit dem physiologischen Prozeß der Erschlaffung zu tun hat. Die bisher genannten Befunde lassen einen Zusammenhang zwischen dem ATP-Gehalt und dem Auftreten von Kontraktur und Starre vermuten. Dabei ist zu beachten, daß die mechanischen Änderungen erst einsetzen, wenn der ATP-Gehalt beträchtlich abgenommen hat. Eine unmittelbare Korrelation zum ATP-Gehalt besteht also nicht. Beim Warmblütermuskel kann man durch Abbindung der zu- und abführenden Gefäße die Glucose- und O_2-Zufuhr über lange Zeit vollkommen drosseln und den ATP-Gehalt auf 55% der Norm senken, ohne daß eine Kontraktur auftritt, wie Versuche am Skeletmuskel des Hundes zeigen (JORDAN und GREY 1955; ISSEKUTZ et al. 1955).

3. Totenstarre

Nur unter besonderen, im einzelnen nicht durchsichtigen chemischen Bedingungen ist mit dem ATP-Schwund im Warmblütermuskel eine Kontraktur verbunden. Diese Bedingungen sind post mortem gegeben: Der Muskel geht in eine Kontraktur und schließlich in eine irreversible Starre (rigor mortis) mit abnorm geringer Dehnbarkeit über (BATE SMITH und BENDALL 1956). Dabei kann er sich um maximal 45% der Gleichgewichtslänge verkürzen. Wie sich im Elektronenmikroskop nachweisen läßt, ist die postmortale Verkürzung mit denselben strukturellen Veränderungen verbunden wie die normale Kontraktion (PERRY 1956).

Die Zeitspanne, die zwischen dem Eintritt des Todes und dem Beginn des vollen Rigors verstreicht, kann man in zwei Phasen unterteilen:

a) Eine erste Phase, in der die Längenänderung auf Belastung immer dieselbe, die Dehnbarkeit also unverändert bleibt;

b) eine zweite Phase, in der die Dehnbarkeit bis zu einem Minimum im vollen Rigor abnimmt.

a) 1. Phase

Die Länge der ersten Phase hängt von der ATPase-Aktivität des Muskels und von seinen ATP-, KP- und Glykogenreserven ab; sie kann 1 bis 20 Std. betragen.

Die ATPase-Aktivität ist zunächst infolge der Wirkung des Marsh-Bendall-Faktors relativ gering und beträgt knapp $^1/_{200}$ der potentiellen Myofibrillen-ATPase (WEBSTER 1953). Mit sinkendem p_H-Wert steigt sie an und erreicht im Beginn der Starre ein Maximum. Dabei soll auch die ATPase des Sarkoplasmas wesentlich zum Abbau des ATP beitragen, besonders bei p_H-Werten von 6,3 bis 6,5 (PERRY 1956). Der Gehalt an KP und Glykogen ist je nach der Vorgeschichte des Muskels sehr verschieden. Tritt der Tod ein, wenn die Muskulatur relativ wenig gearbeitet hat oder durch künstliche Mittel vollkommen immobilisiert worden ist, so sind die Glykogen- und KP-Reserven so groß, daß der Muskel den ATP-Zerfall durch Resynthese über längere Zeit voll kompensieren kann. Der Zeitpunkt des Starrebeginns liegt daher relativ spät (bis zu 20 Std. post mortem). Dagegen setzt die Starre sehr viel früher ein, wenn die Muskeln vor dem Tod bis zur Erschöpfung gearbeitet haben (BATE-SMITH und BENDALL 1956). Die Glykogenreserven sind dann nach Maßgabe der vorangegangenen Muskelaktivität reduziert. Der KP-Gehalt kann zunächst konstant bleiben, sinkt aber post mortem schnell ab, ebenso der ATP-Gehalt, weil die Möglichkeit der ATP-Resynthese auf dem Weg über die Glykolyse erschöpft ist. Als Maß für die Abnahme der Glykogenreserve kann der p_H-Wert dienen, der zwischen 7,30 und 6,5 entsprechend der Zunahme der Milchsäureproduktion abnimmt. Der ATP-Gehalt steht daher in einer gewissen Korrelation zum p_H-Wert: Er nimmt ab, wenn die Wasserstoffionenkonzentration zunimmt (s. BENDALL 1956). Der Temperaturkoeffizient (Q_{10}) des Abfalls des p_H, der ATP- und KP-Konzentration ist derselbe und liegt für Kaninchenmuskeln in einem Bereich von 17 — 37° C bei 1,55, für Rindermuskeln bei 1,90 (BATE SMITH und BENDALL 1956). Entsprechend der Zunahme der Wasserstoffionenkonzentration nimmt auch der elektrische Widerstand der Muskulatur ab.

Die Korrelation zwischen p_H-Wert und ATP-Gehalt besteht aber nur dann, wenn die ATP-Resynthese über den Glykogenabbau nicht gestört ist. Wenn man die Milchsäureproduktion durch Monojodacetat unterbindet, so bleibt der p_H-Wert auf dem ursprünglichen Niveau. Der Muskel verliert dann post mortem infolge der verminderten Resynthese sehr schnell ATP. Die Starre tritt in diesem Fall relativ früh, etwa schon nach 2 Std., ein. Der Versuch zeigt eindeutig, daß die Starre nicht an die Abnahme des p_H oder an die Zunahme der Milchsäureproduktion, sondern an den ATP-Verlust gebunden ist (ERDÖS 1943; BATE-SMITH und BENDALL 1947; MARSH 1952; LAWRIE 1953). Die Beziehung zwischen ATP-Gehalt und Starrebeginn besteht bei allen bisher untersuchten Warmblütermuskeln (Kaninchen, Wal, Pferd und Rind). Die Starre setzt aber nicht gleich in dem Zeitpunkt ein, in dem der ATP-Gehalt abzusinken beginnt. In Muskeln mit geringen oder fehlenden Glykogenreserven muß der ATP-Gehalt von 15 μ Atom P auf 10 μ Atom P pro g Gewicht fallen, bevor die ersten Änderungen der Dehnbarkeit meßbar werden (BATE-SMITH und BENDALL 1956; Abb. 143). In Muskeln mit ausreichenden Glykogenreserven nimmt sogar der ATP-Gehalt um 9 μ Atom pro g Gewicht, d. h. um 60% ab, bevor die Starre einsetzt. Da der Beginn des Rigors stets mit einer relativ hohen Abnahme des ATP-Gehaltes in der Zeiteinheit verbunden ist, nimmt man an, daß die Starre immer dann sich zu entwickeln beginnt, wenn die ATP-Resynthese und der absolute Wert des ATP-Gehaltes unter ein bestimmtes Niveau abgesunken sind (BENDALL 1951; LAWRIE 1953).

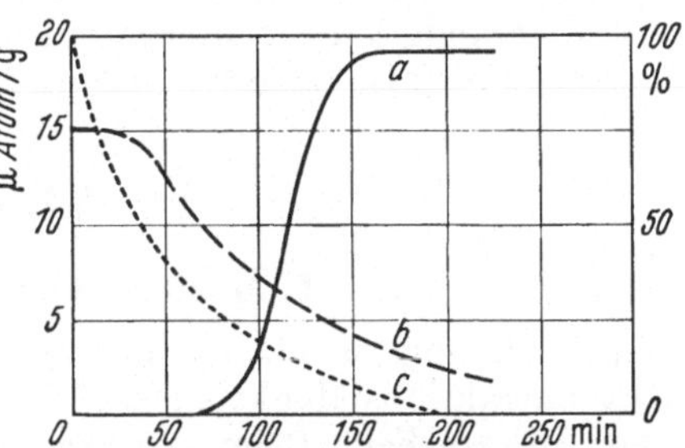

Abb. 143. Physikalische und chemische Änderungen während des Rigor mortis (M. psoas, Kaninchen, vor dem Tod mit Insulin behandelt und nicht durch Curare immobilisiert; die Insulinkrämpfe haben den Glykogenspeicher vollkommen erschöpft). p_H-Wert über den ganzen Versuch: 7,2; Temperatur: 17° C. Kurve a: Abnahme der Dehnbarkeit in % der ursprünglichen Dehnbarkeit (rechte Ordinate); Kurve b: ATP-Gehalt in μAtom/g Muskelgewicht; Kurve c: KP-Gehalt in μAtom/g Muskelgewicht (linke Ordinate); Abszisse: min nach dem Tod. (Nach BATE SMITH und BENDALL 1956)

b) 2. Phase

Die zweite Phase ist weniger variabel und dauert im Durchschnitt zwei bis drei Stunden. Nach dieser Zeit ist der Zustand des vollen Rigors erreicht, die Dehnbarkeit kann dann auf ein Minimum von 5 bis 10 % des Normalwertes abgesunken sein (BATE-SMITH und BENDALL 1948). Diese Änderungen können zum Teil auf dem Verlust der plastischen Eigenschaften beruhen (s. S. 127). Bei sehr niedrigen p_H-Werten (6,5) erleidet der Muskel einen Wasserverlust, der zusätzlich die Dehnbarkeit erniedrigt. Eine in allen Einzelheiten stichhaltige Theorie des Phänomens steht noch aus. Nach einer bisher noch nicht widersprochenen Annahme (BATE-SMITH 1948) sollen infolge des ATP-Verlustes zwischen den Actin- und Myosinfilamenten

                    14

Querverbindungen entstehen, die die gegenseitige Verschiebung der Proteinketten hemmen oder verhindern. Inwieweit dabei die elastischen Serienelemente außer Funktion gesetzt werden, ist unklar. Für eine engere Verknüpfung der Eiweißketten untereinander spricht die Tatsache, daß im Rigor mortis die Extrahierbarkeit der Proteine, besonders des Myosins, aus Kaninchen- und Froschmuskeln wesentlich gegenüber der Norm reduziert ist (DEUTICKE 1930; 1932; WEBER und MEYER 1933).

Wenn einmal der Rigor voll entwickelt ist, kann er über Stunden bestehen bleiben. Schließlich löst sich die Starre durch irreversible myolytische Veränderungen des Muskelgewebes. Die Lösung ist nur in situ, nicht aber in vitro am isolierten Muskel zu beobachten, der den Zustand verminderter Dehnbarkeit über 5 Tage fast unverändert aufrechterhalten kann (BATE-SMITH und BENDALL 1956). Der Muskel würde also ohne Verwesung dauernd im Rigor mortis verharren.

VI. Ermüdung.

1. Mechanische Zeichen der Ermüdung

„Ermüdung" ist ein arbeitsphysiologischer Begriff und bedeutet die Abnahme der Kontraktionsfähigkeit des Muskels auf direkte oder indirekte Reize während einer Dauerarbeit. Beim ausgeschnittenen Froschmuskel sinkt in einer Serie kurz aufeinanderfolgender Tetani die isometrische Spannung ab (AUBERT 1956). Das erste mechanische Zeichen der Ermüdung ist beim isolierten Skeletmuskel jedoch nicht die Abnahme der Kontraktionsamplitude, sondern die der Erschlaffungsgeschwindigkeit (RAMSEY und STREET 1942). Gleichzeitig wird der Gipfelpunkt der Kontraktion (Einzelzuckung) nach immer späteren Zeitpunkten verschoben und die Anstiegssteilheit der Kontraktionskurve verringert. Beim Herzmuskel ist der Beginn der Ermüdung nur an dem Abfall der normalen Kontraktionsamplitude zu erkennen, weil die Anstiegszeit nicht wie beim Skeletmuskel länger, sondern kürzer wird. Der ermüdete Muskel (Herz- und Skeletmuskel) unterscheidet sich in seinen elastischen Eigenschaften nicht vom unermüdeten Muskel, da die Charakteristik der Entdehnungskurve in beiden Fällen dieselbe ist (BÄSSLER 1950). Nur wenn die ATP-Reserven völlig erschöpft sind, entwickelt sich ein Starrezustand, in dem die Dehnbarkeit verringert ist. Außerdem nimmt die Extrahierbarkeit von Myosin und Actin im Laufe der Ermüdung ab (DEUTICKE 1930); eine Korrelation zum ATP-Gehalt besteht aber nicht (s. S. 36).

2. Störungen der Energiebilanz

Der Muskel ermüdet, wenn sein Energievorrat nicht mehr ausreicht, um den Energiebedarf der chemischen Fundamentalvorgänge zu decken. Ob daher in einer Serie aufeinanderfolgender Kontraktionen Ermüdung eintritt oder nicht, hängt von der Dauer der Reizpausen ab, in denen der Muskel seine Energiereserven wieder auffüllen kann. Mit zunehmender Temperatur werden die dazu erforderlichen Erholungszeiten immer kürzer (AUBERT 1956); sie werden dagegen länger, wenn die energieliefernden aeroben und anaeroben Prozesse verzögert sind oder aus irgendwelchen Gründen versagen.

Unter anaeroben Bedingungen ermüdet der Muskel wesentlich schneller als bei ausreichender O_2-Zufuhr. Ein ausgeschnittener Froschmuskel (M. sartorius, 18° C) hört in einer Serie von Einzelzuckungen, die alle 3 sec aufeinander folgen, innerhalb 40 min auf, sich zu kontrahieren (A. V. HILL 1955). Während der Abnahme der Kontraktionsamplitude häuft sich Milchsäure im Muskel an; gleichzeitig nimmt der Gehalt an energiereichen Phosphaten ab. Wenn der Muskel nicht nur anaerob tätig, sondern zusätzlich durch Monojodacetat vergiftet ist, ermüdet er wesentlich früher, da die Glykolyse als Energielieferant für die Resynthese energiereicher Phosphate ausfällt. Die gesamte bis zur völligen Erschöpfung freigesetzte Energie sinkt dann von 0,9 auf 0,4 cal pro g Muskelgewicht ab.

Besonders anfällig ist der Warmblütermuskel auf O_2-Mangel. Da anhaltende Kontraktion der Muskeln aus rein mechanischen Gründen die Blutzufuhr drosselt, nimmt in situ die Kontraktionsamplitude dauernd erregter Muskeln relativ schnell ab. Isometrische Tätigkeit ermüdet den Muskel wegen ihrer besonders ungünstigen Wirkung auf die Durchblutung früher als isotonische Tätigkeit. Beim menschlichen Finger- und Armmuskel fällt daher unter anaeroben Bedingungen die maximale isometrische Spannung schon nach 1 bis 2 sec ab (NAESS und STORM MATHISEN 1955; SCHERRER et al. 1956).

Beim glatten Warmblütermuskel hebt Anoxie innerhalb weniger Minuten die Spontanaktivität auf, wie Versuche am Darmmuskel zeigen (GROSS und CLARK 1923; GARRY 1928). Auch die Histamin- und ACh-Kontraktur wird durch O_2-Abschluß verhindert (WEST, HADDEN und FARAH 1951). Der Dickdarmstreifen des Meerschweinchens antwortet unter anaeroben Bedingungen auf elektrische Reizung (50 Reize/sec, 37° C) mit einer schnelleren Abnahme der Tetanusamplituden als bei normaler O_2-Zufuhr (BORN 1956). Ebenso verhält sich ein Muskel, dem man statt Sauerstoff Glucose entzieht; nur tritt die Wirkung des Glucosemangels wesentlich später auf. Ebenso ermüdet der Muskel unter dem Einfluß von 2,4-Dinitrophenol relativ schnell, das in hohen Konzentrationen ($3 \cdot 10^{-5}$ Mol/l) die aktiv entwickelte Spannung von Spontankontraktionen erniedrigt (BORN und BÜLBRING 1955); dabei nimmt der ATP-Gehalt entsprechend dem Spannungsabfall ab.

3. Störungen der Erregung

Die für die Theorie der Ermüdung wichtige Frage, welches Glied in der Reaktionskette vom Augenblick der Erregung bis zur Kontraktion primär gestört ist, läßt sich bis jetzt nicht eindeutig beantworten. Da beim Skeletmuskel die ersten mechanischen Symptome der Ermüdung Veränderungen der Zeitparameter des Zuckungsablaufes sind, die zu den Potentialänderungen der Membran in Beziehung stehen (s. S. 154), sind primäre Schädigungen des Erregungsvorganges nicht auszuschließen; so ist z. B. im Anschluß an einen Tetanus nicht nur die Erschlaffung, sondern auch die Repolarisation verzögert (ROTHSCHUH 1956; INFANTELLINA und LA GRUTTA 1954). Die geringe Erschlaffungsgeschwindigkeit des Muskels kann in diesem Fall eine Folge mangelhafter Repolarisation sein. Die Annahme primärer Membranstörungen wird durch den Befund bestätigt, daß durch direkte Reizung ermüdete Muskeln sich sofort wieder erholen, wenn man den Reizstrom wendet (SCHEMINZKY 1930). In den genannten Beispielen kann die Ermüdung nicht auf dem Verlust von Energiereserven beruhen, die den Kontraktionsprozeß unterhalten. Daher ist auch eine meßbare Abnahme des ATP- oder KP-Gehaltes im Zellinneren keine zwangsläufige Voraussetzung der Ermüdung, wenn primär der Membranprozeß gestört ist — wie etwa unter anaeroben Bedingungen (LEWARTOWSKI 1956).

Bei indirekter frequenter Reizung, im besonderen bei Willkürinnervation des Muskels, können die Endplatten ermüden. Die Endplattenblockade kann auf einer Wedensky-Hemmung beruhen, die eine Erschöpfung des contractilen Mechanismus verhindert (ROSENBLUETH et al. 1937; ELLIS und BECKETT 1954). Da der Muskelmembran bei partieller Endplattenlähmung weniger frequente Erregungen zufließen, nimmt die Frequenz und die Amplitude der direkt abgeleiteten biphasischen Muskelaktionspotentiale ab. Entsprechende Befunde sind am M. adductor pollicis longus bei einer 50 sec dauernden Reizung des N. ulnaris (Frequenz 50 Reize/sec) erhoben worden (NAESS und STORM-MATHISEN 1955). Als Beweis für die primäre Ermüdung nervaler Prozesse dient die Tatsache, daß ein auf Willkürerregung nicht mehr reaktionsfähiger Muskel sich sogar bei Ischämie auf direkte elektrische Reizung noch kontrahieren kann (REID 1928). Aber der Befund schließt nicht die Möglichkeit aus, daß die motorischen Einheiten ungleichmäßig ermüden; dann sind die direkt auslösbaren Kontraktionen des Muskels nur ein Zeichen unvollkommener Ermüdung in einzelnen Einheiten.

Nach neueren Versuchen (MERTON 1956) greift bei Willkürinnervation des Muskels die Ermüdung nicht immer primär an der Muskelmembran, Endplatte oder anderen nervalen Strukturen an. Wenn man z. B. einen menschlichen Muskel (M. adductor pollicis longus) willkürlich in einen isometrischen Tetanus versetzt, so fällt die Spannung trotz fortdauernder Innervation nach kurzer Zeit ab (Abb. 144). Aufgesetzte Einzelzuckungen, die man durch maximale Reizimpulse über den N. ulnaris auslöst, verschwinden während des Tetanus vollständig und kehren nach der Willkürtätigkeit erst langsam wieder auf ihre alte Höhe zurück. Bei Drosselung der Blutzufuhr werden die Amplituden der Einzelzuckungen

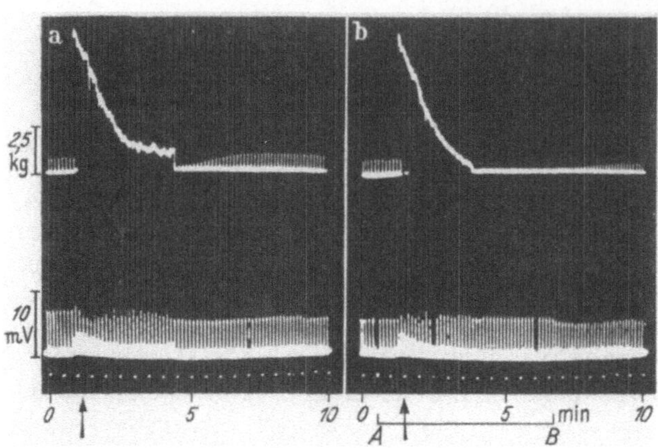

Abb. 144. Ermüdung des willkürlich kontrahierten M. adductor pollicis longus des Menschen. Über den ganzen Versuch wird der Muskel indirekt durch übermaximale Einzelreize (1 Reiz alle 10 sec) erregt. Bei Fortdauer der künstlichen Reizung wird der Muskel willkürlich maximal kontrahiert (Pfeil). Untere Kurve: Biphasische Aktionspotentiale; obere Kurve: Isometrische Spannung. *a* bei normaler Durchblutung. *b* während 6 min Blutleere. (Nach MERTON 1956)

erst wieder sichtbar, wenn die Ischämie aufhört. Die durch die Einzelreize ausgelösten Aktionspotentiale ändern dagegen ihre Amplitude nur unwesentlich (MERTON 1956). Auch gelingt es nicht, den ermüdeten Muskel durch direkte Reizung selbst bei Verwendung sehr hoher Reizstärken zur Kontraktion zu bringen.

Unter gewöhnlichen Arbeitsbedingungen beruht die Ermüdung jedoch nicht auf einer Abnahme der Energiereserven, sondern auf zentralnervalen Störungen. Das Versagen der Innervationszentren in der Großhirnrinde steht besonders bei Arbeitsarten im Vordergrund, die keine rohe Kraft, sondern eine sinnvolle Koordination der Innervation verschiedener motorischer Einheiten erfordern (z. B. Schreiben, Violinspiel usw.). Die Tatsache, daß bei Drosselung der Blutzufuhr die Schreibfähigkeit aufhört und erst nach Lösung der Blutsperre wiederkehrt, also von dem peripheren Sauerstoffangebot abhängt (MERTON 1956), ändert nichts an der zentralen Genese der Ermüdung bei normaler Durchblutung.

I. Thermodynamik

I. Wärmebildung

Die Frage nach der Übertragung der chemischen in mechanische Energie kann bis heute nicht restlos beantwortet werden. Trotzdem gibt es aber experimentelle Befunde, die nur bestimmte Lösungen zulassen und die Reihe der möglichen

Koppelungsprozesse zwischen den chemischen und mechanischen Vorgängen einengen. Diese Befunde sind thermodynamischer Art. Die Messung der vom Muskel freigesetzten Wärme gibt zwar keinen unmittelbaren Einblick in den genauen Ablauf der ganzen Reaktionskette vom Ablauf der Spaltung energiereicher Stoffe bis zum Augenblick der Kontraktion, erlaubt aber wichtige Rückschlüsse auf die einzelnen Phasen der chemischen Reaktionen.

1. Methoden

Die Anforderungen, die an die Messung der geringen Temperaturunterschiede während der Kontraktion gestellt sind, können nur thermoelektrische Methoden erfüllen. Die Entwicklung der modernen Technik, die an ältere Untersuchungen (HELMHOLTZ 1848; BÜRKER 1919) anschließt, ist das Verdienst von A. V. HILL (1937). Die zeitliche Auflösung der einzelnen Phasen der Wärmebildung während einer Einzelzuckung ist erst durch die Verwendung hochempfindlicher Galvanometer (DOWNING, s. A. V. HILL 1937; 1949e) möglich geworden, die mit unbedeutender Phasenverschiebung die Änderung der kleinen elektromotorischen Kräfte der Thermosäule (einiger weniger Mikrovolt) aufzeichnen. Ein anderer, aber weniger zuverlässiger Weg ist die Verstärkung eines Wechselstroms, dessen Amplitude durch die elektromotorische Kraft der Thermosäule moduliert wird (Trägerfrequenzprinzip; WÖHLISCH und CLAMANN 1931b).

Die Ausschläge der verwandten Registrierinstrumente geben den zeitlichen Ablauf der Wärmebildung des Muskels nur dann richtig wieder, wenn die Thermoelemente möglichst trägheitsfrei und ohne Wärmeverlust die Änderungen der Temperatur in elektromotorische Kräfte umsetzen; daher müssen sie eine sehr kleine Wärmekapazität und einen nicht zu hohen Widerstand haben. Als die bestgeeigneten Thermoelemente haben sich Konstantan-Manganin-Lötungen mit 15 μ Dicke bewährt (DOWNING, s. A. V. HILL 1937). Mit dieser Anordnung kann man noch Temperaturänderungen von $10^{-5\,\circ}$C registrieren Bei Messungen mit Thermosäulen größerer Wärmekapazität und mit Galvanometern kleinerer Einstellgeschwindigkeit müssen elektrische Kontrollheizungen des Muskels durchgeführt und die dabei erhaltenen Ausschläge mit seiner Wärmebildung verglichen werden. Diese Eichungsmethode ist wegen eventueller Wärmeverluste immer dann notwendig, wenn man die langsamen Temperaturänderungen *nach* der Kontraktion verfolgen will, die über Minuten andauern können; sie erübrigt sich aber bei der Registrierung der einzelnen Phasen der sogenannten initialen *mit* der Kontraktion einhergehenden Wärmebildung, die so schnell erfolgt, daß sie ohne Verlust quantitativ von den neu entwickelten Thermosäulen und Galvanometern geringer Trägheit aufgenommen wird. Der technische Fortschritt ist also gerade der Messung der initialen Wärmebildung zugute gekommen, während sich die verzögerte oder nachhinkende Wärmebildung mit derselben Zuverlässigkeit auch mit den älteren Methoden registrieren läßt, soweit die Empfindlichkeit der verwendeten Thermoelemente groß genug ist, auch sehr kleine Temperaturänderungen in der Zeit (z. B. bei 0° C) zu erfassen (s. D. K. HILL 1940b). Aus den Ausschlägen des Galvanometers, die den Temperaturänderungen des Muskels proportional sind, kann man die entsprechenden vom Muskel gebildeten Wärmemengen mittels der spezifischen Muskelwärme errechnen. Die so gewonnenen Kurven geben den zeitlichen Ablauf der Wärmebildung, also den Differentialquotienten nach der Zeit (dQ/dt) wieder. In Anlehnung an die englische Literatur wird diese Größe im folgenden als „Rate der Wärmebildung" bezeichnet. Zur Bestimmung der Gesamtwärme (Q), die der Muskel innerhalb einer definierten Zeit (z. B. bis zum Gipfelpunkt einer Einzelzuckung) bildet, muß man die Kurven integrieren.

Die Aufzeichnung der Wärmebildung bei isotonischer Kontraktion bereitet
besondere Schwierigkeiten, weil während der Verkürzung durch den Wärmeentzug
der Lötstellen nicht gekühlte und damit wärmere Teile des Muskels mit den
Thermosäulen in Berührung kommen und damit große Temperaturzunahmen
vortäuschen können. Dieser Fehler läßt sich dadurch vermeiden, daß man in die
Thermosäulen Elemente einbaut, die dieselbe Wärmeleitfähigkeit haben wie die
übrigen Elemente, mit dem registrierenden Galvanometer aber nicht verbunden
sind (Methode der „geschützten" Thermosäulen; Abb. 145 A. V. Hill 1937). Für
Untersuchungen der Wärmebildung und Energieabsorption bei schnellen Dehnungen oder Belastungen des kontrahierten Muskels hat man besondere Thermosäulen
konstruiert, die bei zentraler Reizung des Muskels (Kathode in der Mitte, je eine

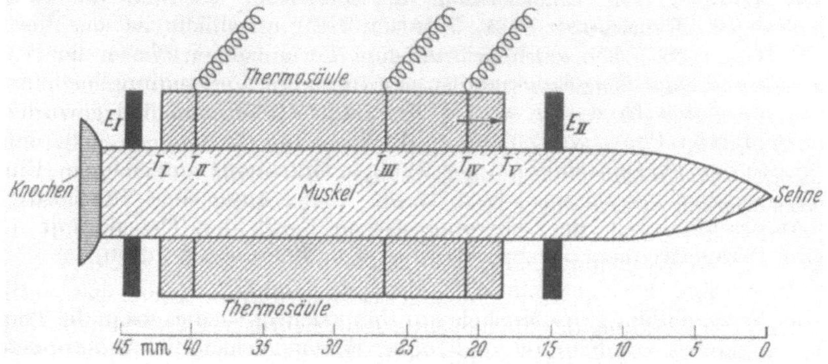

Abb. 145. Thermosäulenanordnung für die Vermeidung von Registrierfehlern durch Verschiebung der Muskelteile
gegen die Thermoelemente; T_{II}, T_{III}, T_{IV} sind mit dem Galvanometer verbunden und registrieren die Temperaturänderungen; T_I und T_V sind nicht mit dem Galvanometer verbunden, sondern dienen dazu, die Ausgangs-
temperatur der anliegenden Muskelteile auf demselben Niveau zu halten wie unter T_{II}, T_{III} und T_{IV}; E_I und
E_{II} = Reizelektroden. (Nach A. V. Hill 1937)

Anode an den beiden Enden) die Temperaturänderungen an beiden Muskelenden
messen und durch einen besonders hohen Widerstand den Reizeinbruch verringern (Abbott et al. 1951).

Die myothermische Methode stellt bestimmte Anforderungen an die Größe und
Struktur der verwandten Muskeln; nur relativ dünne, parallelfaserige Muskeln,
deren Querschnitt über die ganze Länge annähernd derselbe ist, sind brauchbar.
Aus diesem Grund sind die wichtigsten Daten am M. sartorius des Frosches
(Doppelsartorius) erhoben worden, und zwar bei einer Temperatur (0° C), die die
Kontraktion so verlangsamt, daß sich die einzelnen wärmebildenden Phasen
mit einiger Genauigkeit analysieren lassen (A. V. Hill 1956). Für die
Analyse sehr schnell einsetzender thermischer Vorgänge wie etwa der Aktivierungs-
wärme hat sich die Verwendung langsamer Muskeln (M. semimembranosus und
M. extensor iliotibialis der Schildkröte) als notwendig erwiesen (A. V. Hill 1949a;
1950b).

2. Wärmebildung des ruhenden Muskels

Der ruhende Froschmuskel (M. sartorius) setzt bei 20° C etwa 0,002 cal
pro g und pro min frei; der Temperaturkoeffizient Q_{10} dieser Ruhewärme beträgt 2,5 (A. V. Hill 1956). Bei Abwesenheit von O_2 ist die Wärmebildung im
Ruhezustand auf die Hälfte reduziert; sie steigt sprunghaft an, wenn man Sauerstoff zu einem Zeitpunkt zugibt, in dem der Muskel durch den O_2-Mangel noch
nicht irreversibel geschädigt ist. Die Prozesse, die dieser oxydativen Wärmebildung zugrunde liegen, sind eng mit der Erhaltung der normalen Eigenschaften,
besonders des Membrangleichgewichtes, verknüpft. Die angegebenen Daten

beziehen sich auf die Standardlänge (l'_0), die der Muskel in situ einnimmt. Mit zunehmender elastischer Dehnung nimmt die Wärmebildung ebenso wie der O_2-Verbrauch zu (s. S. 200, FENG 1932a; EULER 1935). Bei Belastung des M. sartorius (Frosch) mit 100 g steigt die Wärmebildung auf das 3 bis 4fache des ursprünglichen Wertes an; bei Entlastung sinkt sie innerhalb einiger Minuten auf das Ausgangsniveau ab. Eine eindeutige Korrelation des Effektes zur Spannung oder Länge besteht nicht. Auf jeder Belastungsstufe stellt sich die Wärmebildung innerhalb einiger Minuten auf ein neues und mit steigender Belastung immer höheres Niveau ein. In N_2-Atmosphäre ist die Zunahme der Wärmebildung etwa 2mal kleiner als bei normaler O_2-Zufuhr. Da auch die Wärmebildung des nicht belasteten Muskels im Ruhezustand unter O_2-Abschluß nur halb so groß ist wie bei O_2-Zufuhr, muß die elastische Dehnung sowohl den anaeroben als auch den oxydativen Stoffwechsel erhöhen (s. S. 200). Wenn man den Muskel zunächst in Stickstoff hält, dann belastet und schließlich wieder mit Sauerstoff versorgt, so nimmt die Wärmebildung nachträglich stärker zu als ohne vorausgegangene Belastung.

3. Initiale Wärme

Die gesamte Wärmebildung eines Muskels im Verlauf einer Kontraktion läßt sich in eine initiale Phase, die zeitlich mit der Kontraktion zusammenfällt, und eine zweite Phase unterteilen, die auf die Kontraktion folgt und relativ lang andauert. Beim M. sartorius (Frosch) beträgt die initiale Wärme (Q_i) einer Einzelzuckung 0,003 cal/g Muskelgewicht (0° C) (A. V. HILL 1956).

Zwischen der initialen Wärme Q_i und der Gipfelspannung P' einer isometrischen Einzelzuckung besteht nach früheren Befunden (HARTREE und HILL 1921) eine nahezu konstante Beziehung, die durch den isometrischen Koeffizienten

$$k_i = \frac{P' \cdot l_0}{Q_i} \tag{42}$$

definiert ist. k_i beträgt beim Froschmuskel 6,0 (A. V. HILL 1928; A. V. HILL 1932; FENN 1948) und ist unabhängig von der Temperatur. Wenn man in die Gl. (42) statt der schlecht definierten Länge l_0 die Standardlänge l'_0 einsetzt, ergibt sich ein k_i-Wert von 5,4 (A. V. HILL 1955). Mittels des isometrischen Koeffizienten läßt sich die Wärmebildung Q_i aus rein mechanischen Daten berechnen. Nach neueren Versuchsresultaten ist der isometrische Koeffizient auch auf die Erhaltungswärme eines kurzen Tetanus anwendbar (s. S. 224) (AUBERT 1956).

Der isometrische Koeffizient ist bei Monojodacetatvergiftung und in reiner Stickstoffatmosphäre genauso groß wie unter Normalbedingungen (CATTELL et al. 1931). Bei den Kompressionskontrakturen beobachtet man eine Abnahme von k_i (BROWN 1935), die für die Beteiligung des Stoffwechsels an der Kontraktur spricht.

Die zeitliche Analyse der initialen Wärmebildung mit empfindlichen und relativ wenig trägen Methoden läßt 3 Einzelphasen erkennen: Die Aktivierungswärme, die Verkürzungswärme und die Erschlaffungswärme (Abb. 150). Dazu kommt bei tetanischer Kontraktion die sogenannte Erhaltungswärme, die der Muskel auf dem Plateau der Spannung oder der Verkürzung freisetzt.

a) Aktivierungswärme

Ein deutlicher Wärmeschub ist bereits kurz nach der ersten Hälfte der Latenzzeit nachzuweisen (s. Abb. 75; A. V. HILL 1950b); die Anstiegssteilheit der Wärmebildung erreicht ein Maximum, bevor die Spannung über das Ausgangsniveau anzusteigen beginnt und fällt steil ab, während die isometrische Spannung noch nicht ein Drittel der gesamten Amplitude erreicht hat (s. AUBERT 1956).

Diese primäre Wärme hängt offenbar mit den chemischen Prozessen zusammen, die die Aktivierung des Muskels vom Ruhe- in den Kontraktionszustand einleiten. Soweit sich die Aktivierungswärme von den folgenden Wärmeschüben abtrennen läßt, zeigt sie keine oder nur eine sehr geringe Abhängigkeit von den Ausgangsbedingungen und keine Korrelation zu den mechanischen Änderungen während der Kontraktion (A. V. HILL 1949a); sie beträgt 1,0 bis $1,5 \cdot 10^{-3}$ cal/g, also etwa ein Drittel der gesamten Initialwärme (s. auch Abb. 150).

Ein direkter Nachweis der Aktivierungswärme ist unter normalen Bedingungen aus methodischen Gründen nur an relativ langsamen Muskeln (Schildkrötenmuskeln) möglich (A. V. HILL 1949a). Durch hypertonische Lösungen kann man jedoch die mechanische Reaktion auf einen Reiz so stark verzögern, daß es gelingt, die Wärmebildung der Latenzzeit auch an relativ schnellen Muskeln (Frosch- und Krötenmuskeln) zu messen. In einer Lösung mit der doppelten Salzkonzentration, die die Latenzzeit um 100% verlängert, beginnt auch bei diesen Muskeln die Wärmebildung vor jeder mechanischen Reaktion (A. V. HILL 1958).

b) Verkürzungswärme

Der zweite Wärmeschub ist zu den gleichzeitigen mechanischen Änderungen korreliert. Dabei ergibt sich eine eindeutige Abhängigkeit von der Verkürzung der contractilen Elemente, dagegen keine Abhängigkeit von der Spannung, also von dem Dehnungszustand der elastischen Serienelemente (FENN 1923; A. V. HILL 1938). Die Beziehung zwischen Wärme und Verkürzung läßt sich an Einzelzuckungen und tetanischen Kontraktionen nachweisen, wenn man im Differenzverfahren den Unterschied zwischen der Wärmebildung von zwei verschiedenen Verkürzungen unter sonst gleichen Bedingungen mißt. Für Messungen im Verlauf von Einzelkontraktionen empfiehlt es sich, die Wärmebildung im isotonischen Anteil einer Unterstützungs- oder Anschlagskontraktion mit der Wärmebildung einer rein isotonischen Kontraktion zu vergleichen (Abb. 146). Die Verkürzung der U- oder A-Zukkung ist stets kleiner als die Verkürzung der rein isotonischen Kontraktion; ebenso verhält sich die Wärmebildung, die die Verkürzung begleitet. Zwischen beiden Größen besteht eine annähernd lineare Beziehung (Abb. 147). Pro cm Verkürzung ist die Wärmebildung in einem großen Bereich konstant und beträgt bei Kröten-

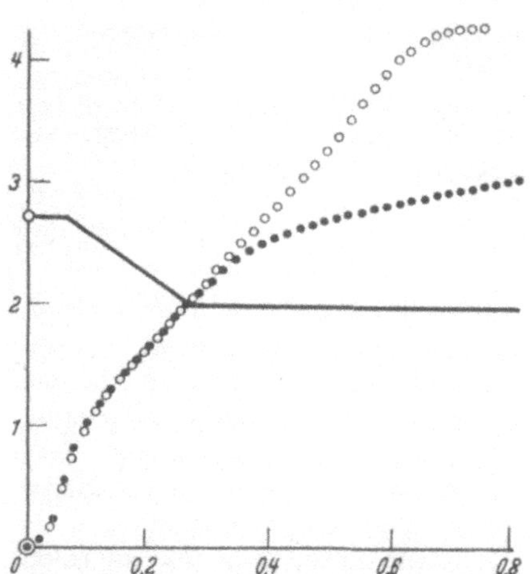

Abb. 146. Zeitlicher Verlauf der isotonischen Verkürzungswärme während einer Anschlagszuckung (●—●) und einer rein isotonischen Zuckung (o—o) (M. semimembranosus, Doppelmuskel, Kröte, 0° C). Ordinate: Wärmebildung in 10^{-3} cal/g Muskelgewicht. Abszisse: Zeit in sec. Ausgezogene Kurve: Zeitlicher Verlauf der Verkürzung (Ausschlag nach unten) während der Anschlagszuckung. Verkürzung: 2,08 mm. Nullpunkt: Beginn des Tetanus. (Nach A. V. HILL 1949a)

und Froschmuskeln im Durchschnitt $8,2 \cdot 10^{-3}$ cal/cm² Querschnitt (A. V. HILL 1949c); sie ist weder geschwindigkeits- noch temperaturabhängig und daher keine Reibungswärme, zumal ein gleichwertiger Betrag bei Dehnung des Muskels nicht erscheint (FENN 1923; KATZ 1939b).

Etwa derselbe Wert ($9,3 \cdot 10^{-3}$ cal/cm²) ergibt sich aus Messungen während der sogenannten Release-Kontraktion (A. V. HILL 1938), die durch plötzliche Lösung der Fixierung im isometrischen Tetanus zustandekommt. Erlaubt man dem Muskel unter diesen Bedingungen sich gegen ein konstantes Gewicht um eine bestimmte

Strecke Δl zu verkürzen, so ist die Wärmebildung größer als im isometrischen Tetanus. Der Unterschied ΔQ ($= Extrawärme\ Q_v$) ist proportional Δl, wenn man die Verkürzung von Versuch zu Versuch durch verschiedene Einstellung eines Anschlags variiert. Dabei ist vorausgesetzt, daß sich während der Verkürzung die Erhaltungswärme (s. u.) nicht ändert. Bei Muskeln mit relativ großer Verkürzungsgeschwindigkeit (Froschmuskeln) ist dies auch der Fall. Für das Ergebnis ist es dann gleichgültig, wann der Muskel aus der isometrischen Fixierung losgelassen wird: die Extrawärme Q_v ist bei gleicher Verkürzung und Belastung unabhängig von dem Zeitpunkt, in dem die Verkürzung beginnt. In allen Fällen ist die Rate der Extrawärmebildung (dQ/dt) zu der Verkürzungsgeschwindigkeit (dl/dt) korreliert: Beide nehmen nach Maßgabe der Hillschen Gleichung mit zunehmender Belastung ab. Wenn trotz verschiedener Belastung die Strecke, um die sich der Muskel verkürzt, konstant bleibt, so ist zwar die Anstiegsgeschwindigkeit der Wärmebildung je nach der Belastung verschieden, die gesamte Extrawärme aber immer dieselbe, weil mit zunehmenden Belastungen die Verkürzung länger andauert (Abb. 147).

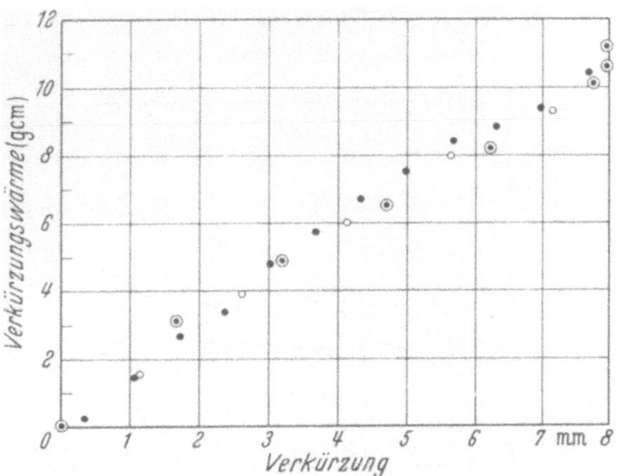

Abb. 147. Verkürzungswärme (gcm) des Muskels (M. sartorius, Doppelmuskel, Frosch, 0° C) als Funktion der Verkürzung (mm). Die Längenänderungen des tetanisch erregten Muskels bewegen sich in einem Bereich zwischen 24 und 32 mm ($l'_0 = 28$ mm), unter verschiedenen experimentellen Bedingungen: gefüllte Kreise: Langsame über 5 sec andauernde Längenänderung, die 1 sec nach Beginn des isometrischen Tetanus einsetzt; Kreise mit Punkt in der Mitte: Schnelle, innerhalb 1 sec beendete Längenänderung, die gleichfalls 1 sec nach Beginn des isometrischen Tetanus einsetzt; offene Kreise: Innerhalb 1 sec beendete Längenänderung, die erst 6 sec nach Beginn des isometrischen Tetanus einsetzt. (Nach AUBERT 1956)

In die Energiebilanz einer isotonischen Verkürzung geht die Arbeit W ein, die der Muskel während der Längenänderung Δl am Gewicht P leistet:

$$W = P \cdot \Delta l \qquad (43)$$

Die Größe W ändert sich bei konstanter Verkürzung Δl proportional P. Da die Extrawärme nicht von P abhängt, so muß sie zwangsläufig auch unabhängig von der Arbeit W sein. Daher ergibt sich die überraschende Tatsache, daß die an einem Gewicht geleistete Arbeit die Wärmebildung einer Einzelzuckung nicht verändert, solange die Verkürzung Δl konstant gehalten wird (A. V. HILL 1949c). Der Muskel gibt daher während der Anstiegsphase einer Einzelzuckung einen Energiebetrag

$$Q = Q_a + a \cdot \Delta l + W \qquad (44)$$

ab ($Q_a =$ Aktivierungswärme, $W =$ Arbeit, $\Delta l =$ Verkürzung, $a =$ Konstante). Gl. (43) in Gl. (44) eingesetzt ergibt:

$$Q = Q_a + (P + a) \cdot \Delta l \qquad (45)$$

Der zweite Summand ist die Extraenergie, die während der Verkürzung in Form von Arbeit und Wärme frei wird; nach der Zeit differenziert ist sie eine lineare Funktion der Last ($P_0 - P$) (A. V. HILL 1938):

$$(P + a)\frac{dl}{dt} = b \cdot (P_0 - P) \qquad (46)$$

Diese Gleichung entspricht in allen Einzelheiten der aus mechanischen Daten bei
tetanischen Unterstützungs-Kontraktionen gewonnenen Gleichung (24)[1]; wenn
man die Rate der Extraenergie $(P + a) \cdot v$ gegen die Last P aufträgt (Abb. 148),
so ergibt sich eine Gerade, die die Abszisse im Punkt P_0 (der maximalen Tetanusspannung) schneidet. Es ist bisher nicht gelungen den Vorgang aufzuklären,
der dieser Beziehung zugrundeliegt. Die Schwierigkeiten der Deutung lassen sich
aber durch die Annahme beseitigen, daß mit Zunahme der Spannung die Zahl der
reaktionsfähigen Gruppen in den Proteinketten abnimmt (A. V. HILL 1938).
Damit wäre die Spannungsabhängigkeit der Verkürzungsgeschwindigkeit und der
in der Zeiteinheit freigesetzten Extraenergie erklärt, soweit es sich um tetanische

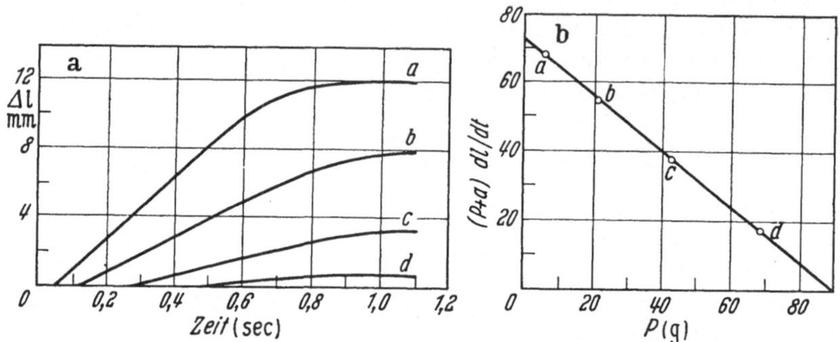

Abb. 148. a) Isotonische Anteile von Unterstützungskontraktionen; M. semimembranosus, Doppelmuskel, Kröte
0° C, Ausgangsbelastung 6 g. Ordinate: Verkürzung: (mm); Abszisse: Zeit nach Beginn der Reizung (sec). Die
scheinbare Verlängerung der Latenzzeit mit steigender Spannung P kommt durch die Zeit zustande, die für den
isometrischen Spannungsanstieg erforderlich ist, bis das Unterstützungsgewicht erreicht wird; Belastung in a 6 g
(rein isotonisch); in b 21,6 g; in c 43,2 g; in d 69,2 g; P_0 (maximale Tetanusspannung) = 90 g. b) Extraenergie
$(P + a)\, dl/dt$ aus Abb. a) als Funktion der Belastung P. Die Messung der Arbeit $(P \cdot \varDelta l)$ und der Verkürzungswärme
$(a \cdot \varDelta l)$ ergibt dieselbe Funktion. (Nach A. V. HILL 1938)

Kontraktionen handelt, in denen jeder Einzelreiz die contractilen Ketten immer
wieder neu aktiviert. Einzelzuckungen werden in ihrem zeitlicheh Ablauf nicht nur
durch die Kraft-Geschwindigkeits-Relation, sondern auch durch die Dauer des
aktiven Zustandes bestimmt (s. o.). Daher erscheint die Anwendung der Hillschen
Gleichung auf Einzelkontraktionen nicht ganz gerechtfertigt, auch wenn die durch
Extrapolation gewonnenen Werte P_0 mit den experimentell bestimmten Werten
übereinstimmen. Eine Möglichkeit, die durch Gl. (46) wiedergegebene Beziehung
physikalisch zu deuten, bietet sich durch die Hypothese, daß die contractilen
Elemente sich im Ruhezustand wie gespannte Federn verhalten, die sich bei der
Kontraktion entspannen (s. S. 232). Dabei wird elastische Energie frei, die den
Arbeitsaufwand bei isotonischer Verkürzung decken kann (RAMSEY 1955). Unter
der weiteren Annahme, daß die elastischen Strukturen der contractilen Elemente
nicht-lineare Dehnungskurven haben, würde tatsächlich die Beziehung der Abb.
106 erfüllt sein. Die Extrawärme wäre dann Verlustwärme, die dem für die Arbeit nicht ausgenutzten Teil der elastischen Energie entspricht (GASSNER und
REICHEL 1952).

Die besondere Bedeutung der Hillschen Gleichung liegt darin, daß sie thermisch und mechanisch ermittelte Daten logisch miteinander verknüpft. Die
Konstante a bezeichnet daher nicht nur eine mechanische Größe $(0,25\ P_0)$, sondern
auch die pro cm² Querschnitt und pro cm Verkürzung freigesetzte Verkürzungswärme $(9 \cdot 10^{-3}\ \text{cal})$. Deshalb läßt sich die Verkürzungswärme eines Froschmuskels

---

[1] Gl. (24) lautet: $(P + a) \cdot (v + b) = (P_0 + a) \cdot b$
durch einfache Umformung erhält man:
$(P + a) \cdot v = b \cdot (P_0 - P).$

auch aus rein mechanischen Daten (Kraft und Geschwindigkeit) ohne thermische Messungen berechnen (A. V. HILL 1938).

Muskeln mit relativ geringer Absolutgeschwindigkeit (M. retractor byssus anterior von Mytilus edulis, Geschwindigkeit etwa 0,04 cm/sec bei 14° C) erfüllen nicht die Voraussetzung, daß die Erhaltungswärme des Tetanus während der Verkürzung konstant bleibt (ABBOTT 1951; ABBOTT und LOWY 1955). Daher ist auch nicht zu erwarten, daß die mechanisch und thermisch ermittelte Größe (Q_v) dieselbe ist. Vergleichende Experimente ergeben bei Ableitung aus den mechanischen Daten für die Konstante a einen Wert von $10{,}5 \cdot 10^{-3}$ cal/cm² pro cm Verkürzung, während der direkt gemessene $6{,}8 \cdot 10^{-3}$ cal/cm² pro cm Verkürzung beträgt. Ebensolche Differenzen zwischen den mechanischen und thermischen Daten finden sich beim M. retractor pharyngis von Helix pomatia.

Auch bei ein und demselben Muskel ist nicht unter allen Bedingungen die Relation zwischen der Verkürzung und der Extrawärme konstant. Im besonderen kann sich das Verhältnis bei Längen ändern, die kleiner sind als die Gleichgewichtslänge l_0. Wenn ein Muskel (M. semimembranosus, Frosch) sich unter dem Einfluß wiederholter isotonischer Kontraktionen auf 50% l_0 verkürzt und auch nach der Kontraktion in diesem Zustand verharrt (plastischer Tonus), dann gibt er bei einer folgenden Erregung trotz geringer äußerer Verkürzung (s. Abb. 103) noch eine erhebliche Wärmemenge ab (A. V. HILL 1949), in der außer der Aktivierungswärme auch die Verkürzungswärme der sich voll kontrahierenden desorientierten Ketten enthalten sein muß.

c) Wärmeabsorption bei passiver Dehnung oder Belastung während der Kontraktion

Der Gültigkeitsbereich der Relation zwischen mechanischen und thermischen Daten wird durch die Ergebnisse von Dehnungs- und Belastungsversuchen während der Kontraktion erweitert. Wenn Gl. (44) auch für negative Längenänderungen zutrifft, muß die Dehnung die freigesetzte Gesamtenergie Q um einen der Strecke Δl proportionalen Betrag verringern. Diese Schlußfolgerung läßt sich durch das Experiment belegen (FENN 1923; A. V. HILL 1938; ABBOTT et al. 1951), wenn man die Versuche an Paaren des M. sartorius (Frosch und Kröte 0° C) in einem Längenbereich durchführt, in dem die Ruhespannung bei Dehnung (10% l_0) nur wenig ansteigt und die gesamte isometrische Wärmebildung bei der „großen" und „kleinen" Länge annähernd dieselbe ist. Wenn die Dehnung während der Kontraktion nicht mit einer Absorption der am Muskel geleisteten Arbeit (W) verbunden wäre, müßte die gesamte initiale Wärme (Q_i') gegenüber der isometrischen Wärme (Q_i) des nichtgedehnten Muskels um den Betrag der Arbeit (W) erhöht sein; der Wert W müßte im Laufe der Erschlaffung in Form von Wärme wieder erscheinen. Tatsächlich ist aber die Differenz ($Q_i' - W$) wesentlich kleiner als Q_i (Abb. 149; ABBOTT et al. 1951). Bei Einzelzuckungen ist die Absorption der Arbeit am größten, wenn man den Muskel relativ frühzeitig (während der ersten Hälfte der Anstiegszeit) dehnt (z. B. Dauer der Dehnung 270 msec, Dauer der Anstiegszeit 400 msec); sie nimmt schnell ab, wenn die Dehnung zu immer späteren Zeiten der Anstiegsphase einsetzt. Bei Dehnungen, die im Gipfel der Kontraktion beginnen, ist zwar noch immer eine Wärmeabsorption nachzuweisen, aber bei Dehnungen im Laufe der Erschlaffung wird praktisch die ganze Arbeit in Form von Wärme frei. Die maximalen Absorptionswerte betragen 40% der geleisteten Arbeit. Dabei ist mit irreversiblen Wärmeverlusten durch plastisches Nachgeben der Ketten zu rechnen; diese Schwierigkeit läßt sich teilweise vermeiden, wenn man den Muskel im Verlauf eines kurzen isometrischen Tetanus relativ langsam dehnt (Dauer des Tetanus 2 sec; Dauer der Dehnung 0,9 sec). Die Wärmeabsorption beträgt dann rund 50% der geleisteten Arbeit.

Eindeutiger sind die Befunde, wenn sich der Muskel unter einer sehr hohen
Last (bis 1,5 P_0) aus einem ursprünglich isometrischen Tetanus verlängert (A. V.
HILL 1938; ABBOTT und AUBERT 1951). Die erste Reaktion auf die Belastung ist
eine plötzliche dynamische Längenzunahme, der eine stetige Verlängerung nachfolgt. Die Belastung ist von einem relativ kurzdauernden Anstieg der Wärmebildung begleitet; dagegen ist über die ganze Dauer der langsamen Komponente die Wärmebildung kleiner als ohne Dehnung, während sie bei der folgenden Erschlaffung nicht über den Normalwert ansteigt. Im Lauf der isotonischen Verlängerung wird also die am Muskel geleistete Arbeit ganz oder teilweise absorbiert. Dabei ist das Wärmedefizit eine annähernd lineare Funktion der

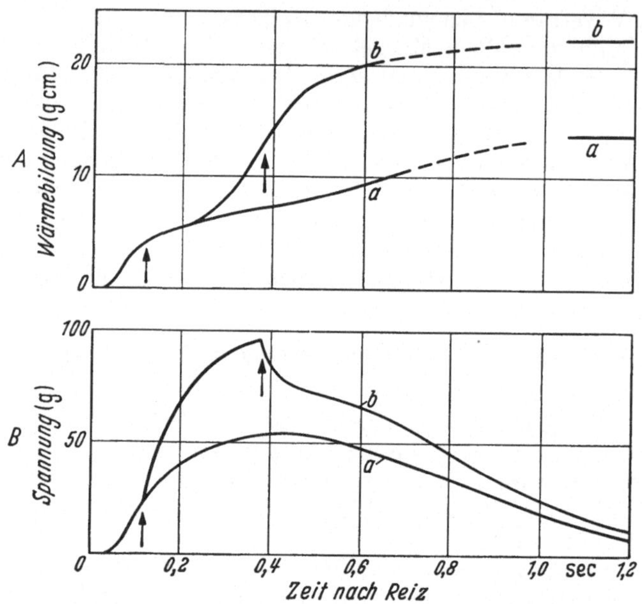

Abb. 149. Wärmebildung während und nach einer Dehnung im Lauf einer isometrischen Einzelzuckung. Doppel-
muskel, M. sartorius, Kröte, $l'_0 = 24$ mm, Gewicht 102 mg. A: Wärmebildung in gcm; B: Spannung in g. Kurve a:
Isometrische Einzelzuckung von der Länge 22,5 mm; Gipfelspannung = 54 g; Wärmebildung 13,2 gcm (waage-
rechter Strich in A am rechten Rand). Kurve b: Dehnung 22,5 mm auf 25 mm, 120 msec nach dem Reiz. Dauer der
Dehnung 260 msec (bis 380 msec); Beachte Anstieg der Spannung von 26 g (bei Beginn der Dehnung) auf 98 g (bei
Ende der Dehnung) und Anstieg der Wärmebildung auf 22,5 gcm; am Muskel geleistete Dehnungsarbeit =18,6gcm.
Nicht dargestellt die dritte Aufnahme: Isometrische Kontraktion bei der Länge 25 mm: Wärmebildung 13,2 gcm,
Gipfelspannung 62 g. Da die isometrische Wärmebildung bei 22,5 und 25,0 mm nahezu dieselbe ist, müßte die
Arbeit W von 18,6 gcm in der Wärmebildung von b bei der Erschlaffung wiedererscheinen; tatsächlich ist aber der
Mehrbetrag an Wärme von b gegenüber a nur $22,5 - 13,2 = 9,3$ (gcm) $= 50\%$ W. (Nach ABBOTT, AUBERT
und HILL 1951)

Längenzunahme: Der positiven Verkürzungswärme entspricht eine negative
Wärme der Verlängerung. Diese Relation ergibt sich auch dann, wenn man den
isometrisch kontrahierten Muskel wie in den erstgenannten Versuchen um 10% l_0
mit einer Geschwindigkeit von 0,1 cm/sec dehnt, ihn aber während der Dehnung
weiterreizt (ABBOTT et al. 1951). In diesem Fall steigt die resultierende Spannung
während der Dehnung bis auf das Zweifache des Wertes an, den der Muskel bei
derselben Länge unter rein isometrischen Bedingungen erreichen würde, und fällt
bei anhaltender Reizung nur sehr langsam auf den der neuen Länge entsprechenden isometrischen Wert ab. Der Abfall läßt sich mit einer Entdehnung der elastischen Serienelemente bei einer gleichgroßen Verlängerung der contractilen
Elemente erklären. Mit dieser Verlängerung, die man aus den Spannungsänderungen errechnen kann, geht eine ihr proportionale Abnahme der Erhaltungswärme

einher (ABBOTT und AUBERT 1951). Die Absorption der Arbeit während einer aufgezwungenen Verlängerung läßt sich auch dadurch beweisen, daß ein tetanisch
gereizter Muskel, der sich erst um eine Länge $\Delta\, l$ aktiv verkürzt und dann um
dieselbe Länge passiv gedehnt wird, in annähernd demselben energetischen Zustand erschlafft wie unter rein isometrischen Bedingungen (AUBERT 1948). Dabei
stimmen die Erschlaffungswärmen in beiden Versuchen um so besser überein,
je mehr Zeit man dem Muskel läßt, sich nach der Dehnung bei anhaltender Reizung
auf die ursprüngliche Länge einzustellen.

Die Befunde sprechen für die Annahme, daß die Extraenergie der äußeren
Arbeit aus einem Prozeß stammt, der bei Dehnung reversibel ist. Die Geschwindigkeit der für die Kontraktion notwendigen energieliefernden Reaktionen muß also
nach der Dehnung abnehmen. Tatsächlich ist die posttetanische Erholungswärme, die als Maß für die Intensität dieser Reaktionen dienen kann, im Vergleich
zum Normalwert kleiner, wenn der Muskel im Tetanus gedehnt worden war
(AUBERT 1952).

Die genannten Versuche, schließen nicht die Möglichkeit aus, daß es sich bei
der langsamen Verlängerung unter einer konstanten Belastung und bei dem
Spannungsabfall nach Dehnung um einen Prozeß handelt, der zu molekularen
Umordnungen mit einer successiven Orientierung der Ketten führt und im Fall
der Dehnung Arbeit verbraucht (s. ABBOTT und AUBERT 1951). Die bisher vorliegenden Daten reichen nicht aus, um den Anteil solcher Orientierungseffekte
an den beschriebenen Effekten festzustellen.

d) Wärmebildung der isometrischen Kontraktion

Bei der isometrischen Kontraktion dehnen die contractilen Elemente die elastischen Serienelemente und leisten an ihnen Arbeit. Im allgemeinen ergibt die Analyse der Temperaturänderun-
gen (Abb. 150), daß beim Übergang von einer isotonischen in
eine isometrische Kontraktion
(etwa bei einer Anschlagszuk-
kung) die Wärmebildung absinkt (A. V. HILL 1949 a). Auch
wenn die Kontraktion von Anfang an unter isometrischen
Bedingungen abläuft, ist die
Wärmebildung im Anstieg immer kleiner als unter isotonischen Bedingungen. Die nach
Abzug der Aktivierungswärme
noch vorhandene Wärmebil-
dung kann bei einer isometrischen Einzelzuckung nur auf
der anhaltenden Verkürzung
der contractilen Elemente beruhen. Dabei muß die thermo-

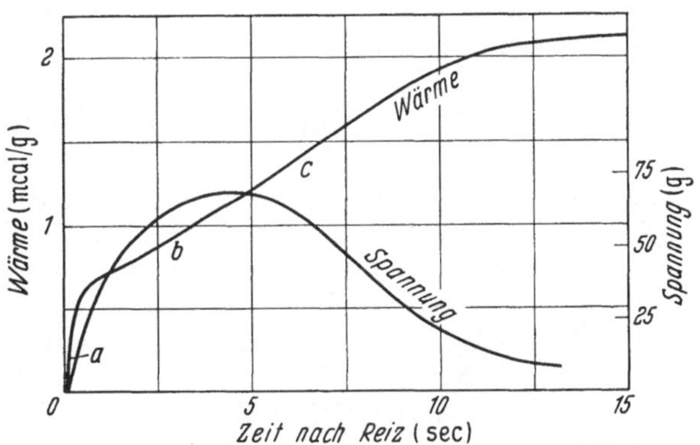

Abb. 150. Wärmebildung während einer isometrischen Einzelzuk-
kung. Ordinate: Links, Wärmebildung (10^{-3} cal/g); rechts, Spannung
(g). Schildkrötenmuskel (25 mm; 75 mg; 0° C). Beachte die 3 Phasen
der Wärmebildung: a) Aktivierungswärme, vor dem Spannungsanstieg beginnend und steil ansteigend; b) Verkürzungswärme bis
zum Kontraktionsgipfel; c) Erschlaffungswärme. (Nach A. V. HILL
1950b)

elastische Wärmeabsorption, die mit dem Spannungsanstieg verbunden ist, die
Wärmebildung beeinflussen (A. V. HILL 1953 b; s. S. 123). Die Wärmebildung der
isometrischen Kontraktion steht daher zu den mechanischen Größen in einer
sehr viel weniger durchsichtigen Relation als die Verkürzungswärme der isotomi-
schen Kontraktion.

c) Erschlaffungswärme

Bei *isotonischer* Anordnung leistet der Muskel während der Kontraktion an einem Gewicht Arbeit. Wird das Gewicht vor dem Beginn der Erschlaffung abgehoben, so sinkt die Wärmebildung auf Null (A. V. HILL 1938). Wird das Gewicht am Muskel belassen, so geht die geleistete Arbeit quantitativ in Wärme über. Eine Erschlaffung, bei der die Last Null ist, verläuft praktisch ohne Wärmetönung (Abb. 151; A. V. HILL 1949 b). Unter *isometrischen* Bedingungen muß die während der Anstiegsphase gespeicherte Energie der elastischen Serienelemente im Laufe

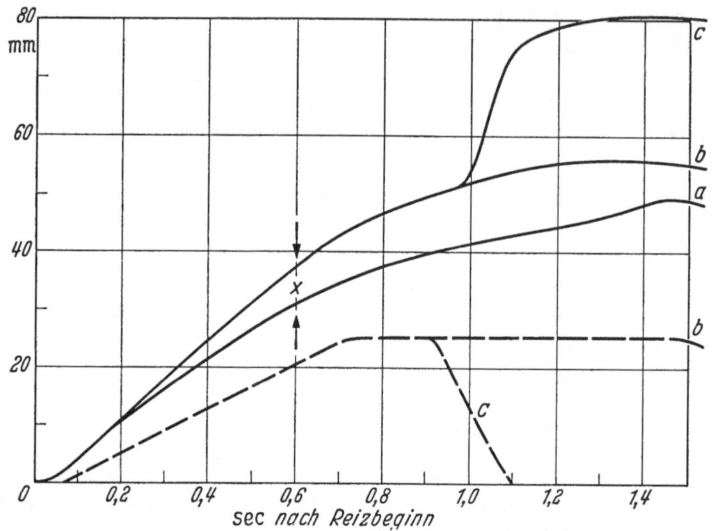

Abb. 151. Erschlaffungswärme bei isotonischer und isometrischer Kontraktion (Tetanus von 0,6 sec Dauer). Obere Kurven (*a*, *b*, *c*): Wärmebildung (in mm Ausschlag); untere Kurven (*b*, *c*) Verkürzung (in mm Ausschlag). M. sartorius, 0° C, 196 mg, Ausgangsbelastung 2,6 g. *a* rein isometrische Kontraktion: Beachte den Buckel in der Wärmekurve während der Erschlaffung; *b* isotonischer Anteil einer Unterstützungskontraktion gegen die Last 38,6 g; Last wird auf der Höhe der Kontraktion abgenommen: Muskel bleibt trotz Rückgangs der Kontraktion verkürzt. *c* wie *b*, aber Last wird am Muskel belassen; beachte schnelle Erschlaffung und Anstieg der Wärmebildung (= vernichtete Arbeit). Bei Pfeil Ende der Reizung. (Nach A. V. HILL 1938)

der Erschlaffung freiwerden, wenn sich die contractilen Ketten wieder verlängern (A. V. HILL 1938; REICHEL 1943). Tatsächlich erscheint in den Temperaturkurven mit dem Beginn der Erschlaffung ein erneuter Anstieg (Abb. 151), der im wesentlichen zwei Anteile enthält:

a) Die Verlustwärme aus der an den Serienelementen geleisteten Arbeit (A. V. HILL 1938; 1953 d);

b) die thermoelastische Wärme infolge des Spannungsabfalls (A. V. HILL 1953 b).

Der Anteil der elastischen Energie ist relativ groß und beträgt bis zu 40% der gesamten Initialwärme einer Einzelzuckung (A. V. HILL 1950 c), wenn der Muskel aus einem isometrischen Tetanus erschlafft. Das Maximum liegt bei Längen, die etwa der Standardlänge l'_0 entsprechen. Da die elastische Energie sowohl von der isometrischen Maximalspannung F'_0 als auch von der inneren Verkürzung Δl_i abhängt, muß sie etwa bei der Standardlänge l'_0 ein Maximum haben; denn P'_0 wird bei Längen $< l'_0$, Δl_i bei Längen $> l'_0$ kleiner.

Die Rate der Wärmebildung (dQ/dt) nimmt mit der Geschwindigkeit der Erschlaffung zu; sie ist daher bei den langsam erschlaffenden glatten Muskeln relativ gering (ABBOTT und LOWY 1958). Da ferner die gespeicherte elastische

Energie mit steigender Spannung zunimmt, muß die elastische Verlustwärme während der Erschlaffung mit fallender Spannung abnehmen. Wenn man am glatten Muskel (M. retractor pharyngis, Helix pomatia) die elastische Energie in Abhängigkeit von der Spannung ermittelt und zu der Erschlaffungswärme in Beziehung setzt, zeigt sich, daß beinahe die gesamte Erschlaffungswärme elastische Verlustwärme ist (BOZLER 1936).

Die Abwesenheit jeder chemischen, nicht aus mechanischen Quellen stammenden Wärmetönung während der Erschlaffung ist ein wichtiges Argument gegen die Annahme, daß die Anstiegsphase der thermodynamisch freiwillige, die Erschlaffungsphase der thermodynamisch unfreiwillige Teil des Cyclus sei (A. V. HILL 1949f). Wärme wird nur solange frei wie die (äußere oder innere) Verkürzung andauert; die Erschlaffung würde dann das Ende aller chemodynamischen Umsetzungen bedeuten (A. V. HILL 1953a).

Ob die gemessene Erschlaffungswärme genau der vernichteten Arbeit oder elastischen Energie entspricht, läßt sich nicht entscheiden (A. V. HILL 1949b; 1953d); denn es ist wenig wahrscheinlich, daß in allen Längs- und Querschnittseinheiten eines Muskels die Erschlaffung zu demselben Zeitpunkt einsetzt. Nur unter dieser Voraussetzung ist aber die an bestimmten Stellen gemessene Temperaturänderung repräsentativ für den ganzen Muskel. Außerdem ist die thermoelastische Wärme infolge des Spannungsabfalls sowie ein eventueller thermischer Effekt der Kristallisationsabnahme in der Erschlaffungswärme enthalten.

f) Erhaltungswärme

Wenn ein Muskel (M. sartorius, Frosch) im isometrischen Tetanus das Plateau seiner Spannung erreicht, so nimmt die Rate der Wärmebildung (dQ/dt) trotz gleichbleibender Spannung zunächst um 30% ab, um sich dann innerhalb der ersten 80 sec auf ein konstantes Niveau einzustellen (FENG 1931; ABBOTT 1951). Die Wärme, die bis zum Zeitpunkt des Gleichgewichtes frei wird, bleibt auch unter den verschiedensten Bedingungen annähernd gleich und beträgt $5,9 \cdot 10^{-3}$ cal/g Muskelgewicht (AUBERT 1956). Das konstante Niveau der Wärmebildung stellt sich bei hohen Reizfrequenzen früher ein als bei niedrigen Reizfrequenzen. Der Abfall der Wärmebildung kann daher darauf beruhen, daß die kleinen Miniaturkontraktionen auf der Höhe des Tetanus infolge Ermüdung immer langsamer werden und mit fortschreitender Zeit in zunehmendem Maße verschmelzen; hohe Reizfrequenzen würden dann die Ermüdung begünstigen und den Effekt auf die Wärmebildung beschleunigen (ABBOTT 1951). Diese Erklärung ergibt sich aus der allgemeinen und kaum mehr bestrittenen Theorie, die die Erhaltungswärme als thermisches Zeichen der ständigen, wahrscheinlich auch noch bei sehr hohen Reizfrequenzen vorhandenen alternierenden Miniaturkontraktionen und -erschlaffungen deutet (FENN und LATCHFORD 1933; A. V. HILL 1938). Jeder Reiz aktiviert den Muskel von neuem und führt zu einer kleinen, wenn auch nicht immer nachweisbaren Verkürzung, der eine ebenso kleine Erschlaffung nachfolgt. Die Erhaltungswärme ist daher als die Summe der einzelnen Aktivierungs-, Verkürzungs- und Erschlaffungswärmen aufzufassen.

Die in der Zeiteinheit freigesetzte Wärme läßt sich nach dem beschriebenen zeitlichen Ablauf grob in eine erste labile Fraktion (Abb. 152) und in eine zweite stabile Fraktion unterteilen (AUBERT 1956). Den Übergang von der einen zur anderen Fraktion kann man auch ohne den genannten Verschmelzungseffekt damit erklären, daß – aus bisher noch unbekannten Gründen — bei Einzelkontraktionen die initiale Wärmebildung nach vorausgegangener tetanischer Tätigkeit trotz gleichbleibender isometrischer Spannung abnimmt (AUBERT 1956). Für die Erhaltungswärme des Tetanus ist aber ohne Zweifel die Erschlaffungsdauer der

Miniaturkontraktionen entscheidend, die während anhaltender Tätigkeit zunimmt. Daher ist der Unterschied zwischen den Fraktionen beim Avertebratenmuskel besonders deutlich, dessen Erschlaffungszeit nach Dauerarbeit erheblich verlängert ist (z. B. M. retractor pharyngis, helix pomatia, BOZLER 1930 b; M. adductor, maya, BRONK 1932). Wegen der langsamen Erschlaffung sind — unter sonst gleichen Bedingungen — die Erhaltungswärmen der glatten Muskeln wesentlich kleiner als die an quergestreiften Muskeln gemessenen Werte (ABBOTT und LOWY 1958). Wenn der Muskel langsam erschlafft, können alle Komponenten der Erhaltungswärme verringert sein. An der Abnahme beteiligt sich offenbar auch die Aktivierungswärme; denn am Ende eines isometrischen Tetanus fällt nach dem letzten Reiz die Wärmebildung *vor* der Spannung ab (AUBERT 1956).

Das Maximum der Rate der Erhaltungswärme (dQ/dt) liegt im Bereich der Standardlänge in situ (A. V. HILL und ABBOTT 1951). Bei kleineren Längen wird proportional der Abnahme der isometrischen Spannung (Abb. 153) die Rate der Erhaltungswärme kleiner; dabei ändern sich die beiden Fraktionen in annähernd gleichen Proportionen. Die Gerade (Abb. 153) geht nicht durch den Nullpunkt, weil der Muskel bei sehr kleinen Längen gestaucht ist und wohl Aktivierungs- und Verkürzungswärme, aber keine meßbare Spannung entwickelt. Bei Längen $> l'_0$ (bis zu 1,4 l'_0) nimmt die Wärmerate linear mit der Extraspannung (= isometrischer Gesamtspannung minus Ausgangsspannung) ab. Die stabile Fraktion ist von der Abnahme stärker betroffen als die labile Fraktion (AUBERT 1956).

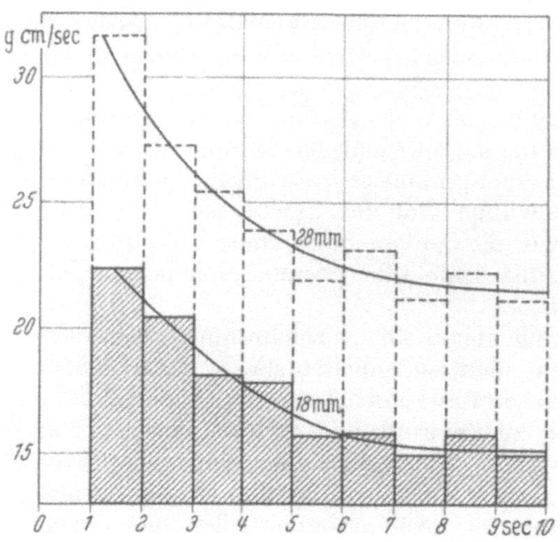

Abb. 152. Labile Fraktion der Rate der Erhaltungswärme, als Funktion der Zeit. Ordinate: Wärmebildung/Zeiteinheit (gcm/sec); Abszisse: Zeit nach Beginn der tetanischen Reizung. M. sartorius (Doppelmuskel), Frosch, l'_0 = 27,5 mm, Gewicht 240 mg, 0° C, Reizfrequenz: 5 Reize/sec. Isometrischer Tetanus bei 28 mm Länge (obere Kurve, Maximalspannung P_0 = 98 g) und 18 mm Länge (untere Kurve, P'_0 = 25 g). Die beiden Kurven laufen nach 8 sec in die „stabile" Fraktion ein. (Nach AUBERT 1956)

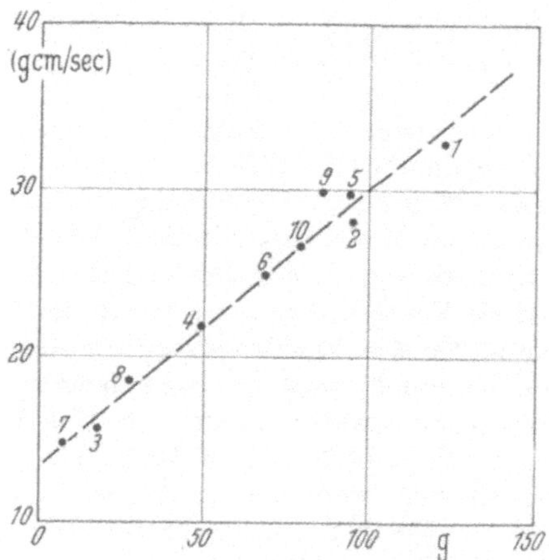

Abb. 153. Rate der Erhaltungswärme (gcm/sec) als Funktion der isometrischen Spannung (g). M. sartorius (Doppelmuskel), Frosch, l'_0 = 28 mm, Gewicht 188 mg, 0° C. Isometrische Tetani bei Längen $< l'_0$. Die Wärmebildung/Zeit ist jeweils in der 3. bis 4. sec nach Beginn des Tetanus gemessen. Ziffern in der Reihenfolge der Aufnahmen. Beachte, daß die Wärmebildung bei der isometrischen Extraspannung Null bereits positiv ist. (Nach AUBERT 1956)

Die konstante Beziehung der Rate der Erhaltungswärme zur Spannung läßt sich an verschiedenen Objekten bestätigen und — ähnlich wie bei einer Einzelzuckung — durch den isometrischen Koeffizienten formulieren (s. S. 215) (AUBERT 1956). Die Spannungsabhängigkeit der tetanischen Initialwärme erklärt sich wenigstens teilweise aus der Verlustwärme, die mit jeder „Miniatur"-Erschlaffung auf der Höhe des Tetanus verbunden ist: Mit zunehmender Spannung muß bei gleicher Länge die elastische Energie zunehmen, die während der Erschlaffung frei wird. Auch die Längenabhängigkeit der stabilen Fraktion läßt sich aus der Längenabhängigkeit der jeweils entwickelten elastischen Energie folgern: Beide Werte müssen bei der Standardlänge l_0' ein Maximum haben und bei kleineren und größeren Längen abnehmen.

Die Erhaltung einer konstanten Spannung ist eine Funktion der Reizfrequenz und der Dauer der Einzelkontraktion. Wenn die Kontraktion lang dauert, ist die für die volle Tetanusspannung erforderliche Reizfrequenz relativ klein. Da mit der Reizfrequenz auch die Zahl der Miniaturkontraktionen auf der Höhe des Tetanus und mit dieser die Erhaltungswärme (als Summe der einzelnen Aktivierungs-, Verkürzungs- und Erschlaffungswärmen) zunimmt, ist bei langsamen Muskeln der Energieaufwand für die Erhaltung einer isometrischen Spannung während einer Zeit t gering. Das Verhältnis des Produktes aus P_0' und t zu der Erhaltungswärme Q_e ist ein Maß für die *Wirtschaftlichkeit* eines Muskels (v. MURALT 1935). Ein Muskel ist desto ökonomischer, je weniger Energie er für die Erhaltung der vollen Tetanusspannung benötigt. Glatte Muskeln sind daher besonders wirtschaftlich, wie z. B. der M. retractor pharyngis der Weinbergschnecke (BOZLER 1930b) ebenso der M. retractor ant. byssus der Muschel (Mytilus edulis), der bei 0° C eine Erhaltungswärme von $0,1 \cdot 10^{-3}$ cal/g in der Sekunde entwickelt — gegenüber $1,5 \cdot 10^{-3}$ cal/g beim Froschmuskel (ABBOTT und LOWY 1958). Die Ökonomie eines Muskels kann sich bessern, wenn seine Kontraktionsdauer durch Abkühlung oder Ermüdung zunimmt (s. v. MURALT 1935): dann ist die für den Tetanus erforderliche Reizfrequenz und deshalb auch die Erhaltungswärme kleiner. Der Temperaturkoeffizient Q_{10} der Erhaltungswärme beträgt 3,0 bis 4,0 (AUBERT 1956). Änderungen des pH und des Ionenmilieus wirken sich auf die Erhaltungswärme nur dann aus, wenn sie die Dauer der Einzelkontraktion beeinflussen. Beim glatten Muskel kann man z. B. die Erhaltungswärme verringern und die Wirtschaftlichkeit erhöhen, wenn man durch Zugabe von 6% CO_2 zur Badeflüssigkeit die Kontraktionsdauer verlängert.

g) Beziehungen der Initialwärme zu chemischen Reaktionen

Die Energiequelle der initialen Wärmebildung können nur chemische Vorgänge sein. Trotzdem besteht die Möglichkeit, daß der contractile Apparat einen Teil dieser Wärme erst über eine potentiell mechanische Zwischenstufe freisetzt, also nicht unmittelbar in chemischen Prozessen bildet. Die Verkürzungswärme könnte z. B. einen solchen indirekten Weg der Energietransformation gehen (RAMSEY 1944, 1955; GASSNER und REICHEL 1953): Die contractilen Elemente wären dann Speicher potentiell mechanischer Energie, die durch vorausgehende chemische Reaktionen bereitgestellt und durch die Erregung frei wird.

Die zunächst wahrscheinlichere Annahme, daß Aktivierungs- und Verkürzungswärme ebenso wie die für die Arbeit erforderliche Extraenergie aus unmittelbaren chemischen Reaktionen stammen, hat mit der Schwierigkeit zu rechnen, daß der Nachweis solcher Reaktionen während einer Einzelzuckung oder eines Tetanus nicht eindeutig ist (s. S. 193). Die Hydrolyse der im Muskel vorhandenen ATP würde bilanzmäßig ausreichen sowohl die Initialwärme einer Einzelzuckung ($3 \cdot 10^{-3}$ cal/g Muskel; MUNCH PETERSEN 1953) als auch den labilen Teil der Erhaltungswärme ($5,9 \cdot 10^{-3}$ cal/g Muskelgewicht; AUBERT 1956) über einige Sekunden zu decken. Aber ob sie tatsächlich die unmittelbare Quelle der Wärmebildung ist, läßt sich vorläufig nicht entscheiden.

Die Milchsäurebildung ist als Ursache der initialen Wärmebildung auszuschließen, weil ein mit Monojodacetat vergifteter Muskel im kurzdauernden Tetanus (AUBERT 1956) und während einer isometrischen Einzelzuckung (s. v. MURALT

1935) dieselben Wärmemengen wie ein Normalmuskel freisetzt. Ebenso ist O_2-Mangel oder vollkommener Abschluß des Muskels von der Sauerstoffzufuhr (in N_2-Atmosphäre) auf die initiale Wärmebildung ohne Einfluß, solange die Kontraktion nicht länger dauert als die O_2-verbrauchenden Reaktionen benötigen, um in Gang zu kommen. Beim Froschmuskel kann die Zeit der rein anaeroben Wärmebildung etwa 20 sec betragen (D. K. HILL 1940c). Während eines länger anhaltenden Tetanus fällt dagegen ein großer Teil der mit der Oxydation und Glykolyse verbundenen Wärmetönung in die initiale Phase (Erhaltungswärme). Gerade bei tetanischen Dauerkontraktionen ist es daher schwierig, die einzelnen Phasen der Wärmebildung zu trennen und bestimmten chemischen Reaktionen zuzuordnen.

Eine Möglichkeit der Energiebilanz zwischen thermischen und chemischen Daten bietet sich jedoch in Ermüdungsversuchen (A. V. HILL 1955). Nach wiederholten Einzelkontraktionen kann der Muskel schließlich so erschöpft sein, daß jede mechanische Reaktion auf einen Reiz ausbleibt. Wenn man in einem solchen Versuch die aerobe und anaerobe Resynthese von ATP auf dem Weg des Kohlenhydratabbaus durch O_2-Abschluß und Monojodessigsäure verhindert, dann kommen als Lieferanten für die gesamte über die Versuchsdauer freigesetzte mechanische Energie nur die KP- und ATP-Bestände in Frage, die von Anfang an im Muskel vorhanden sind. Der monojodacetatvergiftete M. sartorius (Frosch) hat bei 18° C unter anaeroben Bedingungen für eine Serie von Einzelkontraktionen (20 Reize/min) bis zur völligen Erschöpfung einen aus mechanischen Daten berechneten Energieaufwand von 0,4 cal pro g Muskelgewicht, während die Spaltungswärme der verfügbaren KP- und ATP-Reserven im besten Fall nur 0,28 cal pro g Muskelgewicht ergibt. Die Differenz läßt sich nur durch die Annahme bisher unbekannter anaerober Energiequellen erklären.

4. Erholungswärme

Die Erholungswärme ist diejenige Wärme, die der Muskel zeitlich *nach* dem Ablauf einer Einzelzuckung abgibt; man bezeichnet sie daher auch als verzögerte Wärmebildung. Im Gegensatz zur initialen Wärmebildung ist die Erholungswärme in all ihren Teilphasen unmittelbar zu chemischen Reaktionen korreliert. Diese Reaktionen sind anaerober und aerober Art und dienen dem Wiederaufbau der durch die Kontraktion verlorengegangenen arbeitsfähigen Energie.

Im chemodynamischen Gleichgewicht muß der Gehalt des Muskels an arbeitsfähiger Energie relativ konstant bleiben; der durch die Kontraktion bedingten Abnahme $(-\Delta F)$ der freien Energie muß eine gleich große Zunahme $(+\Delta F)$ entsprechen. Der Ersatz der verlorengegangenen Energie läuft hinter dem energieverbrauchenden Kontraktionsvorgang her und wird durch anaerobe und aerobe Vorgänge bestritten. Ob bei diesen Vorgängen Wärme entsteht oder verschwindet, hängt davon ab, wie groß ihr Wirkungsgrad, d. h. das Verhältnis der potentiellen mechanischen Energie W', die der Muskel unter optimalen — aber nicht realisierbaren — Bedingungen in Arbeit umsetzen kann, zu der Änderung der freien Energie ΔF ist. Unter der Annahme, daß der Wirkungsgrad 100% ist, sind zwei Fälle denkbar (v. MURALT 1935):

a) Die Wärmetönung $(-\Delta H)$ des chemischen Vorganges ist größer als $(-\Delta F)$; dann wird Wärme an die Umgebung abgegeben (positive Wärmebildung);

b) die Wärmetönung $(-\Delta H)$ ist kleiner als $(-\Delta F)$; dann wird Wärme der Umgebung entzogen (negative Wärmebildung).

Für den Fall, daß der Wirkungsgrad kleiner als 100% ist, gibt der Muskel zusätzlich eine irreversible Verlustwärme während des chemischen Umsatzes nach außen ab. Dann ist die Verlustwärme

$$- Q_z = (-\Delta F) + W'. \tag{47}$$

Da sich der Energiespeicher nicht durch eine einzige Reaktionsstufe, sondern durch eine Kette von Reaktionen auflädt, kann erst die Änderung der freien Energie des letzten Gliedes den mit der Kontraktion verbundenen Energieverlust decken. Die Größe $(-\varDelta F)$ der einzelnen Reaktionen ist unbekannt; an Stelle von $(-\varDelta F)$ die Wärmetönung $(-\varDelta H)$ in die thermodynamische Grundgleichung einzusetzen, wäre nur unter der praktisch nicht realisierten Voraussetzung möglich, daß $(-\varDelta H)$ gleich $(-\varDelta F)$ ist.

a) Anaerobe Erholungswärme

Unter vollständig anaeroben Bedingungen ist am ausgeschnittenen Froschmuskel (M. sartorius, Frosch, 0° C) als erste Phase eine negative Wärmetönung festzustellen, die bis zu 8% der initialen Wärme beträgt, etwa 4 sec nach einem kurzen Tetanus von 12 bis 15 sec Dauer einsetzt und über 1 bis 4 min anhält (HARTREE 1932a, b; D. K. HILL 1940c; Abb. 154); sie steht wahrscheinlich mit der anaeroben Resynthese von ATP durch Kreatinphosphat, das der Muskel zum Teil erst nach der Kontraktion abbaut, in Zusammenhang. Die Gesamtwärme, die sich aus dem gleichzeitigen Aufbau von ATP und Abbau von KP ergibt, ist negativ. In einer Serie wiederholter kurzer Tetani verschwindet die negative Wärmetönung nach den ersten 3 bis 4 Kontraktionen vollständig; an ihrer Stelle erscheint eine positive Wärmetönung, die von einer Kontraktion zur anderen größer wird, weil offenbar

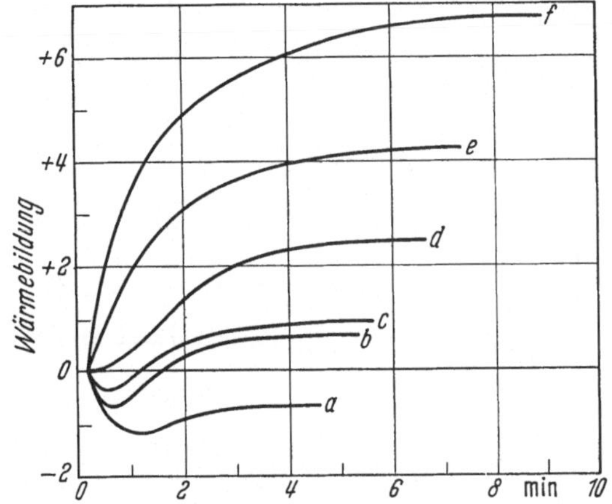

Abb. 154. Anaerobe verzögerte Wärmebildung des Froschmuskels (M. sartorius, 0° C) unter Ausschaltung der Milchsäurebildung (pH 6,0). Ordinate: Wärmeproduktion in willkürlichen Einheiten; Abszisse: Zeit in Minuten nach dem Tetanus. Aufeinanderfolgende Tetani von 12 sec Dauer in der Reihenfolge *a* bis *f*. (Nach D. K. HILL 1940c)

die endotherme ATP-Synthese mit der Dauer der Tätigkeit abnimmt. Die anaerobe negative Phase ist gewöhnlich nur unter Bedingungen nachweisbar, die die Bildung von Milchsäure ausschließen (pH < 6,4 oder Vergiftung mit Monojodacetat; D. K. HILL 1940c).

Als zweiter anaerober Schub erfolgt eine positive Wärmetönung, die bis zu 25% der Initialwärme betragen kann, im übrigen aber großen Schwankungen unterworfen ist (HARTREE 1932a) D. K. HILL 1940c); sie ist spätestens 10 min nach der Kontraktion zu Ende. Eine Korrelation der Wärmeabgabe zu irgendeiner anaeroben chemischen Reaktion ist vorläufig nicht möglich. Die Milchsäurebildung verläuft zwar exotherm, ist aber bei kurzen Tetani zu gering, um die positive Phase erklären zu können, die auch bei Vergiftung mit Monojodessigsäure nachweisbar und unabhängig von der Sauerstoffzufuhr ist (CATTELL et al. 1931). Da die Milchsäure erst bei längerer Tätigkeit ins Spiel kommt (CLARK et al. 1932), ist ein Einfluß von Monojodacetat auf die Wärmebildung nur bei Dauerreizung zu erkennen. In einem über mehrere Minuten andauernden Tetanus nimmt die anaerobe Wärmebildung ab, wenn der pH-Wert des Muskels so stark absinkt, daß die Milchsäurebildung aufhört (D. K. HILL 1940c). Bei der Beurteilung der einzelnen anaeroben Wärmeschübe ist zu berücksichtigen, daß endotherme (z. B. ATP-Synthese) und exotherme (z. B. KP-Abbau) Reaktionen gleichzeitig ablaufen können, deren Wärmetönung sich algebraisch summiert. Die gemessene positive Wärmebildung ist daher als die Differenz zwischen der Wärmetönung exothermer und endothermer Reaktionen aufzufassen.

b) Aerobe Erholungswärme

Die aerobe Wärme ergibt sich aus der Differenz zwischen der in Sauerstoff abgegebenen Gesamtwärme und der initialen Wärme; sie wird etwa 1000mal langsamer als die initiale Wärme gebildet und setzt im Froschmuskel bei 17° C erst 8 sec nach einem Tetanus von 4 sec Dauer ein um nach 20 sec ein Maximum zu erreichen und dann allmählich abzufallen (HARTREE 1932a). Die aerobe Wärme-

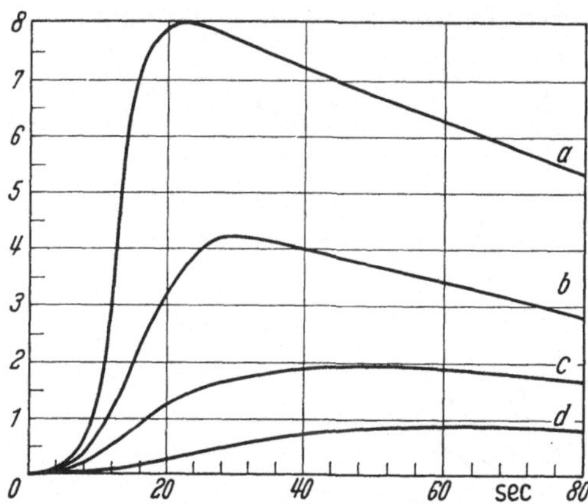

Abb. 155. Aerobe Erholungswärme (10^{-4} cal pro g Muskelgewicht und pro Sekunde). Abszisse: Zeit in sec nach Beginn der Reizung. M. sartorius, Frosch, 17° C. Isometrische Tetani von 4 sec Dauer (a), 1,0 sec Dauer (b), 0,4 sec Dauer (c) und 0,2 sec Dauer (d). (Nach HARTREE 1932a)

tönung überdauert die anaerobe Wärmetönung erheblich und hält im Froschmuskel (M. sartorius) bei 0° C über 30 min an. Der bei 17° C gemessene Maximalwert der aeroben Wärme beträgt in der Sekunde $8 \cdot 10^{-4}$ cal/g Muskelgewicht und ist 20mal größer als der entsprechende Wert bei vollkommenem Sauerstoffabschluß. Da der zeitliche Verlauf der aeroben Wärmebildung nach einem Tetanus kurzer Dauer der gleiche ist wie der der O_2-Aufnahme (D. K. HILL 1940b), muß der Muskel im selben Maß Wärme nach außen abgeben, wie er O_2 aufnimmt (s. Abb. 141). Auch im steady state eines lang anhaltenden Tetanus besteht zu jedem Zeitpunkt zwischen dem O_2-Verbrauch und der Wärmebildung eine konstante Proportion. Bei kurz dauernden Tetani nimmt die aerobe Erholungswärme mit der Dauer der vorausgegangenen Tätigkeit zu (Abb. 155).

In der Erholungswärme ist nicht nur die Verlustwärme der Oxydationsprozesse, sondern auch die Wärme enthalten, die der Muskel in der anaeroben Phase der Umgebung entzieht und aerob wieder nach außen abgibt. Diese temporäre Wärmeschuld (v. MURALT 1935) erhöht den aeroben Energieumsatz und erniedrigt den Wirkungsgrad. Die aerobe Restitutionswärme enthält die Wärmetönungen der oxydativen Resynthese von ATP und KP sowie die Verlustwärme, die bei der Oxydation der Kohlenhydratäquivalente entsteht. Im Gleichgewicht ersetzen die oxydativen Prozesse die Energie vollständig, die als initiale Wärme Q_i dem Muskel während der Kontraktion verlorengeht. Da Q_i durch den isometrischen Koeffizienten mit der Spannung P_0 korreliert ist, könnte auch die Sauerstoffaufnahme zur Spannung P_0 in irgendeiner Beziehung stehen. Eine eindeutige Korrelation zwischen beiden Größen besteht aber nicht (s. S. 204), weil das Verhältnis der initialen Wärme zur aeroben Erholungswärme inkonstant ist.

Bei optimaler Sauerstoffzufuhr ist der Anteil der anaeroben Prozesse an dem gesamten Energieumsatz relativ kurzdauernder Kontraktionen beim isolierten Muskel gering (CLARK et al. 1932). Ein thermischer steady state läßt sich in einer Serie von Einzelzuckungen erzielen, wenn die initialen Temperaturausschläge bei jeder Kontraktion von denselben (durch die Erholungswärme angehobenen) Fußpunkten ausgehen (BUGNARD 1934; A. V. HILL 1956). Unter diesen Bedingungen ist beim Froschmuskel (M. sartorius) das Verhältnis der Gesamtwärme zur Initialwärme 1,7 bis 1,9, wenn man genügend Sauerstoff zuführt. Vergiftung mit

Monojodessigsäure ändert das Verhältnis bei einer solchen Serie von Einzelzuckungen nur geringfügig (CATTELL et al. 1931). Für kurzdauernde Tetani (1 sec) erhöht sich das Verhältnis auf 2,5, für längerdauernde Tetani auf 3,5 bis 4,5; es nimmt also mit steigender Reizdauer zu, da die Initialwärme nicht im selben Maß ansteigt wie die Erholungswärme. Aus demselben Grund nimmt das Verhältnis bei Erwärmung zu; daher sind die für den Warmblüter angegebenen Zahlen (4,0) bei Tetani von 1 sec Dauer wesentlich höher als die Kaltblüterwerte, die man bei Raumtemperatur gemessen hat (s. Tab. 25).

Tabelle 25. *Verhältnis (Q) der Gesamtwärme zur Initialwärme bei Einzelzuckungen (EZ) und tetanischen Kontraktionen (T) von verschiedenen Muskeln* (nach v. MURALT 1935)

Tier	Muskel	Reizart	Milieu	Q	Autoren	Jahr
Hund . . .	M. scalenus	T, 1 sec	O_2	4,00	CATTELL u. SHORR	1932
Hund . . .	M. scalenus	EZ	O_2	2,50	CATTELL u. SHORR	1932
Frosch . .	M. sartorius	T, 1 sec	O_2	2,50	CATTELL	1935
Frosch . .	M. sartorius	T, 1 sec	O_2	2,45	BUGNARD	1934
Frosch . .	M. sartorius	60—80 EZ/2 min	O_2	2,24	A. V. HILL	1928
Frosch . .	M. sartorius	1200 EZ/10 min	O_2	1,97	BUGNARD	1934
Frosch . .	M. sartorius	EZ	O_3	2,05	CATTELL	1935
Frosch . .	M. sartorius	EZ	N_2	1,03	BUGNARD	1934
Frosch . .	M. sartorius	EZ-Reihe	O_2Mje[1]	1,65	CATTELL et al.	1931
Schnecke .	M. retr. pharyng	T	O_2	2,10	BOZLER	1930b

[1] Mje = Monojodessigsäurevergiftung.

II. Arbeit und Wirkungsgrad

Da die äußere *Arbeit* (W) das Produkt aus der Last (P) und der Verkürzung (Δl) ist, muß bei der Ausgangsspannung Null der Wert W bei isometrischer Kontraktion ($\Delta l = 0$) und bei isotonischer Kontraktion ($P = 0$) Null sein. Bei Unterstützungskontraktionen durchläuft daher die Arbeit als Funktion der Spannung P ein Maximum. Da ferner mit zunehmender elastischer Dehnung die Verkürzung (Δl) immer kleiner wird, muß im Punkt der absoluten Muskelkraft die Größe W in den Nullwert einlaufen. Das Maximum der reinen isotonischen Arbeit erreichen Einzelfasern des Frosches bei Spannungen von 0,6 bis 0,7 P_0 (BUCHTHAL und KAISER 1951). Entsprechende Befunde hat man an anderen Präparaten, z. B. am Uterusmuskel des Warmblüters (CSAPO 1954; Abb. 156) erheben können.

Während der isometrischen Kontraktion leisten die contractilen Elemente an den elastischen Serienelementen Arbeit (sog. „innere Arbeit", REICHEL 1943), die sich aus dem Flächenintegral der Dehnungskurve ergibt und bei relativ niedrigen Ausgangsspannungen ihr Maximum hat. Bei Entdehnungen aus dem isometrischen Tetanus wird

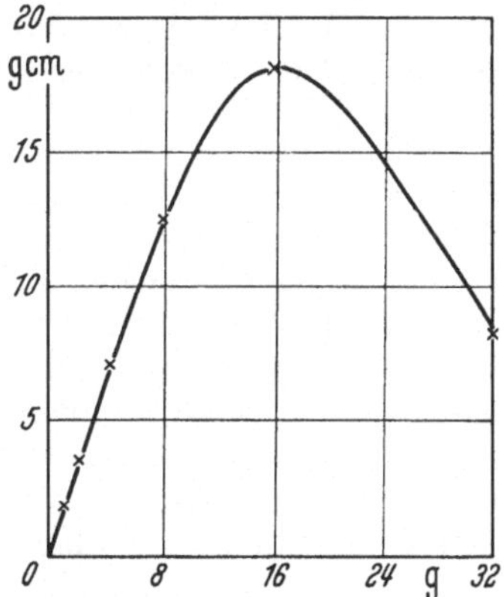

Abb. 156. Arbeit (gcm) als Funktion der Belastung (g); Streifenpräparat des Uterusmuskels, Kaninchen, 37,5° C; Reizdauer 5 sec. (Nach CSAPO, 1954)

außer der in den Serienelementen gespeicherten Energie zusätzliche Arbeit frei, die die contractilen Elemente durch die Mehrverkürzung bei der kleineren Länge leisten. Die Arbeit von "Release"-Verkürzungen ist bei einer Belastung von 0,3 P_0 optimal (BUCHTHAL und KAISER 1951). Die bei Dehnung *am* Muskel geleistete

Arbeit ist auch im Zustand des Tetanus größer als die bei Entdehnung *vom* Muskel geleistete Arbeit. Beide Größen nehmen wegen der Dämpfung der elastischen Serienelemente mit der Geschwindigkeit der Längenänderung zu, um bei genügend hohen Geschwindigkeiten annähernd konstant zu bleiben. Den Kurvenverlauf für die am und vom Muskel bei derselben Tetanusspannung geleistete Arbeit zeigt Abb. 157 (LEVIN und WYMAN 1927).

Die *Leistung* ($P \cdot dl/dt$) des Muskels oder der Einzelfaser ist bei einer Ausgangslast von 0,3 P_0 maximal und unabhängig davon, ob es sich um isotonische oder "Release"-Kontraktionen handelt (BUCHTHAL und KAISER 1951). Der *Wirkungsgrad* des Muskels hängt wie Arbeit und Leistung von den Ausgangsbedingungen ab; seine Berechnung ist aber nur unter ganz bestimmten Voraussetzungen möglich. Nach der physikalischen Definition versteht man unter dem Wirkungsgrad oder Nutzeffekt einer Maschine das Verhältnis der geleisteten Arbeit zu der gesamten Energie, die für diese Arbeit erforderlich ist. Damit der Muskel Arbeit im physikalischen Sinn leistet, muß er sich nicht nur gegen eine Last P um einen Betrag $\varDelta l$ verkürzen, sondern auch auf der Höhe der Kontraktion entlastet werden, um unbelastet erschlaffen zu können.

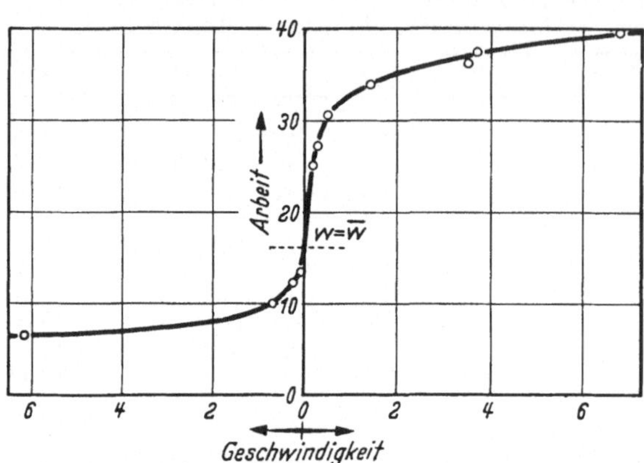

Abb. 157. Arbeit als Funktion der Geschwindigkeit bei linearer Dehnung und Entdehnung des Muskels (Kaumuskel, Rochen, 20° C). Ordinate: Arbeit in willkürlichen Einheiten; Abszisse: Geschwindigkeit der Längenänderung in willkürlichen Einheiten. W Arbeit bei der Geschwindigkeit Null. Linker Schenkel des Diagramms: *Vom* Muskel bei Entdehnung geleistete Arbeit; rechter Schenkel: *Am* Muskel bei Dehnung geleistete Arbeit. (Nach LEVIN und WYMAN 1927)

Eine Möglichkeit, den Wirkungsgrad einer Einzelzuckung für den ausgeschnittenen Muskel zu berechnen, bieten die Ergebnisse der myothermischen Untersuchungen (A. V. HILL 1951 b; 1956). Die gesamte Wärmebildung (aerobe und anaerobe Wärmebildung) ist ein Maß für den Energieverlust, den das chemische System des Muskels während der Tätigkeit erleidet. Allerdings gilt dies nur unter der Voraussetzung, daß am Ende der gesamten wärmebildenden Reaktionen der Energiespeicher (Depot an energiereichen Phosphaten) genau derselbe ist wie vor der Tätigkeit. Bei einer Einzelzuckung ist unter optimalen Bedingungen das Verhältnis der Arbeit zur initialen ohne Arbeitsleistung gebildeten Wärme etwa 0,4 : 1,0, das Verhältnis der Erholungswärme zur initialen Wärme etwa 1,0 : 1,0. Der Gesamtumsatz ist die Summe aus der initialen Wärmebildung Q_i und der Erholungswärme Q_e, oder in Einheiten von Q_i ausgedrückt: 2,0 Q_i. Das Verhältnis der Arbeit W zum Gesamtumsatz ist dann

$$\eta = \frac{0,4\,Q_i}{2,0\,Q_i} = 0,2\,. \tag{48}$$

Messungen während tetanischer Tätigkeit ergeben gewöhnlich kleinere Werte (0,17, s. v. MURALT 1935), da Q_i um den Betrag der Erhaltungswärme, Q_e um den Betrag der dem Mehrumsatz entsprechenden Erholungswärme zunimmt, ohne daß die Arbeit im gleichen Maß ansteigt. Aus demselben Grund nimmt der Wirkungsgrad mit der Dauer der tetanischen Kontraktion ab (A. V. HILL 1922).

Für Untersuchungen am Menschen eignet sich die Messung des gesamten O_2-Verbrauches während einer Dauerarbeit, die die Versuchsperson am Arbeitssammler leistet. Dabei muß man den Stoffwechsel über die ganze Zeit, in der er infolge der Tätigkeit erhöht ist, und besonders die vermehrte O_2-Aufnahme nach der Arbeit (sog. „Nachatmung") berücksichtigen. Die Angabe des Nutzeffektes ist immer an die Voraussetzung gebunden, daß die oxydativen Stoffwechselprozesse die Energiespeicher am Ende der Messungen wieder auf das alte Niveau aufgefüllt haben. Daher sind optimale Kreislauf- und Atmungsbedingungen bei derartigen Untersuchungen notwendig. Mangelhafte O_2-Zufuhr würde zwangsläufig eine Abnahme des O_2-Verbrauchs zur Folge haben und eine Verbesserung des Wirkungsgrades vortäuschen, falls man nicht die nachträglich vermehrte O_2-Aufnahme über eine entsprechend lange Zeit verfolgt. Der Wirkungsgrad bei Dauerarbeit des menschlichen Muskels erreicht unter den genannten Bedingungen Spitzenwerte von 15% des Gesamtumsatzes, entspricht also den Werten, die man mit der myothermischen Methode am ausgeschnittenen Muskel bei tetanischer Reizung erhält.

Kontraktionscyclen, bei denen der Muskel keine Arbeit nach außen leistet, haben den Wirkungsgrad Null. Dies gilt im gleichen Maß für isotonische Kontraktionsformen, wenn der Muskel bei derselben Spannung erschlafft, bei der er sich verkürzt hat, wie für isometrische Kontraktionen, in denen die im Anstieg an den elastischen Serienelementen geleistete Arbeit im Lauf der Erschlaffung wieder verschwindet. In beiden Fällen ist aber der O_2-Verbrauch in annähernd demselben Maß gesteigert wie bei den arbeitsleistenden Kontraktionstypen. Das Halten einer Spannung oder eines Gewichtes durch tetanische Dauerverkürzung ist mit dem Energieverbrauch der Erhaltungswärme verbunden und erfordert einen äquivalenten O_2-Verbrauch. Der Wirkungsgrad der Haltearbeit ist Null, ebenso der rein isometrischer Kontraktionen.

III. Kontraktionstheorien

Solange die Kenntnis der Fundamentalprozesse, die der Kontraktion zugrunde liegen, noch so lückenhaft ist wie zur Zeit der Herausgabe dieses Buches, wäre es vermessen eine Theorie mit dem Anspruch auf allgemeine Gültigkeit entwickeln zu wollen. Wenn trotzdem einige der modernen Theorien (s. WILKIE 1954b) im folgenden erörtert werden, so geschieht es, um dem Leser die Problematik derartiger Versuche nahezubringen und die Wege zu zeigen, die zu einer Lösung führen könnten.

Für den Transformationsweg der Energie von der Spaltung des ATP oder eines anderen energiereichen Phosphates bis zur mechanischen Verkürzung der Eiweißketten sind folgende Möglichkeiten denkbar:

a) Die bei der Spaltung freigesetzte Energie wird unmittelbar zur Verkürzung der Proteinketten verwandt;

b) die bei der Spaltung freigesetzte Energie dient zur Aufladung eines Energiespeichers, der die für die Kontraktion benötigte Energie in irgend einer Form (z. B. in Form elastischer Energie) bereithält.

1. ATP-Spaltungstheorie

Für die erste Annahme spricht eine Reihe von Befunden an den sogenannten Muskelmodellen, insbesondere die Tatsache, daß Kontraktion und ATP-Spaltung immer gleichzeitig durch Salyrgan gehemmt werden können (s. S. 118). Soweit es erlaubt ist, die Erfahrungen an den Modellen auf die Muskeln zu übertragen, würde dem energieliefernden chemischen Vorgang die mechanische Verkürzung ohne Zwischenstufe zeitlich unmittelbar nachfolgen; d. h. der chemische Spaltungsprozeß muß in die Kontraktions- oder Anstiegsphase des Cyclus fallen. Mit dieser

Annahme steht die wichtige Tatsache im Einklang, daß der Muskel nur während
der Anstiegsphase Aktivierungs- und Verkürzungswärme bildet, während der
Erschlaffung aber Wärme nur nach Maßgabe der in ihm gespeicherten mechanischen Energie abgibt (s. S. 222). In einer weiter entwickelten Form hat die Modelltheorie (H. H. WEBER 1958) den Vorteil durch relativ einfache Annahmen die Verschiebung der Actin- gegen die Myosinfilamente aus der gegenseitigen Kettenreaktion der beiden aneinanderliegenden Fadenproteine zu erklären. Da beim
ersten Schritt der ATP-Spaltung nur das Actin (möglicherweise mit einer sauren
Gruppe) den abgespaltenen Phosphatrest des ATP binden, beim zweiten Schritt
aber nur das Myosin das Phosphat vollständig freisetzen kann, ergibt sich ein
Reaktionsschema, in dem sich zunächst an Stelle des freiwerdenden Phosphats
der Schwefelrest einer im Myosin vorhandenen SH-Gruppe setzt. In weiterer
Folge kann z. B. eine benachbarte phenolische OH-Gruppe des Myosins ins Spiel
kommen, die sich gegen den Schwefelrest austauscht. Jede Reaktionsstufe ist dann
mit einer Verschiebung der reaktionsfähigen (sauren) Gruppe des Actins entlang
der Myosinkette verbunden. Da die Bindungsenergie von Stufe zu Stufe abnimmt,
muß die freiwerdende Energie von der Strecke abhängen, um die sich das Actin
gegen das Myosin verschiebt. Damit wäre eine einfache chemische Erklärung für
die Verkürzungswärme gefunden (H. H. WEBER 1958).

2. ATP-Bindungstheorie

Alle anderen Theorien, in denen die Erschlaffung, nicht die Kontraktion den
thermodynamisch unfreiwilligen Teil des Cyclus darstellt, sind nur unter der
Voraussetzung möglich, daß die energieliefernden chemischen Prozesse während der
Erschlaffung isotherm verlaufen oder exotherme und endotherme Anteile enthalten,
deren Wärmebildung sich gegenseitig aufhebt. Ein Ausweg aus dieser Schwierigkeit wäre die Annahme, daß die sogenannte Aktivierungswärme nicht
dem Kontraktions-, sondern dem Erschlaffungsprozeß zuzuordnen ist, in
Wirklichkeit also eine Desaktivierungswärme darstellt. Tatsächlich sprechen
einige Befunde für die Möglichkeit, daß der dem eigentlichen Kontraktionsprozeß gegenläufige Desaktivierungsprozeß schon sehr frühzeitig, vielleicht schon in der Latenzzeit beginnt. Nur in diesem Fall wäre wenigstens von
thermodynamischer Seite gegen die zahlreichen Theorien, bei denen die Erschlaffung die Rolle eines thermodynamisch aktiven Vorganges spielt, keine
grundsätzlichen Bedenken zu erheben. Soweit solche Theorien chemisch orientiert
sind, schreiben sie dem ATP die Eigenschaft zu, auf Grund seiner negativen
Ladung die Proteinfilamente aufzufalten (s. z. B. BOTTS und MORALES 1952).
Diese Annahme setzt voraus, daß die Filamente im Ruhezustand durch elektrostatische Abstoßungskräfte gestreckt sind (K. H. MEYER 1929), um sich im
Augenblick der Erregung durch freiwerdende ATP-Ionen zusammenzuziehen. Die
Erschlaffung würde dann auf einer Wiederaufladung der Proteinfilamente bei
gleichzeitiger Entfernung des ATP beruhen. Die Größe der Abstoßungskräfte, die
im besten Fall in den Actomyosinfilamenten vorhanden sein könnten, würde
annähernd für die volle isometrische Spannung ausreichen. Modelle dieser Art sind
Polyacrylfäden, die sich unter der Wirkung unspezifischer Stoffe zusammenziehen
(KUHN und HARGITAY 1951).

Auf denselben thermodynamischen Vorstellungen basiert eine Theorie (RAMSEY
1944; 1955; GASSNER und REICHEL 1952), die sich eng an ältere Anschauungen (BETHE
1911) anlehnt. Wenn das contractile Element die Eigenschaft einer nicht-linear-
elastischen Feder hat und im Ruhezustand durch elektrostatische Kräfte gegen die
elastischen Kräfte gedehnt ist, kann es bei der Kontraktion durch Neutralisierung
der Abstoßungskräfte entsprechend seinen dynamisch-elastischen Eigenschaften

zusammenschnurren; dabei wird Arbeit und Wärme nach Maßgabe der Hillschen Kraft-Geschwindigkeits-Relation frei (s. S. 218). Die Geschwindigkeit ist dann unter isotonischen Bedingungen zu jedem Zeitpunkt proportional der Strecke, um die das Element sich noch verkürzen kann. Von der freigesetzten Energie geht ein Teil in Arbeit, ein anderer in Wärme (Extrawärme) über, die proportional der Verkürzung ist, wie die Hillschen Befunde fordern. Die Theorie ist nur unter der Annahme brauchbar, daß die contractilen Elemente tatsächlich eine nichtlineare Charakteristik haben.

3. Transmutationstheorie

Da die Diskussion über die Frage, ob die Kontraktion oder die Erschlaffung der thermodynamisch aktive Teil des Cyclus sei, zu keinem Ergebnis geführt hat, versucht man heute alle Schwierigkeiten, die sich aus der Entscheidung für die eine oder andere Möglichkeit ergeben, durch die Annahme zu umgehen, daß im einzelnen contractilen Element sowohl die Erschlaffung als auch die Verkürzung auf chemischen Reaktionen beruhe (BUCHTHAL und KAISER 1951; POLISSAR 1952). Nach dieser Theorie befindet sich jedes Element entweder in einem „langen" oder in einem „kurzen" Zustand; der Übergang von dem einen in den anderen Zustand ist an eine bestimmte chemische Reaktion gebunden. Die Länge der Filamente hängt von der Zahl der Elemente ab, die sich in dem einen oder anderen Zustand befinden (POLISSAR 1952); die Gesamtlänge bleibt gleich, wenn zwischen der Reaktion, die die Elemente von der kurzen in die lange Form überführt, und der in umgekehrter Richtung wirkenden Reaktion ein dynamisches Gleichgewicht besteht. Die Abnahme der Verkürzung unter dem Einfluß einer angelegten Spannung kann man dadurch erklären, daß die Geschwindigkeit der für die Kontraktion notwendigen Reaktion infolge der Spannung vermindert ist. Damit würde sich aus einfachen mathematischen Ansätzen die Kraft-Geschwindigkeits-Relation A. V. Hills für Spannungen $< P_0$ ergeben; für Kräfte $> P_0$ errechnet sich eine Verlängerung, die im Einklang mit den experimentellen Befunden steht. Da die Erhaltung einer bestimmten Spannung oder Länge an einen ständigen Energiefluß von „Kurz" nach „Lang" und von „Lang" nach „Kurz" gebunden ist, muß sowohl im Ruhe- als auch im Kontraktionszustand der Energieverbrauch relativ hoch sein. Damit wäre der erhöhte Energieumsatz bei Dehnung (s. S. 215) und die Erhaltungswärme des Tetanus erklärt. Die Theorie bietet zwar keine Möglichkeit die Tatsache zu deuten, daß die Verkürzungswärme unabhängig von der geleisteten Arbeit ist; sie verdient aber besondere Berücksichtigung, weil nur die Annahme eines dynamischen Gleichgewichts zwischen der „Kurz"- und der „Lang"-Konfiguration dem hohen Ruheumsatz des Muskels Rechnung trägt. Einfache statische Gleichgewichte, wie sie andere Theorien annehmen (SZENT GYÖRGYI 1952), würden dagegen keine Energie erfordern, solange die Länge des Systems konstant bleibt.

4. Thermokinetische Theorie

Den thermokinetischen Theorien ist gemeinsam, daß sie den Muskel als einen kautschukartigen Körper auffassen, der bei Verkürzung von einem weniger wahrscheinlichen in einen wahrscheinlicheren Zustand übergeht (WÖHLISCH 1939). In der ursprünglichen Formulierung widerspricht diese Theorie dem Befund, daß der kontrahierte Muskel sich thermoelastisch normal verhält, also keine Kautschukelastizität besitzt (s. S. 123).

Eine andere Möglichkeit der Interpretation bietet sich durch die Annahme, daß bestimmte Stoffe in der Lage sind, die elastischen Eigenschaften des Muskels zu ändern (PRYOR 1952). Wenn ein solcher Stoff z. B. die Dehnbarkeit erniedrigt, so muß die Spannung bei gleichbleibender Länge ansteigen, oder die Länge bei gleichbleibender Spannung abnehmen (s. z. B. WILKIE 1954b). Eine solche Theorie würde allerdings voraussetzen, daß sich der Muskel am Beginn der Kontraktion in einen neuen elastischen Körper verwandelt. Für eine grundlegende Änderung der elastischen Eigenschaften gibt es jedoch keine ausreichenden experimentellen Belege (s. S. 122).

Eine lückenlose Erklärung aller bisher bekannten Befunde durch eine einzige Theorie ist bis jetzt nicht möglich. Die ATP-Spaltungstheorie (H. H. WEBER 1957) kann zwar für sich in Anspruch nehmen, den thermodynamischen Bedingungen, die an eine Theorie der Muskelkontraktion zu stellen sind, am besten zu entsprechen, sie bedarf aber eines überzeugenden Beweises, daß der Muskel sich nicht auch ohne nachweisbare ATP-Spaltung und ohne merkliche Zunahme des Phosphataustausches kontrahieren kann (s. S. 195). Im übrigen zeigt gerade die Vielzahl der derzeit vertretenen Theorien sehr eindrucksvoll, daß die Muskelkontraktion noch zu den ungeklärten Problemen der Biologie gehört.

Literatur

ABBOTT, B. C.: The heat production associated with the maintenance of a prolonged contraction and the extraheat produced during large shortening. J. Physiol. 112, 438 (1951). — ABBOTT, B. C., and X. M. AUBERT: The force exerted by active striated muscle during and after change of length. J. Physiol. 117, 77 (1952). — ABBOTT, B. C., and X. M. AUBERT: Changes of energy in a muscle during very slow stretches. Proc. roy. Soc. B 139, 104 (1951). — ABBOTT, B. C., X. M. AUBERT and A. V. HILL: The absorption of work by a muscle stretched during a single twitch or a short tetanus. Proc. roy. Soc. B 139, 86 (1951). — ABBOTT, B. C., B. BIGLAND and J. M. RITCHIE: The physiological cost of negative work. J. Physiol. 117, 380 (1952). — ABBOTT, B. C., and B. BIGLAND: The effects of force and speed changes on the rate of oxygen consumption during negative work. J. Physiol. 120, 319 (1953). — ABBOTT, B. C., and J. LOWY: Mechanical properties of Mytilus muscle. J. Physiol. 120, 50 (1953). — ABBOTT, B. C., and J. LOWY: Heat production in a smooth muscle. J. Physiol. 130, 25 (1955). — ABBOTT, B. C., and J. LOWY: Early tension changes during contraction of certain invertebrate muscles. J. Physiol. 133, 8 (1956a). — ABBOTT, B. C., and J. LOWY: Resting tension in snail muscle. Nature (Lond.) 178, 147 (1956b). — ABBOTT, B. C., and J. LOWY: Mechanical properties of Pinna adductor muscle. J. mar. biol. Ass. u. K. 35, 521 (1956c). — ABBOTT, B. C., and J. LOWY: A new muscle preparation for the study of optical changes during contraction. Nature (Lond.) 177, 788 (1956d). — ABBOTT, B. C., and J. LOWY: Stress relaxation in muscle. Proc. roy. Soc. B 146, 281 (1957). — ABBOTT, B. C., and J. LOWY: Contraction in molluscan smooth muscle. J. Physiol. 141, 385 (1958). — ABBOTT, B. C., and J. M. RITCHIE: The mechanical latent period of frog's striated muscle at 0° C. J. Physiol. 107, 5 (1948). — ABBOTT, B. C., and J. M. RITCHIE: Early tension relaxation during a muscle twitch. J. Physiol. 113, 330 (1951a). — ABBOTT, B. C. and J. M. RITCHIE: The onset of shortening in striated muscle. J. Physiol. 113, 336 (1951b). — ABBOTT, B. C., and D. R. WILKIE: The relation between velocity of shortening and the tension length curve of skeletal muscle. J. Physiol. 120, 214 (1953). — ACHELIS, J. D.: Über die Polarisationskapazität (Permeabilität) des Skelettmuskels bei indirekter Reizung. Pflügers Arch. ges. Physiol 213, 412 (1932). — ADAMS, R. D., D. DENNY BROWN and C. M. PEARSON: Diseases of muscle. New York: P. B. HOEBER: 1953. — ADRIAN, E. D.: The spread of activity in the tenuissimus muscle of the cat and in other complex muscle. J. Physiol. 60, 301 (1925). — ADRIAN, E. D.: The All- or Nothing Reaction. Ergebn. Physiol. 35, 744 (1933). — ADRIAN, E. D., and S. GELFAN: Rhythmic activity in skeletal muscle fibres. J. Physiol. 78, 271 (1933). — ADRIAN, R. H.: The effect of internal and external potassium concentration on the membrane potential of frog muscle. J. Physiol. 133, 631 (1956). — ALPERT, N. R., and E. TRAGER: The complete dissociation of lactate removal and the excess oxygen consumption of exercise. Comm. Abstr. XX. Physiol. Congr. Brüssel, 22, 1956. — AMBERSON, W. A. J., I. WHITE, H. B. BENSUSAN, S. HIMMELFART and B. E. BLANKENHORN: Δ-Protein, a new fibrous protein of skeletal muscle : properties. Amer. J. Physiol. 188, 205 (1957). — ARDENNE, V., u. H. H. WEBER: Elektronenmikroskopische Untersuchung des Muskeleiweißkörpers „Myogen". Kolloid-Z. 97, 322 (1941). — ASHMAN, R., and W. E. GARREY: Excitability of the turtle auricle during vagus stimulation. Amer. J. Physiol. 98, 109 (1931). — ASHLEY, C. A., A. F. SCHICK, A. ARASIMAVICUIS and G. M. HASS: Isolation and characterisation of mammalian striated myofibrils. In Connective Tissues. Edited by Cr. Ragan. New York: Josiah Macy jr. 1953. — Asmussen, E.: Über die Längenspannungskurven des ruhenden und aktiven Muskels. Skand. Arch. Physiol. 74, 129 (1936). — Astbury, W. T.: The X-Ray Study of proteins and related structures. Sci. Progress 133, 1 (1939). — Astbury, W. T.: X-Ray studies of muscular structure of myosin. Proc. roy. Soc. B 129, 307 (1940). — Astbury, W. T.: X-ray and electromicroscope studies of muscle and related structures. Abstr. Comm. 1. Int. Biochem. Congr. Cambridge S. 126 (1949). — Astbury, W. T., and S. Dickinson: α-β Transformation of muscle protein in situ. Nature. (Lond.) 135, 765 (1935). — Astbury, W. T., R. Reed and L. C. Spark: An X-ray and electron microscope study of tropomyosin. Biochem. J. 43, 282 (1948). — Astbury, W. T., and L. C. Spark: II. X-Rays. Biochim. biophys. Acta 1, 388 (1947). — Aubert, X.: Réversibilité partielle de la contraction musculaire au cours de l'absorption du travail en cycle. Arch. int. Physiol. 55, 348 (1948). — Aubert, X.: Réduction de la dépense énergétique du muscle sous l'effet d'un allongement forcé. Arch. int. Physiol. 60, 105 (1952). — Aubert, X.: Le couplage énergétique de la contraction musculaire. Brüssel: Editions Arscia 1956. — Aubert, X., et R. Rombaut: L'effet de la température sur l'évolution de la contracture iodo-acétique. Arch. int. Physiol. 61, 118 (1953). — Aubert, X., M. L. Roquet and J. van der Elst: The tension length diagram of the frog's sartorius muscle. Arch. int. Physiol. 59, 239 (1951). — Aunap, E.: Über die Form der glatten Muskelzellen und die Verbindung zwischen ihnen. Z. mikroskop.-anat. Forsch. 40, 587 (1936). — Aurell, G., u. G. Wohlfart: Studien über den mikroskopischen Bau der quergestreiften Muskulatur. Mit besonderer Rücksicht auf die Hypothese einer helicoidalen Anordnung gewisser Strukturen der Muskelfasern. Z. mikrosk.-anat. Forsch. 40, 402 (1936). — Awapura, J., A. J. Landua and R. Fuerst: Distribution of free amino acids and related substances in organs of the rat. Biochim. biophys. Acta 5, 457 (1950).

Bacqu, Z. M., et A. M. Monnier: Recherches sur la physiologie et la pharmacologie du système nerveuse autonome. XV. Variations de la polarisation des muscles lisses sous l'influence du système nerveuse autonome et ses mimétiques. Arch. int. Physiol. 40, 467 (1935). — Badeer, H.: Effect of hypothermia on anaerobic energy utilization of heart. Abstr. XX. Physiol. Congr. Brüssel 52, 1956. — Baeyer, E. v., u. A. v. Muralt: Lichtdurchlässigkeit und Tätigkeitsstoffwechsel des Muskels. Pflügers Arch. ges. Physiol. 234, 233 (1934). — Bässler, K. H.: Über die Elastizität des Skelettmuskels im Zustand der Ermüdung. Z. Biol. 103, 349 (1950). — Baetjer, A. M.: The diffusion of potassium from resting skeletal muscles following a reduction in the blood supply. Amer. J. Physiol. 112, 139 (1935). — Bailey, K.: A crystalline albumin component of skeletal muscle. Nature (Lond.) 145, 934 (1940). — Bailey, K.: Tropomyosin: a new asymmetric protein component of muscle. Nature (Lond.) 157, 368 (1946). — Bailey, K.: Tropomyosin: a new asymmetric protein of the muscle fibril. Biochem. J. 43, 271 (1948). — Bailey, K.: End-group array in some proteins of the keratin-myosin group. Biochem. J. 49, 23 (1951). — Bailey, K., and S. V. Perry: The rôle of sulphydryl groups in the interaction of myosin and actin. Biochim. biophys. Acta 1, 506 (1947). — Bandmann, H. J., u. H. Reichel: Struktur und Mechanik des glatten Schließmuskels von Pinna nobilis. Z. Biol. 107, 67 (1955). — Bang, O., O. Boje u. M. Nielsen: Contribution to the physiology of severe muscular work. Skand. Arch. Physiol. 74, Suppl. 10 (1936). — Banga, I., F. Guba and M. A. Szent Györgyi: Nature of myosin. Nature (Lond.) 159, 194 (1947). — Banga, I., and A. Szent Györgyi: Preparation and properties of myosin A and B. Stud. from Inst. Med. Chem. Univ. Szeged 1, 5 (1941). — Banus, M. G., and A. M. Zetlin: The relation of isometric tension to length in skeletal muscle. J. cell. comp. Physiol. 12, 403 (1938). — Baranowski, T.: Proteines cristallisable de l'extrait musculaire de lapin. C. R. Soc. Biol. (Paris) 130, 1182 (1939). — Bárány, M. and K. Bárány: Studies on "active centers" of L-Myosin. Biochim. biophys. Acta 35, 293 (1959). — Barcroft, J.: The respiratory function of blood. London 1925. — Barigozzi, C.: La struttura delle fibre muscolari striate studiata con il microincinerimento. Arch. Zool. ital. 24, 121 (1937). — Barnes, J. M., J. I. Duff and C. J. Threlfall: The behaviour of mammalian striated muscle in the presence of 2:4-dinitrophenol. J. Physiol. 130, 585 (1955). — Bartels, H.: Die Bestimmung des physikalisch gelösten Sauerstoffs in biologischen Flüssigkeiten mit der Quecksilbertropfelektrode. Naturwissenschaften 36, 375 (1949). — Bartels, H., u. K. Brecht: Über die Atmung quergestreifter Kaltblütermuskeln bei der Acetylcholinkontraktion und beim Tetanus. Pflügers Arch. ges. Physiol. 254, 498 (1952). — Bate Smith, E. C.: Native and denaturated muscle proteins. Proc. roy. Soc. B. 124, 136 (1937). — Bate Smith, E. C., and J. R. Bendall: Rigor mortis and adenosine triphosphate. J. Physiol. 106, 177 (1947). — Bate Smith, E. C., and J. R. Bendall: Delayed onset of rigor mortis after administration of myosin. J. Physiol. 107, 2 P (1948). — Bate Smith, E. C., and J. R. Bendall: Changes in muscle after death. Brit. med. Bull. 12, 230 (1956). — Bauereisen, E.: Über die Entstehung und Dynamik der Treppenzuckung des Froschherzens. Z. Biol. 101, 278 (1943). — Bauereisen, E., u. H. Reichel: Über die inotrope Wirkung der Herznerven. Klin. Wschr. 1947, Nr. 24/25, 785. — Bear, R.: X-ray diffraction studies on protein fibers. J. Amer. chem. Soc. 66, 2043 (1944). — BECK, O.: Besitzt der quergestreifte Muskel einen Sperrmechanismus. Pflügers Arch. ges. Physiol. 199, 481 (1923). — BENDALL, J. R.: The shortening of rabbit muscles during rigor mortis: its relation to the breakdown of adenosine triphosphate and creatine phosphate and to muscular contraction. J. Physiol. 114, 71 (1951). — BENDALL, J. R.: A factor modifying the shortening response of muscle fibre bundles to ATP. Proc. roy. Soc. B 139, 523 (1952). — BENDALL, J. R.: Further observations on a factor (the marsh factor) effecting relaxations of ATP-shortened muscle fibre models, and the effect of Ca and Mg ions upon it. J. Physiol. 121, 232 (1953). — BENDALL, J. R.: The relaxing effect of myokinase on muscle fibres; its identity with the "Marsh"-factor. Proc. roy. Soc. B 142, 409 (1954). — BENOIT, P. H.: Coefficient thermique de la chronaxie musculaire sous des électrodes de grandeurs diverses. C. R. Soc. Biol. (Paris) 115, 374 (1934). — BENOIT, P. H., et E. CORABEUF: Modifications électrotoniques du potentiel de pointe et du potentiel consécutif de la fibre musculaire striée. C. R. Soc. Biol. (Paris) 149, 1435 (1955). — BERGANINI, V.: Analisi dei potenziali d'azione fisiologici nel m. bicipite femorale et m. estensore breve delle dita del piede nell' uomo. Arch. Fisiol. 55, 96 (1955). — BERGNER, A. D.: Histochemical demonstration of the effect of nerve section on cholin esterase activity at motor endplates in the gastrocnemius muscle of guinea-pig. Brit. J. exp. Path. 38, 160 (1957). — BETHE, A.: Die Dauerverkürzung der Muskeln. Pflügers Arch. ges. Physiol. 142, 291 (1911). — BETHE, A.: Spannung und Verkürzung des Muskels bei kontrakturerzeugenden Eingriffen im Vergleich zur Tetanusspannung und Tetanusverkürzung. Pflügers Arch. ges. Physiol. 199, 491 (1923). — BETHE, A.: Untersuchungen über die elastischen Eigenschaften der Muskeln bei verschiedenen funktionellen Zuständen. I. Mitteilung. Pflügers. Arch. ges. Physiol. 205, 63 (1924). — BETHE, A., u. P. HAPPEL: Die Zerlegung der Muskelzuckung in Teilfunktionen. I. Die Kurven der isotonischen Zuckungen des curarisierten Sartorius nebst Bemerkungen über Latenzzeit und Geschwindigkeit der Kontraktionswelle. Pflügers Arch. ges. Physiol. 201, 157 (1923). — BEUTNER, R., J. LANDAY and A. LIEBERMAN jr.: Evidence for the local effect of mercurial diuretics. Proc. Soc. exp. Biol. (N.Y.) 44, 120 (1940). — BIEDERMANN, W.: Zur Lehre von der elektrischen Erregung quergestreifter Muskeln. Pflügers Arch. ges. Physiol. 47, 243 (1890). — BIEDERMANN, W.: Elektrophysiologie. Jena: Gustav Fischer 1895. — BIGLAND, B., and O. C. J. LIPPOLD: Motor unit activity in the voluntary contraction of human muscle. J. Physiol. 125, 322 (1954). — BING, R. J.: Der Myokardstoffwechsel. Klin. Wschr. 34, 1 (1956). — BING, R. J., u. A. BEUREN: Der Stoffwechsel des Herzens. Erg. inn. Med. Kinderheilk. N.F. 11, 104 (1959). — BLEICHERT, A., u. H. REICHEL: Über den zeitlichen Ablauf der Aktivierung im Herzmuskel. Verh. dtsch. Ges. Kreisl. Forsch. 23, 356 (1957). — BLIX, M.: Die Länge und die Spannung des Muskels. Skand. Arch. Physiol. (Berl. u. Lpz.) 3, 295 (1892). — BLIX, M.: Die Länge und die Spannung des Muskels. 2. Die sekundären elastischen Erscheinungen des ruhenden Muskels. Skand. Arch. Physiol. (Berl. u. Lpz.) 4, 399 (1893). — BLUM, J. J., and M. F. MORALES: The interaction of myosin with adenosine triphosphate. Arch. Biochem. 43, 208 (1953). — BOEHM, G.: Kurzzeitige Röntgeninterferenzaufnahmen als neue physiologische Untersuchungsmethode. Z. Biol. 91, 203 (1931). — BOEHM, G., u. H. H. WEBER: Das Röntgendiagramm von gedehnten Myosinfäden. Kolloid-Z. 61, 269 (1932). — BOETTIGER, E. G., u. E. FURSHPAN: The mechanics of flight movements in diptera. Biol. Bull. Woodholes 102, 200 (1952). — BONNICHSEN, R., G. HEVESY and A. AKESON: Formation of myoglobin. Acta physiol. scand. 34, 345 (1955). — BORN, G. V. R.: The relation between the tension and the high energy phosphate content of smooth muscle. J. Physiol. 131, 704 (1956). — BORN, G. V. R., and E. BÜLBRING: The effect of 2:4 dinitrophenol (DNP) on the smooth muscle of the guinea pig's taenia coli. J. Physiol. 127, 626 (1955). — BORN, G. V. R., and E. BÜLBRING: The movement of potassium between smooth muscle and the surrounding fluid. J. Physiol. 131, 690 (1956). — BOTELHO, ST. Y., L. CANDER and N. GUITI: Passive and active tension-length diagrams of intact skeletal muscle in normal women of different ages. J. appl. Physiol. 7, 93 (1954). — BOUCKAERT, I. P., L. CAPELLEN and J. DE BLENDE: The visco-elastic properties of frog's muscle. J. Physiol. 69, 473 (1930). — BOUCKAERT, I. P., et G. DELRUE: Propriétés visco-élastiques des muscles de l'aphrodite. Arch. int. Physiol. 38, 109 (1934). — BOWDITCH, H. P.: Über die Eigentümlichkeit der Reizbarkeit, welche die Muskelfasern des Herzens zeigen. Ber. math. phys. Cl. sächs. Ges. Wiss. Leipzig 1871, 39. — BOWEN, W. J.: Phosphorylysis of adenosin triphosphate and rate of contraction of myosin B threads. Amer. J. Physiol. 165, 10 (1951). — BOWEN, W. J.: Effect of calcium, magnesium and pH on adenosine-triphosphatase activity of myosin B threads. Amer. J. Physiol. 169, 218 (1952). — BOWEN, W. J., and T. D. KERWIN: Some further observations on the interaction of EDTA with the myosin-ATP system. Arch. Biochem. 53, 311 (1954). — BOWEN, W. J., and T. D. KERWIN: The rate of dephosphorylation of adenosine triphosphate and the shortening of glycerol-washed muscle fibers. Biochim. biophys. Acta 18, 83 (1955). — BOWEN, W. J., and E. LAKI: Effect of concentration of KI and of temperature on shortening of glycerol treated muscle fibers in KI-solution. Amer. J. Physiol. 158, 92 (1956). — BOYD, I. A., and A. R. MARTIN: Miniature end-plate potentials in isolated cat muscle. J. Physiol. 128,

30 P (1955). — Boyd, I. A., and A. R. Martin: Spontaneous subthreshold activity at mammalian neuromuscular junctions. J. Physiol. **132**, 61 (1956a). — Boyd, I. A., and A. R. Martin: The end-plate potential in mammalian muscle. J. Physiol. **132**, 74 (1956b). — Boyle, P. J., E. J. Conway, F. Kane and S. Y. L. O. Reilly: Volume of inter fibre spaces in frog muscle and the calculation of concentrations in the fibre water. J. Physiol. **99**, 401 (1941). — Bozler, E.: Untersuchungen zur Physiologie der Tonusmuskeln. Z. vergl. Physiol. **12**, 579 (1930a). — Bozler, E.: The heat production of smooth muscle. J. Physiol. **69**, 442 (1930b). — Bozler, E.: Die mechanischen Eigenschaften des ruhenden Muskels, ihre experimentelle Beeinflussung und physiologische Bedeutung. Z. vergl. Physiol. **14**, 429 (1931). — Bozler, E.: The change of alternating current impedance of muscle produced by contraction. J. Cell. Comp. Physiol. **6**, 217 (1935). — Bozler, E.: The energy changes of smooth muscle during relaxation. J. cell. comp. Physiol. **8**, 419 (1936). — Bozler, E.: Electric stimulation and conduction of excitation in smooth muscle. Amer. J. Physiol. **122**, 614 (1938). — Bozler, E.: Electrophysiological studies on the motility of the gastrointestinal tract. Amer. J. Physiol. **127**, 31 (1939). — Bozler, E.: Action potentials and conduction of excitation in muscle. Biol. Rev. **3**, 95 (1941a). — Bozler, E.: The mechanical properties of resting smooth muscle. J. cell. comp. Physiol. **18**, 385 (1941b). — Bozler, E.: The activity of the pacemaker previous to the discharge of a muscular impulse. Amer. J. Physiol. **136**, 543 (1942). — Bozler, E.: Tonus changes in cardiac muscle and their significance for the initiation of impulses. Amer. J. Physiol. **139**, 477 (1943). — Bozler, E.: The action potentials of the stomach. Amer. J. Physiol. **144**, 693 (1945). — Bozler, E.: The response of smooth muscle to stretch. Amer. J. Physiol. **149**, 299 (1947). — Bozler, E.: Conduction, automaticity and tonus of visceral muscles. Experientia (Basel) **4**, 213 (1948). — Bozler, E.: Reflex peristalsis of the intestine. Amer. J. Physiol. **175**, 338 (1949). — Bozler, E.: Mechanism of relaxation in extracted muscle fibers. Amer. J. Physiol. **167**, 276 (1951). — Bozler, E.: Evidence for an ATP-actomyosin complex in relaxed muscle and its response to calcium ions. Amer. J. Physiol. **168**, 760 (1952). — Bozler, E.: Contraction and relaxation in the adductor muscles of mytilus edulis. J. Physiol. **120**, 129 (1953a). — Bozler, E.: The role of phosphocreatine and adenosine-triphosphate in muscular contraction. J. gen. Physiol. **37**, 63 (1953b). — Bozler, E.: Relaxation in extracted muscle fibers. J. gen. Physiol. **38**, 149 (1954). — Bozler, E.: The effect of polyphosphate and magnesium in the mechanical properties of extracted muscle fibers. J. gen. Physiol. **39**, 789 (1956). — Bozler, E.; M. E. Calvin and D. W. Watson: Exchange of electrolytes in smooth muscle. Amer. J. Physiol. **195**, 38 (1958). — Bozler, E., and C. L. Cottrell: The birefringence of muscle and its variation during contraction. J. cell. comp. Physiol. **10**, 165 (1937). — Brady, A. J., u. J. W. Woodbury: Das Aktionspotential und Mechanogramm des Herzmuskels unter dem Einfluß der Dehnung. Cardiologia (Basel) **25**, 344 (1957). — Brady, A. J., and J. W. Woodbury: Effects of sodium and potassium on repolarization in frog ventricular fibers. Ann. New York Acad. Sci. **65**, 687 (1957). — Brecht, K.: Muskeltonus. Fortschr. Zool. **9**, 500 (1951). — Brecht, K., R. Behrens u. H. Bartels: Untersuchungen über den Sauerstoffverbrauch glatter Muskeln von Kaltblütern. Pflügers Arch. ges. Physiol. **259**, 306 (1954). — Brecht, K., u. H. Feneis: Über tonische und phasische Reaktionen einzelner quergestreifter Muskelfasern und des Ganzmuskels. Z. Biol. **103**, 355 (1950). — Brecht, K., G. Utz u. E. Lutz: Über die Atmung quergestreifter und glatter Muskeln von Kaltblütern in Ruhe, bei Dehnung, Kontraktion und Kontraktur. Pflügers Arch. ges. Physiol. **260**, 524 (1955). — Bremer, F.: The negative after-potential of skeletal muscle and the causation of veratrine contraction. Arch. int. Physiol. **63**, 70 (1955). — Brisbin, G. W. E., and E. Allen: The elastic extensibility of muscle. Canad. J. Res. **17**, 33 (1939). — Brondgeest, P. Q.: De tono musculorum voluntati subditorum. Utrecht 1860. — Bronk, D. W.: The heat production and economy maintained of contraction in crustacean muscle. J. cell. comp. Physiol. **2**, 285 (1932). — Brown, D. E. S.: The liberation of energy in the contracture and simple twitch. Amer. J. Physiol. **113**, 20 (1935). — Brown, D. E. S.: The effect of rapid compression upon events in the isometric contraction of skeletal muscle. J. cell. comp. Physiol. **8**, 141 (1936). — Brown, D. E. S., and D. J. Edwards: A contracture phenomenon in cross-striated muscle. Amer. J. Physiol. **101**, 15 (1932). — Brown, D. E. S., and F. Sichel: Isometric contraction of isolated muscle fibres. J. cell. comp. Physiol. **8**, 315 (1936). — Brown, G. L.: The action of acetylcholine on denervated mammalian and frog's muscle. J. Physiol. **89**, 438 (1937). — Brown, G. L., and B. D. Burns: Fatigue and neuromuscular block in mammalian skeletal muscle. Proc. roy. Soc. **136**, 182 (1949). — Brown, G. L., and A. M. Harvey: Reactions of avian muscle to acetylcholine and eserine. J. Physiol. **94**, 101 (1938). — Buchthal, F.: Widerstandsmessungen an einzelnen quergestreiften Muskelfasern in Ruhe und während der Kontraktion. Skand. Arch. Physiol. **70**, 199 (1934). — Buchthal, F.: Weitere Untersuchungen über Widerstandsmessungen an einzelnen quergestreiften Muskelfasern. Skand. Arch. Physiol. **72**, 63 (1935). — Buchthal, F.: The mechanical properties of the single striated muscle fibre at rest and during contraction and their structural interpretation. Det. Kgl. Dansk. Vidensk. Selskab. Biol. Medd. 17/2 (1942). — Buchthal, F.: The functional organization of the motor unit. Extr. vol. publ.

IV. Congr. int. Electro-encéphalogr. et Neuro-physiologie clin. Brüssel, S. 17—41 (1957). — BUCHTHAL, F., CHR. GULD and P. ROSENFALCK: Aktionpotential parameters in normal human muscle and their dependence on physical variables. Acta physiol. scand. **32**, 200 (1954). — BUCHTHAL, F., CHR. GULD and P. ROSENFALCK: Propagation velocity in electrically activated muscle fibres in man. Acta physiol. scand. **34**, 75 (1955a). — BUCHTHAL, F., CHR. GULD and P. ROSENFALCK: Innervation zone and propagation velocity in human muscle. Acta physiol. scand. **35**, 174 (1955b). — BUCHTHAL, F., CHR. GULD and P. ROSENFALCK: Multielectrode study of the territory of a motor unit. Acta physiol. scand. **39**, 83 (1957a). — BUCHTHAL, F., CHR. GULD and P. ROSENFALCK: Volume conduction of the spike of the motor unit potential investigated with a new type of multielectrode. Acta physiol. scand. **38**, 331 (1957b). — BUCHTHAL, F., and E. KAISER: Factors determining tension development in skeletal muscle. Acta physiol. scand. **8**, 38 (1944). — BUCHTHAL, F., and E. KAISER: Optimum mechanical conditions for the work of skeletal muscle. Acta psychiat. (Kbh.) **24**, 333 (1949). — BUCHTHAL, F., and E. KAISER: The rheology of the cross striated muscle fibre. Det. Kgl. Danske Vidensk. Selskab. Biol. Medd. **21**, 1 (1951). — BUCHTHAL, F., E. KAISER and G. G. KNAPPEIS: Elasticity, viscosity and plasticity in the cross-striated muscle fibre. Acta physiol. scand. **8**, 16 (1944). — BUCHTHAL, F., u. G. G. KNAPPEIS: Untersuchungen über die Doppelbrechung der einzelnen lebenden quergestreiften Muskelfaser. Skand. Arch. Physiol. **78**, 97 (1938). — BUCHTHAL, F., and G. G. KNAPPEIS: Diffraction spectra and minute structure of the cross striated muscle fibre. Skand. Arch. Physiol. **83**, 281 (1940). — BUCHTHAL, F., and G. G. KNAPPEIS: Propagation of contraction in the isolated striated muscle fibre. Acta physiol. scand. **5**, 256 (1943). — BUCHTHAL, F., G. G. KNAPPEIS u. J. LINDHARD: Struktur der quergestreiften lebenden Muskelfaser des Frosches in Ruhe und während der Kontraktion. Skand. Arch. Physiol. **73**, 162 (1936). — BUCHTHAL, F., and J. LINDHARD: The physiology of striated muscle fiber. Kopenhagen: Ejnar Munksgaard 1939. — BUCHTHAL, F., P. PINELLI and P. ROSENFALCK: Action potential parameters in normal human muscle and their physiological determinants. Acta physiol. scand. **32**, 219 (1954b). — BUCHTHAL, F., T. WEIS-FOGH and P. ROSENFALCK: Twitch contractions of isolated flight muscle of locusts. Acta physiol. scand. **39**, 246 (1957). — BÜRKER, K.: Experimentelle Untersuchungen zur Thermodynamik des Muskels. VI. Methodik. Der Energieaufwand als Funktion der übrigen Variablen der Muskeltätigkeit bei verschiedenartigen Muskeln. Pflügers Arch. ges. Physiol. **174**, 282 (1919). — BUGNARD, L.: The relation between total and initial heat in single muscle twitches. J. Physiol. **82**, 509 (1934). — BÜLBRING, E.: Measurement of oxygen consumption in smooth muscle. J. Physiol. **122**, 111 (1953). — BÜLBRING, E.: Membrane potentials of smooth muscle fibres of the taenia coli of the guinea pig. J. Physiol. **125**, 302 (1954). — BÜLBRING, E.: Correlation between membrane potential, spike discharge and tension in smooth muscle. J. Physiol. **128**, 200 (1955). — BÜLBRING, E., M. HOLMAN and H. LÜLLMANN: Effects of calcium deficiency on striated muscle of the frog. J. Physiol. **133**, 101 (1956). — BÜLBRING, E., and I. N. HOOTON: Smooth muscle potentials recorded with intracellular electrodes. J. Physiol. **120**, 8 P. (1953). — BURGEN, A. S. V., and K. G. TERROUX: The membrane resting and action potentials of the cat auricle. J. Physiol. **119**, 139 (1953a). — BURGEN, A. S. V., and K. G. TERROUX: On the negative-inotropic effect on the cats auricle. J. Physiol. **120**, 449 (1953b). — BURK, D.: The free energy of glycogen-lactic acid breakdown in muscle. Proc. roy. Soc. B **104**, 153 (1929). — BURKE, W.: Spontaneous potentials in slow muscle fibres of the frog. J. Physiol. **135**, 511 (1957). — BURKE, W., and B. L. GINSBORG: The electrical properties of the slow muscle fibre membrane. J. Physiol. **132**, 586 (1956a). — BURKE, W., and B. L. GINSBORG: The action of the neuromuscular transmitter on the slow fibre membrane. J. Physiol. **132**, 599 (1956b). — BURN, J. H.: A discussion on the action of local hormones. Proc. roy. Soc. B **137**, 281 (1950). — BURNS, B. D., and W. D. M. PATON: Depolarization of the motor end-plate by decamethonium and acetylcholine. J. Physiol. **115**, 41 (1951). — BURTON, K., and H. A. KREBS: The free-energy changes associated with the individual steps of the tricarboxylic-acid cycle, glycolysis and alcoholic fermentation and with the hydrolysis of the pyrophosphate groups of adenosine triphosphate. Biochem. J. **54**, 94 (1953).

CALDWELL, P. C.: An investigation of the intracellular p_H of crab muscle fibres by means of micro-glass and micro-tungsten electrodes. J. Physiol. **126**, 169 (1954). — CANNON, W. B., and A. ROSENBLUETH: Autonomic neuro-effector systems. New York 1937. — CAREY, M., and E. J. CONWAY: Comparison of various media for immersing frog sartorii at room temperature, and evidence for the regional distribution of fibre Na^+. J. Physiol. **125**, 232 (1954). — CARLSEN, F., and G. G. KNAPPEIS: The anisotropic and isotropic bands of skeletal muscle in light- and electron-microscopy. Exp. Cell. Res. **8**, 329 (1955). — CARLSEN, F., and G. G. KNAPPEIS: Electron microscopy of ultra thin longitudinal sections from striated muscle. Acta physiol. scand. **42**, Suppl. 145 (1957). — CASE, J. F.: Spontaneous activity in denervated insect muscle. Science **124**, 1079 (1956). — CASELLA, C.: Tensile force in total striated muscle, isolated fibre and sarcolemma. Acta physiol. scand. **21**, 380 (1951). — DEL CASTILLO, J., and L. ENGBAEK: The nature of the neuromuscular block produced by magnesium. J. Physiol. **124**, 370 (1954). — DEL CASTILLO, J., G. HOYLE and X. MACHNE: Neuromuscular transmission in a locust. J. Physiol. **121**, 539 (1953). — DEL CASTILLO, J., and B. KATZ: Changes in end-plate activity produced by pre-synaptic polarization. J. Physiol. **124**, 586 (1954a). — DEL CASTILLO, J., and B. KATZ: Quantal components of the end-plate potential. J. Physiol. **124**, 560 (1954b). — DEL CASTILLO, J., and B. KATZ: The membrane change produced by the neuromuscular transmitter. J. Physiol. **125**, 546 (1954c). — DEL CASTILLO, J., and B. KATZ: On the localization of acetylcholine receptors. J. Physiol. **128**, 157 (1955a). — DEL CASTILLO, J., and B. KATZ: Local activity at a depolarized nerve-muscle junction. J. Physiol. **128**, 396 (1955b). — DEL CASTILLO, J., and B. KATZ: A study of curare action with an electrical microelectrode. Proc. roy. Soc. B **146**, 339 (1957a). — DEL CASTILLO, J., and B. KATZ: The identity of "intrinsic" and "extrinsic" acetylcholine receptors in the motor end-plate. Proc. roy. Soc. B **146**, 357 (1957b). — DEL CASTILLO, J., and X. MACHNE: Effect of temperature on the passive electrical properties of the muscle fibre membrane. J. Physiol. **120**, 431 (1953). — DEL CASTILLO, J., and L. STARK: The effect of calcium ions on the motor end-plate potential. J. Physiol. **116**, 507 (1952). — CATTELL, McK.: Changes in the efficiency of muscular contraction under pressure. J. cell. comp. Physiol. **6**, 277 (1935). — CATTELL. McK.: The physiological effects of pressure. Biol. Rev. Cambridge philos. Soc. **11**, 441 (1936). — CATTELL, McK., T. P. FENG, W. HARTREE, A. V. HILL and J. L. PARKINSON: Recovery heat in muscular contraction without lactic acid formation. Proc. roy. Soc. B **108**, 279 (1931). — CATTELL, McK., and H. GOLD: Relation of rhythm to force of contraction of mammalian cardiac muscle. Amer. J. Physiol. **182**, 307 (1955). — CATTELL, McK., and E. SHORR: The recovery heat production of mammalian muscle. Amer. J. Physiol. **101**, 18 (1932). — CHADWICK, L. E.: The motion of the wings. The flight muscles and their control. In Insect Physiology. ed. Roeder. New York: John Wiley 1953. — CHAPPELL, J. B., and S. V. PERRY: The respiratory and adenosintriphosphatase activities of skeletal muscle mitochondria. Biochem. J. **55**, 586 (1953). — CLARA, M.: Über die Kontinuität der Muskelfibrillen und Sehnenfibrillen. Z. mikrosk.-anat. Forsch. **23**, 321 (1931). — CLARK, A. J., M. G. EGGLETON and P. EGGLETON: Phosphagen in the perfused heart of the frog. J. Physiol. **75**, 332 (1932). — CLELAND, K. W.: The preparation and properties of heart muscle sarcosomes. Proc. Anat. Soc. Gr. Brit. Ireland, J. Anat. **87**, 436 (1953). — COLE, K. S., and H. J. CURTIS: Electric impedance of the squid giant axon during activity. J. gen. Physiol. **22**, 649 (1939). — CONWAY, E. J., and M. CAREY: Muscle sodium. Nature (Lond.) **175**, 773 (1955). — CONWAY, E. J., and P. J. FLARON: The acide labile CO_2 in mammalian muscle and the p_H of the muscle fibre. J. Physiol. **103**, 274 (1944). — COOPER, S., and J. C. ECCLES: The isometric responses of mammalian muscles. J. Physiol. **69**, 377 (1930). — CORABEUF, E., et J. BOISTEL: L'action des taux élevés de gaz carbonique sur le tissu cardiaque, étudiée à l'aide de microélectrodes intracellulaires. C. R. Soc. Biol. (Paris) **147**, 654 (1953). — CORABEUF, E., and S. WEIDMANN: Temperature effects on the electrical activity of Purkinje fibres. Helv. physiol. Acta **12**, 32 (1954). — CRANEFIELD, P. F., and B. F. HOFFMAN: Electro-physiology of single cardiac cells. Physiologic. Rev. **38**, 41 (1958). — CREESE, R.: Bicarbonate ion and muscle potassium. Biochem. J. **50**, XVIII (1952). — CREESE, R.: Measurement of cation fluxes in rat diaphragm. Proc. roy. Soc. B **142**, 497 (1954). — CREMER, M.: Die allgemeine Physiologie des Nerven. In: NAGEL, W.: Handbuch der Physiologie des Menschen. 4. Bd., 2. Hälfte 793. 1909. — CREPAX, P.: Etude comparative des protéines des muscles donés de différentes propriétés morphologiques et fonctionelles. Biochim. biophys. Acta **9**, 385 (1952). — CSAPO, A.: Actomyosin content of the uterus. Nature (Lond.) **162**, 218 (1948). — CSAPO, A.: Dependence of isometric tension and isotonic shortening of uterine muscle on temperature and on strength of stimulation. Amer. J. Physiol. **177**, 348 (1954). — CSAPO, A., N. ERDÖS and O. SNELLMAN: A preliminary note on the actomyosin from uterus studied in ultracentrifuge. Biochim. biophys. Acta **5**, 53 (1950). — CSAPO, A., and M. GOODALL: Excitability, length tension relation and kinetics of uterine muscle contraction in relation to hormonal status. J. Physiol. **126**, 384 (1954).

DALE, H. H., and W. FELDBERG: The chemical transmitter of vagus effects to the stomach. J. Physiol. **81**, 320 (1934). — DALE, H. H., W. FELDBERG and M. VOGT: Release of acetylcholine at voluntary motor nerve endings. J. Physiol. **86**, 353 (1936). — DALE, H. H., and H. J. GADDUM: Reactions of denervated voluntary muscle, and their bearing on the mode of action of parasympathetic and related nerves. J. Physiol. **70**, 109 (1930). — DAVENPORT, H. A.: Staining nerve fibers in mounted sections with alcoholic silver nitrate solution. Arch. Neurol. Psychiat. (Chicago) **24**, 690 (1930). — DAVIES, P. W., and F. BRINK: Micro-electrodes for measuring local oxygen tension in animal tissues. Rev. sci. Instrum. **13**, 524 (1942). — DAVIS, L. jr., and R. LORENTE DE NÓ: Contribution to the mathematical theory of the electrotonus. In R. LORENTE DE NÓ: A study of nerve Physiology. Stud. Rockef. Inst. med. Res. **131**, 442 — DAVSON, H., and J. F. DANIELLI: The permeability of natural membranes.

Cambridge University Press, London 1943. — DEAN, R. B.: Anaerobic loss of potassium from frog muscle. J. cell. comp. Physiol. 15, 189 (1940). — DEAN, R. B.: Theories of electrolyte equilibrium in muscle. Biol. Symp. 3, 331 (1941). — DEBYE, P.: Zustandsgleichung und Quantenhypothese. Physik. Z. 14, 259 (1913). — DÉLEZE, J.: Perfusion of a strip of mammalian ventricle. Effects of K-rich and Na-deficient solutions on transmembrane potential. Circ. Rex. 7, 461 (1959). — DENSLOW, J. S., and C. C. HASSET: The polyphasic action currents of the motor unit complex. Amer. J. Physiol. 139, 652 (1943). — DESMEDT, J. E.: Electrical activity and intracellular sodium concentration in frog muscle. J. Physiol. 121, 191 (1953). — DEUTICKE, H. J.: Kolloidzustandsänderungen der Muskelproteine beim Absterben und bei der Ermüdung. Pflügers Arch. ges. Physiol. 224, 1 (1930). — DEUTICKE, H. J.: Kolloidzustandsänderungen der Muskelproteine bei der Muskeltätigkeit. Z. physiol. Chem. 210, 97 (1932). — DEUTSCH, A., and R. NILSSON: On the dephosphorylation and deamination of adenosine triphosphate by actomyosin gel. Acta chem. scand. 8, 1898 (1954). — DIRKEN, M. N. J., u. J. J. SIEMELINK: Der Aktionsstrom einer einzelnen motorunit: Acta brev. neerl. Physiol. 11, 84 (1941). — DIXON, G. H., and J. SACKS: Occurrence of phosphate exchanges in muscular contraction. Amer. J. Physiol. 193, 129 (1959). — DOI, Y.: Studies on muscular contraction. III. The influence of extension and temperature on the heat production in the muscle twitch. J. Physiol. 55, 38 (1921). — DRAPER, M. H., and A. J. HODGE: Submicroscopic localization of minerals in skeletal muscle by internal microincineration within the electron microscope. Nature (Lond.) 163, 576 (1949). — DRAPER, M. H., and S. WEIDMANN: Cardiac resting and action potentials recorded with an intra cellular electrode. J. Physiol. 115, 74 (1951). — DUBUISSON, M.: Variations d'impédance et processus chimiques au cours de la contraction musculaire. Canad. roy. Soc. Biol. 122, 817 (1936). — DUBUISSON, M.: Impedance changes in muscle during contraction and their possible relation to chemical processes. J. Physiol. 89, 132 (1937). — DUBUISSON, M.: Les processus physico-chimiques de la contraction musculaire. Ann. Physiol. Physiochim. biol. 15, 445 (1939). — DUBUISSON, M.: Myosines α, β et γ dans les muscles normaux, fatigués et contracturés. Proc. 6th Int. Congr. exp. Cytol. Stockholm 257, 1947. — DUBUISSON, M.: Contribution á l'étude de la transformation G- actine -F- actine. Biochim. biophys. Acta 5, 426 (1950). — DUBUISSON, M.: Muscular Contraction. Springfield, USA: Charles C. Thomas, 1954.— DUDEL, J., u. W. TRAUTWEIN: Das Aktionspotential u. Mechanogramm des Herzmuskels unter dem Einfluß der Dehnung. Cardiologia (Basel) 25, 344 (1954). —

EBBECKE, U.: Wirkung allseitiger Kompression auf den Froschmuskel. Pflügers Arch. ges Physiol. 157, 79 (1914). — EBBECKE, U.: Zur Lehre vom Elektrotonus. Erg. Physiol. 35, 756 (1933). — EBNER, V. v.: Untersuchungen über die Ursachen der Anisotropie organischer Substanzen. Leipzig 1882. — ECCLES, J. C., and W. V. MCFARLANE: Actions of anticholinesterase on neuromuscular transmission. J. Neurophysiol. 5, 211 (1949). — EDSALL, J. T.: Studies in the physical chemistry of muscle globulin. II. On some physicochemical properties of muscle globulin. J. biol. Chem. 89, 289 (1930). — EDDY, N. B., and A. W. DOWNS: Extensibility of muscle: The production of carbondioxide by a muscle when it is made to support a weight. Amer. J. Physiol. 56, 188 (1921). — EDSALL, J. T., and J. W. MEHL: The effect of denaturing agents on myosin. II. Viscosity and double refraction of flow. J. biol. Chem. 133, 409 (1940). — EDWARDS, G. A., D. H. RUSKA and E. DE HARVEN: Electron microscopy of peripheral nerves and neuromuscular junctions in the wasp leg. J. biophys. biochem. Cytol. 4, 107 (1958). — EDWARDS, G. A., H. RUSKA, P. DE SOUZA SANTOS and A. VALLEJO FREIRE: Comparative cytophysiology of striated muscle with special reference to the endoplasma reticulum. J. biophys. biochem. Cytol. 2, Suppl., 143 (1956). — EGGLETON, P., and G. P. EGGLETON: The inorganic phosphate and labile form of organic phosphate in the gastrocnemius of the frog. Biochem. J. 21, 190 (1927). — EICHLER, W.: Veratrinkontraktur u. Endplattenrhythmik. Z. Biol. 99, 243 (1938). — ELLIOT, G. F.: The structure of certain smooth muscles which contain paramyosin elements. Int. Fed. Electr. Microsc. 4. Intern. Kongr. Elektronenmikroskopie Berlin 1958/59. — ELLIS, S., and S. B. BECKETT: The action of epinephrine on the anaerobic or the iodoacetate-treated rat's diaphragm. J. Pharmacol. 112, 202 (1954). — ENGELHARDT, A.: Über die Ausbreitung der Kontraktionswelle im quergestreiften Muskel. Z. Biol. 105, 313 (1952). — ENGELHARDT, A.: Über den helikoiden Bau menschlicher Augenmuskelfasern. Anat. Anz. 101, 233 (1955). — ENGELHARDT, W. A.: Enzymatic and mechanical properties of muscle proteins. Yale J. Biol. Med. 15, 21 (1942) — ENGELHARDT, W. A., and M. N. LJUBIMOVA: Myosine and adenosintriphosphatase. Nature (Lond.) 144, 668 (1939). — ENGELHARDT, W. A., M. N. LJUBIMOVA and R. A. MEITINA: Chemistry and mechanics of the muscle studied on myosin threads. C. R. Arch. Sci. URSS 30, 644 (1940). — ERDÖS, T.: Rigor, contracture and ATP. Stud. Inst. med. Chem. Univ. Szeged. 3, 51 (1943). — ERNST, E.: Untersuchungen über Muskelkontraktion. I. Volumenänderung bei der Muskelkontraktion. Pflügers Arch. ges. Physiol. 209, 613 (1925). — ERNST, E.: Die Muskeltätigkeit. Versuche einer Biophysik des quergestreiften Muskels. Ung. Akad. der

Wissenschaften, Budapest 1958. — Ernst, E., J. Balog, J. Tigyi u. A. Sebes: Volumverminderung und Kristallisation in Muskel und Myosin. Acta physiol. Hung. **2**, 253 (1951). — Ernst, E., J. Tigyi u. J. Orkenyi: Frequenz und Zeitverhältnisse der Volumenverminderung des Muskels. Acta physiol. Hung. **2**, 281 (1951). — Etzensperger, J.: Anions anormaux et activité électrique de la fibre musculaire striée. Abstr. Comm. XX. Int. Physiol. Kongr. Brüssel 277, 1956. — Euler, U. S. v.: Some factors influencing the heat production of muscle after stretching. J. Physiol. **84**, 1 (1935). — Evans, C. L.: The oxygen usage of plain muscle, and its relation to tonus. J. Physiol. **58**, 22 (1923). — Evans, D. H. L., and H. O. Schild: The reactions of plexus-free circular muscle of cat jejunum to drugs. J. Physiol. **119**, 376 (1953). — Ewer, O. W., and S. H. Ripley: On certain properties of the flight muscles of the orthoptera. J. exp. Biol. **30**, 170 (1953).

Falk, G.: Nonspecifity of ATP-contraction of living muscle. Science **124**, 632 (1956). — Farrant, J. L., and E. H. Mercer: Studies on the structure of muscle. II. Arthropode muscle. Exp. Cell. Res. **3**, 553 (1952).—Fatt, P.: Biophysics of junctional transmission. Physiol. Rev. **34**, 674 (1954). — Fatt, P., and B. Katz: An analysis of the end-plate potential recorded with an intracellular microelectrode. J. Physiol. **115**, 320 (1951). — Fatt, P., and B. Katz: The effect of sodium ions on neuromuscular transmission. J. Physiol. **118**, 73 (1952a). — Fatt, P., and B. Katz: Spontaneous subthreshold activity at motor nerve endings. J. Physiol. **117**, 109 (1952b). — Fatt, P., and B. Katz: The electrical properties of crustacean muscle fibres. J. Physiol. **120**, 171 (1953). — Feinstein, B., B. Lindegard, E. Nyman and G. Wohlfart: Morphological studies of motor units in normal human muscles. Acta anat. (Basel) **23**, 127 (1955). — Feldberg, W.: Der Nachweis eines acetylcholinähnlichen Stoffes im Zungenvenenblut des Hundes bei Reizung des Nervus lingualis. Pflügers Arch. ges. Physiol. **232**, 88 (1933). — Feldberg, W.: Die Empfindlichkeit der Zungenmuskulatur und der Zungengefäße des Hundes auf Lingualisreizung und auf Acetylcholin. Pflügers Arch. ges. Physiol. **232**, 75 (1933). — Feldberg, W.: Effects of ganglion blocking substances on the small intestine. J. Physiol. **113**, 483 (1951). — Feneis, H.: Über die Anordnung und Bedeutung des Bindegewebes für die Mechanik der Skeletmuskulatur. Morph. Jb. **76**, 161 (1935). — Feneis, H.: Zur Entfaltung des Skelettmuskels. Morph. Jb. **91**, 552 (1951). — Feng, T. P.: The heat-tension ratio in prolonged tetanic contraction. Proc. roy. Soc. B **108**, 522 (1931). — Feng, T. P.: The thermoelastic properties of muscle. J. Physiol. **74**, 455 (1932a). — Feng, T. P.: The effect of length on the resting metabolism of muscle. J. Physiol. **74**, 441 (1932b). — Fenn, W. O.: The relation between the work performed and the energy liberated in muscular contraction. J. Physiol. **58**, 373 (1923). — Fenn, W. O.: The oxygen consumption of frog muscle in chemical contractures. J. Pharmacol. **42**, 81 (1931). — Fenn, W. O.: The role of potassium in physiological processes. Physiol. Rev. **20**, 377 (1940). — Fenn, W. O.: Muscles. Höber, Physical Chemistry of Cells and Tissues. Philadelphia: Blakiston Comp. 1948. — Fenn, W. O., and D. M. Cobb: The potassium equilibrium in muscles. J. gen. Physiol. **17**, 629 (1934). — Fenn, W. O., and D. M. Cobb: Electrolyte changes in muscle during activity. Amer. J. Physiol. **115**, 345 (1936). — Fenn, W. O., and R. Gershman: The loss of potassium from frog muscle in anoxia and other conditions. J. gen. Physiol. **33**, 195 (1950). — Fenn, W. O., and W. B. Latchford: The effect of muscle length on the energy for maintenance of tension. J. Physiol. **80**, 213 (1933). — Fenn, W. O., and B. B. Marsh: Muscular force at different speeds of shortening. J. Physiol. **85**, 277 (1935). — Fernand, V. S. V., and J. L. Young: The sizes of nerve fibres of muscle nerves. Proc. roy. Soc. B **139**, 38 (1951). — Feuer, G.: Die Veränderung von Kreatinphosphat während der Muskelkontraktion. Acta physiol. (Budapest) **7**, 13 (1955). — Feuer, G., F. Molnar, E. Pettko and F. B. Straub: Studies on the composition and polymerisation of actin. Hung. Acta physiol. **1**, 150 (1948). — Fick, A.: Mechanische Arbeit u. Wärmeentwicklung bei der Muskeltätigkeit. Leipzig 1882. — Fischer, E.: Die Zerlegung der Muskelzuckung in Teilfunktionen. III. Die isometrische Muskelaktion des curarisierten und nicht curarisierten Sartorius, seine Dehnbarkeit und die Fortpflanzung der Dehnungswelle. Pflügers Arch. ges. Physiol. **213**, 352 (1926). — Fischer, E.: Die Wärmebildung des Skelettmuskels bei aufgehobener Milchsäurebildung. Pflügers Arch. ges. Physiol. **226**, 500 (1931). — Fischer, E.: The submicroscopical structure of muscle and its changes during contraction and stretch. Cold Spring Harb. Symp. quant. Biol. **4**, 214 (1936). — Fischer, E.: Changes during muscle contraction as related to the cristalline pattern. Biol. Symposia **3**, 211 (1941). — Fischer, E.: The birefringence of striated and smooth mammalian muscles. J. cell. comp. Physiol. **23**, 113 (1944a). — Fischer, E.: Vertebrate smooth muscle. Physiol. Rev. **24**, 467 (1944b). — Fischer, E., u. W. Steinhausen: Allgemeine Physiologie der Wirkung der Muskeln im Körper. Handbuch der normalen u. pathologischen Physiologie Bd. 8, 619 (1925). — Fleckenstein, A.: Der Kalium-Natriumaustausch als Energieprinzip in Muskel und Nerv. Berlin-Göttingen-Heidelberg: Springer 1955. — Fleckenstein, A., H. Hille u. W. E. Adam: Aufhebung der Kontrakturwirkung depolarisierender Katelektrotonica durch Repolarisation im Anelektrotonus. Die Anode als Antagonist von Acetylcholin, Cholin, Nicotin, Coniin, Veratrin, Kalium- und Rubidium-Salzen usw. Pflügers Arch. ges. Physiol. **253**, 264 (1950). — FLECKENSTEIN, A., J. JANKE, R. E. DAVIES and H. E. KREBS: Chemistry of muscle contraction. (Contraction of muscle without fission of adenosinetriphosphate or creatine phosphate). Nature (Lond.) **174**, 1081 (1954). — FLECKENSTEIN, A., J. JANKE, R. KRUSE u. G. LECHNER: Über das Verhalten von Adenosintriphosphat, Adenosinphosphat und anderen Phosphorsäureestern bei der Kontraktur des Froschrectus durch Acetylcholin, Nicotin u. Succinylbischolin. Naunyn-Schmiedebergs Arch. exp. Path. Pharmak. **224**, 465 (1955). — FLECKENSTEIN, A., u. F. RICHTER: Weitere Untersuchungen über die Aufhebung der Kontraktionswirkung von Acetylcholin, Cholin, Neurin, Nicotin, Coniin, Veratrin, Kaliumchlorid und Rubidiumchlorid durch den Anelektrotonus. Pflügers Arch. ges. Physiol. **257**, 1 (1953). — FLETCHER, C. M.: The relation between the mechanical and electrical activity of a molluscan unstriated muscle. J. Physiol. **91**, 172 (1937). — FLETCHER, C. M., and F. G. HOPKINS: Lactic acid in amphibian muscle. J. Physiol. **35**, 247 (1907). — FRANK, O.: Zur Dynamik des Herzmuskels. Z. Biol. **32**, 370 (1895). — FRANK, O.: Gibt es einen ächten Herztetanus? Z. Biol. **38**, 300 (1899). — FRANK, O.: Isometrie und Isotonie des Herzmuskels. Z. Biol. **41**, 14 (1901). — FRANK, O.: Die Analyse endlicher Dehnungen und die Elastizität des Kautschuks. Poggend. Ann. Physik **4**, 21, 602 (1906). — FULTON, J. F.: Howell's Textbook of Physiology. Philadelphia and London: W. B. Saunders Company 1947.

GARB, S., and M. PENNA: Some quantitative aspects of the relation of rhythm to the contractile force of mammalian ventricular muscle. Amer. J. Physiol. **182**, 601 (1955). — GARCIA J. RAMOS und A. ROSENBLUETH: Los efectos de la acetilcholina y del ion potasio sobre el musculo auriculara del mamifero. Arch. Inst. Cardiol. Mexico **17**, 384 (1947). — GARRY, R. C.: The effect of oxygen lack on surviving smooth muscle. J. Physiol. **66**, 235 (1928). — GASSER, H. S.: Contractures of skeletal muscle. Physiol. Rev. **10**, 35 (1930). — GASSER, H. S., and H. H. DALE: The pharmacology of denervated mammalian muscle. II. Some phenomena of antagonism and the formation of lactic acid in chemical contracture. J. Pharmacol. exp. Ther. **28**, 287 (1926). — GASSER, H. S., and A. V. HILL: Thermodynamics of muscular contractions. Proc. roy. Soc. B **96**, 398 (1924). — GASSNER, K.: Absolute Größe und zeitlicher Verlauf der elastischen Nachverkürzung bei verschiedenen Belastungen im Froschskeletmuskel. Diss. München 1953. — GASSNER, K., u. H. REICHEL: Kraft und Geschwindigkeit der elastischen Nachverkürzung im ruhenden Froschskeletmuskel. Z. Biol. **105**, 7 (1952). — GELFAN, S., and G. H. BISHOP: Conducted contraction without action potentials in single muscle fibres. Amer J. Physiol. **103**, 236 (1933). — GERENDAS, M., and A. G. MATOLTSY: Analysis of the A and I band of striated muscle, on the basis of inhibition investigations. Acta physiol. Hung. **1**, 128 (1948). — GESKE, G., M. ULBRECHT u. H. H. WEBER: Der Einfluß der Mg-Konzentration auf die Substrathemmung der ATP-Spaltung — als angebliche Ursache der Erschlaffung des Muskels. Naunyn-Schmiedebergs Arch. exp. Path. Pharmak. **230**, 301 (1957). — GESKE, G., u. H. H. WEBER: Gibt es eine Kontraktion von Muskelmodellen ohne ATP-Spaltung? Naunyn-Schmiedebergs Arch. exp. Path. Pharmak. **230**, 310 (1957). — GILDEMEISTER, M.: Über die sogenannte Härte tierischer Gewebe und ihre Messung. Z. Biol. **63**, 183 (1914). — GILSON, A. S., S. M. WALKER and G. M. SCHOEPFLE: The forms of isometric twitch and isometric tetanus curves recorded from the frog's sartorius muscle. J. cell. comp. Physiol. **24**, 185 (1944). — GJONE, E.: The reaction of striated mammalian muscle to variations of the parameters of electrical stimuli applied to nerve and muscle investigated with special regard to experimental technique. Acta physiol. scand. **34**, 310 (1955).— GOEPFERT, H., u. H. SCHAEFER: Die mechanische Latenz des Warmblütermuskels nebst Beobachtungen über die Muskelzuckung und den Aktionsstrom. Pflügers Arch. ges. Physiol. **245**, 60 (1942). — GOFFART, M., and J. M. RITCHIE: The effect of adrenaline on the contraction of mammalian skeletal muscle. J. Physiol. **116**, 357 (1952). — GOODALE, W. T., and D. B. HACKEL: Myocardial lactate and pyruvate metabolism in dogs under severe stress. Fed. Proc. **8**, 58 (1949). — GORDON, G., and A. H. S. HELBOURN: The sounds from single motor units in a contracting muscle. J. Physiol. **107**, 456 (1948). — GRAF, W.: Quantitative histologische Analyse von roter und weißer Muskulatur beim Kaninchen. Anat. Anz. **95**, 107 (1944).— GREEN, D. E., H. BEINERT, D. GOLDMAN, R. v. KORFF and S. MII: Activation of acetate, acetoacetate and fatty acids in soluble extracts of pig heart. Fed. Proc. **11**, 222 (1952). — GREENSTEIN, J. P., and J. T. EDSALL: The effect of denaturing agents on myosin. I. Sulfhydryl groups as estimated by porphyridin titration. J. biol. Chem. **133**, 397 (1940). — GREVEN, K.: Zur experimentellen Definition des „Tonus"-Begriffes der glatten Muskulatur. Z. Biol. **103**, 139 (1950a). — GREVEN, K.: Die Wirkung des vegetativen Nervensystems und seiner Mimetica auf den kontraktilen und plastischen Tonus der Magenringmuskulatur. Z. Biol. **103**, 301 (1950b). — GREVEN, K.: Plastischer Tonus und Membranpotential. Z. Biol. **104**, 63 (1951a). — GREVEN, K.: Die Mechanik der glatten Muskulatur der Wirbeltiere. Klin. Wschr. **29**, 685 (1951b). — GREVEN, K.: Über den Mechanismus der Regulierung der

Kontraktionsstärke beim glatten Muskel durch tetanische und quantitative räumliche Summation. Z. Biol. **106,** 377 (1954). — GREVEN, K.: Die Aktionsströme der glatten Muskulatur der Hohlorgane und ihre Beziehung zur Erregungsbildung und Erregungsleitung. Klin. Wschr. **33,** 241 (1955). — GREVEN, K.: Der Nachweis motorischer Einheiten im Mechanogramm der Darm-Längsmuskulatur. Pflügers Arch. ges. Physiol. **265,** 18 (1957). — GREVEN, K., u. G. SIEGLITZ: Ergänzende Untersuchungen zum Problem des plastischen Tonus der glatten Magenmuskulatur von Warm- und Kaltblütern. Z. Biol. **104,** 100 (1951). — GROSS, L., and A. J. CLARK: The influence of oxygen supply on the response of the isolated intestine to drugs. J. Physiol. **57,** 457 (1923). — GUBA, F., N. GARAMVOLGYI and E. ERNST: On the electron microscopic structure of Z-lines. Int. Fed. Electr. Microsc. 4. Intern. Kongr. Elektronenmikroskopie Berlin, 1958.

HÄGGQUIST, G.: Über den Zusammenhang von Muskel und Sehne. Z. mikrosk.-anat. Forsch. **4,** 605 (1926). — HÄGGQUIST, G.: Die Gewebe. IV. Teil. Gewebe und Systeme der Muskulatur. Handb. mikrosk. Anatomie des Menschen II/3. Berlin: Springer 1931. — HÄGGQUIST, G.: Die Gewebe. 4. Teil. Gewebe und Systeme der Muskulatur. Erg. zu Bd. II/3 des Handbuchs der mikrosk. Anatomie des Menschen. Berlin-Göttingen-Heidelberg: Springer 1956. — HAHN, A.: Über den Einfluß des Sauerstoffs bei der Milchsäurebildung im Warmblütermuskel. Z. Biol. **91,** 53 (1930). — HAJDU, S.: Mechanism of staircase and contraction in ventricular muscle. Amer. J. Physiol. **174,** 371 (1953). — HAJDU, S., and A. SZENT GYÖRGYI: The action of nitro- and halo-compounds on the muscle membrane. Enzymologia **16,** 392 (1954). — HAKANSSON, C. H.: Conduction velocity and amplitude of the action potential to circumference in the isolated fibre of frog muscle. Acta physiol. scand. **37,** 14 (1956). — HAKANSSON, C. H.: Action potentials recorded intra- and extra-cellulary from the isolated frog muscle fibre in Ringer's solution and in air. Acta physiol. scand. **39,** 291 (1957). — HALL, C. E., M. A. JAKUS and F. O. SCHMITT: Electron microscope observations of collagen. J. Amer. chem. Soc. **64,** 1234 (1942). — HALL, C. E., M. A. JAKUS and F. O. SCHMITT: An investigation of cross striations and myosin filaments in muscle. Biol. Bull. **90,** 32 (1946). — HAMMOND, P. H., P. A. MERTON and G. G. SUTTON: Nervous gradation of muscular contraction. Brit. med. Bull. **12,** 214 (1956). — HAMOIR, G.: The proteins of fish. Biochem J. **47,** 53 (1950). — HAMOIR, G.: Fish tropomyosin and fish nucleotropomyosin. Biochem. J. **48,** 146 (1951). — HANSON, J.: Changes in the cross-striation of myofibrils during contraction induced by adenosin triphosphate. Nature (Lond.) **169,** 530 (1952). — HANSON, J., and H. E. HUXLEY: Structural basis of the cross striations in muscle. Nature (Lond.) **172,** 530 (1953). — HARDT, A., u. A. FLECKENSTEIN: Über die Kaliumabgabe des Froschmuskels bei Einwirkung kontrakturerzeugender Stoffe und die Hemmung der Kaliumabgabe durch kontrakturverhütende Lokalanaesthetika. Naunyn-Schmiedebergs Arch. exp. Path. Pharmak. **207,** 39 (1948). — HARMAN, J. W., and U. H. OSBORNE: The relationship between cytochondria and myofibrils in pigean skeletal muscle. J. exp. Med. **98,** 81 (1953). — HARREVELD, A. VAN: The structure of the motor units in the rabbit's m. sartorius. Arch. néerl. Physiol. **28,** 408 (1948). HARREVELD, A. VAN: Innervation of mammalian muscle. Phys. Ther. Rev. **35,** 67 (1955). — HARRIS, E. J.: The exchangeability of muscle K studied in phosphate media. J. Physiol. **117,** 278 (1952). — HARRIS, E. J.: The exchange of frog muscle potassium. J. Physiol. **120,** 246 (1953). — HARRIS, E. J.: An effect of stretch upon the sodium output from frog muscle. J. Physiol. **124,** 242 (1954). — HARRIS, E. J.: Transport through biological membranes. Ann. Rev. Physiol. **19,** 13 (1957). — HARRIS, E. J., and O. F. HUTTER: The action of acetylcholine on the movements of potassium ions in the sinus venosus of the heart. J. Physiol. **133,** 58P (1956). — HARRIS, E. J., and J. G. NICHOLLS: An effect of denervation on the rate of entry of potassium into frog muscle. J. Physiol. **123,** 23 P (1953). — HARRIS, E. J., and H. B. STEINBACH: The extraction of ions from muscle by water and sugar solutions with a study of the degree of exchange with tracer of the sodium and potassium in the extracts. J. Physiol. **133,** 385 (1956). — HARTMANN, H.: Die Änderung des Muskelvolumens bei der tetanischen Kontraktion als Ausdruck der chemischen Vorgänge im Muskel. Biochem. Z. **270,** 164 (1934). — HARTREE, W.: The analysis of the delayed heat production of muscle. J. Physiol. **75,** 273 (1932a). — HARTREE, W.: A negative phase in the heat production of muscle. J. Physiol. **77,** 104 (1932b). — HARTREE, W.: The electrical resistance of stimulated muscle. J. Physiol. **79,** 487 (1933). — HARTREE, W., and A. V. HILL: The regulation of the supply of energy in muscular contraction. J. Physiol. **55,** 133 (1921). — HARTREE, W., and A. V. HILL: The nature of the isometric twitch. J. Physiol. **55,** 133 (1921a). — HARTREE, W., and A. V. HILL: The specific electrical resistance of frog's muscle. Biochem. J. **15,** 379 (1921b). — HASANA, B.: Die elektrischen Vorgänge am isolierten Eileiter bei Ablauf der peristaltischen Kontraktion. Pflügers Arch. ges. Physiol. **231,** 311 (1933). — HASSELBACH, W.: Die Umwandlung von Aktomyosin ATPase in L-Myosin-ATPase durch Aktivatoren und die resultierenden Aktivierungseffekte. Z. Naturforsch. **7b,** 163 (1952a). — HASSELBACH, W.: Die Diffusionskonstante des Adenosintriphosphats im Innern der Muskelfaser. Z. Naturforsch. **7b,** 334 (1952b). — HASSELBACH, W.: Elektronenmikroskopische Untersuchungen an Muskelfibrillen bei totaler und partieller Extraktion des L-Myosins. Z. Naturforsch. 8b, 449 (1953). — HASSELBACH, W.: Die Wechselwirkung verschiedener Nukleotidphosphate mit Aktomyosin im Gelzustand. Biochim. biophys. Acta 20, 355 (1956). — HASSELBACH, W., u. G. SCHNEIDER: Der L-Myosin- und Aktingehalt des Kaninchenmuskels. Biochem. Z. 321, 462 (1950). — HASSELBACH, W., u. G. SCHNEIDER: Der L-Myosingehalt und Actingehalt des Kaninchenmuskels. Biochem. Z. 321, 462 (1951). — HASSELBACH, W., u. H. H. WEBER: Der Einfluß des MB-Faktors auf die Kontraktion des Fasermodells. Biochim. biophys. Acta 11, 160 (1953). — HEGNAUER, A. H.: Lactic acid formation in contractures. J. Pharmacol. 42, 99 (1931). — HEIJNINGEN, K. A. VON, and A. KEMP: The effect of muscular contraction and incubation with insulin on free and fixed glycogen in rat muscle. Abstr. Commun. XX- Congr. Int. Physiol. Brüssel 501 (1956). — HEILBRUNN, L. V., and F. J. WIERCINSKI: Action of various cations on muscle protoplasma. J. cell. comp. Physiol. 29, 15 (1947). — HEINTZEN, P., H. G. KRAFFT u. O. WIEGMANN: Über die elektrische und mechanische Tätigkeit des Herzstreifenpräparates vom Frosch in Abhängigkeit von der Temperatur. Z. Biol. 108, 401 (1956). — HELMHOLTZ, H.: Über die Wärmebildung bei der Muskelaktion. Arch. Anat. Physiol. Leipzig 1848, 144. — HENSAY, J.: Der Einfluß verschiedener Puffergemische auf die Löslichkeit von Eiweißkörpern des lebensfrischen, ermüdeten, absterbenden und starren Muskels. Pflügers Arch. ges. Physiol. 224, 44 (1930). — HERCUS, M., R. J. McDOWALL and D. MENDEL: Sodium exchanges in cardiac muscle. J. Physiol. 129, 177 (1955). — HERMANN, L.: Allgemeine Muskelphysiologie. Handbuch der Physiologie, Band 1. Leipzig: Vogel 1879. — HERMANS, N.: Recherches sur le métabolisme du muscle au cours de l'intoxication par l'acide monobromacétique. Arch. int. Physiol. 64, 251 (1956). — HERZOG, R. O., u. W. JANCKE: Röntgenographische Untersuchungen am Muskel. Naturwissenschaften 14, 1223 (1926). — HESS, W. R.: Das Löschphänomen der Acetyl-Cholin-Kontraktur. Pflügers Arch. ges. Physiol. 217, 511 (1927). — HILL, A. V.: The maximum work and mechanical efficiency of human muscles, and their most economic speed. J. Physiol. 56, 19 (1922). — HILL, A. V.: The viscous elastic properties of smooth muscles. Proc. roy. Soc. B 100, 108 (1926). — HILL, A. V.: Muscular movement in man. New York, London 1927. — HILL, A. V.: The recovery heatproduction in oxygen after a series of muscle twitches. Proc. roy. Soc. B 103, 183 (1928a). HILL, A. V.: The diffusion of oxygen and lactic acid trough tissues. Proc. roy. Soc. B 104, 40 (1928b). — HILL, A. V.: Myothermic experiments on the frog's gastrocnemius. Proc. roy. Soc. B 109, 267 (1932). — HILL, A. V.: Methods of analysing the heat production of muscle. Proc. roy. Soc. B 124, 114 (1937). — HILL, A. V.: The heat of shortening and the dynamic constants of muscle. Proc. roy. Soc. B 126, 136 (1938). — HILL, A. V.: The pressure developed in muscle during contraction. J. Physiol. 107, 518 (1948). — HILL, A. V.: The heat of activation and the heat of shortening in a muscle twitch. Proc. roy. Soc. B 136, 194 (1949a). — HILL, A. V.: The energetics of relaxation in a muscle twitch. Proc. roy. Soc. B 136, 211 (1949b). — HILL, A. V.: Work and heat in a muscle twitch. Proc. roy. Soc. B 136, 220 (1949c). — HILL, A. V.: The abrupt transition from rest to activity in muscle. Proc. roy. Soc. B 136, 399 (1949d). — HILL, A. V.: Myothermic methods. Proc. roy. Soc. B 136, 228 (1949e). — HILL, A. V.: Is relaxation an active process ? Proc. roy. Soc. B 136, 420 (1949f). — HILL, A. V.: The absence of lengthening during relaxation in a completely unloaded muscle. J. Physiol. 109, 8 P (1949g). — HILL, A. V.: On the time required for diffusion and its relation to processes in muscle. Proc. roy. Soc. B 135, 446 (1949h). — HILL, A. V.: A discussion on muscular contraction and relaxation: their physical and chemical basis. Proc. roy. Soc. B 137, 40 (1950a). — HILL, A. V.: Does heat production precede mechanical response in muscular contraction ? Proc. roy. Soc. B 137, 268 (1950b). — HILL, A. V.: The series elastic component of muscle. Proc. roy. Soc. B 137, 273 (1950c). — HILL, A. V.: The development of the active state of muscle during the latent period. Proc. roy. Soc. B 137, 320 (1950d). — HILL, A. V.: Mechanics of the contractile element of muscle. Nature (Lond.) 166, 415 (1950e). — HILL, A. V.: The transition from rest to full activity in muscle: the velocity of shortening. Proc. roy. Soc. B 138, 329 (1951a). — HILL, A. V.: Thermodynamics of muscle. Nature (Lond.) 167, 377 (1951b). — HILL, A. V.: The influence of temperature on the tension developed in an isometric twitch. Proc. roy. Soc. B 138, 349 (1951c). — HILL, A. V.: A discussion on the thermodynamics of elasticity in biological tissues. Proc. roy. Soc. B 139, 464 (1952). — HILL, A. V.: The mechanics of active muscle. Proc. roy. Soc. B 141, 104 (1953a). — HILL, A. V.: The "instantaneous" elasticity of active muscle. Proc. roy. Soc. B 141, 161 (1953b). — HILL, A. V.: The "plateau of full activity" during a muscle twitch. Proc. roy. Soc. B 141, 498 (1953c). — HILL, A. V.: A re-investigation of two critical points in the energetics of muscular contraction. Proc. roy. Soc. B 141, 503 (1953d). — HILL, A. V.: The influence of the external medium on the internal p_H of muscle. Proc. roy. Soc. B 144, 1 (1955). — HILL, A. V.: The thermodynamics of muscle. Brit. med. Biol. 12, 174 (1956). — HILL, A. V.: The priority of heat production in a muscle twitch. Proc. roy. Soc. B 148, 397 (1958). — HILL, A. V., and B. C. ABBOTT: The heat production associated with the maintenance of a prolonged contraction and the extra heat produced during large shortening. J. Physiol. 112, 438 (1951). — HILL, A. V., and W. HARTREE: The thermoelastic properties of muscle. Philos. Trans. 210, 153 (1920). — Hill, A. V., and P. S. Kupalow: The vapour pressure of muscle. Proc. roy. Soc. 106, 445 (1930). — Hill, A. V., C. N. H. Long and H. Lupton.: Muscular exercise, lactic acid, and the supply and utilisation of oxygen. Proc. roy. Soc. B 96, 438 (1924). — Hill, A. V., and L. Macpherson: The effect of certain anions on the duration of the active state in skeletal muscle. J. Physiol. 125, 17 P (1954). — Hill, D. K.: The time course of the oxygen consumption of stimulated frog's muscle. J. Physiol. 98, 207 (1940a). — Hill, D. K.: Oxidative recovery heat. J. Physiol. 98, 454 (1940b). — Hill, D. K.: Anaerobic recovery heat. J. Physiol. 98, 460 (1940c). — Hill, D. K.: pH-changes in frog's muscle. J. Physiol. 98, 467 (1940d). — Hill, D. K.: Hydrogen ion concentration changes in frog's muscle following activity. J. Physiol. 98, 467 (1944). — Hill, D. K.: Oxygen tension and the respiration of resting frog's muscle. J. Physiol. 107, 479 (1948). — Hill, D. K.: Changes in transparency of muscle during a twitch. J. Physiol. 108, 292 (1949). — Hill, D. K.: The effect of stimulation on the diffraction of light by striated muscle. J. Physiol. 119, 501 (1953a). — Hill, D. K.: The optical properties of resting striated muscle. The effect of rapid stretch on the scattering and diffraction of light. J. Physiol. 119, 489 (1953b). — Hodge, A. J.: The fine structure of striated muscle. A comparison of insect flight muscle and vertebrate skeletal muscle. J. biophys. biochem. Cytol. 2, 131 (1956). — Hodgkin, A. L.: The ionic basis of electrical activity in nerve and muscle. Biol. Rev. Cambridge Philos. Soc. 26, 339 (1951). — Hodgkin, A. L.: The Croonian lecture. Ionic movements and electrical activity in giant nerve fibres. Proc. roy. Soc. B 148, 1 (1958). — Hodgkin, A. L., and P. Horowicz: Movements of Na and K in single muscle fibres. J. Physiol. 145, 405 (1959). — Hodgkin, A. L., and R. D. Keynes: The mobility and diffusion coefficient of potassium in giant axons from sepia. J. Physiol. 119, 513 (1953). — Hodgkin, A. L., and R. D. Keynes: Active transport of cations in giant axons from sepia and loligo. J. Physiol. 128, 28 (1955). — Hodgkin, A. L., and W. A. H. Rushton: The electrical constants of a crustacean nerve fibre. Proc. roy. Soc. B 133, 444 (1946). — Höber, R.: Messungen der inneren Leitfähigkeit von Zellen. Pflügers Arch. ges. Physiol. 150, 15 (1913). — Hofmann, F. B.: Über die Änderung des Kontraktionsablaufs am Ventrikel und Vorhof des Froschherzens bei Frequenzänderung und im hypodynamen Zustand. Pflügers Arch. ges. Physiol. 84, 130 (1901). — Hoffmann, B. F., E. Bindler and E. E. Suckling: Postextrasystolic potentiation of contraction in cardiac muscle. Amer. J. Physiol. 132, 586 (1956). — Hoffman, B. F., P. F. Cranefield, E. Lepeschkin, B. Surawicz and H. C. Herrlich: Comparison of cardiac monophasic action potentials recorded by intra cellular and suction electrodes. Am. J. Physiol. 196, 1297 (1959). — Hoffman, B. F., and E. E. Suckling: Cardiac cellular potentials: effect of vagal stimulation and acetylcholine. Amer. J. Physiol. 179, 123 (1953). — Hoffman, B. F., and E. E. Suckling: Effect of heart rate on cardiac membrane potentials and the unipolar electric gram. Amer. J. Physiol. 178, 123 (1954). — Hoffman, B. F., and E. E. Suckling: Effect of several cations on trans membrane potentials of cardiac muscle. Amer. J. Physiol. 186, 317 (1956). — Hoffmann, P.: Über die Leitungsgeschwindigkeit der Erregung im quergestreiften Muskel bei Kontraktion und Ruhe. Z. Biol. 59, 1 (1912). — Hoffmann, P.: Einige Versuche zur allgemeinen Muskelphysiologie an einem sehr günstigen Objekt (Retractor penis der Schildkröte). Z. Biol. 61, 311 (1913). — Hoffman-Berling, H., u. G. A. Kausche: Elektronenmikroskopische Untersuchungen über den Feinbau der Skelettmuskulatur bei Rana temporaria. Z. Naturforsch. 5b, 139 (1950). — Hollander, P. B., and J. L. Webb: Cellular membrane potentials and contractility of normal rat atrium and the effects of temperature, tension and stimulus frequency. Circulat. Res. 3/6, 604 (1955). — Homma, S.: Studies on the electric threshold in human nerve and muscle. Jap. J. Physiol. 4, 314 (1954). — Honcke, P.: Investigations on the structure and function of living, isolated non striated muscle fibres of mammals. Acta physiol. scand. 15, 9 (1947). — Howarth, J. V.: The effect of hypertonic solutions on the velocity of shortening of the frog's sartorius. J. Physiol. 137, 23 (1957). — Howell, W. H., and W. W. Duke: The effect of vagus inhibition on the output of potassium from the heart. Amer. J. Physiol. 21, 51 (1908). — Hoyle, G.: The effect of some common cations on neuromuscular transmission in insects. J. Physiol. 127, 90 (1955). — Hoyle, G., and J. Lowy: The paradox of mytilus muscle. A new interpretation. J. Physiol. 120, 129 (1956). — Hürthle, K.: Zur Kenntnis der Struktur des ruhenden und tätigen Froschmuskels. III. Über die Verteilung von Wasser und fester Substanz in der Muskelfaser und über den submikroskopischen Bau der Fibrillen. Pflügers Arch. ges. Physiol. 227, 610 (1931). — Hunt, C. C.: The reflex activity of mammalian small nerve-fibres. J. Physiol. 115, 456 (1951). — Hutter, O. F., and W. Trautwein: Neuromuscular facilitation by stretch of motor nerve-endings. J. Physiol. 133, 610 (1956). — Huxley, A. F.: Applications of an interference microscope. J. Physiol. 117, 52 P (1952). — Huxley, A. F.: A high-power interference microscope. J. Physiol. 125, 11 P (1954). — Huxley, A. F.: Interpretation of muscle striation: evidence from visible light microscopy. Brit. med. Bull. 12, 167 (1956). — Huxley, A. F., and R. Niedergerke: Structural changes in muscle during contraction. Interference microscopy of living muscle fibres. Nature (Lond.) **173**, 971 (1954). — HUXLEY, A. F., and R. E. TAYLOR: Local activation of striated muscle fibres. J. Physiol. **144**, 426 (1958). — HUXLEY, H. E.: Electron microscope studies of the organisation of the filaments in striated muscle. Biochim. biophys. Acta **12**, 387 (1953). — HUXLEY, H. E.: The ultra-structure of striated muscle. Brit. med. Bull. **12**, 171 (1956). — HUXLEY, H. E., and J. HANSON: Changes in the cross striations of muscle during contraction and stretch, and their structural interpretation. Nature (Lond.) **173**, 973 (1954). — HUXLEY, H. E., and J. HANSON: Preliminary observations on the structure of insect flight muscle. Electronmicroscopy. Proc. Stockholm Conference **1956**, 202.

INFANTELLINA, F., e G. LA GRUTTA: Effetti delle condizioni di lavoro del musculo scheletrico sulla depolarizzione post-tetanica. Atti Acad. nazion. Lincei. R. C. Cl. Sci. fis. mat. nat. **16**, 399 (1954). — ISSEKUTZ, B. jr., G. HETENYI jr., M. WINTER, J. LANG u. I. LAJOS: Muskelstoffwechsel im Tourniquet Schock. Acta physiol. Hung. **7**, 361 (1955). — ITO, F.: Electromyographical studies on the fibrillary twitchings elicited by Biedermann's solution. II. Conduction velocity. Jap. J. Physiol. **5**, 58 (1955). — ITO, R., F. ITO and Y. ITO: Electromyographical studies on the fibrillary twitchings elicited by Biedermann's solution. I. Its size of origin. Jap. J. Physiol. **4**, 324 (1954). — IVANOW, I. I., u. J. M. TOR CINSKIJ: Über die Natur der Kontraktion der Aktomyosinfäden unter dem Einfluß des Adenosintriphosphates. Biochemija **20**, 328 (1955).

JAKUS, M. A., and C. E. HALL: Studies of actin and myosin. J. biol. Chem. **167**, 705 (1947). — JANKE, J.: Incorporation of ^{32}P labelled orthophosphate into ATP and creatine phosphate during permanent shortening of frog muscle. Abstr. Comm. XX. Internat. Congr. Physiol., Brüssel 470 (1956). — JENERICK, H. P., and R. W. GERARD: Membrane potential and threshold of single muscle fibers. J. cell. comp. Physiol. **42**, 79 (1953). — JEWELL, P. A., and D. R. WILKIE: An analysis of the mechanical components in frog's striated muscle. J. Physiol. **143**, 515 (1958). — JEWELL, P. A., and E. J. ZAIMIS: A differentiation between red and white muscle. J. Physiol. **124**, 417 (1954). — JOHNSON, W. H.: A further study of isometric mechanical responses of the anterior byssus retractor muscle of mytilus edulis to electrical stimuli and mechanical stretch. Biol. Bull. Woods Hole **107**, 326 (1955). — JOHNSON, A., and M. G. MCKINON: Effect of acetylcholine and adenosine on cardiac cellular potentials. Nature (Lond.) **178**, 1174 (1956). — JOHNSON, R. E., and H. T. EDWARDS: Lactate and pyruvate in blood and urine after exercise. J. biol. Chem. **118**, 427 (1937). — JORDAN, H. E.: Über die Physiologie der Muskulatur und des zentralen Nervensystems bei hohlorganartigen Wirbellosen, insbesondere bei Schnecken. Erg. Physiol. **16**, 87 (1918). — JORDAN, H. E.: The structural changes in striped muscle during contraction. Physiol. Rev. **13**, 301 (1933). — JORDAN, H. E.: First report on viscosity and plasticity. Kon. Ned. Akd. Wet. Verh. **15**, 214 (1939). — JORDAN, W. J., and T. GREY: The biochemical response to trauma. I. Nucleotide changes in tourniquet shock. J. biol. Chem. **215**, 669 (1955). — JORDAN, W. K., and G. OSTER: On the nature of interaction between actomyosin and ATP. Science **108**, 188 (1948). — JOSENHANS, W.: Konstruktion und Empfindlichkeitsanalyse eines Dynamometers nach dem Prinzip von WÖHLISCH. Z. Biol. **103**, 55 (1949a). — JOSENHANS, W.: Der thermokinetische und potentielle Anteil der Elastizität des Froschmuskels. Z. Biol. **103**, 61 (1949b). — JOSEPH, J., and A. NIGHTINGALE: Elektromyography of muscles of posture: leg and thigh muscles in women, including the effects of high heels. J. Physiol. **132**, 465 (1956). — JOSHIDA, H.: Zur Deutung des Elektrokardiogramms. I. Das Elektrogramm der Ventrikelspitze des Froschherzens. Z. Biol. **84**, 51 (1926). — JUNG, H.: Über die Aktionspotentiale am schwangeren und nichtschwangeren Uterus. Pflügers Arch. ges. Physiol. **262**, 13 (1955). — JUNG, H.: Über die Beziehung der Aktionspotentiale des Uterus zur mechanischen Leistung. Pflügers Arch. ges. Physiol. **263**, 419 (1956a). — JUNG, H.: Über den Einfluß der Oestrogene und Gestagene auf die Aktionspotentiale und die Erregungsbildung des Uterus. Pflügers Arch. ges. Physiol. **263**, 427 (1956b).

KAHN, A. J., and A. SANDOW: The potentiation of muscular contraction by the nitrate ion. Science **112**, 647 (1950). — KAHN, A. J., and A. SANDOW: Effects of bromide, nitrate, and jodide on responses of skeletal muscle. Ann. N. Y. Acad. Sci. **62**, 139 (1955). — KALCKAR, H. M.: Encyme reactions and energy output of muscle contraction. C. R. du Colloque à Royaumont. L'Expansion, Editeur 1950, 62. — KALCKAR, H. M., J. DEHLINGER and A. MEHLER: Rejuvenation of phosphate in adenine nucleotides. II. The rate of rejuvenation of labile phosphate compounds in muscle and liver. J. biol. Chem. **154**, 275 (1944). — KATZ, B.: The "anti-curare" action of a substhreshold catelectrotonus. Brit. J. Physiol. **95**, 286 (1939a). — KATZ, B.: The relation between force and speed in muscular contraction. J. Physiol. **96**, 54 (1939b). — KATZ, B.: Subthreshold potentials in medullated nerve. J. Physiol. **106**, 66 (1947). — KATZ, B.: The electrical properties of the muscle fibre membrane. Proc. roy. Soc. B **133**, 444 (1948). — KATZ, B.: Les constantes électriques de la membrane du muscle. Arch. Sci. physiol. **3**, 285 (1949). — KATZ, B.:

Neuro-muscular transmission in vertebrates. Biol. Rev. Cambridge philos. Soc. **24**, 1 (1949). — KATZ, B.: The role of the cell membrane in muscular activity. Brit. Bull. Med. **12**, 210 (1956). — KATZ, B., and S. W. KUFFLER: Excitation of the nerve muscle system in crustacea. Proc. roy. Soc. B **133**, 374 (1946). — KATZUNG, B., and A. FARAH: Influence of temperature and rate on the contractility of the isolated turtle myocardium. Amer. J. Physiol. **184**, 557 (1956).— KERLY, M., and E. RONZONI: The effect of p_H on carbohydrate changes in isolated anaerobic frog's muscle. J. biol. Chem. **103**, 161 (1933). — KETY, S. S., and C. F. SCHMIDT: The determination of cerebral blood flow in man by the use of nitrous oxide in low concentrations. Amer. J. Physiol. **143**, 53 (1949). — KEYNES, R. D.: The ionic movements during nerve activity. J. Physiol. **114**, 119 (1951). — KEYNES, R. D.: The ionic fluxes in frog muscle. Proc. roy. Soc. B **142**, 359 (1954). — KEYNES, R. D., and G. M. MAISEL: The energy requirement for sodium extrusion from a frog muscle. Proc. roy. Soc. B **142**, 383 (1954). — KIELLEY, W., and O. MEYERHOF: Studies on adenosintriphosphatase of muscle. II. A new magnesium-activated adenosintriphosphatase. J. biol. Chem. **176**, 591 (1948). — KIESSLING, A.: Die Abhängigkeit des Ruhepotentials der „tonischen" Skeletmuskelfasern des Frosches von den Ionengradienten. Pflüg. Arch. ges. Physiol. **270**, 23 (1959). — KITISIN, TR., and A. S. GILSON: The effect of changing temperature upon the time course of active and of passive lengthening of rabbit smooth muscle. J. cell. comp. Physiol. **43**, 425 (1954). — KITZINGER, C., u. T. BENZINGER: Wärmetönung der Adenosintriphosphorsäurespaltung. Z. Naturforsch. **10b**, 375 (1955). — KLINGER, F. W.: Behaviour of isolated intestinal segments without one or both plexuses. Amer. J. Physiol. **164**, 284 (1951). — KNAPPEIS, G. G., and F. CARLSEN: Electron microscopical study of skeletal muscle during isotonic (afterload) and isometric contraction. J. biophys. biochem. Cytol. **2**, 201 (1956). — KOELLE, G. B.: Structure of the motor endplate. Amer. J. Med. **19**, 661 (1955). — KOREY, S.: Some factors influencing the contractility of a non conducting fiber preparation. Biochim. biophys. Acta **4**, 58 (1950). — KRAFFT, H. G., u. O. WIEGMANN: Über die Abhängigkeit der elektrischen und mechanischen Tätigkeit des Herzstreifenpräparates des Frosches von der Schlagfrequenz. Z. Biol. **109**, 210 (1957) — KRAMER, K.: Fortschritte der normalen Physiologie der Niere. Klin. Wschr. **37**, 109 (1959). — KREBS, H. A.: Die energieliefernden Reaktionen des Stoffwechsels. Klin. Wschr. **35**,. 209 (1957). — KROGH, A.: The Anatomy and Physiology of Capillaries. New Haven 1941. — KROGH, A., and J. LINDHARD: The changes in respiration at the transition from rest to activity. J. Physiol. **53**, 431 (1920). — KROGH, A., A. L. LINDBERG and B. SCHMIDT-NIELSEN: The exchange of ions between cells and extra cellular fluid. II. The exchange of potassium and calcium between the frog heart muscle and the bathing fluid. Acta physiol. scand. **7**, 221 (1944). — KRÜGER, P.: Die Innervation der tetanischen und tonischen Fasern der quergestreiften Skelettmuskulatur der Wirbeltiere. Anat. Anz. **97**, 139 (1949). — KRÜGER, P.: Die Grundlagen des Tetanus und Tonus der quergestreiften Skelettmuskelfasern der Wirbeltiere. Experientia (Basel) **6**, 75 (1950). — KRÜGER, P., u. P. G. GÜNTHER: Über den Zusammenhang zwischen funktionellem Verhalten und strukturellem Aufbau des innervierten und denervierten Säugermuskels. Z. Biol. **109**, 41 (1956). — KUFFLER, ST. W.: Specific excitability of the endplate region in normal and denervated muscle. J. Neurophysiol. **6**, 99 (1943). — KUFFLER, ST. W.: The relation of electric potential changes to contracture in skeletal muscle. J. Neurophysiol. **9**, 367 (1946). — KUFFLER, ST. W.: Physiology of the neuromuscular junction; electrical aspects. Fed. Proc. **7**, 437 (1948). — KUFFLER, ST. W.: The two skeletal and nerve-muscle systems in frog. Naunyn-Schmiedebergs Arch. exp. Path. Pharmakol. **220**, 116 (1953). — KUFFLER, ST. W., and R. W. GERARD: The small-nerve motor system in skeletal muscle. J. Neurophysiol. **10**, 383 (1947). — KUFFLER, ST. W., and C. C. HUNT: The mammalian small-nerve fibers. A system for afferent nervous regulation of muscle spindle discharge. Res. Publ. Ass. nerv. ment. Dis. **30**, 24 (1952). — KUFFLER, ST. W., C. C. HUNT and J P. QUILLIAM: Function of medullated small-nerve fibres in mammalian ventral roots: efferent muscle spindle innervation. J. Neurophysiol. **14**, 29 (1951). — KUFFLER, ST. W., and B. KATZ: Inhibition to the nerve muscle junction in crustacea. J. Neurophysiol. **9**, 337 (1946). — KUFFLER, ST. W., and E. M. VAUGHAN WILLIAMS: Small nerve junctional potentials. The distribution of small motor nerves in frog skeletal muscle and the membrane characteristics of the fibres they innervate. J. Physiol. **121**, 289 (1953a). — KUFFLER, ST. W., and E. M. VAUGHAN WILLIAMS: Properties of the "slow" skeletal muscle fibres of frog. J. Physiol. **121**, 318 (1953b). — KUHN, W., u. B. V. HARGITAY: Muskelähnliche Kontraktion und Dehnung von Netzwerken polyvalenter Fadenmolekülionen. Experientia (Basel) **7**, 1 (1951). — KUSCHINSKY, G., H. LÜLLMANN u. E. MUSCHOLL: Die Trennung von Erregungsvorgang und Kontraktion am Skelet- und Herzmuskel. Naturwiss. **45**, 520 (1958). — KUSCHINSKY, G., u. F. TURBA: Über die Rolle der SH-Gruppen bei Vorgängen am Aktomyosin, Myosin und Aktin. Biochim. biophys. Acta **6**, 426 (1950). — KUSCHINSKY, G., u. F. TURBA: Über p_H-Änderungen bei der Transformation des globulären in das fibrilläre Aktin. Biochem. Z. **323**, 28 (1952). — KUSCHINSKY, G., u. F. TURBA: Über die Bedeutung von Sulfhydrylagentien für Prozesse am Aktomyosin. Naturwissenschaften **37**, 425 (1956).

LAYTHA, A.: The muscle proteins of invertebrates. Publ. stat. zool. Napoli **21**, 226 (1949). — LAKI, K., W. J. BOWEN and A. CLARK: The polymerization of protein-adenosine triphosphate and the polymerization of actin. J. gen. Physiol. **33**, 437 (1950). — LAKI, K., and W. R. CAROLL: Size of the myosin molecule. Nature (Lond.) **175**, 389 (1955). — LAMMERS, W., and J. M. RITCHIE: The effect of quinine on skeletal muscle. J. Physiol. **128**, 17 P (1955). — LAMPERT, H., A. MAURO and L. STARK: How is tension transmitted from striated muscle fibre to tendon. Abstr. Commun. XX. Int. Physiolog. Congr. Brüssel, **543**, 1956. — LANGE, G.: Über die Dephosphorylierung von Adenosintriphosphat zu Adenosindiphosphat während der Kontraktionsphase von Froschskelettmuskeln. Biochem. Z. **326**, 172 (1955a). — LANGE, G.: Untersuchungen an glatten Muskeln über Änderungen im Gehalt am Adenosintriphosphat, Adenosindiphosphat, Adenosinmonophosphat und Kreatinphosphat bei der Kontraktion und bei der Erschlaffung. Biochem. Z. **326**, 369 (1955b). — LANGELAAN, J. W.: On muscle tonus. Brain **38**, 235 (1915). — LAWRIE, R. A.: The onset of rigor mortis in various muscles of the draught horse. J. Physiol. **121**, 275 (1953). — LEDEBUR, J. v.: Über die Atmung bei der Acetylcholinkontraktur isolierter Kaltblütermuskeln. Pflügers Arch. ges. Physiol. **229**, 390 (1932a). — LEDEBUR, J. v.: Die Acetylcholinkontraktur des quergestreiften Muskels nach Monojodessigsäurevergiftung. Pflügers Arch. ges. Physiol. **230**, 394 (1932b). — LEHMANN, H.: Über die enzymatische Synthese der Kreatinphosphorsäure durch Umesterung der Phosphobrenztraubensäure. Biochem. Z. **281**, 271 (1935). — LEHNARTZ, E.: Der zeitliche Verlauf der Milchsäurebildung bei der Muskelkontraktion. Klin. Wschr. **10**, 27 (1931). — LEHNARTZ, E.: Einführung in die Chemische Physiologie. Berlin-Göttingen-Heidelberg: Springer 1952. — LEKSELL, L.: The action potential and excitatory effects of the small ventral root fibres to sceletal muscle. Acta physiol. scand. **10**, Suppl. **31**, 88 (1945). — LEMBECK, F., u. R. STROBACH: Kaliumabgabe aus glatter Muskulatur. Naunyn-Schmiedebergs Arch. exp. Path. Pharmak. **228**, 130 (1956). — LEUPIN, E., u. F. VÉRZAR: Kalium- und Kohlenhydrat-Stoffwechsel des überlebenden Muskels. Helv. physiol. Acta **8**, C 27 (1949). — LEUTHARDT, F.: Lehrbuch der Physiologischen Chemie. Berlin: Walter de Gruyter & Co 1959. — LEVIN, A., and J. WYMAN: The viscous-elastic properties of muscle. Proc. roy. Soc. B **101**, 218 (1927). — LEWARTOWSKI, B.: The effect of anaerobic conditions on action potentials in frog skeletal muscles. Bull. Acad. pol. Sci. Classe II, **4**, 103 (1956). — LIDDELL, E. G. T., and C. S. SHERRINGTON: Further observations on myotatic reflexes. Proc. roy. Soc. B **97**, 267 (1925). — LIEB, H., u. O. LOEWI: Über Spontanerholung des Froschherzens bei unzureichender Kationenspeisung. III. Mitteilung. Quantitative mikroanalytische Untersuchungen über die Ursache der Calciumabgabe von seiten des Herzens. Pflügers Arch. ges. Physiol. **173**, 152 (1918). — LILEY, A. W.: Spontaneous release of transmitter substance in multiquantal units. J. Physiol. **136**, 595 (1957). — LINDNER, E.: Über die Sarkosomen der Herz- und Skeletmuskelfaser. Beitr. path. Anat. **114**, 244 (1954). — LING, G.: The rôle of phosphate in the maintenance of the resting potential and selective ionic accumulation in frog muscle cells. In Phosphorus Metabolism II von W. D. MCELROY und BENTLEY GLASS, S. 748. Baltimore: Johns Hopkins Press. 1952. — LING, G., and R. W. GERARD: The normal membrane potential of frog sartorius fibres. J. cell. comp. Physiol. **34**, 383 (1949a). — LING, G., and R. W. GERARD: The membrane potential and metabolism of muscle fibres. J. cell. comp. Physiol. **34**, 413 (1949b). — LINZBACH, A.: Die quantitative Anatomie des normalen und vergrößerten Herzens im Hinblick auf die Herzinsuffizienz. Verh. dtsch. Ges. Kreisl.-Forsch. **16**, 43 (1950). — LIPMANN, F.: Metabolic generation and utilization of phosphate bond energy. Adv. Enzymol. **1**, 99 (1941). — LIPMANN, F., u. O. MEYERHOF: Über die Reaktionsänderung des tätigen Muskels. Biochem. Z. **227**, 84 (1930). — LOCHE, F. S., and O. ROSENHEIM: Contributions to the physiology of the isolated heart. The consumption of dextrose by mammalian cardiac muscle. J. Physiol. **36**, 205 (1907). — LOCKHART, R. D., and W. BRANDT: Length of striated muscle fibres. Proc. Anat. Soc. J. Anat. **72**, 470 (1937/38). — LÖFVING, B., and ST. MELLANDER: Some aspects of the basal tone of the blood vessels. Acta physiol. scand. **37**, 134 (1956). — LOHMANN, K.: Über die enzymatische Aufspaltung der Kreatinphosphorsäure; zugleich ein Beitrag zum Chemismus der Muskelreaktion. Biochem. Z. **271**, 264 (1934). — LOHMANN, K., u. P. OHLMEYER: Muskel in: Handb. der Physiologischen Chemie. Herausgeber FLASCHENTRÄGER und LEHNARTZ. II/2a, 570 (1956). — LOOMIS, W. F., and F. LIPMANN: Reversible inhibition of the coupling between phosphorylation and oxydation. J. biol. Chem. **173**, 807 (1948). — LORENTE DE NÓ, R.: Analysis of the distribution of action currents of nerve in volume conductors. Kapitel XVI in: A study of nerve physiology. Stud. Rockefeller Inst. med. Res. **132**, 384 (1947). — LOWY, J.: Contraction and relaxation in the adductor muscles of mytilus edulis. J. Physiol. **120**, 129 (1953). — LOWRY, O. H.: Electrolytes in the cytoplasm. Biol. Symp. **10**, 233 (1943). — LUBOSCH, W.: Muskel und Sehne. Ein Beitrag zur vergleichenden Anatomie des Muskelsystems. Morph. Jb. **80**, 89 (1937). — LUCAS, K.: On the gradation of activity in a skeletal muscle fibre. J. Physiol. **33**, 125 (1905). — LUEKEN, B., u. E. SCHÜTZ: Die relative Refraktärzeit des Herzens. 3. Mitt. Reversibilität und Antagonismus. Z. Biol. **99**, 186 (1938). — LUNDIN, G.: Mechanical properties of cardiac muscle. Acta physiol. scand. **7**, 1 (1944). — LUNDSGAARD, E.:

Weitere Untersuchungen über Muskelkontraktionen ohne Milchsäurebildung. Biochem. Z. **227**, 51 (1930). — LUNDSGAARD, E.: The ATP content of resting and active muscle. Proc. roy. Soc. B **137**, 73 (1950). — LUTZ, E., u. K. BRECHT: Der Sauerstoffverbrauch isolierter Kaltblütermuskeln unter verschiedenen Bedingungen, besonders unter Dehnung. Z. Biol. **110**, 132 (1958). — LYNEN, F.: Coenzym A, ein Bindeglied zwischen energieliefernden und -verbrauchenden Reaktionen des Zellstoffwechsels. Klin. Wschr. **35**, 219 (1957).

MAANEN, E. F. VAN: Nueromuscular blocking agents. Amer. J. Med. **19**, 669 (1955). — MACDOWALL, R. I. S., A. F. MUNRO and A. F. ZAYAT: Sodium and cardiac muscle. J. Physiol. **130**, 615 (1955). — MACFARLANE, W. V., and J. D. MEARES: Modification of the after-potential of single muscle fibres by 2:4-dinitrophenol. Nature (Lond.) **176**, 403 (1955). — MACPHERSON, L.: A method of determining the force-velocity relation of muscle from two isometric contractions. J. Physiol. **122**, 172 (1953). — MACPHERSON, L., and D. R. WILKIE: The duration of the active state in a muscle twitch. J. Physiol. **124**, 292 (1954). — MALORNY, G., u. K. H. NETTER: Über das Verhalten des Natriums im arbeitenden Säugetiermuskel. Pflügers Arch. ges. Physiol. **238**, 153 (1937). — MARCEAU, P. M., et M. LIMON: Recherches sur l'élasticité des muscles striés à l'état d'activité. J. Physiol. et Path. gen. **22**, 53 (1924). — MARGARIA, R.: An apparent change of pH on stretching a muscle. J. Physiol. **82**, 496 (1934). — MARGARIA, R., u. A. V. MURALT: Photoelektrische Messung der pH-Änderung während der Kontraktion. Naturwissenschaften **22**, 634 (1934). — MARSH, B. B.: A factor modifying muscle fibre syna-eresis. Nature (Lond.) **167**, 1065 (1951). — MARSH, B. B.: The effects of ATP on the fibre volume of a muscle homogenate. Biochim. biophys. Acta **9**, (127), 247 (1952). — MARSHALL, J. M.: Effects of estrogen and progesterone on single uterine muscle fibers in the rat. J. Physiol. **197**, 935 (1959). — MARTIN, A. R.: The effect of change in length in conducting velocity in muscle. J. Physiol. **125**, 215 (1954). — MARTIN, A. R.: A further study of the statistical composition of the endplate potential. J. Physiol. **130**, 114 (1955). — MARTIN, J., u. B. LUEKEN: Aktionsstromuntersuchungen verschiedener Muskelkontraktionen. Z. Biol. **101**, 143 (1943). — MARUYANA, K.: Adenosintriphosphatase activity of the contractile protein from the body-wall muscle of the echiruoid urechis unicinetus. Enzymologia (Den Haag) **17**, 90 (1954). — MATTHAEI, E., and O. W. TIEGS: The path of the slow contractile wave in arthropod muscle fibre. Philos. Trans. roy. Soc. B **238**, 349 (1955). — MAURIELLO, G. E., and A. SANDOW: Fusion frequency, and kinetics of active state, in muscular tetanus. Fed. Proc. **12**, 123 (1953). — MAURIELLO, G. E., and A. SANDOW: Active state of muscle in jodoacetate rigor. J. Gen. Physiol. **42**, 865 (1959). — MAURO, A.: Latency relaxation in the single striated muscle fibres. Acta Physiol. scand. **25**, Suppl. 59 (1952). — MEDA, E.: Correnti d'azione monofasiche del cuore a temperatura corporea normale e durante l'ipotermia. Arch. Fisiol. **52**, 100 (1952). — MERTON, P. A.: Interaction between muscle fibres in a twitch. J. Physiol. **124**, 311 (1954). — MERTON, P. A.: Problems of muscular fatigue. Brit. med. Bull. **12**, 219 (1956). — MEYER, K. H.: Über Feinbau, Festigkeit und Kontraktilität tierischer Gewebe. Biochem. Z. **214**, 253 (1929). — MEYER, K. H., and R. PICKEN: The thermoelastic properties of muscle and their molecular interpretation. Proc. roy. Soc. B **124**, 29 (1937). — MEYER, K. H., G. V. SUSICH u. E. VALKO: Die elastischen Eigenschaften der organischen Hochpolymeren und ihre kinetische Deutung. Kolloid-Z. **69**, 208 (1932). — MEYERHOF, O.: Über die Atmung der Froschmuskulatur. Pflügers Arch. ges. Physiol. **175**, 20 (1919). — MEYERHOF, O.: Die chemischen Vorgänge im Muskel und ihr Zusammenhang mit Arbeitsleistung und Wärmebildung. Berlin 1930. — MEYERHOF, O.: Der zeitliche Verlauf der Milchsäurebildung bei der Muskelkontraktion. Klin. Wschr. **10**, 27 (1931). — MEYERHOF, O.: The origin of the reaction of HARDEN and YOUNG in cell free alcoholic fermentation. J. biol. Chem. **157**, 105 (1945). — MEYERHOF, O., und H. HARTMANN: Über die Volumenschwankung bei der Muskelkontraktion. Pflügers Arch. ges. Physiol. **234**, 722 (1934). — MEYERHOF, O., u. K. LOHMANN: Über die natürlichen Guanidinphosphorsäuren (Phosphagene) in der quergestreiften Muskulatur a) Kreatinphosphorsäure. Biochem. Z. **196**, 66 (1928). — MEYERHOF, O., u. H. LEHMANN: Über die Synthese der Kreatinphosphorsäure durch Umesterung der Phosphorbrenztraubensäure. Naturwissenschaften **23**, 337 (1935). — MEYERHOF, O., u. W. SCHULZ: Über die Energieverhältnisse bei der enzymatischen Milchsäurebildung und der Synthese der Phosphagene. Biochem. Z. **281**, 292 (1935). — MILLIKAN, G. A.: Muscle hemoglobin. Physiolog. Rev. **19**, 503 (1939). — MINES, G. R.: On the spontaneous movements of amphibian skeletal muscle in saline solutions with observations on the influence of potassium and calcium chlorides on muscular excitability. J. Physiol. **37**, 408 (1908). — MITCHELL, P. H., and J. W. WILSON: The selective absorption of potassium by animal cells. Conditions controlling absorption and retention of potassium. J. gen. Physiol. **4**, 45 (1921). — MOMMAERTS, W. F. H. M.: The molecular transformations of actin. III. The participation of nucleotides. J. biol. Chem. **198**, 469 (1952). — MOMMAERTS, W. F. H. M.: Is adenosine triphosphate broken down during a single muscle twitch? Nature (Lond.) **174**, 1083 (1954). — MOMMAERTS, W. F. H. M.: Investigation of the presumed breakdown of adenosine triphosphate and phosphocreatine during a single muscle twitch. Amer. J. Physiol. **182**, 585 (1955). — MOMMAERTS, W. F. H. M., and I. GREEN: Adenosintriphosphatase system of muscle. III. A survey of the adenosintriphosphatase activity of myosin. J. biol.-Chem. **208**, 833 (1954). — MOMMAERTS, W. F. H. M., and J. C. RUPP: Dephosphorylation of adenosine triphosphate in muscular contraction. Nature (Lond.) **168**, 957 (1951). — MOMMAERTS, W. F. H. M., and M. O. SCHILLING: Interruption of muscular contraction by rapid cooling. Amer. J. Physiol. **182**, 579 (1955). — MOND, R., u. H. NETTER: Ändert sich die Ionenpermeabilität des Muskels während seiner Tätigkeit? Pflügers Arch. ges. Physiol. **224**, 702 (1930). — MORALES, M., and J. BOTTS: A model for the elementary process in muscle action. Arch. Biochem. Biophys. **37**, 283 (1952). — MORALES, M. F., H. BOTTS, J. J. BLUM and T. L. HILL: Elementary processes in muscle action: an examination of current concepts. Physiol. Rev. **35**, 475 (1955). — MOTTRAM, R. F.: The oxygen consumption of human skeletal muscle in vivo. J. Physiol. **128**, 268 (1955). — MOULIN, M., u. W. WILBRANDT: Die Wirkung von Kalium und Calcium auf das Treppenphänomen am Froschherzen. Experientia (Basel) **11**, 72 (1955). — MUNCH-PETERSEN, A.: Dephosphorylation of adenosine triphosphate during the rising phase of twitch. Acta physiol. scand. **29**, 202 (1953). — MURALT, A. V.: Über das Verhalten der Doppelbrechung des quergestreiften Muskels während der Kontraktion. Pflügers Arch. ges. Physiol. **230**, 299 (1932). — MURALT, A. V.: Lichtdurchlässigkeit und Tätigkeitsstoffwechsel des Muskels. II. Pflügers Arch. ges. Physiol. **234**, 653 (1934). — MURALT, A. V.: Zusammenhänge zwischen physikalischen und chemischen Vorgängen bei der Muskelkontraktion. Erg. Physiol. **37**, 406 (1935). — MURALT, A. V.: Neue Ergebnisse der Nervenphysiologie. Berlin-Göttingen-Heidelberg: Springer 1958. — MURALT, A. V., and J. T. EDSALL: Studies on the physical chemistry of muscle globulin. III. The anisotropy of myosin. J. Biol. Chem. **89**, 315 (1930). — MUSCHOLL, E.: Similar electrical properties of histological different mammalian muscle fibres. Abstr. Comm. XX. Intern. Congr. Brüssel, 667, 1956.

NAESS, K., and A. STORM-MATHISEN: Fatigue of sustained tetanic contraction. Acta physiol. scand. **34**, 351 (1955). — NAGAI, T., E. MIYAZAKI and H. OHARA: On the mechanism of muscle contraction (I). On the relationship between actomyosin formation and temperature. Jap. J. Physiol. **5**, Suppl. 355 (1956). — NAGAI, T., M. YOKOYAMA and N. ITO: On the mechanism of muscle contraction. A new interpretation of the relationship between the temperature and the ATP contraction of glycerinated muscle fibre. Jap. J. Physiol. **5**, Suppl. 363 (1956). — NAGEL, A.: Die mechanischen Eigenschaften von Perimysium internum und Sarcolemm bei der quergestreiften Muskelfaser. Z. Zellforsch. **22**, 694 (1935). — NASTUK, W. L.: Membrane potential changes at a single muscle end-plate produced by transitory application of acetylcholine with an electrically controlled microjet. Fed. Proc. **12**, 102 (1953). — NASTUK, W. L.: The electrical activity of the muscle cell membrane at the neuromuscular junction. J. cell. comp. Physiol. **42**, 249 (1953). — NASTUK, W. L.: Neuromuscular transmission; fundamental aspects of the normal process. Amer. J. Med. **19**, 663 (1955). — NASTUK, W. L., and A. L. HODGKIN: The electrical activity of single muscle fibres. J. cell. comp. Physiol. **35**, 39 (1950). — NEEDHAM, D. M.: Energy production in muscle. Brit. med. Bull. **12**, 194 (1956). — NEEDHAM, J., S. C. SHEN, D. M. NEEDHAM and A. S. C. LAWRENCE: Myosin birefringence and adenylpyrophosphate. Nature (Lond.) **147**, 766 (1941). — NICHOLLS, J. G.: The electrical properties of denervated skeletal muscle. J. Physiol. **131**, 1 (1956). — NICOLAI, L.: Über das Beugungsspektrum der Querstreifung des Skelettmuskels und einen direkten Beweis der Diskontinuität der tetanischen Kontraktion. Pflügers Arch. ges. Physiol. **237**, 399 (1936). — NIEDERGERKE, R.: Local muscular shortening by intra-cellulary applied calcium. J. Physiol. **128**, 12 P (1955). — NIEDERGERKE, R.: The staircase phenomenon and the action of calcium on the heart. J. Physiol. **134**, 569 (1956a). — NIEDERGERKE, R.: The potassium chloride contracture of the heart and its modification by calcium. J. physiol. **134**, 584 (1956b).— NOLL, D., u. H. H. WEBER: Polarisationsoptik und molekularer Feinbau der Q-Abschnitte des Froschmuskels. Pflügers Arch. ges. Physiol. **235**, 234 (1934). — NOONAN, T. R., O. W. FENN and L. HAEGE: The effect of denervation and stimulation on exchange of radioactive potassium in muscle. Amer. J. Physiol. **132**, 612 (1941). — NOYONS, A., u. T. V. UEXKÜLL: Die Härte der Muskeln. Z. Biol. **56**, 139 (1911).

OCHOA, S.: Efficiency of aerobic phosphorylation in cell-free heart extracts. J. biol. Chem. **151**, 493 (1943). — OCHOA, S.: Enzymic mechanisms in the citric acid cycle. Adv. Enzymol. **15**, 183 (1954). — ÖZER, F., u. H. WINTERSTEIN: Über die Beziehungen zwischen Sauerstoffverbrauch und Kontraktion beim Blutegelmuskel. Physiol. Comp. et Oecol. **1**, 331 (1949). — OFFNER, F., A. WEINBERG and G. YOUNG: The nerve conduction theory: some mathematical consequences of Bernstein's theory. Bull. math. Biophys. **2**, 89 (1940). — OLSEN, R. E., and F. J. STARE: The metabolism in vitro of cardiac muscle in pantothenic acid deficiency. J. biol. Chem. **190**, 149 (1951). — OVERTON, E.: Über die Unentbehrlichkeit von Natrium- (oder Lithium-)Ionen für den Kontraktionsakt des Muskels. Pflügers Arch. ges. Physiol. **92**, 346 (1902).

PALADE, G. E.: The fine structure of mitochondria. Anat. Rec. **114**, 427 (1952). — PALADE, G.: Microscopical organization of cardiac muscle fibers. Proc. of the conference on metabolic factors in cardiac contractility. N. Y. Acad. Sci. New York 1958. — PANTIN, C. F. A.: Comparative physiology of muscle. Brit. med. Bull. **12**, 199 (1956). — PARNAS, J.: Energetik glatter Muskeln. Pflügers Arch. ges. Physiol. **134**, 441 (1910). — PARNAS, J. K., P. OSTERN u. T. MANN: Über die Verkettung der chemischen Vorgänge im Muskel. Biochem. Z. **272**, 64 (1934). — PARNAS, J., u. R. WAGNER: Über den Kohlenhydratumsatz isolierter Amphibienmuskeln und über die Beziehung zwischen Kohlenhydratschwund und Milchsäurebildung im Muskel. Biochem. Z. **61**, 387 (1940). — PERRY, S. V.: The adenosinetriphosphatase activity of lipoprotein granules isolated from skeletal muscle. Biochim. biophys. Acta **8**, 499 (1952).— PERRY, S. V.: Relation between chemical and contractile function and structure of the skeletal muscle cell. Physiol. Rev. **36**, 1 (1956). — PERRY, S. V., and A. CORY: Extraction of proteins other than myosin from the isolated myofibril. Biochem. J. **68**, 5 (1958). — PERRY, S. V., and T. C. GREY: A study of effects of substrate concentration and certain relaxing factors on the magnesium-activated myofibrillar adenosine triphosphatase. Biochem. J. **64**, 184 (1956). — PERRY, S. V., and R. REED: An electron microscope and X-ray study of actin. Biochim. biophys. Acta **1**, 379 (1947). — PETIT, J. L.: Les propriétés visco-élastiques du muscle a l'état de repos et a l'état d'excitation. Arch. int. Physiol. **34**, 113 (1931). — PETTENKOFER, M. v., u. C. VOIT: Über die Zersetzungsvorgänge im Tierkörper bei Fütterung mit Fleisch und Kohlehydraten und Kohlehydraten allein. Z. Biol. **9**, 435 (1873). — PFEIFFER, H.: Optische Messungen zur leptonischen Analyse der Muskelkontraktion in vitro. Naturwissenschaften **30**, 106 (1942). — PHILPOTT, D. E., and A. SZENT-GYÖRGYI: The series elastic component in muscle. Biochim. biophys. Acta **12**, 128 (1953). — PHILPOTT, D. E., and A. G. SZENT-GYÖRGYI: The structure of light-mero-myosin: an electron microscopy study. Biochim. biophys. Acta **15**, 165 (1954). — PIEPER, H., H. REICHEL u. E. WETTERER: Das Verhalten des ruhenden Skelettmuskels unter dem Einfluß aufgezwungener sinusförmiger Längenänderungen. Z. Biol. **104**, 469 (1951). — PILLAT, B., O. KRAUPP, G. GIEBISCH u. H. STORMANN: Die Abhängigkeit des elektrischen Ruhepotentials des isoliert durchströmten Säugetiermuskels von der extracellulären Kaliumkonzentration. Pflüg. Arch. ges. Physiol. **266**, 459 (1958). — PODOLSKY, R. J., and M. F. MORALES: The enthalpy change of adenosine triphosphate hydrolysis. J. biol. Chem. **218**, 945 (1956). — POLISSAR, M. J.: Physical chemistry of contractile process in muscle. Amer. J. Physiol. **168**, 766 (1952). — POLLOCK, L., J. G. GOLLSETA and A. J. ARIEFF: The response of muscle to electrical stimuli during degeneration, denervation and regeneration. Res. Publ. Ass. nerv. ment. Dis. **25**, 236 (1946). — PORTMANN, W.: Zur Frage der Temperaturabhängigkeit der ATP-Spaltung in der Kalt- und Warmblütermuskulatur. Biochem. Z. **326**, 260 (1955). — PORTZEHL, H.: Masse und Maße des L-Myosins. Z. Naturforsch. **5b**, 75 (1950). — PORTZEHL, H.: Der Arbeitscyklus geordneter Aktomyosinsysteme (Muskel und Muskelmodelle). Z. Naturforsch. **7b**, 1 (1952). — PORTZEHL, H.: Gemeinsame Eigenschaften von Zell- und Muskelkontraktilität. Biochim. biophys. Acta **14**, 195 (1954). — PORTZEHL, H.: Die Bindung des Erschlaffungsfaktors von MARSH an die Muskelgranula. Biochim. biophys. Acta **26**, 373 (1957). — PORTZEHL, H., G. SCHRAMM u. H. H. WEBER: Aktomyosin und seine Komponenten. I. Mitt. Z. Naturforsch. **5b**, 61 (1950). — POSTMA, N.: Some aspects of the tonus problem. Proc. kon. Nederl. Akad. Wet. **50**, 410 (1947). — PRATT, F. H., and J. P. EISENBERGER: The quantal phenomena in muscle: methods with further evidence of the all or none-principle for the skeletal fiber. Amer. J. Physiol. **49**, 1 (1919). — PRINGLE, J. W. S.: The excitation and contraction of the flight muscles of insects. J. Physiol. **108**, 226 (1949). — PRINGLE, J. W. S.: The mechanism of the myogenic rhythm of certain insect striated muscles. J. Physiol. **124**, 269 (1954). — PRYOR, M.: Deformation and flow in biological systems. A. FREY-WYSSLING, North-Holland Publ. Comp. Amsterdam **1952**, S. 157.

QUENSEL, W.: Über die Polarisationskapazität („Permeabilität") des Froschmuskels in Abhängigkeit vom Stoffwechsel. Pflügers. Arch. ges. Physiol. **230**, 423 (1932).

RAEBER, L., G. SCHAPIRA et J. CL. DREYFUS: Sur une nouvelle protéine musculaire, la «Métamyosine». C. R. Acad. Sci. (Paris) **241**, 1000 (1955). — RALSTON, H. J., V. T. INMAN, L. A. STRAIT and M. O. SHAFFRATH: Mechanics of human isolated voluntary muscle. J. Physiol. **151**, 612 (1947). — RALSTON, H. J., M. J. POLISSAR, V. T. INMAN, J. R. CLOSE and B. FEINSTEIN: Dynamic features of human isolated voluntary muscle in isometric and free contraction. J. appl. Physiol. **1**, 526 (1949). — RAMSEY, R. W.: Muscle: physics. In Medical physics, p. 784. Chicago: Glasser, Year-Book-Publ. 1944. — RAMSEY, R. W.: Analysis of contraction of skeletal muscle. Amer. J. Physiol. **181**, 688 (1955). — RAMSEY, R. W., and S. F. STREET: The isometric length tension diagram of isolated skeletal muscle fibers of the frog. J. cell. comp. Physiol. **15**, 11 (1940). — RAMSEY, R. W., and S. F. STREET: Absence of fatigue of contractile mechanism in single muscle fibers. Fed. Proc. **1**, 70 (1942). — RANNEY, R. E.: Dissociative and contractile reactions of actomyosin with uridine triphosphate. Amer. J.

Physiol. **178**, 517 (1954a). — RANNEY, R. E.: Spontaneous relaxation in glycerol-extracted muscle fibre bundles. Amer. J. Physiol. **179**, 99 (1954b). — RAPPORT, D., and G. S. RAY: Changes of electrical conductivity in the beating tortoise ventricle. Amer. J. Physiol. **80**, 126 (1927). — RAUH, F.: Die Latenzzeit des Muskelelements. Z. Biol. **76**, 25 (1922). — REGER, J. F.: Electron microscopy of the motor endplate in rat intercostal muscle. Anat. Rec. **122**, 1 (1955). — REGINSTER, A.: Recherches sur le rôle du potassium dans les phénomènes d'excitation. Arch. int. Physiol. **47**, 24 (1938). — REHSTEINER, R.: Zur Charakteristik von Contracturzuständen des Skelettmuskels. Pflügers Arch. ges. Physiol. **217**, 430 (1927). — REICHEL, H.: Quantitative Beziehungen zwischen Ruhe- und Reizzustand des Skelettmuskels. Z. Biol. **97**, 429 (1936). — REICHEL, H.: Über die innere und äußere Arbeit des Skelett- und Herzmuskels. Z. Biol. **101**, 374 (1943). — REICHEL, H.: Muskelelastizität. Erg. Physiol. **47**, 469 (1952). — REICHEL, H.: Über die Temperaturabhängigkeit der Spannung im Zustand des Tonus und der Kontraktur im glatten Schließmuskel von Pinna nobilis. Publ. Stat. Zool. Neapel **27**, 73 (1955). — REICHEL, H.: Die Herzdynamik unter dem Einfluß des peripheren Kreislaufs. Verh. dtsch. Ges. Kreisl.-Forsch. **22**, 3 (1956). — REICHEL, H., u. A. BLEICHERT: Die Zeitkurve der Aktivierung beim Vorhof des Kaltblüters. Z. Biol. **110**, 436 (1958). — REICHEL, H., u. A. BLEICHERT: Die Dehnbarkeit des Skelett- und Herzmuskels der Schildkröte während der Latenzzeit. Experientia (Basel) **11**, 286 (1955). — REICHEL, H., and A. BLEICHERT: Excitation-contraction coupling in heart muscle. Nature (Lond.) **183**, 826 (1959). — REICHEL, H., A. BLEICHERT u. R. WAGNER: Der Einfluß der Innervation auf die mechanischen Eigenschaften des Froschskelettmuskels. Z. Biol. **109**, 474 (1957). — REICHEL, H., u. A. BLEICHERT: Die statischen Eigenschaften des elastischen Serienelementes im kontrahierten Muskel. Pflügers Arch. ges. Physiol. **265**, 410 (1958a). — REICHEL, H., u. A. BLEICHERT: Der zeitliche Ablauf der Aktivierung im Skelettmuskel der Schildkröte. Pflügers Arch. ges. Physiol. **265**, 416 (1958b). — REICHEL, H., F. ZIMMER, u. A. BLEICHERT: Die elastischen Eigenschaften des Skelett- und Herzmuskels in verschiedenen Phasen der Einzelzuckung. Z. Biol. **108**, 188 (1956). — REICHEL, H., u. F. ZIMMER: Der Erfolg plötzlicher Entdehnungen während der Erschlaffung des Skelett- und Herzmuskels. Z. Biol. **108**, 284 (1956). — REID, C.: The mechanism of voluntary muscular fatigue. Quart. J. exp. Physiol. **19**, 17 (1928). — REITER, M.: Die Beeinflussung des Kationentransportes im Herzmuskel durch Calcium und Strophantin in Beziehung zur inotropen Wirkung. Pflügers Arch. ges. Physiol. **267**, 158 (1958). — REMINGTON, J. W., and R. S. ALEXANDER: Stretch behaviour of the bladder as an approach to vascular distensibility. Amer. J. Physiol. **181**, 240 (1955). — REMINGTON, J. W., and R. S. ALEXANDER: Relation of tissue extensibility to smooth muscle tone. Amer. J. Physiol. **185**, 302 (1956). — RENK, F., u. E. WÖHLISCH: Die thermoelastische Anomalie der Skeletmuskulatur und die statisch-kinetische Theorie der kautschukartigen Elastizität. Pflügers Arch. ges. Physiol. **243**, 110 (1939). — RIESER, P.: The protoplasmatic viscosity of muscle. Protoplasma **39**, 95 (1949). — RIESSER, O.: Untersuchungen an überlebenden roten und weißen Kaninchenmuskeln. Pflügers Arch. ges. Physiol. **190**, 137 (1921). — RIESSER, O.: Muskelpharmakologie. Bern 1949. — RIESSER, O., u. S. M. NEUSCHLOSS: Physiologische und kolloidchemische Untersuchungen über den Mechanismus der durch Gifte bewirkten Kontraktur quergestreifter Muskeln. Naunyn-Schmiedebergs Arch. exp. Path. Pharmak. **91**, 342 (1921). — RIESSER, O., u. F. RICHTER: Weitere Beiträge zur Kenntnis der Erregungskontraktion des Froschmuskels. Pflügers. Arch. ges. Physiol. **207**, 287 (1925). — RITCHIE, J. M.: The relation between force and velocity of shortening in rat muscle. J. Physiol. **123**, 633 (1954a). — RITCHIE, J. M.: The duration of the plateau of full activity in frog muscle. J. Physiol. **124**, 605 (1954b). — RITCHIE, J. M.: The effect of nitrate on the active state of muscle. J. Physiol. **126**, 155 (1954c). — RITCHIE, J. M., and D. R. WILKIE: The effect of previous stimulation on the active state of muscle. J. Physiol. **130**, 488 (1955). — ROBB, J. S., M. GRUBB and H. BRAUNFELDS: Shortening of actomyosine threads not induced by adenosintriphosphate. Amer. J. Physiol. **181**, 39 (1955). — ROBBINS, E. A., and P. D. BOYER: Determination of the equilibrium of the hexokinase reaction and the free energy of hydrolysis of adenosine triphosphate. J. biol. Chem. **224**, 121 (1957). — ROBERTSON, J. D.: The ultrastructure of a reptilian myoneural junction. J. biophys. biochem. Cytol. **2**, 381 (1956). — ROBERTSON, J. D., and P. PEYSER: Changes in water and electrolytes of cardiac muscle following epinephrine. Amer. J. Physiol. **166**, 277 (1951). — ROEDER, K. D.: Movements of the thorax and potential changes in the thoracic muscles of insects during flight. Biol. Bull., Woods Hole **100**, 95 (1951). — RÖSSEL, W.: Der Einfluß des Acetylcholins auf die Polarisierbarkeit (Impedanz) des poikilothermen Herzens und Muskels. Pflügers Arch. ges. Physiol. **9**, 367 (1948). — RÖSSEL, W.: Die Bedeutung des Bindegewebes für die tonische und nichttonische Reaktion eines Froschmuskels. Pflügers. Arch. ges. Physiol. **253**, 222 (1951). — ROSENBLUETH, A., and W. B. CANNON: Direct electrical stimulation of denervated autonomic effectors. Amer. J. Physiol. **108**, 384 (1934). — ROSENBLUETH, A., W. B. CANNON and B. REMPEL: The adequacy of the chemical theory of smooth muscle excitation. Amer. J. Physiol. **116**, 417 (1936). — ROSENBLUETH, A., and R. S. MORISON: Curarization, fatigue and Wedensky inhibition. Amer. J. Physiol. **119**, 236 (1937). — Rosenfalck, P., u. F. Buchthal: Die Verkürzungsgeschwindigkeit des Muskels im Lichte der Transmutationstheorie. Pflügers Arch. ges. Physiol. **260**, 197 (1955). — Rothschuh, K. E.: Über elektrische Entladungsvorgänge an der verletzten Skeletmuskelfaser und ihre Beziehungen zum Vorgang der Degeneration, Regeneration und des Absterbens. Pflügers Arch. ges. Physiol. **252**, 445 (1950). — Rothschuh, K. E.: Die Koppelung zwischen Erregung und contractilem Geschehen. Beobachtungen und Interpretationen. Klin. Wschr. **34**, 1049 (1956). — Rothschuh, K. E.: Über sich fortpflanzende Kontraktionen an Skelettmuskelfasern unter dem Einfluß von Monojodessigsäure — Na-CN-Gemischen. Z. Biol. **109**, 123 (1957). — Rosza, G., A. Szent Györgyi and R. W. G. Wyckhoff: The electron microscopy of F-actin. Biochim. biophys. Acta **3**, 561 (1949). — Rosza, G., A. Szent Györgyi and R. Wyckhoff: The fine structure of myofibrils. Exp. Cell Res. **1**, 194 (1950). — Rushmer, R. F.: Applicability of Starling's law of heart to intact unanesthetized animals. Physiol. Rev. **35**, 138 (1955). — Rushton, W. A. H.: Excitable substances in the nerve muscle complex. Amer. J. Physiol. **93**, 685 (1930).

Sacks, J., and J. H. Morton: Lactic and pyruvic acid relation in contracting mammalian muscle. Amer. J. Physiol. **186**, 221 (1956). — Sandow, A.: Study of the effect of p_H, tissue poisons, and anisotonicity on the mechanical events of the latent, contraction, and relaxation periods of skeletal muscle contraction. Yb. Amer. Phil. Soc. **195**, (1943). — Sandow, A.: Studies on the latent period of muscular contraction. Method. General properties of latency relaxation. J. cell. comp. Physiol. **24**, 221 (1944). — Sandow, A.: The effect of activity on the latent period of muscular contraction. Ann. N.Y. Acad. Sci. **46**, 153 (1945). — Sandow, A.: Transverse latency relaxations of muscle stimulated with massive transverse shocks. Fed. Proc. **7**, 107 (1948). — Sandow, A.: Excitation contraction coupling in muscular response. Yale J. Biol. Med. **25**, 176 (1952). — Sandow, A., and M. Brust: Effect of activity on the visco-elasticity of normal and iodoacetate muscle. Proc. Soc. exp. Biol. (N. Y.) **63**, 462 (1946).— Sandow, A., and G. E. Mauriello: Active state properties in jodoacetate rigor and contracture. Fed. Proc. **14**, 129 (1955). — Sandow, A., and Ch. A. Schneyer: Mechanics of iodoacetate rigor of muscle. J. cell. comp. Physiol. **45**, 131 (1955). — Schaefer, H.: Elektrophysiologie. F. Deuticke Wien, 1940, 1942. — Schaefer, H., u. H. Goepfert: Aktionsstrom und optisches Verhalten des Froschmuskels in ihrer zeitlichen Beziehung zur Zuckung. Pflügers Arch. ges. Physiol. **238**, 684 (1937). — Scheiner, H.: Plasticity and contraction of isolated striated muscle. J. Physiol. **42**, 765 (1950). — Scheminzky, F., u. F. Scheminzky: Permeabilität und Ermüdung. II. Mitteilung: Ist der Wendungseffekt durch die Reizung neuer Fasern oder durch Grenzflächenänderungen schon erregter Fasern bedingt? Pflügers Arch. ges. Physiol. **225**, 145 (1930). — Scherrer, J., A. Bourgignon, M. Samson et R. Marty: Sur une caractère particulier de la contraction isométrique maximum au cours de la fatigue chez l'homme. J. Physiol. (Paris) **48**, 3 (1956). — Schiff, J. M.: Muskel- und Nervenphysiologie. In Schauenberg's Cyklus 9/1, 1858 (Lahr). — Schimert, J.: Über den feineren Bau einiger Muskeln des Menschen mit besonderer Berücksichtigung der Länge und Anordnung der quergestreiften Muskelfasern. Z. mikrosk.-anat. Forsch. **36**, 215 (1934). — Schmandt, W., and W. Sleator jr.: Deviations from all-or-non-behaviour in a molluscan unstriated muscle; decremental conduction and augmentation of action potential. J. cell. comp. Physiol. **46**, 439 (1955).— Schmid, W., u. M. Siess: Über die Grenzbedingungen von Zelleben und spezifische Zellfunktion am isolierten Muskel. Pflügers Arch. ges. Physiol. **263**, 492 (1956). — Schmidt, W. I.: Über die Doppelbrechung der I-Glieder der quergestreiften Myofibrillen und das Wesen der Querstreifung überhaupt. Z. Zellforsch. **21**, 224 (1934). — Schmidt, W. I.: Die Verbindung der Myo- und Sehnenfibrillen polarisationsoptisch geprüft am Rückenflossenmuskel vom Hippocampus. Z. Zellforsch. **24**, 336 (1936). — Schoepfle, G. M., and A. S. Gilson: Elasticity of muscle in relation to actively developed twitch tension. J. cell. comp. Physiol. **27**, 105 (1946). — Schramm, G., u. H. H. Weber: Über monodisperse Myosinlösungen. Kolloid-Z. **100**, 242 (1942)— Schreiber, S. S.: Potassium and sodium exchange in the working frog heart. Effects of overwork, external concentrations of potassium and ouabain. Amer. J. Physiol. **185**, 337 (1956). — Schütz, E.: Physiologie der Herztöne. Erg. Physiol. **35**, 632 (1933). — Schütz, E.: Der monophasische Aktionsstrom. Verh. dtsch. Ges. Kreisl.-Forsch. **15**, 43 (1939). — Schütz, E.: Physiologie des Herzens. Berlin-Heidelberg-Göttingen: Springer 1958. — Scott, G. H.: Distribution of mineral ashes in striated muscle cells. Proc. Soc. exp. Biol. (N.Y.) **29**, 349 (1932). — Selby, C. C., and R. S. Bear: The structure of actin-rich filaments of muscles according to X-ray diffraction. J. biophys. biochem. Cytol. **2**, 55 (1956). — Shaw, F. H., S. E. Simon, B. M. Johnstone and M. E. Holman: The effect of changes of environment on the electrical and ionic pattern of muscle. J. gen. Physiol. **40**, 263 (1956). — Shanes, A. M., and M. D. Bergman: Kinetics of ion movement in the squid giant axon. J. gen. Physiol. **39**, 279 (1955). — Sichel, I. M.: The elasticity of isolated resting skeletal muscle fibre. J. cell. comp. Physiol. **5**, 21 (1934). — Sichel, I. M.: The relative elasticity of the sarcolemma and of the entire skeletal muscle fibre. Amer. J. Physiol. **133**, 447 (1941). — Singer, T. P., and

E. S. G. Barron: Effect of sulfhydryl reagents on adenosinetriphosphatase activity of myosin. Proc. Soc. exp. Biol. (N.Y.) 56, 120 (1944). — Sjöstrand, F. S., and E. Andersson-Cedergren: The ultrastructure of the skeletal muscle myofilaments at various states of shortening. J. Ultrastructure Res. 1, 74 (1957). — Snellman, O., and T. Erdös: An electron microscope study of myosin, actin, and actomyosin. Biochim. biophys. Acta 2, 660 (1948). — Solandt, D. Y.: The effect of potassium on the excitability and resting metabolism of frog's muscle. J. Physiol. 86, 162 (1936). — Sommerkamp, E.: Das Substrat der Dauerverkürzung am Froschmuskel. Naunyn-Schmiedebergs Arch. exp. Path. Pharmak. 128, 99 (1928). — Sotavalta, O.: The flight tone (wing-stroke frequency) of insects. (Contributions of the problem of insect flight I). Acta Entomol. fenn. 4, 1 (1947). — Sotavalta, O.: The essential factor regulating the wing-stroke frequency of insects in wing mutilation and loading experiments and in experiments at subatmospheric pressure. Ann. (zool.) Soc. Zool. bot. fenn. Vanamo 15, 2 (1952). — Staempfli, R.: Die Ionentheorie des Erregungsvorganges und ihre möglichen Zusammenhänge mit der Biochemie. Naunyn-Schmiedebergs Arch. exp. Path. Pharmak. 228, 39 (1956). — Steinbach, H. B.: Sodium extrusion from isolated frog muscles. Amer. J. Physiol. 167, 284 (1951). — Sten-Knudsen, O.: Investigations on the mechanical anisotropy of the isolated frog muscle fibre. Acta physiol. scand. (Stockh.) Suppl. 1, 53, 58 (1948). — Sten Knudsen, O.: Torsional elasticity of the isolated cross-striated muscle fibre. Acta physiol. scand. 28, Suppl. 104 (1953). — Sten-Knudsen, O.: The ineffectiveness of the window field in the imitation of muscle contraction. J. Physiol. 125, 396 (1954). — Stöhr, J. PH. jr.: Lehrbuch der Histologie und der mikroskopischen Anatomie. Berlin-Göttingen-Heidelberg: Springer 1951. — Straub, F. B.: Actin. Stud. Inst. Chem. Szeged. 2, 3 (1942). — Straub, F. B., and G. Feuer: Adenosintriphosphate, the functional group of actin. Biochim. biophys. Acta 4, 455 (1950). — Ströbel, G.: Doppelbrechungsänderungen bei der aktiven Kontraktion des Fasermodells (aus Kaninchen-Psoas) Z. Naturforsch. 7b, 102 (1952). — Stutz, H., E. Feigelson, J. Emerson and R. J. Bing: The effect of digitalis (cedilanid) on the mechanical and electrical activity of extracted and non-extracted heart muscle preparations. Circulat. Res. 2, 555 (1954). — Sulzer, R.: Über das Verhalten des Skelettmuskels in Ruhe und in Kontraktur bei Dehnung. Z. Biol. 87, 472 (1928). — Sulzer, R.: Die Gleichgewichtskurven des tätigen Skelettmuskels. Z. Biol. 90, 13 (1930a). — Sulzer, R.: Ein neues Muskelmodell. Z. Biol. 90, 29 (1930b). — Swan, R. C., and R. D. Keynes: Sodium efflux from amphibian muscle. Abstr. Comm. XX. int. Physiol. Congress Brüssel 1956, 869. — Szent Györgyi, A.: Recherches sur la contraction musculaire et la distribution electronique dans les structures vivantes. La structure chimique du muscle. Bull. Soc. Chim. biol. (Paris) 29, 560 (1947). — Szent Györgyi, A.: Comparisons of actomyosin formation in different muscle preparations. Enzymologia 14, 244 (1950). — Szent Györgyi, A.: Chemistry of muscular contraction. 2 nd. ed., New York: Acad. Press. (1951). — Szent Györgyi, A.: Thermodynamics and muscle. In: Modern trends in physiology and biochemistry. Acad. Press. New York: 1952. — Szent Györgyi, A.: Depolymerisation of light meromyosin by urea. Arch. Biochem. Biophys. 60, 180 (1956).

Taylor, R. E.: The contractile process is not associated with potential changes. J. cell. comp. Physiol. 42, 103 (1953). — Teorell, T.: Transport processes and electrical phenomena in ionic membranes. Progr. Biophys. 3, 305 (1953). — Thesleff, St.: The mode of neuromuscular block caused by acetylcholine, nicotine, decamethonium and succinylcholine. Acta physiol. scand. 34, 218 (1955a). — Thesleff, St.: The effect of acetylcholine, decamethonium and succinylcholine on neuromuscular transmission in the rat. Acta physiol. scand. 34, 386 (1955b). — Thomson, W.: Dynamical theory of heat. Philos. Trans. Philos. Mag. 15, 4 (1851). — Tiegel, E.: Über Muskelkontraktur im Gegensatz zur Kontraktion. Pflügers Arch. ges. Physiol. 13, 71 (1876). — Trautwein, W., u. J. Dudel: Aktionspotential u. Mechanogramm des Warmblüterherzmuskels als Funktion der Schlagfrequenz. Pflügers Arch. ges. Physiol. 260, 24 (1954). — Trautwein, W., u. J. Dudel: Aktionspotential u. Kontraktion im Sauerstoffmangel. Pflügers Arch. ges. Physiol. 263, 23 (1956). — Trautwein, W., u. J. Dudel: Zum Mechanismus der Membranwirkung des Acetylcholins an der Herzmuskelfaser. Pflügers Arch. ges. Physiol. 266, 324 (1958). — Trautwein, W., U. Gottstein u. K. Federschmidt: Der Einfluß der Temperatur auf den Aktionsstrom des excidierten Purkinje-Fadens, gemessen mit einer intracellulären Elektrode. Pflügers Arch. ges. Physiol. 258, 243 (1953). — Trautwein, W., U. Gottstein u. J. Dudel: Der Aktionsstrom der Myokardfaser im Sauerstoffmangel. Pflügers Arch. ges. Physiol. 260, 40 (1954). — Trautwein, W., u. P. N. Witt: Der Einfluß des Strophantins auf das Ruhe- und Aktionspotential der geschädigten Herzmuskelfaser. Naunyn-Schmiedebergs Arch. exp. Path. Pharmak. 216, 197 (1952). — Trautwein, W., u. K. Zink: Über Membran- und Aktionspotential einzelner Myokardfasern des Kalt- und Warmblüterherzens. Pflügers Arch. ges. Physiol. 256, 68 (1952). — Trautwein, W., K. Zinn u. K. Kayser: Über die Membran- und Aktionspotentiale einzelner Fasern des Warmblüterskelettmuskels und ihre Veränderung bei der Ischämie. Pflügers Arch. ges. Physiol.

157, 20 (1953). — TRENDELENBURG, W., u. E. SCHÜTZ: Über den Muskelton. Z. Biol. **89,** 41 (1930). — TSAO, T. C.: The molecular dimensions and the monomer-dimer-transformation of actin. Biochim. biophys. Acta **11,** 227 (1953). — TSAO, T. C.: The interaction of actin, myosin and adenosine triphosphate. Biochim. biophys. Acta **11,** 236 (1953). — TSAO, T. C., K. BAILEY and G. S. ADAIR: The size, shape and aggregation of tropomyosin particles. Biochem. J. **49,** 27 (1951). — TURCHINI, J., et L. KHAN VAN KIEN: Dérivés ribonucléiques et phosphatases au niveau des fibres musculaires striées. C. R. Ass. Anat. **70,** 961 (1952). —

UEXKÜLL, I. v.: Studien über den Tonus. Z. Biol. **44,** 269 (1903). — ULBRECHT, G.: Thermoelastische Analyse des gelben Anteils des Schließmuskels der Teichmuschel. Z. Biol. **103,** 278 (1950). — ULBRECHT, G., u. M. ULBRECHT: Der isolierte Arbeitscyclus glatter Muskulatur. Z. Naturforsch. **7b,** 434. — ULBRECHT, G., M. ULBRECHT u. A. WEBER: Die Beziehung zwischen Verkürzungsgeschwindigkeit und Belastung bei Fasermodellen. Biochim. biophys. Acta **13,** 564 (1954). — ULLRICH, K. J., G. RIECKER u. K. KRAMER: Das Druckvolumendiagramm des Warmblüterherzens. Pflügers Arch. ges. Physiol. **259,** 481 (1954). — USSING, H. H.: Transport of ions across cellular membranes. Physiol. Rev. **29,** 127 (1949).

VAUGHAN, B. E., and N. PACE: Changes in myoglobin content of the high altitude acclimatized rat. Amer. J. Physiol. **185,** 549 (1956). — VAUGHAN WILLIAMS, E. M.: The mode of action of drugs upon intestinal motility. Pharmacol. Rev. **6,** 159 (1954). — VERZAR, F., and V. WENNER: The influence in vitro of deoxycorticosterone on glycogen formation in muscle. Biochem. J. **42,** 35 (1948). — VLADIMIROV, G. E., V. G. VLASSOVA, A. Y. KOLOTILOVA, S. N. LYZLOVA and N. S. PANTELYEVA: The energy of hydrolysis of adenosine triphosphore acid. Nature (Lond.) **179,** 1350 (1957).

WACHHOLDER, K., u. J. F. VON LEDEBUR: Untersuchungen über „tonische" und „nichttonische" Wirbelmuskeln. Pflügers Arch. ges. Physiol. **225,** 627 (1930). — WAGNER, R.: Über die Temperaturabhängigkeit der Muskelkraft beim Kaltblüter. Z. Biol. **84,** 373 (1926). — WAGNER, R.: Arbeitsdiagramm bei Willkürbewegung. Z. Biol. **86,** 26 (1927). — WALKER, S. M., and Y. LA POSTE: Effects of potassium on the end-plate potential and neuromuscular transmission in the curarized semitendinosus of the frog. J. Neurophysiol. **10,** 79 (1947). — WALTER, W. G.: The tensile strength of striated muscle, investigated on the gastrocnemius muscle of the frog. Arch. neerl. Physiol. **28,** 655 (1948). — WARBURG, O.: Versuche an überlebendem Carcinomgewebe. Biochem. Z. **142,** 317 (1923). — WARBURG, O., u. W. CRISTIAN: Isolierung u. Kristallisation des Proteins des oxydierenden Gärungsferments. Biochem. Z. **303,** 40 (1939). — WARE, F. jr., A. L. BENNETT and A. R. McINTYRE: Membrane potentials in normal, isolated, perfused frog hearts. Amer. J. Physiol. **190,** 194 (1957). — WASHINGTON, M. A., M. F. ARREGHI, S. F. STREET and R. W. RAMSEY: Q_{10} of the maximum tetanic tension developed by isolated muscle fibers of the frog. Science **121,** 445 (1955). — WATANABE, A.: Initiation of contraction by transverse and longitudinal current flow in single muscle fibers. Jap. J. Physiol. **8,** 132 (1958). — WATZKA, M.: „Weiße" und „rote" Muskeln. Z. mikrosk.-anat. Forsch. **45,** 668 (1939). — WEBB, J. L.: Relationship between membrane potentials and repolarisation in the rat atrium. Science **124,** 1209 (1956). — WEBB, J. L., and P. B. HOLLANDER: Metabolic aspects of the relationship between the contractility and membrane potentials of the rat atrium. Circulat. Res. **4/5,** 618 (1956). — WEBER, A.: Muskelkontraktion und Modellkontraktion. Biochim. biophys. Acta **7,** 214 (1951). — WEBER, A.: The ultracentrifugal separation of L-myosin and actin in an actomyosin sol under the influence of ATP. Biochim. biophys. Acta **19,** 345 (1956). — WEBER, E.: Muskelbewegung. In WAGNERs Handwörterbuch der Physiologie, Bd. 3/2 1846. — WEBER, H. H.: Die Muskeleiweißkörper und der Feinbau des Skelettmuskels. Ergebn. Physiol. **36,** 109 (1934). — WEBER, H. H.: Der Feinbau und die mechanischen Eigenschaften des Myosinfadens. Pflügers Arch. ges. Physiol. **235,** 205 (1935). — WEBER, H. H.: Elastische Nachwirkungen am Muskel und kinetische Elastizität. Kolloid-Z. **96,** 269 (1941). — WEBER, H. H.: Muskel und Muskelkontraktion. Fiat. Rev. Germ. Sci. **59,** (III), 1 (1948). — WEBER, H. H.: Muskelproteine. Biochim. biophys. Acta **4,** 12 (1950). — WEBER, H. H.: Die Aktomyosinmodelle und der Kontraktionscyclus des Muskels. Z. Elektrochem. angew. physik. Chem. **55,** 511 (1951). — WEBER, H. H.: Kontraktile Proteine und Motilität der Lebewesen. Naturwissenschaften **42,** 270 (1955). — WEBER, H. H.: The motility of muscle and cells. Harvard Univ. Press. Cambridge Massachusetts 1958. — WEBER, H. H., u. K. MEYER: Kolloidzustandsänderungen der Muskelproteine beim Absterben und bei der Ermüdung. Biochem. Z. **266,** 137 (1933). — WEBER, H. H., and H. PORTZEHL: Muscle contraction and fibrous muscle proteins. Advanc. Protein Chem. **7,** 162 (1952a). — WEBER, H. H., u. H. PORTZEHL: Kontraktion, ATP-Zyklus und fibrilläre Proteine des Muskels. Ergebn. Physiol. **47,** 369 (1952b). — WEBER, H. H., and H. PORTZEHL: The transference of the muscle energy in the contraction cycle. Progr. Biophys. Chem. **4,** 60 (1954). — WEBER, H. H., u. R. STÖVER: Das kolloidale Verhalten der Muskeleiweißkörper. IV. Über Teilchengewichte von Muskeleiweißkörpern und das Van der Waalssche Wirkungsvolumen der Myogenteilchen. Biochem. Z. **259**, 269 (1933). — WEBSTER, H. L.: The deamination and dephosphorylation of adenine-nucleotides in muscle. Diss. for Ph-D. degree Univ. Cambridge 1953. — WEGELIN, C.: Über alimentäre Herzmuskelverfettung. Berl. klin. Wschr. **1913**, 2125. — WEIDMANN, S.: Effect of current flow on the membrane potential of cardiac muscle. J. Physiol. **115**, 227 (1951). — WEIDMANN, S.: The electrical constants of Purkinje-fibres. J. Physiol. **119**, 348 (1952). — WEIDMANN, S.: The effect of the cardiac membrane potential on the rapid availability of the sodium carrying system. J. Physiol. **127**, 213 (1955a). — WEIDMANN, S.: Effects of calcium ions and localanaesthetics on electrical properties of Purkinje fibres. J. Physiol. **129**, 568 (1955b). — WEIDMANN, S.: Electrophysiology of the heart. Abstr. Comm. XX. int. Congr. Brüssel 239 (1956a). – WEIDMANN, S.: Elektrophysiologie der Herzmuskelfaser. Bern u. Stuttgart: H. Huber 1956b. — WEIDMANN, S.: Shortening of the cardiac action potential due to a brief injection of KCl following the onset of activity. J. Physiol. **132**, 157 (1956c). — WEIDMANN, S.: Ionenströme, Aktionspotential und Kontraktion des Herzmuskels. Cardiologia (Basel) **31**, 186 (1957). — WEIS-FOGH, T.: Tetanic force and shortening in locust flight muscle. J. exp. Biol. **33**, 668 (1956). — WEST, F. C., G. HADDEN and A. FARAH: Effect of anoxia on response of the isolated intestine to various drugs and enzyme inhibitors. Amer. J. Physiol. **164**, 565 (1951). — WHALEN, W. J., N. FISHMAN and R. ERICKSON: Nature of the potentiating substance in cardiac muscle. Amer. J. Physiol. **194**, 573 (1958). — WHITE, J. I., H. B. BENSUSAN, S. HIMMELFAHRT, B. E. BLANKENHORN and W. A. AMBERSON: Δ-Protein, a new fibrous protein of skeletal muscle: properties. Amer. J. Physiol. **188**, 212 (1957). — WIEGAND, W. B., and I. W. SNYDER: The rubber pendulum, the JOULE effect, and the dynamic stress-strain curve. Trans. Inst. Rubber Ind. **10**, 234 (1934). — WIELAND, H., O. B. CLAREN und B. N. PRAMANIK: Über den Mechanismus der Oxydationsvorgänge XXXVI. Die enzymatische Dehydrierung von Milchsäure, Brenztraubensäure und Methylglyoxal durch Hefe. Ann. Chem. **507**, 203 (1933). — WIENER, O.: Zur Theorie der Stäbchendoppelbrechung. Ber. Verh. sächs. Ges. Wiss. Math.-physik. Kl. **61**, 113 (1909). — WILDE, W. S.: The pulsatile nature of the release of potassium from heart muscle during the systole. Ann. N.Y Acad. Sci. **65**, 693 (1957). — WILDE, W. S., and J. M. O'Brien: The time relation between potassium outflux (K^{42}), action potential and the contraction phase of heart muscle as revealed by the effluogram. Abstr. Comm. XIX. int. Physiol. Congr. Montreal **1953**, 889. — WILKIE, D. R.: The relation between force and velocity in human arm muscle. J. Physiol. **110**, 249 (1950). — WILKIE, D. R.: The coefficient of expansion of muscle. J. Physiol. **119**, 369 (1953). — WILKIE, D. R.: Facts and theories about muscle. Progress Biophys. biophysical Chem. **4**, 288 (1954b). — WILKIE, D. R.: The mechanical properties of muscle. Brit. med. Bull. **12**, Nr. 3, 177 (1956a). — WILKIE, D. R.: Measurement of the series elastic component at various times during a single muscle twitch. J. Physiol. **134**, 527 (1956b). — WILLSTÄTTER, R., u. M. ROHDEWALD: Über den Zustand des Glykogens in der Leber, im Muskel und in Leukocyten. Hoppe-Seilers Z. physiol. Chem. **225**, 103 (1934). — WILSKA, A., u. K. VARJORANTA: Über die Temperaturabhängigkeit der Leistungsgeschwindigkeit und des Aktionspotentials einer Muskelfaser. Skand. Arch. Physiol. **83**, 88 (1939/40).—WINTON, F. R.: The influence of length on the responses of unstriated muscle to electrical and chemical stimulation, and stretching. J. Physiol. **61**, 368 (1926). — WINTON, F. R.: The influence of temperature on the mechanical responses of certain unstriated muscles. J. Physiol. **63**, 28 (1927). — WINTON, F. R.: Tonus in mammalian unstriated muscle. J. Physiol. **69**, 393 (1930). — WINTON, F. R.: The change in viscosity of an unstriated muscle (Mytilus edulis) during and after stimulation with alternating, interrupted and uninterrupted direct currents. J. Physiol. **88**, 492 (1937). — WÖHLISCH, E.: Ein optisches Lineardilatometer zur Erforschung der thermoelastischen Eigenschaften des Muskels. Z. Biol. **91**, 137 (1931). — WÖHLISCH, E.: Die thermischen Eigenschaften der faserig strukturierten Gebilde des tierischen Bewegungsapparates. Ergebn. Physiol. **34**, 406 (1932). — WÖHLISCH, E.: Statistisch-kinetische Theorie, Thermodynamik und biologische Bedeutung der kautschukartigen Elastizität. Kolloid-Z. **89**, 240 (1939). — WÖHLISCH, E.: Muskelphysiologie vom Standpunkt der kinetischen Theorie der Hochelastizität und der Entspannungshypothese des Kontraktionsmechanismus. Naturwissenschaften **28**, 305 (1940). — WÖHLISCH, E.: Ein Universalinstrument zur therodynamischen Analyse hochelastischer Zustandsänderungen. Das optische Linear-Dynamodilatometer. Kolloid-Z. **100**, 151 (1942). — WÖHLISCH, E.: Über das sog. „Webersche Paradoxon" der Muskelkontraktion und den „Punkt der absoluten Muskelkraft". Pflügers Arch. ges. Physiol. **246**, 354 (1943). — WÖHLISCH, E.: Das Treppenphänomen der Muskelkontraktion, ein quellungsthermodynamischer Process. Z. vergl. Physiol. **32**, 46 (1950). — WÖHLISCH, E., u. H. G. CLAMANN: Quantitative Untersuchungen zum Problem der thermoelastischen Eigenschaften des Skelettmuskels. Z. Biol. **91**, 399 (1931a). — WÖHLISCH, E., u. H. G. CLAMANN: Das Elektronenröhren-Mikrovoltmeter. III. Mitteilung: ein schnell registrierendes, spannungsempfindliches Galvanometer für myothermische Messungen. Z. Biol. **92**, 1 (1931b). — WÖHLISCH, E., R. DU MESNIL DE ROCHEMONT u. H. GERSCHLER: Untersuchungen über die elastischen Eigenschaften tierischer Gewebe. I. Elastizitätsmodul, Zerreißfestigkeit, Arbeitsvermögen und elastische Vollkommenheit. Z. Biol. **85,** 325 (1926). — WÖHLISCH, E., u. W. GRÜNING: Thermodynamische Analyse der Muskeldehnung vom Standpunkt der thermokinetischen Theorie der Kautschukelastizität Pflügers Arch. ges. Physiol. **246,** 469 (1943). — WÖHLISCH, E., u. F. SCHÜBEL: Muskelkraft und Muskelquellung. Pflügers Arch. ges. Physiol. **244,** 412 (1941). — WOHLFART, G.: Quergestreifte Ringbinden in normalen Muskeln. Anat. Anz. **74,** 228 (1932). — WOHLFART, G.: Untersuchungen über die Gruppierung von Muskelfasern verschiedener Größe und Struktur innerhalb der primären Muskelfaserbündel in der Skelettmuskulatur sowie Beobachtungen über die Innervation dieser Bündel. Z. mikrosk.-anat. Forsch. **37,** 621 (1935). — WOLPERS, C.: Die Darstellung von Geweben mit dem Elektronenübermikroskop. Klin. Wschr. **1943,** 624. — WOODBURY, J. W., and D. M. McINTYRE: Electrical activity of single muscle cells of pregnant uteri studied with intracellular microelectrodes. Amer. J. Physiol. **177,** 355 (1954). — WOODBURY, J. W., H. H. HECHT and A. R. CHRISTOPHERSON: Membrane resting and action potentials of single cardiac muscle fibers of the frog ventricle. Amer. J. Physiol. **164,** 307 (1951). — WOODBURY, L. A., J. W. WOODBURY and H. H. HECHT: Membrane resting and action potentials of single cardiac muscle fibres. Circulation **1,** 264 (1950).

ZIERLER, K. L.: Effect of potassium rich medium, of glucose and of transfer of tissue on oxygen consumption by rat diaphragm. Amer. J. Physiol. **185,** 12 (1956). — ZIERLER, K. L.: Diffusion of aldolase from rat skeletal muscle. An index of membrane permeability. Amer. J. Physiol. **190,** 201 (1957). — ZIMM, B.: Apparatus and methods for measurement and interpretation of the angular variation of the light scattering; preliminary results on polystyrenesolutions. J. chem. Physics. **16,** 1099 (1948).

Namenverzeichnis

Abbott, B. C. 219, 223, *234*
— u. X. M. Aubert 133, 214, 220, 221, *234*
— — u. A. V. Hill 214, 219, 220, *234*
— u. B. Bigland 205, *234*
— — u. J. M. Ritchie 205, *234*
— s. Hill, A. V. 224, *244*
— u. J. Lowy 18, 24, 33, 60, 61, 99, 101, 103, 114, 116, 117, 129, 219, 222, 224, 225, *234*
— u. J. M. Ritchie 76, 96, 97, 100, 104, 125, 148, 149, *234*
— u. D. R. Wilkie 130, *234*
Achelis, J. D. 146, *234*
Adair, G. S. s. Tsao, T. C. 10, *255*
Adam, W. E. s. Fleckenstein, A. 90, *241*
Adams, R. D., D. Denny Brown u. C. M. Pearson 86, 90, 94, *234*
Adrian, E. D. *234*
— u. S. Gelfan 93, *234*
— R. H. 47, 68, 165, *234*
Akeson, A. s. Bonnichsen, R. 4, *236*
Alexander, R. S. s. Remington, J. W. 28, 172, *252*
Allen, E. s. Brisbin, G. W. E. 23, *237*
Alpert, N. R. u. E. Trager 181, *234*
Amberson, W. A. s. White, J. I. 10, *256*
— W. A. J., I. White, H. B. Bensusan, S. Himmelfahrt u. B. E. Blankenhorn 10, *234*
Andersson-Cedergren, E. s. Sjöstrand, F. S. 13, 34, 143, 144, *254*
Arasimavicuis, A. s. Ashley, C. A. 189, *234*
Ardenne, V., u. H. H. Weber 5, 9, *234*
Arieff, A. J. s. Pollock, L. 61, *251*
Arreghi, M. F. s. Washington, M. A. 117, *255*
Ashley, C. A., A. F. Schick, A. Arasimavicuis u. G. M. Hass 189, *234*

Ashman, R. u. W. E. Garrey 62, 73, *234*
Asmussen, E. 24, 126, *235*
Astbury, W. T. 9, 14, 144, *235*
— u. S. Dickinson 14, 34, *235*
— R. Reed u. L. C. Spark 10, *235*
— u. L. C. Spark 34, 144, *235*
Aubert, X. 36, 108, 206, 207, 210, 215, 217, 221, 223, 224, 225, *235*
— s. Abbott, B. C. 133, 214, 219, 220, 221, *234*
— u. R. Rombaut 206, *235*
— M. L. Roquet u. J. van der Elst 26, 27, 125, *235*
Aunap, E. 18, *235*
Aurell, G., u. G. Wohlfart 15, *235*
Awapura, J., A. J. Landua u. R. Fuerst 43, 49, *235*

Bacqu, Z. M., u. A. M. Monnier 171, *235*
Badeer, H. 205, *235*
Bässler, K. H. 22, 37, 210, *235*
Baetjer, A. M. 50, *235*
Baeyer, E. v., u. A. v. Muralt 142, *235*
Bailey, K. 3, 7, 9, 10, *235*
— K., u. S. V. Perry 9, *235*
— s. Tsao, T. C. 6, 10, *255*
Balog, J. s. Ernst, E. 36, 144, *241*
Bandmann, H. J., u. H. Reichel 25, 27, 30, 127, 160, *235*
Bang, O., O. Boje u. M. Nielsen 174, *235*
Banga, I., F. Guba u. M. A. Szent Györgyi 5, *235*
— u. A. Szent Györgyi 5, *235*
Banus, M. G., u. A. M. Zetlin 25, *235*
Baranowski, T. 3, *235*
Bárány, K. s. Bárány, M. 9, *235*
— M., u. K. Bárány 9, *235*
Barcroft, J. 196, *235*
Barigozzi, C. 2, *235*
Barnes, J. M., J. I. Duff u. C. J. Threlfall 207, *235*
Barron, E. S. G. s. Singer, T. P. 185, *253*, *254*

Bartels, H. 199, *235*
— u. K. Brecht 198, 199, 202‘ 203, *235*
— s. Brecht, K. 199, *237*
Bate Smith, E. C. 3, 209, *235*
— u. J. R. Bendall 36, 208, 209, 210, *235*
Bauereisen, E. 111, *235*
— u. H. Reichel 37, *235*
Bear, R. 10, 14, *235*
— R. S. s. Selby, C. C. 8, *253*
Beck, O. 126, 127, *236*
Beckett, S. B. s. Ellis, S. 211, *240*
Behrens, R. s. Brecht, K. 199, *237*
Beinert, H. s. Green, D. E. *242*
Bendall, J. R. 184, 185, 191, 209, *236*
— s. Bate Smith, E. C. 36 208, 209, 210, *235*
Bennett, A. L. s. Ware, F. jr. 47, 52, 63, *255*
Benoit, P. H. 61, *236*
— u. E. Corabeuf 70, *236*
Bensusan, H. B. s. Amberson, W. A. J. 10, *234*
— s. White, J. I. 10, *256*
Benzinger, T. s. Kitzinger, C. 182, *247*
Berganini, V. 79, *236*
Bergman, M. D. s. Shanes, A. M. 73, *253*
Bergner, A. D. 86, *236*
Bethe, A. 20, 126, 127, 232, *236*
— u. P. Happel 149, *236*
Beuren, A. s. Bing, R. J. 193, 196, 198, *236*
Beutner, R., J. Landay u. A. Lieberman jr. 60, *236*
Biedermann, W. 57, 89, 93, *236*
Bigland, B. s. Abbott, B. C. 205, *234*
— u. O. C. J. Lippold 169, 170, *236*
Bindler, E. s. Hoffman, B. F. 72, *245*
Bing, R. J. 11, 174, 181, *236*
— u. A. Beuren 193, 196, 198, *236*
— s. Stutz, H. 151, *254*
Bishop, G. H. s. Gelfan, S. 89, *242*

Sachverzeichnis

Calcium, Wirkung auf MB-
  Faktor 184, 191
—, — auf Membranpotential
  48
—, — auf Miniaturpotentiale
  88
—, — auf Modellerschlaffung
  191
—, — auf Modellkontraktion
  188, 189
—, — auf Reizschwelle 61
—, — auf Repolarisation
  74, 151
—, — auf Spontanerregung
  93
—, — auf Synapse 86, 88
—, — auf Treppe 109 ff.
Chinin 137, 138
Chlor 2
—, Ersatz durch Nitrat 100,
  137, 138, 154
— -Gleichgewichtspotential
  45
Cholin, Wirkung auf AP 65,
  151, 153
—, — auf Kontraktion 151,
  153
Chronaxie 59, 60
Citronensäurecyclus 177
Cocain 62
Curare 57, 60, 84, 88, 155
Cytochromoxydase 176, 178,
  203

Dämpfung 31, 123
Dehnbarkeit 21
— während Kontraktion
  119, 125, 131
— während Latenzzeit 96
— während Starre 36, 207
—, Modelle 190
Dehnung, Wirkung auf AP
  152
—, — auf Erregungsfort-
  leitung 77
—, — auf Kontraktion
  100 ff., 116 ff., 140,
  150
—, — auf Kraft-
  Geschwindigkeits-
  Relation 130
—, — auf Latenzzeit 97
—, — auf O_2-Verbrauch 200
—, — auf Spontanerregung
  86, 164
—, — auf Transparenz 35
—, — auf Verkürzungs-
  geschwindigkeit 10
—, — auf Wärmebildung 38,
  123, 200, 215
Dehnungskurve 21 ff., 104,
  116, 126, 206
Dekamethonium 85
Delta-Protein 10
— -Zustand 27, 124

Demarkationspotential 46
Denervation, Wirkung auf
  Acetylcholin-
  empfindlichkeit 86
—, — auf Erregbarkeit 60, 61
  62
—, — auf Erregungsfort-
  leitung 77
—, — auf Mechanik 172
—, — auf Membran-
  permeabilität 56
—, — auf Membranwider-
  stand 56
—, — auf Rheobase 61
—, — auf Spontanerregung
  94
Dephosphorylierung 183 ff.
Depolarisationsphase 62 ff.
Desaktivierung 134 ff., 152 ff.,
  232
Desorientierung 27, 28, 124 ff.,
  128, 133, 142, 163, 172,
  187, 204, 206, 207
Diaphorasen 176, 187
Dickdarmmuskel 44, 71, 72,
  92, 164, 211
Diffusion 43 ff., 49, 51, 186,
  190, 194, 203
Dinitrophenol 42, 51, 74, 178,
  194, 211
Diphosphoglycerinsäure 180
Doppelbrechung 5, 6, 7, 9, 10,
  14, 27, 35, 41, 142, 187, 192
Donnan-Gleichgewicht 49
Druckwirkung auf Einzel-
  zuckung 139
Druckzuckung 162
Dünndarmmuskel 50, 156,
  164, 166, 170
Durchmesser der Faser 16 ff.,
  (s. a. Einzelfaser)
— der Filamente 8, 12, 144
Dynamische Eigenschaften
  30 ff.

Effluogramm 70
Eigendoppelbrechung 6, 14,
  142, 187
Eileitermuskel 77
Eindringungsmodul 147
Einheiten, motorische 164 ff.
Einschleichphänomen 89
Einzelfaser 15
—, Anstiegszeit 102
—, Arbeit 229
—, Dehnbarkeit 24, 32, 120,
  122
—, Durchmesser 17, 165
—, — und Aktionspotential
  63
—, — und elektrische
  Konstanten 53
—, — und Erregungsleitung
  67

Einzelfaser, elastische Eigen-
  schaften 24, 32
—, Erschlaffung 108
—, Fortpflanzungsgeschwin-
  digkeit der Erregung
  76
—, Hillsche Gleichung 130
—, isometrische Maxima 105
—, isotonische Arbeit 229
—, — Kontraktion 100
—, — Maxima 104
—, Kabelmodell 53
—, Länge 17
—, Längenspannungsdia-
  gramm 25, 116
—, Latenzzeit 96
—, Leistung 230
—, maximale Spannung 116
—, — Verkürzung 118, 124
—, Release-Recovery-
  Phänomen 133
—, Tetanus 112
—, Torsionselastizität 147
—, Verkürzungsgeschwindig-
  keit 101
—, Zerreißfestigkeit 24
Einzelzuckung 95 ff.
—, Aktivierung 134
—, Anstiegsphase 100
—, Erschlaffung 108
—, Längenspannungsdia-
  gramm 104
—, O_2-Verbrauch 201
—, superponierte
—, Wärmebildung 215 ff.
Eiweiß, s. Proteine, Amino-
  säuren
Elastische Energie 222, 224
— Materialkonstante 22
— Nachwirkung 33, 127
— Puffer 131, 149
— Serienelemente 10, 30, 35,
  122, 131, 140
Elastizität 19 ff. (s. a. Dehn-
  barkeit)
—, Bindegewebe 25
—, dynamische 23 ff.
—, Frequenzabhängigkeit 31
—, Hysteresis 21, 126, 172
—, kontrahierter Muskel 119
—, Modelle 30, 34, 122, 190
—, parallel elastische Struk-
  turen 25
—, potentiell-elastischer
  Anteil 38, 41
—, Registriermethoden 19, 30
—, Sarkolemm 25, 26
—, statische 23 ff.
—, thermokinetischer Anteil
  38, 41
Elastizitätsmodul 20, 29, 37
Elektrische Aktivität 127, 169
— Konstanten 53
Elektrischer Gradient 45, 67,
  71

18*